COURS ÉLÉMENTAIRE

DE PHYSIQUE

COURS ÉLÉMENTAIRE

DE

PHYSIQUE

A L'USAGE

DES CLASSES DE LETTRES ET DE SCIENCES
DES LYCÉES ET COLLÉGES
ET DES CANDIDATS AUX BACCALAURÉATS

CONTENANT

DE NOMBREUX EXERCICES NUMÉRIQUES
RÉSOLUS ET A RÉSOUDRE

PAR

C. HARAUCOURT

Agrégé de l'Université,
Professeur au lycée et à l'École des sciences de Rouen.

SEPTIÈME ÉDITION

PARIS

LIBRAIRIE CLASSIQUE DE F.-E. ANDRÉ GUÉDON
E. ANDRÉ Fils, Successeur
15, RUE SÉGUIER, 15
Près de la fontaine Saint-Michel.

1893

PRÉFACE

Ce cours élémentaire de physique a été écrit pour les élèves des lycées et collèges; il répond au programme de l'une et de l'autre des deux formes de notre enseignement secondaire; il s'adresse aux classes de lettres et aux cours de sciences.

Il est formé de deux parties, mises en deux textes, mêlées dans le cours de l'ouvrage, l'une complétant l'autre, suivant les nécessités d'une exposition méthodique.

La première partie, en gros texte, fait souvent appel à l'expérience; elle expose les faits connus pour arriver à en formuler les lois et à expliquer les applications les plus intéressantes et les plus utiles. Elle constitue un enseignement expérimental simple et gradué.

La seconde partie, en petit texte, est le complément de la première; elle emprunte le langage algébrique pour présenter certaines démonstrations, pour formuler les lois et pour généraliser les applications.

Des exercices numériques, résolus au courant des leçons, aident à bien fixer dans la mémoire des élèves les principes importants, l'énoncé des lois ou les résultats des expériences.

De nombreux exercices à résoudre sont proposés comme devoirs à la suite de chacun des chapitres; ils constituent une application immédiate et directe des principes qui viennent d'être enseignés. Cette traduction en nombres de chaque ordre de faits est le corollaire indispensable de la leçon orale.

On trouvera à la fin du volume les principaux problèmes sur les actions diverses du courant électrique.

Les élèves qui ne cherchent qu'un cours de physique expérimentale trouveront dans la première partie tous les éléments de leurs leçons. Les candidats aux divers baccalauréats auront dans la seconde, à côté du cours élémentaire, les développements et les méthodes qu'on leur demande de connaître.

Il nous a paru plus avantageux et plus commode pour les élèves de réunir toute la physique en un seul volume plutôt que de la disperser, avec des redites inévitables, en consacrant un volume à chacune des années d'enseignement; il y a ainsi plus d'unité dans le cours et l'exposition y gagne en clarté.

COURS DE PHYSIQUE

NOTIONS PRÉLIMINAIRES

CHAPITRE PREMIER

LES TROIS ÉTATS DES CORPS

1. Corps et matière. — Nous savons tous, sans aucune étude préalable, qu'il existe autour de nous un grand nombre d'objets différents les uns des autres par leur forme, par leurs dimensions, par l'impression qu'il font sur nos sens. Nous reconnaissons au toucher et à la vue une pierre, un morceau de fer, une flaque d'eau, et si nous ne voyons pas l'air qui nous entoure, nous constatons cependant sa présence par les mouvements qu'il imprime aux arbres et par la difficulté de marcher contre le vent. Tous ces objets tangibles, dont chacun occupe une portion de l'espace à l'exclusion de tout autre, nous les appelons des **corps**, et nous donnons le nom général de **matière** à la substance dont ils sont formés.

2. Les corps se présentent sous trois états. — Tous les corps n'opposent pas la même résistance au toucher : la main ne peut pas entamer une pierre, tandis qu'elle se meut facilement dans l'eau et bien plus librement encore dans l'air. Ces différences ont fait partager les corps en trois grands groupes, que l'on appelle les **trois états de la matière,** et dont la pierre, l'eau et l'air nous offrent les types.

Les uns, ce sont les **corps solides** (ou plus simplement les **solides**), opposent une résistance plus ou moins grande à la rupture, il faut un certain effort pour les diviser ; ils ont une forme qu'ils gardent quand on les a façonnés ; les différentes parties dont ils sont composés adhèrent fortement les unes aux autres, puisqu'il suffit de fixer un point du corps pour que tout le corps le soit ; ainsi sont les pierres, les métaux, le bois, etc... Les autres, les corps **liquides,** n'ont pas de forme propre ; ils prennent celle du vase solide dans lequel on les renferme ; on les divise sans difficulté ; les parties qui les forment sont très mobiles et glissent facilement les unes sur les autres : tels sont l'eau, l'alcool, l'éther, etc. Enfin, le troisième groupe comprend les **corps gazeux** ou les **gaz** qui ressemblent à l'air, qui n'ont ni forme, ni volume, et qui remplissent toujours tout l'espace qui leur est offert.

Tous les corps se présentent sous l'un de ces trois états ; et selon les criconstances, le même corps peut posséder tantôt l'un, tantôt l'autre.

3. Les solides. — Les solides ont tous pour propriété commune d'avoir une forme déterminée et un volume qui reste à peu près le même. Mais ils sont bien différents les uns des autres et chacun d'eux affecte des propriétés particulières. Ainsi les uns se brisent facilement à la main ou par un léger coup de marteau, comme la craie et le marbre; d'autres résistent davantage comme le grès, les silex; d'autres enfin ne peuvent être pulvérisés que difficilement comme l'agate, le cristal de roche. Certains métaux peuvent être étalés en lames par l'action d'un corps lourd, d'autres allongés en fils très fins, d'autres réduits en limaille; dans tous les cas, ils ont changé de forme sous la pression qu'ils ont subie, mais s'ils n'ont pas toujours gardé exactement le même volume, ils ont peu varié.

4. Les liquides. — Les liquides n'ont pas de forme propre, mais ils conservent toujours leur volume : qu'on les mette dans un grand ou un petit vase, qu'on les presse d'un poids énorme, qu'on leur fasse subir n'importe quelle action mécanique, ils ont un volume invariable : on dit qu'ils sont *incompressibles*. Ils sont peu variés d'aspect : l'eau et le pétrole sont les liquides naturels les plus répandus; presque tous les autres, le vin, la bière, l'alcool, procèdent de l'eau et lui ressemblent plus ou moins.

5. Les gaz. — Le caractère saillant des gaz c'est de n'avoir ni forme, ni volume, d'occuper tantôt un petit espace, tantôt un grand, en un mot, de remplir toujours tout le volume qui leur est offert.

Mais si tout le monde sait ce que sont les solides et les liquides, il n'en est pas de même des gaz, et il importe ici d'appeler l'expérience à notre aide.

Voici d'abord une preuve que la même quantité de gaz qui remplit un petit espace peut également remplir entièrement un espace beaucoup plus grand. On prend deux ballons très inégaux; on met dans chacun d'eux une égale parcelle d'iode et on les chauffe (fig. 1). Le corps solide, légèrement chauffé, produit une belle vapeur violette; il y en a une égale quantité dans chaque ballon; et la vapeur occupe tout le grand ballon, comme elle remplit le petit.

Si tous les gaz étaient colorés comme cette vapeur d'iode, on constaterait leur

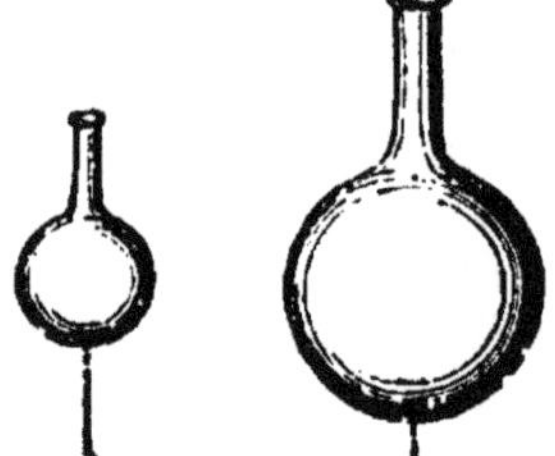

Fig. 1.

présence aussi facilement que celle des solides ou des liquides; ainsi on reconnaît le chlore à sa couleur verte, et le gaz que produit l'eauforte jetée sur le cuivre, à sa coloration rouge-brun.

Mais la plupart des gaz sont incolores, et par suite invisibles. Quand ils ont une odeur, elle suffit à les révéler; c'est ainsi qu'en entrant dans une chambre, on sent si un flacon d'éther ou d'alcali y est resté débouché, ou s'il s'est produit une fuite de gaz d'éclairage. Il faut d'autres moyens pour constater l'existence des gaz qui sont, comme l'air, incolores et inodores. En voici quelques-uns.

On pose un bouchon sur l'eau d'une terrine ou d'une cuve, et on descend verticalement au-dessus du bouchon une cloche que l'on tient par le bouton ou un grand verre renversé que l'on tient par son pied (fig. 2) ; on voit le bouchon descendre comme poussé par le contenu invisible de la cloche. Incline-t-on celle-ci, des bulles de gaz s'élèvent en bouillonnant dans l'eau.

Fig. 2.

On monte un flacon à deux tubulures avec un tube à entonnoir plongeant jusqu'au fond dans l'une, et un tube recourbé et effilé dans l'autre (fig. 3). On place une bougie allumée près de l'extrémité du tube effilé ; puis on verse de l'eau dans le flacon par le tube à entonnoir ; on voit la flamme de la bougie s'incliner sous l'action du jet de gaz que l'eau fait sortir en prenant sa place dans le flacon.

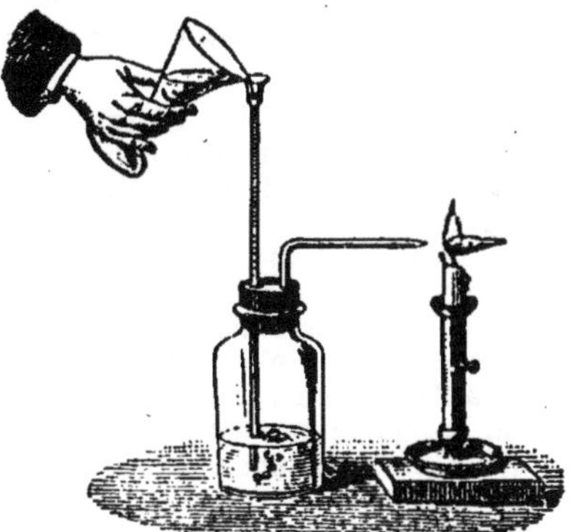

Fig. 3.

Les gaz sont éminemment **compressibles** ; leur volume peut être de beaucoup réduit. On le montre à l'aide du *briquet à air* (fig. 4). C'est un tube de verre épais bouché à une de ses extrémités, et dans lequel peut se mouvoir un piston qui ferme exactement. On enlève le piston et on le remet dans le tube ; on enferme ainsi au-dessous de lui un certain volume d'air ; il suffit de presser sur la tige du piston pour rendre ce volume de plus en plus petit.

Cette même expérience peut aussi prouver que les gaz sont **élastiques**, qu'ils tendent à reprendre leur premier volume lorsqu'ils ont été comprimés. Si, en effet, on lâche le piston après l'avoir enfoncé dans le tube, il est vivement repoussé par le gaz.

Enfin, si dans une petite encoche de l'extrémité du piston on place un morceau d'amadou et qu'on enfonce très brusquement le piston, l'amadou prend feu, d'où le nom de *briquet* donné à l'appareil.

Fig. 4.

6. Remarque sur les trois états des corps.

— Nous venons de définir séparément chacun des trois états. Certains corps paraissent intermédiaires entre les solides et les liquides : ce sont les corps mous ou pâteux. D'un autre côté, nous pouvons remarquer que les liquides et les gaz ont une propriété commune, l'extrême mobilité de leurs parties, qui les a fait grouper sous la même appellation de *fluides*. Les liquides, à leur tour, partagent avec les solides la propriété d'être incompressibles. Nous pouvons donc considérer les liquides comme formant une sorte d'état intermédiaire et de passage entre les deux états extrêmes, représentés d'un côté par les solides, de l'autre par les gaz.

Le même corps peut passer successivement par les trois états. — L'eau nous en offre un frappant exemple : elle est solide en glace, l'hiver ; elle est liquide en tous temps dans les rivières et les mers, et elle se trouve toujours en vapeur dans l'atmosphère. Nous reviendrons plus tard en détail sur ces intéressantes transformations.

7. Les propriétés générales de la matière.

— La matière, telle qu'on la considère en physique et en chimie, a deux propriétés essentielles : **l'étendue** et **l'impénétrabilité**. On ne conçoit en effet pas un corps sans qu'il n'occupe une portion limitée de l'espace et à l'exclusion de tout autre corps qui ne peut au même moment occuper la même place.

La mesure de l'étendue fait l'objet de la géométrie.

C'est l'impénétrabilité qui empêche un liquide de couler dans un vase plein d'air quand le gaz n'en peut sortir. Ainsi lorsqu'on verse un liquide dans un flacon à l'aide d'un entonnoir qui s'applique bien exactement dans le goulot du flacon, le liquide ne s'écoule pas, à moins qu'on ne soulève un peu l'entonnoir ou qu'on ne mette entre lui et le goulot un morceau de papier ployé en plusieurs doubles.

Outre ces deux propriétés essentielles, la matière en possède encore deux autres : elle est **divisible** et elle est **indestructible.**

Tous les corps sont divisibles, c'est-à-dire peuvent être partagés en parties très petites, si petites même qu'on a peine à se les figurer. On peut en donner des exemples très frappants empruntés aux solides, aux liquides et aux gaz.

Les batteurs d'or arrivent à faire des feuilles dont il faut dix mille superposées pour faire l'épaisseur d'un millimètre. Si l'on découpe dans ces feuilles des carrés d'un millimètre de côté, chaque morceau sera encore appréciable à l'œil, et il en faudrait prendre plus de cinq cent mille pour faire un poids d'un gramme.

Un granule d'indigo, de la grosseur d'un millimètre cube, dissous dans l'acide sulfurique, peut communiquer une teinte bleue à dix litres d'eau. Chaque millimètre cube d'eau possède une parcelle d'indigo, de sorte que le granule primitif déjà bien petit s'est divisé en dix millions de parties.

Les liquides vivement agités se divisent en gouttes très petites. On arrive à les pulvériser par l'action convenable d'un courant d'air ou en les envoyant avec force frapper contre un obstacle. Mais cette pulvérisation atteint un bien plus haut degré dans les grandes cascades naturelles autour desquelles l'eau remplit l'atmosphère d'une pluie si fine qu'elle est invisible.

Enfin, parmi les exemples de divisibilité, les plus frappants sont ceux que la nature nous offre dans les êtres microscopiques, dans les infiniment petits.

8. Idée sur la constitution de la matière. — Atomes.

— Au point de vue mécanique, la divisibilité des corps a des bornes ; la raison est tentée de reculer ces bornes plus loin que toute limite et d'admettre que la matière est indéfiniment divisible. Mais les lois des combinaisons chimiques amènent à penser que la divisibilité est limitée, et à admettre l'existence de particules indivisibles auxquelles on donne le nom d'**atomes** et dont on suppose tous les corps constitués.

L'existence des atomes n'est qu'une hypothèse, non encore une certitude, mais c'est l'hypothèse la plus simple que l'on puisse faire pour expliquer les diverses propriétés de la matière. Les corps sont alors formés de ces atomes séparés par des intervalles variables, assez grands par rapport aux atomes eux-mêmes auxquels on suppose des dimensions excessivement petites. Ces dimensions des atomes sont si petites que d'après Thomson, si on regardait une goutte d'eau à un grossissement qui la fît paraître grosse comme la terre, les atomes qui la composent paraîtraient à peine comme des grains de plomb.

Les atomes s'attirent mutuellement dans leur sphère d'action, et c'est cette attraction, à laquelle on donne plus particulièrement le nom de **cohésion**, grande dans les uns, plus faible dans les autres, qui s'oppose à la rupture des corps.

CHAPITRE II

NOTIONS DE MÉCANIQUE PHYSIQUE

LE MOUVEMENT. — LES FORCES. — LE TRAVAIL. — L'ÉNERGIE

I. — LE MOUVEMENT

9. Le mouvement. — L'observation journalière nous montre que les corps à la surface de la terre n'occupent pas toujours la même place, qu'ils changent ou peuvent changer de position les uns par rapport aux autres. Un corps qui change ainsi de place est dit en mouvement. Le **mouvement** est donc l'état d'un corps qui se transporte d'un point à un autre de l'espace.

On reconnaît qu'un point matériel est en mouvement quand sa distance à d'autres points supposés fixes, n'est pas invariable. On ne se contente pas, pour fixer la position d'un point, de chercher sa distance à deux points fixes; on préfère souvent la rapporter à deux axes rectangulaires qui contiennent le point dans leur plan, ou même à trois plans perpendiculaires; le point considéré est alors bien déterminé, et il est facile de s'assurer que sa position est ou n'est pas invariable.

10. Le mouvement est absolu ou relatif. — Si les points de repère auxquels on rapporte le mouvement d'un corps ou d'un point sont rigoureusement fixes, le mouvement du point ou du corps est un **mouvement absolu.** Si au contraire, les différentes positions du corps qui se déplace, sont rapportées à des lignes ou à des points qui se transportent eux-mêmes dans l'espace, le mouvement du corps est un **mouvement relatif.**

A la surface de la terre, nous ne pouvons observer que des mouvements relatifs, puisque tous nos points de repère participent au mouvement du globe. Nous nous croyons immobiles et nous attribuons aux astres un mouvement inverse de celui qui nous anime; de même un observateur placé dans un wagon en marche, croit voir les objets immobiles, arbres et maisons, fuir en sens inverse du train.

11. Le repos. — Un corps est en **repos absolu** s'il conserve toujours la même place dans l'espace : telles paraissent être les étoiles que les astronomes ont prises comme points de repère pour reconnaître la position des astres qui se déplacent.

A la surface de la terre, les corps qui conservent toujours la même position, les uns par rapport aux autres, ou relativement à une personne qui les observe, sont en **repos relatif.**

12. L'inertie et les forces. — Un corps ne se met jamais en mouvement de lui-même; s'il passe de l'état de repos à l'état de mouvement, c'est qu'une cause, étrangère à lui, est venue agir sur lui. Lorsqu'un corps est en mouvement, il est impuissant également à modifier de lui-même le mouvement qu'il possède; il doit donc marcher jusqu'à ce qu'une cause extérieure ait modifié ou arrêté son mouvement. C'est dans ce double fait, énoncé pour la première fois par Képler, que consiste l'**inertie** de la matière, autrement dit l'impossibilité pour la matière de modifier l'état de repos ou de mouvement qu'elle possède.

Si l'on voit un corps d'abord au repos commencer à se déplacer, ou s'arrêter quand il est en marche, ou changer la régularité de son mouvement, on dit qu'il est soumis à l'action d'une *force*. On appelle donc **force** toute cause capable de produire le mouvement d'un corps, de l'arrêter ou d'en modifier la nature.

Que les corps ne puissent pas eux-mêmes sortir du repos pour se mettre en mouvement, tout le monde l'admet parce que l'expérience de chaque jour le démontre; il faut une force pour faire mouvoir n'importe quel corps. Mais on admet moins facilement au premier abord que tout corps en mouvement doit garder ce mouvement jusqu'à ce qu'une cause extérieure à lui le modifie et l'arrête. On voit, en effet, presque tous les corps en mouvement s'arrêter au bout d'un certain temps. La roue du tour à laquelle on imprime un rapide mouvement de rotation et qu'on abandonne, tourne bien quelque temps, mais elle finit par s'arrêter sans qu'on la touche. La boule qu'on lance sur un terrain uni roule plus ou moins loin, puis elle s'arrête sans avoir rencontré d'obstacles apparents. Une observation plus attentive va nous montrer que si les corps en mouvement tendent à s'arrêter, c'est que des frottements et la résistance de l'air tendent sans cesse à diminuer le mouvement et finissent par l'annuler. En effet, si au lieu de lancer la boule sur un sol peu uni, on la lance successivement, avec une force égale, sur un sol sans aspérités, sur un pavé lisse, sur un plan de marbre, elle ira de plus en plus loin à mesure qu'elle roulera sur une autre surface plus polie. On conçoit donc bien que si l'on pouvait supprimer d'une manière complète le frottement de la boule contre le plan, cette boule marcherait indéfiniment.

L'inertie de la matière explique un certain nombre de faits. Lorsqu'un cheval, lancé à grande vitesse, s'arrête brusquement, son cavalier peut être projeté en avant; en effet, le cavalier participait au mouvement du cheval; au moment de l'arrêt brusque de celui-ci, le cavalier n'a pas pu modifier la vitesse qu'il possédait et qui l'a projeté au-dessus de la tête de l'animal. Lorsqu'on saute d'une voiture en mouvement, on peut, si l'on n'y prend garde, être précipité par terre dans le sens de la marche. C'est qu'en effet, lorsqu'on touche le sol, la vitesse du pied se trouve annulée tandis que les parties supérieures du corps conservent la vitesse qu'elles tenaient de la voiture et sont emportées en avant. On évite cet accident en se penchant, au moment où l'on quitte la voiture, en sens inverse de la marche de celle-ci. Quand la locomotive d'un train va choquer contre un obstacle qui l'arrête, les voitures qui la suivent continuent leur marche en vertu de la vitesse qu'elles possèdent; elles montent les unes sur les autres, et c'est là ce qui rend si désastreux les accidents de chemin de fer.

13. Mouvement uniforme. — Un corps qui se meut parcourt un chemin plus ou moins long, dans un temps plus ou moins court. La ligne que suit un point en se déplaçant se nomme sa **trajectoire;** elle peut être une ligne droite ou une ligne courbe, les mouvements ont donc une direction *rectiligne* ou *curviligne*.

Au point de vue des espaces parcourus et du temps employé à les parcourir, le mouvement peut être **uniforme** ou **varié**.

Le mouvement est **uniforme** quand les espaces parcourus dans des temps égaux sont égaux, en d'autres termes quand les espaces sont proportionnels aux temps, en sorte qu'on connaîtra l'espace parcouru dans un temps donné, en multipliant le chemin parcouru en une seconde, par le nombre de secondes.

Cet espace parcouru dans une seconde se nomme la **vitesse** du mouvement uniforme; à moins d'indications particulières, on prend la seconde comme unité de temps. C'est ainsi qu'on dit que la vitesse de propagation du son est de 340 mètres et celle de la lumière de 280,000 kilomètres, pour exprimer les distances parcourues en une seconde par le son et la lumière.

14. Formules du mouvement uniforme. — Si e représente l'espace parcouru d'un mouvement uniforme pendant un temps t, d'après la définition du mouvement, le rapport $\frac{e}{t}$ a une valeur constante qui est la vitesse et que l'on désigne par v.

De la valeur,
$$v = \frac{e}{t},$$
on tire :
$$e = vt,$$

formule qui lie entre elles les trois quantités, l'espace, le temps et la vitesse.

Pour $t = 1$
$$e = v,$$

ce qui indique bien que la vitesse est l'espace parcouru pendant l'unité de temps.

Cette formule suppose qu'on a commencé à compter le temps et l'espace à partir du même moment. On peut la rendre plus générale en supposant qu'au moment où l'on a commencé à compter le temps t, le mobile parti d'un point fixe appelé l'*origine des espaces* avait déjà parcouru un espace désigné par e_0, la formule devient alors :

$$e = e_0 + vt,$$

c'est une équation du premier degré.

Si on représente graphiquement un mouvement uniforme, que sur l'axe OX (fig. 5) on porte des longueurs égales représentant les unités de temps ; en ab l'espace de la première seconde, en cd un espace double pour deux secondes, et ainsi de suite, en joignant les points b, d... on aura une ligne droite OA qui représente la formule

$$e = vt$$

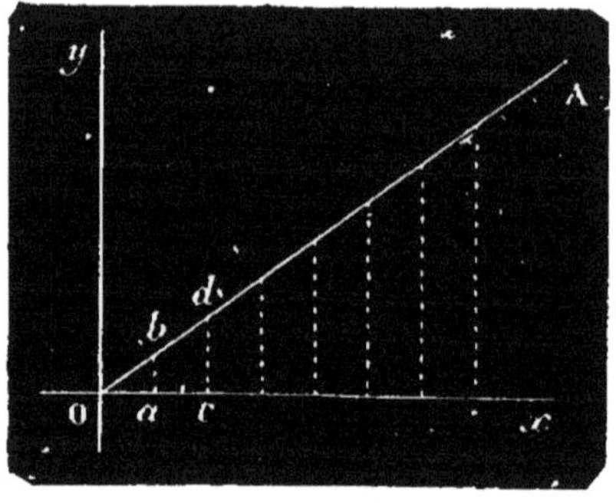

Fig. 5.

15. Mouvement varié. — Dans le mouvement varié, le corps parcourt des espaces inégaux dans des temps égaux, c'est le cas d'une pierre qui tombe, ou d'un train de chemin de fer qui ralentit sa marche et va s'arrêter.

On ne peut plus dire que la vitesse du corps est l'espace qu'il parcourt dans l'unité de temps, puisque cet espace change d'une seconde à la suivante. On peut bien encore définir la **vitesse moyenne** du corps, c'est-à-dire la vitesse dont il faudrait supposer le corps animé, pour qu'en marchant d'un mouvement uniforme, il fasse, dans le même temps, le même chemin que celui qu'il fait réellement. Ainsi un corps a parcouru 10 mètres dans la première seconde, 15 dans la deuxième, 18 dans la troisième, 20 dans la quatrième, son mouvement est varié; l'espace total est 63 mètres, le temps employé est 4 secondes; un autre corps partant en même temps que le premier et marchant d'un mouvement uniforme, aurait dû parcourir $\frac{63}{4}$ ou $15^m,75$ par seconde pour arriver au même moment; ces $15^m,75$ représentent la *vitesse moyenne* du premier mobile. On voit de suite par cet exemple que la vitesse moyenne ne donne pas une juste idée du mouvement réel du corps.

Puisque la vitesse, dans le mouvement varié, change à chaque instant, il faut pouvoir l'indiquer pour un instant précis et définir la **vitesse à un moment donné.**

Représentons graphiquement le mouvement de l'exemple précédent; sur l'axe OX portons quatre longueurs égales représentant chacune une unité de temps; en AH, une longueur figurant l'espace 10 mètres; en BG, l'espace 15 mètres; en CI, l'espace 18 mètres; en DE, l'espace 20 mètres (fig. 6). Joignons les points OHGIE par une ligne continue, cette ligne est la représentation graphique des espaces parcourus par le mobile. Si ce mobile avait marché d'un mouvement uniforme, de l'origine du temps à la fin de la quatrième seconde, la ligne figurant les espaces serait la droite OE, qui s'éloigne sensiblement de la courbe OHGIE.

Si le mobile avait marché d'un mouvement uniforme dans les deux premières secondes, puis également d'un mouvement uniforme de la deuxième seconde à la quatrième, cette fois avec la vitesse acquise à la fin de la deuxième seconde, la ligne représentant les espaces parcourus serait la ligne brisée OGE, déjà plus rapprochée de la courbe que la droite OE.

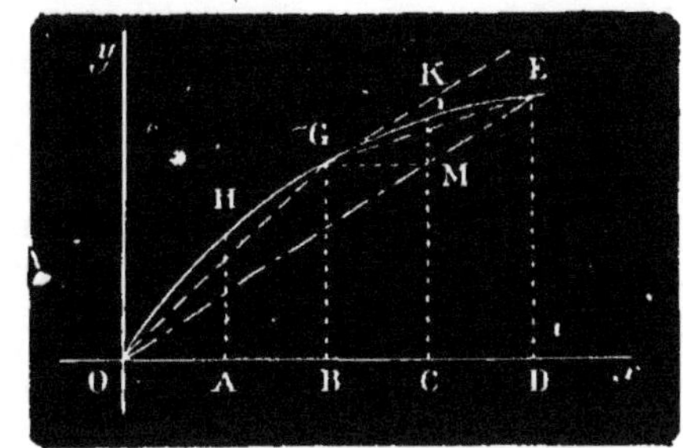

Fig. 6.

Si le mobile marchait d'un mouvement uniforme dans la première seconde, puis d'un autre mouvement uniforme dans la deuxième seconde, et ainsi de suite, de manière à parcourir les mêmes espaces dans les diverses unités de temps, la ligne figurant ces espaces serait une succession de lignes droites, dont l'ensemble se rapprocherait beaucoup de la courbe figurant le premier mouvement.

On conclut de cet exposé qu'à la place du mouvement varié, on peut supposer une suite de mouvements uniformes ayant lieu chacun dans un temps très court.

Supposons que dans l'exemple précédent, le mouvement devienne uniforme à la fin de la deuxième seconde, la ligne représentant l'espace que le corps parcourra à partir de ce moment sera la ligne droite continuant l'élément de courbe du point G, autrement dit la tangente à la courbe au point G; l'espace parcouru dans l'unité de temps qui suit, c'est-à-dire pendant la troisième seconde, sera KM; il représente la vitesse acquise par le corps après deux secondes.

La vitesse après deux secondes est donc l'espace que le corps parcourt d'un mouvement uniforme dans l'unité de temps qui suit. D'une manière générale, la *vitesse à un moment donné* dans le mouvement varié, c'est l'espace que le corps parcourrait dans l'unité de temps qui suit, si, à partir de l'instant considéré, le mouvement du corps cessait de s'accélérer ou de se ralentir. Ainsi, dire que la vitesse d'un mobile après cinq secondes est de 40 mètres, c'est dire que si le mouvement devenait uniforme après cinq secondes, avec la vitesse qu'il possède à cet instant, le corps parcourrait 40 mètres dans la seconde suivante.

16. Mouvement uniformément varié. — Parmi les mouvements variés qui diffèrent les uns des autres par les variations de la vitesse, il en est un qu'il faut étudier spécialement : c'est celui dans lequel la vitesse s'accroît de quantités égales dans des temps égaux; on l'appelle le mouvement **uniformément varié**.

La quantité constante dont la vitesse augmente à chaque unité de temps, porte le nom d'**accélération.**

Si on représente l'accélération par γ, que le corps parte du repos, d'après la définition précédente, la vitesse sera γ au bout du temps 1, 2γ au bout du temps 2; 3γ au bout du temps 3....., γt au bout du temps t.

On aura donc en général, en appelant v la vitesse,

$$v = \gamma t.$$

Cette expression est la définition même du mouvement uniformément varié, dans lequel *la vitesse croît proportionnellement au temps.*

17. Formules du mouvement uniformément varié. — Si le mobile animé d'un mouvement uniformément varié avait, au moment où l'on commence à compter le temps, une vitesse initiale v_0, l'expression de sa vitesse au bout du temps t serait :

$$v = v_0 + \gamma t.$$

Il nous faut chercher à déterminer la loi qui lie l'espace parcouru au temps employé à le parcourir.

Représentons graphiquement la formule précédente qui donne la vitesse (fig. 7) ; AO représentera la vitesse initiale v_0, la longueur BC représentera l'accélération γ ; les longueurs égales AC, CG figureront des temps égaux. L'expression graphique de la vitesse v sera une ligne droite telle que AR. En effet EG, la vitesse après deux secondes, doit être double de BC, vitesse après une seconde, comme le temps AG est double du temps AC; les triangles AEG et ABC sont semblables, et le point E est sur le prolongement de AB.

Nous avons déjà dit qu'on peut considérer le mouvement uniformément varié comme une succession de mouvements uniformes ayant chacun une du-

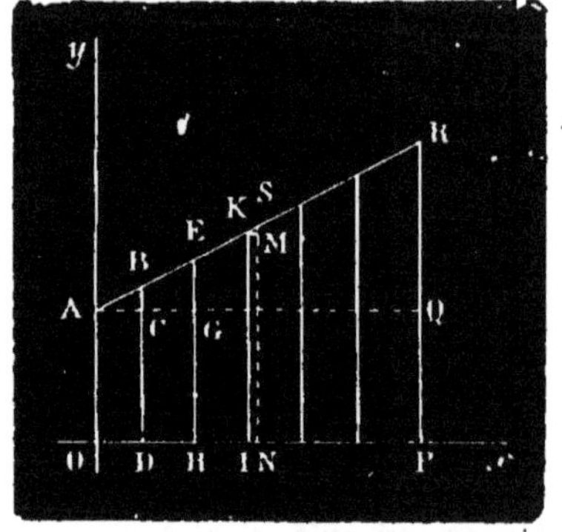

Fig. 7.

rée très petite ; ainsi pendant le temps très petit IN, si le mobile se meut d'un mouvement uniforme avec la vitesse IK qu'il avait au moment I, il parcourra un espace très voisin de l'espace réel qu'il parcourt quand la vitesse, au lieu de rester égale à IK, grandit de IK à NS.

Si pendant le temps très petit IN, le mouvement est uniforme avec une vitesse IK, l'espace parcouru a pour expression le produit de la vitesse par le temps, autrement dit IK $\times$ IN ou la surface du petit rectangle IKMN.

Partageons le temps total OP en un grand nombre de parties égales comme IN ; nous pourrons faire sur chacune d'elles le raisonnement appliqué à IN. L'espace total aura pour expression la somme des espaces parcourus dans les temps très petits, la somme des surfaces des rectangles analogues à IKMN. La somme de ces rectangles s'approchera d'autant plus de la surface du trapèze OARP que le temps OP aura été partagé en un plus grand nombre de parties. Cette surface du trapèze OARP exprime donc l'espace parcouru par le mobile dans son mouvement uniformément accéléré.

Cette surface est égale à

$$\frac{AO + PR}{2} \times OP$$

et comme $PR = PQ + QR$ et que $PQ = AO$, l'expression de la surface devient :

$$\frac{AO + AO + QR}{2} \times OP \quad \text{ou} \quad \left(AO + \frac{QR}{2}\right) OP.$$

D'après les conventions

$$OP = t \quad BC = \gamma \quad AO = v_0 \quad QR = \gamma t.$$

L'espace parcouru e devient

$$e = \left(v_0 + \frac{\gamma t}{2}\right) t = v_0 t + \gamma \frac{t^2}{2}.$$

Ainsi les deux formules du mouvement uniformément accéléré pris par un corps qui possède une vitesse initiale v_0 et qui se meut avec une accélération γ pendant le temps t, sont :

$$v = v_0 + \gamma t,$$

$$e = v_0 t + \gamma \frac{t^2}{2}.$$

Si le corps avait une vitesse de sens contraire à sa vitesse initiale, son mouvement serait uniformément retardé; il aurait pour expression :
de la vitesse

$$v = v_0 - \gamma t,$$

et pour expression de l'espace

$$e = v_0 t - \gamma \frac{t^2}{2}$$

Les formules générales du mouvement uniformément varié sont donc :

$$v = v_0 \pm \gamma t,$$

$$e = v_0 t \pm \gamma \frac{t^2}{2}.$$

Et si le corps part du repos, qu'il n'ait pas de vitesse initiale :

$$v = \gamma t,$$

$$e = \gamma \frac{t^2}{2}.$$

Nous verrons que la chute des corps vérifie ces deux dernières formules, et que le mouvement d'un corps qui tombe librement est un mouvement uniformément accéléré.

II. — LES FORCES

18. Forces. — On appelle **force**, en physique, toute cause capable de produire le mouvement d'un corps ou de l'arrêter, ou d'en modifier la nature.

Les forces diffèrent entre elles par leur origine, bien qu'elles soient identiques quant à l'effet mécanique qu'elles produisent et qui est toujours un mouvement ou une modification de mouvement : elles peuvent provenir de l'action musculaire de l'homme ou des animaux, de l'action d'un corps déjà en mouvement qui en rencontre un autre, de la résistance que les corps solides opposent à la fusion ou aux déformations de toute espèce, de l'attraction d'un corps sur un autre.

Quelle que soit leur origine, les forces sont des grandeurs mesurables qu'il importe d'évaluer numériquement. On conçoit, en effet, que deux forces sont égales en intensité quand elles produisent le même effet sur un corps, par exemple lorsqu'elles font subir la même flexion à un ressort d'acier auquel on les applique successivement. On peut donc mesurer une force en la comparant à une autre force facile à évaluer. On a choisi comme **unité de force** la *pression ou la traction exercée par le poids d'un kilogramme*, et on évalue l'intensité des forces à l'aide d'appareils simples appelés **dynamomètres**.

19. Mesure des forces. — Dynamomètre. — Le dynamomètre le plus simple est le **peson** du commerce. C'est une lame d'acier AOB courbée en forme de V (fig. 8); à l'extrémité de la branche supérieure OB est fixé un arc métallique qui traverse la branche OA et se termine inférieurement par un crochet; à l'extrémité de la branche OA est fixé un second arc métallique portant une graduation, qui passe dans la branche OB et se termine par un anneau à l'aide duquel on peut suspendre l'appareil à un support fixe. Pour graduer l'instrument, on suspend successivement au crochet des poids de 1, 2, 3 kilogrammes, etc., la lame OB fléchit et l'on marque les chiffres 1, 2, 3, etc., aux points de l'arc de cercle vis-à-vis desquels s'arrête chaque fois la lame OB. Si alors on fait agir sur le crochet une force quelconque qui fasse fléchir l'instrument jusqu'à la division 3 par exemple, on dit que l'intensité de la force essayée est de 3 kilogrammes : elle produit en effet sur la lame élastique la même flexion qu'un poids de 3 kilogrammes.

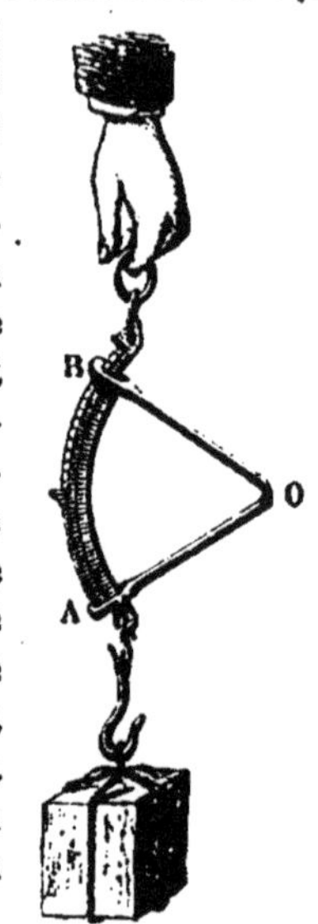

Fig. 8.

20. Qualités d'une force. — Une force n'est pas complètement déterminée quand on a indiqué son intensité en kilogrammes; il faut encore connaître le point où elle est appliquée et la direction dans laquelle elle agit. Une force a donc trois qualités : le *point d'application*, la *direction*, et l'*intensité*.

Les deux derniers éléments permettent de la représenter géométriquement : du point où la force est appliquée, on mène une ligne dans la direction même où la force agit, et on prend sur cette ligne, à partir du point d'application, une longueur proportionnelle à l'intensité de la force : ainsi une force de 5 kilogrammes sera représentée par une ligne droite tracée dans la direction de la force et égale au quintuple de la longueur que l'on a prise comme unité.

21. Composition des forces. — On admet que deux forces agissant sur le même point et dans la même direction, pro-

duisent chacune le même effet que si elles étaient seules : l'effet total
est la somme des effets partiels; on peut donc remplacer les deux
premières forces par une force unique égale à leur somme; ce qui
revient, dans la construction géométrique, à ajouter bout à bout les
lignes qui les figurent.

Si deux forces faisant un angle agissent sur le même point, on
comprend qu'une force unique puisse communiquer au point le
même mouvement que les deux forces réunies : cette force unique
produisant le même effet que les deux premières s'appelle leur
résultante et chacune des forces qui concourent à la former
en est une des **composantes**.

Le problème de la composition des forces est du domaine de la
mécanique; nous n'en prendrons que les résultats dont nous aurons
à faire usage.

22. Forces concourantes. — Lorsque deux forces sont
concourantes, c'est-à-dire appliquées au même point, il peut se présenter trois cas :

1° *Les forces ont la même direction; leur résultante est de même
direction qu'elles et égale à leur somme;*

2° *Les forces ont des directions exactement opposées; leur résultante
est une force dirigée dans le sens de
la plus grande et elle est égale à
leur différence;*

3° *Les forces font un angle; leur
résultante est représentée en grandeur et en direction par la diagonale
du parallélogramme construit sur
les deux lignes qui représentent les
forces* (fig. 9).

Dans le cas particulier où les
deux composantes font entre elles

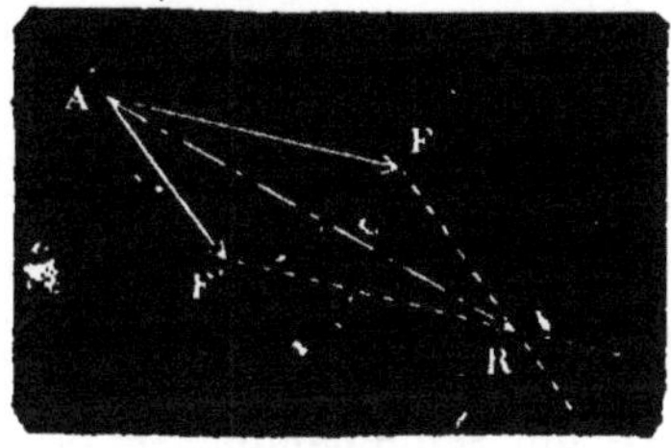

Fig. 9.

un angle droit, par exemple la force F de 3 kilogrammes, et la force F'
de 4 kilogrammes, la valeur de la résultante est donnée par la grandeur de l'hypoténuse du triangle rec-
tangle construit sur les deux forces :
le point m (fig. 10) soumis à F et à F'
sera comme s'il était soumis à une force
unique de direction mR et ayant pour
intensité $\sqrt{3^2 + 4^2}$ ou 5 kilogrammes.

Le cas de la composition de plusieurs forces appliquées au même point
peut également être résolu graphiquement à l'aide des énoncés précédents.
On commencera, en effet, par composer

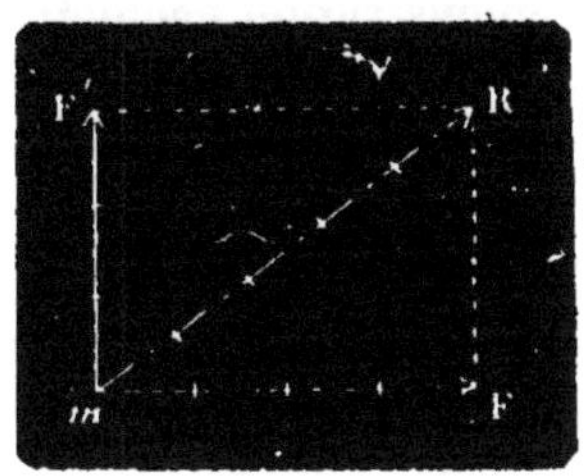

Fig. 10.

entre elles deux des forces données, puis leur résultante avec une
troisième force, la nouvelle résultante avec une quatrième et ainsi
de suite jusqu'à ce qu'on arrive à une force unique. La figure 11

montre qu'au lieu de chercher chacune des résultantes, on peut se borner à tracer un contour polygonal en menant de l'extrémité de la première force une ligne égale et parallèle à la seconde force, puis de l'extrémité de la ligne ainsi menée une ligne égale et parallèle à la troisième force et ainsi de suite. La résultante définitive est obtenue en joignant le dernier point au point de concours des forces.

Réciproquement, étant donnée une force unique MC, on pourra toujours la remplacer par deux composantes produisant le même effet et dont les deux directions seront données en Mx et My (fig. 12); il suffira de mener du point C deux parallèles aux deux directions données; les deux forces cherchées seront représentées en grandeur, l'une par MA, l'autre par MB.

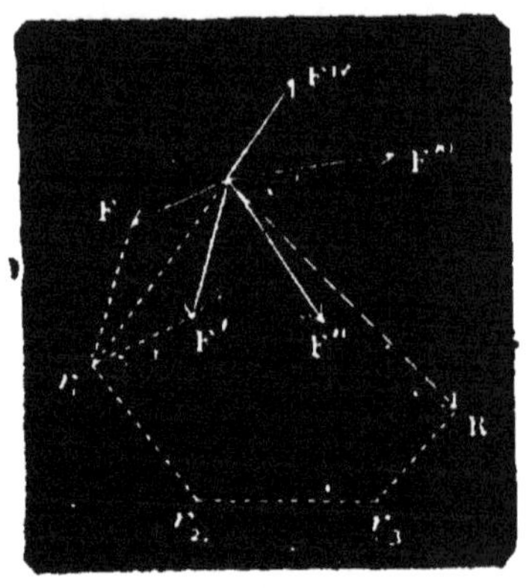

Fig. 11.

23. Forces parallèles.

— On a souvent à considérer, au lieu de forces concourantes, des forces parallèles entre elles appliquées en différents points d'un corps solide. Lorsque deux forces parallèles sont appliquées à un corps solide, on peut les remplacer par une seule capable de produire le même effet, c'est leur **résultante**.

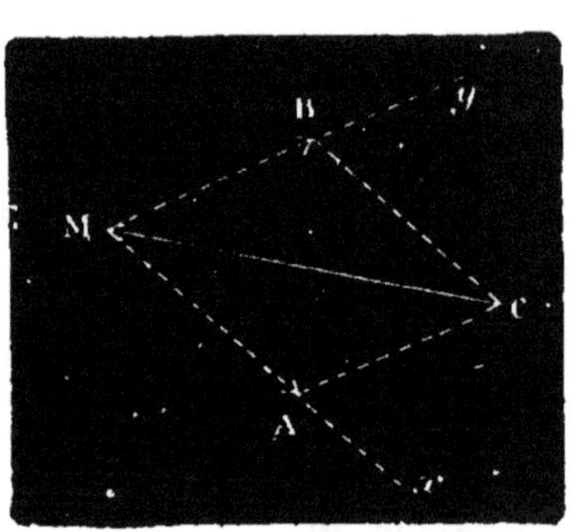

Fig. 12.

Pour déterminer la grandeur de cette résultante et son point d'application, on peut recourir à l'expérience et généraliser par une démonstration géométrique le résultat trouvé. On étudie d'abord la composition de deux forces parallèles et de même sens, puis celle de deux forces parallèles et de sens contraire, enfin un nombre quelconque de forces parallèles.

(a) Cas de deux forces parallèles et de même sens.

Expérience. — On prend une tige de bois portant 9 divisions égales (fig. 13); on suspend à l'extrémité A un poids de 3 kilogrammes, à l'extrémité B un poids de 6 kilogrammes, et on suspend la règle au crochet d'un dynamomètre suspendu lui-même. Pour que la règle reste horizontale, il faut que le crochet du dynamomètre soit en un point C partageant la distance AB en deux parties inversement proportionnelles aux poids 3 et 6; et le dynamomètre indique en C une force de 9 kilogrammes (il indique en plus le poids de la tige).

On en conclut que la résultante des deux forces parallèles appliquées aux deux bouts de la règle est *parallèle à leur direction, égale à leur somme et qu'elle est appliquée à la barre rigide en un point partageant la droite en deux segments inversement proportionnels aux forces.*

Pour faire la *démonstration* de ce principe, on figure la barre rigide AB par une ligne et les deux forces F et F' par deux parallèles appliquées aux extrémités de AB (fig. 14). On suppose appliquées en A et en B deux forces égales et opposées BE et AD qui ne modifient rien à l'équilibre du système. On compose BE avec F' et on obtient la résultante BH. On compose de même AD avec F et on a la résultante AG.

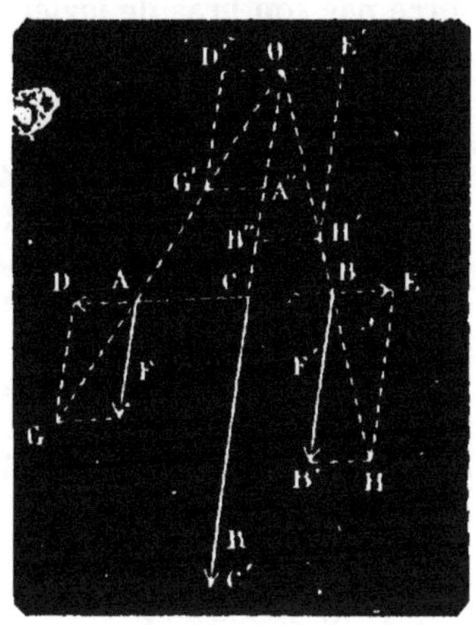

Si on suppose que la barre AB fait partie d'un solide indéfini, on peut transporter le point d'application de AG en un point quelconque de GA prolongée, de même le point d'application de BH en un point quelconque de HB prolongée. On transporte donc les deux forces en O où l'une est OG' et l'autre OH'. Et on décompose OG' en deux forces OD' et OA"; OH' en deux forces OE' et OB". Les forces OD' et OE' s'annulent. Il ne reste, pour solliciter le point O, que deux forces parallèles de même direction, OA" et OB", égales respectivement à F et F'; leur résultante est F + F'. Le point d'application peut être transporté sur leur direction, en C.

Fig. 14.

Il y a donc finalement en C une force parallèle à F et F' et égale à leur somme; c'est la résultante des forces F et F'.

Il reste à montrer que le point C partage la ligne AB en deux portions AC et CB inversement proportionnelles aux forces F et F'. Dans les deux triangles ACO et G'A'O on peut écrire :

$$\frac{AC}{CO} = \frac{G'A''}{OA''} ;$$

d'où

$$AC \times F = CO \times G'A''.$$

Dans les deux triangles CBO et B"H'O, on peut aussi écrire :

$$\frac{CB}{CO} = \frac{B''H'}{B''O}.$$

D'où

$$CB \times F' = CO \times B''H'.$$

Mais puisque G'A" = B"H', on tire :

$$AC \times F = CB \times F'.$$

Si l'on appelle **bras de levier** de chaque force la distance de son point d'application au point d'application C de la résultante, on peut énoncer le théorème :

Le produit de chaque force par son bras de levier est un nombre constant, et on en tire :

$$\frac{F}{F'} = \frac{CB}{AC}$$

Les forces sont en raison inverse de leur distance au point d'application de leur résultante.

(*b*) Cas de deux forces parallèles de sens contraire.

Dans ce cas, *la résultante des forces est égale à leur différence, de même sens que la plus grande ; elle est appliquée en un point du prolongement de la barre rigide tel, que les distances à ce point de chacune des forces soient inversement proportionnelles aux forces.*

Ce point d'application est en dehors de la ligne joignant les deux forces ; mais, comme dans le cas précédent, le produit de chaque force par son bras de levier est constant.

La démonstration expérimentale se fait avec l'appareil du cas précédent un peu modifié par l'emploi d'une poulie (fig. 15) : sur la barre AB un poids de 3 kilogrammes agit en A de bas en haut, un poids de 9 kilogrammes en B de haut en bas ; il faut suspendre la barre en C au dynamomètre qui indique une résultante de haut en bas égale à 6 kilogrammes.

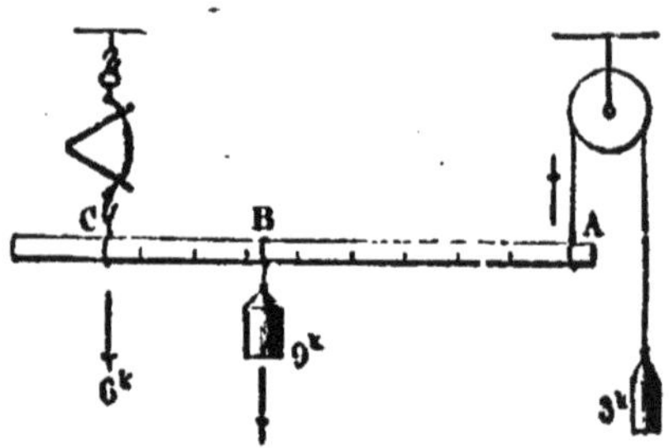

Fig. 15.

On peut trouver graphiquement la résultante de deux forces parallèles : il suffit d'appliquer la construction géométrique qui permet de diviser une ligne donnée en deux segments proportionnels à des nombres donnés.

Deux forces parallèles et de sens contraire n'ont pas de résultante si elles sont égales : elles constituent un système que l'on nomme un **couple**, et dont l'effet est de faire tourner le corps sur lui-même et non pas de l'entraîner dans une direction plutôt que dans une autre.

(*c*) Cas de plusieurs forces.

Si plusieurs forces parallèles et de même sens agissent en plusieurs points d'un corps, on peut trouver leur résultante en les composant deux à deux ; *cette résultante est égale à la somme de toutes les forces* (fig. 16).

Si les forces parallèles sont les unes d'un sens, les autres de sens opposé, on les compose en deux groupes, et l'on obtient deux forces parallèles et de sens contraire, dont on trouve facilement la résultante.

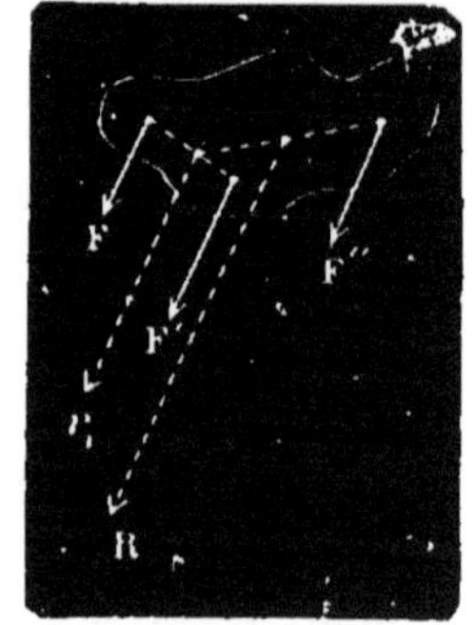

Fig. 16.

Le point d'application d'un ensemble de forces parallèles est indépendant de la direction que peuvent prendre les forces toutes ensemble : on l'appelle **centre des forces parallèles.**

Nous verrons que dans le cas de la pesanteur, le point d'application de la résultante porte le nom de centre de gravité : c'est le centre des forces parallèles que l'on suppose appliquées aux différents points matériels composant le corps.

24. Les forces et les mouvements qu'elles produisent. — Quand une force agit sur un corps, l'effet qu'elle produit est indépendant de l'état antérieur du corps, du mouvement que le corps peut avoir précédemment et des autres forces qui peuvent au même moment agir sur lui. C'est ainsi qu'un homme placé sur un bateau et qui soulève un fardeau ou pousse devant lui sur le pont du bateau un petit chariot chargé, exerce le même effort, que le bateau soit en marche ou en repos.

Toutes les conséquences du principe précédent sont vérifiées par l'expérience, l'une des plus importantes est celle-ci :

Une force constante agissant seule sur un corps lui donne un mouvement uniformément varié. En effet, après une seconde d'action, la force aura donné au corps une certaine vitesse v. S'il est vrai que l'effet de la force soit indépendant du mouvement antérieurement acquis, au commencement de la 2ᵉ seconde, la force agira de nouveau sur le mobile pour lui donner une nouvelle vitesse v qui s'ajoutera à la précédente ; de même pendant la 3ᵉ seconde et ainsi de suite ; la vitesse augmente donc de quantités égales dans des temps égaux ; elle sera après t secondes égale à vt ; elle varie proportionnellement au temps et c'est ce qui caractérise le mouvement uniformément varié.

Voici une autre conséquence : *Deux forces constantes, en agissant successivement sur un même point matériel, lui communiquent des accélérations qui sont proportionnelles aux forces.* En effet, si l'on considère deux forces F et f dont la première soit représentée par 10 et la seconde par 1, on pourra remplacer la force F par 10 forces égales à f agissant simultanément sur le corps ; chacune d'elles, au bout de la première seconde aura produit une vitesse v ; la vitesse due à la force F sera 10 v puisque chacune des petites forces produit son effet comme si elle était seule. Les accélérations sont donc dans le même rapport que les forces, et si V est l'accélération produite par la force F on peut écrire :

$$\frac{F}{f} = \frac{V}{v}.$$

Cette relation donne le moyen d'évaluer les forces par leur effet immédiat, c'est-à-dire par le mouvement qu'elles produisent : pour comparer deux forces différentes, on les fait agir successivement sur le même corps et on mesure chaque fois l'accélération du mouvement produit.

25. Masse d'un corps. — Au lieu de faire agir successivement sur un même corps des forces différentes, on peut appliquer une même force à différents corps et comparer alors les mouvements produits. L'expérience de chaque jour nous montre que la même force ne peut pas donner le même mouvement à deux corps de même volume, mais de nature différente ; un enfant lance facilement un ballon gonflé d'air et il ne peut soulever un boulet de fer de même volume. Certains corps paraissent plus difficiles que d'autres à mettre en mouvement ; on dit qu'ils ont plus de *masse*. La **masse** est donc une qualité propre à chaque corps qui représente en quelque sorte la manière dont il obéit à l'action des forces. L'accélération du mouvement est d'autant plus petite que la masse est plus grande. C'est ce que l'on exprime en disant que les accélérations des mouvements que prennent différents corps soumis à la même force, sont inversement proportionnelles aux masses de ces corps.

Si un corps reçoit successivement l'impulsion des forces F, F', F'', ..., il prendra des mouvements dont les accélérations seront v, v' v'', ...

Les forces sont proportionnelles aux accélérations ; on peut donc écrire

$$\frac{F}{F'} = \frac{v}{v'} \quad et \quad \frac{F'}{F''} = \frac{v'}{v''}.$$

On en tire

$$\frac{F}{v} = \frac{F'}{v'} = \frac{F''}{v''} = constante \; m.$$

C'est cette constante qui est l'expression numérique de la *masse*.

Si donc F représente l'intensité d'une force qui imprime une accélération v à un corps de masse m, ces trois quantités sont liées par la relation

$$F = mv.$$

C'est-à-dire que *l'intensité de la force est le produit de la masse par l'accélération du mouvement.*

On prend pour unité de force le kilogramme, pour unité d'accélération 1 mètre par seconde, il s'ensuit que l'unité de masse est la masse d'un corps, qui sous l'action d'une force d'un kilogramme, prend un mouvement varié dont l'accélération est de 1 mètre par seconde.

Nous verrons dans le chapitre de la pesanteur que l'accélération (g) d'un corps qui tombe librement est constante en un même lieu, que la force qui fait tomber le corps est son poids en kilogrammes; l'expression de la masse dans ce cas est donc :

$$m = \frac{P}{g}.$$

A Paris, $g = 9^m,808$; l'unité de masse est donc figurée par un poids P de $9^{kg},808$.

III. — LE TRAVAIL ET L'ÉNERGIE

26. Travail des forces. — L'observation des faits les plus vulgaires nous montre des forces qui déplacent leur point d'application d'une quantité déterminée dans un temps donné; c'est ici un homme qui élève l'eau du fond d'un puits, là un cheval qui gravit une pente en traînant une voiture chargée, ailleurs l'eau qui fait tourner une roue de moulin, la vapeur qui fait avancer une locomotive en animant d'un mouvement de va-et-vient le piston sur lequel elle agit. Quant les forces déplacent ainsi les corps où elles sont appliquées, on dit qu'elles produisent du **travail mécanique.**

Comment évaluer ce travail, de quels facteurs dépend-il, comment varie-t-il ? Telle est la première question à résoudre. Cherchons-en la solution à l'aide d'exemples. Deux hommes montent des pierres d'un rez-de-chaussée à un premier étage, le chemin parcouru est le même, leur travail s'estime par le poids des pierres qu'ils ont transportées. Si le premier à la fin de la journée a monté un poids de pierres double du poids monté par le second, on dit que le travail du premier est double de celui du second. Le chemin parcouru a été le même, le travail produit est proportionnel à l'effort exercé.

Si les deux ouvriers sont d'égale force, mais que le premier monte les pierres d'une hauteur deux fois plus grande que le second, quand ils auront transporté un égal poids de pierres, le premier aura fait un travail double de celui du second.

La grandeur du travail qu'une force peut accomplir dépend donc de deux quantités : 1° *de l'intensité de la force*; 2° *de la longueur du chemin qu'elle fait parcourir à son point d'application.*

Supposons deux personnes, A et B, appliquées à porter des fardeaux.

A possédant une force F, parcourant un trajet e et produisant un travail t
B — F' — e' — t'

Imaginons une 3e personne C possédant la même force que A, parcourant le même trajet que B et produisant un travail T.

Les deux travaux de C et de B, correspondant à un même chemin e', sont proportionnels aux forces

$$\frac{T}{t'} = \frac{F}{F'}.$$

Les deux travaux de A et de C, produits par deux forces égales, sont proportionnels aux chemins parcourus.

$$\frac{t}{T} = \frac{e}{e'}.$$

En multipliant ces deux égalités, il vient :

$$\frac{t}{t'} = \frac{Fe}{F'e'}.$$

Le rapport du travail de A au travail de B est donc le même que celui des produits de chaque force par le chemin correspondant.

27. Unité de travail. — L'unité du travail doit correspondre au travail produit par l'unité de force, le kilogramme, qui se déplace de l'unité de longueur, le mètre; on lui a donné le nom de **kilogrammètre**.

Si dans l'exemple précédent, F' est cette force d'un kilogramme déplaçant son point d'application d'un mètre et produisant par suite l'unité de travail, on fera dans la formule précédente $t' = 1$ et $e' = 1$ et l'on aura :

$$t = Fe,$$

c'est-à-dire que l'expression du travail de A est *le produit de la force par le chemin qu'elle a fait parcourir à son point d'application.*

L'intensité de la force est exprimée en kilogrammes et le chemin parcouru en mètres. Une force F de 8 kilogrammes déplace son point d'application de 12 mètres dans un temps donné; le travail T, que l'on écrit aussi TF (travail de la force d'intensité F) a pour expression

$$TF = Fe = 96 \text{ kilogrammètres.}$$

Si le mouvement s'effectue dans une direction oblique à celle de la force agissante, on remplace cette dernière par deux composantes, l'une perpendiculaire au mouvement, sans influence sur lui, et l'autre dans le sens même du mouvement. Le travail utile est alors égal au produit du chemin parcouru par la projection de la force sur la direction du mouvement.

28. Travail d'une force constante. — **Force vive** — Le travail d'une force constante est lié par une relation simple à la *masse* du corps mis en mouvement et à la *vitesse* communiquée à ce corps.

Soit une force constante F, agissant sur une masse m qui part du repos et lui communiquant une vitesse v après le temps t.

D'après les principes exposés ci-devant :

1° L'intensité de la force est le produit de la masse m par l'accélération γ,

$$F = m\gamma;$$

2° L'espace parcouru est $\qquad e = \gamma\dfrac{t^2}{2};$

3° La vitesse après le temps t est $\quad v = \gamma t.$

En multipliant les deux premières égalités, on a

$$Fe = \frac{m}{2}\,\gamma^2 t^2,$$

et en substituant v^2 à $\gamma^2 t^2$,

$$Fe = \frac{1}{2}\,mv^2.$$

Fe est l'expression du travail produit par la force.

Il est égal a la moitié du produit de la masse du corps par le carré de la vitesse qu'il a prise.

On donne à ce demi-produit le nom de **force vive**, sans y attacher aucunement l'idée ordinaire de force. Et l'on dit que *le travail produit par une force constante pendant un temps t est égal à la force vive* $\left(\frac{1}{2}\,mv^2\right)$ *acquise au bout du même temps par le corps mis en mouvement*

20. Travail moteur et travail résistant. — Il est évident *a priori* que si pour imprimer à un corps de masse m une vitesse donnée v au bout d'un temps t il a fallu employer une force F développant un travail Fe, il faudra pour ramener le corps au repos employer une force qui développe en sens contraire un travail égal au premier.

De là deux manières de considérer le travail : Si le mouvement est produit dans le sens de la force, le travail est dit **positif ou moteur**; si au contraire la force agit en sens inverse du mouvement, le travail est dit **négatif ou résistant**. Un poids qui tombe développe du travail moteur; tandis que l'action de la pesanteur sur un corps que l'on soulève est un travail résistant.

La notion du travail permet de comprendre que l'on puisse obtenir le même effet mécanique avec deux forces inégales, si les vitesses qu'elles impriment aux masses sur lesquelles elles agissent sont différentes. On l'applique à l'équilibre des machines.

30. L'énergie. — Tout corps qui à un moment donné pourra être mis en mouvement, possède par là même la propriété de pouvoir produire du travail. C'est à cette propriété du corps de pouvoir produire du travail qu'on donne le nom d'*énergie*. Ainsi une pierre qui tombe, l'eau qui coule, possèdent de l'énergie; car la pierre en arrivant sur le sol, l'eau en venant battre les ailes d'une roue de moulin, pourront produire du travail mécanique. Dans ces exemples et les analogues, l'énergie est en quelque sorte tangible, elle résulte du mouvement du corps, on l'appelle **énergie de mouvement** ou encore **énergie actuelle**.

Mais l'énergie peut être moins apparente, n'exister en quelque sorte que virtuellement et comme pouvant se produire seulement à un moment donné. Ainsi un corps lourd est suspendu en l'air, si l'on coupe le lien qui le suspend il tombera et produira du travail mécanique par sa chute; la charge de poudre d'un fusil ou d'un canon devient tout à coup capable de faire mouvoir un projectile aussitôt qu'une étincelle tombe sur elle. Le corps suspendu et la poudre possèdent incontestablement de l'énergie; c'est comme de l'énergie en réserve, on l'appelle **énergie potentielle**.

Tous les phénomènes que nous pouvons observer nous montrent que ces deux formes de l'énergie varient en sens inverse, mais qu'elles ont une somme constante; l'exemple le plus simple est celui d'une pierre qui s'élève et qui perd peu à peu son énergie actuelle; à mesure qu'elle monte, son énergie potentielle s'accroît et quand elle retombera, l'énergie potentielle deviendra à son tour de l'énergie actuelle.

Nous verrons par la suite que si les deux formes de l'énergie d'un corps paraissen' diminuer c'est que des phénomènes nouveaux, d'autres formes de l'énergie apparaissent, et nous comprendrons qu'à côté de la matière indestructible, il faut admettre l'énergie indestructible apparaissant en énergie actuelle ou potentielle, en chaleur, électricité ou lumière, sans augmenter ni diminuer. La physique pourra être alors définie : l'étude de l'énergie et des phénomènes qui accompagnent ses transformations.

Exercices

1. Un corps qui part du repos se meut d'un mouvement uniformément varié avec une accélération de $9^m,8$; il parcourt un espace de $176^m,4$. Combien de temps a duré son mouvement?

2. Un corps animé d'une vitesse initiale de 50 mètres, se meut ensuite d'un mouvement uniformément varié avec une accélération de $9^m,8$; il parcourt $1305^m,60$. Combien de temps a duré son mouvement?

3. Un corps part du repos et se meut d'un mouvement varié avec une accélération de $9^m,8$? Quelle est sa vitesse après $5''$? sa vitesse après $20''$? quel est l'espace parcouru de la cinquième à la vingtième seconde, et quel est le rapport de cet espace avec les deux vitesses aux deux instants considérés?

4. Aux extrémités A et B d'une barre de $0^m,60$ sont appliquées deux forces parallèles et de même sens, l'une de 5 kilogrammes, l'autre de 15 kilogrammes, trouver le point d'application de la résultante.

5. Un aéronaute tire un coup de pistolet de haut en bas; à quelle hauteur doit-il être pour que la balle arrive à terre en même temps que le bruit de l'explosion? Le son parcourt 340 mètres par seconde et la balle possède au commencement de son mouvement une vitesse initiale de 80 mètres; l'accélération qu'elle prend ensuite est de $9^m,8$.

6. De quelle hauteur est tombé un corps qui, parti du repos sans vitesse initiale, arrive à terre avec une vitesse de 80 mètres; l'accélération est $9^m,8$?

7. Un corps se meut d'un mouvement uniforme avec une vitesse de 20 mètres pendant 10 secondes, combien de temps mettrait un autre corps pour parcourir le même espace d'un mouvement uniformément accéléré avec une accélération de $9^m,8$?

PESANTEUR

CHAPITRE III

DIRECTION DE LA PESANTEUR. — CENTRE DE GRAVITÉ. — LOIS DE LA CHUTE DES CORPS

I. — DIRECTION DE LA PESANTEUR. — CENTRE DE GRAVITÉ

31. Tous les corps tombent. — En quelque lieu que l'on soit, si l'on tient à la main une pierre, un morceau de bois, un corps quelconque, aussitôt que l'on cesse de le soutenir, il se dirige vers la terre. Tous les corps abandonnés à eux-mêmes tombent vers la terre. C'est un fait connu de tout le monde pour les corps solides et les corps liquides; il existe aussi pour les gaz; et si la fumée, les nuages, un ballon, s'élèvent au lieu de descendre et semblent ainsi faire exception à la loi générale, leur ascension momentanée dans l'air ressemble à celle du bouchon de liège qui, placé au fond d'un vase d'eau remonte à la surface, tandis qu'il tombe comme un corps quelconque dans un vase vide.

32. La pesanteur. — Aucun corps ne peut se mettre de lui-même en mouvement; il faut donc une cause qui dirige vers la terre les corps non soutenus; cette cause est appelée **la pesanteur.**

La pesanteur est une force; on doit donc pouvoir lui trouver les trois qualités que l'on reconnaît aux forces : la direction, le point d'application et l'intensité.

33. Direction de la pesanteur. — La direction de la pesanteur est celle d'un corps qui tombe librement; elle est donnée par un corps lourd suspendu à un fil flexible qui est fixé par son autre extrémité, autrement dit par le **fil à plomb** (fig. 17). On peut vérifier facilement qu'il en est ainsi. On tient un corps comme une petite bille près de l'extrémité supérieure d'un fil à plomb et on le laisse tomber, il suit la direction du fil et il vient frapper sur le corps lourd que le fil suspend.

La direction du fil à plomb porte le nom de **verticale;** l'expérience prouve qu'elle est perpendiculaire à la surface d'une nappe d'eau ou du mercure d'un vase; cette dernière surface est dite **horizontale.**

Ces deux directions, la verticale et l'horizontale, se rencontrent dans toutes nos constructions; les arêtes des murs sont verticales; les planchers ont leur surface horizontale; dès

Fig. 17.

lors le fil à plomb est indispensable aux constructeurs pour établir la verticalité d'un mur (fig. 17 *bis*); il peut même servir, comme dans le niveau de maçon, pour trouver si un plan est horizontal.

Nous savons que la terre est sensiblement sphérique, et que la surface des eaux qui la couvrent en partie, sphérique dans son ensemble, peut être regardée comme plane sur une petite étendue, parce qu'elle se confond avec le plan tangent mené en ce point. Nous en concluons que la direction suivant laquelle les corps tombent est, en chaque point de notre globe, perpendiculaire au plan tangent en ce point. La verticale d'un lieu va donc passer par le centre de la terre, et les corps tombent comme s'ils étaient attirés vers le centre de la terre.

Fig. 17 *bis*.

Il résulte de cette remarque que dans des lieux voisins, deux fils à plomb doivent être considérés comme parallèles, à cause du grand éloignement du centre de la terre (fig. 18); mais deux verticales assez éloignées l'une de l'autre font un angle; si elles sont diamétralement opposées, elles déterminent les antipodes.

34. Point d'application de la pesanteur. — Centre de gravité. — Si l'on prend un corps solide et qu'on le réduise en morceaux, chacun des fragments tombera comme le corps entier s'il est abandonné à lui-même. La pesanteur agit donc sur les différentes parties d'un corps, aussi bien quand elles sont séparées que lorsqu'elles sont réunies pour former un tout. Il faut donc se représenter l'action de la pesanteur sur un corps comme un

Fig. 18.

ensemble de forces, appliquées à chacune des parcelles du corps et parallèles entre elles comme le sont des verticales voisines. L'ensemble de ces forces a une résultante, appliquée en un point particulier; cette résultante de toutes les actions de la pesanteur se nomme le **poids** du corps, et son point d'application prend le nom de **centre de gravité.**

Ainsi quand un corps tombe, le mouvement lui est imprimé par l'action de la pesanteur sur chacun de ses éléments, ou par une force qui est le poids du corps appliquée au centre de gravité. Dès lors, pour empêcher la chute, il faut contrebalancer cette résultante par une force de bas en haut, c'est pourquoi on peut dire que le poids d'un corps, c'est l'effort qu'il faut lui opposer pour l'empêcher de tomber.

35. Action de la pesanteur sur les corps en repos. — Équilibre. — Quand les corps sont soutenus de manière à ne pas tomber, la pesanteur n'agit pas moins sur eux comme sur ceux qui tombent : elle exerce une *tension*, comme dans le cas d'une balle de plomb suspendue à un fil, une *flexion*, comme dans le cas des fruits faisant ployer la branche qui les porte, une *pression*, quand le corps repose sur un obstacle fixe.

Si le corps est en repos, c'est que la pesanteur est contrebalancée; on dit qu'il y a **équilibre ;** et il y a lieu d'étudier séparément l'équilibre des corps suspendus et celui des corps reposant sur un plan.

36. Équilibre des corps suspendus.. — Quand un corps est suspendu par un point ou par un axe fixe, il faut, pour que la pesanteur soit contrebalancée, ou bien que le centre de gravité du corps soit directement soutenu, ou bien que le corps soit soutenu par un point situé sur la verticale passant par le centre de gravité. Trois cas peuvent se présenter : le corps peut en effet être fixé par un point situé soit au-dessous, soit au-dessus du centre de gravité, et soit au centre de gravité même.

Dans le premier cas, lorsque le corps est suspendu par un point situé au-dessous du centre de gravité, si on dérange tant soit peu le corps, il tourne jusqu'à ce que le centre de gravité, qui tend toujours à descendre, soit venu en dessous du point de suspension; on dit que l'équilibre est **instable.**

Dans le second cas, l'équilibre est **stable,** si on écarte le corps de sa position pour amener G en G', la pesanteur agit suivant G'P'; mais cette force peut être décomposée en deux autres, dont une seule est active, G'F, et tend à ramener le corps dans la verticale; il y revient en effet après quelques oscillations (fig. 19).

Enfin, si le centre de gravité se trouve au point de suspension, la pesanteur est constamment détruite par la réaction du support, le corps est en équilibre dans toutes les positions, l'équilibre est indifférent.

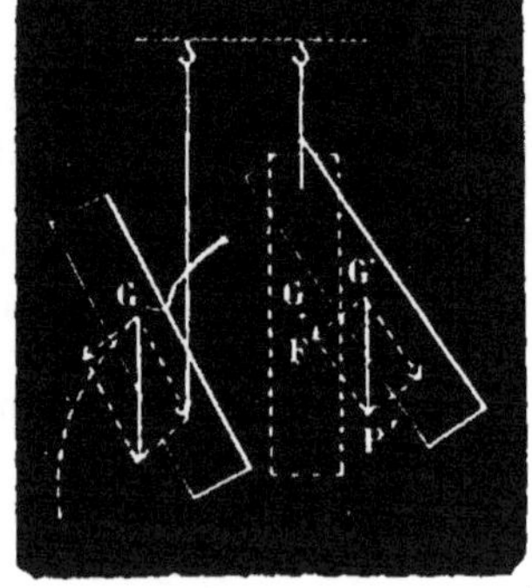

Fig. 19.

On démontre ces propriétés avec différents appareils, comme un bouchon ou un cône dans lequel on a planté deux tiges terminées par des boules que l'on peut relever plus ou moins, ou encore avec l'équilibriste des cabinets de physique (fig. 20).

37. Équilibre des corps reposant sur un plan. — Lorsqu'un corps repose sur un plan par un seul point, l'équilibre est stable si le centre de gravité est sur la verticale de ce point et le plus bas possible; ainsi un œuf est en équilibre quand il repose sur le côté, tandis qu'on ne peut pas le faire tenir sur un des bouts, parce que le centre de gravité est alors plus loin de la base et qu'il tend toujours à descendre.

Lorsque le corps repose sur un plan par plusieurs points, il est en équilibre si la verticale du centre de gravité tombe dans le polygone formé en réunissant les points d'appui. On conçoit, en effet, que la pesanteur presse le corps contre ses points d'appui et que la résultante passe dans le polygone formé par ces points.

Mais l'équilibre n'existe plus si la verticale du centre de gravité tombe en dehors du polygone de base; le corps bascule alors autour d'un des côtés de ce polygone (fig. 21). Ce cas se présente avec un guéridon à trois pieds que l'on incline jusqu'à ce qu'un fil à plomb suspendu en son milieu, sorte du triangle formé par les points d'appui, ou encore avec une table dont les pieds sont près du centre et très peu écartés; la table bascule quand on la charge d'un poids.

La stabilité d'un corps est donc en général d'autant plus grande que son centre de gravité est plus bas.

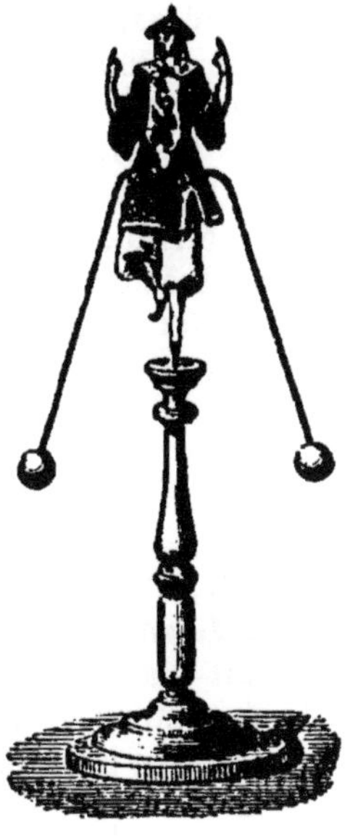

Fig. 20.

Fig. 21.

38. Détermination expérimentale du centre de gravité. — Les conditions d'équilibre d'un corps suspendu donnent un moyen pratique pour trouver par l'expérience le centre de gravité d'un corps. On suspend le corps à un fil par un de ses points; et quand le corps est en équilibre, le centre de gravité se trouve dans le prolongement du fil; on a ainsi une première ligne droite qui contient le centre de gravité. On suspend alors le corps par un autre de ses points et on marque la nouvelle direction du fil de suspension : le centre de gravité se trouve à la rencontre des deux lignes ainsi tracées.

Cette expérience est très facile à réaliser sur un corps très mince comme une équerre à dessin (fig. 22); elle serait moins facile pour un corps d'un volume un peu considérable.

Quand le corps est homogène, la position du centre de gravité ne dépend que de la forme du corps. Si le corps est symétrique autour d'un point, comme une sphère, le centre de gravité est en ce point. Si le corps est symétrique autour d'un axe, le centre de gravité est sur cet axe.

Si le corps a une forme géométrique, il est donc possible de trouver son centre de gravité géométriquement : ainsi le centre de gravité de la surface d'un rectangle est à la rencontre de ses deux diagonales, celui d'un cylindre au milieu de son axe.

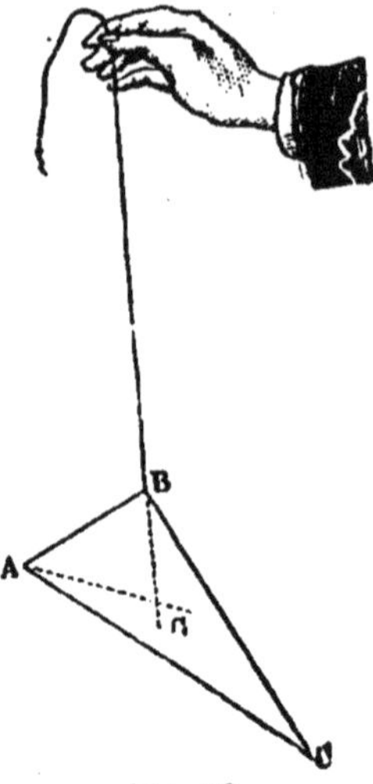

Fig. 22.

II. — CHUTE DES CORPS

39. Tous les corps tombent également vite dans le vide. — Avant d'arriver à la mesure de l'intensité de la pesanteur, il faut chercher quel mouvement cette force imprime aux corps.

L'observation ordinaire ferait croire que la pesanteur n'agit pas de la même manière sur tous les corps, qu'elle imprime un mouvement plus rapide aux uns qu'aux autres. Ainsi une balle de plomb arrive à terre avant une plume abandonnée en même temps qu'elle, un disque de métal tombe plus vite qu'un égal disque de papier, la feuille de papier roulée en boule avant la même feuille étalée.

L'observation attentive montre que c'est la résistance de l'air qui ralentit le mouvement de certains corps, plus que le mouvement des autres. Si donc on supprime la résistance de l'air, deux corps très différents tomberont également vite. C'est ce que l'on peut constater si l'on prend un disque métallique comme une pièce de cinq francs, et un disque de papier d'un égal diamètre ; si l'on tient le premier horizontalement, qu'on pose sur lui le second, et qu'on les abandonne, ils arriveront à terre au même instant ; le disque de métal aura supprimé la résistance que l'air opposait au disque de papier.

Si c'est bien l'air qui ralentit les corps dans leur chute, tous les corps doivent tomber également vite dans le vide. C'est ce que l'expérience vérifie (fig. 23). On a dans un long tube

Fig. 23.

des corps très différents : balle de plomb, morceaux de liege, fragments de papier, barbes de plumes, etc. ; on retourne brusquement le tube de manière à le mettre vertical et l'on voit les différents corps qu'il contient, s'échelonner dans leur chute. Si l'on enlève l'air du tube et qu'on recommence l'expérience, tous les corps arrivent en même temps ; et si on laisse rentrer l'air, le premier phénomène se renouvelle.

Ainsi, dans le vide, l'action de la pesanteur est la même sur chaque corps, la pesanteur doit donc être une force constante en grandeur dans un même lieu comme elle est constante dans sa direction.

40. Lois de la chute des corps. — Si la pesanteur est une force constante, elle doit imprimer à chaque corps un mouvement uniformément accéléré ; c'est ce qu'il faut vérifier.

Dans un tel mouvement, les espaces parcourus sont proportionnels aux carrés des temps et les vitesses sont proportionnelles aux temps. Eu est-il ainsi pour les corps qui tombent ? L'observation de la chute directe d'un corps est difficile à faire exactement à cause de la rapidité de la chute : un corps parcourt en effet 5 mètres environ dans la première seconde de sa chute, près de 20 mètres en deux secondes. Il faut donc user d'artifices si l'on veut pouvoir étudier commodément l'action de la pesanteur ; il faut retarder la chute des corps pesants sans changer la nature du mouvement qui leur est imprimé par la pesanteur. C'est ce que fit Galilée pour découvrir les lois de la chute des corps ; il faisait tomber un corps le long d'un plan incliné ; l'espace parcouru sur un tel plan dans un temps donné est d'autant plus petit que le plan est plus près d'être horizontal, mais il conserve un rapport constant avec la hauteur dont tomberait le corps pendant le même temps en chute libre.

On emploie actuellement la machine d'Atwood.

41. Machine d'Atwood. — Principe de l'appareil. — Si l'on suppose une poulie à gorge, très mobile autour d'un axe horizontal, portant un fil aux deux extrémités duquel sont fixés deux corps ayant chacun une masse M, un tel système sera en équilibre dans toutes les positions, car on peut admettre que la masse du fil est négligeable. Si alors on charge un des corps d'une masse additionnelle m, le tout se mettra en mouvement sous l'influence d'une force égale à p, le poids de la masse additionnelle. La masse totale mise en mouvement sera $2M + m$, et si l'accélération du mouvement est γ, on pourra écrire que la force p est caractérisée par le produit de la masse mise en mouvement par l'accélération γ.

$$p = (2M + m)\,\gamma.$$

Le même poids p tombant librement prendrait une accélération g.
D'où

$$p = mg.$$

En égalant ces deux équations, il vient :

$$\gamma\,(2M + m) = mg,$$

$$\gamma = g\,\frac{m}{2M + m}\,.$$

Il y a donc un rapport constant entre l'accélération du mouvement de l'ensemble et l'accélération de la chute libre ; par conséquent les lois du premier mouvement seront les mêmes que celles du second.

Mais le premier mouvement pourra être beaucoup plus lent que le mouvement en chute libre puisque si on fait seulement $M = 12\,m$, γ égalera $\frac{1}{25}$ de g ;

c'est-à-dire que dans ce cas l'espace parcouru dans la première seconde de chute sera $\frac{1}{25}$ de l'espace parcouru en chute libre.

Ainsi dans la machine d'Attwood la chute est ralentie, mais les lois du mouvement ne sont pas changées.

Détails de l'appareil. — La poulie est portée au haut d'une longue colonne de $2^m,50$; elle est très mobile; son axe repose habituellement, non sur des coussinets fixes, mais sur les circonférences de quatre roues croisées, deux en avant, deux en arrière; le frottement est presque insensible. Les deux masses sont deux poids de laiton suspendus aux extrémités d'un fil de soie passant dans la gorge de la poulie (fig. 24). Une règle divisée en centimètres est parallèle à la colonne, et c'est devant elle que se meut l'un des deux poids. Des curseurs pleins et d'autres évidés peuvent être fixés sur cette règle. Un arrêt mécanique retient l'un des poids au haut de la règle vis-à-vis le zéro.

L'appareil est complété par un pendule battant la seconde et par un mécanisme qui fait tomber le poids au commencement d'une seconde.

On dispose de plusieurs poids additionnels p pour déterminer la chute.

Vérification de la loi des espaces. — La masse additionnelle p étant posée sur le poids supérieur, on abandonne le système à lui-même au moment où commence une oscillation du pendule. On cherche par tâtonnement à quel point il faut placer le curseur plein pour qu'on entende le choc du poids sur lui à la fin de la première seconde. La position du curseur sur la graduation indique l'espace parcouru en une seconde, soit 15^{cm}.

Cet espace une fois connu, on porte le curseur plein à une distance du zéro 4 fois plus grande et on recommence

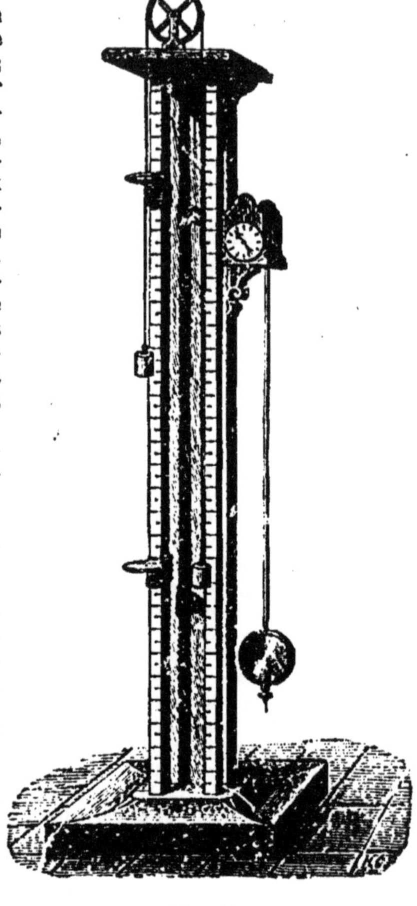

Fig. 24.

l'opération : on constate alors que le poids a frappé le curseur exactement après 2 secondes.

On porte ensuite le curseur à 9 fois 15^{cm} et on recommence l'expérience, le poids frappe sur le curseur après 3 secondes de chute.

Les espaces parcourus sont donc :

$$\text{Pour 1 seconde,} \quad 1 \times 15^{cm};$$

$$- \quad 2 \quad - \quad 2^2 \times 15^{cm}$$

$$- \quad 3 \quad - \quad 3^2 \times 15^{cm}$$

Donc les espaces parcourus par un corps qui tombe sont proportionnels aux carrés des temps employés à les parcourir.

Loi des vitesses. — La vitesse d'un mouvement varié à partir d'un instant considéré, est l'espace que le mobile parcourt d'un mouvement uniforme dans l'unité de temps qui suit l'instant considéré.

Si donc on veut avoir la vitesse après 1, 2, 3 secondes, il faut laisser tomber le mobile pendant 1, 2, 3 secondes, puis supprimer l'action de la force motrice et chercher l'espace que le mobile parcourt dans l'unité de temps qui suit la suppression de la force accélératrice.

C'est à quoi servent dans l'appareil d'Attwood les curseurs évidés.

On place un curseur évidé à 15^{cm} à partir du zéro et un curseur plein à une distance triple. Puis on laisse tomber le poids avec sa masse additionnelle (fig. 25). Au bout d'une seconde il arrive à traverser le curseur évidé; il y laisse la masse additionnelle et il continue sa marche en vertu de la vitesse qu'il a acquise; il vient frapper le curseur plein à la fin de la 2e seconde. Il a donc parcouru 30^{cm} en vertu de sa vitesse après une seconde de chute.

Dans une deuxième expérience, on place le curseur évidé à 60^{cm} et le curseur plein à 120^{cm}. Le poids additionnel tombe pendant deux secondes, puis s'arrête sur le curseur évidé; le gros poids continue à marcher et vient frapper le curseur plein une seconde après; il a donc cette fois parcouru 60^{cm} en vertu de sa vitesse acquise.

Ces deux expériences se figurent ainsi :

$$\text{Vitesse après} \quad 1'', \quad 1 \times 30^{cm}.$$
$$- \quad - \quad 2'', \quad 2 \times 30 \text{ ou } 60.$$

On trouverait de même .

$$\text{Vitesse après} \quad 3'', \quad 3 \times 30 \text{ ou } 90.$$
$$- \quad - \quad 4'', \quad 4 \times 30 \text{ ou } 120.$$

On en conclut que les *vitesses acquises sont proportionnelles aux temps.*

Fig. 25.

La loi des espaces et la loi des vitesses dans la chute des corps sont celles qui caractérisent un mouvement uniformément accéléré. La pesanteur qui produit un tel mouvement est donc une force constante en grandeur et en direction.

Les lois de la chute des corps sont alors représentées par les deux formules :

$$e = g \frac{t^2}{2},$$

$$v = gt,$$

dont on tire en éliminant t

$$v = \sqrt{2ge}.$$

La vérification de la loi des vitesses permet de reconnaître que la vitesse acquise après la première seconde, ou l'accélération, est le double de l'espace parcouru; c'est en effet ce que l'on tire de la formule générale du mouvement accéléré quand on y fait le temps égal à 1.

$$e = g \frac{t^2}{2}$$

$$\text{pour } t = 1'', \ e = \frac{g}{2} \ \text{ ou } \ g = 2e.$$

Exercices.

8. Un corps est lancé verticalement de bas en haut avec une vitesse de 30 mètres. À quelle hauteur s'élèvera-t-il et au bout de quel temps sera-t-il revenu à son point de départ?

9. Dans une machine d'Atwood, les deux poids égaux sont de chacun 100 grammes. Quel doit être le poids additionnel pour que le système parcoure 36 centimètres dans les deux premières secondes de chute? et si la règle a 2 mètres, combien de secondes le poids mettra-t-il à tomber du haut en bas?

10. Sur un plan incliné dont la base $b = 8$ mètres et la hauteur $h = 6$ mètres, on laisse tomber un corps. Quel temps durera sa descente sur le plan? quel temps mettrait-il pour tomber librement de la hauteur h? quelle serait sa vitesse acquise?

11. Quel rapport faut-il entre b, h et la longueur l du plan incliné pour qu'un mobile, tombant librement de la hauteur h, puis parcourant la base b d'un mouvement uniforme avec sa vitesse acquise, mette le même temps qu'un autre mobile qui descend le long du plan?

CHAPITRE IV

LE PENDULE. — L'INTENSITÉ DE LA PESANTEUR

42. Le pendule. — Tout corps lourd suspendu à un fil et pouvant tourner autour d'un point fixe prend le nom de pendule : un tel corps est en équilibre quand le centre de gravité est sur la verticale du point de suspension ; écarté de cette position, il y revient, mais après avoir accompli à droite et à gauche de sa position d'équilibre des mouvements de va-et-vient, autrement dit des oscillations.

Pour expliquer le mouvement de cet appareil, on suppose un pendule idéal qu'on nomme **pendule simple** il consiste en un corps pesant de très petites dimensions, suspendu à l'extrémité d'un fil inextensible dont le poids est négligeable (fig. 26). Soit AM' ce pendule; écartons-le de sa position pour l'amener en M. La pesanteur agit sur la masse M, soit MG la force égale au poids; cette force peut se décomposer en deux autres, MC dans la direction du fil, MH dans une direction perpendiculaire au fil; la première de ces deux composantes n'a pour effet que de tendre le fil, la seconde reste seule pour faire mouvoir la masse M; elle tend à ramener M en M' en faisant suivre à la masse M tous les éléments plans dont l'arc MM' est formé. Cette force diminue à mesure que le mouvement se produit,

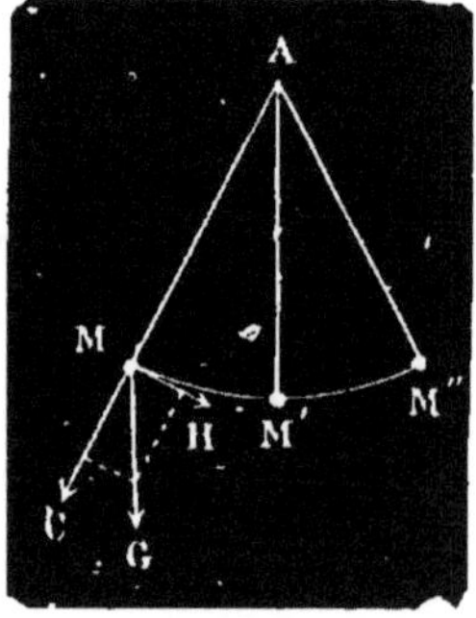

Fig. 26.

pour devenir nulle quand le corps est en M'; on peut s'en convaincre soit par une construction, soit en remarquant que sa grandeur est liée à l'angle MAM', et diminue avec lui.

Quoique la force qui produit le mouvement aille en décroissant de M en M', la vitesse du corps suspendu augmente, et en vertu de cette vitesse acquise le corps remonte le long de l'arc M'M''; la vitesse va alors en diminuant parce que la pesanteur joue le rôle de force retardatrice, et quand le corps est en M'' la vitesse est nulle. Le corps redescend alors de droite à gauche comme il est allé d'abord de gauche à droite.

Si l'on opérait dans le vide et si l'on pouvait supprimer le frottement contre le point de suspension, le mouvement continuerait indéfiniment. Mais il n'en est pas ainsi; dans l'air, l'angle MAM'' diminue rapidement et le pendule ne tarde pas à s'arrêter dans la verticale.

Le temps que le pendule met à aller de M en M'' est la durée d'une **oscillation simple**; l'oscillation double, c'est une allée et venue; on lui donne aussi le nom de **vibration complète**.

43. Lois des oscillations du pendule. — Galilée, après une série d'observations, a formulé les lois du pendule :

1° *Les petites oscillations sont isochrones*, c'est-à-dire que leur durée reste la même tant que l'amplitude (ou l'angle des deux positions extrêmes) ne dépasse pas 4° ou 5° ;

2° La durée des oscillations ne dépend pas de la substance qui forme le pendule, si l'on opère dans le vide : dans cette condition deux sphères de même diamètre, l'une de métal, l'autre de bois, accomplissent les mêmes oscillations ;

3° La durée d'une oscillation dépend de la longueur (l) du pendule, de l'intensité (g) de la pesanteur ; on a trouvé par le calcul, pour exprimer le temps t d'une oscillation, la formule :

$$t = \pi \sqrt{\frac{l}{g}}.$$

Cette formule n'est pas susceptible d'une vérification expérimentale rigoureuse puisqu'elle répond à un pendule irréalisable ; mais on s'en approche de très près en prenant pour pendules des sphères lourdes d'un petit rayon suspendues à un fil très léger.

On en tire des conséquences importantes :

La première, c'est que, dans un même lieu, pour des longueurs différentes, les durées d'une oscillation sont proportionnelles aux racines carrées des longueurs

$$\frac{t}{t'} = \frac{\sqrt{l}}{\sqrt{l'}}.$$

C'est ce que l'expérience vérifie : de deux pendules, dont les longueurs sont l'une 1, l'autre 4, les durées des oscillations sont comme $\frac{\sqrt{1}}{\sqrt{4}}$ ou comme 1 à 2 ; le premier pendule fait dans le même temps deux fois plus d'oscillations que le second. (fig. 27)

La seconde conséquence, c'est qu'il sera possible avec un pendule de longueur exactement connue de trouver (g) l'intensité de la pesanteur.

44. Détermination de l'accélération de la pesanteur. — De la formule du pendule, on tire :

$$t^2 = \pi^2 \frac{l}{g}$$

D'où :

$$g = \frac{\pi^2 l}{t^2}.$$

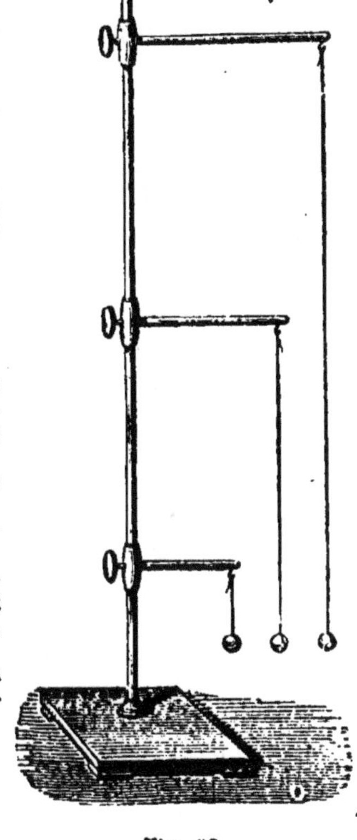

Fig. 27.

Si donc on peut avoir exactement la longueur (l) d'un pendule, et connaître exactement le temps (t) d'une oscillation, en portant ces deux quantités dans la formule précédente, on connaîtra g.

On obtient t en comptant la durée de 1000 oscillations par exemple et en divisant le nombre par 1000.

Quant à la longueur, elle est plus difficile à mesurer parce qu'on emploie toujours un pendule dont le poids du fil ne peut être négligé, autrement dit un **pendule composé**. Quelle qu'en soit la forme, on peut par expérience trouver la longueur du pendule simple dont les oscillations auraient la même durée, c'est cette longueur qu'il importe de connaître.

Les expériences faites à Paris ont donné pour g la valeur 9m,8088. Et en opérant à diverses latitudes on a constaté que l'intensité de la pesanteur va en croissant de l'équateur, où elle vaut 9m,77, au pôle, où elle est de 9m,832.

On attribue cette augmentation à l'aplatissement de la terre et à son mouvement de rotation.

45. Pendule battant la seconde. — On peut se proposer de chercher la longueur du pendule capable de battre la seconde dans un lieu pour lequel l'accélération de la pesanteur est connue.

Si on fait $t = 1$ dans la formule, on aura

$$l = \frac{g}{\pi^2}.$$

A Paris, $l = \dfrac{9,808}{3,1416^2} = 0^m,994$.

46. Application du pendule à la mesure du temps. — Le pendule est employé pour régulariser la marche des horloges ; on le désigne alors ordinairement sous le nom de balancier. Voici le principe de cette application trouvée par Huygens en 1656.

Dans les horloges ou dans les pendules d'appartements, le moteur est un poids qui, en descendant, fait tourner le cylindre sur lequel est enroulée la corde qui le suspend, ou bien c'est un ressort tendu dont l'action sur le cylindre est la même que celle du poids. Le poids ou le ressort, s'ils étaient libres, prendraient un mouvement accéléré, et l'aiguille fixée à l'axe du cylindre ne marquerait pas des espaces égaux dans des temps égaux. Pour obtenir une marche régulière, on munit le cylindre d'une roue dentée R et d'une **pièce d'échappement** en arc ABC que le balancier devra faire mouvoir (fig. 28). Alors quand le balancier commence son oscillation de gauche à droite il entraîne l'ancre ABC ; l'extrémité C abandonne la dent contre laquelle elle appuyait et la roue tourne sous l'action du poids. Mais à la fin de l'oscillation la roue se trouve arrêtée par l'extrémité A ; elle ne reprendra son mouvement qu'à l'oscillation suivante. La roue tourne donc par secousses régulières à chaque oscillation du balancier ; et comme les petites oscillations se font dans des temps égaux, il s'ensuit que la roue tourne à chaque fois d'une égale quantité et le chemin parcouru par l'aiguille sert à mesurer le temps.

Comme le balancier oscille dans l'air et qu'il y a toujours un frottement au point de suspension, l'appareil finirait par s'arrêter. Mais on a obvié à cet inconvénient en terminant par des plans inclinés les extrémités A et C de la pièce d'échappement ; de cette manière le pendule reçoit une légère impulsion de la roue à chacune de ses oscillations et son mouvement se maintient.

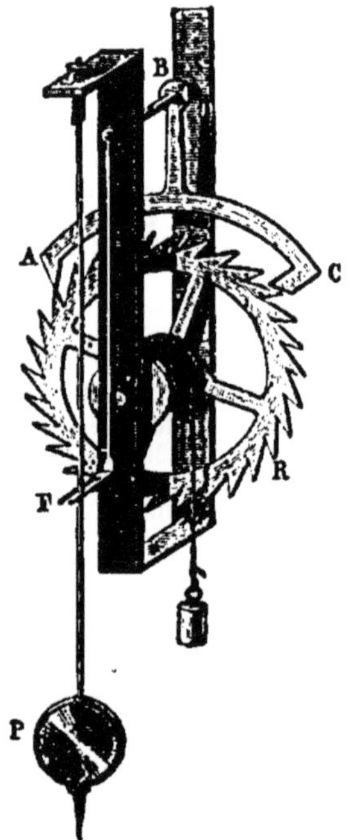

Fig. 28.

Exercices.

12. Dans un lieu où l'intensité de la pesanteur g est 9,808, quelle doit être la longueur du pendule dont l'oscillation dure 2 secondes ?

13. Trouver le temps de l'oscillation d'un pendule de 25 mètres de longueur, à Paris.

CHAPITRE V

LE POIDS. — LA BALANCE

47. Le poids. — Si l'on supporte successivement avec la main un certain nombre de corps différents, on juge que l'effort à développer est plus grand pour les uns que pour les autres ; on dit que les uns sont plus lourds ou pèsent plus que les autres, et on est conduit à chercher pour chacun d'eux l'effort à faire pour les soutenir ; cet effort, c'est le **poids**, autrement dit la force avec laquelle un corps presse l'obstacle qui l'empêche de tomber.

Le poids d'un corps est la somme de toutes les actions que la pesanteur exerce sur les différentes parties du corps. Ainsi défini, comme la résultante des actions de la pesanteur, le poids a pour expression le produit de la masse m du corps par l'accélération g de la pesanteur, c'est le *poids absolu* ou

$$P = mg,$$

il doit donc varier, puisque g est variable aux différents points de la terre.

Mais si le poids absolu d'un corps varie de l'équateur au pôle, le rapport des poids absolus de deux corps, autrement dit le poids relatif de l'un comparé à l'autre, ne varie pas. Ce sont ces poids relatifs des corps qu'il est intéressant de connaître.

48. Unité de poids. — On a adopté, comme unité de poids, le **gramme**, qui est le poids d'un centimètre cube d'eau distillée, dans le vide et à 4° de température. On lui donne pour l'usage la forme d'un cylindre de laiton ou d'une petite feuille de platine, et on lui a fait des multiples en laiton ou en fonte et des sous-multiples en platine.

49. Principe de la balance. — La balance est un instrument destiné à comparer le poids d'un corps quelconque à celui des poids gradués qui produisent le même effet. Elle se compose essentiellement d'une tige rectiligne, rigide, appelée le **fléau**

Fig. 29.

(fig. 29), portant en son milieu un axe C qui repose sur un plan fixe. Si les trois points ACB sont en ligne droite, que le centre de gravité du fléau soit un peu en dessous de l'axe, l'équilibre de l'appareil sera stable ; et si les deux *bras de levier* AC et CB sont égaux, l'appareil prendra de lui-même la position horizontale. Si alors on suspend deux poids égaux, l'un en A, l'autre en B, le fléau restera horizontal, parce qu'alors la résultante de ces deux poids passera par le point d'appui. Tel est le principe de la balance.

L'axe qui repose sur le plan fixe, est un prisme d'acier présentant inférieurement son arête, c'est le **couteau;** le plan d'appui est en acier ou en agate.

Aux deux extrémités des bras égaux du fléau sont suspendus deux plateaux; si ces plateaux sont de même poids, le fléau prend la position horizontale, — et pour juger de cette dernière position, une aiguille verticale, portée par le fléau, présente son extrémité libre devant un petit cadran fixe divisé.

On montre facilement à l'aide de l'appareil très simple représenté par la figure 30, que le fléau n'est en équilibre stable que quand son centre de gravité est au-dessous de l'axe de suspension. Le fléau est figuré par un bouchon de liège traversé dans sa longueur par une aiguille à tricoter AB, et perpendiculairement à cette première direction par une seconde aiguille DE. L'axe de suspension est formé de deux bouts d'aiguille C et C',

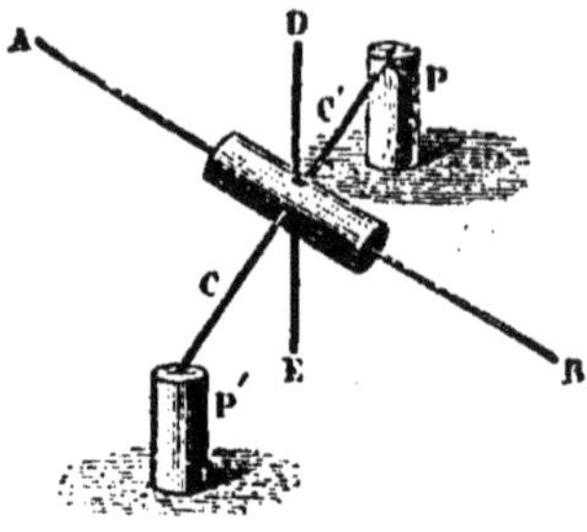

Fig. 30.

reposant sur deux verres ou deux petits billots PP'. Si l'on enfonce l'aiguille DE de manière que la branche E soit la plus longue, l'appareil oscille, mais il reprend vite une position d'équilibre où AB est horizontale; le centre de gravité est alors au-dessous de CC'. On remonte peu à peu l'aiguille DE, de manière à relever le centre de gravité et à le rapprocher de l'axe CC'; et quand on l'a placé au-dessus de CC', le fléau AB bascule et tourne autour de son axe.

50. Conditions d'une bonne balance. — Une bonne balance doit remplir deux conditions principales : il faut qu'elle soit **juste,** c'est-à-dire qu'elle se tienne en équilibre quand les poids placés dans les deux plateaux sont égaux; il faut aussi qu'elle soit **sensible,** c'est-à-dire que le fléau s'incline d'une manière appréciable quand il existe une très petite différence entre les deux poids comparés.

La condition de justesse ne peut être obtenue que si les deux moitiés de la balance, à droite et à gauche de son point de suspension, sont absolument identiques : bras de levier égaux en longueur et en poids, plateaux librement suspendus et bien égaux. Il est presque impossible de construire une balance qui soit parfaitement juste.

Les conditions de sensibilité sont liées à la mobilité du fléau sur son support; or le fléau oscille d'autant mieux que son poids est plus faible, que ses bras de levier sont plus longs, et que le centre de gravité est le plus près possible du point d'appui.

Les deux premières de ces conditions se contrarient, puisqu'en même temps qu'on allonge le fléau, on en augmente le poids. Mais on satisfait à l'une et à l'autre dans la mesure du possible en donnant aux balances de longs fléaux évidés.

81. Recherche des conditions de sensibilité. — Soit BOA le fléau d'une balance, G son centre de gravité placé à une distance d en dessous du point d'appui, l la longueur des deux bras de levier égaux.

Supposons qu'on ait mis en B un poids P, en A un poids $P + p$ et que pour cette augmentation de poids la balance ait pris une position d'équilibre B'A' et que le fléau se soit incliné d'un angle α. Cherchons les conditions d'équilibre.

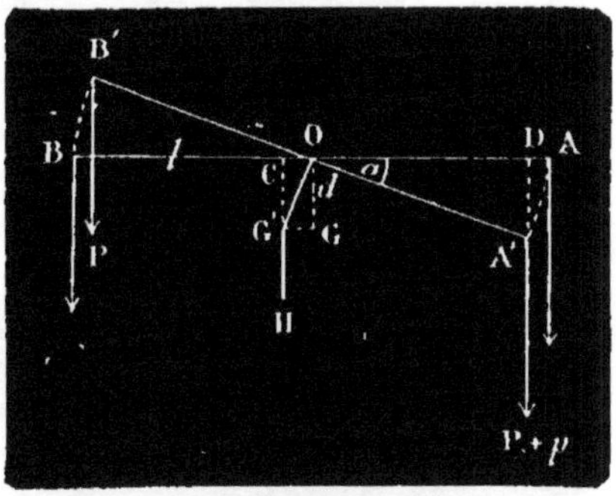

A droite de O est une force $P + p$ à une distance OD de l'axe; cette force vaudrait à l'unité de distance de l'axe :

$$(P + p)\, OD.$$

A gauche de O, agissent deux forces (fig. 31) :

P à une distance de l'axe égale à OD, π le poids du fléau à une distance OC.

Fig. 31.

Ces deux forces rapportées à l'unité de distance valent ensemble

$$P \times OD + \pi \times OC,$$

elles font équilibre à la première, donc

$$(P + p)\, OD = P \times OD + \pi \times OC,$$

ou

$$p \times OD = \pi \times OC.$$

Mais dans les triangles rectangles OCG', ODA' on a

$$OD = OA'\, \cos \alpha = l \cos \alpha,$$

$$OC = OG'\, \sin \alpha = d \sin \alpha.$$

Donc

$$p \times l \cos \alpha = \pi \times d \sin \alpha.$$

D'où l'on tire :

$$tg\ \alpha = \frac{pl}{\pi d}.$$

La balance sera d'autant plus sensible que l'angle sous lequel elle s'inclinera pour une augmentation de poids p sera plus grand.

La sensibilité sera donc d'autant plus grande que les bras de leviers (l) seront plus longs, que le poids (π) du fléau sera plus petit et que la distance du centre de gravité au point de suspension (d) sera plus petite.

Ce sont les trois conditions énoncées ci-devant.

82. Balances de précision. — On construit des balances qui possèdent une très grande sensibilité et qui s'approchent le plus possible des conditions de justesse : ce sont les *balances de précision* des laboratoires.

Les unes sont destinées à peser jusqu'à 25 grammes au plus avec une approximation d'au moins un demi-milligramme, ce sont les *trébuchets*.

Les autres pèsent jusqu'à un demi-kilo, même un kilo, à un quart de milligramme, même à un dixième de milligramme.

Toutes sont protégées par une cage de verre que l'on n'ouvre que pour y introduire les poids et les corps à peser, et où l'on garde constamment un vase contenant de la chaux vive (fig. 32), elles ne doivent être maniées que par des mains exercées.

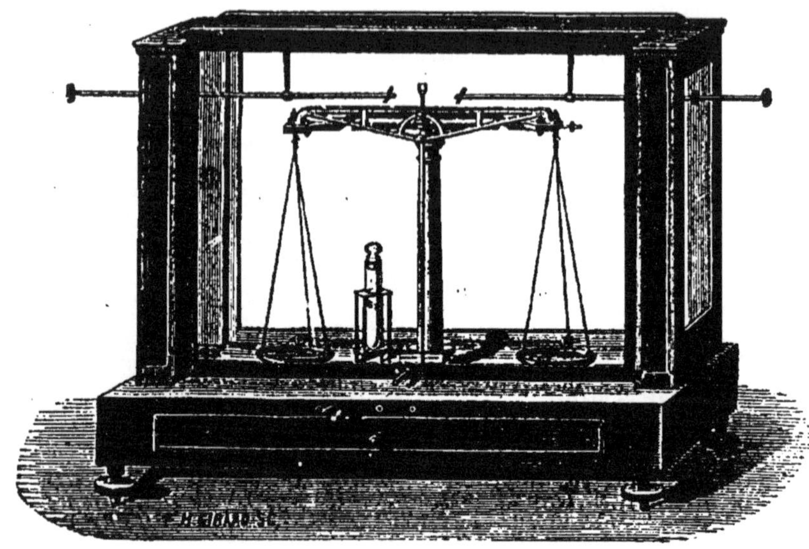

Fig. 32.

83. Balances ordinaires. — Les balances ordinaires sont de diverses formes, ou bien à plateaux suspendus, comme

dans la balance des cabinets de physique qui sert aux expériences d'hydrostatique, ou bien à plateaux supportés comme dans la balance Roberval (fig. 33), qui est d'un emploi courant dans les laboratoires pour les pesées ordinaires

Fig. 33.

res et dans le commerce où l'on n'a pas besoin d'une bien grande approximation.

84. Méthode de la double pesée. — On s'exposerait à commettre des erreurs dans le poids des corps si l'on se contentait de la pesée simple qui consiste à mettre le corps à peser dans l'un des plateaux et des poids dans l'autre, jusqu'à ce qu'on ait obtenu l'horizontalité du fléau.

Lorsqu'on veut avoir exactement le poids d'un corps avec une balance quelconque suffisamment sensible, on emploie la méthode de Borda.

On met le corps dans l'un des plateaux et on lui fait équilibre en mettant dans l'autre plateau des corps quelconques, comme des grains de plomb, qui constituent la *tare*. Puis sans toucher à la tare, on enlève le corps et on le remplace par des poids marqués jusqu'à ce que l'équilibre soit rétabli. Les poids marqués mis ainsi à la place du corps représentent exactement le poids du corps à l'approximation que peut donner la balance. Il a fallu réellement deux opérations pour obtenir le poids, aussi cette méthode est-elle appelée *méthode des doubles pesées*.

Il peut arriver que l'on ait fréquemment à peser des corps dont les poids sont très peu différents, par exemple 4 grammes, 6 grammes, 8 grammes de différentes substances. Si l'on appliquait à chaque corps la méthode précédente, il faudrait deux opérations pour chacun d'eux. Mais on peut abréger les diverses pesées en faisant une fois pour toutes, pour différents poids, des tares qui restent dans la balance, et qui permettent d'obtenir en une seule opération avec exactitude le poids d'un corps donné.

Les tares sont de petites fioles de verre contenant des grains de plomb, bouchées et marquées du poids auquel elles font équilibre. On a, je suppose, une tare de 10 grammes, et on veut peser un corps de moins de 10 grammes, soit de 5 à 6 grammes, par exemple. On met la tare dans le plateau où elle a été faite, puis dans l'autre le corps et à côté de celui-ci des poids marqués jusqu'à ce que l'équilibre soit obtenu. Il faudrait 10 grammes pour équilibrer la tare; si l'on n'en a mis que 4, c'est que le corps pèse 6 grammes.

Veut-on avoir $6^{gr},5$ d'une substance? On met sur un plateau la tare de 10 grammes; sur l'autre, d'abord $3^{gr},5$, puis, peu à peu, ce qu'il faut de la substance pour amener l'équilibre; et l'on a ainsi, exactement, les $6^{gr},5$ que l'on a voulu avoir.

Ces deux exemples suffisent pour montrer l'utilité des tares et pour indiquer comment on fait rapidement des pesées exactes.

Exercices.

14. Dans une balance, un corps placé dans le plateau A est équilibré par 20 grammes mis dans le plateau B; si l'on met le corps en B, il faut mettre 22 grammes en A, quel est le poids du corps?

15. Dans l'exemple précédent, si la longueur du fléau L égale $0^m,50$, trouver les longueurs l et l' des deux bras de levier.

16. Dans une balance de précision, le fléau a $0^m,50$ de longueur, il pèse 200 grammes, à quelle distance du point de suspension faut-il que soit le centre de gravité pour que la balance incline d'un angle de 10° sous un poids d'un milligramme? Tang 10° = 0,176.

CHAPITRE VI

POIDS SPÉCIFIQUES

55. Les corps pris sous le même volume n'ont pas le même poids. — On entend dire souvent, dans le langage courant, que le plomb est plus lourd que le fer, le fer plus lourd que le bois, le mercure plus lourd que l'eau, l'eau plus lourde que l'huile. On sait bien, quand on parle ainsi, que tel bloc de bois d'assez grande dimension pèse beaucoup plus qu'un petit morceau de fer ou de plomb ; mais on veut entendre par là que, si l'on prend un morceau de plomb et qu'on lui compare un morceau de fer ou un de bois de même grosseur, on trouvera le premier plus lourd que le second et celui-ci plus lourd que le troisième. On veut donc comparer les uns aux autres des échantillons de *même volume*.

Cette comparaison peut être rendue très saisissante par des exemples. On prend quatre fioles égales : on remplit l'une de mercure, la seconde d'acide sulfurique, la troisième d'eau, la dernière d'alcool ; il suffit de les soulever successivement pour constater très nettement leur différence de poids. Veut-on connaître exactement le poids de chacune, on les met l'une après l'autre sur la balance, on leur fait successivement équilibre avec des poids marqués, et on note le poids de chacune d'elles.

La même démonstration peut aussi être faite facilement pour les corps solides. On taille des cubes égaux de diverses substances, plomb, cuivre, bois, cire, paraffine, liège ; on les met successivement sur la balance, et on leur trouve des poids très différents.

Ces différences qui existent entre les poids des corps pris sous le même volume peuvent servir à distinguer les corps entre eux. Ainsi, bien que l'aspect du platine soit très semblable à celui de l'étain, on ne peut pas confondre au toucher ces deux métaux, parce que le premier pèse beaucoup plus que l'autre à volume égal. On distinguerait de même un morceau d'or d'un morceau égal de cuivre doré, une pierre précieuse d'une imitation qui en a toutes les apparences. On conçoit donc bien que les physiciens aient cherché depuis longtemps à déterminer les rapports qui existent entre les poids des différentes substances prises sous le même volume.

56. Comparaison des corps par le poids de l'unité de volume. — Pour comparer les corps les uns aux autres sous le rapport des poids, nous pourrions prendre un volume quelconque du premier corps, puis le même volume de chacun des autres corps, chercher le poids de chacun, puis dresser une table de ces poids ; dans cette table apparaîtraient les rapports qui lient les uns aux autres les poids des corps pris sous un même volume.

Mais au lieu de prendre un volume quelconque, il est beaucoup plus commode et plus simple de prendre l'unité de volume. On aura ainsi pour chaque corps le *poids de l'unité de volume*, c'est cette quantité que les physiciens appellent le **poids spécifique**. La table des poids spécifiques, tout en accusant les mêmes rapports que la précédente, aura un avantage de plus : elle permettra de calculer très facilement le poids d'un volume donné d'un corps et réciproquement le volume occupé par un poids connu du corps.

Ainsi, en adoptant pour unité de volume le centimètre cube, nous aurons pour les poids spécifiques des substances suivantes :

Eau.	1 gramme	Fer.	7^{gr},7
Mercure.	13^{gr},6	Cuivre	8^{gr},8
Acide sulfurique.	1^{gr},8	Argent. . . .	10^{gr},4

Et si nous voulons connaître à l'aide de cette table le poids de 40, 80, V, centimètres cubes de fer ou d'argent, nous écrirons :

$$P = 40 \times 7,7 \quad , \quad 80 \times 7,7 \quad ; \quad V \times 7,7$$

$$40 \times 10,4 \quad ; \quad 80 \times 10,4 \quad ; \quad V \times 10,4$$

Et si nous appelons V le volume en centimètres cubes, p le poids spécifique, P le poids en grammes, nous pourrons écrire :

$$P = V \times p,$$

d'où nous tirons :

$$p = \frac{P}{V} \cdot$$

Ce qui nous permet de définir le poids spécifique le *quotient du poids en grammes d'un corps par son volume en centimètres cubes.*

57. Le poids spécifique est le rapport du poids d'un corps au poids du même volume d'eau. — Le poids spécifique entendu comme nous venons de le présenter dépend de l'unité de volume adoptée, c'est le poids en grammes du centimètre cube ou le poids en kilogrammes du décimètre cube du corps. Mais si nous convenons de comparer tous les corps à l'eau, 1 centimètre cube d'eau pesant 1 gramme, 1 décimètre cube pesant 1 kilogramme, le nombre qui exprime le poids spécifique d'un corps devient un nombre abstrait ; c'est le nombre de fois que le centimètre cube du corps pèse plus que le centimètre cube d'eau, que le décimètre cube du corps pèse plus que le décimètre cube d'eau, en général le nombre de fois que le corps pèse plus que l'eau sous le même volume ; c'est *le rapport du poids d'un corps au poids du même volume d'eau.*

Dans le langage ordinaire, quand on compare deux substances différentes mais de mêmes dimensions, par exemple une boule de liège et une autre de fer, on constate que l'une est beaucoup plus légère que l'autre. On admet que la matière est plus concentrée, plus condensée dans la seconde, dans le fer que dans le liège ; c'est ce qu'on exprime en disant que le fer est plus **dense** que le liège ou qu'il a une **densité** plus considérable.

Dans le langage scientifique, la densité n'a pas la même définition que le poids spécifique, et cependant l'usage emploie ces deux mots l'un pour l'autre et l'on dit couramment « tables de densités » comme on dirait table des poids spécifiques.

88. Utilité de la connaissance des poids spécifiques ou densités. — Les exemples abondent pour montrer l'utilité qu'il y a de connaître la densité des corps. Citons-en un seul, la possibilité de trouver le poids d'un corps dont on peut facilement connaître le volume. Un grand bloc de marbre mesure 2 mètres de long, $0^m,80$ de large, $0^m,60$ d'épaisseur. Son volume est :

$$2 \times 0,80 \times 0,60 = 0^{mc},960 \text{ décimètres cubes.}$$

La densité du marbre est 2,7. C'est dire que le décimètre cube pèse $2^{kg},7$.

Le poids du bloc est :

$$960 \times 2,7 = 2592 \text{ kilogrammes.}$$

C'est ici le lieu de faire remarquer que dans le calcul du poids à l'aide du volume, si le volume est exprimé en centimètres cubes, on obtient le poids en grammes pour les solides et les liquides, et si le volume est exprimé en décimètres cubes, le poids est indiqué en kilogrammes, etc.

89. Détermination des poids spécifiques ou densités. — Principe de la méthode. — Nous avons donné deux définitions simples du poids spécifique : c'est le quotient du poids d'un corps par son volume, ou bien c'est le rapport du poids d'un corps au poids du même volume d'eau.

D'après la première, pour trouver le poids spécifique, il faut connaître le poids du corps, puis son volume, et diviser l'un par l'autre les deux nombres.

D'après la seconde, c'est encore le poids du corps qu'il faudra chercher, puis le poids d'un égal volume d'eau, et diviser le poids du corps par le poids de l'eau.

Dans tous les cas, la base de la recherche sera la connaissance exacte du poids du corps.

Nous exposerons d'abord la recherche du poids spécifique des solides, ensuite la recherche du poids spécifique des liquides.

60. Poids spécifique des solides. — Cas particulier : Le corps a une forme géométrique.

— Prenons comme premier cas celui d'un corps dont on peut avoir le volume par la mesure de ses dimensions.

Soit une petite règle de fer. Nous cherchons son poids par la méthode des doubles pesées et nous trouvons :

$$P = 616 \text{ grammes.}$$

Nous mesurons ses trois dimensions qui sont 20, 2 et 2 centimètres. Le volume calculé est :

$$V = 20 \times 2 \times 2 = 80^{cc}.$$

La densité :

$$D = \frac{P}{V} = \frac{616}{80} = 7,7$$

Telle est la densité du fer.

61. Cas général : Le corps a une forme quelconque.

— On aura toujours le poids par une double pesée. Reste à trouver, soit le volume du corps, soit le poids d'un égal volume d'eau. Chercher l'une de ces deux dernières quantités revient à chercher l'autre, puisque le poids et le volume de l'eau sont exprimés tous deux par le même nombre.

Voici d'abord des méthodes qui ne sont peut-être pas très rigoureuses mais qui ont l'avantage d'être partout d'une application facile :

1° *On dispose d'une éprouvette graduée en centimètres cubes.* — Prenons un fragment de marbre, faisons sur la balance sa tare d'abord, sa pesée ensuite, nous aurons exactement son poids.

Soit :

$$P = 67^{gr},5.$$

Mettons de l'eau dans l'éprouvette graduée jusqu'à la division 50 et plongeons-y le fragment de marbre ; le niveau de l'eau s'élève à la division 75.

Le volume du morceau de marbre est :

$$V = 25^{cc}.$$

La densité :

$$D = \frac{P}{V} = \frac{67,5}{25} = 2,7.$$

2° *On dispose d'un verre ordinaire, peu large et à bords bien dressés.* — On pose dessus un carton plan portant une épingle noircie qui plonge dans le verre, et on met de l'eau dans le verre jusqu'à ce que le niveau du liquide affleure la pointe de l'épingle (fig. 34), c'est-à-dire jusqu'à ce que l'image de la pointe vue dans le liquide touche à cette pointe. On dispose, de plus, d'une pipette graduée en fractions de centimètres cubes.

On a pesé convenablement le corps. Soit le même fragment de marbre que dans l'expérience précédente.

Le poids :

$$P = 67^{gr},5.$$

On met le marbre dans le verre, le niveau du liquide s'élève. Avec la pipette, on enlève du liquide de manière à découvrir la pointe, puis on laisse le liquide retomber goutte à goutte jusqu'à ce que le niveau affleure la pointe. La pipette contient alors un volume d'eau égal au volume du corps.

On lit sur la pipette :

$$25^{cc}.$$

La densité est :

$$\frac{67,5}{25} = 2,7.$$

Fig. 34.

Ces deux méthodes ont l'inconvénient de mesurer des volumes d'eau ; on opère avec plus d'exactitude en pesant le volume d'eau égal au volume du corps ; c'est ce qu'on fait dans la méthode suivante.

62. Méthode du flacon pour les solides. — Le flacon dont on se sert est fait de manière à ce qu'il soit possible d'y mettre dans deux expériences successives une égale quantité de liquide (fig. 35). Le col usé à l'émeri peut être fermé par un bouchon de verre creux surmonté d'un tube de très petit diamètre et d'un entonnoir ; ce bouchon est lui-même extérieurement usé à l'émeri pour qu'il ferme exactement le goulot et qu'il y enfonce toujours de la même quantité.

Fig. 35.

La première opération, c'est le remplissage du flacon. On le remplit d'eau distillée, puis on met le bouchon ; l'eau dont le bouchon prend la place monte dans le tube qui le surmonte. On essuie le flacon et on le laisse quelques instants sur la table pour qu'il prenne la température du milieu, puis avec du papier buvard on enlève l'eau qui est dans l'entonnoir du bouchon, même une partie de celle du tube fin, de manière à amener le niveau à un point marqué sur ce tube. Le flacon est alors prêt à servir.

Soit à chercher la densité d'un morceau de laiton. Nou le prenons a .ez petit pour qu'il puisse entrer dans le flacon.

Nous plaçons sur le plateau de la balance le flacon, et à côté, le morceau de laiton ; nous faisons la tare. Nous enlevons le laiton, nous lui substituons des poids marqués ; nous avons ainsi le poids par double pesée ; soit $P = 24^{gr},20$.

Nous prenons le flacon sur la balance, nous l'ouvrons pour y introduit le morceau de laiton, puis nous remettons le bouchon et, avec les mêmes précautions que la première fois, nous amenons le niveau du liquide dans le flacon au même point où il était primitivement. Nous replaçons le flacon sur la balance; il est moins lourd; il faut lui ajouter des poids; ces poids représentent le volume d'eau disparue, chassée par le corps, ou le poids du même volume d'eau que le corps. Il nous a fallu ajouter $2^{gr},75$.

La densité du laiton est

$$\frac{24,20}{2,75} = 8,8.$$

63. Densité des liquides. — Pour les liquides, le procédé du flacon est presque le seul à employer, en tout cas il est le plus exact. Théoriquement il est très simple : peser un vase plein du liquide dont on cherche la densité, puis le même vase plein d'eau, enfin le vase vide; en déduire le poids du volume considéré de liquide, et le poids du même volume d'eau.

Pratiquement c'est une opération minutieuse. On emploie un flacon formé d'un tube fermé en bas, terminé en haut par un tube étroit que surmonte un entonnoir (fig. 36) ; un bouchon sert à fermer l'appareil quand le liquide sur lequel on opère est volatil.

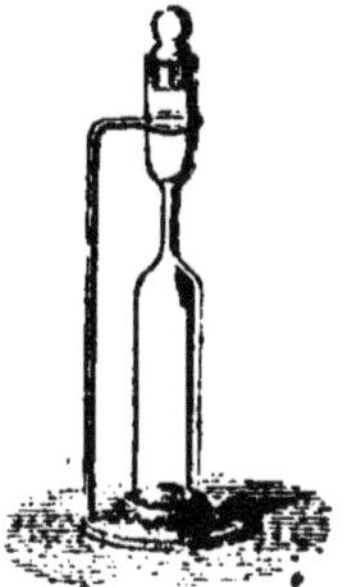

Fig. 36.

On commence par tarer sur la balance, pour opérer par double pesée, le flacon vide et sec, en mettant à côté de lui un poids plus fort que le poids du liquide qui remplira le flacon, soit un poids de 50 grammes.

On remplit le flacon du liquide, soit de l'alcool. Celui-ci est versé dans l'entonnoir; on le fait descendre dans le gros tube en chauffant, ou en animant le tube d'un mouvement de fronde, ou bien encore en introduisant dans le tube capillaire et le réservoir un tube très fin qui laisse remonter l'air quand le liquide descend.

On laisse le tube sur un petit support, et on règle le niveau du liquide à un point marqué.

On reporte le tube sur la balance ; pour que l'équilibre subsiste, il faut retirer une partie du poids : il ne reste plus sur la balance que $31^{gr},046$.

L'alcool remplissant le flacon a donc pour poids :

$$P = 50 - 31,046 = 18,954.$$

On vide le flacon, on le nettoie plusieurs fois de suite à l'eau distillée et finalement on le remplit d'eau distillée jusqu'au même niveau et avec les mêmes précautions que précédemment. On le porte sur la balance à côté du poids de 50 grammes ; il faut retirer des poids pour amener l'équilibre. On ne laisse plus sur la balance que $26^{gr},600$.

Le poids d'eau remplissant le flacon est donc :

$$P' = 50 - 26,600 = 23,400.$$

Et la densité de l'alcool est le quotient du poids de l'alcool par le poids du même volume d'eau, ou :

$$\frac{18,954}{23,400} = 0,81.$$

64. Précautions à prendre dans la mesure des volumes. — Le poids d'une substance est invariable quelle que soit la température ; mais il n'en est pas de même du volume qui augmente avec la quantité de chaleur. Lors donc qu'on mesure un volume ou que l'on pèse un volume mesuré, il faudrait indiquer à quelle température était le liquide. C'est à 4° que l'eau a sa plus grande densité ; rigoureusement c'est à 4° qu'il faudrait prendre les volumes d'eau. L'erreur n'est pas grande en les prenant à 10, 15 ou 20°, c'est-à-dire à la température ordinaire. Mais si l'on voulait des densités rigoureusement exactes, il faudrait se conformer à cette condition ou bien corriger les résultats obtenus d'après la température de l'expérience, comme nous le verrons plus loin au chapitre des dilatations produites par la chaleur.

Nous ne parlons pas ici de la densité des gaz, parce que les volumes des gaz dépendent de la pression et de la température, et que ces deux facteurs influent sur le poids d'une quantité mesurée d'un gaz quelconque. Disons seulement que pour les gaz on prend l'air ou l'hydrogène au lieu de l'eau comme terme de comparaison.

Exercices.

17. On tare un flacon à liquide avec 40 grammes. Quand il est plein du liquide, on ne laisse plus que 25 grammes pour équilibrer la tare et quand il est plein d'eau il n'y a plus que 28 grammes à côté du flacon, trouver la densité du liquide.

18. Un corps pèse dans l'air 80 grammes, dans l'eau 60 grammes, dans l'alcool 64 grammes ; trouver la densité du corps et celle de l'alcool.

19. Un corps pèse dans l'eau 72 grammes, dans l'alcool 80 grammes ; trouver son poids et sa densité, si la densité de l'alcool est 0,8.

HYDROSTATIQUE

CHAPITRE VII

PRESSIONS DES LIQUIDES

65. Propriétés des liquides. — Les liquides, dont l'eau offre le type le plus commun, sont des corps dont les parties présentent entre elles si peu d'adhérence, qu'elles roulent facilement les unes sur les autres et que le moindre effort suffit pour les diviser. En petite masse, sur un corps solide qu'ils ne mouillent pas, ils prennent la forme sphérique, c'est ce que l'on remarque pour le mercure versé sur le verre, la porcelaine ou le bois, et aussi pour l'eau répandue sur une surface graissée ou couverte de poussière. En quantité un peu considérable, les liquides se moulent dans le vase qui les contient et ils en prennent la forme.

Les liquides tombent ou coulent quand ils ne sont pas soutenus. Dans leur chute à l'air, ils se divisent en particules plus ou moins fines, quelquefois même en une sorte de poussière comme dans les cascades. Dans le vide, ils tombent en une seule masse et produisent un choc comme les solides, témoin ce qui se passe quand on retourne vivement le marteau d'eau (fig. 37).

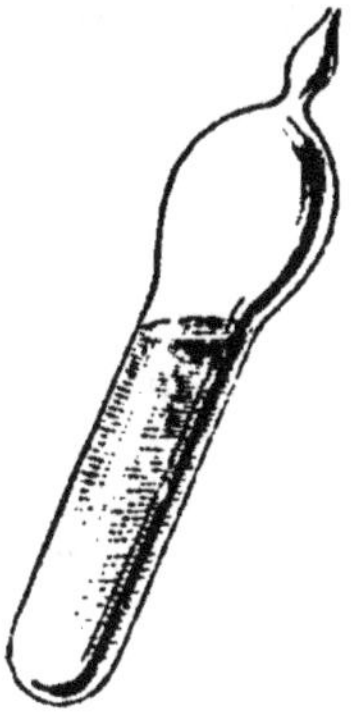

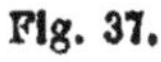

Fig. 37.

Les liquides présentent bien des différences d'aspect, de couleur, de consistance et de poids, depuis l'alcool jusqu'au mercure, depuis l'éther jusqu'aux sirops. Mais ils ont deux propriétés communes, la mobilité de leurs molécules et leur presque complète incompressibilité; on ne peut pas, en effet, diminuer sensiblement le volume d'un liquide en soumettant sa surface à une très forte pression.

L'étude des liquides et de leurs conditions d'équilibre constitue **l'hydrostatique**. On peut la faire à deux points de vue, soit en partant des données expérimentales d'abord, soit en concevant un liquide type qui reste homogène quand on le comprime, et en déduisant théoriquement de cette définition les propriétés de tous les liquides, comme des conséquences susceptibles d'une vérification expérimentale.

Nous suivrons d'abord la première manière.

66. Surface libre d'un liquide au repos. — L'expérience démontre qu'un liquide contenu dans un vase et l'eau d'un étang ou d'un lac, offrent une surface horizontale, autrement dit, une surface perpendiculaire au fil à plomb. Le fait est facile à vérifier; il suffit de suspendre un fil à plomb au-dessus d'un vase contenant de l'eau noircie qui réfléchit la lumière (fig. 38); en quelque position que l'on se place, l'image du fil apparaît exactement dans le prolongement du fil lui-même; or ce résultat ne peut être obtenu que si la surface de l'eau qui fait miroir, est perpendiculaire au fil.

Incline-t-on un vase qui contient un liquide, la surface du liquide reste horizontale (fig. 39), c'est pour cela que si l'on penche un vase incomplètement rempli d'eau, le niveau de l'eau finit par arriver au bord du vase, et pour une inclinaison plus grande, l'eau s'écoule et tombe.

67. Pressions exercées par un liquide. — Puisque les liquides sont pesants, la première

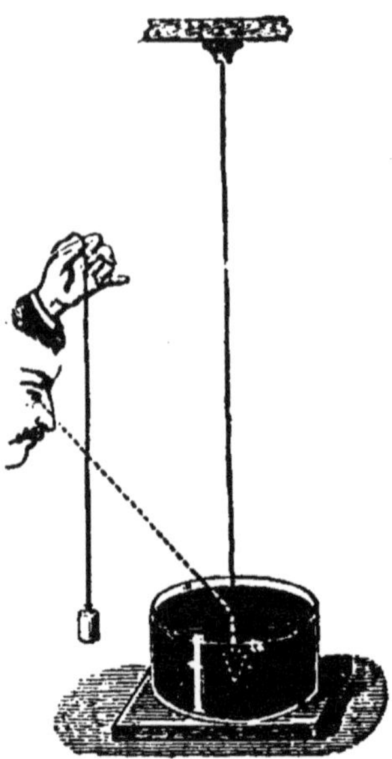

Fig. 38.

Fig. 39.

couche à partir du niveau, si mince on la suppose, presse de son poids sur la seconde, les deux premières, sur la troisième, et ainsi de suite. Une couche quelconque prise dans le liquide doit donc supporter de haut en bas une pression mesurable; et comme elle est en équilibre, il faut qu'une pression contraire et égale agisse aussi sur elle.

Pour mettre ces pressions en évidence, on prend un cylindre de verre, ouvert à ses deux bouts et dont le bord inférieur est bien rodé de manière qu'un plan de verre puisse s'y appliquer et le fermer exactement (fig. 40). On tient, à l'aide d'une ficelle, cet **obturateur** de verre contre le tube, puis on descend l'appareil dans l'eau : on constate alors qu'on peut lâcher la ficelle sans que l'obturateur se détache. L'obturateur est donc pressé contre le bord du vase par le liquide.

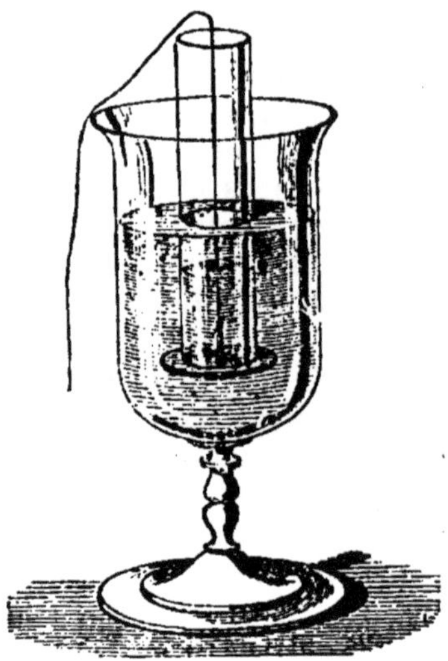

Fig. 40.

Pour estimer cette pression, il faut chercher l'effort à exercer sur l'obturateur pour qu'il se détache. On verse alors dans le tube de l'eau colorée, et quand le niveau de cette eau est arrivé à être le même que le niveau de l'eau dans le vase, l'obturateur tombe.

Au moment où l'obturateur se détache du tube, il reçoit de haut en bas une pression égale au poids d'une colonne de liquide qui a pour base la surface du disque, et pour hauteur la distance du disque au niveau supérieur; telle est donc aussi la valeur de la pression de bas en haut, qui maintenait le disque contre le tube.

Si l'on répète l'expérience en déplaçant latéralement le cylindre de façon que l'obturateur reste sur le même plan horizontal, on constate qu'il faut, pour le détacher, verser au-dessus de lui la même colonne de liquide que dans la première expérience.

On en conclut que *deux surfaces égales prises dans un liquide, sur le même plan horizontal, supportent des pressions égales;* et si les surfaces égales sont toutes deux très petites, on peut dire que tous les éléments d'un même plan horizontal dans un liquide, supportent une égale pression.

Si l'on recommence l'expérience précédente, en enfonçant plus ou moins le tube à obturateur, on constate que pour chaque position, l'obturateur se détache, quand la colonne liquide du tube a le même niveau que le liquide du vase; on peut, par suite, estimer la différence des pressions exercées sur deux éléments égaux pris en des plans horizontaux différents (fig. 40 *bis*) : si l'obturateur a 10 centimètres carrés de surface, quand il est plongé dans l'eau à 20 centimètres du niveau, sa pression est de 200 grammes (poids de 200cc d'eau), à 12 centimètres du niveau, la pression est de 120 grammes (poids de 120cc d'eau); la dif

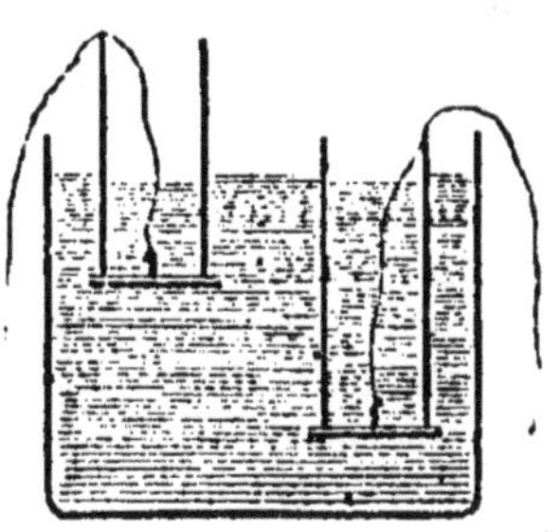

Fig. 40 *bis.*

férence en faveur de la première position est de 80 grammes, c'est-à-dire le poids de la colonne d'eau qui sépare verticalement les deux surfaces considérées.

68. Pressions sur le fond des vases. — Les liquides exercent, sur le fond des vases qui les contiennent, des pressions que les expériences précédentes permettent d'évaluer.

La pression exercée sur le fond d'un vase par un liquide, est le poids d'une colonne de ce liquide, ayant pour base la surface du fond, et pour hauteur la distance verticale du fond au niveau supérieur du liquide. Supposons que dans l'expérience précédente l'obturateur ait une surface d'un centimètre carré, et qu'il soit placé à 24 centimètres du niveau supérieur et à 1 centimètre du fond; il suppportera une pression de haut en bas, équivalente au poids de 24 centimètres cubes d'eau ou à 24 grammes; un élément égal du fond, qui est plus bas d'un centimètre, supportera une pression plus grande, d'un gramme, autrement dit 25 grammes; il en sera de même pour chaque centi mètre carré de la surface du fond. La pression sur le fond sera donc autant de fois 25 grammes qu'il y a de centimètres carrés; cette pression totale sera donc bien le poids de la colonne liquide, ayant même surface que le fond et une hauteur égale à la distance verticale du fond au niveau du liquide.

Et si l'on appelle S la surface en centimètres carrés, H la hauteur en centimètres, D la densité du liquide, la pression aura pour expression SHD.

Cet énoncé fait prévoir que *la pression sur le fond est indépendante de la forme du vase;* on le prouve en effet expérimentalement avec l'appareil de Masson et avec celui de Haldat.

L'appareil de Masson se compose d'un trépied portant un anneau M formant écrou et dans lequel on peut visser successivement trois vases A, B, C de formes différentes. Ces vases ont le bout rodé et peuvent être fermés par un obturateur en verre. On pose le vase cylindrique A sur le trépied; on passe dedans la ficelle de l'obturateur et on l'attache à l'un des plateaux d'une balance dont l'autre plateau porte un poids notablement supérieur à celui de l'obturateur. On verse peu à peu de l'eau dans le vase cylindrique, et on marque par une pointe le niveau où est arrivé le liquide quand l'obturateur se détache (fig. 41). On recommence l'expérience successivement avec chacun des vases B et C, sans toucher à la pointe I ni aux poids du plateau, et on remarque que l'obturateur se détache encore au moment où le niveau du liquide arrive à la pointe. La pression sur le fond est donc bien la même dans les trois cas, malgré que les quantités de liquide contenues dans les vases soient différentes.

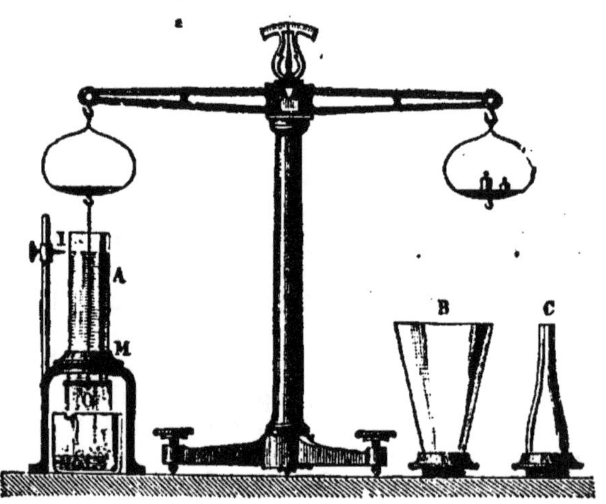

Fig. 41.

L'appareil de Haldat, employé pour la même vérification, se compose d'un tube de fer deux fois recourbé à angle droit (fig. 42); l'une des branches est en verre, l'autre porte une garniture de cuivre où l'on peut visser successivement trois vases différents ayant même fond. On met du mercure dans le tube coudé, et on marque son niveau sur la branche de droite. A gauche on a vissé le premier vase; on y met de l'eau jusqu'à un niveau marqué par une pointe.

Le mercure monte dans la branche de droite jusqu'à un point que l'on marque. On vide l'eau du vase par un robinet que porte l'appareil, puis on remplace le premier vase par le second et on y met de l'eau jusqu'à la pointe; on constate alors que le mercure est monté de l'autre côté comme la première fois. Il en est encore de même avec le troisième vase. On peut donc dire que le fond du vase et la hauteur du liquide ne changeant pas, la pression sur le fond est la même pour les vases élargis ou rétrécis que pour le vase cylindrique.

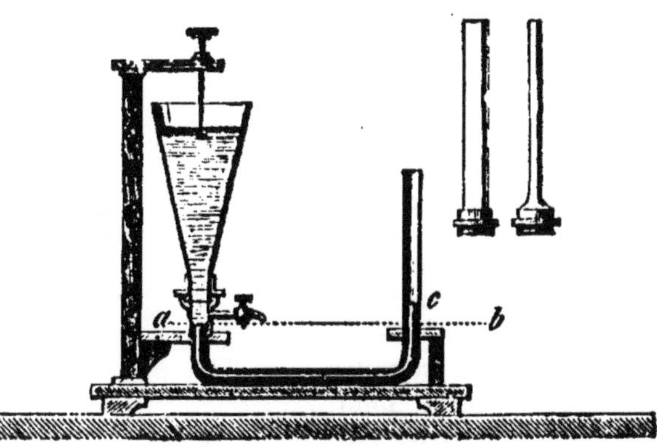

Fig. 42.

69. Pressions latérales. — Les liquides pressent aussi bien sur les parois que sur le fond du vase. La preuve la plus simple, c'est l'écoulement du liquide par une ouverture latérale : plus cette ouverture est loin du niveau supérieur du liquide, plus le jet va tomber loin du vase.

On met encore en évidence la pression latérale avec *l'éprouvette à réaction.* C'est une éprouvette pleine d'eau placée sur un flotteur; elle est munie vers le bas d'un orifice à robinet. Tant que le robinet est fermé, l'appareil reste immobile; aussitôt qu'on l'ouvre et que l'eau s'échappe, l'éprouvette se meut en sens inverse de l'écoulement (fig. 43). Quand le robinet est fermé, la pression exercée sur la portion de paroi qui le porte est contrebalancée par une pression égale s'exerçant sur la paroi opposée; aussitôt que le liquide s'écoule, la première pression sert à l'écoulement; et la seconde fait avancer le vase en sens inverse du jet.

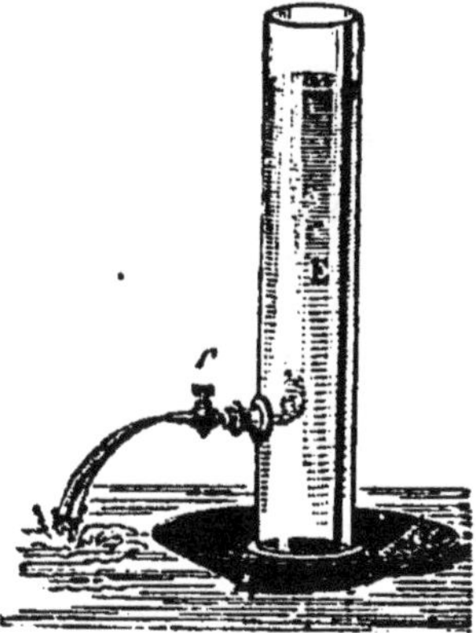

Fig. 43.

Le tourniquet hydraulique sert à une expérience analogue. C'est un vase rempli d'eau, mobile autour d'un axe vertical et portant à sa partie inférieure un tube dont les deux extrémités sont recourbées (fig. 44). Dès qu'on débouche ces extrémités, l'appareil se met à tourner en sens inverse des jets liquides par un effet de réaction analogue à celui qui se produit dans l'expérience précédente.

70. Valeur des pressions latérales.

— La pression latérale peut être connue sur une petite surface donnée; elle est en effet la même que sur un autre élément égal pris sur le même plan horizontal; elle a donc pour mesure le poids d'une colonne de liquide ayant pour surface la très petite surface considérée, et pour hauteur la distance verticale de cette surface au niveau du liquide.

Pour une paroi plane, la somme des pressions supportées par les éléments de la surface est le poids d'une colonne liquide qui a pour base la portion immergée, et pour hauteur la moyenne des distances au niveau supérieur de tous les points, autrement dit, la distance au niveau du centre de la partie immergée.

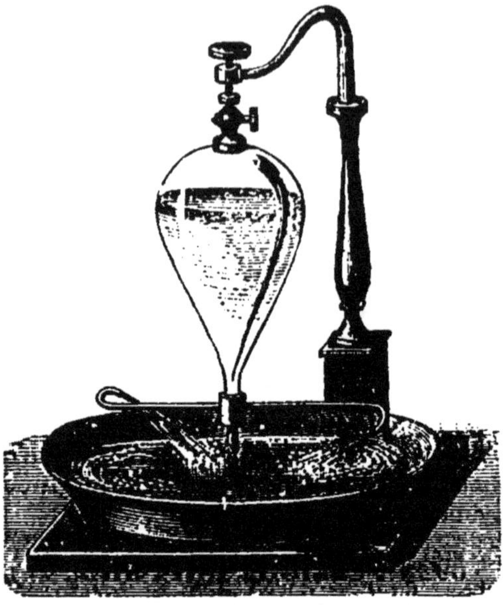

Fig. 41.

La pression va en croissant avec la hauteur du liquide au-dessus de la partie considérée; aussi elle peut devenir très grande sans que la quantité de liquide qui la produit soit considérable. C'est ce que Pascal a montré le premier par l'expérience du crève-tonneau. Un tonneau placé sur une de ses bases est rempli d'eau; on le surmonte d'un long tube vertical fixé à sa paroi supérieure. On verse de l'eau dans ce tube, et quand la colonne atteint 3 à 4 mètres de hauteur, la pression latérale devient assez forte pour faire disjoindre les douves du tonneau.

Exercices.

20. Un vase prismatique a pour fond un rectangle dont les côtés ont 5 et centimètres; il contient du mercure; la pression sur le fond est de 6kg,800. A quelle hauteur s'élève le mercure?

21. Une vanne rectangulaire a 1m,25 de large et 1m,80 de hauteur; elle plonge verticalement dans l'eau des $\frac{2}{3}$ de sa hauteur; exprimer en kilogrammes la pression qu'elle supporte.

22. Un cylindre qui a 20 centimètres carrés de base et 10 centimètres de hauteur est surmonté d'un tube d'un mètre ayant un demi-centimètre carré de section; le tout est plein d'eau ; quel est le poids de cette eau et quelle est la pression sur le fond?

CHAPITRE VIII

CORPS PLONGÉS — PRINCIPE D'ARCHIMÈDE — CORPS FLOTTANTS

71. Les liquides exercent des pressions sur les corps plongés. — Si un corps solide est plongé dans un liquide, il éprouve sur toute sa surface des pressions, du liquide environnant qui agit sur lui comme il agit sur les parois du vase. On s'en assure facilement en descendant dans l'eau, l'ouverture en haut, une boîte de bois assez mal jointe pour n'être pas étanche; on sent, à l'effort qu'il faut faire, la force que le liquide oppose, et on voit l'eau se précipiter par toutes les fissures et pénétrer dans la boîte. Si on répète l'expérience avec une boîte de fer-blanc étanche, il faut la charger de poids si l'on veut la faire tenir sur le liquide et l'y faire plonger jusqu'à son bord.

72. Poussée exercée par le liquide. — Toutes ces pressions exercées par l'eau sur toute la surface d'un corps plongé ont un effet total, une résultante, dirigée verticalement de bas en haut, en sens inverse de la pesanteur; cette résultante prend le nom de *poussée verticale* du liquide. Il en faut chercher la valeur.

73. Principe d'Archimède. — Archimède est le premier qui ait formulé la valeur de cette pression en un principe qui garde son nom et qu'on énonce de la manière suivante :

Tout corps plongé dans un liquide subit de la part de ce dernier une poussée verticale de bas en haut, égale au poids du volume du liquide déplacé par le corps.

On fait de ce principe une démonstration expérimentale et on en donne également une démonstration théorique.

74. Démonstration expérimentale du principe d'Archimède. — Il s'agit de prouver deux choses : 1° *qu'un corps plongé dans un liquide subit de la part de celui-ci une poussée verticale de bas en haut ; 2° que cette poussée est égale au poids du volume de liquide déplacé par le corps.*

On se sert à cet effet d'une balance à plateaux suspendus comme l'indique la figure 45. A l'un des plateaux, on suspend un cylindre creux en laiton A, et au-dessous de celui-ci, par un fil, un cylindre plein B ayant exactement le volume du cylindre creux. On ta?e dans l'autre plateau avec des corps quelconque, de manière à amener le fléau de la balance horizontal. On a préparé un vase d'eau dans lequel le cylindre plein peut plonger. On apporte ce vase sous la balance et on y fait plonger le cylindre. Aussitôt l'équilibre est rompu en faveur de la tare, ce qui montre bien que le corps plongé

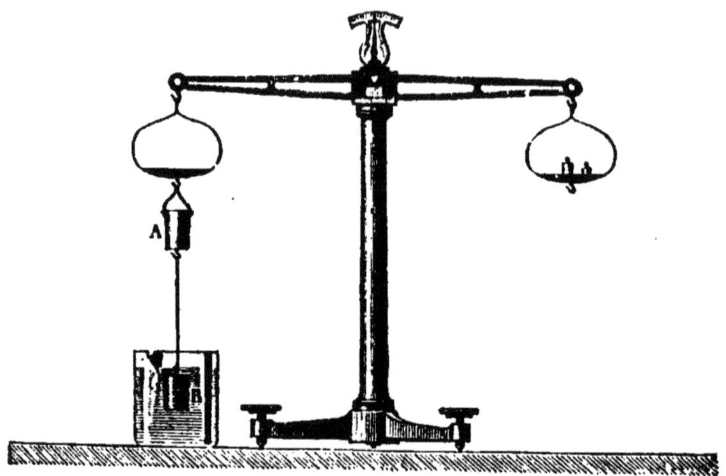

Fig. 45.

reçoit une poussée verticale de bas en haut de la part du liquide. Si alors on prend de l'eau dans une pipette et qu'on en verse dans le cylindre creux, l'équilibre se rétablit quand le cylindre creux est rempli, c'est-à-dire quand on y a mis un poids de liquide dont le volume est égal à celui dont le cylindre plein tient la place.

L'expérience répétée avec tout autre liquide que l'eau donne le même résultat.

75. Démonstration théorique. — On peut établir le principe précédent, *à priori*, en partant des propriétés connues des liquides ; on peut même en présenter d'abord la démonstration sur un corps plongé de forme régulière et à faces planes avant de la généraliser.

Soit en effet un cube d'un décimètre d'arête que l'on suppose plongé à 2 décimètres du niveau de l'eau. Les six faces subissent chacune une pression ; les quatre faces verticales et parallèles deux à deux ont des pressions égales et opposées qui se font équilibre ; la face supérieure subit une pression de haut en bas égale à 2 kilogrammes ; la face inférieure une pression verticale de bas en haut égale à 3 kilogrammes ; il reste donc en définitive, de la part du liquide, une pression verticale de bas en haut égale à un kilogramme : c'est précisément le poids du liquide déplacé par le cube.

Pour généraliser la démonstration, on limite par la pensée une portion du liquide, on la suppose solidifiée sans que l'équilibre cesse de subsister. Or, pour que l'équilibre persiste, il faut que la résultante de toutes les pressions subies de part et d'autre par la masse solidifiée, soit égale et directement opposée au poids de la masse. Si donc on remplace cette masse par un corps solide de même surface extérieure, les pressions latérales seront les mêmes et leur résultante sera égale au poids du liquide déplacé.

76. Poids apparent des corps plongés dans l'eau. — Tout corps plongé dans l'eau peut être regardé comme soumis à deux forces verticales contraires : son poids qui le sollicite de haut en bas et qui est appliqué au centre de gravité; la poussée du liquide qui sollicite le corps de bas en haut et qui est appliquée au milieu du liquide déplacé, autrement dit au centre de poussée.

L'une de ces deux forces détruit une partie de l'autre, et le *poids apparent* dans l'eau n'est que la différence entre le poids réel et la poussée : c'est ce qu'on exprime en disant qu'un *corps plongé dans l'eau perd une partie de son poids égale au poids de l'eau qu'il déplace.*

Les deux forces qui sollicitent le corps plongé peuvent présenter *trois* rapports de grandeur :

1º Le poids du corps est plus grand que le poids du liquide déplacé, le poids l'emporte sur la poussée, le corps tombe au fond du vase : tel est 1 décimètre cube de plomb dont le poids est de 11 kilogrammes et la poussée de 1 kilogramme;

2º Le poids du corps est égal au poids du liquide déplacé; alors le corps, mis en n'importe quel point du liquide, y reste parce qu'il est soumis à deux forces verticales égales et opposées; tel est le cas de 1 décimètre cube d'un mélange convenable de cire et de cinabre (226 parties de l'une et 1 partie de l'autre), dont le poids et la poussée sont tous deux de 1 kilogramme;

3º Le poids du corps est inférieur au poids du liquide que déplace ce corps lorsqu'il est entièrement plongé; tel est 1 décimètre cube de liège tenu au fond d'un vase d'eau, son poids est de $0^{kg},240$, la poussée de 1 kilogramme, le corps remonte à la surface du liquide et il *flotte.*

On réalise ces trois cas avec des œufs et de l'eau plus ou moins salée. Plongé dans l'eau pure, un œuf tombe au fond : il pèse plus que l'eau dont il tient la place (fig. 46). Dans de l'eau saturée de sel, un œuf remonte du fond à la surface, parce que le volume d'eau salée égal à celui de l'œuf pèse plus que l'œuf. Enfin dans un mélange convenable d'eau saturée de sel et d'eau ordinaire, un œuf tient où il est placé.

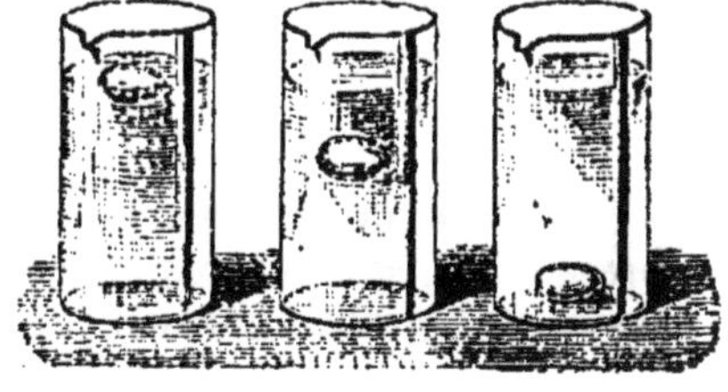

Fig. 46.

Le **ludion** permet également de réaliser les trois cas précédents. C'est une petite figurine de porcelaine creuse ou bien surmontée d'une petite boule de verre ouverte à sa partie inférieure. La figurine est lestée de manière à enfoncer presque entièrement dans l'eau. On la place dans une éprouvette presque remplie d'eau et fermée en dessus par une membrane tendue (fig. 47). Si on appuie sur la membrane, on voit la figurine descendre : par la pression, un peu d'eau a pénétré soit dans la figurine creuse, soit dans la boule, le poids du corps est devenu supérieur à celui de l'eau déplacée et le poids l'emporte sur la poussée. Si, au contraire, on cesse de presser sur la membrane, la figurine remonte parce qu'elle a perdu l'excès de poids que l'eau introduite par pression lui avait donné.

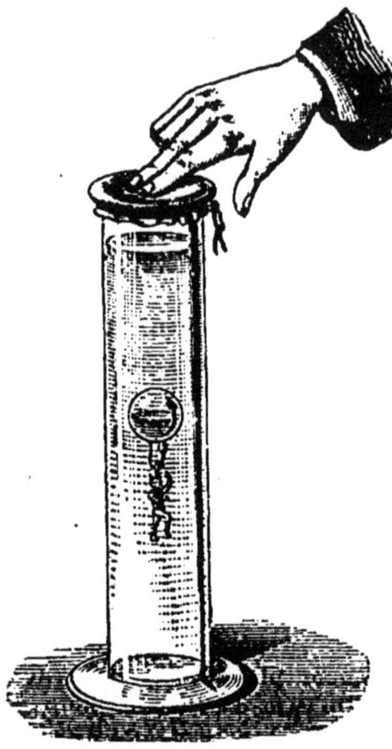

Fig. 47.

On fait encore dans les cours une autre expérience. Dans une éprouvette où l'on a versé de l'alcool, on envoie de l'eau lentement par un tube effilé plongeant au fond de l'éprouvette; les deux liquides ne se mélangent qu'imparfaitement et la plus grande partie de l'alcool reste au-dessus de l'eau (fig. 48). On laisse alors tomber dans l'éprouvette une petite masse d'huile : cette masse traverse l'alcool parce qu'elle est plus lourde que ce liquide, mais elle s'arrête dans une couche d'alcool et d'eau de même poids qu'elle. De plus, elle y prend la forme sphérique, son poids est en effet détruit par la poussée et sa forme n'est plus déterminée que par l'action mutuelle que les molécules liquides exercent les unes sur les autres.

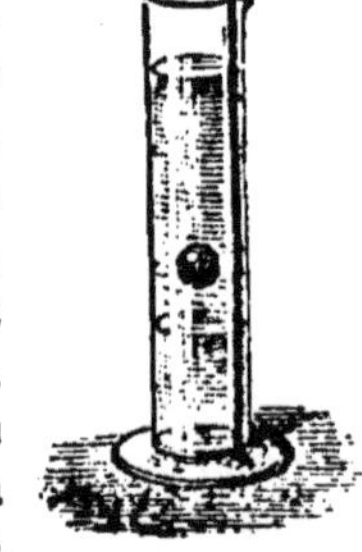

Fig. 48.

77. Corps flottants. — Leur équilibre. — Le morceau de liège tenu plongé au fond d'un vase d'eau supporte une poussée plus grande que son poids; il remonte et sort partiellement du liquide. A mesure qu'il sort, la poussée diminue, puisque le volume d'eau déplacée est de plus en plus petit, et quand cette poussée est égale au poids du corps l'équilibre a lieu : on dit que le corps *flotte*.

La condition d'un corps flottant est donc que la partie immergée déplace un poids de liquide égal au poids total du corps. Une poutre de bois, un bateau, un grand navire flottent sur l'eau parce qu'ils déplacent, sans enfoncer entièrement, un poids d'eau égal à leur poids. Une aiguille, un grain de sable tombent au fond de l'eau parce qu'ils en déplacent un petit volume qui ne pèse pas autant qu'eux.

On fait flotter les corps les plus lourds en leur donnant une forme qui leur permette de déplacer beaucoup d'eau. Un des exemples les plus frappants est celui d'une mince feuille de plomb

qui tombe au fond de l'eau d'un vase et qu'on fait flotter sur le
même liquide en la pliant en forme de boîte sans lui rien enlever.

Il y a pour les corps flottants une seconde condition d'équilibre :
il faut que les deux forces, le poids et la poussée, soient directement
opposées, en d'autres termes que le cen-
tre de gravité et le milieu de la partie
plongée ou le centre de poussée soient
sur la même verticale (fig. 49). Tout
corps flottant, comme un cylindre de
bois, un tube d'essai fermé d'un bouchon,
prend de lui-même, sur le liquide, une
position qui satisfait à cette condition ;
mais s'il est homogène, son centre de

Fig. 49.

gravité est toujours au-dessus du centre de poussée, aussi l'équilibre
est instable, le corps peut osciller et rouler au moindre mouvement
du liquide.

L'équilibre deviendra nécessairement stable quand le centre de
gravité sera plus bas que le centre de poussée. Il faut donc abaisser
le centre de gravité par l'addition de corps lourds à la base du
flotteur, si l'on veut qu'il tienne verticalement et qu'il revienne
toujours à sa position première, malgré les oscillations qu'il pourra
subir. Les corps lourds ajoutés constituent le *lest*.

Les navires satisfont aux deux conditions des corps flottants ;
leur forme est telle, qu'ils déplacent ou peuvent déplacer un grand
poids d'eau ; et tous sont lestés, soit, comme dans les navires de
guerre, par des pièces lourdes de fonte placées dans la cale, soit par
les marchandises que portent les navires de transport, soit par des
pierres ou du sable quand ils repartent sans marchandises.

Applications. — La poussée verticale a de nombreuses applications : elle explique la facilité avec laquelle on soulève dans l'eau
un fardeau qui pèse lourd hors de l'eau ; elle explique également
l'emploi des ceintures gonflées d'air dont on s'aide pour la natation.
Elle permet de comprendre le jeu de la vessie natatoire des poissons.

La poussée verticale peut être rendue considérable si on augmente le volume de l'eau déplacée. On en fait une application par
deux moyens pour soulever des corps lourds tombés au fond des
rivières ou de la mer, soit en employant de larges bateaux chargés
qui se relèvent quand on les décharge et entraînent avec eux le
corps qui leur a été fixé ; soit en attachant au corps lourd plongé
des corps légers comme des vessies que l'on gonfle d'air, qui augmentent considérablement de volume sans augmenter sensiblement
de poids, et qui déplacent finalement un poids d'eau supérieur au
poids du corps à soulever.

**78. Détermination du volume d'un corps
par le principe d'Archimède.** — Le principe d'Archimède peut être utilisé pour trouver le volume d'un corps solide de
forme quelconque, insoluble dans l'eau ou dans le liquide dont on

se sert. En effet, suspendons par un fil fin, au plateau d'une balance, le corps dont nous voulons trouver le volume ; faisons sa tare dans l'autre plateau. Puis, quand l'équilibre est établi, apportons un vase d'eau au-dessous du corps et faisons plonger celui-ci dans le liquide. Immédiatement l'équilibre est rompu, et pour le rétablir, il faut ajouter des poids sur le plateau qui suspend le corps : ces poids expriment le poids de l'eau déplacée par le corps, le nombre de grammes qu'il a fallu ajouter exprime, en centimètres cubes, le volume du corps.

70. Recherche de la densité des solides et des liquides. — On applique aussi le principe d'Archimède à la recherche de la densité des solides et des liquides, soit dans la méthode dite de la balance hydrostatique, soit dans l'emploi des flotteurs de Nicholson et de Fahrenheit :

1° *Densité d'un solide par la balance.* — On suspend le corps solide à l'un des plateaux ; on fait sa tare dans l'autre plateau. Quand l'équilibre est établi on détache le corps, et on met des poids sur le plateau où le corps était suspendu ; on a ainsi le poids du corps par double pesée (fig. 50). Soit 120 grammes. On enlève les poids ; on rattache le corps au plateau ; on apporte un vase d'eau pour y faire plonger le corps et on rétablit l'équilibre rompu par cette immersion en ajoutant des poids marqués, du côté du corps. Soit 15 grammes ; ce dernier poids représente le poids de l'eau déplacée par le corps ou, en centimètres cubes, le volume du corps. La densité cherchée est dans ce cas :

$$\frac{120}{15} = 8 ;$$

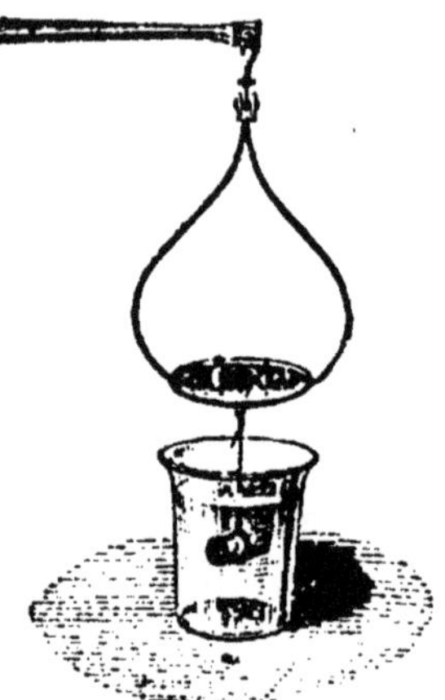

Fig. 50.

2° *Densité d'un liquide par la balance.* — On choisit une boule d'ivoire ou de verre que l'on rend assez lourde pour qu'elle ne flotte dans aucun des liquides que l'on doit mettre en expérience. On la suspend au plateau d'une balance, et on la tare par des corps quelconques placés dans l'autre plateau. On la plonge dans le liquide dont on cherche la densité ; elle y subit une poussée ; on rétablit l'équilibre avec des poids marqués, soit 110ᵍʳ,4, c'est le poids d'un volume du liquide égal au volume de la boule. On lave la boule, on l'essuie ; on la plonge dans l'eau et on cherche la valeur de la poussée qu'elle y subit, soit 60 grammes ; c'est le poids d'un volume d'eau égal au volume de la boule. La densité cherchée est :

$$\frac{\text{Poids du liquide}}{\text{Poids d'un égal volume d'eau}} = \frac{110,4}{60} = 1,84.$$

Cette méthode n'est pas beaucoup employée parce qu'elle exige une assez grande quantité de liquide pour que la boule y plonge entièrement ;

3° *Densité d'un solide par le flotteur de Nicholson.* — Le flotteur de Nicholson, représenté par la figure 51, est un cylindre de fer-blanc, à bouts coniques portant l'un un panier, l'autre une tige à plateau. Il est lesté de manière qu'il tienne vertical dans l'eau et que mis dans ce liquide, il n'enfonce que d'environ les deux tiers de la hauteur du cylindre. On choisit un fragment du corps dont on veut trouver la densité, et on le prend assez petit pour qu'il ne fasse enfoncer le flotteur que presque à la naissance de la tige. On place ce corps sur le plateau supérieur et à côté de lui des grains de plomb de manière que l'appareil affleure jusqu'à un trait marqué sur la tige. On enlève le corps, on met à sa place des poids marqués pour ramener l'affleurement; on a ainsi le poids du corps. Soit 40 grammes. On enlève les poids, on sort le flotteur de l'eau, on place le corps sur le plateau inférieur et on remet le flotteur dans l'eau; il n'affleure plus; pour amener l'affleurement il faut ajouter des poids, soit 3^{gr},8; ces poids représentent le poids d'un volume d'eau égal au volume du corps. La densité est le quotient des deux nombres.

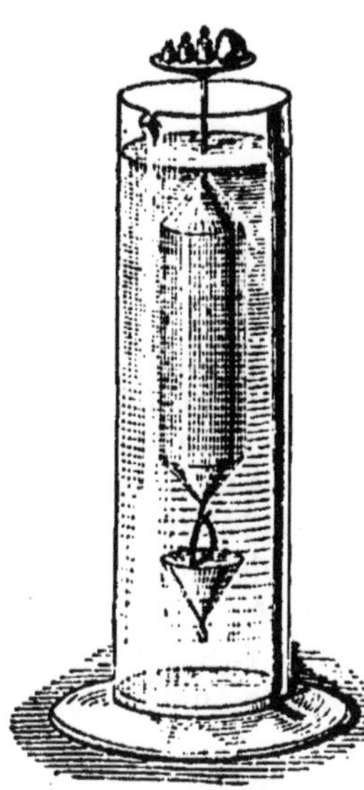

Fig. 51.

$$\frac{40}{3.8} = 10,5 ;$$

4° *Densité d'un liquide par le flotteur de Fahrenheit.* — Ce flotteur est en verre; il est lesté de manière à tenir vertical dans les liquides (fig. 52), il porte une petite tige avec un point d'affleurement et un petit plateau pour recevoir des poids.

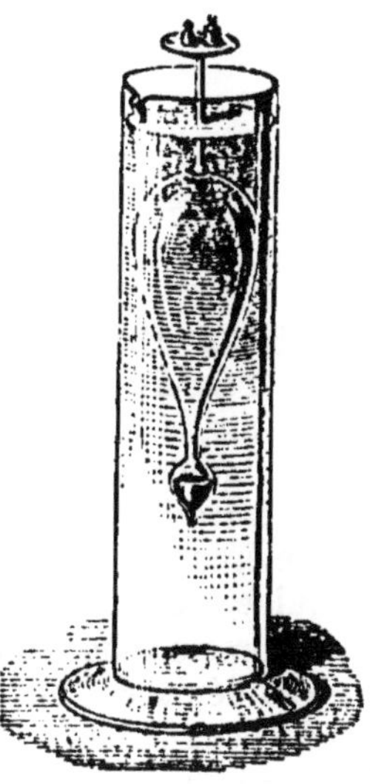

Fig. 52.

On détermine une fois pour toutes le poids P de l'appareil, et on l'inscrit sur la panse. Soit à chercher la densité d'un liquide, l'alcool. On plonge le flotteur dans l'alcool et on met des poids sur le plateau pour amener l'affleurement, soit 40 grammes. Le poids de l'alcool déplacé par l'appareil est égal au poids de tout le flotteur, c'est donc P + 40.

On retire le flotteur, on l'essuie; on le plonge dans l'eau et on l'y fait affleurer il faut alors ajouter 60 grammes. Le poids de l'eau déplacée par l'appareil est : P + 60.

La densité de l'alcool est donc :

$$\frac{\text{Poids de l'alcool}}{\text{Poids du même volume d'eau}} \quad \text{ou} \quad \frac{P + 40}{P + 60}.$$

Exercices.

23. Une sphère de platine de 4^{cm} de rayon, suspendue à l'un des plateaux d'une balance, est équilibrée à l'aide de poids placés dans l'autre plateau. On la plonge dans l'eau, que devra-t-on faire pour maintenir l'équilibre?

Si après on la plongeait dans l'alcool, que faudrait-il faire pour qu'il y ait encore équilibre?

La densité de l'alcool est 0,8.

24. Une poutre de chêne à base carrée de 0^{m},40 de côté et de 2 mètres de long flotte sur l'eau, quelle est la hauteur de la partie immergée?

La densité du chêne est 0,82.

25. Un flotteur de Fahrenheit qui pèse 278^{gr},75 est chargé de 1^{gr},7 pour affleurer dans l'eau de chaux et de 1^{gr},088 pour affleurer dans l'eau; quel est le poids d'un centimètre cube d'eau de chaux?

26. Une règle de bois à section carrée d'un centimètre de côté a 50 centimètres de long; à un bout est fixé un centimètre cube de fer; on met la règle dans l'eau, quelle sera la hauteur de la partie immergée?

Si on la met dans l'eau salée de densité 1,2 de combien remontera-t-elle ?
Si on la met dans l'alcool de densité 0,8 qu'arrivera-t-il ?
La densité du bois de la règle est 0,8 et celle du fer de 7.

CHAPITRE IX

ARÉOMÈTRES A POIDS CONSTANT

80. Principe des aréomètres. — On désigne sous le nom d'**aréomètres**, des appareils fondés sur le principe des corps flottants, et qui servent soit à déterminer la densité d'un solide ou d'un liquide, soit à reconnaître si un liquide donné est à un degré de concentration convenable. Ils sont lestés à leur partie inférieure avec du mercure ou de la grenaille de plomb, afin que, plongés dans un liquide, ils présentent une grande stabilité d'équilibre.

Comme tous les corps flottants, quand ils sont en équilibre, c'est qu'ils déplacent un poids de liquide égal à leur propre poids. Il y en a de deux sortes :

Les uns doivent être chargés d'un poids plus ou moins fort pour que le volume immergé reste le même : ce sont les flotteurs de Nicholson et de Fahrenheit ; les autres ont toujours le même poids, et ils enfoncent d'autant plus dans un liquide, que celui-ci est moins lourd : ce sont les *aréomètres à poids constant*.

81. Aréomètres à poids constant. — Ces appareils sont employés surtout quand on veut avoir promptement une indication sur le degré de concentration des acides du commerce, des dissolutions salines, des liqueurs ou des liquides alcooliques, sans qu'il soit besoin de connaître exactement le poids spécifique du liquide.

Leur forme est habituellement celle d'un tube de petit diamètre portant, à sa partie inférieure, un renflement en cylindre et une boule qui contient le lest (fig. 53) ; une bande de papier fixée dans le tube porte la graduation. Quand on plonge un de ces instruments dans un liquide, il y enfonce jusqu'à ce que le poids du liquide déplacé soit égal au poids de l'appareil ; il enfoncera donc toujours au même point dans des liquides de même densité ; on pourra l'employer dans l'industrie pour s'assurer si un liquide donné a une densité convenable, ou s'il est au même degré de concentration que dans une expérience antérieure ; il suffira d'avoir noté une première fois le point où s'est fait l'affleurement.

Fig. 53.

L'industrie emploie un grand nombre d'aréomètres à poids constant dont quelques-uns servent exclusivement à un seul liquide, ainsi le *pèse-lait*, le *pèse-vin*, etc. Les trois plus communs sont le **pèse-acides** ou **pèse-sels** pour les liquides plus lourds que l'eau; le **pèse-liqueurs** pour les liquides plus légers que l'eau; l'**alcoomètre** pour les mélanges d'alcool et d'eau. On les distingue en ce que les uns, les pèse-sels, enfoncent dans l'eau jusqu'au haut de leur tige; les autres, les pèse-liqueurs, jusqu'à la naissance de la tige seulement (fig. 54). Le même tube pourrait d'ailleurs servir pour l'un et l'autre cas; mais la tige serait un peu longue, l'appareil moins commode; on préfère en avoir deux.

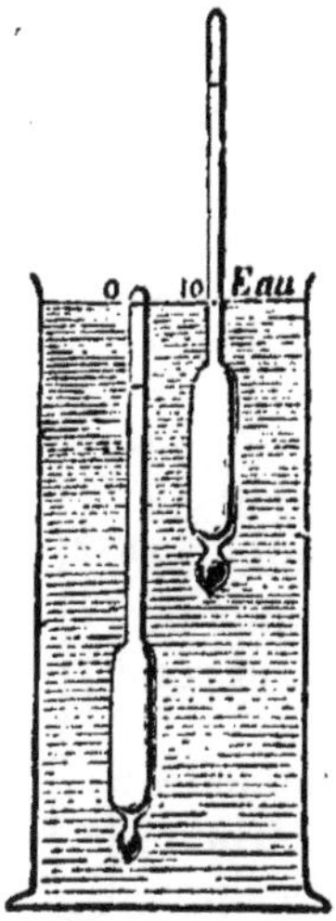

82. Pèse-acides ou pèse-sels de Baumé. — L'appareil proposé par Baumé pour les liquides plus lourds que l'eau, et qui est encore en usage aujourd'hui, est lesté de manière que, plongé dans l'eau pure à 12°5, il affleure vers la partie supérieure de sa tige en un point où l'on marque 0 (fig. 55). Il enfoncera d'autant moins

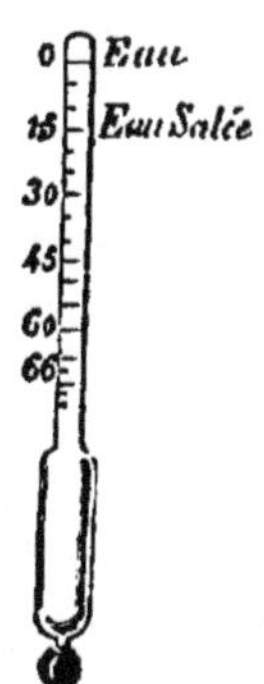
Fig. 55.

Fig. 54.

que le liquide sera plus lourd. La graduation primitive a été arbitraire, elle est encore suivie. On marque 15 au point où l'appareil affleure dans un liquide formé de 15 parties de sel marin desséché, dissous dans 85 parties d'eau. On divise l'intervalle de 0 à 15 en 15 parties égales, et on prolonge la division jusqu'au renflement de la tige.

Un tel instrument marque 66 dans l'acide sulfurique concentré, 36 dans l'acide azotique du commerce, etc.; et s'il plonge moins dans l'un ou l'autre des deux liquides précédents, on en conclut qu'ils sont mélangés d'eau.

83. Pèse-liqueurs de Cartier. — Cet appareil, destiné à des liquides plus légers que l'eau, où il enfoncera plus que dans l'eau, est lesté de manière à n'enfoncer dans l'eau qu'un peu au-dessus de la naissance de sa tige. On marque 10 en ce point. Le zéro est le point où enfonce l'appareil dans un liquide formé de 10 parties de sel marin dissous dans 90 parties d'eau. L'intervalle des deux traits est divisé en dix parties égales et la graduation prolongée.

Un tel instrument enfonce à 21 dans l'ammoniaque du commerce, à 40 dans l'alcool très concentré, à 62 dans l'éther rectifié; et s'il marque moins dans l'un ou l'autre de ces liquides, on en conclut seulement que ces liquides sont plus lourds et qu'ils contiennent probablement plus d'eau.

84. Alcoomètre centésimal de Gay-Lussac. — Pour les liqueurs alcooliques, on s'est longtemps servi de l'aréomètre précédent; mais ses indications sont insuffisantes et ne donnent pas une idée exacte de la composition du liquide. Il est plus avantageux de connaître le volume d'alcool absolu contenu dans le mélange d'alcool et d'eau que l'on essaie : c'est ce que l'on obtient avec *l'alcoomètre centésimal de Gay-Lussac.*

Quant à la forme, c'est un aréomètre ordinaire : la division 0 correspond à l'eau pure, et la division 100 à l'alcool absolu; l'intervalle comprend 100 divisions, dont chacune représente un centième d'alcool en volume. Les divisions ne sont pas égales (fig. 56), parce que le mélange d'alcool et d'eau se contracte et n'occupe pas un volume égal à la somme des volumes qui l'ont formé; aussi il a fallu un assez grand nombre d'opérations pour tracer exactement la graduation.

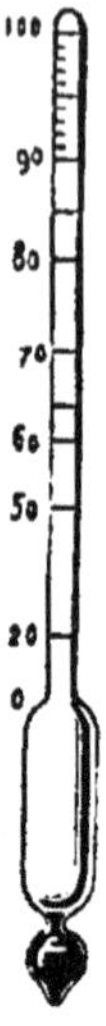

Veut-on, par exemple, marquer le degré 90, on prend 90 centimètres cubes d'alcool absolu, et on y ajoute assez d'eau pour faire exactement 100cc; on marquera 90 au point où l'appareil affleure dans ce liquide. Gay-Lussac a déterminé de cette manière tous les points de la tige de 10 en 10, et son appareil type a été gradué à la température de 15°.

Une fois que l'on possède un appareil étalon, on gradue les autres par comparaison avec le premier, ou bien on détermine les points 0 et 100 et on partage leur distance en parties proportionnelles aux divisions de l'échelle de l'étalon.

Comme on peut opérer à des températures autres que 15° et que les liqueurs alcooliques varient de volume avec les changements de température, il faut à chaque observation noter le degré du thermomètre plongé dans le liquide examiné et corriger le degré de l'aréomètre au moyen d'une table à double entrée, dont les éléments ont été calculés par Gay-Lussac.

Fig. 56.

Cet appareil ne donne d'indications précises que dans les mélanges d'alcool et d'eau; mais il en fait immédiatement connaître la richesse; si par exemple dans une eau-de-vie, supposée à la température de 15°, il s'enfonce jusqu'à la division 54, il avertit que le liquide contient les 54 centièmes de son volume en alcool pur.

85. Volumètres et densimètres. — On emploie quelquefois des aréomètres dont les indications peuvent faire connaître par une simple lecture la densité des liquides dans lesquels on les plonge. Les uns indiquent le volume immergé, quand celui qui plonge dans l'eau pure est pris égal à 100, ce sont les **volumètres**; les autres indiquent directement la densité et portent le nom de **densimètres**.

Pour comprendre la graduation du volumètre, supposons un tube bien cylindrique lesté de manière à enfoncer dans l'eau jusqu'à un point où l'on marque 100, et dans un liquide jusqu'à un autre point marqué 125, les divisions représentant des volumes égaux. Puisque le poids du liquide déplacé est égal au poids de l'aréomètre, il est le même dans les deux cas; il en résulte que le poids de 125 volumes du second liquide est égal au poids de 100 volumes d'eau, et si D est la densité de ce liquide,

$$125 \times D = 100.$$

D'où

$$125 = \frac{100}{D}.$$

Il en résulte que le chiffre n à inscrire au point d'affleurement de l'appareil dans un liquide de densité D', est :

$$n = \frac{100}{D'},$$

et que la densité D' sera donnée par :

$$D' = \frac{100}{n}.$$

Si donc on a plongé l'appareil dans un liquide de densité 0,8, il faut marquer au point d'affleurement dans ce liquide :

$$n = \frac{100}{0,8} = 125,$$

puis diviser l'espace compris entre 100 et 125 en 25 parties égales et prolonger la graduation.

En supposant les divisions d'égal volume, si l'appareil affleure dans un liquide au chiffre 80 par exemple, la densité de ce liquide sera :

$$D = \frac{100}{80} = 1,25.$$

Si donc on marque sur l'aréomètre des volumes, l'appareil indiquera dans les différents liquides où il sera successivement plongé, les volumes de ces liquides qui ont même poids que 100 volumes d'eau, ce sera alors un *volumètre*.

Pour avoir les densités correspondantes il faudra prendre le quotient de 100 par le nombre (n) marqué au point où affleure l'appareil dans le liquide considéré.

On construit des volumètres qui portent, en même temps que la graduation en volumes, les nombres exprimant les densités correspondantes.

Ainsi vis-à-vis 100 on met   densité 1.

$$- \quad 125 \quad - \quad \frac{100}{125} \quad - \quad 0,8.$$

$$- \quad 80 \quad - \quad \frac{100}{80} \quad - \quad 1,25, \text{ etc.}$$

Ce sont à la fois des volumètres et des densimètres.

86. Problème sur les aréomètres. — Lorsqu'un aréomètre est gradué en parties d'égal volume, on peut avec les indications données par l'appareil calculer la densité d'un liquide dans lequel il affleure à une division donnée.

Nous allons le montrer pour le pèse-acides de Baumé.

Supposons que la densité de l'acide sulfurique, où l'appareil de Baumé plonge jusqu'au chiffre 66, soit de 1,843, et proposons-nous de trouver la densité du liquide où le même aréomètre enfonce jusqu'au 36ᵉ degré.

Si l'aréomètre était transformé en un tube bien calibré, du même diamètre que la tige, qu'il ait N divisions égales, que v soit le volume d'une division, nous pourrions écrire :

Volumes immergés :

dans l'eau Nv,
dans l'acide sulfurique (N — 66)v,
dans le liquide donné (N — 36)v.

Les poids de ces volumes de liquides sont :

$$Nv, \qquad (N - 66)v \times 1,843, \qquad (N - 36)vx,$$

en appelant x la densité cherchée.

Ils sont égaux entre eux, puisque chacun d'eux est égal au poids de l'appareil, donc

$$Nv = (N - 36)vx,$$

$$x = \frac{N}{N - 36}.$$

Mais
$$N v = (N - 66) v \times 1,843.$$

D'où
$$N = 1,843 \, N - 66 \times 1,843.$$

$$N = \frac{66 \times 1,843}{0,843} = 144,3.$$

En transportant cette valeur de N dans

$$x = \frac{N}{N - 36},$$

Il vient :

$$x = \frac{144,3}{144,3 - 36} = \frac{144,3}{108,3} = 1,332.$$

La densité cherchée est 1,332.

On ferait un problème analogue sur le pèse-liqueurs, en supposant aussi ses divisions d'égal volume.

Exercices.

27. La densité du liquide salé qui a servi à marquer le zéro du pèse-liqueurs de Cartier est de 1,0847; trouver la densité de l'éther où l'aréomètre plonge jusqu'au 62ᵉ degré.

28. Un pèse-liqueurs de Cartier enfonce dans l'alcool jusqu'au chiffre 40; calculer la densité de cet alcool.

29. Si l'on voulait transformer un pèse-acides en volumètre et en densimètre quels seraient les nombres à inscrire au zéro, et vis-à-vis des chiffres 36, 40, 50 et 66?

CHAPITRE X

LIQUIDES DANS LES VASES COMMUNIQUANTS

87. Vases communiquants. — Lorsque deux vases communiquent entre eux de manière que le liquide versé dans l'un puisse se répandre dans l'autre, les deux surfaces libres du liquide sont sur un même plan horizontal.

On vérifie ce fait expérimentalement avec différents appareils. Celui des cabinets de physique se compose d'un grand vase que l'on peut faire communiquer par sa partie inférieure avec une série de tubes de forme quelconque (fig. 57). On remplit d'eau le grand vase et on ouvre le robinet de la branche latérale; le liquide monte dans le petit tube,

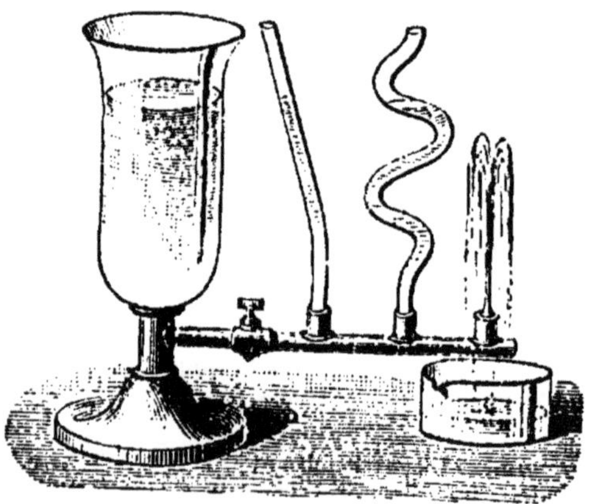

Fig. 57.

et si l'on place l'œil de manière que le rayon visuel rase la surface
horizontale du liquide dans le grand vase, on constate que la surface
de niveau dans le petit tube est sur le prolongement de la première :
les deux niveaux sont donc sur le même plan horizontal.

Il est facile de se convaincre qu'il doit en être ainsi. En effet, les
vases et les tuyaux qui les mettent en communication, constituent un
seul vase d'une forme parfois compliquée, mais renfermant une seule
masse liquide soumise aux con-
ditions d'équilibre énoncées dans
le chapitre précédent. Tous les
points d'un même plan horizontal
pris dans cette masse liquide doivent supporter la même pression
(fig. 58) ; or, il faut, pour que cette
condition existe, qu'il y ait au-dessus de chacun d'eux une égale hauteur de liquide ; les niveaux supé-

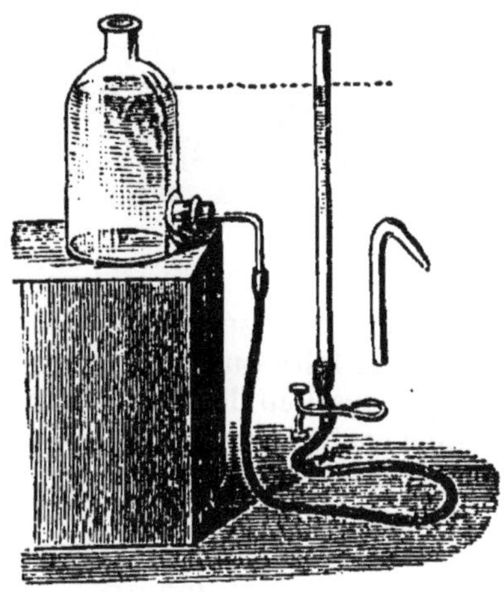

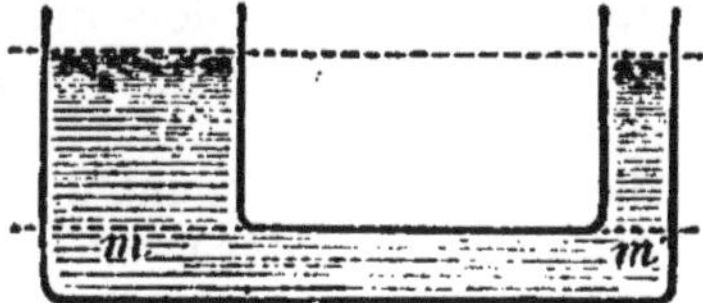

Fig. 58.										Fig. 58 *bis.*

rieurs sont donc à une égale distance d'un plan horizontal, conséquemment ils sont sur un même plan horizontal.

Les applications de ce principe sont nombreuses et intéressantes.
Nous passerons successivement en revue la distribution de l'eau dans
les villes, la distribution des eaux souterraines, les puits artésiens et
les puits ordinaires, les jets d'eau, puis le niveau d'eau.

88. Distribution de l'eau dans les villes. — Dans
la plupart des grandes villes, il y a une distribution d'eau par des
bouches le long des trottoirs, dans des bornes-fontaines et dans les
différents étages des maisons. L'eau est amenée dans de grands
réservoirs établis sur un point élevé :
c'est l'eau d'une source prise à un
niveau plus élevé que celui du réservoir, et amenée par des canaux,
ou bien l'eau d'une rivière, que des
pompes foulantes élèvent jusqu'au
réservoir.

Du réservoir partent des tuyaux
qui se ramifient dans les rues, et c'est
sur eux que sont branchés les tubes
allant aux bornes-fontaines ou dans
les appartements (fig. 59). Aussitôt

Fig. 59.

qu'on ouvre le robinet qui termine l'un de ces tubes, l'eau s'écoule parce qu'elle tend à remonter aussi haut que le niveau du réservoir.

89. Eaux souterraines. — Puits artésiens. — Puits ordinaires. — On sait que les eaux pluviales qui tombent sur les terrains sablonneux s'infiltrent dans le sol; elles descendent jusqu'à ce qu'elles rencontrent une couche imperméable formée

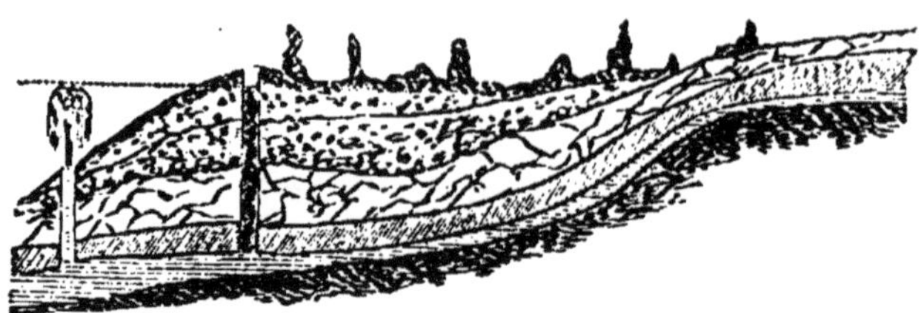

Fig. 60.

d'argile, et elles suivent cette dernière dans ses différentes sinuosités. Il peut se faire que l'eau arrêtée par une couche argileuse se trouve limitée aussi en dessus par une couche imperméable : c'est alors une nappe souterraine qui suit dans le sol les inclinaisons des couches qui la limitent (fig. 60).

Si en un point d'une vallée, la couche aquifère provenant des eaux d'un plateau vient affleurer le sol, l'eau s'y écoule d'une manière continue et forme une **source**.

Si en un point du sol tel que A, plus élevé que le niveau supérieur de la couche d'eau, on pratique un puits, on a un puits ordinaire où l'eau garde un niveau presque constant

Si au contraire le point où l'on a creusé le puits est plus bas horizontalement que le niveau supérieur de la couche d'eau, on a un puits jaillissant ou **puits artésien**. (On le nomme ainsi parce que les premiers ont été creusés dans l'Artois.) Les puits de Passy et de Grenelle à Paris, sont dans ce cas; ils débitent des eaux qui proviennent des plateaux de l'Yonne;

Fig. 61.

ils sont remarquables par leur profondeur, qui dépasse 500 mètres.

90. Jet d'eau. — Si un tuyau de conduite venant d'un réservoir d'eau un peu élevé se termine par un ajutage vertical ouvert, l'eau s'élance en forme de jet et retombe en gerbe (fig. 61). Théoriquement, le jet d'eau devrait remonter jusqu'au niveau du réservoir qui l'alimente; mais diverses causes limitent sa hauteur : c'est d'abord le frottement de l'eau sortant par un tube étroit, puis la résistance de l'air sur un jet qui se divise, puis enfin le choc des gouttelettes liquides qui en retombant amoindrissent la vitesse de celles qui s'élèvent.

On fait très facilement un jet d'eau dans une cour ou dans un jardin en mettant l'ajutage qui le termine en communication par un tube à robinet avec la conduite des eaux de la ville, ou bien avec un réservoir placé dans la partie supérieure de la maison.

91. Niveau d'eau. — Le niveau d'eau est un tube de fer-blanc recourbé à ses deux extrémités, à angle droit, et terminé à chaque bout par deux fioles de verre. L'appareil est posé en son milieu sur un pied à trois branches. On y verse un liquide coloré de manière à remplir aux deux tiers les deux fioles. Alors, d'après le principe des vases communiquants, un observateur n'a qu'à se placer de

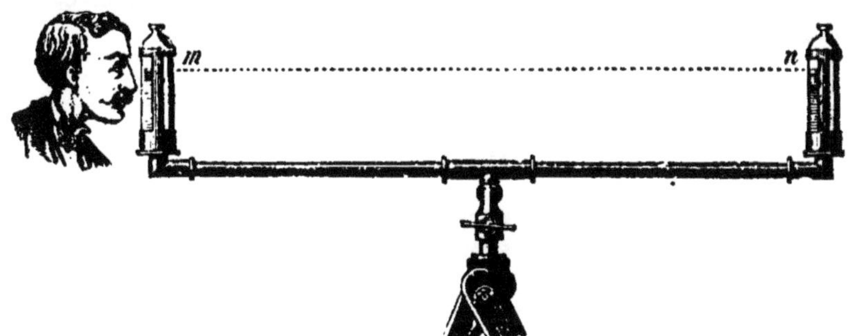

Fig. 62.

façon à apercevoir les deux surfaces de niveau sur le prolongement l'une de l'autre, pour mener dans l'espace une ligne horizontale (fig. 62).

Cet appareil sert fréquemment pour déterminer la différence de niveau de deux points éloignés de 40 à 50 mètres au plus. On place le niveau sur son pied à trois branches, entre les deux points. Un aide, porteur d'une règle divisée appelée *mire*, munie d'une plaque appelée *voyant* peinte de deux couleurs, va se placer d'abord au point A (fig. 63). Sur les indications de l'opérateur placé près de l'appareil et qui vise les deux surfaces de niveau, l'aide monte le voyant de la mire et le fixe quand le milieu se trouve sur la ligne horizontale visée par l'opérateur. L'aide lit sur la mire la hauteur AC. Puis il se transporte au point B, tandis que l'opérateur vient se placer de l'autre côté de l'appareil. En B, l'aide met le voyant au point sur les indications de l'opérateur et il lit la hauteur BD. L'inspection de la figure montre que la distance verticale des deux points A et B est donnée par la différence des deux lectures AC et BD.

Le niveau d'eau n'est pas assez précis pour donner en une seule opération avec exactitude la différence verticale de deux points éloignés de 100 à 200 mètres au plus; le niveau dans chaque

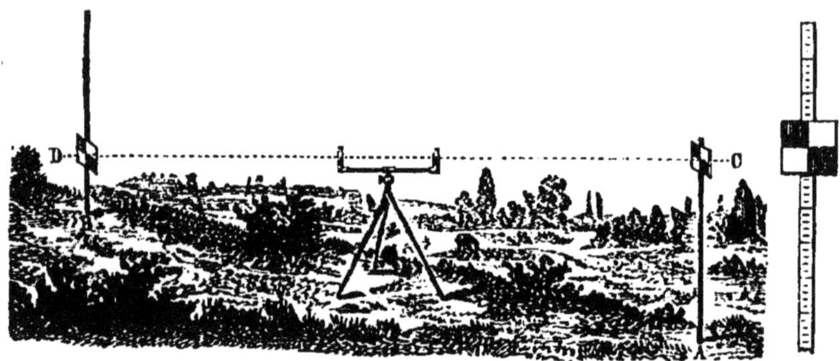

Fig. 63.

fiole présente un menisque d'une certaine épaisseur, et on ne peut pas être sûr de mener la ligne horizontale qui joint exactement les surfaces du liquide dans les deux fioles. Aussi on a remplacé cet appareil par un plus exact pour les grands nivellements.

CHAPITRE XI

TRANSMISSION DES PRESSIONS. — PRESSE HYDRAULIQUE

92. Les liquides transmettent les pressions. — Lorsqu'un corps solide soumis à l'action d'une force est arrêté par un autre corps, il presse ce dernier dans la direction même de la force. Ainsi un corps chargé d'un poids est pressé dans le sens vertical, et c'est dans ce sens seul qu'il comprime les corps qui le soutiennent. Il n'en est plus de même pour un liquide, la mobilité des molécules est si grande que le liquide tend à s'échapper de tous côtés sitôt qu'il est pressé : la **pression** qu'il reçoit **se transmet dans toutes les directions**.

Pour se représenter une pression subie par une surface liquide, on peut concevoir qu'elle s'exerce par un piston solide qui recouvre la surface liquide, et qui est poussé par une force normale. Ainsi, soit un vase à deux ou à trois tubulures, rempli d'eau (fig. 64). On met le bouchon B et on le frappe de manière à ce qu'il presse le liquide, comme si on le chargeait d'un poids. On fait ainsi sauter le bouchon A, qui a reçu, par l'intermédiaire du liquide, la pression exercée par B sur ce liquide.

Pascal a posé en principe que *la pression exercée en un point d'une masse liquide se transmet en tous sens en conservant sa valeur*. Cet énoncé que l'on ne démontre pas, mais que l'on admet parce que toutes les conséquences en sont vérifiées par l'expérience, peut être traduit de la manière suivante :

Si l'on exerce une pression sur une surface d'un liquide en équilibre égale à l'unité, cette pression se transmet en tous sens à toute surface égale ; et l'effort transmis à une surface plane S est égal au produit de la pression primitive par la surface plane que l'on considère. Ainsi, quand on exerce une pression de 1 kilogramme sur une surface liquide de 1 centimètre carré, cette pression se transmet également à toute surface égale de 1 centimètre carré, et si l'on considère dans le liquide une surface plane de 10 centimètres carrés, la pression qu'elle reçoit est de 10 kilogrammes.

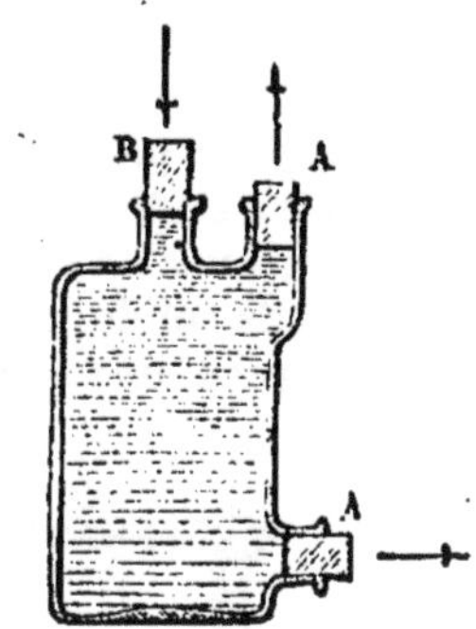

Fig. 64.

Supposons deux vases cylindriques de sections différentes, communiquant ensemble et en partie pleins d'eau. Concevons qu'on applique sur chacune des surfaces des pistons p et P de poids tels que le liquide reste en équilibre (fig. 65). Si alors on applique sur le piston p un poids de 1 kilogramme, il faudra pour empêcher le mouvement du piston P, lui appliquer autant de fois 1 kilogramme que la grande surface contient de fois la petite. Les frottements des pistons ne permettent pas de faire l'expérience d'une manière absolument concluante.

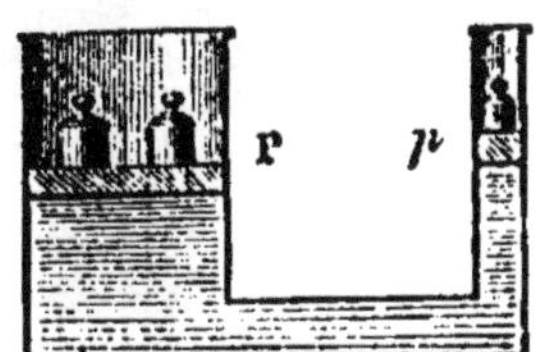

Fig. 65.

93. Principe de la presse hydraulique. — La presse hydraulique imaginée par Pascal est l'application la plus intéressante de la transmission des pressions. Pour en comprendre le principe, concevons deux cylindres A et B réunis par un tube horizontal, pleins d'eau et fermés par deux pistons p et P. Supposons que la surface du grand piston soit 100 fois celle du petit piston.

Si on charge le piston p d'un poids de 10 kilogrammes, le liquide transmet cette pression intégralement à toute surface égale à celle de la base du petit piston ; conséquemment il faudra mettre 100 × 10 ou 1,000 kilogrammes sur le grand piston P pour conserver l'équilibre. Et si le grand piston est libre, il sera poussé de bas en haut avec une force de 1,000 kilogrammes (fig. 66), et cette

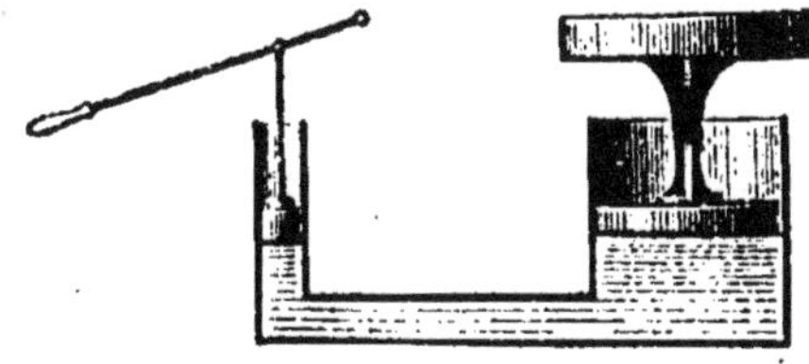

Fig. 66.

force pourra être employée à comprimer un corps entre la tête du piston et un obstacle fixe. On peut donc ainsi réaliser une grande pression avec un faible effort initial.

94. Description de l'appareil. — Le grand piston est
un gros cylindre métallique à tête qui glisse à frottement dans le col
d'un vase de fonte très résistant ; il est surmonté d'un plateau C ; et
l'on place les corps à comprimer entre ce plateau et une plate-forme
B, fixée solidement à des montants verticaux. Le petit piston est un
cylindre plein plongeur, mû par un levier *abc*, à l'aide duquel on le
fait monter et descendre dans un corps de pompe en communication
par le bas avec un réservoir d'eau. Un tube métallique à petit diamètre, mais solide, met les deux cylindres en communication ; il porte
sur son trajet une soupape de sûreté et une cheville ou un robinet

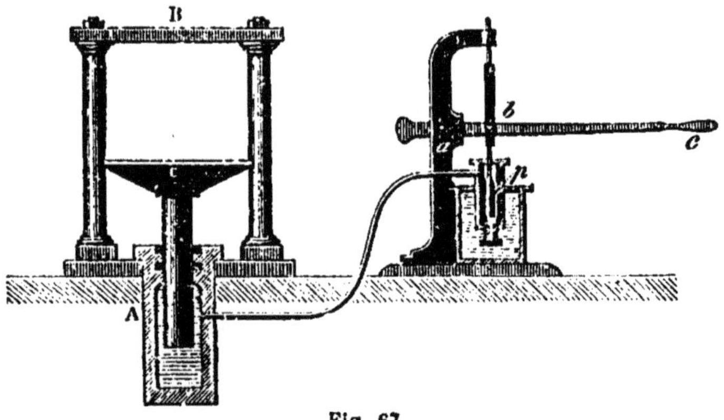

Fig. 67.

qui permet de vider l'appareil quand il est plein d'eau (fig. 67). L'eau
chassée par le petit piston fait monter le grand ; il faut donc de
nouveau remplir le petit cylindre d'eau pour la refouler dans le grand,
c'est ce qu'on réalise si le petit piston et son cylindre constituent
une pompe aspirante et foulante qui sera décrite plus tard.

Quand l'eau atteint une forte pression, elle pourrait s'échapper
entre les parois du grand piston et celles du cylindre où il plonge.
On remédie à cet inconvénient à l'aide du *cuir embouti* imaginé par
Bramah ; c'est un anneau de cuir dont on a rabattu les bords, et qui
forme une demi-couronne cylindrique collée par son bord interne
contre le piston, par son bord externe contre le corps de pompe, et
qui rend la fermeture hermétique, car lorsque l'eau presse, elle
applique le cuir embouti contre les deux surfaces et se ferme à elle-
même toute issue.

On peut se faire une idée de la grande puissance de la presse
hydraulique par un exemple numérique. Supposons qu'on exerce un
effort de 20 kilogrammes à l'extrémité *c* du levier *a,b,c* dont les deux
bras sont dans le rapport de 1 à 10, l'effort transmis à la tige du
petit piston sera de 20×10 ou 200 kilogrammes. Si la section du
grand piston est 100 fois celle du petit, l'effort transmis au grand
piston et par lui aux corps qu'il comprime, atteindra l'énorme valeur
de 20,000 kilogrammes. Par des dispositions convenables, on peut

encore élever ce chiffre et réaliser, avec un effort initial de 20 kilogrammes, une pression de plus de 50,000 kilogrammes.

Il faut remarquer que si la pression transmise au grand piston est 100 fois celle qui a été communiquée au petit piston, celui-ci fait en définitive un chemin 100 fois plus grand que l'autre : si l'on gagne en force, on perd en chemin parcouru ; le travail produit par le grand piston est en somme inférieur au travail dépensé de tout ce qu'il a fallu pour vaincre les frottements.

95. Usages de la presse hydraulique. — La presse hydraulique a beaucoup d'emplois. Elle sert à extraire l'huile des graines oléagineuses, le jus de la betterave, l'acide oléique des acides gras. Elle sert à comprimer le drap, le coton, les étoffes déjà pliées, à réduire en balles les substances encombrantes comme le foin. Elle a pu servir à soulever des efforts et à enfoncer des pilotis.

On applique également la transmission des pressions par l'eau pour essayer la force de résistance des bouteilles à champagne, et celles des parois des chaudières à vapeur ; pour cela on remplit d'eau les chaudières, puis on les met en communication avec le tube qui part du petit cylindre et on comprime de l'eau jusqu'à une pression donnée. Ainsi fait, cet essai est sans danger, car si les parois cèdent à la pression et se déchirent, il n'y a pas de projection des parois comme il y en aurait si l'on employait un gaz au lieu de l'eau.

Exercices.

30. Dans une presse hydraulique le grand cylindre a un diamètre de $0^m,40$, le petit de $0^m,02$. Ce dernier est mû par un levier ARP dont la longueur AR est de $0^m,12$ et la longueur AP de $1^m,44$. On applique à l'extrémité P un poids de 25 kilogrammes, la tige du piston étant fixée en R. La course de ce petit piston est de $0^m,40$. On demande :

1° Avec quelle force montera le grand piston ?

2° Combien de coups du petit piston il faudra pour faire monter le grand de $0^m,15$?

31. On met la pompe d'une presse hydraulique en communication avec une chaudière déjà remplie d'eau ; pour que les parois supportent une pression de 10 kilogrammes par centimètre carré, quel effort faut-il exercer à l'extrémité a du levier abc commandant en b un piston de 4 centimètres de diamètre, si ab égale 0,60 et ac 0,75 ?

CHAPITRE XII

LIQUIDES SUPERPOSÉS

96. Plusieurs liquides dans un même vase. — Quand on verse ensemble dans un même vase plusieurs liquides sans action chimique l'un sur l'autre, *ils se superposent par ordre de densité et leurs surfaces de séparation, comme aussi le niveau supérieur, sont horizontales.*

L'expérience vérifie ces deux points. Verse-t-on dans un tube ou dans un flacon du mercure, de l'eau et de la benzine, le mercure occupe le fond, l'eau le recouvre, et la benzine recouvre l'eau ; incline-t-on le tube, les surfaces de séparation des liquides restent horizontales (fig. 68), et l'on peut faire écouler presque complètement le premier sans qu'il en tombe du second. Si on agite le tube et que les liquides se mélangent, ils ne tardent pas à se séparer à nouveau.

Fig. 68.

La théorie explique facilement ces faits. En effet, d'après le principe d'Archimède, une molécule du liquide le plus dense ne peut rester au sein du plus léger, car son poids y serait supérieur à la poussée ; elle tombe donc jusqu'à ce qu'elle soit arrivée avec les autres molécules semblables au fond du vase.

Pour expliquer que les surfaces de séparation doivent être horizontales, on a recours au principe de l'égalité de pression de deux éléments égaux pris sur la même surface de niveau. Pour que ces deux éléments aient même pression, il faut qu'ils aient au-dessus d'eux, la même hauteur de chacun des liquides, sans quoi ils seraient inégalement pressés.

97. Niveau à bulle d'air. — Si on enferme dans le même vase un liquide et de l'air, le gaz doit se rassembler au sommet du vase et en occuper le point le plus élevé. C'est le principe du *niveau à bulle d'air*.

Un tube de verre légèrement coudé, incomplètement rempli d'alcool, fermé, puis enchâssé dans une monture métallique, qui repose sur une règle, tel est l'appareil.

La bulle d'air occupe toujours le point le plus élevé du tube. Quand elle est au milieu et qu'elle y reste, lorsqu'on retourne le tube bout à bout, c'est que les deux extrémités du tube sont sur un plan horizontal. On a construit l'instrument de manière que ce résultat soit obtenu quand la réglette métallique, fixée à la base de la gaine de cuivre qui contient le tube, est posée sur un plan horizontal (fig. 69).

Fig. 69.

Ce petit appareil est très commode pour vérifier si un plan est horizontal et pour rendre un plan horizontal ; il sert journellement à cet usage.

On l'emploie aujourd'hui pour remplacer le niveau d'eau dans les nivellements. Au lieu du niveau d'eau, on se sert d'une lunette dont l'axe est parallèle au plan qui la supporte, ce plan est lui-même posé sur un pied à trois branches et porte deux niveaux à bulle d'air en croix, qui servent à le mettre horizontal ; quand il l'est et que la lunette est bien réglée, la ligne de visée de la lunette est une ligne horizontale.

98. Deux liquides dans des vases communiquants. — Si l'on verse un liquide dans deux vases communiquants, les surfaces libres dans chaque vase sont dans un même plan horizontal. Si alors on verse dans l'une dés branches un liquide plus léger qui ne se mêle pas au premier, la surface de séparation des deux liquides reste sur un plan horizontal (fig. 70); mais le poids du liquide ajouté fait monter le premier dans l'autre branche ; et les deux niveaux sont très différents. Alors, les *hauteurs des deux liquides, comptées à partir du plan passant par la surface de séparation, sont inversement proportionnelles aux densités des liquides.* Avec l'eau et le mercure, le rapport des deux hau-

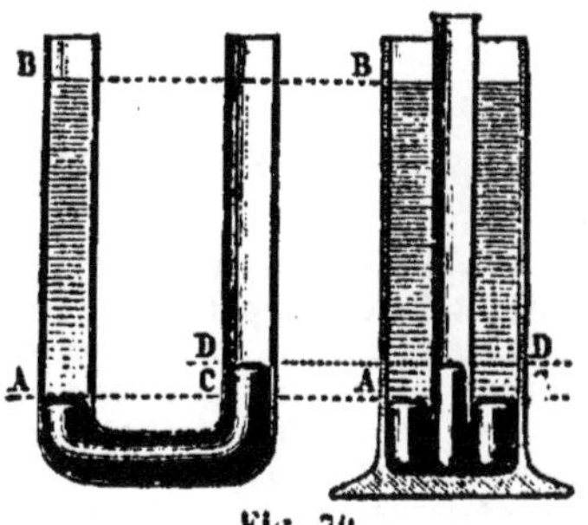

Fig. 70.

teurs est de 13,6, c'est-à-dire que la hauteur de l'eau est 13,6 fois plus grande que celle du mercure.

La démonstration est facile : pour deux éléments de même surface (S), pris sur le plan de séparation, l'un dans un des tubes, le second dans l'autre tube, la pression doit être la même. Or, d'un côté où la hauteur du liquide est h et sa densité d, la pression est :

$$Shd;$$

de l'autre, où la hauteur est h' et la densité du liquide d', la pression est :

$$Sh'd'.$$

On peut donc écrire :

$$Shd = Sh'd'$$

ou

$$hd = h'd'$$

et

$$\frac{h}{h'} = \frac{d'}{d}.$$

Si on prend l'eau et le mercure, et que la hauteur h de l'eau soit de 27^{cm},2, on aura :

$$\frac{27,2}{h'} = \frac{13,6}{1}$$

ou

$$h' = \frac{27,2}{13,6} = 2^{cm} :$$

la hauteur du mercure sera de 2^{cm}.

Exercices.

32. Dans un tube à deux branches il y a du mercure et un liquide ; la hauteur du mercure au-dessus du plan de séparation est de 8 centimètres, la hauteur du liquide est de 604 millimètres : quelle est la densité du liquide ?

33. On plonge, dans une longue éprouvette qui contient du mercure, un tube large ouvert aux deux bouts; on met de l'eau dans le tube sur une hauteur de 0^m,40, et de l'eau salée dans l'éprouvette; la densité de cette eau salée est de 1,084 : quelle est la différence des niveaux des deux liquides?

CHAPITRE XIII

PRINCIPES D'HYDROSTATIQUE

99. Principe de Pascal. — L'hydrostatique, étudiée depuis l'antiquité, a surtout été développée par Pascal, qui en a établi les lois en partant d'un principe simple, d'une sorte de définition que l'on peut formuler de la manière suivante : *tout liquide reste homogène quand on le comprime.* Cette définition une fois admise, sans démonstration directe, on arrive par le raisonnement à des conséquences que l'on peut vérifier expérimentalement. Le raisonnement précède l'expérience au lieu de la suivre. On conçoit les liquides comme des corps tout différents des solides; car tandis que les solides, sous l'action d'une pression, changent de structure parce que leurs molécules se rapprochent plus dans la direction de cette pression que dans toute autre, les liquides résistent aux pressions, ne changent pas sensiblement de volume et gardent les mêmes relations entre leurs molécules. On part donc de la mobilité parfaite des molécules des liquides pour découvrir les propriétés de ces corps.

Un liquide en équilibre est soumis à trois sortes de forces : 1° les actions de ses molécules les unes sur les autres qui font qu'une gouttelette liquide libre conserve la forme sphérique; 2° les pressions exercées en un point quelconque; 3° la pesanteur qui agit sur toutes les molécules. Les deux dernières forces agissant isolément ou ensemble font naître une pression qui s'exerce sur les parois ou dans l'intérieur du liquide.

100. Pression sur un élément liquide. — Lorsqu'on parle de pression sur un élément, on entend la pression exercée sur une lame plane d'une petite étendue et d'une épaisseur très faible. Une telle surface orientée d'une manière quelconque dans le liquide, supporte une *pression normale*, car il n'y a aucune raison pour que la pression soit inclinée d'un côté plutôt que de l'autre. Il est facile de comprendre qu'elle doit être proportionnelle à la surface de l'élément. En effet, puisque le liquide est en équilibre, deux petits éléments du même plan supportent des pressions égales et parallèles. Si on suppose les deux éléments fixés l'un à l'autre comme un corps solide, on pourra leur appliquer les lois de la composition des forces; ils ont une surface 2s soumise à deux forces égales à p et parallèles, ces deux forces peuvent être remplacées par une force unique 2p appliquée à une surface 2s ; de même une surface 3s, 4s, 10s supporterait une pression égale à 3p, 4p, 10p.

On démontre par le calcul que la pression sur un élément est la même quelle que soit la direction de l'élément. On formule donc ainsi la valeur de la pression :

La pression exercée sur un élément liquide est toujours normale à l'élément; elle est proportionnelle à sa surface et elle est indépendante de la direction de l'élément.

101. Deux éléments d'un même plan horizontal supportent la même pression. — Si on considère deux éléments égaux d'un même plan horizontal (fig. 71), puisque la pression est indépendante de leur direction, ils supporteront les mêmes pressions si on les relève verticalement. Ils forment alors les bases d'un cylindre horizontal mm' que l'on peut isoler en le supposant solidifié, et auquel on peut appliquer les lois d'équilibre des corps solides. Or, puisque le cylindre est en équilibre, il faut que les pressions parallèles à l'axe aient une résultante nulle;

Fig. 71.

or ces pressions se réduisent à celles que supportent *m* et *m'*, ces deux pressions sont donc égales.

C'est ce qu'on vérifie expérimentalement avec le tube à obturateur.

Les surfaces dont tous les points ont même pression, portent le nom de *tranches* ou *couches de niveau;* dans les liquides en équilibre, elles sont horizontales.

102. Différence de pression entre deux points. — On peut toujours considérer les deux points sur une même verticale, puisqu'en un plan horizontal tous les éléments supportent même pression. Soit *m* et *m'* deux éléments (fig. 72). On les considère comme formant les bases d'un cylindre liquide vertical. Or puisqu'il y a équilibre, la résultante des pressions verticales exercées sur le cylindre est nulle; ces pressions sont l'une P s'exerçant sur *m*, l'autre P' s'exerçant sur *m'* et le poids π du cylindre; il faut donc pour l'équilibre

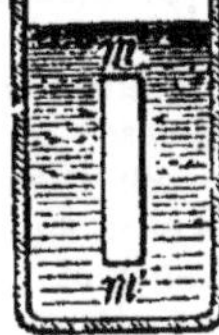

Fig. 72.

$$P + \pi = P' \quad \text{d'où} \quad P' - P = \pi.$$

D'où l'énoncé suivant : la *différence des pressions en deux points est égale au poids d'un cylindre liquide ayant pour bases les points pressés et pour hauteur leur distance verticale.*

103. Surface libre d'un liquide. — *La surface libre d'un liquide est horizontale;* en effet, elle est soumise à une pression nulle quand le liquide est dans le vide, et à une pression qui est la même en tous les points s'il y a une atmosphère en dessus du liquide, c'est donc une tranche de niveau, autrement dit un plan horizontal.

D'ailleurs, pour que la surface du liquide soit en équilibre, il faut qu'en chaque point elle soit normale aux forces qui agissent sur elle. Or si la pesanteur agit seule, la surface doit être un plan perpendiculaire à cette force, c'est-à-dire un plan horizontal.

104. La pression sur le fond d'un vase est indépendante de la forme du vase. — On vérifie cette proposition par l'expérience, mais on peut aussi l'établir par le raisonnement. Soit AB le fond horizontal d'un vase et *h* la hauteur verticale du liquide qui y est contenu. Un élément plan (*m*), en contact avec le fond, et au-dessus duquel il y a une hauteur (*h*) de liquide, supporte une pression égale à celle d'un élément de la surface libre et en plus le poids d'un cylindre liquide de hauteur *h*. Or nous savons que tous les éléments égaux d'une même tranche horizontale supportent même pression. La pression totale sur le fond, quelle que puisse être la forme du vase, sera, outre la pression de l'atmosphère, égale au poids d'une colonne liquide ayant pour base le fond et pour hauteur la distance du fond au niveau.

Si le vase est cylindrique, la pression sur le fond sera égale au poids du liquide; si le vase est élargi, la pression sera inférieure au poids du liquide; elle lui sera supérieure dans le cas d'un vase rétréci par le haut.

105. Pressions latérales. — Puisque dans un liquide, la pression sur un élément est indépendante de la direction de cet élément, une petite surface *s*, placée sur la paroi d'un vase à une distance *h* du niveau du liquide, supporte une pression égale à *shd*, *d* étant la densité du liquide. Si l'on considère toute une paroi plongée, on pourrait déterminer la pression exercée sur chaque élément et constater qu'elle va en augmentant avec la distance au niveau. Toutes ces pressions élémentaires sont parallèles; elles ont une résultante égale à leur somme et appliquée en un point qu'on appelle le **centre de pression** et que l'on peut déterminer comme on détermine le centre de forces parallèles données. Dans le cas d'une paroi inclinée, cette pression est le poids du tronc de cylindre vertical rempli de liquide et compris entre la surface pressée et le niveau supérieur.

Il en résulte que la pression sur une paroi peut devenir très grande, avec peu de liquide, si la hauteur de celui-ci devient considérable : c'est ce que montre bien l'expérience du crève-tonneau imaginée par Pascal.

106. Paradoxe hydrostatique. — Si l'on place sur le plateau d'une balance un vase rétréci par le haut dans lequel la pression exercée par le liquide sur le fond est de beaucoup supérieure au poids du liquide, il semble au premier abord que cette pression doive se communiquer au plateau de la balance et peser plus sur celui-ci que les poids réunis du vase et du liquide; il n'en est rien et la balance n'accuse que le poids du liquide augmenté de celui du vase. C'est à ce fait qui paraît surprenant au premier abord qu'on donne le nom de paradoxe hydrostatique.

On en rend compte facilement en exprimant la pression *totale* exercée par le liquide et en montrant qu'elle est toujours égale au poids du liquide renfermé dans le vase.

En effet, dans un vase quelconque, les parois sont solidaires les unes des autres et elles supportent toutes des pressions normales à leurs surfaces. Alors le vase transmet au plateau de la balance la résultante des pressions que lui-même supporte. Les pressions horizontales, quelle que soit d'ailleurs leur grandeur, se font équilibre parce qu'elles sont égales et opposées; il ne reste donc à chercher que la résultante des pressions verticales. Or dans le vase rétréci de la figure 73, la pression sur le fond AB est le poids d'un cylindre liquide ABIK; elle s'exerce de haut en bas. Mais les pressions latérales sur CD et sur EF s'exercent de bas en haut et sont égales chacune à un cylindre CDIG; la résultante des pressions, autrement dit la pression totale, est égale

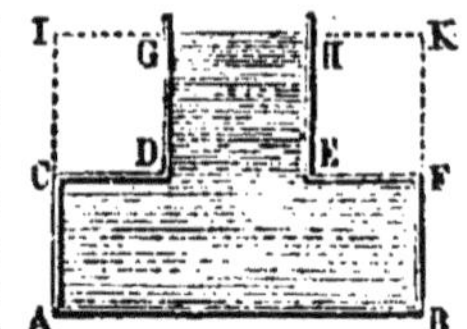

Fig. 73.

au poids du cylindre ABIK diminué du poids des deux cylindres CDIG et EFHK; elle est donc égale au poids du liquide.

Dans le cas d'un vase élargi en haut, le poids du liquide est plus grand que la pression sur le fond; mais les pressions latérales sont dirigées de haut en bas et s'ajoutent à la pression sur le fond pour agir sur la balance.

Quelle que soit la forme du vase, les pressions verticales sur les deux bases d'un cylindre vertical du liquide ont toujours pour différence le poids de ce cylindre; or si l'on décompose la masse liquide en une série de cylindres analogues, on aura une série de forces verticales dont la résultante sera une force verticale elle-même et égale au poids réel du liquide.

Exercices.

34. On veut faire flotter verticalement sur le mercure un cylindre d'acier de 22 centimètres de longueur et de rayon r, de manière qu'il enfonce de 20 centimètres. On lui fixe à l'extrémité inférieure un cylindre de platine de même rayon; quelle sera la longueur de ce dernier?

Densité de l'acier 7,7, du platine 23, du mercure 13,6.

35. Un tube de verre cylindrique de $0^m,50$ de long, de $0^m,02$ de diamètre extérieur et de $0^m,0195$ de diamètre intérieur est fermé par en bas par un disque en verre plat d'un millimètre d'épaisseur; on le plonge verticalement dans l'eau : quel poids de mercure faudra-t-il verser dans le tube pour qu'il enfonce jusqu'à 4 millimètres de son bord supérieur? La densité du verre est 2,5, celle du mercure 13,6.

CHAPITRE XIV

PHÉNOMÈNES CAPILLAIRES

107. Phénomènes capillaires. — Si l'on verse de l'eau dans deux tubes communiquants, dont l'un ait un très petit diamètre (fig. 74), les deux surfaces libres ne sont pas sur le même plan horizontal, l'eau s'élève beaucoup plus dans le tube étroit, surtout s'il est très fin. Le même phénomène s'observe avec l'alcool ou tout autre liquide qui mouille le vase

Avec le mercure au contraire, qui ne mouille pas le verre, c'est l'inverse qui se produit, le liquide est plus bas dans le tube fin que dans l'autre, et d'autant plus bas que le tube est plus fin

Des effets analogues se produisent si l'on plonge un tube fin dans un vase plein de liquide ; le liquide monte dans le tube d'autant plus haut au-dessus de son niveau que le diamètre du tube est plus petit, si c'est de l'eau ou un liquide qui mouille le verre. Il est déprimé au contraire si c'est du mercure. On met ce phénomène en évidence facilement en plongeant dans un liquide coloré des tubes fins de diamètres différents qu'on obtient en étirant vivement, à une longueur d'au moins un mètre, un tube de verre chauffé et en le cassant en fragments de 20 à 25 centimètres.

Fig. 74.

On constate également que dans le voisinage d'un tube plongé dans un liquide et aussi contre les parois du vase, la surface du liquide n'est pas un plan horizontal ; elle est convexe pour le mercure et concave pour l'eau et pour tous les liquides qui mouillent le verre.

Ces phénomènes ont reçu le nom de **phénomènes capillaires** parce qu'on les remarque surtout dans les tubes fins dont le diamètre est comparable à celui d'un cheveu. Ils semblent en contradiction avec les lois de l'équilibre des liquides.

108. Cause de la capillarité. — On attribue les phénomènes précédents à l'action qu'exerce la paroi du vase ou le corps solide plongé sur les molécules du liquide. L'adhésion des liquides aux solides qu'ils mouillent est facile à montrer ; si l'on plonge dans l'eau une baguette de verre et qu'on la retire, une goutte liquide reste adhérente à la baguette, comme par le fait d'une force attractive que le solide exerce sur le liquide.

Si donc on conçoit que la paroi exerce sur les molécules liquides une action attractive qui diminue rapidement avec la distance et devienne inappréciable à quelques millimètres, on comprendra que dans un vase large la surface libre de l'eau soit horizontale à partir d'une très petite distance du bord, puisque là il n'y a de force agissante que la pesanteur ; mais que contre les bords du vase, le liquide n'obéisse plus seulement à la pesanteur, mais encore à l'attraction du solide.

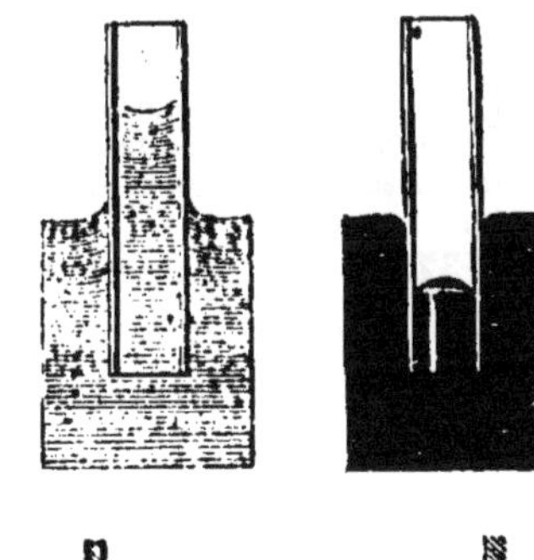

Fig. 75.

Avec l'eau, près du bord, à la pesanteur qui agit verticalement de haut en bas, s'ajoute l'attraction du solide que l'on peut considérer comme une force horizontale, par raison de symétrie ; la résultante de ces deux actions est une force oblique dirigée vers le bas et du côté de la paroi (fig. 75), et la surface liquide, pour rester normale à cette force, s'incline en s'élevant le long de la paroi et en devenant concave.

Avec le mercure, l'action de la paroi solide est répulsive ; la résultante des deux actions est dirigée vers le bas, elle éloigne le liquide de la paroi et la surface se déprime et devient convexe.

L'étude mathématique des phénomènes capillaires a été faite par Laplace qui a démontré que pour un même liquide, la hauteur soulevée ou déprimée selon le cas varie sensiblement en raison inverse du diamètre du tube.

On montre d'ailleurs par une expérience qu'il en est ainsi pour l'eau. On plonge dans un liquide coloré, deux lames de verre verticales qui se touchent par une arête et qui font entre elles un petit angle (fig. 76). On voit le liquide s'élever d'autant plus entre les deux lames qu'il est plus près de l'arête. L'écart des lames est pour les différents points proportionnel à leur distance à l'arête de contact; et si l'on mesure pour quelques-uns des points la hauteur du liquide au-dessus de l'horizontale, on reconnaît que les hauteurs sont en raison inverse des distances à l'arête; pour deux points a et b pris à des distances de l'arête égales à 2 et à 4, la hauteur du liquide soulevée au-dessus du premier est double de la hauteur soulevée au-dessus du second. La forme de la surface concave du liquide est celle d'une hyperbole.

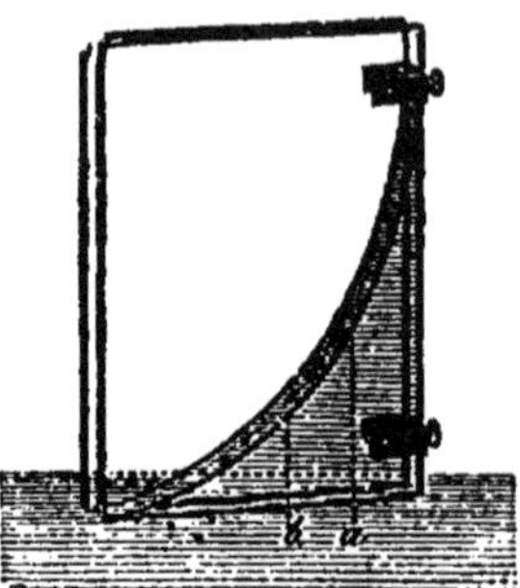

Fig. 76.

Plusieurs expérimentateurs se sont occupés de mesurer l'élévation des liquides dans les tubes fins. C'est ainsi que Gay-Lussac a trouvé pour un tube d'un millimètre de diamètre les résultats suivants :

Élévation de 11^{mm},7 dans l'alcool,
13^{mm} dans l'essence de térébenthine,
29^{mm},7 dans l'eau.

Puisque la hauteur soulevée est en raison inverse du diamètre du tube, l'eau monterait 10 fois plus dans un tube de $\frac{1}{10}$ de millimètre et elle s'élèverait à environ 30 centimètres au-dessus du niveau.

109. Applications de la capillarité. — Les actions capillaires servent à expliquer un certain nombre de phénomènes : ainsi l'ascension des liquides dans les substances poreuses comme l'eau dans le sucre, dans les pierres, dans la craie, l'huile dans les mèches de lampe, l'acide stéarique fondu dans les mèches des bougies, l'encre dans le papier buvard. On leur rapporte aussi l'ascension de la sève dans les minces vaisseaux des plantes.

Exercices.

36. Un morceau de bois dont la densité est 0,8 a la forme d'un cône droit à base circulaire; on le fait flotter sur l'eau de manière que son axe soit vertical et son sommet en haut, quelle sera la fraction x de la hauteur h du cône plongée dans l'eau?

37. Le cône précédent a 0,12 de diamètre et 0,25 de hauteur, on veut le faire flotter le sommet en bas, l'axe vertical, et le faire enfoncer des $\frac{5}{6}$ de sa hauteur, trouver le rayon de la sphère de plomb qu'il faut attacher au sommet. — Densité du plomb 11,8.

ÉQUILIBRE DES GAZ

CHAPITRE XV

PROPRIÉTÉS GÉNÉRALES DES GAZ. — PRESSION ATMOSPHÉRIQUE

110. Propriétés des gaz. — Les gaz comme les liquides prennent la forme des vases qui les contiennent, mais ils diffèrent des liquides en ce qu'ils n'ont pas de volume fixe et qu'ils remplissent toujours tout l'espace qui leur est offert. Les liquides ont un volume qui leur est propre et qu'on ne peut faire varier notablement. même quand on les soumet à une forte pression. Les gaz, au contraire, diminuent de volume quand on les comprime, ils augmentent indéfiniment de volume quand l'espace qu'on leur offre est de plus en plus grand. Ils ont donc comme les liquides une très grande mobilité dans les éléments qui les forment; mais ils ont de plus que les liquides, cette importante propriété d'être **expansibles**.

Expansibilité des gaz. -- Si une masse de gaz est abandonnée à elle-même dans un espace vide. elle augmente de volume jusqu'à ce qu'elle rencontre des parois résistantes qui l'empêchent de s'étendre davantage. On le prouve très facilement en plaçant sous une cloche, dont on retire peu à peu l'air pour l'y laisser ensuite rentrer, soit une vessie à robinet à peine gonflée, soit un petit ballon d'enfant contenant un peu d'air et fermé (fig. 77). Aussitôt qu'on retire l'air de la cloche, on voit la vessie ou le ballon grossir : c'est que

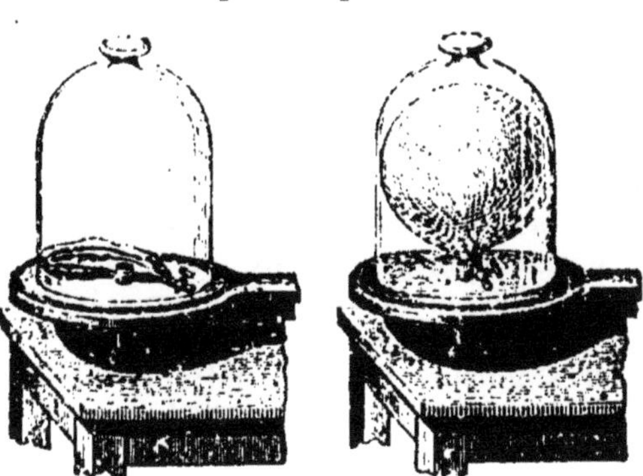

Fig. 77.

l'air contenu dans le ballon ou la vessie, presse contre les parois et les distend en augmentant de volume. Laisse-t-on rentrer l'air dans la cloche, immédiatement le gaz de la vessie ou du ballon reprend son premier volume.

Les gaz sont éminemment **compressibles**, puisqu'on peut diminuer notablement le volume qu'ils occupent, ainsi qu'on le prouve avec le briquet à air (fig. 4). Mais à mesure qu'un gaz diminue de volume, à mesure qu'il presse davantage contre les parois qui le

limitent : cette force que le gaz exerce ainsi sur les corps qui le contiennent. s'appelle la **force élastique** du gaz.

111. Les gaz sont pesants. — Les gaz sont comme les
liquides des corps pesants. Et c'est un fait bien remarquable dans
l'histoire des sciences, que malgré l'énergie des effets de l'air, par les
vents et les ouragans déracinant les arbres, les anciens n'aient pas
pu parvenir à prouver la pesanteur de l'air. C'est en effet à Galilée
qu'on doit la première démonstration de cette propriété commune à
tous les corps.

Fig. 78.

Pour la démontrer, on prend un grand
ballon de dix litres, muni d'un robinet
(fig. 78). On en extrait l'air avec la machine
pneumatique ; on le ferme et on le suspend
à l'un des plateaux d'une balance, après
avoir mis 15 à 20 grammes sur ce plateau.
On fait la tare dans l'autre plateau. Lorsque
l'équilibre est établi, on ouvre le robinet
du ballon ; on entend siffler l'air qui rentre
dans le ballon et l'on voit celui-ci augmenter de poids et faire pencher la balance de son côté. On enlève alors des
poids du plateau qui suspend le ballon,
et quand l'équilibre est rétabli, les poids
enlevés représentent le poids de l'air rentré dans le ballon. Ce poids varie suivant
l'expérience de 10 à 12 grammes. Si l'on connaît le volume du ballon
et qu'on ait enlevé tout l'air, on en peut déduire le poids du litre
d'air, et trouver approximativement que l'air pèse 773 fois moins
que l'eau.

112. Les gaz transmettent les pressions. — Les
gaz transmettent les pressions qu'ils reçoivent.
absolument comme les liquides : si l'on exerce
une pression en un point d'une masse gazeuse,
elle est transmise dans tous les sens proportionnellement à la surface pressée. On le démontre facilement avec un flacon à trois tubulures. garnies l'une et l'autre de tubes en S qui
plongent à des hauteurs différentes dans le flacon (fig. 79). Le tube du milieu contient du
mercure, les deux autres de l'eau colorée. On
verse un peu de mercure dans le premier : le
liquide presse le gaz. et cette pression est transmise aux deux autres tubes, également. comme
l'indique l'élévation du liquide qu'ils contiennent.

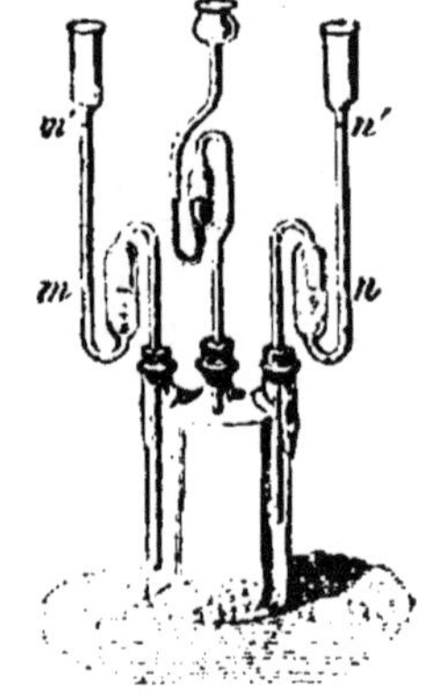

Fig. 79.

On prouve que si une pression. exercée sur
une petite surface. est transmise à une surface
plus grande, elle est multipliée, comme dans le cas de la presse

hydraulique. Sur un sac de caoutchouc ou une vessie, on place une planchette à dessin, et sur la planchette un poids de 10 ou 20 kilogrammes; à l'orifice du sac est fixé un tube de petit diamètre. Il suffit de souffler légèrement dans le petit tube pour que le poids soit immédiatement soulevé; si en effet la surface par laquelle la planchette appuie sur le sac est 400 fois plus grande que la surface du petit tube, une pression de 50 grammes exercée dans celui-ci est suffisante pour soulever un poids de 20 kilogrammes.

Puisque les gaz sont pesants, on peut leur appliquer les mêmes principes qu'aux liquides, en ce qui concerne les pressions aux différents points de leur masse : tous les points d'un même plan horizontal supportent une égale pression; deux surfaces égales prises à des hauteurs différentes, ont des pressions inégales; mais, dans ce dernier cas, à cause du faible poids du gaz, on peut regarder comme égales les pressions supportées par des points dont la différence de hauteur verticale n'est pas considérable.

113. Pression atmosphérique. — L'atmosphère est la couche d'air qui enveloppe la terre ; ses différentes couches pressent les unes sur les autres, et ces pressions doivent avoir leur plus grande valeur à la surface du sol. A cause du principe de l'égalité de pression en tous les points d'une même surface horizontale, il suffir. donc que l'air d'une chambre communique par une ouverture avec l'air extérieur, pour qu'on soit en droit d'affirmer que la pression sur un élément plan de l'air de la chambre est la même qu'à l'air libre, la même que celle d'une colonne d'air dont la hauteur atteindrait les limites de l'atmosphère : c'est cette pression exercée par l'air sur les corps qu'on nomme la **pression atmosphérique.**

La pression atmosphérique n'est pas généralement apparente, parce qu'elle s'exerce en tous sens et qu'une lame plongée dans l'air supporte sur ses deux faces, des pressions égales et opposées qui se font équilibre; il faut recourir à quelques expériences pour la mettre en évidence; d'une manière générale, on retire l'air d'un corps creux qui est limité par une paroi mobile, et l'on voit cette paroi se mouvoir sous l'effet de la pression.

114. Expériences qui prouvent la pression atmosphérique. — Parmi les nombreuses expériences que l'on peut faire, nous en citerons trois principales, l'une prouvant la pression de haut en bas, la seconde la pression de bas en haut, la troisième la pression en tous sens.

1° *Crève-vessie.* — Le crève-vessie est un manchon de verre dont le bord inférieur est bien rodé (fig. 80). On couvre son bord supérieur d'une vessie, ou mieux encore d'un morceau de petit ballon que l'on tend et que l'on fixe solidement avec une ficelle. On place le manchon sur la platine de la machine pneumatique et on retire l'air. On voit alors la membrane s'incurver du côté du manchon comme si elle était pressée par un grand poids; et à un moment donné elle se déchire et éclate ; alors l'air rentre brusquement en produisant une détonation. Au commencement de l'expérience, la membrane était plane, parce qu'elle était également pressée sur ses deux faces ; à mesure que l'on a enlevé l'air, la pression supérieure est devenue prédominante et a produit le phénomène observé.

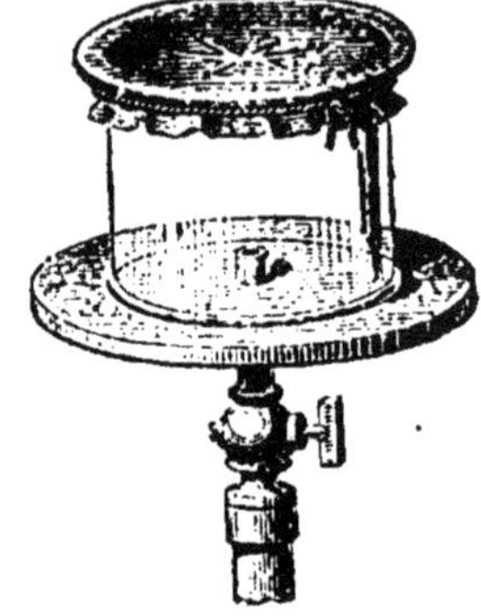
Fig. 80

2° *Expérience du verre plein renversé.* — On remplit d'eau un verre à bord droit ou une carafe ; on pose sur le vase plein une feuille de papier, de manière qu'il n'y ait pas d'air entre elle et le liquide (fig. 81). On tient cette feuille appuyée contre le vase et on retourne celui-ci. On cesse de tenir la feuille de papier et l'eau du vase ne tombe pas. C'est que la feuille est poussée de bas en haut par la pression atmosphérique, et maintient le liquide dans le vase

3° *Hémisphères de Magdebourg.* — Les hémisphères, imaginés par Otto de Guericke de Magdebourg en 1670, sont creux ; l'un porte un anneau, l'autre un conduit avec robinet ; ils peuvent être rapprochés par leurs bords entre lesquels on interpose un cuir enduit de suif pour assurer leur fermeture (fig. 82). On les place sur la machine pneumatique ; on en extrait l'air et on ferme le robinet. On ne peut plus alors les séparer l'un de l'autre à

Fig. 81.

Fig. 82.

moins d'un très grand effort. Tant qu'ils étaient pleins d'air on les séparait très facilement, et c'est ce que l'on peut encore faire si on y laisse rentrer l'air. Vides, ils sont pressés fortement l'un contre l'autre par la pression atmosphérique.

113. Expérience de Torricelli. — On croit que c'est Galilée qui a le premier songé à la pression atmosphérique ; mais c'est son élève Torricelli qui en a démontré la réalité par sa célèbre expérience de 1644.

On répète cette expérience avec un tube d'un mètre fermé par un bout. On remplit complètement ce tube de mercure sec ; on le ferme avec le doigt ; on le retourne pour le plonger verticalement dans une cuvette de mercure ; quand on débouche le tube, on voit le mercure descendre un peu dans le tube et s'arrêter (fig. 83). La colonne qui reste dans le tube a une hauteur d'environ 76 centimètres, au-dessus du niveau de la cuvette, à Paris et dans tous les lieux peu élevés.

Si l'on incline un peu le tube, le niveau supérieur du mercure reste

dans le même plan horizontal, et quand l'inclinaison du tube est assez
grande pour que son sommet soit à une distance verticale du niveau
de la cuvette inférieure à 76 centimètres, le tube se remplit entièrement.

C'est Pascal qui a expliqué cette expérience, et montré qu'on en rend parfaitement compte, en donnant pour cause à l'ascension du mercure, une pression exercée par l'atmosphère sur la surface du liquide de la cuvette. Considérons en effet deux éléments d'égale surface pris dans le plan horizontal qui forme le niveau du liquide de la cuvette, l'un dans le tube, l'autre au dehors; ils supportent des pressions égales. La pression du premier, c'est le poids de la colonne de mercure soulevée dans le tube. La pression du second, c'est le poids de la colonne d'air agissant sur lui. La pression exercée par l'atmos- phère sur une surface donnée, est donc égale au poids de la colonne de mercure ayant cette surface pour base, et pour hauteur celle du mercure dans le tube de Torri- celli.

Expérience de Pascal. — S'il est vrai que la colonne soulevée dans le tube de Torricelli est l'effet de la pres- sion de l'atmosphère, avec un autre liquide, la hauteur devra varier et devenir plus grande si le liquide est moins dense.

Fig. 83.

Soit en effet d la densité du mercure, h la hauteur de la colonne; d' la densité d'un autre liquide, h' la hauteur de la nouvelle colonne.

Pour que ces deux colonnes de liquides se fassent équilibre, il faut que l'on ait :

$$hd = h'd'$$

ou

$$h' = h\frac{d}{d'}$$

Or, pour l'eau.

$$\frac{d}{d'} = 13,6$$

la colonne d'eau soulevée devra donc être 13,6 fois plus haute que la colonne de mercure. Avec un autre liquide moins dense, comme l'alcool, elle serait encore plus grande. Les vérifications en ont été faites par Pascal avec l'eau et avec le vin dans des tubes de 12 mètres de hauteur.

On peut donc dire que les deux expériences de Torricelli et de Pascal sont des preuves frappantes de la pression atmosphérique et permettent de la mesurer.

116. Valeur de la pression atmosphérique. —
Nous venons de dire que la pression exercée par l'atmosphère est la même que celle d'une colonne de mercure dont la hauteur est donnée par le tube de Torricelli.

Si la hauteur est de   76 centimètres,
la surface de   1 centimètre carré,
le volume du mercure sera de 76 centimètres cubes,.
le poids de la colonne $76 \times 13,6 = 1033$ grammes.

On peut donc dire qu'*ordinairement* la pression atmosphérique équivaut à un poids de 1033 grammes par centimètre carré, ou de 10333 kilogrammes par mètre carré.

Cette quantité est souvent prise pour unité de pression; et on l'appelle une **atmosphère**. Alors une pression de 10 atmosphères est représentée par un poids de 10 kilogrammes 333 par centimètre carré.

Il est plus simple de rapporter les pressions à l'unité des autres forces, c'est-à-dire au kilogramme et de dire une pression de 4, 6, 8 kilogrammes, plutôt qu'une pression de n, n' atmosphères. Quand on ne tient pas à une très grande approximation, une atmosphère peut être prise égale à 1 kilogramme, sous-entendu par centimètre carré; elle en diffère en effet de très peu.

En physique, on évalue souvent les pressions par la hauteur de mercure qui leur correspond : c'est ainsi qu'on dit une pression de 5, 10, 30 centimètres, pour dire une pression qui fait équilibre à une hauteur de mercure de 5, 10, 30 centimètres. Il est d'ailleurs facile dans tous les cas de connaître par un calcul élémentaire, la valeur en kilogrammes d'une pression indiquée, soit en atmosphères, soit en hauteur de mercure.

117. Variation de la pression atmosphérique avec la hauteur. — S'il est vrai que les gaz en équilibre ressemblent aux liquides, la différence de pression entre deux poin's situés sur la même verticale doit être égale au poids de la colonne d'air comprise entre ces deux points. La pression doit donc diminuer à mesure qu'on s'élève dans l'atmosphère.

L'expérience en a été faite pour la première fois en 1648, sur les indications de Pascal, par son beau-frère Périer, entre Clermont-Ferrant et le Puy-de-Dôme. A mesure que l'expérimentateur gravissait la montagne, le mercure baissait dans le tube; ce fut le contraire à la descente, et le liquide reprit la hauteur exacte qu'il avait au départ. Pendant l'opération, un tube resté en place à Clermont-Ferrand n'avait pas varié.

Une expérience fut faite par Pascal à Paris, au bas et au haut de la tour Saint-Jacques; et elle confirma la première.

C'est bien là une des preuves les plus manifestes de la pesanteur de l'air, et de l'existence de la pression atmosphérique. Nous en trouverons une application dans le chapitre suivant.

Exercices.

38. A quoi équivaut la pression exercée par l'atmosphère sur une table rectangulaire de 2 mètres de long et de 0,80 de large, si le mercure dans le tube de Torricelli occupe une hauteur de 765 millimètres?

39. On suppose qu'on a enlevé tout l'air d'un crève-vessie dont le diamètre est de $0^m,12$, par quel poids faudrait-il remplacer l'effet de l'air sur la membrane tendue, si la pression atmosphérique est de 760 millimètres?

40. Si on avait enlevé tout l'air des hémisphères de Magdebourg mesurant 0,12 de diamètre, quelle force faudrait-il pour les séparer?

CHAPITRE XVI

BAROMÈTRES

118. Baromètres. — L'observation suivie d'un tube de Torricelli qu'on laisse dans un même lieu, montre que la pression atmosphérique varie constamment.

On donne le nom de **baromètres** aux instruments spécialement construits pour indiquer et mesurer ces variations.

Il y a deux groupes de baromètres : les baromètres à mercure fondés sur l'expérience de Torricelli; les baromètres métalliques fondés sur l'élasticité des métaux : ces derniers sont gradués d'après les premiers.

On emploie toujours le mercure dans les baromètres à liquide, parce qu'il peut être obtenu très pur, qu'il n'émet pas à la température ordinaire de vapeurs pouvant troubler le vide qui existe au-dessus de la colonne, et qu'en raison de sa grande densité il n'en faut qu'une colonne d'environ 76 centimètres pour équilibrer la pression atmosphérique.

119. Construction du baromètre à cuvette. — On construit encore le baromètre à cuvette comme le montaient Torricelli et Pascal, mais on prend les précautions nécessaires pour éliminer les causes qui pourraient nuire à l'exactitude de l'appareil.

La condition essentielle pour qu'un baromètre soit bon, c'est qu'au-dessus de la colonne de liquide il existe un vide complet. Il ne suffit pas pour cela de remplir le tube avec du mercure pur et sec, car il resterait des bulles d'air adhérentes au verre, et quand on redresserait le tube, ces bulles se rendraient dans la chambre barométrique et produiraient sur la colonne mercurielle une pression anormale.

Pour chasser l'humidité et les bulles d'air, quand on a rempli le tube après l'avoir au préalable bien lavé et desséché, on le dispose, l'extrémité ou-

Fig. 84.

verte en haut, sur une grille inclinée (fig. 84) et on le chauffe progressivement sur toute sa longueur avec des charbons allumés posés sur la grille; ou bien on le chauffe peu à peu, en commençant par l'extrémité inférieure, et en le tenant incliné au-dessus d'un fourneau rempli de charbons allumés. Il faut faire bouillir le mercure successivement du bas au haut; à cet effet, le tube porte à son bout ouvert, une ampoule qui retient le liquide soulevé par l'ébullition. L'opération terminée, le mercure doit présenter une surface miroitante sur toute la longueur du tube. On le laisse refroidir, puis on sépare la boule du tube. On ferme exactement l'ouverture avec le doigt, on renverse l'instrument dans une cuvette en partie pleine de mercure purifié, et on le fixe contre une planchette verticale.

On peut d'ailleurs s'assurer que l'instrument est bien construit et qu'il ne reste aucune bulle d'air dans la chambre barométrique, il suffit d'incliner lentement le tube, le mercure va choquer la paroi supérieure et on entend un bruit sec. Si le choc était amorti, que le tube incliné ne soit pas rigoureusement plein, c'est qu'il resterait de l'air dans le tube; il faudrait recommencer le remplissage.

Si l'on voulait s'astreindre à mesurer directement à chaque observation la différence verticale des deux niveaux du mercure, il n'y aurait pas besoin de graduation. Mais l'appareil serait bien peu commode; aussi préfère-t-on appuyer le tube contre une planche divisée en centimètres et en millimètres, et dont le zéro de la graduation correspond exactement au niveau du liquide de la cuvette; il suffit alors pour connaître la pression atmosphérique, de lire le chiffre de la graduation vis-à-vis duquel se trouve le niveau du liquide dans le tube.

Cette manière d'opérer exige que le niveau de la cuvette, et par suite le zéro de la graduation, ne varie pas sensiblement. Comme la pression atmosphérique augmente ou diminue d'un jour à l'autre, d'un instant à un autre, du mercure monte de la cuvette dans le tube ou redescend du tube dans la cuvette. Le niveau de celle-ci ne peut être sensiblement le même qu'autant que la surface de la cuvette est très grande par rapport à la section du tube. Il faut donc employer une large cuvette qui exige beaucoup de mercure, si l'on veut quelque exactitude dans les indications.

120. Cuvette à goutte. — On a tenté d'obtenir des baromètres où le niveau du mercure dans la cuvette fût invariable, malgré que la cuvette ne contînt que peu de liquide. On y réussit en prenant une cuvette à grande section, à fond plat, avec une dépression médiane dans laquelle vient le tube (fig. 85). On règle la quantité de mercure de manière qu'elle forme sur le fond de la cuvette une grosse goutte étalée qui ne touche pas aux bords; et c'est vis-à-vis de cette goutte, qu'est placé le zéro de la graduation. Si la pression atmosphérique vient à baisser,

Fig. 85.

du mercure rentre dans la cuvette, la goutte s'étale en augmentant de diamètre mais sans changer de hauteur. Au contraire, si la pression atmosphérique augmente, du mercure passe de la cuvette dans le tube, la goutte se contracte, diminue de diamètre, mais garde le même niveau supérieur. On a ainsi un bon baromètre d'usage courant.

121. Baromètre normal. — Parmi les baromètres à cuvette il nous faut décrire le *baromètre de précision* conseillé par Regnault. Le tube de verre a un diamètre intérieur d'au moins 2 centimètres; alors la surface du mercure n'y est pas bombée par la capillarité comme dans les tubes plus fins; elle est plane en son milieu. La cuvette est en fonte et à large section. Le tout est fixé sur un support métallique horizontal scellé à un mur. Comme on ne pourrait viser horizontalement la surface du mercure dans la cuvette, celle-ci porte un écrou dans lequel est une vis verticale à deux pointes d'une longueur exactement connue. Lorsqu'on veut faire une observation, on commence par amener la pointe inférieure de la vis au niveau du mercure de la cuvette, et on sait qu'elle touche le liquide quand on voit son image coïncider exactement avec elle. Alors, avec un cathétomètre, instrument de précision qui porte une lunette exactement horizontale mobile le long d'une tige verticale graduée en centimètres et millimètres, on mesure la distance verticale de la pointe supérieure de la vis au niveau du liquide dans le tube. A la hauteur lue on ajoute la longueur de la vis et on a la hauteur barométrique exacte (sauf une correction relative à la température qui sera indiquée plus loin).

Cet instrument précis est indispensable dans les observatoires, où il sert notamment à vérifier les baromètres portatifs et à faire juger de leur degré d'exactitude.

122. Baromètre de Fortin. — Le baromètre à cuvette, bon pour les observations sédentaires, a l'inconvénient de ne pouvoir être transporté. Le *baromètre de Fortin*, tout en étant un baromètre à cuvette, est disposé de manière à être transportable sans dérangement; de plus, comme toutes les observations s'y font à un niveau constant, il peut être considéré comme le plus commode des baromètres de précision.

La cuvette est un cylindre dont le haut est en verre, les parois inférieures en buis, le fond en peau de chamois; ces deux dernières parties sont encaissées dans une garniture de cuivre, dont la base porte une vis à l'aide de laquelle on peut monter ou descendre le fond en peau de chamois (fig. 86). Au couvercle supérieur est fixée une pointe d'ivoire dont l'extrémité inférieure correspond au zéro de la graduation.

Le tube barométrique passe dans une ouverture du couvercle de la cuvette; il porte un étranglement autour duquel on a attaché soigneusement un morceau de peau comme un doigt de gant coupé aux deux bouts. On a rabattu et ficelé solidement l'autre bout de cette peau sur le pourtour de l'ouverture de la cuvette.

Le tube est recouvert d'une enveloppe de laiton vissée sur le haut de la cuvette; et cette enveloppe est percée de deux longues rainures opposées diamétralement dans la partie où se tient d'ordinaire l'extrémité de la colonne de mercure. La graduation est tracée le long de l'une de ces fenêtres; l'autre bord porte une crémaillère sur laquelle engrène un bouton portant un anneau métallique qui forme curseur. On place cet anneau de manière à ce que le plan de visée qui joint son bord antérieur au bord postérieur, soit tangent au sommet du menisque que forme le mercure. L'anneau porte un *vernier* qui permet d'apprécier les dixièmes de millimètres.

L'appareil est suspendu, dans les laboratoires, par un anneau supérieur, à un crochet fixe. Pour les voyages, après l'avoir mis en état d'être transporté, on le place dans un étui de cuir, et avec lui un trépied métallique qui servira à porter l'appareil et à le rendre vertical par une suspension à la Cardan.

Veut-on transporter l'appareil? on tourne la vis de la cuvette de manière à remonter le fond mobile; l'air qui était au-dessus du mercure dans la cuvette sort par les pores de la peau de chamois qui joint la cuvette au tube; le tube se remplit et la cuvette aussi; on peut alors mettre l'instrument dans n'importe quelle position sans craindre qu'une bulle d'air puisse s'y introduire.

Veut-on faire une observation avec l'appareil suspendu en un endroit quelconque? On détourne la vis de manière à descendre le fond mobile de la cuvette, le mercure descend, l'air pénètre à la partie supérieure de la cuvette. On arrête de tourner la vis quand le niveau du mercure affleure l'extrémité de la pointe d'ivoire. Il reste à monter ou à descendre le curseur du tube

Fig. 86.

et à lire le chiffre de la graduation qui correspond au niveau du liquide dans le tube.

Il faut aussi noter l'indication que donne à cet instant le thermomètre porté par l'appareil.

123. Baromètres à siphon. — Le *baromètre à siphon* est un tube recourbé à deux branches inégales, la plus longue fermée, la petite ouverte (fig. 87). On le remplit de mercure en inclinant à diverses reprises la grande branche pour en chasser l'air. On le pose habituellement contre une planche verticale.

La pression atmosphérique est mesurée par la hauteur de la colonne de mercure maintenue dans la grande branche au-dessus du niveau du liquide dans la petite. Mais quand elle varie, les deux niveaux varient aussi et en sens inverse. Si donc le zéro de la graduation est fixé une fois pour toutes en un point de la petite branche, les indications de l'appareil ne sont pas très exactes.

Ce baromètre peut être exact quand il a deux échelles partant d'un zéro pris en un point quelconque entre les deux niveaux. Mais il faut alors pour chaque observation

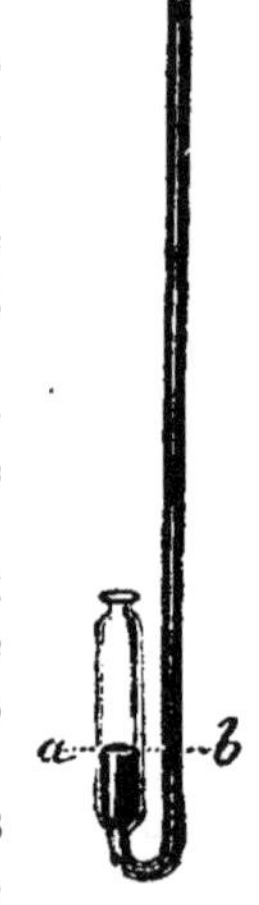

Fig. 87.

faire deux lectures, l'une du zéro au niveau supérieur, l'autre du même zéro au niveau inférieur, et additionner les deux nombres.

Gay-Lussac a rendu transportable le baromètre à siphon en réunissant les deux branches de même diamètre par un tube capillaire où l'air ne peut rentrer quand on retourne le tube; la petite branche ne porte alors qu'une très petite ouverture (fig. 88). Le tube même porte les deux échelles à partir du zéro qui est placé entre les deux niveaux.

Pour transporter ce baromètre, on l'incline de façon que le mercure remplisse la grande branche, puis on le retourne; comme la grande branche est pleine de mercure, l'air n'y peut pénétrer. On remet le tube dans sa première position lorsqu'on veut faire une observation : on lit alors la distance du zéro au niveau supérieur, la distance au niveau inférieur du mercure, et la somme de ces deux longueurs donne exactement la pression atmosphérique.

Gay-Lussac comptait annuler les effets de la capillarité en faisant les deux branches de l'instrument d'un égal diamètre; l'influence des deux ménisques convexes est en effet opposée sur les deux lectures; mais la compensation n'est pas exacte, parce que les actions capillaires ne sont pas égales dans les deux branches. Ce baromètre n'est plus guère employé.

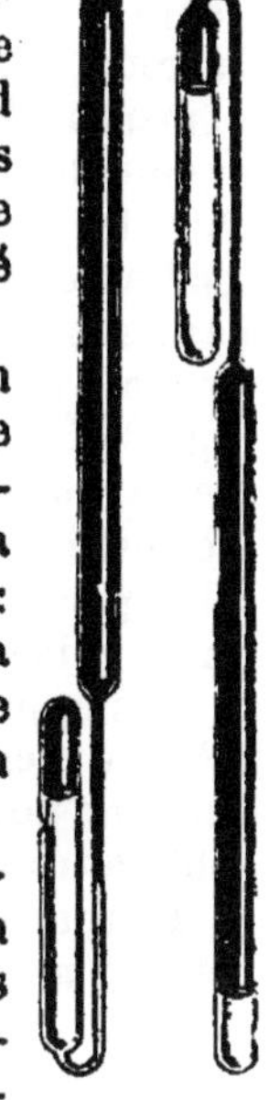

Fig. 88.

Le baromètre à cadran est encore un baromètre à siphon, mais où la pression est indiquée par une aiguille qui se meut devant un cadran convenablement gradué. La surface libre du mercure porte un flotteur d'ivoire, de verre ou de fer, suspendu à un fil qui s'enroule sur une poulie, ou bien le flotteur porte une crémaillère très légère qui engrène sur un pignon denté conduisant l'aiguille.

Le frottement de la poulie rend l'instrument paresseux, parfois même inexact. Employé longtemps comme baromètre d'appartements, il a cédé la place aux baromètres métalliques.

124. Baromètres métalliques. — Ces instruments qui n'ont qu'un petit volume et qui, par suite, peuvent être transportés à volonté, reposent sur l'élasticité des métaux.

Les uns sont formés d'un tube de laiton très flexible, à section ovale, où l'on a fait le vide. L'augmentation de la pression fait rapprocher les deux extrémités du tube qui est fixé en son milieu ; une aiguille indique sur un cadran cette augmentation. Si la pression diminue, l'élasticité du métal éloigne les deux extrémités du tube et fait monter l'aiguille en sens contraire.

Les autres, et ce sont les plus nombreux, consistent en une petite boîte dont le dessus est formé d'une lame métallique mince, à plis circulaires, très flexible. On a fait le vide dans la boîte et on l'a fermée. La lame est fixée à un ressort, formé par une lamelle d'acier recourbée qui la retient et qui l'empêche de se déprimer au delà d'une certaine mesure. On suppose l'équilibre établi entre le ressort C et

l'action de l'atmosphère s'exerçant sur la lame. La pression atmosphérique, en augmentant, fait fléchir le ressort, qui tend au contraire à se redresser quand la pression diminue (fig. 89). Les mouvements produits sont très petits, on les am-

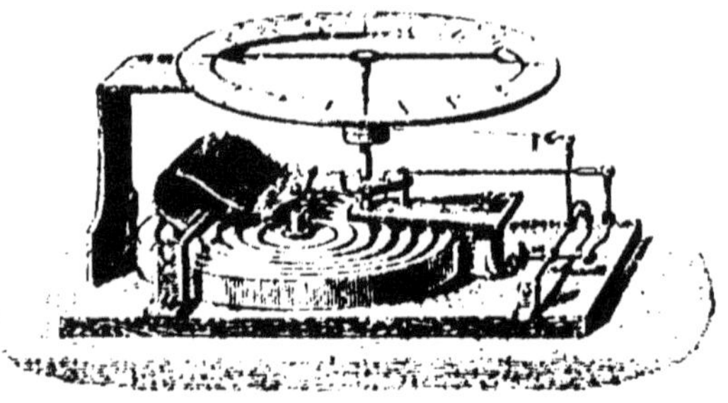

Fig. 89.

plifie par des leviers et des engrenages, qui finalement font mouvoir une aiguille mobile sur un cadran.

Ces appareils sont gradués par comparaison avec un bon baromètre à mercure ; il faut de temps en temps renouveler cette comparaison pour s'assurer que l'élasticité des pièces métalliques n'a pas subi de trop grandes variations.

Ils sont très commodes; mais ils ne remplacent pas un bon baromètre à mercure quand on veut des observations très précises.

125. Usages du baromètre. — A proprement parler le baromètre ne sert qu'à mesurer la pression atmosphérique. Mais on peut tirer de ses indications : 1° le moyen de mesurer les hauteurs; 2° des prévisions sur le beau ou le mauvais temps et les tempêtes.

Mesure des hauteurs. — La pression atmosphérique diminue à mesure qu'on s'élève, car dans un gaz en équilibre il y a entre deux points situés sur la même verticale une différence de pression égale au poids de la colonne de gaz située entre eux. L'expérience de Pascal a d'ailleurs vérifié le fait. On a donc été conduit à mesurer l'élévation par la diminution de pression qui en résulte.

Si l'air était incompressible, comme les liquides, qu'il ait partout la même densité, le problème serait très simple, la diminution de pression serait proportionnelle à l'augmentation de hauteur. Ainsi au bord de la mer, pour une diminution de pression de quelques millimètres seulement, on peut déduire approximativement l'élévation correspondante : le mercure pèse à peu près 10000 fois plus que l'air : un millimètre de mercure fait approximativement équilibre à une hauteur de 10 mètres d'air. Lors donc que dans une ascension le mercure baisse de 2 ou 3 millimètres, on peut conclure qu'on s'est élevé à 20 mètres ou à 30 mètres.

Ce calcul ne convient que pour les distances voisines du sol. A mesure qu'on s'élève, la densité des couches d'air décroît et il faut réellement s'élever de plus de 10 mètres pour que le baromètre baisse d'un millimètre.

La loi de la décroissance de la pression avec la hauteur a été donnée par Laplace dans une formule complexe. On trouve dans l'Annuaire du bureau des Longitudes une formule analogue et des tables numériques qui permettent de calculer la différence d'altitude de deux stations dans lesquelles on a observé simultanément le baromètre. C'est ainsi qu'on mesure la hauteur des montagnes et celle où l'on parvient dans les ascensions en ballon.

Quand la hauteur à mesurer ne dépasse pas 1,000 mètres on peut employer la formule suivante donnée par Babinet

$$x = 16000 \times \frac{H - h}{H + h} (1 + 0{,}002 (t + t'))$$

dans laquelle H et h représentent les hauteurs du baromètre dans les deux stations et t et t' les deux températures observées.

Prévision du temps. — Une longue expérience a appris que dans nos régions le baromètre est haut par un temps sec, qu'il est bas par un temps pluvieux, qu'il baisse graduellement quand le temps se met à la pluie, c'est-à-dire quand l'air devient plus léger en devenant plus humide, qu'il monte au contraire quand les vents du nord dessèchent l'air et le rendent plus lourd.

Il résulte de nombreuses observations que pour un lieu déterminé, à certaines hauteurs barométriques correspondent assez généralement des états déterminés du ciel. On inscrit ces états sur les instruments destinés à des observations ordinaires : *très sec, beau fixe, beau, variable, pluie ou vent, grande pluie, tempête* pour rendre les observations plus commodes et plus promptes. Pour la latitude de 50° et au niveau de la mer le *variable* correspond à la hauteur de 760^{mm} et les autres indications sont espacées de 9 en 9 millimètres.

A l'observatoire de Paris, le variable correspond à 756^{mm},6 ; à Lima il doit être placé en face 682^{mm} et à l'hospice du Saint-Bernard vis-à-vis 563^{mm}. Ces exemples suffisent à montrer que ces diverses indications littérales de l'état du temps n'ont rien d'absolu, puisqu'elles varient avec l'altitude, ou autrement dit avec la hauteur au-dessus du niveau de la mer. On peut même les trouver en désaccord entre le rez-de-chaussée et le cinquième étage d'une même maison.

Il ne faut pas perdre de vue que le baromètre ne donne positivement qu'une chose : la pression de l'atmosphère au moment de l'observation. Seul, il ne peut faire préjuger ce qui se passera plus tard.

Cependant, une baisse rapide et forte indique toujours l'approche d'une bourrasque ou d'une tempête ; et les marins consultent le baromètre avec fruit pour se garer des grains et des coups de vent.

Exercices.

41. Dans un baromètre à cuvette avec graduation fixe, le diamètre du tube est de 1 centimètre, celui de la cuvette de 8 centimètres, on suppose que la hauteur du liquide dans le tube baisse de 28 millimètres : trouver de combien se sera élevé le zéro.

42. Dans un baromètre à siphon, la grande branche a 8 millimètres de diamètre et la petite 24 millimètres ; on suppose que le zéro correspond au niveau de la petite branche quand la pression est de 760 millimètres ; on demande de combien se sera élevé ou abaissé le niveau de la cuvette au-dessus ou au-dessous du zéro, quand on lira sur le tube 732 millimètres et 788 millimètres et quelle sera la pression réelle dans chacun de ces cas.

43. Appliquer la formule de Babinet pour l'exemple suivant :

$$H \text{ hauteur au point } A = 770 \quad t = 15°$$
$$h \quad — \quad B = 690 \quad t' = 4°$$

et trouver la distance verticale X des deux points A et B.

CHAPITRE XVII

LOI DE MARIOTTE

126. Force élastique des gaz. — Les gaz et les liquides ont des propriétés communes; mais ils diffèrent aussi notablement sous certain rapport; ainsi tandis que les liquides sont incompressibles, les gaz peuvent être facilement comprimés. Lorsqu'on exerce une pression sur un gaz, son volume diminue; l'expérience du briquet à air nous le montre; en même temps le gaz réagit par son élasticité et presse sur les parois qui le contiennent; il s'établit un état d'équilibre entre la pression extérieure d'une part et la réaction du gaz d'autre part; cette réaction du gaz, cette force avec laquelle il presse sur les parois, c'est ce que nous appelons *sa force élastique.* Si la pression extérieure diminue, la force élastique l'emporte et le volume du gaz augmente. Un gaz peut être assimilé à un ressort toujours comprimé par une pression extérieure : la pression augmente-t-elle, le ressort se tend, le gaz se comprime; dès que la pression diminue le ressort se détend, le gaz aussi et son volume augmente.

Répétons encore une expérience qui montre bien la force élastique des gaz, l'expérience de la vessie ridée et fermée placée sous la cloche de la machine pneumatique. Dès que nous enlevons l'air de la cloche nous voyons la vessie se gonfler; la force élastique de l'air qu'elle renferme n'étant plus contrebalancée par la pression extérieure, agit pour augmenter le volume. La vessie reprend son volume primitif quand l'air est rentré sous la cloche et que la pression extérieure à la vessie est devenue ce qu'elle était.

Ainsi quand un gaz est en équilibre, *sa force élastique* est égale à la *pression* extérieure. Cette égalité fait prendre l'un pour l'autre ces deux termes, *pression* et *force élastique*, bien que le premier désigne une action extérieure au gaz, tandis que le second est une propriété du gaz. Ainsi l'on dit indifféremment qu'un gaz a une force élastique de 760^{mm} ou qu'il supporte une pression de 760^{mm}.

127. Relations entre la force élastique des gaz et leur volume. — Loi de Mariotte. — Y a-t-il une relation entre la force élastique d'un gaz et les volumes qu'il occupe

suivant que cette force augmente ou diminue? Telle est la question
qui se présente et qu'il nous faut étudier. Elle a été résolue expérimentalement par Mariotte en 1670.

Ce savant a formulé la loi suivante qui a conservé son nom :

*Les volumes occupés successivement par une même masse de gaz
varient en raison inverse des pressions qu'elle supporte*, la température
restant la même pendant l'expérience.

Ce qui veut dire que si une masse déterminée d'un gaz occupe
4 litres à une pression égale à celle de l'atmosphère,

<blockquote>
quand la pression deviendra 2, 3, 4..... *n* fois plus grande,
  le volume sera   2, 3, 4..... *n* fois plus petit.
</blockquote>

<blockquote>
Et inversement, si la pression devient 10, 20 fois plus petite,
  le volume sera   10, 20 fois plus grand.
</blockquote>

Nous allons donner de cette loi importante
deux démonstrations expérimentales, l'une
pour le cas où le volume décroît, l'autre quand
le volume augmente.

128. Première démonstration.
— **Tube de Mariotte.** — Pour le premier cas, nous nous servons d'un long tube
de verre recourbé à branches inégales (fig. 90);
la petite est fermée par le haut et elle est divisée en parties d'égal volume ; la grande est
ouverte et mesure au moins 0^m,80 à 1 mètre.
Le tube est fixé contre une planche qui porte,
appuyée contre la grande branche, une réglette
divisée en centimètres.

Versons un peu de mercure dans le tube, de
quoi remplir le coude ; le liquide ne prend pas
le même niveau dans les deux branches. Mais
en inclinant le tube nous allons faire sortir
de la petite branche quelques bulles d'air, et le
tube une fois relevé, le niveau du mercure aura
un peu monté dans la petite branche. Nous
amenons ainsi, après quelques tâtonnements,
les deux niveaux du mercure sur un même
plan horizontal.

Nous avons un volume d'air connu et emprisonné dans la petite branche. Sa force élastique est égale à la pression atmosphérique;
elle est indiquée par la hauteur du baromètre
au moment de l'expérience. Soit 20^{cc} le volume
et 0,764 la pression.

Nous allons amener le volume de cet air à
n'être plus que 10^{cc}, afin qu'il soit *deux fois
plus petit ;* et nous chercherons sa force élastique nouvelle.

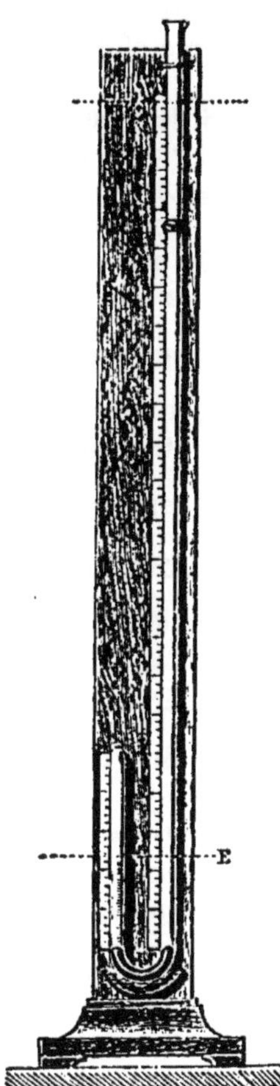

Fig. 90.

Nous marquons sur le tube de la petite branche le point qui partage le premier volume en deux parties égales, et nous versons du mercure dans la grande branche jusqu'à ce que le niveau de la petite branche qui monte lentement soit arrivé au point marqué.

Le volume de l'air est deux fois plus petit. Sa force élastique s'exerce sur la tranche liquide qui le termine inférieurement; elle est égale à la pression supportée par l'élément E de la grande branche qui est au même niveau horizontal.

Pour connaître cette pression, on glisse la réglette graduée, de manière que son zéro corresponde à ce niveau, et on lit la hauteur de la colonne de mercure. Nous trouvons 0^m,764, hauteur égale à celle du baromètre.

La pression sur l'élément E est donc, d'abord l'atmosphère, puis une colonne de mercure égale à la hauteur barométrique, en tout *deux atmosphères*. C'est la valeur de la force élastique de l'air emprisonné.

Ainsi, *quand le volume de l'air est devenu deux fois plus petit, sa force élastique est devenue deux fois plus grande*, ce qui vérifie la loi.

Si le tube ouvert était suffisamment haut, on pourrait continuer l'expérience en réduisant le volume d'air de la petite branche à être trois fois plus petit et en constatant que la force élastique est de 3 atmosphères; mais il faudrait un tube d'au moins 1^m,60.

On peut se demander à quoi est égale la différence des niveaux dans le tube de Mariotte pour un volume donné de l'air emprisonné.

La réponse est facile : quand le volume est $\frac{1}{2}$ du volume primitif, sa force élastique est 2 atmosphères, la différence des niveaux est 2 — 1 ou 1 atmosphère.

Quand le volume est $\frac{1}{3}$ du volume primitif la force élastique est 3 atmosphères, la différence des niveaux est 3 — 1 ou 2 hauteurs barométriques. Quand le volume est $\frac{2}{3}$, la pression est $\frac{3}{2}$ atmosphères; la différence des niveaux est $\frac{3}{2}$ — 1 ou $\frac{1}{2}$ colonne barométrique. On peut ainsi trouver la différence de niveau pour tous les cas.

129. Seconde démonstration. — Cuvette profonde. — Il nous reste à montrer que si le volume grandit, qu'il devienne 2, 3 fois plus grand, la force élastique sera 2, 3 fois plus petite.

Nous nous servons d'une cuvette profonde formée d'un tube de fer fermé par le bas, terminé en haut par une sorte d'entonnoir de verre et contenant du mercure, puis d'un tube barométrique ordinaire (fig. 91) gradué en parties d'égal volume.

Remplissons de mercure le tube barométrique jusqu'à 8 ou 10 divisions de son extrémité; bouchons-le avec le pouce, retournons-le et plongeons-le avant de le déboucher dans la cuve profonde.

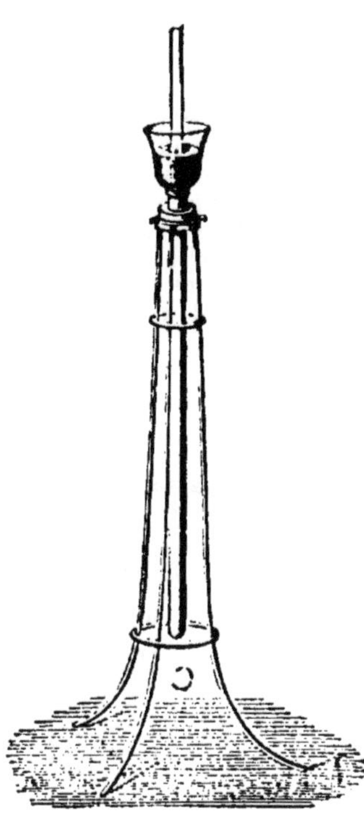

Fig. 91.

Enfonçons ce tube dans la cuve jusqu'à ce que le niveau du mercure dans le tube soit sur le même plan que le liquide de la cuvette.

L'air emprisonné occupe un volume V, soit 10 divisions, sa force élastique est la même que celle de l'atmosphère au moment de l'expérience, soit 0,764.

Soulevons le tube barométrique jusqu'à ce que le volume occupé par l'air soit de 20 divisions, deux fois le volume primitif. Le mercure a monté dans ce tube d'une hauteur AB (fig. 92) qui, mesurée, est trouvée égale à $0^m,382$. L'air, plus une colonne de 0,382, équilibrent la pression atmosphérique de 0,764. Donc la force élastique de l'air équivaut à

$$0,764 - 0,382 = 0,382 \text{ ou } \frac{1}{2} \text{ at-}$$

mosphère.

Fig. 92.

Ainsi, à un volume *deux fois plus grand* correspond une force élastique *deux fois plus petite*.

Continuons l'expérience. Soulevons le tube jusqu'à ce que le volume de l'air soit de 30 divisions (3 fois le volume primitif) et mesurons la colonne de mercure soulevée; elle est de $0^m,510$.

L'air, plus une colonne de $0^m,510$, équilibrent la pression atmosphérique de $0^m,764$. Donc la force élastique de l'air équivaut à

$$0,764 - 0,510 = 0,254 \text{ ou } \frac{1}{3} \text{ d'atmosphère.}$$

Ainsi à un volume *trois fois plus grand* correspond une force élastique *trois fois plus petite*. Ce qui démontre la loi.

130. Vérifications de la loi de Mariotte. — Tous les gaz suivent-ils la loi de Mariotte, non seulement à des pressions de quelques atmosphères, mais aussi à des pressions plus fortes? Telle est la question que se sont posée les physiciens et qu'il était bien important de résoudre. Les premières recherches ont porté sur la comparaison de la compressibilité de plusieurs gaz facilement liquéfiables, comme l'acide sulfureux, le gaz ammoniac, l'acide carbonique : elles ont montré que ces gaz se compriment plus facilement que l'air, sous un même volume que l'air, ils prennent quand on les comprime un volume plus petit que celui qu'indique la loi, surtout à l'approche du point où ils peuvent changer d'état et devenir liquides.

Dulong et Arago ont vérifié la loi de Mariotte jusqu'à 27 atmosphères pour l'air, en employant un très grand tube dont la grande branche avait 26 mètres et la petite $1^m,70$; et ils ont reconnu que dans ces limites l'air ne s'écartait pas sensiblement de la loi. Mais le procédé de Dulong et Arago pouvait prêter à des erreurs dans la lecture des volumes décroissants occupés par le gaz comprimé.

Regnault a soumis à son tour la loi de Mariotte à une vérification, en opérant sur des volumes assez grands et par suite susceptibles d'une mesure précise. Voici le principe de son appareil : « Un tube de verre M de 8 à 10 millimètres de diamètre et de 3 mètres de longueur est fixé dans une position verticale. Fermé à la partie supérieure par un robinet R', il communique par la partie inférieure avec un second tube vertical très long destiné à contenir la colonne de mercure qui pressera l'air renfermé dans le premier tube. Sur le premier tube on a tracé deux repères, l'un vers le bas correspondant au volume 1, le second correspondant exactement à la moitié de la capacité du tube depuis le repère inférieur

jusqu'au robinet supérieur et correspondant au volume $\frac{1}{2}$.

« On remplit le volume 1 d'air sec sous la pression de l'atmosphère, puis on refoule cet air en faisant monter le mercure, de manière à lui faire occuper le volume $\frac{1}{2}$. Si la loi de Mariotte est suffisamment exacte, on doit trouver que la force élastique du gaz est devenu égale à deux atmosphères.

« On remplit alors exactement le volume 1 d'air sous la pression de 2 atmosphères et on le refoule dans le volume $\frac{1}{2}$, sa force élastique doit être quatre atmosphères et ainsi de suite. »

La figure 93 donne une idée de l'appareil de Regnault. Le tube M mis en communication par le haut avec un récipient contenant de l'air comprimé était entouré d'un manchon réfrigérant, contenant de l'eau; le tube M', fixé comme le tube M sur la tubulure BC d'un vase de fonte V était formé d'une série de tubes en cristal posés verticalement bout à bout et réunis les uns aux autres par un moyen très ingénieux empêchant toute fuite de mercure. Au lieu de verser du mercure dans le tube M' pour opérer la pression de l'air dans le tube M, une pompe foulante S fixée sur le vase V, permettait de comprimer le mercure et de le faire monter dans les deux tubes.

Pour faire une expérience, on remplit tout le tube M de mercure, puis on ouvre lentement le robinet R'; l'air comprimé chasse devant lui le mercure et remplit le tube M; en fermant à temps le robinet R' on obtient que l'air occupe le volume 1 ou V_0 sous une pression H_0 voisine de la pression atmosphérique, pression que l'on a d'ailleurs en ajoutant à la hauteur barométrique la distance verticale des deux niveaux du mercure. Alors on ferme R' et on refoule du mercure à l'aide de la

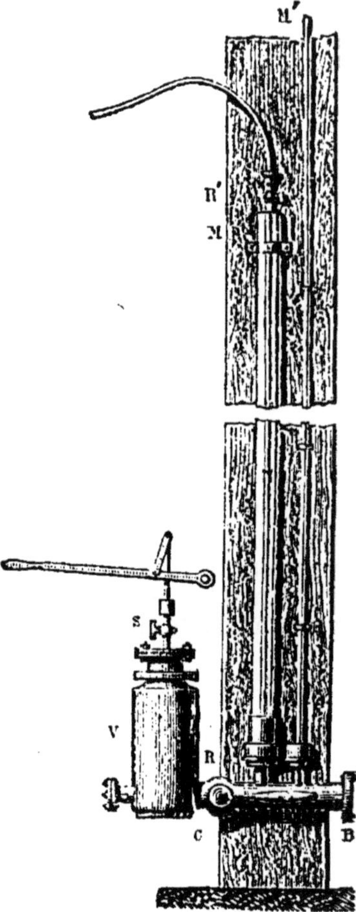

Fig. 93

pompe S jusqu'à ce que le volume de l'air soit $\frac{1}{2}$ et on ferme le robinet R. Le gaz occupe le volume V_1; la pression nouvelle H peut être mesurée exactement

Si la loi de Mariotte est exacte on doit avoir :

$$V_0 H_0 = V_1 H_1$$

ou

$$\frac{V_0 H_0}{V_1 H_1} = 1.$$

On fait une deuxième expérience en remplissant de nouveau le volume 1 du tube M avec de l'air et on mesure la pression H'_0, puis on refoule du mercure par la pompe de manière à ce que l'air occupe le volume $\frac{1}{2}$; on mesure la nouvelle pression H'_0 , et l'on doit encore obtenir :

$$\frac{V_0 H'_0}{V_1 H'_1} = 1.$$

Les expériences de Regnault ont porté non seulement sur l'air mais aussi sur l'azote, l'acide carbonique et l'hydrogène. En voici les principaux résultats. L'air, l'acide carbonique, l'azote s'écartent de la loi à mesure que la pression devient plus grande ; ainsi 10,000 litres d'air à 1 atmosphère devraient occuper 416 litres à 24 atmosphères; ils n'en occupent en réalité que 414; l'écart est donc de 2 dix-millièmes pour 24 atmosphères; il a bien pu échapper aux mesures de Dulong et Arago.

10,000 litres d'acide carbonique à 1 atmosphère devraient, d'après la loi, en occuper 833 à 12 atmosphères; ils n'en occupent réellement que 754. L'écart est de 79 dix-millièmes pour 12 atmosphères.

Tous les gaz se compriment plus que ne l'indique la loi, quand les pressions deviennent grandes. L'hydrogène fait exception, il se comprime moins que ne l'indique la loi; il la suit d'ailleurs d'assez près : l'écart n'est que de 3 dix-millièmes pour 27 atmosphères.

Récemment, M. Cailletet a pu porter les pressions d'un gaz comprimé jusqu'à près de 700 atmosphères et il a confirmé les observations de Regnault sur l'hydrogène.

Il résulte donc de ce rapide exposé que la loi de Mariotte est exacte jusqu'à 10 ou 15 atmosphères pour les gaz tant soit peu éloignés de leur point de liquéfaction, et nous pourrons l'appliquer à l'air notamment, dans ces limites, et obtenir un degré suffisant d'exactitude.

131. Différents énoncés de la loi de Mariotte. — Applications. — La loi de Mariotte est d'un usage constant pour calculer les volumes que prend un gaz sous différentes pressions. Voici des exemples.

Soit à trouver le volume que prendront 25 litres de gaz si la pression, d'abord de 0,750, devient 0,760.

Le volume est 25 litres quand la pression est 750 millimètres; si la pression devenait 1 millimètre (c'est-à-dire 750 fois moindre), le volume serait 25×750. Mais si la pression au lieu d'être 1^{mm} devient 760^{mm} (c'est-à-dire 760 fois plus grande), le volume sera

$$\frac{25 \times 750}{760} = 24 \text{ litres } 67.$$

Voilà un raisonnement très élémentaire; en voici un plus scientifique appuyé sur l'énoncé même de la loi.

Soit V le volume cherché, le rapport des volumes est $\frac{25}{V}$; le rapport inverse des pressions est $\frac{760}{750}$. Ces deux rapports sont égaux,

donc
$$\frac{25}{V} = \frac{760}{750}$$

d'où
$$V = \frac{25 \times 750}{760} = 24{,}67.$$

Généralisons la question, et soit V et V' les volumes, H et H' les pressions, nous écrirons ;

$$\frac{V}{V'} = \frac{H'}{H} \text{ et en opérant } VH = V'H'.$$

Nous pouvons donc énoncer la loi de la manière suivante : *Pour une même masse gazeuse, à la même température, le produit du premier volume par la première pression égale le produit du deuxième volume par la deuxième pression, ou le produit du volume par la pression est constant.*

Ce nouvel énoncé est très commode pour les calculs. Ainsi, soit à chercher la pression H' que supportent 40^{cc} de gaz d'abord à la pression de 760^{mm} et amenés à ne plus occuper que 25^{cc}?

Nous écrivons de suite

$$40 \times 760 = 25 \times H$$

d'où
$$H' = \frac{40 \times 760}{25} = 1216^{mm}.$$

On arrive à un troisième énoncé en faisant figurer la densité du gaz, c'est-à-dire le poids de l'unité de volume. Supposons qu'un poids P de gaz occupe successivement les volumes V et V', il y prendra des densités D et D' telles que

$$P = VD = V'D'$$

on en tire
$$\frac{V}{V'} = \frac{D'}{D},$$

mais d'après la loi $\frac{V}{V'} = \frac{H'}{H}$, donc $\frac{D'}{D} = \frac{H'}{H}$.

On exprime ce résultat par l'énoncé suivant : *Les densités d'un gaz sont proportionnelles aux pressions.* — Dans les calculs, on emploie indifféremment l'une ou l'autre de ces formes données à la loi de Mariotte.

Exercices.

11. Un tube cylindrique de 1^{m},20, ouvert aux deux bouts, plonge de 1 mètre dans une cuvette profonde à mercure. On le bouche à l'extrémité supérieure et on le soulève jusqu'à ce qu'il ne plonge plus que 0,10 ; on demande quelle sera la hauteur de la colonne de mercure soulevée dans le tube.

45. Dans un baromètre dont le tube mesure 12 millimètres de diamètre et 1 mètre de hauteur au-dessus de la cuvette, on introduit 20 centimètres cubes d'air à la pression de 760 millimètres que marque l'instrument ; on demande de combien baissera la colonne de mercure.

46. Dans un tube gradué en centimètres cubes et renversé sur une cuve à mercure, il y a 80 centimètres cubes d'air et le niveau du mercure dans le tube est à 8 centimètres au-dessus du niveau de la cuvette ; on demande quel sera le volume du gaz si l'on enfonce l'éprouvette de manière que les deux niveaux soient sur le même plan horizontal.

CHAPITRE XVIII

MANOMÈTRES

132. Manomètres. — On donne le nom de *manomètres* aux appareils qui servent à mesurer la force élastique des gaz. L'utilité de ces instruments se comprend aisément, surtout pour les vapeurs ou les gaz comprimés ; ils font connaître à chaque instant la puissance avec laquelle le gaz ou la vapeur presse sur les parois du récipient qui le contient, et ils permettent d'éviter les explosions que le gaz pourrait produire, s'il venait à être trop comprimé.

Rappelons qu'on estime la force élastique de l'air atmosphérique par la colonne de mercure qui produit une pression égale sur une même surface. C'est aussi ce que l'on fait pour les gaz comprimés. Le moyen le plus simple qui se présente naturellement, c'est de faire agir le gaz dans une des branches d'un tube recourbé contenant du mercure ; le liquide s'élèvera dans l'autre branche si la pression du gaz dépasse celle de l'atmosphère, et sa pression sera égale à la pression atmosphérique augmentée de la colonne de mercure mesurée verticalement entre les deux niveaux : tel est le principe du *manomètre à air libre*.

133. Formes du manomètre à air libre. — Pour les recherches que l'on peut avoir à effectuer en physique, le meilleur manomètre à air libre est celui de Regnault (fig. 94). Il se compose de deux

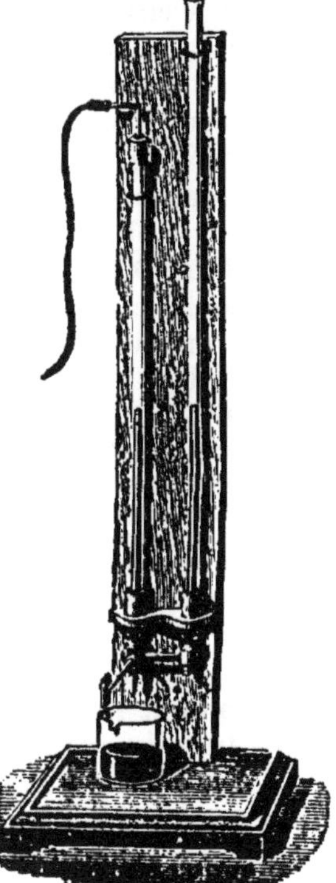

Fig. 94.

tubes de verre mastiqués dans une monture de fer et posés contre un support vertical ; l'un ouvre à l'air par sa partie supérieure, l'autre est recourbé et peut être mis en communication avec le récipient contenant le gaz dont on veut mesurer la pression. La monture de fer porte un robinet à *trois voies*, qui contient deux canaux à angle droit et qui peut, suivant la position qu'on lui donne, faire communiquer

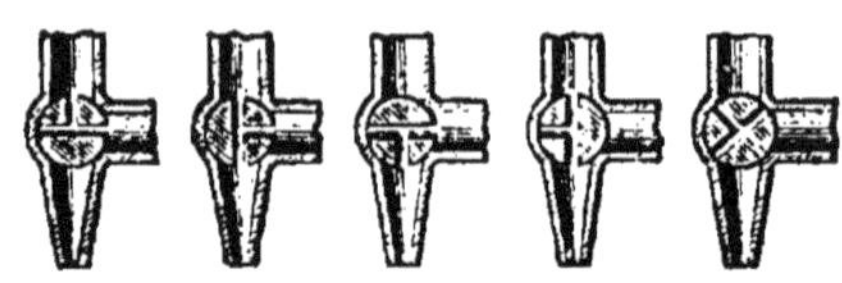

les deux tubes entre eux, les faire communiquer tous deux par le bas avec l'atmosphère, mettre l'un ou l'autre seul en rapport avec l'extérieur, enfin les fermer et les isoler l'un de l'autre. La figure 95 montre ces différentes positions.

Fig. 95.

On verse du mercure par la branche ouverte, le robinet étant dans la position 1, si la pression du gaz qui se communique à la branche de gauche est égale à la pression atmosphérique, le mercure a le même niveau dans les deux tubes. Si la pression est plus grande, le mercure monte dans la branche de droite d'une hauteur h que l'on mesure ; la pression du gaz est alors $h + \Pi$ (Π étant la pression barométrique). Si au contraire, la force du gaz est inférieure à la pression atmosphérique, le niveau du liquide, dans le tube de gauche, est plus haut d'une longueur h', et la pression est $\Pi - h'$.

Cet appareil n'a qu'un inconvénient, c'est que ses dimensions deviennent incommodes dès qu'on veut mesurer des pressions un peu fortes.

Il en est de même du manomètre à air libre formé d'une cuvette de fonte contenant du mercure, et d'un long tube ouvert qui plonge dans le mercure. La cuvette, fermée par le haut, est mise en communication avec le récipient contenant le gaz, et si la pression de celui-ci est de 2, 3, 4 atmosphères, la colonne soulevée est de 0,76, 2 fois 0,76 ou 3 fois 0,76 de hauteur. On voit de suite que pour un gaz à

une pression de 10 atmosphères, la colonne de mercure soulevée au-dessus du niveau de la cuvette serait de 9 fois $0^m,76$ ou $6^m,84$; il faudrait donc un tube d'au moins 7 mètres de hauteur, sur lequel l'observation des pressions ne serait pas très commode.

On peut donner au manomètre à air libre une forme telle que la partie en verre qui contient l'extrémité supérieure de la colonne de mercure, et sur laquelle on fait les observations, n'ait pas une trop grande hauteur. L'appareil se compose de deux cylindres, l'un en fonte qui communique avec le récipient contenant le gaz dont on veut mesurer la pression, l'autre en verre portant la graduation (fig 96), les

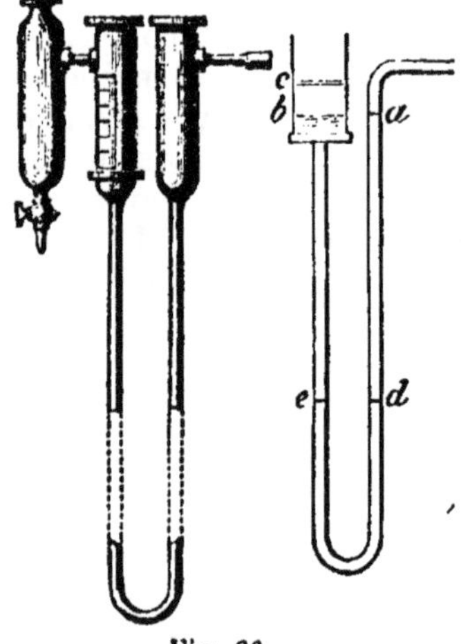

Fig. 96.

deux cylindres sont réunis par un tube de fer aussez long et recourbé, et que l'on peut au besoin poser dans un puits en dessous du sol. Le cylindre en verre communique avec un troisième cylindre ouvert à sa partie supérieure et portant un robinet à sa partie inférieure ; ce dernier est destiné à recueillir le mercure qu'une augmentation de pression trop grande ou trop brusque chasserait hors du cylindre de verre.

Le jeu de l'appareil est facile à comprendre : soit ab le niveau du mercure, quand le gaz du récipient a une force élastique d'une atmosphère. Si la pression devient 2 atmosphères, que le mercure baisse en d et monte en c, il faut une différence de $0^m,76$ entre les deux niveaux d et c. Mais si le cylindre de verre a une section 10 fois plus grande que le tube de fer, tout le mercure descendu de a en d, occupant l'espace bc, il en résulte que la hauteur bc est $\frac{1}{10}$ de ad; elle est par suite $\frac{1}{11}$ de ce, ou $\frac{1}{11}$ de $0^m,76$ ou $0,069$, ou à peine 7 centimètres.

Pour une augmentation de 1 atmosphère dans la pression du gaz, le mercure monte donc dans le cylindre de verre de 7 centimètres ; pour une pression de 10 atmosphères, il montera de 9 fois 7 centimètres ou 63 centimètres. Mais il faudra que le tube de fer soit en dessous du niveau primitif (a) aussi long que dans un manomètre ordinaire, c'est-à-dire qu'il ait environ $0^m,70$ de longueur par chaque atmosphère.

Dans les usines à gaz, pour estimer la pression du gaz d'éclairage qu'on lance dans les conduites de distribution, on se sert d'un *manomètre à eau* à deux tubes, l'un dans lequel le gaz agit, l'autre qui est ouvert à sa partie supérieure (fig. 97). La pression est indiquée par la différence de hauteur des deux niveaux de l'eau, en plus de la pression atmosphérique ; et pour en rendre la lecture plus facile, il y a une double graduation ascendante pour un tube, descendante pour l'autre à partir du niveau commun. Quand on lit sur

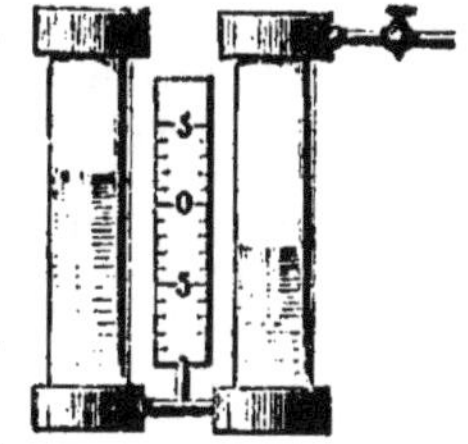

Fig. 97.

l'appareil 2 centimètres en dessous du zéro dans le tube qui communique avec le gaz, 2 centimètres en dessus du zéro dans l'autre tube, on sait que le gaz est à une pression qui surpasse la pression atmosphérique de 4 centimètres de hauteur d'eau ou de $\frac{4}{13,6}$ de mercure ;

sa pression estimée à l'unité ordinaire est donc de $0^m,76 + \frac{0,04}{13,6}$ ou de $0^m,763$ millimètres de mercure, si le baromètre marque 760 millimètres.

134. Manomètre à air comprimé. — Le manomètre à air comprimé se compose d'un tube de verre à parois très épaisses, fermé par le haut et plongeant par le bas dans une cuvette qui contient du mercure (fig. 98). Le tube est plein d'air. La cuvette, qui est en métal, est fermée, et elle communique latéralement par un tube avec le récipient contenant le gaz dont on veut mesurer la force élastique. Quand le gaz augmente de pression, le mercure monte dans le tube, mais il comprime l'air qui s'y trouve, et il s'élève beaucoup moins que dans un manomètre à air libre.

On gradue l'appareil par comparaison, en le mettant en communication avec un récipient contenant un gaz dont on augmente peu à peu la pression et qui est aussi en rapport avec un manomètre à air libre donnant pour chaque cas la force élastique du gaz.

Le volume d'air emprisonné dans l'appareil est comme celui du tube qui sert à la première

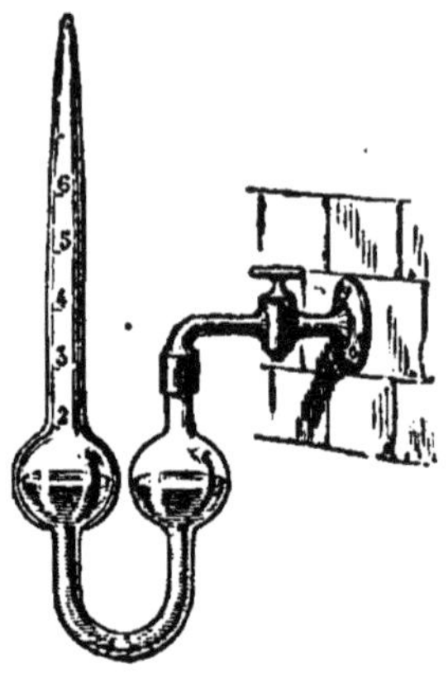

Fig. 98.

expérience de la loi de Mariotte ; aussi les traits successifs marqués sur le tube et indiquant les pressions croissantes se rapprochent beaucoup, ce qui fait que la sensibilité de l'appareil diminue à mesure que la pression augmente. On ne l'emploie plus guère, on l'a remplacé par le manomètre métallique.

135. Graduation du manomètre. — Si le tube du manomètre est bien cylindrique, on peut effectuer la graduation par le calcul ; c'est un exercice d'application de la loi de Mariotte. Pour plus de simplicité, on suppose l'appareil replié en U.

Soit ab le niveau quand le gaz est à la pression atmosphérique, r le rayon du tube, l sa longueur au-dessus de a. Soit à trouver la hauteur x à laquelle le mercure montera quand le gaz, agissant par la branche c, aura une force élastique de 2 atmosphères.

Quand le mercure est monté de a en e, il a baissé de b en d (fig. 99), c'est donc sur l'élément d que s'exerce une pression de 2 atmosphères, par suite l'élément e supporte une pression de 2 atmosphères, moins la hauteur de mercure ed ou $2x$.

Au commencement, le volume de l'air emprisonné est $\pi r^2 l$, sa pression H.

Quand le gaz comprimé agit, le volume de l'air devient $\pi r^2(l - x)$, sa pression est $2H - 2x$.

D'après la loi de Mariotte, le produit du volume par la pression est constant, on peut donc écrire :

$$\pi r^2 l \times H = \pi r^2 (l - x)(2H - 2x) \qquad (1)$$

et

$$Hl = (l - x)(2H - 2x),$$

$$Hl = 2lH - 2xH - 2lx + 2x^2.$$

D'où

$$2x^2 - x(2H + 2l) + Hl = 0,$$

on tire :

$$x^2 - x(H + l) + \frac{Hl}{2} = 0.$$

D'ou

$$x = \frac{H + l}{2} \pm \sqrt{\frac{(H + l)^2}{4} - \frac{Hl}{2}},$$

$$x = \frac{H + l}{2} \pm \frac{1}{2} \sqrt{H^2 + l^2}.$$

La racine positive donnerait pour x un nombre trop grand, la racine négative seule convient au problème :

$$x = \frac{H + l}{2} - \frac{1}{2} \sqrt{H^2 + l^2}.$$

Si on voulait généraliser et chercher x pour n atmosphères, l'équation (1) deviendrait :

$$\pi r^2 l H = \pi r^2 (l - x)(nH - 2x).$$

On la résoudrait comme la précédente.

136. Manomètre métallique. — Le manomètre métallique, de tous le plus employé, repose sur ce fait, que si l'on courbe en spirale un tube de cuivre mince à section elliptique, la courbure du tube diminue et les deux branches s'écartent, si la pression augmente dans l'intérieur. L'appareil est formé d'un tube fermé par une extrémité et qui communique par l'autre au récipient contenant le gaz ou la vapeur (fig. 100). L'extrémité fermée est libre ; elle est reliée à une aiguille qui se meut sur un cadran. Si la pression augmente dans le tube, l'extrémité libre tire sur le levier et fait marcher l'aiguille dans un sens ; quand la pression diminue, l'élasticité du métal ramène l'aiguille dans le sens opposé. On gradue l'appareil par comparaison avec un manomètre à air libre ; il indique les pressions en atmosphères, ou approximativement en kilogrammes par centimètre carré. Il est très solide et très commode, aussi est-il très répandu.

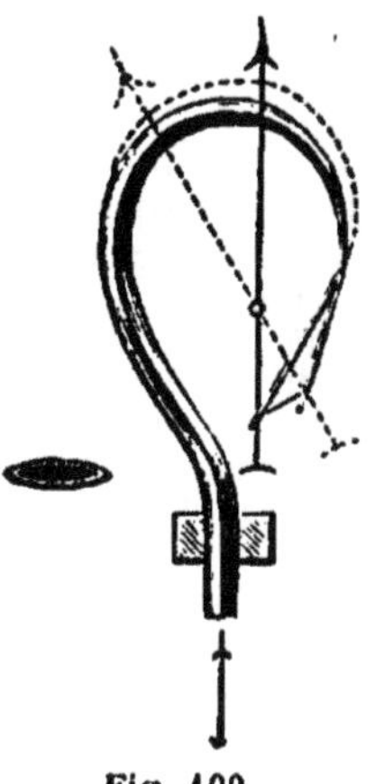

Fig. 100.

Exercices.

47. Un manomètre à air libre de Regnault a ses deux tubes gradués en centimètres cubes ; ils sont d'égal diamètre ; le mercure remplit entièrement le petit tube et il est dans le grand au même niveau horizontal. On met le petit tube en communication avec un ballon de 2 litres contenant de l'air à 1,5 atmosphère, on demande qu'elle sera la différence des deux niveaux du liquide dans les deux tubes.

48. Un manomètre à air libre est formé d'un tube en U de 8 millimètres de diamètre dont la branche ouverte est surmontée d'un tube de 2 centimètres de diamètre. Le niveau du mercure est le même dans les deux branches et à la naissance du tube large dans la branche ouverte pour la pression de 760 millimètres. On demande de combien montera le mercure dans la branche large, si on met l'autre en communication avec un espace clos à la pression de 3 atmosphères.

49. Dans un manomètre à air comprimé, le tube dont le diamètre est de 8 millimètres a une hauteur de 60 centimètres au-dessus du niveau de la cuvette. Cette dernière a un diamètre de 5 centimètres. Quand le gaz qui presse sur le liquide de la cuvette a une pression de 4 atmosphères, à quelle distance du sommet du tube se trouve le mercure?

CHAPITRE XIX

MÉLANGE DES GAZ. — SOLUBILITÉ DES GAZ DANS LES LIQUIDES

137. Mélange des gaz. — Expérience de Berthollet. — Quand on met dans un même vase plusieurs liquides qui sont sans action chimique l'un sur l'autre, ils ne se mêlent pas, ils se superposent par ordre de densités et ils restent séparés. Il en est tout autrement des gaz : deux gaz sans action chimique l'un sur l'autre se mélangent toujours complètement même si on a mis en dessous le plus lourd des deux ; ils se pénètrent et se *diffusent* l'un dans l'autre, et au bout de peu de temps, une portion quelconque du volume renferme les deux gaz dans une proportion constante.

La première expérience intéressante faite à ce propos est de Berthollet. Il prit deux ballons égaux terminés chacun par des montures à robinet qui pouvaient se visser l'une sur l'autre, il remplit l'un d'hydrogène, l'autre d'acide carbonique, à la pression ordinaire ; il mit les deux ballons l'un au-dessus de l'autre dans les caves de l'Observatoire où la température était constante, le ballon à acide carbonique était en dessous. On ouvrit les robinets établissant la communication entre les deux gaz, et au bout de quelques jours on put constater que le mélange était complet, chaque ballon contenait en effet des volumes égaux d'acide carbonique et d'hydrogène, et la pression dans chaque vase n'avait pas varié. Ainsi l'hydrogène, vingt-deux fois plus léger que l'acide carbonique, ne s'était pas tenu en dessus de celui-ci ; chacun des deux gaz s'était répandu dans le ballon qu'il n'occupait pas d'abord comme il l'eût fait si ce ballon avait été vide.

On peut montrer cette propriété des gaz par une expérience moins précise, mais facile à monter. On remplit d'acide carbonique une éprouvette à pied que l'on pose sur la table comme si elle était pleine d'un liquide. On la surmonte d'un manchon analogue à un verre de lampe à gaz qu'on laisse au-dessus. Au premier moment, une bougie allumée descendue dans le manchon continue d'y brûler ; au bout d'un quart d'heure, la bougie s'éteint dans le manchon comme dans l'éprouvette, révélant ainsi la présence de l'acide carbonique dans les deux vases.

138. Loi du mélange des gaz. — On formule ainsi la loi du mélange des gaz énoncée d'abord par Dalton : *Quand on mélange plusieurs gaz sans action chimique l'un sur l'autre, chaque gaz se répand dans tout l'espace qui lui est offert, et la force élastique du mélange est égale à la somme des forces élastiques qu'aurait chaque gaz s'il remplissait seul l'espace total.*

Ainsi supposons que l'on mélange un volume v d'un gaz à la pression h à des volumes v' et v'' d'autres gaz aux pressions h' et h''.

Si V est le volume total, H la pression finale, d'après la loi de Mariotte, le premier gaz occupant le volume V aurait pour pression :

$$x V = v h \quad \text{ou} \quad x = \frac{v h}{V}.$$

Le second gaz,

$$x' V = v' h' \quad \text{ou} \quad x' = \frac{v' h'}{V}.$$

Le troisième gaz,

$$x'' V = v'' h'' \quad \text{ou} \quad x'' = \frac{v'' h''}{V}.$$

Alors, la force élastique totale, devant être la somme des forces élastiques partielles, est

$$H = \frac{v h}{V} + \frac{v' h'}{V} + \frac{v'' h''}{V}$$

ou

$$H = \frac{vh + v'h + v''h''}{V}.$$

On en tire :

$$VH = vh + v'h' + v''h''.$$

Et l'on peut formuler encore la loi du mélange de la manière suivante : *Le produit du volume du mélange par la force élastique définitive est égal à la somme des produits obtenus en multipliant le volume de chaque gaz par sa pression primitive.*

On tire de la formule précédente une conséquence, c'est que si les gaz mélangés ont même pression, que l'on ait $h = h' = h''$. . ., on aura $V = v + v' + v''$: le volume définitif sera la somme des volumes considérés. C'est le cas des mesures de gaz dans les expériences eudiométriques.

139. Solubilité des gaz. — Les gaz se dissolvent dans les liquides avec lesquels ils sont en contact, et on peut ensuite les en chasser, soit par l'ébullition, soit en faisant le vide au-dessus du liquide. Ainsi l'eau contient toujours en dissolution de l'air que l'on voit s'échapper en bulles dès qu'on chauffe le liquide. On montre dans les cours de chimie que le gaz chlorhydrique et le gaz ammoniaque sont l'un et l'autre très solubles dans l'eau.

La quantité de gaz qu'un liquide donné peut dissoudre varie avec la nature du gaz, avec la température, et aussi avec la force élastique du gaz qui reste libre au-dessus du liquide. L'action de la température varie avec chaque liquide ; mais il n'en est pas de même de la pression et on a pu formuler les deux lois suivantes concernant la dissolution des gaz ·

Première loi. — *Lorsqu'un liquide est en contact avec une atmosphère d'un gaz, il y a un rapport constant entre le volume du gaz dissous et le volume du liquide (le premier étant toujours rapporté à la pression que le gaz exerce à la surface du liquide).*

Ainsi, à la pression ordinaire, un litre d'eau dissout $\frac{1}{50}$ de litre d'azote, à la pression de trois atmosphères, un litre d'eau dissout encore $\frac{1}{50}$ de litre d'azote mesuré à la pression de trois atmosphères. Mais comme ce dernier volume a un poids trois plus considérable que le premier, on peut dire : qu'*un même volume d'eau dissout d'un gaz des quantités qui sont proportionnelles aux pressions du gaz.*

On appelle **coefficient de solubilité** ce rapport constant entre le volume du gaz dissous et le volume du liquide, quelle que soit la pression. Ainsi, dire que le coefficient de solubilité de l'oxygène est de 0,04, c'est dire qu'un litre d'eau en contact avec une atmosphère illimitée d'oxygène à la pression H peut dissoudre $0^{litre},04$ de ce gaz à cette pression.

La solubilité des gaz décroît généralement avec la température : 1 litre d'eau dissout 1050 litres de gaz ammoniaque à 0°, 813 litres à 10°, 650 litres à 20°. Il faut donc, quand on indique les coefficients de solubilité des gaz dans l'eau, noter la température à laquelle ils correspondent. Voici quelques coefficients pour l'eau à 0° :

Azote...... 0,0203		Acide carbonique. 1,796.
Hydrogène. 0,0193		Acide sulfureux .. 79,786.
Oxygène... 0,0411		Ammoniaque..... 1050.

Deuxième loi. — *Lorsqu'une atmosphère formée de plusieurs gaz est en contact avec un liquide, chacun des gaz se dissout comme s'il était seul, avec la pression qu'il possède dans le mélange.*

Ainsi toutes les fois que l'air atmosphérique sera mis en contact avec l'eau, l'azote et l'oxygène se dissoudront comme si chacun d'eux était seul, avec la pression que chacun d'eux possède dans le mélange. Or ces deux gaz peuvent être considérés comme représentant sous la même pression, l'un les $\frac{79}{100}$ du volume l'autre les $\frac{21}{100}$. C'est donc comme si l'eau, en contact avec l'air, était en contact avec une atmosphère indéfinie d'azote à une pression de $\frac{79}{100}$ d'atmosphère et avec un volume indéfini d'oxygène à une pression de $\frac{21}{100}$ d'atmosphère.

1 litre d'eau à 0° devra dissoudre, la pression atmosphérique étant H :

$$\text{D'oxygène....} \quad 0^l,0411 \text{ à la pression} \quad \frac{21}{100} \times H$$

$$\text{D'azote.......} \quad 0,0203 \quad - \quad \frac{79}{100} \times H$$

On calculerait le poids de ces deux gaz en les ramenant à la pression de 760ᵐᵐ; et en multipliant par le poids du litre; mais il est intéressant de comparer leurs volumes ramenés à la pression atmosphérique H.

Le volume d'oxygène v, à la pression H, est $\quad 0,0411 \times 0,21 \quad = 0,008631$
—   d'azote v' — $\quad 1,0203 \times 0,79 \quad = 0,016037$
Leur somme représente le volume d'air dissous. . . . . $= 0,024668.$

C'est bien ce que l'expérience vérifie : un litre d'eau à 0° dissout 24 centimètres cubes d'air mesurés à la pression atmosphérique.

La proportion de l'oxygène dissous est de

$$\frac{8631}{24668} = 0,349.$$

Si donc on fait dégager l'air dissous dans l'eau, on y trouvera 35 0/0 d'oxygène et seulement 65 0/0 d'azote; les gaz de l'eau sont donc beaucoup plus riches en oxygène que l'air atmosphérique.

Cas d'une atmosphère limitée. — Le gaz en contact avec un liquide, au lieu de présenter une atmosphère indéfinie, peut être limité. Alors sa pression diminue à mesure que la dissolution s'opère et il faut tenir compte de cette diminution dans le calcul de la quantité du gaz qui se dissout. Ainsi supposons un volume V de gaz à la pression H au-dessus d'un volume v de liquide dont le coefficient de solubilité est a , soit x la pression finale du gaz au-dessus du liquide. A la fin de la dissolution, il y aura :
Au-dessus du liquide un volume V à la pression x.
Dans le liquide un volume av à la pression x.
Le volume total du gaz sera alors :

$$V + av \quad , \quad \text{sa pression } x.$$

Son volume primitif était

$$V \quad , \quad \text{sa pression H.}$$

D'après la loi de Mariotte, on peut écrire :

$$VH = (V + av) x.$$

D'où l'on tirera l'une des quantités connaissant les autres.

Exemple. 1 litre de chlore à la pression ordinaire H est mis en contact avec 1 litre d'eau, dans un flacon de 2 litres que l'on ferme; trouver la pression x qu'aura le gaz restant après la dissolution. Coefficient du chlore 3,03.

$$1 \times H = (1 + 3,03 \times 1) x.$$

D'où

$$x = \frac{H}{4,03} \cdot$$

La pression du gaz restant sera environ $\frac{1}{4}$ de la pression primitive.

On comprend que l'on puisse mesurer x et chercher a, c'est la méthode que Bunsen a suivie pour trouver les coefficients de solubilité.

140. *Applications.* — Il résulte de la première loi que si l'on veut augmenter la quantité de gaz dissoute dans un liquide, il faut augmenter la pression que ce gaz exerce sur le liquide. C'est ce que l'on pratique pour l'eau de seltz artificielle; on parvient à faire dissoudre à l'eau cinq à six fois son volume d'acide carbonique, en mettant en contact avec elle ce gaz sous une pression de cinq ou six atmosphères. L'eau de seltz contient donc, par litre d'eau, 1 litre d'acide carbonique à la pression de cinq atmosphères ou le poids de 5 litres du gaz pris à la pression atmosphérique, tandis que l'eau ordinaire en présence de l'air ne dissout qu'un litre d'acide carbonique à la pression que ce gaz possède dans l'air, c'est-à-dire à $\frac{1}{3000}$ environ de la pression atmosphérique. Il y a donc dans l'eau de seltz à peu près 15000 fois plus de gaz carbonique que dans l'eau exposée à l'air.

Inversement si on diminue la pression au-dessus d'un liquide ayant dissous un gaz, ce gaz se dégagera en partie : c'est ce qui arrive quand on débouch une bouteille de bière ou de champagne, ou qu'on abandonne à l'air un verre d'eau gazeuse. Presque tout le gaz devrait se dégager, puisqu'un litre d'eau ne devrait théoriquement retenir, à l'air, que la valeur de $\frac{1}{3000}$ de litre d'acide carbonique supposé à la pression atmosphérique. Mais le liquide en retient davantage et en reste *sursaturé*. Aussi quand on fait cesser la sursaturation par l'introduction d'un corps solide entouré d'une gaine d'air ou par un brusque mouvement imprimé au vase, une nouvelle portion de gaz se dégage. C'est à une action de ce genre qu'il faut rapporter l'effervescence qui se produit quand on trempe un biscuit dans du vin de Champagne, ou quand on secoue le verre.

Il résulte de la seconde loi que si on expose une dissolution d'un gaz dans une atmosphère qui ne contient pas de ce gaz, c'est comme si on la plaçait **dans** le vide : tout le gaz dissous doit se dégager si l'atmosphère est illimitée. On s'explique ainsi qu'une dissolution d'acide sulfureux ou d'ammoniaque laissée à l'air ne contienne bientôt plus que de l'air atmosphérique.

Dans le cas d'une atmosphère limitée, au-dessus d'une dissolution gazeuse, le gaz dissous s'échappe jusqu'à ce que le gaz devenu libre ait formé au-dessus du liquide une pression qui empêche le gaz restant de se dégager.

Exercices.

80. On introduit dans un ballon de 20 litres : 20 litres d'azote à la pression de 750 millimètres; 4 litres d'hydrogène à la pression de 280 millimètres; 6 litres d'acide carbonique à la pression de 680 millimètres; quelle sera la force élastique du mélange?

81. Dans un vase de 5 litres, on met 4 litres d'eau et 1 litre d'acide carbonique à la pression de 760 millimètres; on ferme le vase, déterminer la pression du gaz restant après la dissolution. Le coefficient de solubilité est de 1,25. — Dire en outre quelle quantité de liquide rentrera dans le vase si on l'ouvre sous l'eau.

CHAPITRE XX

MACHINES PNEUMATIQUES

141. Machine pneumatique ordinaire. — On a souvent besoin de faire le vide dans un vase, c'est-à-dire d'enlever l'air qu'il contient; c'est à cela que servent les machines pneumatiques. Le premier de ces appareils a été inventé en 1640 par Otto de Guericke. Nous ne le décrirons pas sous la forme qu'il avait à l'origine, mais avec celle qu'on lui donne ordinairement aujourd'hui.

La machine pneumatique se compose essentiellement d'un cylindre ou *corps de pompe* relié par un tuyau métallique à un ballon ou une cloche qui forme le *récipient* d'où l'on se propose d'enlever l'air. L'extrémité du tuyau qui débouche à la base du corps de pompe est fermée par une soupape *s′* qui ne peut s'ouvrir que de bas en haut (fig. 101). Dans le cylindre, peut monter ou descendre un piston qui

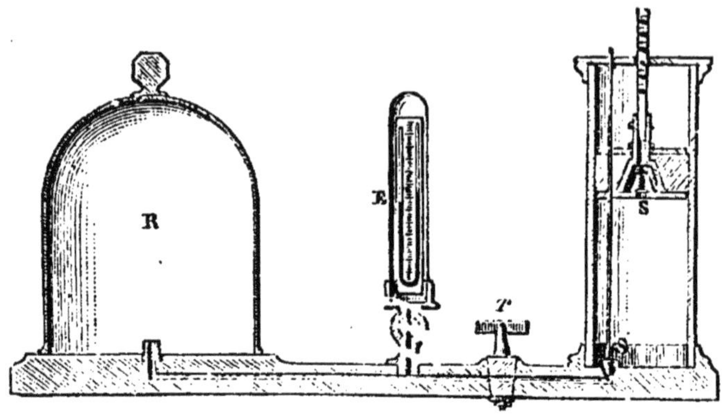

Fig. 101.

applique bien contre les parois, mais qui est percé d'un conduit débouchant à l'air et muni d'une soupape (*s*) qui ne peut s'ouvrir, comme la première, que de bas en haut.

142. Jeu de la machine. — Si on abaisse le piston dans le corps de pompe, la soupape *s′* reste fermée ; la soupape *s* l'est aussi au commencement de l'opération ; mais le piston, en descendant, comprime l'air remplissant le corps de pompe ; la force élastique de cet air va en croissant ; elle devient bientôt supérieure à la pression atmosphérique ; l'air comprimé fait ouvrir la soupape *s* et s'échappe. Lors donc que le piston descend du haut en bas du corps de pompe, il expulse l'air qui y était contenu.

Si on soulève le piston, il fait le vide au-dessous de lui. La soupape *s* reste fermée, mais la soupape *s′* pressée par l'air du récipient s'ouvre, et l'air de la cloche se répand dans le corps de pompe. Quand on abaisse ensuite le piston, on chasse à l'extérieur le gaz qui était venu du récipient dans le corps de pompe.

Ainsi, par l'ascension du piston, on appelle dans le corps de pompe une partie de l'air du récipient, et le piston en descendant expulse cet air. Soulever et abaisser le piston se dit donner *un coup de piston*. Donc à chaque coup de piston on enlève une partie de l'air du récipient pour l'expulser dans l'atmosphère. L'air restant occupe toujours tout le volume du récipient, mais sa quantité ou sa pression diminue avec le nombre des coups de piston.

Un exemple numérique fera mieux comprendre le jeu de l'appareil. Supposons un récipient de 5 litres plein d'air à la pression de 760^{mm}, un corps de pompe de 1 litre, et proposons-nous de chercher ce que sera la force élastique de l'air du récipient après 1, 2 ....n coups de piston.

Au commencement, quand le piston est au bas de sa course, le volume de l'air du récipient est 5 litres, sa pression 760.

Après l'élévation du piston, le volume de l'air est $(5+1)$ litres, sa pression x_1.

D'après la loi de Mariotte,

$$5 \times 760 = (5+1)x_1.$$

D'où
$$x_1 = 760 \, \frac{5}{5+1} = 760 \times \frac{5}{6} = 633.$$

Pendant la descente du piston, cette pression ne varie pas dans le récipient; l'air du corps de pompe est expulsé.

Commençons un second coup de piston : le volume de l'air du récipient est 5 litres, sa pression x_1,

Après l'élévation du piston, le volume de l'air devient $(5+1)$ litres, sa pression x_2.

On écrit encore
$$5 \times x_1 = (5+1)\, x_2.$$

D'où
$$x_2 = x_1 \times \frac{5}{5+1}.$$

Mais
$$x_1 = 760 \times \frac{5}{5+1}.$$

Donc
$$x_2 = 760 \times \left(\frac{5}{5+1}\right)^2 = 760 \times \frac{25}{36} = 527.7.$$

Il est facile de voir qu'on trouverait pour un troisième coup de piston,

$$x_3 = 760 \times \left(\frac{5}{5+1}\right)^3 = 760 \times \frac{125}{216} = 439.$$

La pression de l'air dans le récipient va donc en diminuant à mesure que les coups de piston se multiplient; et après un nombre suffisant de coups de piston, la pression de l'air est devenue très faible, et le vide est plus ou moins approché.

143. Expression algébrique de la loi de la raréfaction. — Soient V le volume du récipient, v celui du corps de pompe, H la pression initiale, H_1, H_2, H_3 ..... H_n la pression de l'air dans le récipient après 1, 2, 3..... n coups de piston, on peut écrire :

1er coup:
$$VH = (V + v)\, H_1.$$

D'où
$$H_1 = H \times \frac{V}{V + v}.$$

2° coup :
$$VH_1 = (V + v)\,H_2 .$$

D'où
$$H_2 = H_1 \times \frac{V}{V + v} \quad \text{et} \quad H_2 = H \times \left(\frac{V}{V + v}\right)^2$$

3e coup :
$$VH_2 = (V + v)\,H_3 .$$

D'où
$$H_3 = H_2 \times \frac{V}{V + v} \quad \text{et} \quad H_3 = H \times \left(\frac{V}{V + v}\right)^3 .$$

$$n^e \text{ coup} \dots\dots\dots\dots\dots\dots\dots\dots\dots\dots \quad H_n = H \times \left(\frac{V}{V + v}\right)^n .$$

Cette quantité décroît indéfiniment à mesure que n augmente. Théoriquement en pourrait donc obtenir un vide parfait, c'est-à-dire réduire la force élastique a être plus petite que toute quantité donnée, en augmentant assez le nombre n des coups de piston, mais il n'en est pas ainsi dans la pratique.

144. Limite du vide. — Espace nuisible. — Pratiquement, la raréfaction de l'air a une limite que l'on ne peut dépasser ; l'air du récipient garde une force élastique que le mouvement de la machine est impuissant à diminuer et que l'on appelle la *limite du vide*. Cette différence entre le calcul et l'expérience provient de ce que nous avons supposé que *tout* l'air remplissant à chaque coup le corps de pompe était entièrement expulsé. Il faudrait pour cela que le piston arrivé au bas de sa course fût en contact parfait avec la base du corps de pompe, et il n'en est jamais ainsi ; il reste toujours un petit espace u (très petit dans les bonnes machines) dans lequel une petite quantité d'air vient se loger pendant la descente du piston : on l'appelle l'**espace nuisible**.

Il est facile de comprendre à quel moment on n'enlèvera plus de gaz au récipient. Supposons que tout l'air qui remplit le corps de pompe soit refoulé dans l'espace nuisible par le piston descendant ; pour que cet air puisse s'échapper, il faudrait qu'il puisse avoir une pression plus grande que la pression atmosphérique, sans quoi il ne soulèverait pas la soupape du piston qui doit lui livrer passage. Lors donc que la pression de l'air dans le récipient sera telle qu'une portion de cet air, remplissant le corps de pompe et comprimée dans l'espace nuisible, n'y aura qu'une pression égale à la pression atmosphérique, rien ne s'échappera plus par la soupape du piston.

Soit, dans un cylindre de 1 litre, un espace nuisible de 1 centilitre. L'air refoulé dans l'espace nuisible qui occupe 1 centilitre à la pression atmosphérique de 760^{mm}, par exemple, répandu dans le corps de pompe où le volume est d'un litre (cent fois un centilitre), n'aura qu'une pression de 7^{mm},6 (la centième partie de 760). Dans ces conditions, on ne pourra donc amener l'air du récipient à une force élastique plus faible que 7^{mm},6.

D'une manière générale, si u est l'espace nuisible, H la pression atmosphérique, H_n la pression la plus faible que l'on puisse donner à l'air du récipient, v le volume du corps de pompe, on pourra écrire d'après la loi de Mariotte

$$u \times H = H_n \times v$$

d'où
$$\Pi_n = \Pi \frac{u}{v} \cdot$$

On fait $\frac{u}{v}$ le plus petit possible pour retarder la limite du vide.

145. Machine à deux corps de pompe. — Les machines à un seul corps de pompe dont nous venons d'indiquer la forme générale ont un double inconvénient : d'abord elles ne produisent d'effet utile que pendant la moitié de la manœuvre, puisqu'elles ne font le vide que pendant l'ascension du piston. Ensuite il faut y exercer un grand effort quand la force élastique du gaz est devenue faible dans le récipient; en effet, pendant la montée, le piston supporte sur sa face supérieure la pression atmosphérique, tandis qu'en dessous de sa face inférieure il y a un vide plus ou moins complet. C'est donc, outre les frottements à vaincre, une force d'environ 1 kilogramme par centimètre carré de la surface du piston qu'il faut développer pour élever celui-ci : pour un piston de 8 centimètres de diamètre c'est une force de plus de 50 kilogrammes.

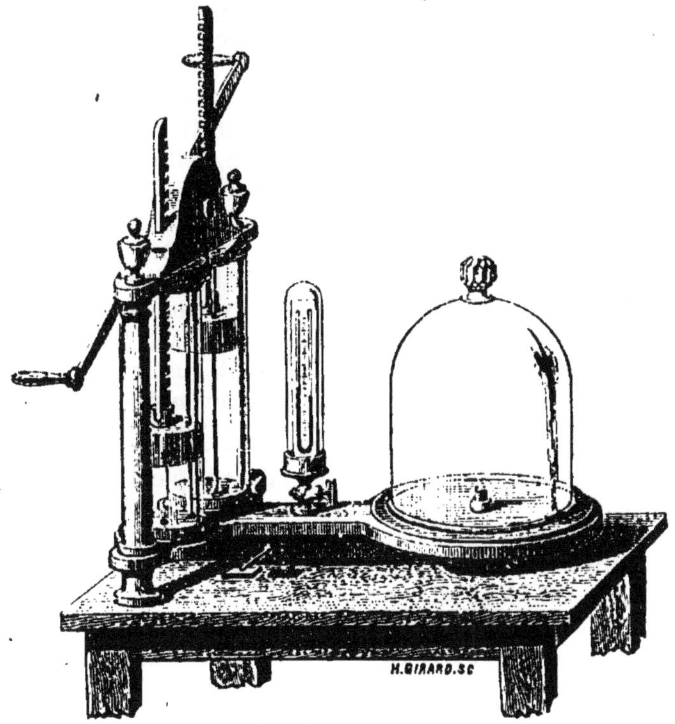

Fig. 102.

Les machines à deux corps de pompe remédient à ces inconvénients. Les deux cylindres sont posés à côté l'un de l'autre et leurs conduits se réunissent en un seul pour aller au récipient (fig. 102).

Les tiges des pistons sont munies de crémaillères engrenant sur un pignon dont l'axe est fixé à un levier ou manivelle. Par le mouvement alternatif du levier, quand un des pistons monte, l'autre descend. La manœuvre de l'appareil est rendue moins pénible, car si la pression atmosphérique fait obstacle à l'ascension du piston qui monte, elle agit pour favoriser la descente de l'autre.

146. Piston et soupapes. — Le piston est ordinairement formé par des rondelles annulaires de cuir serrées par un écrou entre deux disques de métal. Il est traversé de haut en bas par une cavité qui s'ouvre en haut et qui porte la soupape. Celle-ci se compose d'un petit disque métallique, portant au-dessus une tige verticale autour de laquelle s'enroule un ressort à boudin (fig. 103); une des extrémités du ressort appuie contre le disque, l'autre contre un arrêt fixe percé d'un trou où peut passer

Fig. 103.

la tige verticale du disque. Sitôt que la pression au-dessous du piston descendant est plus grande que la pression atmosphérique, l'air fait fléchir le ressort et lever le disque, et l'ouverture qui fait communiquer le dessous du piston avec l'atmosphère devient libre. Quand, au contraire, le piston s'élève, le ressort presse sur le disque qui maintient l'ouverture fermée.

La soupape s' de la base du corps de pompe est un petit bouchon en cône, muni d'une tige métallique qui traverse le piston à frottement dur. Vient-on à soulever le piston, celui-ci commence par soulever le bouchon s'; mais il le laisse à un ou deux millimètres du fond du corps de pompe, parce que la tige de s' porte un taquet qui vient buter contre le haut du corps de pompe; alors le piston continue sa course en glissant contre la tige métallique de s'. Aussitôt qu'on redescend le piston, celui-ci entraîne avec lui la tige de s', et le bouchon vient buter contre le trou qu'il doit fermer. Par cette disposition, l'ouverture s' se trouve fermée aussitôt que le piston commence à descendre, et ouverte aussitôt qu'il commence à monter.

147. Baromètre tronqué. — Il faut que l'on puisse connaître la force élastique de l'air du récipient, surtout quand on approche du vide. On emploie dans ce but un baromètre à siphon à deux branches égales qui est fixé sur une planchette, à l'intérieur d'une éprouvette en communication avec le canal qui va des corps de pompe au récipient.

Les deux branches n'ont habituellement que 30 centimètres, de là le nom de **baromètre tronqué** qui lui a été donné. Le mercure remplit complètement la branche fermée à la pression atmosphérique; il ne commence à baisser que quand la force élastique de l'air du récipient est inférieure à 30 centimètres. Alors les deux niveaux du mercure se rapprochent peu à peu, et leur différence verticale indique toujours la pression de l'air. Pour rendre les lectures faciles, l'éprouvette contient une double graduation ascendante et descendante, en centimètres et millimètres à partir du zéro, c'est-à-dire du point où seraient les deux niveaux si le vide était parfait.

148. Clef ou robinet. — Sur le tube qui réunit les corps de pompe au récipient, est placé un robinet de forme particulière, qu'on appelle la *clef* de la machine pneumatique ; il a une triple fonction : il doit permettre d'établir ou de supprimer la communication entre les corps de pompe et le récipient, permettre de laisser rentrer l'air dans les corps de pompe seulement, permettre enfin de faire rentrer l'air dans le récipient (fig. 104). Il contient un canal ordinaire, et en plus un canal recourbé dont l'un des orifices débouche à l'air libre et est fermé par un bouchon métallique. l'autre orifice s'ouvre dans un plan perpendiculaire au canal principal. Quand le robinet est dans sa position normale, son canal principal fait communiquer les corps de pompe avec le récipient et le conduit coudé est fermé des deux bouts. Si on le tourne de 90°, le récipient est séparé du corps de pompe. Mais le conduit coudé vient placer l'un de ses orifices dans le sens du conduit de la machine, soit du côté du corps de pompe, soit du côté du récipient ; s'il est dans cette dernière position et si l'on enlève le bouchon métallique, l'air rentre par le conduit coudé dans le récipient. Des lettres ou des flèches indiquent dans quelle position il faut mettre le robinet suivant ce que l'on désire.

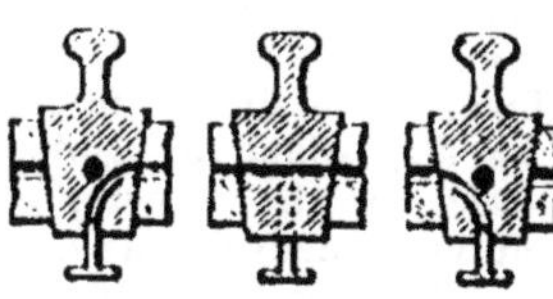

Fig. 104.

149. Platine. — Le tube par lequel la machine enlève l'air du récipient, se recourbe à angle droit et se termine par un pas de vis sur lequel on peut adapter les ballons ou vases munis d'une monture à robinet dans lesquels on veut faire le vide.

En outre, l'appareil porte un disque de verre bien plan, la **platine**, sur lequel on pose une cloche dont le bord a été bien dressé.

On enduit de suif les bords de la cloche pour la faire adhérer par un contact parfait avec la platine.

150. Perfectionnement de Babinet. — Avec les meilleures machines, on ne fait guère le vide qu'à quelques millimètres de mercure. Babinet a imaginé une disposition ingénieuse qui permet de reculer la limite du vide. L'idée de cette disposition est très simple : on se sert d'un des corps de pompe P' pour faire le vide dans l'espace nuisible de l'autre (fig. 105, 106). Quand la limite ordinaire de la machine est atteinte, supposons qu'on laisse le cylindre P seul en communication avec le récipient et qu'on mette P' en rapport avec l'espace nuisible de P par un canal spécial (fig. 106). Si on lève le piston de P', celui de P s'abaisse et ferme la communication avec le récipient ; alors l'air resté dans l'espace nuisible de P passe en partie dans P'. Quand on abais-

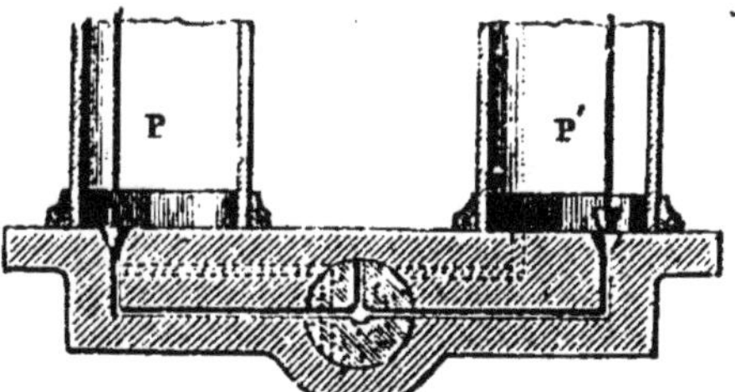

Fig. 105.

sera P' et que P se relèvera, le récipient sera mis en communication avec de l'air à une moindre pression, et une nouvelle quantité d'air pourra le quitter pour se rendre dans le cylindre. Au coup suivant, de l'air passera encore de P en P' et finira par avoir, dans l'espace nuisible de P', une force élastique supérieure à la pression atmosphérique, par ouvrir la soupape et par s'en aller en partie. Le récipient perdra donc ainsi successivement une petite fraction de l'air qui restait et que la machine ordinaire n'aurait pu lui enlever.

La disposition de Babinet est réalisée par un robinet placé au point où les deux tuyaux des corps de pompe se réunissent. La figure 105 montre l'appareil disposé pour le vide ordinaire. La figure 106, où le robinet a été tourné de 90°, montre que le cylindre P seul communique avec le récipient, mais que les deux corps de pompe communiquent entre eux par un canal spécial qui permet à P' de faire le vide dans P quand celui-ci le fait dans le récipient.

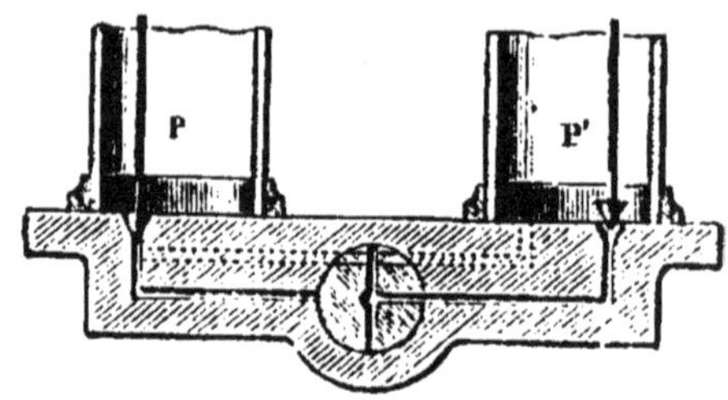

Fig. 106.

151. Machine pneumatique à mercure. — Les meilleures machines du genre de celles que nous venons de décrire, même lorsqu'elles sont munies du perfectionnement de Babinet, ne réduisent la pression de l'air dans le récipient qu'à un millimètre de mercure. Pour obtenir un vide plus parfait, on a recours à une machine où l'on applique l'expérience de Toricelli autant de fois qu'il est nécessaire pour vider complètement d'air un récipient de petit volume. Voici le principe et la description succincte de cet appareil qui porte le nom de **machine pneumatique à mercure.**

Un ballon de verre de forme oblongue A est prolongé en bas par un tube de verre d'un mètre environ. L'extrémité de celui-ci est fixée à un long tube de caoutchouc dont l'autre bout communique à un réservoir B que l'on peut élever ou abaisser (fig. 107). L'allonge A porte à sa partie supérieure un robinet à trois voies qui permet de la faire communiquer soit avec une cuvette ouverte à l'air, soit avec le tube auquel on fixe le récipient où l'on veut faire le vide.

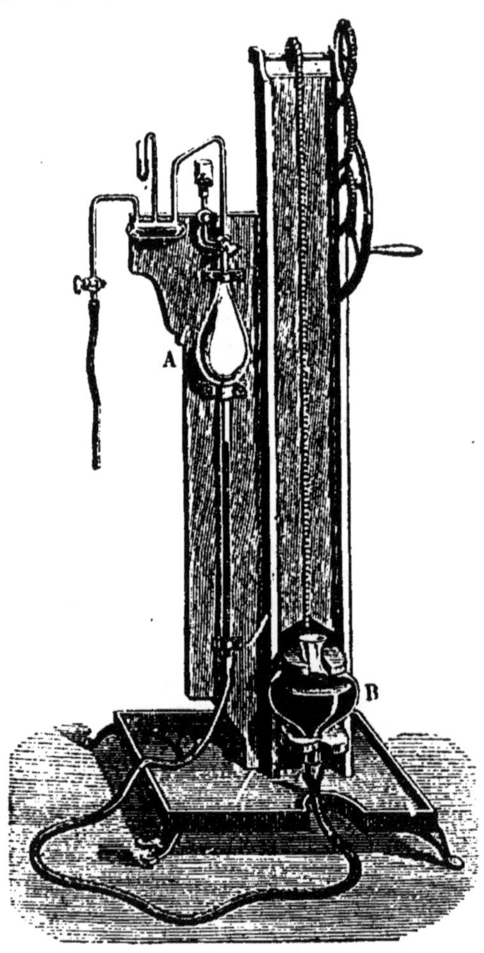

Fig. 107.

Supposons le robinet à trois voies tourné de façon que l'allonge A communique par la cuvette avec l'air et soit isolée du récipient, montons le réservoir B plein de mercure, ce liquide remplit le tube et l'allonge après avoir chassé tout l'air de l'appareil. On ferme alors le robinet et on abaisse le réservoir B, le vide barométrique se produit dans l'allonge. On tourne alors le robinet à trois voies de façon à mettre l'allonge en communication avec le récipient ; l'air contenu dans celui-ci se rend en partie dans l'allonge ; il se raréfie donc dans le récipient ; on a ainsi l'équivalent d'un coup de piston d'une machine ordinaire. On remet le robinet dans sa première position et on relève la cuvette B ; le mercure monte dans le tube, chasse devant lui l'air qui y est contenu et finit par l'expulser dans l'atmosphère. On recommence de nouveau la même manœuvre, c'est-à-dire qu'en abaissant la cuvette B on fait le vide en A ; on fait communiquer le récipient avec ce vide et on expulse, en remontant le mercure, l'air venu du récipient dans l'allonge A. Il n'y a pas d'espace nuisible, puisque le mercure remplit tout l'appareil quand la cuvette B est au haut de sa course ; aussi peut-on obtenir, après un nombre suffisant d'opérations, que le gaz n'ait plus qu'une pression inappréciable dans le récipient.

Le seul inconvénient de cette machine, c'est d'exiger un temps assez long pour sa manœuvre ; mais habituellement on commence par faire le vide avec une machine ordinaire et on n'emploie la pompe à mercure que pour terminer, quand on a déjà obtenu dans le récipient la limite du vide de la première machine.

La pompe à mercure a été imaginée par Geissler : elle est fréquemment employée à faire le vide dans les appareils où l'on doit produire la stratification de l'étincelle électrique ou la lumière électrique elle-même, par l'incandescence d'un charbon fin placé dans le vide.

182. Trompe à eau. — On a souvent besoin de faire un vide approché et de le maintenir un certain temps ; le procédé le plus avantageux est d'employer des appareils qui n'exigent pas de travail de la part de l'opérateur. La *trompe à eau* est un des plus simples et des plus commodes.

L'appareil est une petite caisse rectangulaire portant un tube horizontal et deux tubes verticaux. Le premier est mis en communication avec le récipient d'où l'on veut extraire l'air, il porte parfois une seconde branche que l'on met en rapport avec un manomètre. Le tube vertical supérieur se termine dans le milieu de la caisse en forme de cône, et son extrémité est à une petite distance du tube vertical inférieur, d'abord plus large que lui et allant en se rétrécissant (fig. 108). On fait venir un courant d'eau par le tube supérieur et le liquide s'écoule par le tube inférieur. Mais grâce à la disposition de ces deux tubes dans la caisse, l'air de la caisse est aspiré et entraîné par l'eau. Si donc la caisse communique à un réservoir, il y a une aspiration et un entraînement de l'air de ce réservoir.

La trompe à eau ne fait pas un vide bien parfait ; il reste toujours dans l'appareil de l'air ayant une force élastique au moins égale à celle de la tension maximum de la vapeur d'eau à la température où l'on opère. Mais c'est un appareil très utile dans beaucoup d'opérations de laboratoire où l'on n'a pas besoin du vide complet.

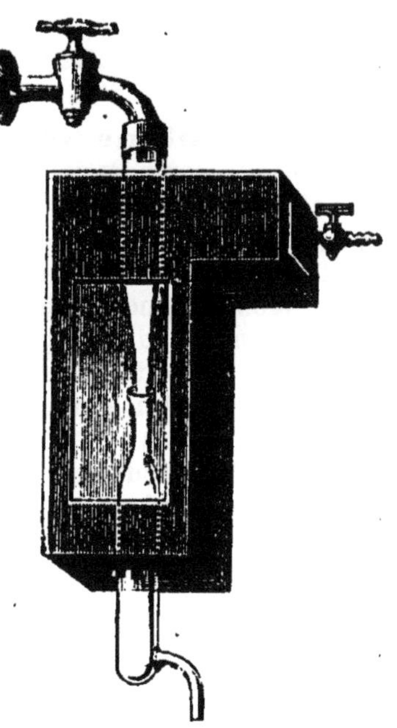

Fig. 108.

183. Trompe à mercure. — En remplaçant la chute de l'eau par la chute du mercure, dans un tube fin convenablement disposé, M. Sprengel a construit une trompe à mercure qui fait un vide presque complet dans un récipient.

On a même associé cette trompe à la machine à mercure et construit des appareils à l'aide desquels on ne laisse dans un récipient qu'une quantité infinitésimale du gaz qui y était contenu.

154. Usages du vide. — Les usages de la machine pneumatique sont très nombreux. Dans les laboratoires, elle sert à un grand nombre d'expériences éparses dans le cours. En dehors des laboratoires, on fait le vide dans les condenseurs des machines à vapeur, dans les chaudières des sucreries où l'on concentre le sirop de sucre.

Exercices.

82. Dans une machine pneumatique le corps de pompe a un volume de 80 centilitres, l'espace nuisible de 1 centilitre. On fait le vide dans un récipient de 4 litres dont la pression initiale est de 760 millimètres. Trouver la pression de l'air après 3 coups de piston, la limite du vide et le nombre de coups de piston nécessaires pour atteindre cette limite.

83. Le corps de pompe d'une machine pneumatique a un volume de 600 centimètres cubes, le récipient tient 2 litres, un corps solide est placé dans ce récipient, et la pression de l'air, après le premier coup de piston, est ramenée de 760 millimètres à 640 millimètres. Trouver le volume du corps.

84. Dans une machine à mercure, le volume de l'allonge et de la partie du tube que le mercure laisse libre quand on descend le vase mobile est de 500 centimètres cubes. On veut faire le vide dans une ampoule de 120 centimètres cubes où l'air n'est déjà plus qu'à la pression de 3 centimètres; quelle sera la pression de cet air après qu'on aura exécuté quatre fois la manœuvre de l'appareil?

CHAPITRE XXI

MACHINES DE COMPRESSION

155. Machine ordinaire. — La machine de compression est l'inverse de la machine pneumatique, elle est destinée à comprimer les gaz et à en accroître la force élastique. On pourrait la concevoir comme une machine pneumatique à un corps de pompe dont les deux soupapes s'ouvriraient de haut en bas au lieu de s'ouvrir de bas en haut. Mais on lui donne généralement une forme plus simple : c'est un corps de pompe dans lequel se meut un piston plein ; au fond est un tube muni d'une soupape ouvrant de dedans au dehors, et que l'on fixe sur le récipient où l'on veut comprimer le gaz. Sur le côté s'ouvre un autre tube muni également d'une soupape, s'ouvrant du dehors au dedans, et qui communique dans l'air ou dans le vase contenant le gaz à comprimer (fig.109). Si le piston est au haut de sa course et le corps de pompe plein d'air ou de gaz, lorsqu'on abaisse le piston,

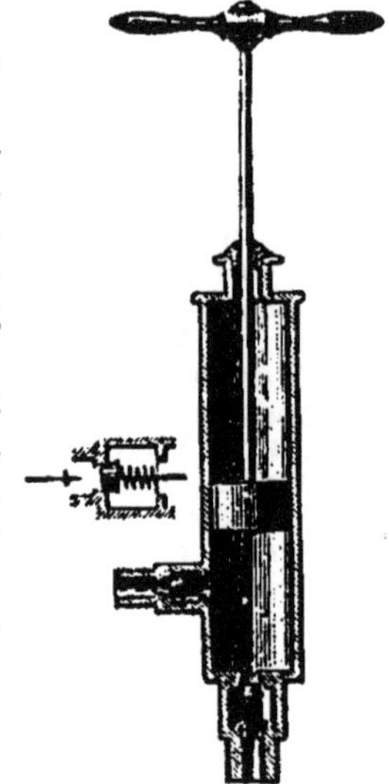

Fig. 109.

l'air comprimé par la diminution du volume presse la soupape inférieure et pénètre dans le récipient. Quand on relève le piston, il fait le vide, la soupape inférieure reste fermée, mais la soupape latérale s'ouvre et le corps de pompe se remplit de gaz, que l'on refoulera encore dans le récipient en abaissant à nouveau le piston.

Il est facile d'exprimer par un calcul l'effet produit après un certain nombre de coups de piston. Soient 4 litres le volume du récipient, $0^l,6$ celui du corps de pompe, 760 millimètres la pression de l'air au commencement.

L'air ou le gaz occupant 0,6 sous la pression de 760 millimètres est refoulé dans le récipient, son volume devient 4 litres; s'il était seul il y prendrait une pression x_1 donnée par la relation

$$0,6 \times 760 = 4 \times x_1$$

$$x_1 = 760 \times \frac{0,6}{4} \cdot$$

Mais le récipient contient déjà 4 litres de gaz sous la pression 760, après le premier coup de piston, la pression sera donc :

$$H_1 = 760 + 760 \times \frac{0,6}{4} = 874.$$

A chaque nouveau coup de piston, il entrera un volume d'air de 0,6 à la pression de 760 et qui en prenant le volume de 4 litres, ajoutera à la pression de l'air du récipient une pression de

$$760 \times \frac{0,6}{4} \cdot$$

La pression sera donc :
Après 2 coups,

$$H_2 = 760 + \left(760 \times \frac{0,6}{4}\right) \times 2 = 988.$$

Après 3 coups,

$$H_3 = 760 + \left(760 \times \frac{0,6}{4}\right) 3 = 1102,$$

et ainsi de suite.

On voit que la pression grandit avec le nombre des coups de piston.

Pour généraliser le calcul précédent, appelons V le volume du récipient, v celui du corps de pompe, nous écrirons :

$$H_1 = H + H \times \frac{v}{V},$$

$$H_2 = H + 2H \times \frac{v}{V},$$

$$H_z = H + nH \frac{v}{V} \cdot$$

Théoriquement, on devrait donc pouvoir augmenter toujours la pression en multipliant le nombre n de coups de piston. Mais dans la pratique il faut tenir compte de l'espace nuisible.

L'air qui occupe, sous la pression Π, le volume v, refoulé dans l'espace nuisible u, y prend une pression x donnée par

$$v\Pi = ux,$$

d'où

$$x = \Pi \times \frac{v}{u} \cdot$$

C'est la pression maximum que l'on pourra donner à l'air ; et quand le gaz du récipient aura cette pression, on n'y pourra plus introduire de gaz nouveau, la soupape inférieure ne s'ouvrira plus pendant la descente du piston.

Un exemple numérique fera comprendre que l'action de la pompe est limitée. Admettons que le corps de pompe ait un volume v égal à 400^{cc}, que l'espace nuisible soit de 20^{cc}, la pression de l'air extérieur de 760^{mm}, on aura pour la pression maximum x :

$$x = 760 \times \frac{400}{20} = 760 \times 20.$$

On pourra donc comprimer l'air à 20 atmosphères dans le récipient.

On n'atteint jamais dans la pratique, pour plusieurs raisons, la pression maximum dont l'espace nuisible donne la limite : d'abord parce que l'effort à exercer deviendrait trop considérable, puis parce que les vases pourraient n'être pas assez résistants, et enfin parce que la chaleur dégagée pendant la compression est considérable, que le cuir du piston s'altère et que le fonctionnement de la pompe serait bientôt impossible. On peut se faire une idée de l'effort à vaincre à l'aide d'un exemple : soit un piston de 6 centimètres de diamètre, sa surface sera de 28 centimètres carrés ; si l'air du récipient est à 10 atmosphères de pression, il faudra pour faire descendre le piston, exercer un effort équivalent à 9 atmosphères, c'est, par centimètre carré de surface, environ 9 kilogrammes, et pour le piston $9 \times 28 = 252$ kilogrammes.

156. Pompe de compression à double effet. — On emploie souvent une pompe à main dont on peut faire à volonté une machine pneumatique ou une machine de compression. Le corps de pompe contient un pis ton plein. Il est percé à sa base de deux trous munis de deux soupapes s'ouvrant en sens inverse l'une de l'autre et communiquant à deux tubes latéraux opposés (fig. 110). Quand on abaisse le piston, la soupape de droite reste fermée, l'air comprimé fait ouvrir la soupape

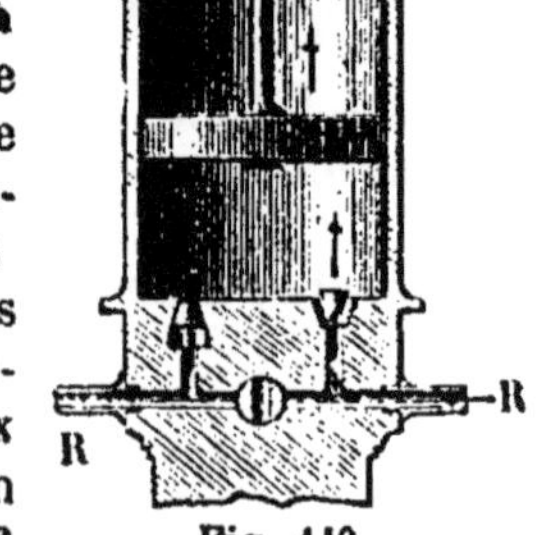

Fig. 110.

de gauche et pénètre par le canal latéral dans un récipient. Au contraire, lorsqu'on soulève le piston, c'est la soupape de gauche qui reste fermée et celle de droite qui s'ouvre, et il se produit une aspiration d'air par le tube de droite.

Si l'on met l'appareil en communication par son tube de droite, avec un récipient clos R, en faisant fonctionner la pompe, on fait le vide dans ce récipient. Si, au contraire, c'est le tube de gauche qui se rend à un récipient R', on comprime de l'air dans celui-ci. Enfin si à droite est un gazomètre R et à gauche un vase clos R', la pompe prend du gaz à droite en R pour le comprimer à gauche en R'.

157. Usages de la pression. — Dans les cours, on comprime de l'air dans un vase à demi plein d'eau, muni d'un tube plongeant, et quand on enlève la pompe de compression, on la remplace par un ajutage effilé ; alors, aussitôt qu'on ouvre le robinet de l'appareil, l'eau s'élève en un jet plus ou moins haut.

Les machines soufflantes, qui lancent l'air dans les tuyères des forges et des hauts fourneaux, sont des machines de compression. C'est avec l'air comprimé que l'on fait circuler les dépêches dans le télégraphe atmosphérique de Paris : dans le tube qui va d'une station à l'autre, on place une sorte de piston creux qui contient les dépêches et on le pousse en injectant à un bout de l'air comprimé. C'est aussi avec de l'air comprimé que l'on faisait mouvoir les machines perforatrices, employées pour le percement des tunnels des Alpes. Enfin, on emploie constamment l'air comprimé pour appuyer les freins contre les roues des wagons d'un train de chemin de fer, et obtenir ainsi un arrêt du train assez rapide.

Dans l'industrie, on comprime souvent l'air à l'aide d'une colonne d'eau qui remplace la machine de compression. On comprend en effet que si l'on met la partie inférieure d'un réservoir, contenant de l'air, en communication avec un long tube vertical contenant de l'eau, l'air du réservoir augmente de pression ; il est à deux atmosphères quand il a au-dessus de lui une colonne d'eau de $10^m,33$.

Exercices.

55. Un récipient de 5 litres est en communication avec une pompe de compression dont le corps de pompe a un volume de 80 centilitres et puise de l'air dans l'atmosphère pour l'envoyer dans le récipient. Au commencement la pression est partout de 760 millimètres ; on demande la pression de l'air dans le récipient après 4 coups de piston de la pompe.

56. Une pompe à double effet dont le cylindre a une capacité de $1^l,5$, aspire de l'air d'un côté dans un récipient de 20 litres et comprime cet air de l'autre côté dans un vase de 5 litres. La pression est d'abord dans les deux vases de 760 millimètres. Quelle sera sa valeur dans chacun d'eux après deux coups de piston, c'est-à-dire après que le piston aura monté et descendu deux fois ?

57. On comprime de l'air dans un récipient de 10 litres avec une pompe de compression dont le corps de pompe a un volume d'un litre. Si l'espace nuisible est de 2 centilitres, on demande quelle sera la pression maximum que l'air du récipient pourra atteindre et le nombre de coups de piston qu'il faudrait pour l'obtenir.

CHAPITRE XXII

APPAREILS A PRODUIRE LE MOUVEMENT DES LIQUIDES PAR LA PRESSION ATMOSPHÉRIQUE

I. — POMPES

158. Destination générale des pompes. — Une pompe est un appareil destiné à élever l'eau d'un réservoir inférieur (puits, citerne, mare, rivière, etc.) dans un réservoir placé plus haut, ou à la répandre dans l'air avec une certaine vitesse. Le moteur employé peut être quelconque, c'est la force musculaire de l'homme ou celle des animaux, ou le vent, ou la vapeur.

On distingue trois types simples de pompes : les *pompes aspirantes* qui élèvent l'eau d'un puits; les *pompes foulantes* qui projettent l'eau avec une grande vitesse, et les *pompes aspirantes et foulantes* qui peuvent produire les deux effets.

159. Pompe aspirante. — La pompe aspirante se compose d'un corps de pompe dans lequel se meut un piston percé d'une ouverture garnie d'une soupape s'ouvrant de bas en haut (fig. 111). Ce corps de pompe est relié inférieurement à un long tuyau dit d'*aspiration*, qui plonge dans l'eau du puits ou du réservoir, et dont le haut porte une soupape s'ouvrant de bas en haut.

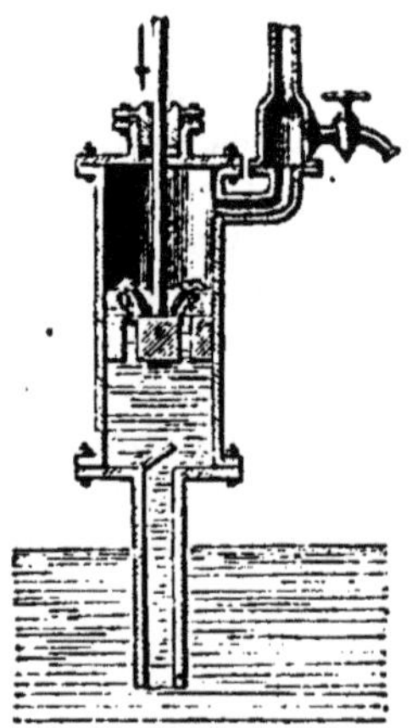

Fig. 111.

Le piston étant d'abord au bas de sa course, on le soulève, il fait le vide au-dessous de lui; l'air du tuyau d'aspiration se répand en partie dans le corps de pompe; son volume augmentant, sa pression diminue; par suite l'atmosphère qui exerce sa pression à la surface de l'eau du réservoir fait monter cette eau dans le tuyau d'aspiration. Aussitôt qu'on cesse de soulever le piston, la soupape inférieure retombe, mais l'eau soulevée dans le tuyau d'aspiration y reste. Si le piston redescend, il comprime au-dessous de lui l'air, qui s'échappe par la soupape supérieure. A un second mouvement du piston l'eau s'élève encore dans le tuyau d'aspiration; elle vient bientôt dans le corps de pompe; le piston en redescendant la fait passer au-dessus de lui, et en remontant il la pousse au tuyau de déversement où elle s'écoule.

160. Conditions auxquelles une pompe doit satisfaire. — Comme c'est la pression atmosphérique qui fait monter l'eau jusqu'au corps de pompe, celui-ci doit être à moins de $10^m,33$ du niveau de l'eau dans le réservoir. Dans la pratique, on no donne pas au tuyau d'aspiration plus de 8 mètres. Il faut, en effet, remarquer que le piston ne ferme jamais complètement le cylindre et que, pendant son ascension, il ne fait pas au-dessous de lui un vide complet; de plus, l'air dissous dans l'eau se dégage dans la pompe et peut former en dessous du piston une sorte de coussin élastique qui contrebalance en partie l'effet de la pression extérieure.

En résulte-t-il qu'on ne puisse pas élever l'eau à plus de 10 mètres avec une pompe? Théoriquement, rien ne limite la hauteur à laquelle il est possible d'élever l'eau une fois qu'elle a été amenée sur la face supérieure du piston. Au lieu que le tuyau d'écoulement débouche dans l'air à la partie supérieure du corps de pompe, on peut le prolonger par un tuyau vertical. Alors quand le piston monte, il pousse le liquide dans ce tuyau, à la hauteur que l'on veut. La pompe aspirante simple est ainsi transformée en une pompe *élévatoire*.

161. Effort à faire pour soulever le piston de la pompe. — Quand la pompe est en activité, elle est entièrement pleine d'eau depuis le niveau dans le puits jusqu'à l'extrémité supérieure du tuyau d'écoulement. Le piston est pressé sur ses deux faces : sur la face supérieure il reçoit l'effort de l'atmosphère (équivalent à une colonne d'eau de 10m,33) et en plus l'effort de la colonne d'eau de hauteur (h), du piston au niveau de l'écoulement. Sur la face inférieure, il reçoit une pression de bas en haut égale à celle qu'aurait un élément liquide pris sur le même plan horizontal dans un tube parallèle fermé en haut, et contenant depuis le niveau de l'eau dans le puits une colonne de 10m,33 qui figurerait la pression atmosphérique. Or cet élément aurait pour pression une colonne d'eau de 10m,33, diminuée de la colonne de hauteur h', comprise entre cet élément et le niveau dans le puits.

Soient donc S la surface du piston, h' sa hauteur au-dessus du niveau inférieur, h sa distance au niveau de l'écoulement, ou H la distance verticale des deux niveaux du puits et du canal de sortie; l'effort à exercer pour soulever le piston sera égal à la différence des deux forces qui agissent sur lui :

La force verticale de haut en bas a pour valeur le poids d'une colonne d'eau de

$$S\,(10,33 + h),$$

la force verticale de bas en haut est :

$$S\,(10,33 - h').$$

Leur différence est :

$$S\,(10,33 + h) - S\,(10,33 - h')$$

ou

$$S \times 10,33 + Sh - S \times 10,33 + Sh$$

ou

$$S\,(h + h').$$

Mais comme

$$h + h' = H,$$

la pression à vaincre ou la force à exercer est exprimée par :

$$S \times H.$$

C'est donc le *poids d'une colonne d'eau ayant pour surface la section du piston et pour hauteur la distance verticale du niveau de l'eau dans le puits, au niveau de l'écoulement.*

Veut-on exprimer cette pression en kilogrammes, on exprime S en décimètres carrés et H en décimètres.

On voit facilement que l'effort à faire grandit avec la hauteur à laquelle on veut élever l'eau. Aussi quand il s'agit de tirer de l'eau d'un puits profond, avec une pompe aspirante élévatoire, faut-il munir la tige du piston de leviers convenables si l'on veut pouvoir manœuvrer la pompe avec un faible effort appliqué à l'extrémité du levier.

162. Pompe foulante. — Dans la pompe foulante, le piston est plein, le corps de pompe est en partie immergé dans l'eau à soulever; le tuyau d'écoulement est fixé latéralement à la base du corps de pompe (fig. 112), à sa jonction est une soupape S qui s'ouvre du dedans au dehors; enfin une soupape S' s'ouvrant du dehors en dedans ferme l'ouverture inférieure du corps de pompe.

Quand on soulève le piston, l'eau presse la soupape S' et remplit le corps de pompe. Quand on le redescend, l'eau est directement comprimée, elle ouvre la soupape S et monte dans le tuyau latéral d'écoulement.

Si l'abaissement du piston est rapide, que le tuyau d'échappement ait un faible diamètre par rapport au corps de pompe, comme l'eau ne peut diminuer de volume par la compression, elle acquiert une grande vitesse et sort

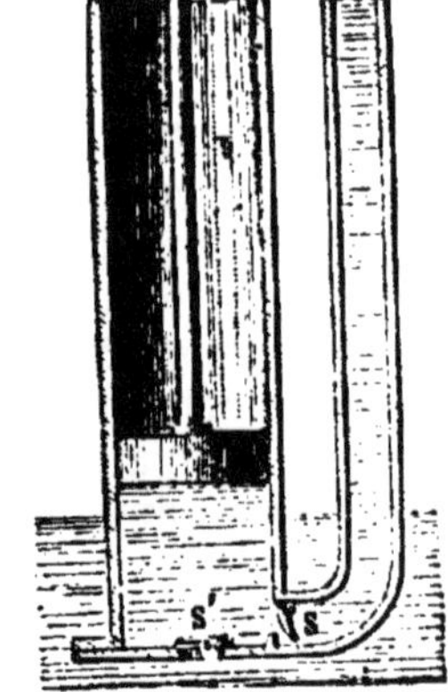

Fig. 112.

alors sous forme d'un jet que l'on peut lancer plus ou moins loin.

163. Pompe aspirante et foulante. — Si, comme dans la figure 113, la pompe foulante est munie d'un tuyau d'aspiration plongeant dans un puits, elle est à la fois aspirante et foulante. Pendant l'ascension du piston, elle aspire l'eau du puits ou du réservoir inférieur; pendant la descente, elle refoule cette eau par le tuyau d'écoulement.

164. Écoulement continu. — Avec les dispositions ci-dessus décrites, le mouvement de l'eau est intermittent; ce n'est en effet que pendant la descente du piston, c'est-à-dire pendant la moitié de la manœuvre, que l'eau est chassée hors de l'appareil. On réalise un écoulement continu en employant une *chambre à air*.

Le tuyau par lequel l'eau sort du corps de pompe ouvre dans une chambre fermée complètement et contenant de l'air à sa partie supérieure. Le tuyau d'échappement de l'eau débouche à la partie inférieure de cette chambre. Chaque fois qu'il arrive de l'eau de la pompe dans cette chambre, le liquide tend à

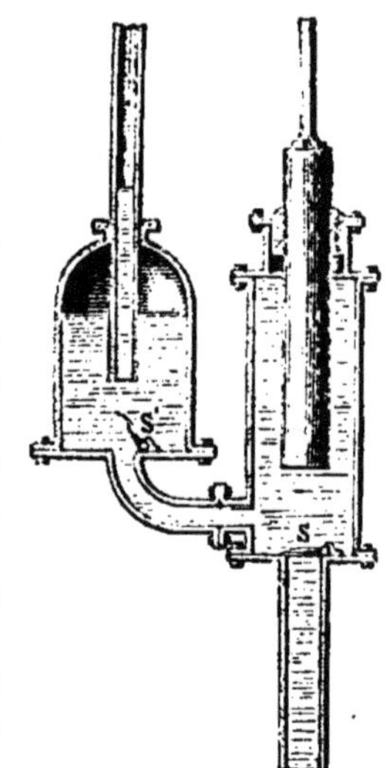

Fig. 113.

sortir par le tuyau d'échappement; mais s'il arrive plus vite qu'il ne peut partir, il comprime l'air qui occupe la partie supérieure de la chambre. L'instant d'après, pendant que le piston de la pompe descend et qu'il ne chasse plus d'eau dans le réservoir à air, l'air comprimé tend à reprendre son volume primitif et chasse l'eau par le tuyau de sortie : l'écoulement est continu.

165. Pompe à incendie. — La pompe à incendie est formée par deux pompes foulantes accouplées qui chassent l'eau tour à tour dans une chambre à air où plonge le tuyau par lequel l'eau s'écoulera au dehors. Le tout plonge dans une bâche que l'on maintient pleine d'eau. Les tiges des deux pistons s'articulent à un même levier tournant autour d'un point fixe (fig. 114). On munit habituellement les deux extrémités de ce levier de barres transversales

Fig. 114.

pour que plusieurs personnes puissent simultanément y exercer un effort. Pendant qu'un des pistons descend, l'autre monte, de sorte qu'il arrive sans cesse de l'eau dans le réservoir à air ; et comme le tuyau d'écoulement est terminé par une lance conique, pour peu que la vitesse de la manœuvre soit un peu rapide, on arrive à comprimer beaucoup l'air du réservoir et à donner au jet liquide qui sort une très grande force.

Il existe bien d'autres systèmes de pompes, les unes oscillantes, les autres rotatives ; leur description nous entraînerait hors des limites d'un cours de physique.

Exercices.

58. Dans une pompe aspirante, le tuyau d'aspiration a 8 mètres, le corps de pompe $1^m,10$ de hauteur jusqu'à l'orifice d'écoulement et $0^m,12$ de diamètre. On demande d'exprimer l'effort à faire pour soulever le piston quand la pompe est en marche.

59. Dans la même pompe, si le tuyau d'aspiration a 4 centimètres de diamètre ; à quelle hauteur élève-t-on l'eau au premier coup de piston ?

60. Dans une pompe foulante, on veut élever l'eau à 15 mètres de hauteur ; quel effort faut-il exercer sur le piston pour le faire descendre ?

II. — SIPHON

166. Siphon. — Le siphon est un appareil destiné à transvaser les liquides sans déranger le vase qui les contient, en les faisant passer par-dessus les bords du vase. C'est un tube recourbé à deux branches inégales, en verre ou en métal. La branche la plus courte plonge dans le liquide à transvaser, la grande branche débouche dans l'air ou dans un autre vase.

On commence par remplir le siphon entièrement du liquide; on dit alors qu'il est *amorcé*. Le moyen le plus simple, quand le siphon est constitué par un tube de petit diamètre, c'est de le plonger dans un grand vase d'eau où il se remplit, de boucher l'extrémité de la grande branche avec le doigt, pour sortir l'appareil plein. L'expérience montre que si on débouche la grande branche, en tenant le siphon vertical, tout le liquide s'écoule par l'extrémité de cette branche; la colonne liquide contenue dans le siphon ne se partage pas en deux tronçons, elle garde une continuité parfaite.

Si, tenant la grande branche d'un siphon plein bouchée avec le doigt, on plonge la petite branche dans un liquide, aussitôt que l'on débouchera la grande branche, le liquide s'écoulera par le siphon, d'un mouvement continu, jusqu'à ce que l'extrémité de la petite branche ne plonge plus, ou jusqu'à ce que le niveau du liquide dans le vase où plonge la grande branche soit venu sur le même plan horizontal que celui du liquide où plonge la petite branche.

Pour expliquer l'écoulement, considérons le siphon amorcé ABC (fig. 115) et cherchons les pressions que supporte, de gauche à droite, et de droite à gauche, une molécule liquide prise en B.

Si le tube était fermé en B et comprenait seulement la branche AB, la molécule liquide de B supporterait de moins qu'une molécule prise sur le niveau de D une colonne verticale de liquide de hauteur DE; elle supporterait donc une pression égale à la pression atmosphérique, diminuée du poids d'une colonne liquide égale à DE.

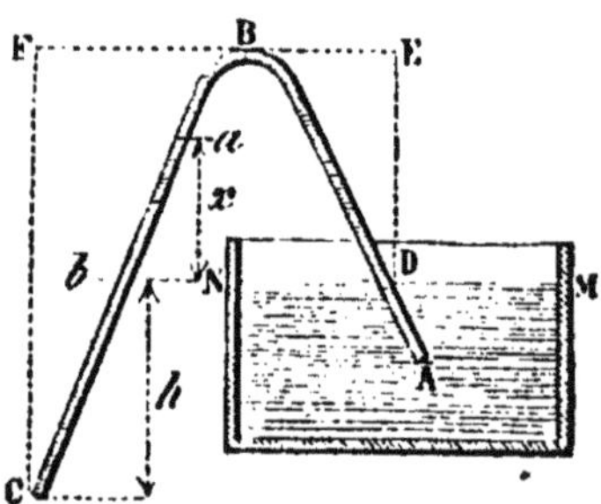

Fig. 115.

Si la branche CB existait seule, fermée en B, la molécule B supporterait la pression atmosphérique comme en C, moins le poids d'une colonne de liquide de hauteur CF. Dans le siphon, la molécule de liquide B supporte ces deux pressions. Il est facile de voir que l'une l'emporte sur l'autre, que la molécule B doit obéir à la résultante des deux forces qui agissent sur elle et marcher dans le sens de la plus grande force.

Si DE égale un mètre, CF deux mètres, et qu'on exprime la valeur de la pression atmosphérique en colonne d'eau, $10^m,33$, on écrira :

Pression de droite à gauche $10^m,33 - 1^m = 9^m,33$ de hauteur d'eau.

    —   de gauche à droite $10^m,33 - 2^m = 8^m,33$ —

La tranche liquide B s'avancera donc de droite à gauche, les tranches qui la remplaceront successivement s'avanceront aussi à sa suite, et l'écoulement aura lieu.

107. Théorie générale du siphon. — Soit un siphon amorcé, désignons par d la densité du liquide à transvaser, par h la distance verticale de l'extrémité C au-dessous du niveau MN du liquide, par d' la densité du gaz formant l'atmosphère, par H la pression atmosphérique. Soit a un élément liquide pris à une hauteur x au-dessus du niveau. La pression de cet élément, de A vers C, est :

$$F = H - xd.$$

Dans le milieu extérieur, la pression est H en b; elle est en C de $H + hd'$. De ce côté, la pression transmise en a, de C vers A, est donc :

$$F' = H + hd' - (h + x) d.$$

Les deux forces agissant en sens inverse ont une résultante égale à leur différence.

$$F - F' = H - xd - [H + hd' - (h + x) d] = hd - hd'$$

ou

$$h (d - d').$$

Cette expression ne contient plus x, donc la force qui pousse une tranche liquide quelconque est la même en tous les points du tube. Et comme d' est très petit par rapport à d, on peut dire que la force qui produit l'écoulement est dirigée de la petite branche vers la grande. Cette force est proportionnelle à h, c'est-à-dire à la différence de hauteur entre le niveau du liquide et l'extrémité de la grande branche.

D'ailleurs la force F est positive, conséquemment xd est plus petit que H, donc la plus grande hauteur à laquelle un siphon puisse élever l'eau au-dessus de son niveau, c'est 10^m,33; amorcé avec du mercure et plongeant dans le mercure, il n'élèverait ce liquide qu'à 0^m,76 au plus.

108. Moyens d'amorcer le siphon. — Quand c'est l'eau que l'on veut transvaser, on peut plonger la petite branche dans le vase, et aspirer avec la bouche par l'extrémité de la grande. Mais quand on opère sur des liquides corrosifs ou vénéneux, on se sert d'un siphon dont la grande branche porte un tube latéral (fig. 116). Alors on plonge la petite branche dans le vase, on ferme l'extrémité de la grande et on aspire avec la bouche par l'extrémité du tube latéral. Quand le liquide remplit la plus grande partie de la grande branche, on débouche et l'écoulement se produit.

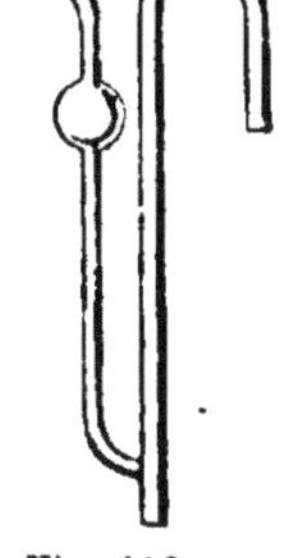

Fig. 116.

Lorsque le siphon est un tube à grande section, l'aspiration faite avec la bouche ne suffirait pas à faire monter le liquide. Alors on dispose sur la branche latérale une petite pompe à l'aide de laquelle on peut aspirer l'air du siphon mis en place. C'est ainsi que sont construits les siphons des tonneliers.

Enfin, quand il s'agit d'amorcer un siphon que l'on plonge dans une tourie pour en tirer facilement du liquide, on monte le siphon dans un bouchon qui porte un second tube; on place le bouchon dans le col de la tourie, puis on souffle par le petit tube; le liquide monte dans le siphon par l'effet de la pression produite, et l'écoulement a lieu. Cette dernière disposition (fig. 117) devrait toujours être employée quand il s'agit des liquides très facilement inflammables; le siphon muni d'un robinet inférieur resterait amorcé, et un petit bout de tuyau de caoutchouc, avec un fragment de baguette de verre, suffiraient pour fermer le vase.

Dans les fabriques d'acide sulfurique, on se sert, pour transvaser l'acide, de siphons en platine que l'on amorce d'une façon particulière. L'appareil porte à l'extrémité inférieure de la grande branche un robinet, puis, près de la coudure, deux ouvertures dont une à entonnoir (fig. 118). On plonge la petite branche dans l'acide. On ferme le robinet de la grande, puis on la remplit d'acide par l'une des ouvertures supérieures, tandis que l'autre sert à la sortie de l'air. On bouche ces deux ouvertures, puis on ouvre le robinet de la grande branche. L'acide qu'elle contient s'écoule ; il se forme un vide que remplit l'air de la

Fig. 117.

petite branche, et la pression atmosphérique fait monter l'acide dans la petite branche, avec assez de force pour déterminer l'écoulement, si les dimensions relatives des deux branches ont été bien calculées.

Le siphon est très employé, surtout quand il s'agit de séparer un liquide du dépôt qui s'y est formé et qui s'y répandrait à nouveau au moindre mouvement du vase. Il donne lieu, dans les cours, à l'expérience du *vase de Tantale* qui se vide quand son niveau est arrivé à un certain point. Il explique les phénomènes que présentent certaines sources naturelles intermittentes.

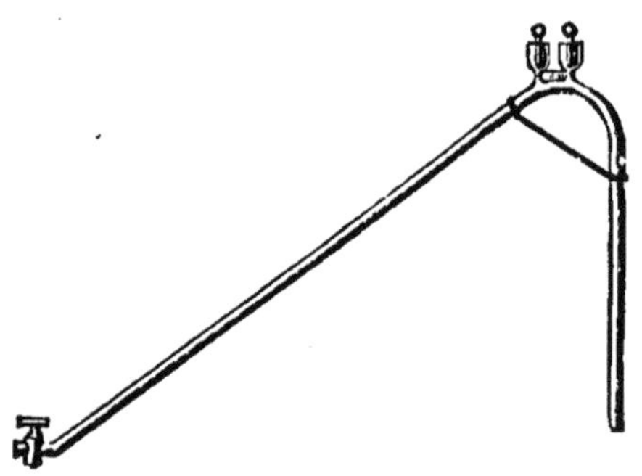

Fig. 118

Exercices.

61. Un siphon dont la petite branche mesure $0^m,12$ et la grande $1^m,20$, est amorcé avec de l'eau, puis employé à transvaser du mercure. On demande si le mercure s'écoulera ou à quelle hauteur il s'élèvera dans la petite branche.

62. Quel doit être le rapport des longueurs des deux branches pour que le mercure s'écoule ?

III. — APPAREILS DIVERS SERVANT A L'ÉCOULEMENT DES LIQUIDES.

160 Pipette. — La pipette dont on se sert constamment en chimie, pour verser les liquides goutte à goutte, est un tube de verre ordinairement renflé en son milieu et terminé à la partie inférieure en pointe effilée. Pour la remplir on peut la plonger presque entière-

ment dans un liquide, boucher avec le doigt l'extrémité supérieure
et la sortir du liquide ; ou bien on peut aussi placer la pointe dans le
liquide et aspirer avec la bouche par l'extrémité
supérieure, puis fermer cette extrémité avec le
doigt. Dans le premier mode de remplissage, le
liquide est monté dans la pipette au même niveau que dans le vase. En bouchant l'extrémité
avec le doigt, on a enfermé de l'air au-dessus
du liquide et, quand on a soulevé le tube, un
peu du liquide s'est écoulé ; l'air emprisonné
s'est dilaté, il a diminué de pression, et il est
resté dans le tube une colonne de liquide telle
que la pression de l'air emprisonné, augmentée
de la colonne liquide, fasse équilibre à la pression atmosphérique (fig. 119). Alors la tranche
liquide de l'orifice s'est trouvée également pressée en dessus et en dessous, et l'écoulement a
cessé. Pour faire écouler le liquide, il suffit de
déboucher légèrement l'orifice supérieur de la
pipette, un peu d'air rentre et vient augmenter
la pression interne. On arrête l'écoulement en
fermant de nouveau l'orifice ; et l'on peut avec

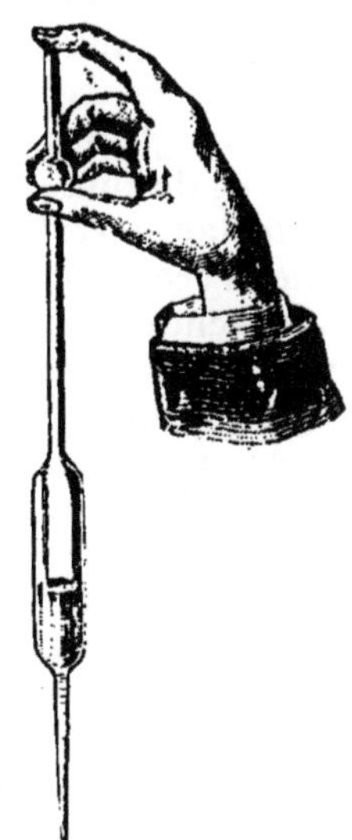

Fig. 119.

quelque habitude faire écouler le liquide goutte à goutte.

La bouteille et l'entonnoir magiques des prestidigitateurs fonctionnent d'une façon analogue.

170. Vase de Mariotte. — On a souvent besoin d'obtenir
un écoulement constant d'un liquide et même de pouvoir à volonté
augmenter ou diminuer la force de l'écoulement. On n'y peut parvenir avec un vase ordinaire plein d'eau et écoulant son liquide par
une tubulure latérale inférieure ; car dans ce cas la force de l'écoulement varie avec la hauteur du
niveau au-dessus de l'orifice et diminue à mesure que le vase se vide.
On y réussit avec le *vase de Mariotte*.

C'est un flacon ordinaire portant
des ouvertures latérales (fig. 120).
On le remplit d'eau et on le ferme
avec un bouchon traversé d'un tube
ouvert aux deux bouts. Si le tube
plonge jusqu'en *d* et qu'on ouvre
l'orifice (*a*), il ne s'écoule que le liquide contenu dans le tube jusqu'au
niveau horizontal qui passe par (*a*) ;
à ce moment en effet, la tranche *c*
supporte une pression égale à la

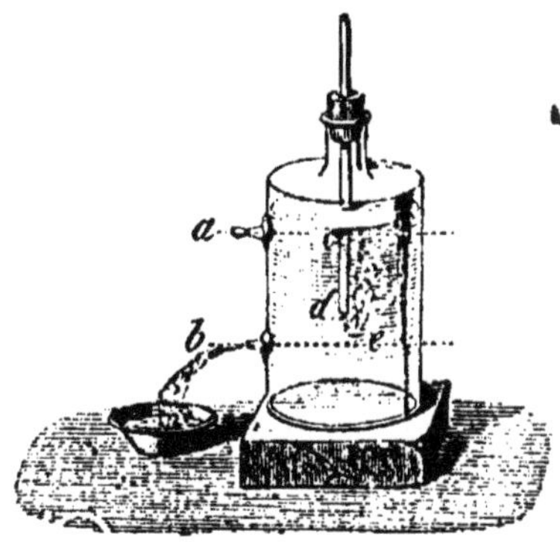

Fig. 120.

pression atmosphérique, tout comme la tranche *a* : cette dernière
est également pressée du dehors au dedans et du dedans au dehors ;

elle reste en place. Il est entendu que l'ouverture *a* doit être de petit diamètre. Mais ce premier résultat est plus curieux qu'utile.

Si l'ouverture *a* est bouchée, et qu'on débouche l'ouverture (*b*), le liquide du tube s'écoule d'abord, puis de l'air pénètre par le tube dans le flacon, et à partir de ce moment l'écoulement devient constant aussi longtemps que le niveau du liquide ne s'est pas abaissé au-dessous du tube. Le liquide s'écoule d'autant plus vite qu'il y a plus de distance verticale entre l'orifice *b* et l'extrémité inférieure du tube; l'écoulement a en effet lieu par la pression de la colonne *de*; la tranche *e* supporte la pression atmosphérique comme la tranche *b*, mais en plus de celle-ci elle supporte le poids de la colonne *de* qui règle l'écoulement.

Avec cet appareil, on peut diminuer à volonté la vitesse de sortie du liquide, sans altérer en rien la constance de l'écoulement : il suffit d'enfoncer un peu plus le tube; quand il est tout près du niveau *be*, le liquide s'écoule goutte à goutte.

On a utilisé ce vase de Mariotte dans plusieurs appareils, notamment dans une grande lampe à alcool imaginée par M. H. Deville.

Dans les deux appareils précédents, l'écoulement de l'eau par un orifice ouvert à l'air peut n'avoir pas lieu parce que le liquide n'a au-dessus de lui que de l'air à une pression inférieure à la pression atmosphérique. Dans le suivant, au contraire, on peut faire élever de l'eau à une certaine hauteur au-dessus de son niveau en employant de l'air comprimé par l'eau qui tombe dans un vase plein d'air en communication avec le liquide à élever.

171. Fontaine de Héron. — La fontaine de Héron se compose de trois vases superposés *a*, *b*, *c* (fig. 121). Le premier *a*, plein d'eau, communique par un tube vertical *d* avec la partie inférieure du troisième *c* qui est plein d'air. Le haut de ce dernier communique par un tube vertical *e* avec la partie supérieure du vase *b* qui est presque rempli d'eau. Du fond du vase *b* part un tube vertical qui débouche dans l'air par une pointe effilée. Si le vase *b* est déjà plein d'eau et qu'on verse du liquide dans le vase *a*, on voit un jet d'eau sortir du tube vertical effilé; ce jet dure tout le temps que le vase inférieur met à se remplir.

Voici ce qui se produit dans cet appareil. Le liquide qui arrive dans le vase inférieur est à une pression $H + h$, si H désigne la pression atmosphérique et h la distance verticale des niveaux des deux vases extrêmes. Comme l'air des deux réservoirs

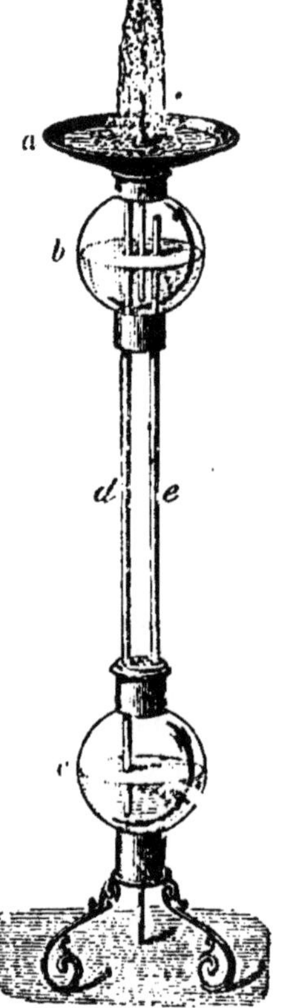

Fig. 121.

c et b communique librement, la pression sur le liquide de (b) est donc aussi égale à $H + h$; et ce liquide peut s'élever théoriquement à une hauteur h au-dessus du niveau de (b); il n'y a donc rien de surprenant à ce qu'un jet d'eau se produise si le réservoir b est près du réservoir a et à une certaine hauteur au-dessus du réservoir c.

On a pu combiner sur le même principe des appareils de grandes dimensions : c'est ainsi que dans certaines mines (à Chemnitz, en Saxe) on fait remonter et déverser à la surface du sol les eaux qui s'infiltrent dans les galeries de travail. On réunit ces eaux dans un bassin analogue à b que l'on ferme quand il est presque plein; et du niveau du sol on fait écouler de l'eau jusque dans un réservoir analogue à c placé dans une galerie plus basse que celle où l'on travaille. L'air se comprime en c et en b et il fait monter le liquide du réservoir b jusqu'au niveau du sol. Quand le vase inférieur est rempli, on le vide; l'eau qu'il contenait peut disparaître dans des puits absorbants et on peut recommencer l'opération.

Exercices.

63. On plonge dans l'eau, d'une hauteur de 0,80 un tube d'un mètre ouvert aux deux bouts. Quand le liquide est dans le tube au même niveau que dans la cuve, on ferme le tube par le haut et on le sort du liquide; quelle hauteur d'eau restera dans le tube?

64. Dans un appareil semblable à la fontaine de Héron, la distance verticale des deux vases a et c est de 65 mètres, la distance des deux vases b et c de 50 mètres; on demande à quelle hauteur au-dessus du vase b, le liquide de ce vase pourra s'élever si on verse en a de l'eau qui tombe en c.

CHAPITRE XXIII

PRINCIPE D'ARCHIMÈDE APPLIQUÉ AUX GAZ. — AÉROSTATS

172. Le principe d'Archimède s'applique aux gaz. — Les gaz comme les liquides sont pesants, comme eux ils exercent des pressions sur les corps qui y sont plongés. Le principe d'Archimède, comme tous les principes d'hydrostatique, doit être vrai pour les gaz comme pour les liquides. On peut donc dire que *tout corps plongé dans l'air ou dans un gaz quelconque éprouve de la part du gaz une poussée de bas en haut égale au poids du gaz dont le corps tient la place.* La démonstration théorique est de tous points analogue à celle que l'on donne pour les liquides. La preuve expérimentale est faite par le baroscope.

173. Baroscope. — La baroscope est un fléau de balance qui porte à l'une de ses extrémités une grosse boule creuse, à l'autre une petite boule pleine (fig. 122); les deux boules se font équilibre

dans l'air. On place l'appareil sous la cloche de la machine pneumatique, et aussitôt qu'on commence
à faire le vide, on voit le fléau pencher du côté de la grosse sphère
creuse. Cette grosse boule est donc
plus lourde que la petite, et si dans
l'air elle ne le paraît pas plus, c'est
qu'elle subit une poussée plus grande
eu égard à son plus grand volume.

Fig. 122.

174. Corrections des pe-
sées. — La poussée verticale de
bas en haut que subissent les corps
dans l'air équivaut à une perte de
poids. Lors donc que l'on pèse un
corps dans l'air on n'a que son *poids
apparent;* le poids *absolu*, celui que le corps aurait dans le vide, est
plus grand de tout le poids de l'air déplacé.

Pour les solides et les liquides dont la densité est très grande par
rapport à l'air, on prend habituellement le poids apparent pour le
poids réel, sauf pourtant dans quelques recherches de grande précision. Mais pour les gaz, c'est différent, il y a lieu de tenir compte
du poids de l'air déplacé : c'est pour ne l'avoir pas fait qu'Aristote
a mal interprété l'expérience à l'aide de laquelle il avait cherché à
déterminer le poids de l'air.

Voici comment on effectue la correction due à la poussée de l'air, pour une
recherche précise.

Soient x le poids absolu du corps à peser, D son poids spécifique.

$$\text{Son volume sera } \frac{x}{D}.$$

La pression qu'il exerce sur le bassin de la balance est égale à son poids
moins le poids de l'air déplacé ou, si a est la densité de l'air,

$$x - \frac{x}{D} \times a$$

ou

$$x\left(1 - \frac{a}{D}\right) \tag{1}.$$

Soient P l'indication marquée sur les poids employés. d la densité du métal
dout ils sont formés, leur volume est $\frac{P}{d}$.

Comme les chiffres inscrits sur les poids représentent le poids absolu dans le
vide, la pression exercée par le poids P sur le plateau de la balance sera

$$P - \frac{P}{d} \times a$$

ou

$$P\left(1 - \frac{a}{d}\right) \tag{2}.$$

Puisqu'il y a équilibre dans l'air, on peut écrire :

$$x\left(1-\frac{a}{D}\right)=P\left(1-\frac{a}{d}\right)$$

d'où

$$x=P\,\frac{1-\dfrac{a}{d}}{1-\dfrac{a}{D}}\,.$$

Nous apprendrons, dans un des chapitres de la chaleur, à calculer exactement la densité (a) de l'air dans les conditions de l'expérience.

175. Aérostats. — Un corps placé dans l'atmosphère est soumis à deux forces opposées : son poids, qui tend à le faire descendre, et le poids d'un égal volume d'air, qui tend à le faire monter. Si le poids total du corps est plus petit que la poussée qu'il subit de la part de l'air, la résultante des deux forces est dirigée de bas en haut, l'appareil monte : tel est le principe des *aérostats*.

Ce sont les frères Montgolfier, d'Annonay, qui ont les premiers songé à utiliser l'air chaud pour faire monter un ballon dans l'air. Ils fabriquèrent un grand ballon sphérique de 12 mètres de diamètre, ouvert à la partie inférieure, dont l'enveloppe en toile mince doublée de papier n'était que peu perméable aux gaz et n'avait qu'un faible poids. Ils le remplirent d'air chaud et de fumée en brûlant de la paille au-dessous de son ouverture inférieure; le ballon gonflé par l'air dilaté qui y arrivait déplaça bientôt un volume d'air d'un poids supérieur au sien et il s'éleva à plus de 1000 mètres. Cette remarquable expérience fut faite le 5 juin 1783, près d'Annonay. Et les ballons ainsi construits furent appelés *montgolfières*.

Les montgolfières se refroidissaient vite et redescendaient assez promptement. Pour maintenir la chaleur du gaz dilaté qui les gonflait, il fallait suspendre un réchaud au-dessous de l'ouverture : c'était une cause fréquente d'incendie. La substitution du gaz hydrogène à la fumée et à l'air chaud, proposée par le physicien Charles, fut donc un très grand progrès, puisqu'elle permettait de s'élever sans accident probable à une plus grande hauteur et de se maintenir plus longtemps dans l'atmosphère.

Fig. 123.

Aujourd'hui on gonfle à l'hydrogène les ballons avec lesquels on veut s'élever très haut, et au gaz d'éclairage ceux que l'on destine aux ascensions ordinaires.

Un aérostat se compose d'une enveloppe de taffetas vernie au caoutchouc, remplie d'un gaz plus léger que l'air (fig. 123). Autour de l'enveloppe, presque sphérique quand elle est gonflée, est un filet auquel est accrochée la nacelle où se placent les voyageurs. Le ballon n'est qu'incomplètement fermé; il est prolongé en dessous par un tube qui ouvre à l'air ou qui porte une soupape pouvant s'ouvrir d'elle-même quand la pression intérieure dépasse la pression extérieure.

176. Force ascensionnelle. — La force ascensionnelle d'un ballon, avec laquelle il est poussé de bas en haut, est la différence entre le poids de l'air déplacé et le poids total de l'appareil. Un exemple numérique peut en donner une idée.

1 mètre cube d'hydrogène pèse environ	90 grammes.
1 mètre cube d'air —	1293 grammes.
La différence est d'environ.	1200 grammes.

Donc, si un ballon jauge 400 mètres cubes et qu'il soit rempli d'hydrogène, le poids de l'air déplacé l'emporte sur le poids du gaz de

$$400 \times 1200 = 480 \text{ kilogrammes.}$$

Si les poids réunis de l'enveloppe, de la nacelle et des aéronautes sont de 450 kilogrammes, le poids total de l'appareil sera inférieur de 30 kilogrammes au poids de l'air déplacé.

Avec le gaz d'éclairage, dont le poids est d'environ 800 grammes par mètre cube, le même ballon ne donnerait, pour la différence entre le poids de l'air et le poids du gaz, que

$$400 \times 493 = 197 \text{ kilogrammes.}$$

Les poids réunis de l'enveloppe, de la nacelle et des voyageurs ne pourraient donc pas être supérieurs à 190 kilogrammes si l'on voulait garder une faible force ascensionnelle.

Et, si l'on voulait la même force ascensionnelle que dans le cas précédent, il faudrait donner au ballon un volume bien plus considérable.

177. Théorie des aérostats. — Soient p le poids du ballon vide avec tous ses accessoires; v le volume; V la capacité du ballon gonflé; d la densité du gaz rapportée à l'air; e le poids du mètre cube d'air sous la pression de 760 millimètres.

1 mètre cube d'air sous la pression H pèse	$e \dfrac{H}{760}$.
1 mètre cube de gaz — —	$ed \dfrac{H}{760}$
Le poids du gaz contenu dans le ballon est	$Ved \dfrac{H}{760}$.
Le poids total de l'appareil	$P = p + Ved \dfrac{H}{760}$.

Le volume d'air déplacé est

$$V + v.$$

Le poids de l'air déplacé est

$$P' = (V + v)\, e\, \frac{H}{760}\, \cdot$$

La force ascensionnelle est donc :

$$F = P' - P$$

ou

$$(V + v)\, e\, \frac{H}{760} - p - V e d\, \frac{H}{760}$$

ou bien

$$F = \frac{eVH}{760}(1 - d) + \frac{evH}{760} - p.$$

Si l'aérostat est entièrement gonflé au départ, son volume reste constant, mais la pression H diminue rapidement à mesure que le ballon s'élève et par suite la force ascensionnelle décroît; quand celle-ci est nulle, le ballon cesse de monter.

Si l'aérostat n'est pas complètement gonflé, à mesure qu'il s'élève et que la pression extérieure diminue, le volume du gaz intérieur augmente, mais le produit VH reste le même; par conséquent le premier terme de la formule précédente est constant; le second terme varie un peu. La force ascensionnelle est donc sensiblement la même au début, jusqu'à ce que le ballon soit complètement distendu; alors elle diminue peu à peu à mesure que le ballon s'élève.

On peut calculer avec la formule précédente quel doit être le volume V d'un ballon gonflé avec un gaz connu, l'hydrogène par exemple, pour qu'avec une force F donnée, le ballon puisse enlever un poids p.

178. Manœuvre du ballon. — On a calculé, d'après les dimensions que le ballon gonflé peut prendre, le poids total qu'il peut enlever; on sait le poids de l'enveloppe, de tous les agrès, de la nacelle et de ce qu'elle doit contenir. On réduit à quelques kilogrammes la force ascensionnelle en mettant dans la nacelle des sacs de sable fin qui constituent le *lest;* alors le ballon gonflé et devenu libre s'élève lentement dans l'atmosphère.

L'aéronaute juge qu'il monte en consultant le baromètre qui baisse à mesure que le ballon traverse des couches d'air de moindre densité. Quand le ballon est arrivé dans une couche d'air où sa force ascensionnelle est nulle, c'est-à-dire quand le poids de l'air déplacé est égal au poids de l'appareil, si l'aéronaute veut s'élever encore, il lui faut diminuer le poids du ballon; c'est à quoi sert le lest que l'on jette par petite quantité à la fois; le ballon allégé du lest jeté hors de la nacelle monte à nouveau. Pour descendre, au contraire, il faut ouvrir la soupape supérieure du ballon; une partie du gaz s'échappe, le ballon diminue de volume, il déplace moins d'air et il descend.

La manœuvre devient particulièrement difficile lorsqu'on veut atterrir à la descente. On laisse pendre de la nacelle une corde qui porte une ancre destinée à s'accrocher au sol ou à un objet résistant. Mais le ballon est souvent entraîné par le vent, et le danger est grand de le voir lancé contre les arbres et déchiré par les obstacles qu'il rencontre.

179. Utilité des ascensions aérostatiques. — On a fait bien des ascensions aérostatiques, les unes pour sortir d'une ville assiégée, les autres à des hauteurs peu élevées pour étudier les phénomènes météorologiques, d'autres enfin à des hauteurs de 7000 à 9000 mètres pour étudier les régions élevées de l'atmosphère. Parmi ces dernières on cite celle de Gay-Lussac, en 1804, où le ballon atteignit 7000 mètres, celle de Tissandier et de ses deux malheureux compagnons, et celle de Glaisher et Coxwell où la hauteur atteinte dépassa 9000 mètres.

Exercices.

65. On veut construire un ballon capable d'enlever 1240 kilogrammes avec une force ascensionnelle de 10 kilogrammes; quel devra être son volume : 1° si on le remplit de gaz d'éclairage dont la densité est 0,6? On négligera le volume de l'enveloppe et celui de la nacelle.

66. Dans un baroscope, la grosse boule a 8 centimètres de diamètre et la petite 3 centimètres; si elles se font équilibre dans l'air, quelle sera l'augmentation de poids de la grosse, si on met l'appareil dans le vide? La densité de l'air est 0,0013.

67. On a pesé un corps dans l'air et on a trouvé $40^{gr},25$ avec des poids en laiton, quel est le poids réel du corps? La densité du corps est 4,2, celle du laiton 8,4, celle de l'air 0,0013.

CHALEUR

CHAPITRE XXIV

DILATATIONS. — THERMOMÈTRES

180. Les effets de la chaleur. — Tout le monde sait ce qu'on appelle corps *chauds;* l'expérience nous a appris à les distinguer par la sensation particulière que nous ressentons en leur présence ou par leur contact. La *chaleur* est la cause qui produit en nous cette sensation. On étudie, en physique, les effets de la chaleur, les phénomènes qu'elle produit, les lois de ces phénomènes et leurs principales applications.

Si c'est à nos sensations que nous devons nos premières notions sur la chaleur, c'est à l'étude attentive de ses effets sur les corps que nous demandons de suppléer à l'insuffisance et à l'imperfection de nos sens.

La chaleur a deux effets très apparents sur les corps :

1° *Elle augmente leurs dimensions,* autrement dit, *elle les dilate ;*

2° *Elle change leur état* en transformant les solides en liquides et ceux-ci en vapeur; ainsi l'eau solide sous forme de glace devient liquide quand elle est chauffée; et l'eau liquide passe elle-même en vapeur sous l'action de la chaleur.

On démontre expérimentalement que la chaleur dilate tous les corps, les solides, les liquides et les gaz.

181. Dilatation des solides. — Pour montrer aisément qu'un corps solide augmente de volume quand on le chauffe, on répète l'expérience de S'Gravesande. On prend un anneau en métal supporté horizontalement et dans lequel peut passer une boule métallique (fig. 124). Si l'on chauffe cette boule sur une lampe à alcool et qu'on la pose ensuite sur l'anneau, on remarque qu'elle s'arrête sur l'anneau; elle ne passe plus au travers comme auparavant; elle a donc augmenté de volume par l'échauffe-

Fig. 124.

ment On l'abandonne sur l'anneau, elle se refroidit, et elle ne tarde
pas à tomber en traversant l'anneau ; en se refroidissant, elle reprend
son volume primitif.

Si l'on prenait un anneau, un tout petit peu moins grand d'ouverture que le précédent, et que la boule arrête sur lui, en chauffant
l'anneau sans chauffer la boule, on constaterait que celle-ci peut
passer au travers de l'anneau chauffé ; l'anneau s'agrandit donc par
l'action de la chaleur.

Les corps solides en tiges ou en barres ont une de leurs dimensions
très grande par rapport aux deux autres, lorsqu'on les chauffe, la
dilatation, à peu près insensible sur la largeur et l'épaisseur, peut être
mise en évidence sur la lon-
gueur. Le moyen le plus simple
consiste à prendre une barre
posée horizontalement contre
deux supports fixes qui appuient contre ses extrémités
(fig. 125), à la chauffer quelque

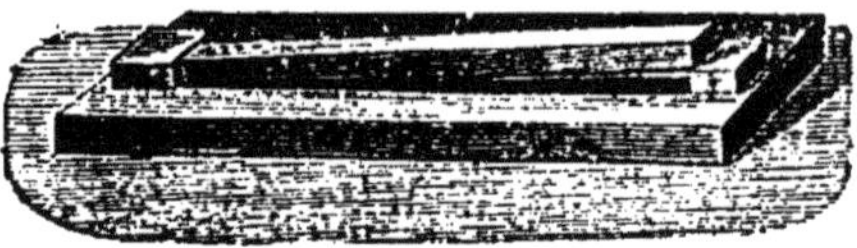

Fig. 125.

temps dans un foyer et à la rapporter dans l'espace où elle tenait auparavant ; elle n'y peut plus rentrer, son allongement est manifeste

Pour rendre
l'allongement plus
sensible, on se sert
du *pyromètre à ca-
dran* (fig. 126). Une
tige métallique,
tenue horizontale-
ment, est serrée
fortement dans une
borne B par une
vis de pression ;
elle passe libre-

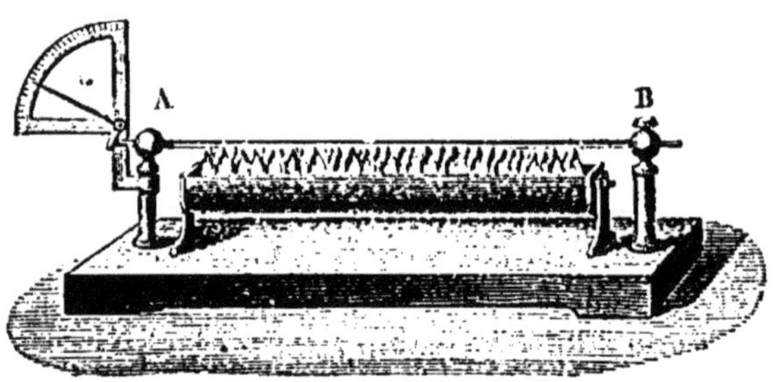

Fig. 126

ment dans une borne A Son extrémité libre va buter contre la petite
branche d'un levier coudé, dont la grande branche en aiguille, d'a-
bord horizontale, s'élèvera sur un cadran quand la petite branche
sera poussée de droite à gauche Une lampe à alcool est disposée
sous la tige et sert à la chauffer. Aussitôt que la lampe est allumée,
on voit l'extrémité de l'aiguille monter sur le cadran, c'est que la
tige s'est allongée, et par son extrémité libre elle a poussé la courte
branche du levier. L'allongement est rendu d'autant plus sensible
que l'aiguille est plus longue par rapport à l'autre branche. Aussitôt qu'on cesse de chauffer la barre, l'aiguille redescend sur le cadran et elle revient à son point de départ quand la barre est refroidie

182 Dilatation des liquides. — Pour montrer que les
liquides se dilatent par l'action de la chaleur, on remplit un ballon d'eau colorée, on le ferme bien avec un bouchon portant un
tube ouvert aux deux bouts et dont une extrémité affleure le bou-

chon; le liquide monte dans le tube jusqu'à un niveau que l'on marque (fig. 127). On plonge ensuite le ballon dans un vase d'eau bouillante. On voit le liquide baisser d'abord dans le tube jusqu'en B et remonter ensuite beaucoup plus haut qu'il n'était. On constate ainsi que le vase s'est dilaté le premier; sa capacité s'est agrandie et la même quantité de liquide y a occupé une hauteur moins grande; mais le liquide a bientôt subi l'action de la chaleur, il s'est dilaté à son tour beaucoup plus que le vase.

Comme les liquides sont toujours contenus dans des vases qui se dilatent plus ou moins par la chaleur, il y aura lieu de noter la *dilatation apparente* du liquide, et de chercher aussi la *dilatation absolue*, c'est-à-dire celle qu'il subirait dans un vase ne changeant pas de volume.

183. Dilatation des gaz. — Les gaz se dilatent bien plus que les liquides par la chaleur; on le prouve facilement par les expériences suivantes. A un ballon (fig. 128), on a soudé un tube en S dans la coudure duquel on met un liquide coloré dont on marque les deux ni-

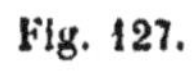

Fig. 127.

veaux. Si on tient le ballon à la main, on voit aussitôt le liquide baisser dans l'une des branches et monter dans l'autre; la chaleur communiquée par la main a suffi pour produire une augmentation sensible du volume du gaz.

On rend le changement de volume d'un gaz chauffé très saisissant en prenant un ballon d'un litre, mis en communication avec l'un des tubes d'un flacon à deux tubu-

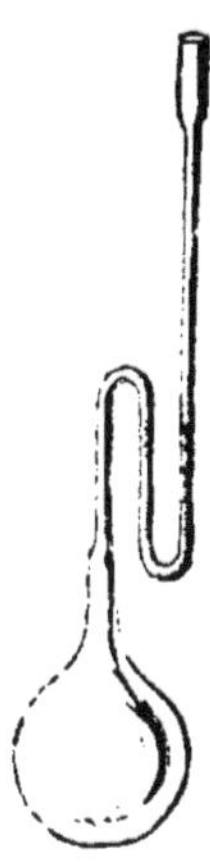

Fig. 128.

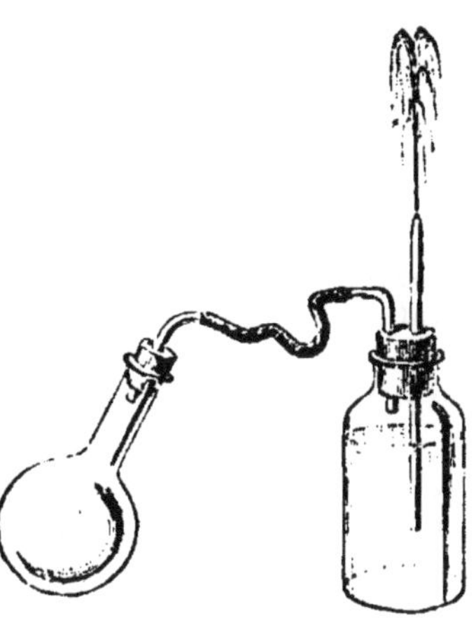

Fig. 129.

lures plein d'eau, dont le second tube plonge dans le liquide et se termine en haut par une pointe effilée (fig. 129). On chauffe le ballon sur un bec de gaz et l'on voit se produire un jet d'eau qui s'élève à plus d'un mètre au-dessus du flacon : le gaz dilaté par la chaleur a pressé sur le liquide et l'a fait sortir par le tube effilé.

184. Idée de la température. — On dit ordinairement qu'un corps chaud est à une *température élevée*, que sa *température s'élève* s'il s'échauffe, que la *température baisse* si le corps se refroidit; mais il est difficile de donner de cette expression courante une définition simple et précise. Nos sens nous donnent bien sur l'état des corps quelques indications, mais ils ne peuvent nous servir toujours ni nous renseigner exactement dans tous les cas. Les indications du toucher sont incertaines et changent suivant notre état ; elles ont d'ailleurs une limite puisqu'elles ne peuvent nous servir quand le corps est trop chaud, car il y aurait brûlure. Nous plongeons la main droite dans de l'eau chaude, la main gauche dans de l'eau froide, puis nous les mettons toutes les deux dans un vase d'eau tiède ; la main gauche nous fera juger que ce dernier liquide est chaud, la main droite au contraire nous conduira à dire qu'il est froid. Il faut donc renoncer à l'emploi des sens pour caractériser l'état des corps au point de vue de la chaleur.

On s'adresse au plus simple des effets que la chaleur peut produire, à la dilatation. Si un corps se refroidit, son volume diminue ; s'il s'échauffe, son volume augmente ; s'il ne s'échauffe, ni ne se refroidit, s'il reste par conséquent dans le même état calorifique, son volume reste invariable. C'est pour caractériser ce dernier état, pour indiquer que le corps ne devient ni plus chaud ni moins chaud que l'on dit que *sa température est invariable.*

Deux corps sont à la même température quand, en les mettant en présence ou au contact, leurs volumes respectifs restent identiquement les mêmes pour chacun ; ni l'un ni l'autre ne gagnent ou ne perdent de chaleur puisque leur volume est invariable.

La *température* est donc l'état d'un corps au point de vue de la chaleur ; elle n'est caractérisée nettement que par le volume qu'occupe le corps et qui peut augmenter ou diminuer si la chaleur elle-même augmente ou diminue.

185. Thermomètres. — Choix du corps thermométrique.

— Le *thermomètre* est un instrument qui sert à évaluer les températures par les changements de volume qu'éprouve un corps convenablement choisi. On a recours aux liquides, et particulièrement au mercure et à l'alcool, pour les thermomètres usuels. Voici les raisons de ce choix. Les variations de longueur ou de volume des solides sont très promptes, mais très faibles. Malgré cela, on pourrait employer les solides comme corps thermométriques s'ils reprenaient toujours le même volume quand on les ramène à la même température ; mais il n'en est pas absolument ainsi, et les thermomètres que fournissent les solides ne sont pas toujours comparables à eux-mêmes.

Les gaz se dilatent beaucoup ; leur grande dilatation permet de négliger l'influence due à la variation de volume de l'enveloppe qui les renferme. Mais leur changement de volume peut tenir aussi bien à un changement dans leur pression qu'au plus ou moins de chaleur qu'ils ont pu recevoir. Il faut donc laisser le thermomètre à gaz aux physiciens qui savent le manier et dégager de ses variations celles qui sont dues à la chaleur seule ; il vaut mieux s'en tenir aux liquides pour les appareils communs.

Le mercure peut être obtenu très pur et identique à lui-même, sa dilatation est suffisamment régulière et, si elle est faible, on obvie à l'inconvénient en donnant à l'appareil thermométrique une forme convenable et on obtient un instrument suffisamment sensible et suffisamment exact.

186. Construction du thermomètre à mercure. — Pour construire un thermomètre à mercure, on choisit un tube capillaire de cristal dont la capacité intérieure soit bien cylindrique (fig. 130). Pour s'assurer si cette condition est réalisée, on y introduit une colonne de mercure de quelques centimètres et on déplace cette colonne en inclinant le tube de manière à lui en faire occuper toutes les parties; on mesure chaque fois la longueur de la colonne et, si l'on trouve le même nombre, c'est que le tube est bien calibré. On souffle à l'une des extrémités du tube un réservoir cylindrique ou sphérique, à l'autre extrémité une ampoule.

Fig. 130.

Le *remplissage* présente quelques difficultés à cause de la finesse du tube. On commence par chauffer avec une lampe à alcool le réservoir et l'ampoule; l'air qui s'y trouve se dilate et sort en partie. On plonge l'extrémité effilée dans du mercure pur et un peu chaud. L'air se refroidit, il se contracte et la pression atmosphérique fait monter le mercure dans l'ampoule; quand celle-ci est presque pleine, on redresse le tube et une certaine quantité de mercure descend dans le réservoir. On chauffe alors légèrement le réservoir: l'air qu'il contient encore se dilate, soulève le mercure de l'ampoule et s'échappe. Si on laisse refroidir l'appareil, une nouvelle quantité de mercure descend de l'ampoule dans le réservoir. Celui-ci peut être rempli aux trois quarts après quelques opérations analogues à la précédente.

Pour chasser les dernières bulles d'air, on dispose le thermomètre sur une grille inclinée (fig. 131), et on l'entoure de charbons allumés. Le mer-

Fig. 131.

cure bout, les vapeurs qui se forment dans le réservoir peuvent gagner l'ampoule sans se refroidir; elles entraînent avec elles l'air qui reste. Après quelques minutes d'ébullition, on redresse le tube, l'appareil se refroidit et le mercure le remplit complètement. On s'assure qu'il ne reste plus trace de bulle d'air à la jonction du tube et du réservoir; s'il en était autrement, il faudrait recommencer l'ébullition.

On laisse refroidir le tube, puis on vide le contenu de l'ampoule. On place alors le thermomètre dans un mélange réfrigérant avec un thermomètre déjà gradué. Si la colonne de l'appareil en fabrication reste trop haut dans le tube, c'est que celui-ci contient trop de liquide; il faut en chasser une partie. Pour cela on chauffe le réservoir jusqu'à ce qu'un peu de mercure arrive dans l'ampoule; on cesse de chauffer; on retourne le tube l'ampoule en bas et on fait sortir le liquide qu'elle contient. On répète cette dernière opération, s'il est nécessaire, jusqu'à ce que la quantité de liquide restée dans le tube soit convenable et qu'elle ne rentre pas entièrement dans le réservoir quand l'appareil sera soumis à la température la plus basse qu'on veut lui faire marquer.

Quand la course est ainsi réglée, on ferme le tube à la lampe; mais au moment de le fermer, on chauffe le réservoir pour que la colonne arrive presque jusqu'en haut et qu'il ne reste que très peu d'air dans le tube.

187. Remplissage du thermomètre à alcool.

— Le *thermomètre à alcool* remplace souvent le thermomètre à mercure dans les observations usuelles. Pour le faire, on prend un tube cylindrique avec un réservoir à sa partie inférieure et un entonnoir à l'autre extrémité. On verse dans l'entonnoir de l'alcool coloré en rouge par de l'orseille. On chauffe légèrement le réservoir; l'air qu'il contient se dilate, sort en partie et, quand on laisse refroidir le tube, une petite quantité d'alcool descend dans le réservoir. On chauffe alors celui-ci de manière à vaporiser l'alcool qu'il contient; et si, après quelques instants d'ébullition, on cesse de chauffer, l'alcool de l'entonnoir va remplir tout le réservoir; il ne reste qu'une petite bulle d'air à la partie inférieure du tube capillaire.

Pour chasser cette bulle d'air on attache le thermomètre, en dessous de l'entonnoir, à l'une des extrémités d'une ficelle dont on tient l'autre à main, et l'on fait rapidement tourner l'appareil d'un mouvement de fronde; l'alcool plus lourd que l'air est chassé vers le réservoir, tandis que l'air vient vers l'entonnoir et sort du tube.

On règle la quantité de liquide à laisser dans le thermomètre et on ferme son extrémité à la lampe.

188. Graduation du thermomètre.

— Quand un thermomètre est mis en contact avec un corps, ou bien la longueur de la colonne ne change pas et on dit que le thermomètre et le corps ont la même température, ou bien le thermomètre monte ou descend avant que le niveau du liquide de sa tige devienne invariable. Dans les deux cas, si la tige porte une graduation, la division vis-à-vis de laquelle s'arrête la colonne exprime la température du corps.

On peut donc arriver à représenter la température d'un corps par le chiffre de la graduation où s'arrête le liquide d'un thermomètre, une fois que le contact a eu lieu.

Mais pour que les thermomètres placés dans les mêmes circonstances donnent les mêmes indications, pour qu'ils soient comparables, il faut des règles fixes pour la graduation.

On a choisi deux températures fixes, faciles à reproduire, toujours les mêmes partout : celle de la glace fondante, celle de l'eau bouillante sous la pression de 760 millimètres

L'échelle centigrade marque *zéro* à la première, *cent* à la seconde. L'intervalle est de 100 divisions appelées *degrés*. Le degré centigrade est donc la variation de température nécessaire pour faire éprouver à une certaine masse de mercure la centième partie de la dilatation que subit cette masse en passant de la température de la glace fondante jusqu'à celle de l'eau bouillante, sous la pression de 760 millimètres.

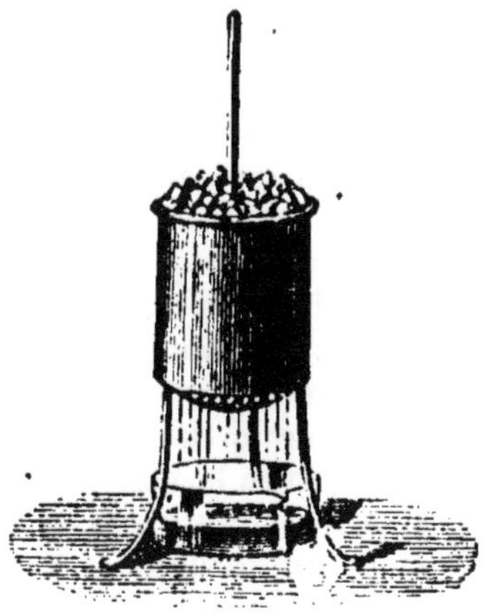

Fig. 132

189. Détermination des points fixes. — 1° Le point zéro. — Pour marquer la position du point zéro, on plonge le thermomètre dans de la glace grossièrement concassée et contenue dans un vase percé de trous, pour que l'eau provenant de la fusion puisse s'écouler librement (fig. 132). Au bout de quelque temps le niveau du mercure reste invariable ; on fait une petite marque à la cire ou avec un diamant sur la tige, au point où s'est arrêtée la colonne.

2° Le point 100. — Pour marquer le point supérieur, on place le thermomètre dans un cylindre de laiton, représenté par la figure 133. C'est un vase dont la partie inférieure contient de l'eau distillée ; il est surmonté de deux manchons concentriques communiquant l'un à l'autre par le haut ; le manchon extérieur ouvre à l'air par un large tube. Le thermomètre est placé de manière que son réservoir approche du niveau de l'eau sans y plonger.

Fig. 133.

On place l'appareil sur un foyer; quand l'eau bout, la vapeur monte dans le premier manchon où elle enveloppe le thermomètre; elle redescend dans le second pour sortir à l'extérieur; cette seconde enveloppe de vapeur empêche que la première se refroidisse, de sorte qu'au bout de peu de temps le thermomètre est dans une enceinte à température constante. Quand la colonne de liquide du thermomètre est devenue stationnaire, on marque sur le tube le point où elle s'est arrêtée. C'est le point 100 de la graduation, si la pression barométrique du moment est 760 millimètres.

Pour achever l'appareil, il faut partager en 100 divisions égales l'intervalle compris entre le zéro et le 100, marquer ces divisions et en porter d'égales au-dessus de 100 et au-dessous du zéro. Ces divisions peuvent être marquées sur une planchette où l'on a d'abord fixé le thermomètre; mais dans les appareils de précision, elles sont marquées sur le tube lui-même. A cet effet on recouvre le tube d'un vernis; avec la machine à diviser, on trace les divisions en enlevant le vernis, puis on passe sur le tube une dissolution d'acide fluorhydrique qui attaque le verre suivant les traits où il est mis à nu. On lave le tube, on enlève le vernis, et l'appareil est gradué sur tige.

Si le baromètre ne marquait pas 760 millimètres au moment où l'on a déterminé la position du point fixe supérieur, ce point ne représenterait pas exactement 100 degrés; alors une correction serait nécessaire. L'erreur est de 1 degré pour 27 millimètres de variation de pression, de sorte que si le baromètre ne marquait que 733 millimètres, c'est 99 degrés qu'il faudrait marquer et non 100 au point où le mercure se serait arrêté dans la vapeur d'eau, et il faudrait alors diviser l'intervalle des deux points fixes en 99 parties égales.

Tel est le thermomètre; quand on s'en sert pour déterminer la température d'un corps, on lit le chiffre vis-à-vis duquel s'arrête la colonne de mercure. Si c'est en dessous du zéro, on désigne la température en faisant précéder le chiffre qui l'exprime du signe — ou en le faisant suivre des mots *au-dessous de zéro*. Dans l'écriture, les degrés s'indiquent par un petit o placé en exposant : c'est ainsi qu'on écrit 20° (vingt degrés), — 15° (moins quinze degrés ou 15 degrés au-dessous de zéro).

190. Graduation du thermomètre à alcool. — Pour le thermomètre à alcool, on peut bien, comme pour le précédent, déterminer le point zéro; mais on ne peut songer à prendre le même point supérieur puisque l'alcool bout à 78°. Alors on détermine un point supérieur au zéro par comparaison avec un thermomètre à mercure déjà gradué. On place dans un vase d'eau le thermomètre à alcool que l'on veut graduer, avec un bon thermomètre à mercure; on chauffe progressivement l'eau, et à un moment, en modérant la source de chaleur, on maintient la température constante, soit par exemple à 40° du thermomètre à mercure. On marque un point sur la tige du thermomètre à alcool vis-à-vis l'extrémité de sa colonne liquide : c'est le point 40 dans notre exemple. On divise en 40 parties égales la distance de ce point au point zéro et on prolonge la graduation en dessus et en dessous.

101. Comparabilité des thermomètres. — Il est intéressant de savoir si les différents thermomètres à mercure sont comparables entre eux, c'est-à-dire si placés dans un même bain ou une même enceinte ils indiquent le même degré. Il en est évidemment ainsi pour les deux points fixes 0 et 100°; et il en serait de même pour toute la graduation si tous les appareils étaient faits du même verre. Regnault a montré qu'entre 0 et 100 les différences sont trop petites pour être appréciables; mais qu'elles le deviennent au-dessus de 100°. Aussi il a conseillé de graduer les thermomètres à mercure par comparaison avec un thermomètre à air pour les températures élevées.

Les différents thermomètres à alcool ne sont point parfaitement comparables et, si l'on en voulait un de précision, il faudrait déterminer par comparaison avec un thermomètre à mercure un grand nombre de points, de dix en dix degrés par exemple, pour tracer une échelle exacte.

102. Diverses échelles thermométriques. — La graduation centigrade que nous venons d'indiquer est la plus employée. Avant elle, on s'est servi de la *graduation Réaumur* dans laquelle le point zéro est le même, mais où l'on marquait 80 dans la vapeur d'eau bouillante; elle n'est plus en usage.

Dans les pays de langue anglaise on emploie un mode de graduation dû à Fahrenheit : on marque 32° dans la glace fondante, 212 dans la vapeur d'eau bouillante; l'intervalle des deux points fixes est donc de

212 — 32 ou 180 degrés.

Un degré Fahrenheit représente donc les $\frac{100}{180}$ ou les $\frac{5}{9}$ d'un degré centigrade.

Il est utile de savoir transformer en degrés centigrades un nombre quelconque de degrés Fahrenheit, et réciproquement. C'est un calcul facile dont voici un exemple : *Soit à chercher quel degré centigrade correspond à 104° Fahrenheit.*

Si l'on jette les yeux sur les deux lignes de la fig. 134, qui représente

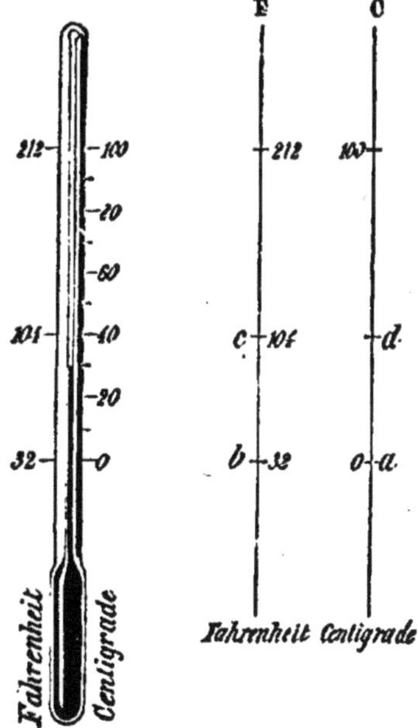

Fig. 134.

les deux graduations, on verra qu'il faut chercher le nombre de degrés de l'espace *ad* correspondant au nombre de degrés de l'espace *bc*. Or de *b* en *c* il y a

$$104 - 32 \quad \text{ou} \quad 72 \text{ divisions.}$$

Chaque degré Fahrenheit valant $\dfrac{5}{9}$ de degré centigrade, on aura

le nombre de degrés cherché en multipliant 72 par $\dfrac{5}{9}$.

$$\frac{72 \times 5}{9} = 40°.$$

La réponse est 40° centigrades.

On résoudrait d'une manière analogue les trois autres questions qui peuvent être posées sur cette transformation.

103. Pyromètres. — On ne peut employer le thermomètre à mercure que de — 30° à + 350, car le mercure se congèle à — 40° et bout à + 360°. Pour les températures basses, on se sert avec avantage du thermomètre à alcool, car on n'a pu solidifier ce liquide qu'à 130° au-dessous de 0°. Mais pour les températures élevées, il faut avoir recours à d'autres instruments qui portent le nom de *pyromètres*.

L'un d'eux, celui de Brongniart, consiste en une barre métallique plongée dans le four dont on cherche la température ; l'extrémité de la barre qui sort du four appuie contre un levier coudé dont la disposition est celle du pyromètre à cadran décrit ci-devant.

Dans l'industrie des terres cuites, on emploie le pyromètre de Wegwood qui est fondé sur le retrait qu'éprouve l'argile quand on la chauffe. On découpe avec un moule de petits cylindres d'argile. On en introduit un dans le four ; au bout de quelque temps on le retire, et on mesure le retrait qu'il a subi en l'introduisant entre deux barres métalliques qui font entre elles un petit angle. On a gradué les barres métalliques et on estime la température par le point où le cylindre d'argile s'arrête entre elles.

Les nombres ainsi obtenus ne donnent la température qu'approximativement.

Dans les expériences de physique on se sert du thermomètre à air que nous décrirons plus loin.

104. Thermomètres à maxima et à minima. — On a besoin dans plusieurs circonstances de connaître la valeur du maximum et du minimum de la température dans un lieu donné et dans un intervalle de temps connu. On se sert à cet effet de thermomètres qui indiquent d'eux-mêmes la température la plus haute ou la plus basse à laquelle ils ont été portés ; on les appelle **thermomètres à maxima ou à minima**, suivant qu'ils marquent l'une ou l'autre des températures extrêmes. Leurs formes sont très variées, nous ne décrirons que les plus commodes.

Le *thermomètre à maxima de Negretti* est à mercure ; la tige a été légèrement recourbée et rétrécie près du ré-

Fig. 135.

servoir (fig. 135) ; on le remplit comme un thermomètre ordinaire. Pour l'observation, on le pose horizontalement, et la température la plus élevée à laquelle l'instrument a été soumis entre deux observations est marquée par l'extrémité de la colonne de mercure, à l'opposé du réservoir Après une observation, on le tient un moment verticalement, on lui donne de petits chocs et on le remet en place. Voici comment il fonctionne. Quand le mercure se dilate sous l'influence d'une température qui s'élève, il passe dans la tige malgré le rétrécissement et s'avance plus ou moins. Mais si la température vient ensuite à baisser, que le mercure se contracte, celui qui est dans la tige au delà du rétrécissement ne peut rentrer dans le réservoir; il reste dans la tige Si un instant après la température monte plus haut qu'elle n'ait encore été, le mercure du réservoir en se dilatant pousse dans la tige une nouvelle quantité de liquide qui y reste et qui indiquera la température la plus élevée à laquelle a été porté l'appareil. Ce thermomètre fonctionne très bien, mais à la condition que le rétrécissement ne soit ni trop large ni trop étroit; trop large il laisserait rentrer le liquide dans le réservoir pendant le refroidissement, trop étroit il ferait obstacle en partie à la dilatation et à l'augmentation de la colonne.

Le *minima* le plus employé est celui de Rutherford (fig. 136). C'est un thermomètre à alcool qui contient dans le liquide un petit

Fig 136.

index d'émail ou de verre, assez fin pour glisser librement dans le tube. Pour le mettre en place, on incline d'abord le tube de manière que l'index noyé dans le liquide vienne au contact de l'extrémité de la colonne; puis on le place horizontalement dans l'endroit où il doit être observé Quand la température s'élève, l'alcool se dilate, passe librement autour de l'index qui reste en place. Quand au contraire la température s'abaisse, l'extrémité de la colonne liquide presse sur l'index et le fait rétrograder vers le réservoir. La température la plus basse à laquelle l'instrument a été soumis est indiquée par l'extrémité de l'index la plus éloignée du réservoir. Après une observation, on remet le thermomètre en place après l'avoir incliné de manière à faire de nouveau glisser l'index jusqu'à l'extrémité de la colonne.

Le *thermomètre de Six et Bellani* porte sur la même planchette et en un seul tube un thermomètre maxima et un minima. La figure 137 en indique la forme; le réservoir et une partie du tube sont pleins d'alcool; la portion repliée en U contient du mercure et deux index en émail garnis chacun d'un fil de fer qui les fait tenir en n'importe quel point du tube où ils ont été portés Quand la température augmente, l'alcool du réservoir se dilate, il presse sur la colonne de mercure qui baisse dans l'une des tiges A pour monter dans l'autre tige B; le liquide dans cette dernière pousse devant lui son index qui reste au point le plus élevé où il a été porté Quand au contraire la température s'abaisse, l'alcool du réservoir se contracte; la colonne de mercure descend en B et monte dans la tige A où elle pousse devant elle son index qu'elle laissera au point le plus élevé où elle l'aura porté. Alors, l'appareil étant gradué pour que les deux extrémités de la colonne de mercure marquent la même température, on lit la température la plus élevée à l'extrémité inférieure de l'index de B et la température la plus basse à l'extrémité inférieure de l'index de la tige A. On a ainsi les deux nombres à côté l'un de l'autre.

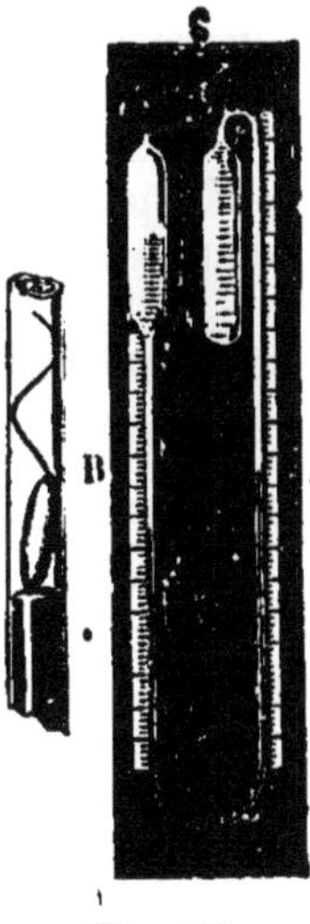

Après une observation, pour remettre l'instrument en marche, il faut ramener les deux index à appuyer sur la surface du mercure, c'est ce qui se fait facilement à l'aide d'un petit aimant que l'on promène sur chacun des tubes; les index sont conduits par cet aimant.

Fig 137.

Exercices.

68. Que marque un thermomètre Fahrenheit, quand le thermomètre centigrade marque 1° 40°; 2° 15°?

69. Que marque un thermomètre centigrade quand un Fahrenheit marque 1° 104°; 2° 5°?

70. A quel degré de l'échelle centigrade correspond le zéro de l'échelle Fahrenheit?

71. A quelle température le thermomètre centigrade et le thermomètre Fahrenheit marquent-ils le même nombre?

CHAPITRE XXV

DILATATION DES CORPS SOLIDES

105. Dilatation linéaire et dilatation cubique. — Un solide dont on élève la température se dilate dans tous les sens à la fois; il garde après son échauffement un volume semblable à celui qu'il avait.

Il y a lieu de considérer dans les solides la **dilatation linéaire** ou l'accroissement d'une barre ou d'une tige dans le sens de sa longueur, et la **dilatation cubique** ou l'accroissement du volume total entre deux températures. Ces deux quantités sont liées l'une à l'autre par une relation simple qu'il importe de connaître et que l'on énonce ainsi :

La dilatation cubique d'un corps homogène est exprimée par le triple du nombre qui exprime la dilatation linéaire.

Appelons l l'augmentation de l'unité de longueur pour 1°.

    — k —   —   —   de volume pour 1°,

et supposons que nous prenons à 0° une tige de 1 mètre et un volume d'un mètre cube.

A 1° la tige sera devenue $1^m + l$.

Il en sera de même de chacune des dimensions du cube; le volume du cube à 1° sera donc :

$$(1 + l)^3 \qquad \text{ou} \qquad 1 + 3l + 3l^2 + l^3.$$

L'augmentation k de l'unité du volume pour 1° est donc :

$$k = 3l + 3l^2 + l^3.$$

Mais l'expérience apprend, dans le pyromètre à cadran par exemple, que (l) l'augmentation de longueur est très faible, et que pour le fer $l = 0^m,000012$; l^2 est un nombre de la forme $0,000000000144$; dans ces conditions, $3l^2$ et aussi à plus forte raison l^3, sont des quantités très petites et négligeables. Il reste donc pour l'augmentation du volume *trois fois* le nombre qui exprime l'augmentation linéaire.

Ce résultat est intéressant parce qu'il permet de chercher soit la dilatation linéaire, soit la dilatation cubique et de choisir celle que l'on peut déterminer le plus commodément. Pour les métaux, c'est habituellement la dilatation linéaire que l'on cherche expérimentalement.

196. Recherche de la dilatation linéaire. — La dilatation linéaire des principaux corps solides a été étudiée par Lavoisier et Laplace; et les résultats qu'ils ont trouvés sont encore ceux qui nous servent aujourd'hui.

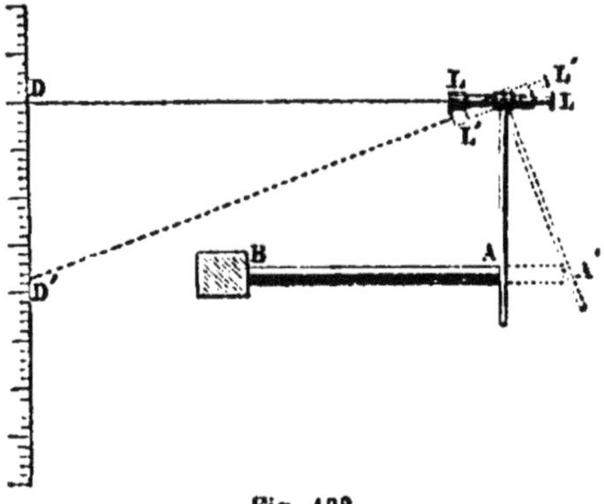

Fig. 138.

Le principe de l'appareil employé par ces deux savants est le même que celui du pyromètre à cadran. Une barre AB, posée horizontalement dans une cuve où elle pourra être chauffée, est fixée par une de ses extrémités contre un arrêt fixe (fig. 138); l'autre extrémité, libre pour l'allongement, vient appuyer contre une barre AO mobile autour d'un axe horizontal et commandant une lunette à l'aide de laquelle on peut viser sur une échelle verticale graduée placée à une grande distance.

La barre AB étant d'abord dans de la glace fondante, à 0°, la lunette est horizontale et vise le point D; on chauffe le liquide qui enveloppe la barre, celle-ci s'allonge, pousse le levier AO en A'O; la lunette s'incline alors en L'L' et elle vise sur la règle verticale un second point D'.

On voit immédiatement que l'allongement subi par la barre de A en A' peut être tiré de la comparaison des deux triangles semblables DD'O et AA'O dans lesquels on veut écrire :

$$\frac{AA'}{DD'} \quad \frac{AO}{OD}$$

ou

$$AA' = DD' \times \frac{AO}{OD}.$$

Mais $\frac{AO}{OD}$ est un nombre constant que l'on connaîtra une fois pour toutes en mesurant AO et la distance de la règle verticale au point O. On aura donc les éléments du calcul des dilatations subies par la règle aux différentes températures des observations en lisant sur la règle verticale graduée du haut en bas le nombre visé par la lunette.

197. Coefficient de dilatation. — Voici les principaux résultats qui ressortent de nombreuses expériences : Entre 0 et 100° l'allongement produit sur une barre par la chaleur est sensiblement proportionnel à la température; en d'autres termes l'allongement est le même pour chaque degré; il est double pour deux degrés, triple pour trois, etc. Il s'ensuit que si l'on connaît une fois, pour une barre d'un métal donné, l'allongement pour 1°, on pourra calculer l'allongement pour un nombre quelconque de degrés, inférieur à 100.

Ce nombre, qui exprime l'*allongement de l'unité de longueur pour 1°*, s'appelle le *coefficient de dilatation linéaire.*

Pour le fer, ce coefficient est 0m,000012.

Une barre de fer de 1 mètre s'allongera donc de douze millièmes de millimètre pour 1°;

L'allongement pour 10°, 20°, 60°, sera 10 fois, 20 fois, 60 fois $0^{mm},012$;

L'allongement pour une barre de 30 mètres, chauffée de 20°, sera :

$$30 \times 20 \times 0^{mm},012 = 7^{mm},2.$$

Il est donc facile de calculer la longueur qu'a prise une barre chauffée d'une température à une autre, si l'on connaît le coefficient de dilatation. Mais il y a une méthode plus susceptible de généralisation que celle qui cherche d'abord l'allongement pour l'ajouter à la longueur primitive de la barre.

Soient l_0 la longueur de la barre à 0°,
      k le coefficient,
      t le nombre de degrés,
      l_t la longueur cherchée.

Si à 0° la longueur est 1^m,
    à 1°, elle devient $1 + k$,
    à $t°$ — $1 + k \times t$.

Et si au lieu d'être 1 mètre, la longueur est l_0 mètres, la longueur obtenue sera :

$$l_t = l_0 (1 + kt).$$

Cette quantité $1 + kt$, c'est-à-dire *l'unité plus autant de fois le coefficient qu'il y a de degrés*, s'appelle le *binôme de dilatation*.

On conclut de la formule précédente, que pour passer de la longueur à 0° à la longueur à $t°$, il faut multiplier la longueur à 0° par le binôme pour $t°$.

Inversement, si la longueur à $t°$ est donnée, et qu'on demande la longueur à 0°, il faudra diviser par le binôme de dilatation

$$l_0 = \frac{l_t}{1 + kt}.$$

Ces deux formules permettent de résoudre les divers problèmes concernant les changements de longueur des tiges par la chaleur.

Variation du volume. — Puisque la dilatation cubique est exprimée par un nombre triple de la dilatation linéaire, si k est l'augmentation de l'unité de longueur pour 1°, $3k$ représentera l'augmentation de l'unité de volume pour 1°; ce sera le *coefficient de dilatation cubique*.

Si donc on donne le volume à zéro V_0 d'un solide, k son coefficient de dilatation linéaire, et qu'on demande son volume V_t à la température $t°$, un raisonnement analogue au précédent donnera les deux formules :

$$V_t = V_0 (1 + 3kt) \qquad \text{et} \qquad V_0 = \frac{V_t}{1 + 3kt}.$$

Ou bien si K représente le coefficient de la dilatation cubique,

$$V_t = V_o (1 + Kt) \quad \text{et} \quad V_o = \frac{V_t}{1 + Kt}.$$

Variation de la densité. — Si un corps augmente de volume par l'action de la chaleur, comme il n'augmente pas de poids, il ne peut pas garder la même densité. Si P est son poids, V_o et D_o son volume et sa densité à 0°; V_t et D son volume et sa densité à la température t; $V_{t'}$ et D' le volume et la densité à t'°, on pourra écrire :

$$P = V_o D_o = V_t D = V_{t'} D'.$$

Et comme

$$V_t = V_o (1 + Kt),$$

$$V_{t'} = V_o (1 + Kt'),$$

on écrira :

$$P = V_o (1 + Kt) D = V_o (1 + Kt') D'.$$

Et en égalant les deux dernières parties,

$$\frac{D}{D'} = \frac{1 + Kt'}{1 + Kt}.$$

On peut donc en conclure que la densité d'un corps chauffé varie en raison inverse du binôme de dilatation.

108. Tableau de quelques coefficients de dilatation linéaire. — Les coefficients de dilatation varient d'un corps à un autre; et pour une même substance ils dépendent de l'état physique. Nous donnons dans le tableau ci-dessous ceux des substances les plus employées; les coefficients y sont exprimés en fractions de millimètre.

Fer en tiges ou lames. . . .	de	0,0116 à	0,0123
Acier.	de	0,0107 à	0,0119
— trempé.	de	0,0123 à	0,0137
Argent.			0,0191
Cuivre jaune.			0,0188
— rouge.			0,0172
Fer en fils.			0,0144
Or.			0,0147
Platine.			0,0088
Plomb			0,0287
Verre en tubes.			0,0090
Zinc.			0,0295

109. Applications de la dilatation des solides. — La dilatation des corps solides est un phénomène dont il faut toujours tenir compte lorsqu'on fixe des pièces métalliques l'une à l'autre ou des métaux à d'autres substances. C'est ainsi que dans un chemin de fer il faut laisser de petits espaces libres entre les rails pour leur permettre de se dilater; sans cette précaution, les rails pourraient éprouver, par suite des variations de température, des flexions qu'il faut éviter. Les lames de zinc employées pour les toitures ne doivent jamais être ni soudées ensemble, ni clouées par tous leurs côtés, sans quoi elles se déchireraient l'hiver et se gonfleraient et se plisseraient l'été. On ne les fixe habituellement que d'un côté et on les agrafe les unes aux autres par les replis de leurs bords. Les tuyaux en fonte qui servent à retenir les eaux ou à distribuer le gaz entrent à frottement doux l'un dans l'autre par leurs extrémités, et lors même qu'ils sont réunis par un mastic ils peuvent se dilater sans se déformer.

Comme les corps solides ne sont presque pas compressibles, il faudrait leur opposer une force énorme si on voulait empêcher leur dilatation par la chaleur. Inversement, si on fixe à deux corps de grande masse une barre métallique chauffée et qu'on la laisse refroidir, la force de contraction sera assez grande pour déplacer les supports. Un exemple numérique va faire comprendre la grandeur de cette force. Une barre de fer d'un centimètre carré de section doit être chargée d'environ 2,000 kilogrammes pour s'allonger d'un millimètre par mètre. Pour lui donner ce même allongement par la chaleur, il suffit de la chauffer à 83°. Si donc elle est posée entre des obstacles absolument fixes qui l'obligent à garder sa longueur primitive, elle exercera sur ces obstacles, si on la chauffe, une pression de 2,000 kilogrammes. Si au contraire elle a été fixée chaude, elle produira en se refroidissant une traction égale.

Cette force de contraction a pu être employée pour redresser les murs d'une galerie. Elle est journellement mise à profit pour fixer une pièce de fer à une autre par encastrement ou par des rivets et pour cercler de fer les roues de voitures ; dans ce dernier cas, on pose à chaud le cercle qui doit réunir les pièces de bois composant la jante ; ce cercle se contracte en se refroidissant, il resserre toutes les parties de la roue et les consolide.

200. Pendule compensé. — Une application importante de la dilatation inégale des métaux, c'est la compensation du pendule des horloges. Quand la température s'élève, la tige des pendules s'allonge, la durée de l'oscillation devient plus grande et l'horloge retarde. Pour éviter cet inconvénient et obtenir que le pendule garde toujours la même durée d'oscillation, on a imaginé plu-

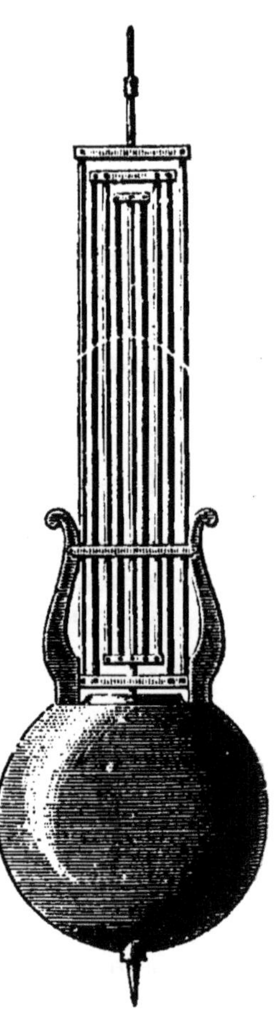

Fig 139.

sieurs sortes d'appareils; nous ne décrirons que le *pendule à gril* de Leroy (fig. 139). Il est formé d'une série de tiges en fer et en laiton. La première tige est en fer et suspend un cadre rectangulaire de même métal; un second rectangle à trois côtés, en laiton, appuie sur la base inférieure du premier; un troisième rectangle en fer à trois côtés est suspendu à la partie supérieure du second, et ainsi de suite jusqu'à la dernière tige qui supporte le corps lourd oscillant. On voit de suite que l'effet de la chaleur sur la première tige a pour effet d'abaisser la lentille du pendule, mais que l'effet sur la seconde est de la relever, et ainsi de suite pour les autres. Et on comprend qu'on puisse associer les verges métalliques de telle façon, que la lentille conserve la même distance au point de suspension, quelle que soit la température, et qu'alors le pendule aura toujours la même longueur.

Appelons a, a', a'' . . . . . les longueurs des tiges de fer successives
b, b', b'' . . . . . — — laiton

K le coefficient de dilatation du fer , K' le coefficient du cuivre; pour un échauffement de $t°$, l'allongement sera :

Pour le fer $(a + a' + a'' \ldots) Kt$
— le laiton $(b + b' + b'' \ldots) K't$.

Pour qu'il y ait compensation, il faut que ces deux allongements soient égaux; donc :

$$(a + a' + a'') Kt = (b + b' + b'' \ldots) K't$$

ou

$$\frac{a + a' + a'' + \ldots}{b + b' + b'' + \ldots} = \frac{K'}{K} .$$

Pour le fer, $K = 0,0000119$; pour le laiton, $K' = 0,0000188$, donc

$$\frac{K'}{K} = \frac{188}{119} \text{ ou environ } \frac{3}{2} .$$

Ce résultat indique que la longueur du laiton doit être sensiblement les $\frac{2}{3}$ de celle du fer, ce qui oblige à employer deux châssis en laiton et en tout neuf tiges.

201. Thermomètre métallique. — L'inégale dilatabilité des métaux a été mise à profit pour construire des thermomètres. Si on suppose que l'on place côte à côte deux barres de deux métaux différents qui aient à 0° la même longueur l_0 et qu'on les porte à une température t, la différence de longueur sera :

$$d = l_0 (1 + Kt) - l_0 (1 + K't)$$

ou

$$d = l_0 (K - K') t,$$

K et K' étant les coefficients de dilatation.

Si l'on mesure cette différence de longueur d, qu'on connaisse l_0 on pourra trouver la température t. C'est le procédé qu'on emploie pour déterminer la température des règles qui servent dans la géodésie à mesurer une base exacte sur le terrain.

Suppose-t-on soudées l'une à l'autre dans toute leur longueur deux barres métalliques inégalement dilatables, quand la température s'élèvera, la lame se courbera de manière que le métal le plus dilatable soit en dehors; et cette courbure pourra indiquer la température. Tel est le principe du thermomètre métallique de Bréguet où les deux métaux soudés forment un ruban étroit roulé en spirale, fixé à sa partie supérieure et portant une aiguille à son extrémité inférieure. A la moindre variation de température, la spirale se tord ou se détord, et l'aiguille se meut sur un cadran que l'on a gradué en comparant l'appareil avec un bon thermomètre à mercure.

Exercices.

72. Une barre de fer mesure 20 mètres à 10°. Quelle serait sa longueur à 0°; sa longueur à 80°? $K = 0,0000 12$. (Montrer que dans ce dernier calcul on peut employer la formule $l_0 = l_1 (1 + K (t' - t)$.

73. Un cube de laiton mesure 0,30 de côté à 0°. Quel sera son volume à 100°? Le coefficient linéaire du laiton est de 0,0000 188.

Trouver la densité à 100°, sachant que la densité à 0° est 8,8.

74. Un cube de laiton à 0° pèse 4 kilogrammes 5056; trouver son volume à 100° et son arête à cette température?

CHAPITRE XXVI

DILATATION DES LIQUIDES

202. Dilatation apparente et dilatation absolue. — Les liquides sont toujours contenus dans des vases; lors donc que l'on élève leur température, le vase qui les renferme se dilate en même temps que le liquide et dissimule en partie l'accroissement de volume du liquide. Il faut donc considérer la **dilatation absolue,** c'est-à-dire l'augmentation réelle du volume du liquide, et la **dilatation apparente,** ou la variation de son volume dans le vase qui le renferme. C'est cette dernière qui s'observe le plus facilement et que présentent les thermomètres. On peut d'ailleurs concevoir, à l'aide d'un exemple simple, ce qu'il faut entendre par dilatation apparente. On suppose un vase divisé en parties d'égale capacité; s'il contient un liquide jusqu'à la 120° division à 0°, et si à 100° il marque 130 divisions, l'augmentation apparente du volume 120 entre 0° et 100° est de 10, celle de l'unité de volume aurait été de $\frac{10}{120}$ ou $\frac{1}{12}$, et ce nombre représente bien la dilatation du liquide, évaluée sans qu'on lui ait ajouté celle du vase.

203. Relation entre les deux dilatations des liquides. — Les deux dilatations des liquides sont liées l'une à l'autre par une relation simple.

Appelons B la dilatation absolue de l'unité de volume d'un liquide chauffé de 0 à $t°$;

        d sa dilatation apparente
        c la dilatation de l'enveloppe.

Si on prend un volume 1 de liquide à 0°, il devient à $t°$

$$1 + B.$$

Un volume V passant de 0° à $t°$ devient

$$V (1 + B).$$

Ce liquide dilaté occupe dans le vase un volume V' évalué comme si lespivisions du vase étaient restées à 0°; mais chacune de ces divisions est devenue, à $t°$, $1 + c$; la capacité du vase réellement occupée par le liquide est donc :

$$V'(1 + c).$$

Le volume réel du contenant $V'(1 + c)$ égale le volume du contenu $V(1 + B)$,

$$V'(1 + c) = V(1 + B).$$

$$\frac{V'}{V} = \frac{1 + B}{1 + c}.$$

Le volume paraît avoir augmenté de $V' - V$ pour un volume V; l'augmentation apparente d pour l'unité de volume est

$$d = \frac{V' - V}{V},$$

d'où l'on tire :

$$\frac{V'}{V} = 1 + d.$$

En portant cette valeur dans l'équation précédente, il vient

$$\frac{V'}{V} = \frac{1 + B}{1 + c} = 1 + d$$

ou

$$1 + B = (1 + d)(1 + c)$$

et

$$B = d + c + dc.$$

Mais c est très petit et d aussi; leur produit est un nombre négligeable, on a donc

$$B = d + c.$$

C'est-à-dire que la *dilatation absolue* B *est égale à la dilatation apparente* d *augmentée de la dilatation de l'enveloppe.*

Si donc on connaît deux de ces quantités, on pourra déterminer la troisième. Comme le mercure sert dans les thermomètres, qu'il est d'un emploi fréquent dans nombre d'expériences précises de physique, il y a intérêt à déterminer exactement sa dilatation absolue, dont on se servira ensuite pour chercher la dilatation des enveloppes où on le renferme.

204. Recherche de la dilatation absolue du mercure. — La dilatation absolue du mercure a été déterminée par Dulong et Petit. Voici le principe de la méthode qu'ils ont suivie. Si l'on introduit du mercure dans deux tubes verticaux, de large section et reliés par un tube capillaire, les deux niveaux du liquide sont d'abord sur le même plan horizontal (fig. 140). Mais si l'on maintient l'une des colonnes à 0° et l'autre à une température $t°$ (100° par exemple), leurs hauteurs H_0 et H_{100}, au-dessus du tube capillaire horizontal DC, ne seront plus les mêmes; d'après la loi d'équilibre dans les vases communiquants, elles devront être inversement proportionnelles aux densités des deux liquides, l'un à 0° l'autre à 100°; et la variation de volume du vase n'altérera en rien le rapport de ces hauteurs.

Si donc D_0 et D représentent les densités des colonnes H_0 et H, on pourra écrire :

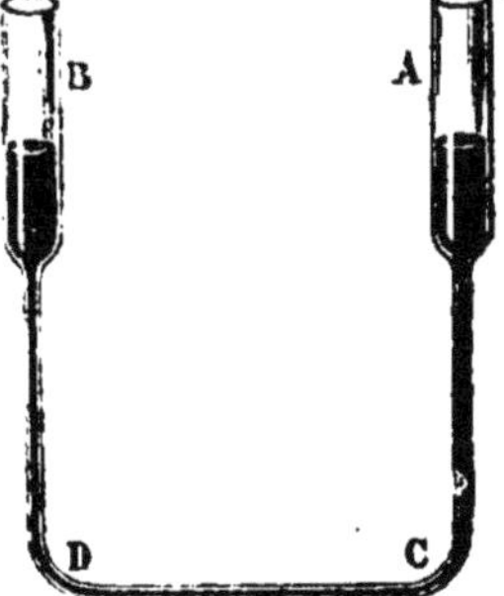

Fig. 140.

$$H_0 D_0 = HD.$$

Mais si l'on remarque que les densités varient en raison inverse du volume, qu'on appelle B la dilatation absolue de l'unité de volume de 0° à 100°, on écrira

$$V_0 D_0 = V_0 (1 + B) D$$

et

$$D_0 = D (1 + B).$$

En portant ces valeurs dans la première égalité, on aura

$$H_0 D (1 + B) = HD$$

$$H_0 + H_0 B = H,$$

d'où

$$B = \frac{H - H_0}{H_0}.$$

La dilatation absolue du mercure entre 0° et 100° s'obtiendra donc en divisant la différence de hauteur des deux colonnes par la longueur de la colonne à zéro degré.

Dulong et Petit avaient monté leur appareil avec soin ; l'un des tubes était dans un manchon rempli de glace ; l'autre dans un réservoir d'huile chauffée et dont des thermomètres exacts donnaient la température ; la mesure des hauteurs était faite au cathétomètre.

Ils ont trouvé le nombre $\frac{1}{55,5}$ pour la dilatation du mercure de 0° à 100° et comme ils avaient trouvé que le mercure se dilate proportionnellement à la température, ils ont indiqué le nombre $\frac{1}{5550}$ pour la dilatation absolue de l'unité de volume pour 1 degré ; tel est donc, d'après leurs observations, le *coefficient de dilatation du mercure* ; il exprime qu'une masse de ce liquide se dilate de la cinq mille cinq cent cinquantième partie de son volume pour 1° ; approximativement, 1 litre augmente de 0l,018 entre 0° et 100°.

Des expériences plus précises ont été reprises par Regnault ; il en résulte que le nombre précédent n'est réellement exact qu'entre 0° et 50° ; que de 50° à 100° la dilatation est un peu différente. Mais le nombre de Dulong est toujours employé pour les températures ordinaires.

205. Thermomètre à poids. — La connaissance de la dilatation absolue du mercure peut être utilisée pour trouver la dilatation absolue d'un autre liquide, ou pour trouver la température maxima à laquelle un appareil thermométrique à déversement a été porté. On se sert à cet effet du *thermomètre à poids*. Cet instrument se compose d'un réservoir cylindrique terminé par un tube fin deux fois recourbé dont la pointe ouverte aboutit dans une petite capsule que l'on suspend à l'instrument (fig. 141). On tare sur une bonne balance l'appareil vide ; puis on le remplit comme un thermomètre ordinaire. On le place dans de la glace fondante tout en laissant la pointe ouverte plongée dans une petite capsule contenant du mercure ; il se remplit ainsi complètement à la température de zéro. On vide la capsule et on la remet en place au-dessous de l'ouverture du tube. Si alors on reporte l'appareil sur la balance, on constate une augmentation de poids qui donne le poids P du mercure remplissant l'appareil. On porte le réservoir du thermomètre dans un bain ou dans une enceinte à la température t ; une partie du mercure se déverse dans la capsule ; on détermine le poids p de ce mercure et on a tous les éléments du calcul qui permettra de trouver le coefficient de l'enveloppe du thermomètre.

Fig. 141.

En effet, puisque l'appareil à 0° contient un poids P, son volume à 0° est

$$\frac{P}{D_0}.$$

Le poids du liquide resté dans l'appareil est

$$P - p.$$

Son volume à 0° serait

Son volume à t^o sera

$$\frac{P-p}{D_0}(1+\Delta t),$$

Δ étant le coefficient de dilatation absolue du mercure.

Mais, si K est le coefficient de l'enveloppe, puisque le volume du contenant est $\frac{P}{D_0}$ à 0°, il sera à t^o

$$\frac{P}{D_0}(1+Kt).$$

En écrivant que le volume du vase à t^o et le volume du liquide qui y est contenu sont égaux, il vient

$$\frac{P}{D_0}(1+Kt)=\frac{P-p}{D_0}(1+\Delta t).$$

D'où l'on tire

$$1+\Delta t=(1+Kt)\frac{P}{P-p} \qquad\qquad (1).$$

C'est une équation dans laquelle il y a, pour un liquide quelconque, trois inconnues, K, Δ et t.

Mais si l'on opère avec le mercure, on connaît $\Delta=\frac{1}{5550}$; si la température t a été prise égale à 100°, par exemple si l'enceinte où a été porté l'appareil est le vase qui sert à la détermination du point fixe du thermomètre, il ne reste que K d'inconnu.

On peut donc, par une expérience, déterminer le coefficient cubique du verre dont l'instrument est fait.

Si alors connaissant ce coefficient K pour un instrument donné, on remplit l'appareil d'un liquide, d'abord à 0°, puis qu'on chauffe à t^o, c'est-à-dire qu'on opère comme on a opéré pour le mercure, dans la formule précédente, en appelant Δ' le coefficient de dilatation absolue du liquide mis en expérience, on aura

$$1+\Delta't=(1+Kt)\frac{P}{P-p}$$

où il n'y a d'inconnu que Δ'.

L'appareil a été appelé *thermomètre*; c'est qu'on peut en effet l'employer à mesurer une température, celle à laquelle il a été porté et où il s'est écoulé un poids p de mercure.

Il vient en effet de la formule (1) en tirant t

$$(P-p)(1+\Delta t)=P(1+Kt),$$

$$P-p+P\Delta t-p\Delta t=P+PKt,$$

$$t(P\Delta-p\Delta-PK)=p,$$

$$t=\frac{p}{P\Delta-p\Delta-PK}\cdot$$

Cette formule suppose connus le coefficient de dilatation absolue du mercure et le coefficient cubique de l'enveloppe.

On peut arriver également à la mesure de la température avec cet appareil sans chercher ni connaître les nombres précédents. En effet, si p est le poids du mercure déversé quand l'appareil a été porté à 100° par exemple, puisque le volume du mercure restant dans le tube a un poids de $P-p$, le poids p représente la quantité dont s'est dilaté le poids $P-p$ et

$$\frac{p}{(P-p)100}$$

représente la dilatation de l'unité de volume pour 1° : autrement dit, c'est le coefficient de dilatation apparente du liquide (d), pour chaque degré entre 0 et 100°; donc

$$d = \frac{p}{(P - p)\,100}.$$

Pour la température $x°$, à laquelle il sort du tube un poids p' de mercure on aura de même

$$d = \frac{p'}{(P - p')\,x}$$

d'où l'on peut tirer x, si l'on connaît d.

En égalant les deux valeurs de d, il vient

d'où

$$\frac{p}{(P - p)\,100} = \frac{p'}{(P - p')\,x}$$

$$xp\,(P - p') = (P - p)\,p' \times 100,$$

$$x = \frac{(P - p)\,p'}{p\,(P - p')} \times 100.$$

Ainsi la connaissance du coefficient de dilatation apparente du mercure perme, de déterminer la température à laquelle a été porté le thermomètre à poids. C'est ainsi que Dulong et Petit opéraient pour avoir avec un instrument de ce genre la température du bain chauffant l'un des manchons de leur appareil que nous avons décrit ci-devant. Ils avaient trouvé pour la dilatation apparente du mercure le nombre $\frac{1}{6480}$.

206. Recherche de la dilatation absolue par le thermomètre à tige. — On peut également trouver la dilatation absolue d'un liquide avec un thermomètre à tige, pourvu qu'il soit gradué en parties d'égale capacité et qu'on connaisse le rapport entre la capacité du réservoir jusqu'au zéro de la graduation et la capacité d'une division.

Soit en effet un tel instrument, où v représente le volume d'une division et Nv la capacité du réservoir. On le remplit du liquide donné, on le plonge dans la glace fondante et on note le nombre n de divisions de la tige occupées par le liquide; le volume du liquide est

$$(N + n)\,v.$$

On porte l'appareil à $t°$; le liquide occupe alors dans la tige n' divisions, le volume apparent du liquide est

$$(N + n')\,v.$$

L'augmentation du volume est

$$(n' - n)\,v.$$

La dilatation apparente de l'unité de volume est donc

$$\frac{(n' - n)\,v}{(N + n)\,v}$$

ou

$$\frac{n' - n}{N + n}.$$

Si K est le coefficient cubique de l'enveloppe, Kt sera la dilatation de l'enveloppe pour l'unité de volume.

Et comme la dilatation absolue du liquide Δ' est la somme de la dilatation apparente et de la dilatation de l'enveloppe, on pourra écrire

$$\Delta' = \frac{n' - n}{N + n} + Kt.$$

Il faut déterminer K pour l'appareil employé. On recommencera une opération analogue avec le mercure dont Δ est connu, on aura

$$\Delta = \frac{n_2 - n_1}{N + n_1} + Kt,$$

équation d'où l'on tirera la valeur de K.

Une fois cette valeur connue pour un instrument, on pourra s'en servir pour déterminer par cette méthode le coefficient de dilatation d'un liquide quelconque. C'est ce qu'a fait M. I. Pierre à qui on doit la connaissance des coefficients de dilatation d'un grand nombre de liquides.

La dilatation des liquides autres que le mercure n'est pas proportionnelle à la température; de sorte que lorsqu'on indique leur coefficient de dilatation c'est le *coefficient moyen* entre deux températures déterminées.

207. Dilatation de l'eau.

— L'eau présente dans sa dilatation un phénomène tout particulier. Tandis qu'un liquide, comme le mercure ou l'alcool, diminue constamment de volume à mesure qu'il se refroidit, l'eau diminue bien de volume jusqu'à un certain point; mais à partir de ce point et bien qu'on la refroidisse davantage, elle augmente. Il y a donc une température à laquelle une quantité donnée d'eau a le plus petit volume; au-dessous comme au-dessus de cette température, le volume devient plus grand. Ainsi, que l'on observe bien un volume donné d'eau à partir de 0°, on le voit diminuer jusqu'à 4°, puis augmenter au-dessus de 4°, de telle sorte que vers 8° l'eau aura repris sensiblement le volume qu'elle avait à 0°.

L'expérience inverse n'est pas moins probante : si on prend un volume d'eau à 15°, qu'on le refroidisse lentement, on verra son volume diminuer jusqu'à 4°, puis à partir de 4° jusqu'à 0° le volume augmentera. Il y a donc pour l'eau vers 4° un minimum de volume ou un maximum de densité.

208. Maximum de densité de l'eau.

— L'existence du maximum de densité de l'eau est démontrée par l'expérience suivante due à Hope. On prend une éprouvette en verre remplie d'eau et dont deux thermomètres fixés l'un en haut, l'autre en bas, indiquent la température (fig. 142). L'éprouvette porte vers le milieu un manchon métallique dans lequel on met de la glace. L'eau est d'abord à la température ordinaire, et les deux thermomètres marquent le même degré. Mais on voit bientôt le thermomètre inférieur *t'* baisser, tandis que l'autre ne change pas; c'est que l'eau, refroidie par son contact avec la glace, a gagné le fond; elle est donc devenue plus lourde en se refroidissant. Le thermomètre *t'* marque bientôt 4° et il cesse de baisser. A partir de ce moment, c'est le thermomètre supérieur qui baisse, qui atteint 4° et qui descend même jusqu'à 0°. C'est donc

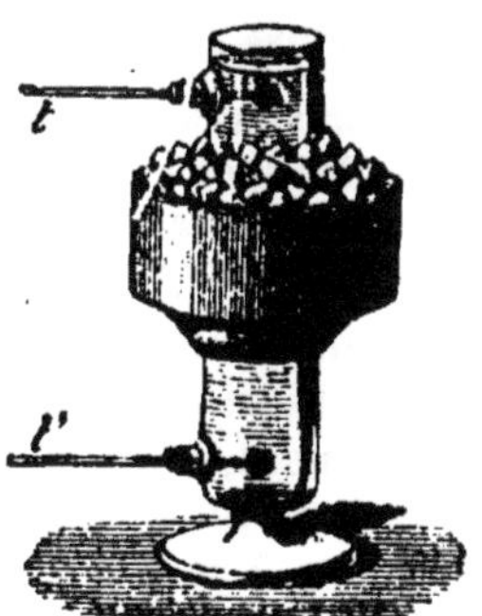

Fig. 142.

que l'eau refroidie à partir de 4° jusqu'à zéro a cessé de descendre et qu'elle est au contraire devenue plus légère.

L'eau est plus lourde à 4° qu'à toute autre température ; c'est alors qu'elle a son maximum de densité.

209. Recherche du maximum de densité de l'eau. — Il est très intéressant de connaître la température à laquelle l'eau a le plus petit volume, puisque c'est le poids d'un centimètre cube d'eau à son maximum de densité qui détermine l'unité de poids. Il semble au premier abord que la détermination de cette température est chose facile et simple ; mais, entre le moment où l'eau cesse de se contracter sensiblement et le moment où elle commence à se dilater d'une manière appréciable, il y a un intervalle où elle ne change pas de volume, et c'est ce qui rend délicate la recherche du maximum de densité.

La première méthode employée est celle de Lefebvre-Gineau qui fut chargé de déterminer l'étalon du kilogramme. Elle consistait à peser un cube métallique dans de l'eau pure à diverses températures ; c'est évidemment à l'instant où le poids du cube est le plus diminué que la température du maximum de densité est atteinte ; on trouva 4°4.

Plus tard, Despretz reprit la question en plongeant dans un même bain, dont il faisait varier la température depuis 0° jusqu'à 15°, un thermomètre à eau et un thermomètre à mercure ; il observait le volume occupé par l'eau aux diverses températures, et il conclut de ses recherches que le maximum de densité est à 4°.

Depuis que l'on connaît la loi de la dilatation des liquides, et celle de l'eau au-dessus de 4°, on trouve par le calcul le maximum cherché. Pour une température t quelconque, la dilatation d'un liquide est donnée par la formule

$$d = a + 2bt + 3ct^2,$$

a, b et c étant des coefficients que l'on détermine par expérience. Au moment où l'eau ne se dilate plus, $d = o$, il y a donc à résoudre l'équation

$$a + 2bt + ct^2 = o.$$

On trouve ainsi que t est égal à 4°.

L'existence du maximum de densité de l'eau explique comment l'eau des lacs et des rivières peut rester dans le fond à une température de 4°, même quand elle est congelée à la surface. L'hiver, quand l'air se refroidit et qu'il refroidit la surface de l'eau, celle-ci devenant plus lourde à mesure qu'elle se refroidit tombe au fond ; et il en est ainsi tant que toute la masse n'est pas à 4° ; mais à partir de ce moment, si le refroidissement continue, l'eau de la surface qui redevient plus légère ne tombe plus ; elle reste à la surface où elle continue à se refroidir et se congèle même ; et le fond reste à 4°, ce qui rend la vie possible à tous les animaux aquatiques.

210. Applications de la dilatation des liquides. — La variation de volume que subissent les liquides quand ils s'échauffent ou se refroidissent explique pourquoi, dans la mesure du volume des liquides, il faut toujours opérer à la même température ou noter la température à laquelle on opère si l'on veut obtenir des résultats comparables. Il est de toute évidence que, si on mesure 500 centimètres cubes de mercure à 10° ou à 40°, on n'aura pas dans les deux cas le même poids du liquide. Le premier volume ramené à 0° serait :

$$\frac{500}{1 + \lambda \times 10} = \frac{500 \times 5550}{5560};$$

le second :

$$\frac{500}{1 + 40\lambda} = \frac{500 \times 5550}{5590};$$

le premier poids 6787 grammes, et le second 6749 grammes.

Cet exemple suffit à montrer que l'on doit, de préférence, peser les liquides dont on veut prendre une quantité déterminée, plutôt que de les mesurer dans des vases gradués.

211. Correction barométrique. — La colonne de mercure du baromètre est, comme tous les liquides, soumise aux variations de la température, et si l'on a observé une même hauteur barométrique à deux températures différentes, par exemple la hauteur 760 millimètres à 10° et à 30°, on n'en peut pas conclure que la pression atmosphérique ait été la même dans les deux cas; en effet dans la seconde hauteur il y a une partie qui est due uniquement à la dilatation de la colonne de mercure. Il faut donc, pour rendre les hauteurs barométriques comparables, les ramener toutes, par une correction, à ce qu'elles seraient si la température était 0°.

Soit H la hauteur lue sur l'échelle à la température $t°$, chaque division de l'échelle, qui vaut 1 millimètre à 0°, vaut à $t°$ $(1 + kt)$, et la hauteur lue représente :

$$H(1 + kt) \text{ millimètres.}$$

D'autre part, puisque le mercure est à $t°$, sa densité est :

$$\frac{D_0}{1 + \Delta t}.$$

S'il était à 0°, il occuperait une hauteur H_0; et comme son poids doit être le même, il faut que l'on ait :

$$H_0 D_0 = H(1 + kt) \times \frac{D_0}{1 + \Delta t}$$

ou

$$H_0 = H \frac{1 + kt}{1 + \Delta t}.$$

k est le coefficient du solide dont est formée l'échelle, Δ celui du mercure, H est la hauteur lue, H_0 est la hauteur ramenée à 0° ou la hauteur corrigée, la seule qui doive toujours être employée.

Exercices.

75. On mesure, dans un vase de verre gradué, 250ᶜᶜ de mercure à 30°, trouver le poids du liquide. Coefficient du verre $\frac{1}{38700}$, du mercure $\frac{1}{5550}$, densité du mercure à 0° 13,59.

76. Quelle est la densité du mercure à 50°, à 100°, sachant que sa densité à 0° est 13,59 ?

77. Un vase de verre contient 1264 grammes de mercure à 25°, quelle est la capacité du vase à 0°?

78. Un thermomètre à poids contient à 0° un poids P de mercure égal à 1560 grammes ; on le porte à une certaine température et il sort de l'appareil un poids $p = 120$ grammes ; si le coefficient du verre est 0,000018, trouver la température à la laquelle a été porté l'instrument.

79. Dans un thermomètre à tige gradué en parties d'égale capacité, un liquide occupe n divisions; le réservoir équivaut à N. Quand l'appareil est porté à t°, le liquide s'arrête à la division n', exprimer le coefficient d du liquide, K étant celui de l'enveloppe.

Faire N $= 200$ $n = 10$ $n' = 50$ $t = 100$ K $= 0,000018$ et trouver d.

CHAPITRE XXVII

DILATATION DES GAZ

212. Dilatation des gaz. — Expériences de Gay-Lussac. — Les gaz se dilatent beaucoup plus que les liquides

Fig. 143.

par l'action de la chaleur. Mais leur augmentation de volume peut provenir aussi d'une diminution survenue dans leur pression. Il faut donc, pour connaître l'effet dû à la chaleur seule, chercher à mesurer la dilatation en tenant constante la pression.

Les premières expériences pour trouver le *coefficient de dilatation d'un gaz*, c'est-à-dire l'augmentation que subit l'unité de volume pour 1°, sont dues à Gay-Lussac. Il se servait d'un ballon terminé par un long tube de verre divisé en parties d'égale capacité (fig. 143). Le ballon était placé dans une étuve que l'on remplissait de glace ou d'eau et que l'on pouvait chauffer ; des thermomètres indiquaient la température de cette enceinte. On remplissait le ballon d'air sec, en gardant, dans le tube, un index de mercure pour emprisonner le volume d'air livré à l'expérience.

L'étuve était d'abord remplie de glace; on lisait alors le volume occupé par l'air du ballon. Puis on chauffait l'étuve à 100°; l'air du ballon se dilatait et poussait l'index dans le tube; quand, à cette température, l'index était devenu stationnaire, on lisait le nouveau volume occupé, et l'on avait les éléments du calcul pour trouver le coefficient cherché.

Le ballon était gradué, on connaissait sa capacité Nv jusqu'au 0 de la graduation de sa tige, et le volume v d'une division. Supposons que dans une expérience l'index s'arrête à la division n à 0° et à la division n' à 100°, les volumes lus dans ces deux cas seront :

$$V_0 = (N + n)v \qquad V_t = (N + n')v$$

Posons $\qquad V_0 = 200^{cc} \qquad V_t = 274^{cc}.$

Le volume V_t occupé par le gaz à 100° est réellement :

$$274\left(1 + \frac{100}{38700}\right) = 275 \quad \text{ou} \quad V_t(1 + kt),$$

$k = \dfrac{1}{38700}$ étant le coefficient de l'enveloppe.

La dilatation entre 0° et 100° du volume primitif 200^{cc} est de 75^{cc}; la dilatation pour 1° est 100 fois moindre, et la dilatation de l'unité de volume pour 1°, c'est-à-dire le coefficient, est

$$\frac{75}{200 \times 100} = 0{,}00375.$$

Pour généraliser, si on appelle α le coefficient de dilatation du gaz, le volume gazeux est à $t°$

$$V_0(1 + \alpha t).$$

Et comme le contenant et le contenu ont même volume,

$$V_0(1 + \alpha t) = V_t(1 + kt).$$

D'où

$$\alpha = \frac{V_t(1 + kt) - V_0}{V_0 t}.$$

On pouvait avoir ainsi le coefficient α du gaz. Mais il fallait opérer sur du gaz bien sec. Pour cela, Gay-Lussac remplissait d'abord le ballon et le tube de mercure, puis il faisait écouler le liquide peu à peu, et l'air ou le gaz qui allait le remplacer dans le ballon traversait un tube contenant du chlorure de calcium fondu avant de pénétrer dans l'appareil.

Gay-Lussac a formulé les résultats de ses expériences en deux lois qui portent son nom :

1° *Tous les gaz se dilatent de la même manière entre 0° et 100°* :

2° *Le coefficient de dilatation de l'air et des gaz est de 0,00375* c'est-à-dire qu'un litre de gaz augmente son volume de 3 centimètres cubes 75 pour chaque degré de température.

Des expériences plus précises de Regnault ont fait adopter le nombre 0,00367 pour le coefficient de dilatation des gaz.

213. Formules relatives à la dilatation des gaz.

— Les lois de Gay-Lussac permettent de déterminer le volume que prendra, à une température t, une masse gazeuse dont le volume à $0°$ est V_0. Il y a deux cas à considérer : celui où la pression est constante et celui où elle varie.

$1°$ *La pression est constante.* — L'unité de volume chauffée de $0°$ à $1°$ devient :

$$1 + \alpha.$$

De $0°$ à $t°$ elle devient :

$$1 + \alpha t.$$

Le volume V_0 devient donc à $t°$:

$$V_t = V_0 (1 + \alpha t).$$

Si l'on prend, pour valeur de α, $\dfrac{1}{273}$, on voit que pour la température de 273 degrés au-dessus de zéro, le volume sera le double de ce qu'il est à $0°$.

$$V_{273} = V_0 \left(1 + \frac{1}{273} 273 \right) \qquad \text{ou} \qquad V_{273} = 2 V_0.$$

$2°$ *La pression varie.* — Supposons que la pression ait été H_0, à $0°$, et qu'elle soit devenue H à $t°$; d'après la loi de Mariotte, le produit du volume par la pression est constant; donc un volume V_0 de gaz à $0°$ sous la pression H_0 prendrait, à la même température, sous la pression H, un volume V_1, tel que l'on ait :

$$V_0 H_0 = V_1 H.$$

Le volume V_1 chauffé de $0°$ à $t°$ deviendrait :

$$V = V_1 (1 + \alpha t).$$

En tirant la valeur de V_1 et en la portant dans l'équation précédente, il vient :

$$V_0 H_0 = \frac{VH}{1 + \alpha t}.$$

Telle est la formule qui permet de calculer le volume que prend un gaz à une température t et à une pression H, quand on connaît son volume à $0°$ et sous la pression H_0.

Si on voulait, en partant du volume V_0, trouver le volume V' que prendrait le gaz sous une pression H' à une température t', on écrirait de même :

$$V_0 H_0 = \frac{V'H'}{1 + \alpha t'};$$

en égalant les derniers membres des deux égalités, il vient :

$$\frac{V\Pi}{1+\alpha t} = \frac{V'\Pi'}{1+\alpha t'} \cdot$$

On peut également résoudre le problème inverse, c'est-à-dire prendre une masse gazeuse occupant un volume V sous la pression Π à la température t, et chercher son volume dans les *conditions normales*, c'est-à-dire à 0° et sous la pression de 760; on a alors :

$$V_0 \times 760 = \frac{V\Pi}{1+\alpha t} \cdot$$

D'où

$$V_0 = \frac{V\Pi}{(1+\alpha t)\,760} \qquad \text{ou} \qquad V \times \frac{\Pi}{760} \times \frac{1}{1+\alpha t} \cdot$$

Si p est le poids du litre de gaz à 0°, que le volume soit exprimé en litres, on aura, pour l'expression du poids :

$$P = V_0 p = V p \times \frac{\Pi}{760} \times \frac{1}{1+\alpha t} \cdot$$

Ces différentes formules permettent de résoudre tous les problèmes sur les variations du poids ou du volume des gaz.

Un volume de gaz, chauffé de 0° à 273°, devient *double* s'il est libre de se dilater, c'est-à-dire si la pression reste la même puisque le même poids du gaz occupe un volume double, sa densité n'est plus que la moitié de ce qu'elle était à 0°. Si on l'empêche de se dilater et si l'on veut qu'il conserve son volume primitif, il faudra que sa force élastique devienne égale à 2 atmosphères.

214. Expériences de Regnault. — La méthode de Gay-Lussac était sujette à quelques erreurs ; on pouvait craindre que les gaz ne fussent pas assez bien desséchés ; et en outre l'index de mercure qui devait faire, dans le tube du thermomètre à air, l'office de piston ne bouchait pas suffisamment bien le tube et pouvait laisser passer une petite quantité d'air. Pour lever les doutes sur l'exactitude des lois de Gay-Lussac, Regnault entreprit une série d'expériences. Nous allons décrire la principale.

Regnault prenait un ballon de verre B (fig. 144), à col étroit, disposé dans une étuve A où l'on pouvait l'entourer de glace ou

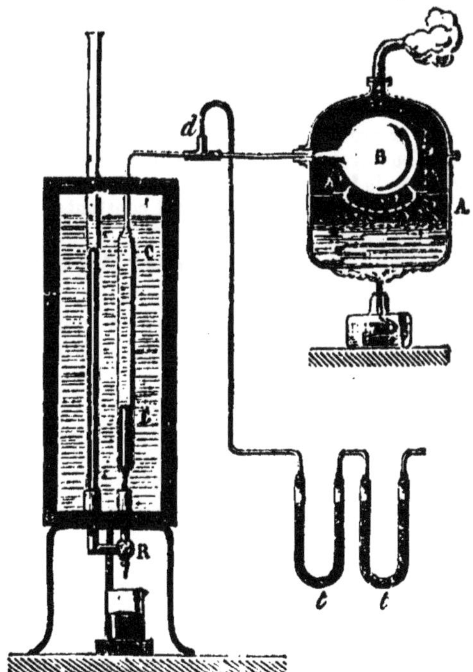

Fig. 144.

faire bouillir de l'eau. Le col du ballon au sortir de l'étuve était mastiqué dans une garniture (*d*) en forme de T dont il formait l'une des branches; des deux autres, la seconde se rendait à un manomètre à air libre et la troisième à une série de tubes desséchants remplis de ponce sulfurique. Le manomètre était entouré d'eau contenue dans une caisse rectangulaire à parois de verre.

La première partie de l'expérience consistait à remplir le ballon d'air sec ou d'un gaz bien desséché. On y faisait le vide, puis on y laissait rentrer de l'air sec, et ainsi plusieurs fois de suite, pendant que la chaudière était remplie de glace. On fermait à la lampe le tube en *d* et on notait le volume du gaz remplissant le ballon à la température 0° et sa pression H_0.

Dans la seconde partie, on portait l'eau de l'étuve à 100°; le gaz se dilatait par la chaleur; il pressait sur le mercure du manomètre; en manœuvrant le robinet du manomètre, on faisait écouler du mercure de telle sorte que le niveau du gaz fût à un repère E marqué dans une expérience préliminaire et sa pression la même que dans le cas précédent. On notait la température T du ballon, donnée par la vapeur d'eau en ébullition, la température *t* du laboratoire, la température *t'* de l'eau entourant le manomètre, la pression barométrique H sous laquelle était le gaz, et on avait tous les éléments du calcul de α, le coefficient du gaz.

Calcul de l'expérience. Appelons α le coefficient cherché du gaz, K le coefficient du verre, V_0 le volume du ballon jaugé à 0°, *v* le volume du tube, depuis le ballon jusqu'au premier repère, *v'* le volume du manomètre d'un repère à l'autre.

Au moment où la température est 0° dans le ballon, *t* au dehors, le volume occupé par le gaz jusqu'au premier repère, et compté à 0° et à la pression H_0, est

$$V_0 + \frac{v}{1 + \alpha t}.$$

Dans la seconde période le volume du gaz comprend trois parties :
1° Le volume du ballon qui à T° est $V_0 (1 + KT)$;
2° Le volume du tube qui est *v* à *t* (ou à *t'* si l'air du laboratoire a changé);
3° Le volume du manomètre entre les deux repères, *v'* à *t'*.
Ces trois quantités de gaz occuperaient à 0° le volume .

$$\frac{V_0 (1 + KT)}{1 + \alpha T} + \frac{v}{1 + \alpha t} + \frac{v'}{1 + \alpha t'},$$

sous la pression H.

Nous avons ci-devant le volume à zéro de la même masse sous la pression H_0; d'après la loi de Mariotte on peut écrire que pour cette masse gazeuse le produit du volume par la pression est constant; d'où

$$\left(V_0 + \frac{v}{1 + \alpha t} \right) H_0 = \left[\frac{V_0 (1 + KT)}{1 + \alpha T} + \frac{v}{1 + \alpha t} + \frac{v'}{1 + \alpha t'} \right] H. \qquad (1)$$

Bien que dans cette équation on connaisse toutes les quantités hormis *x*, on ne peut pas chercher directement l'inconnue; il faut procéder par approximations successives.

Si l'on prend d'abord α = 0,00375, comme l'avait trouvé Gay-Lussac, et qu'on porte cette valeur dans $\frac{v}{1 + \alpha t}$ et dans $\frac{v'}{1 + \alpha t'}$, termes très petits par rapport aux autres, et qu'on pose

$$\frac{v}{1 + \alpha t} = f \quad \text{et} \quad \frac{v'}{1 + \alpha t'} = g.$$

l'équation précédente deviendra

$$(V_0 + f) H_0 = \left(\frac{V_0 (1 + KT)}{1 + \alpha T} + f + g \right) H;$$

on en pourra tirer α en écrivant

$$1 + \alpha T = \frac{V_0 \, H \, (1 + KT)}{(V_0 + f) \, H_0 - (f + g) \, H}$$

Quand on aura ainsi calculé ce que nous appellerons α_1 on le portera dans les termes $\dfrac{v}{1 + \alpha t}$ et $\dfrac{v'}{1 + \alpha t'}$ de l'équation (1) comme on a fait précédemment pour 0,00375, et on tirera une nouvelle valeur α_2 de l'inconnue, valeur plus rapprochée de la valeur réelle; on opérera de même sur α_2 et ainsi de suite jusqu'à ce que la différence entre deux des valeurs consécutives trouvées pour α soit négligeable Alors on aura le coefficient cherché, à une très grande approximation.

Regnault a trouvé pour le coefficient de dilatation de l'air entre 0° et 100° le nombre 0,00367 ou $\dfrac{1}{273}$.

Le coefficient ainsi obtenu est celui d'un gaz qui peut librement se dilater et qui garde sensiblement une *pression constante.*

Mais on conçoit que l'on puisse chauffer un gaz en le forçant à garder toujours un même volume ; c'est alors la pression qu'il faut accroître ; l'accroissement de pression de l'unité de volume pour 1 degré est le *coefficient sous volume constant.* L'expérience a donné le nombre 0,003665.

La comparaison des différents gaz a amené ce résultat que le coefficient n'est pas absolument le même pour tous les gaz, mais que les différences sont presque nulles pour les gaz difficilement liquéfiables, en un mot pour toutes les substances gazeuses dans un état suffisant d'expansion.

L'étude des coefficients, en tenant compte de la pression, a montré que le coefficient change avec la pression et qu'il augmente un peu avec elle; mais ici encore la variation est si faible pour les gaz éloignés de leur point de liquéfaction qu'il n'y a pas à en tenir compte. Elle ne devient un peu notable que pour les gaz qui sont près de passer à l'état liquide. Nous retrouverons cette notion au chapitre des vapeurs.

En résumé, les lois de Gay-Lussac restent vraies pour l'air et pour tous les gaz éloignés de leur point de liquéfaction. On peut donc les appliquer dans les calculs en prenant pour le coefficient commun des gaz le nombre 0,00367 ou $\dfrac{1}{273}$

215. Applications de la dilatation des gaz. —

Le changement de volume dû à la dilatation d'une masse gazeuse intervient dans tous les problèmes où un gaz passe d'une température à une autre, dans l'emploi du *thermomètre à air,* dans les causes qui produisent le tirage des cheminées, dans la recherche de la densité des gaz, dans le calcul du poids d'une quantité donnée d'un gaz, dans la perte de poids des corps solides ou liquides dans l'air et dans les corrections à apporter aux pesées.

216. Thermomètre à air. — La grande dilatation que

subit l'air permet de construire avec ce gaz des thermomètres très sensibles. Tandis que le mercure ne se dilate que 7 fois plus que le verre, l'air se dilate environ 160 fois davantage; la dilatation des enveloppes a donc une influence infiniment moindre si on la compare à celle de l'air, que si on la rapporte à celle du mercure; aussi les thermomètres à air sont-ils tous comparables les uns aux autres, lors même qu'ils sont construits avec des verres de nature différente. On les considère à juste titre comme les appareils thermométriques les plus exacts.

Le thermomètre à air peut affecter plusieurs formes différentes. On peut le supposer formé d'un tube cylindrique terminé par une pointe effilée et ouverte. On le met dans l'enceinte dont on veut mesurer la température, et au bout de quelque temps on ferme la pointe au chalumeau, et on laisse refroidir le tube. On le renverse pour que la pointe plonge dans une cuvette à mercure; on brise l'extrémité et le mercure monte plus ou moins dans le tube. Du poids de la quantité de mercure qui a ainsi remplacé l'air chassé par la dilatation, on déduit le volume d'air qui remplissait le tube au moment où on l'a fermé, et on peut connaître ainsi la température à laquelle cet air a été porté. Mais cet appareil est peu commode puisqu'il nécessite une pesée exacte et un calcul assez long pour faire connaître la température.

On lui préfère un ballon muni d'un tube mis en communication avec un manomètre à air libre ou avec un tube à deux branches contenant du mercure dans sa coudure, comme l'appareil de Regnault pour la recherche des dilatations des gaz. On place le ballon plein d'air sec dans l'enceinte chaude. L'air du ballon se dilate; mais au lieu de le laisser se dilater librement, on verse de temps en temps du mercure dans la seconde branche du manomètre pour que le niveau dans la première reste à peu près le même et que le gaz garde un volume constant.

Soit T la température à laquelle le gaz a été porté, V son volume, II sa première pression et II' la pression qu'il supporte alors. S'il s'était dilaté librement en gardant la même pression II, il serait devenu :

$$V(1 + \alpha T).$$

Au lieu de cela, son volume reste V et sa pression est II'.
D'après la loi de Mariotte, on peut écrire :

$$V(1 + \alpha T)II = VII'$$

ou

$$II' = II + II\alpha T ;$$

on tire :

$$T = \frac{II' - II}{\alpha II}.$$

On détermine donc la température à l'aide de la connaissance de α le coefficient du gaz *sous volume constant*, rien qu'en mesurant la pression atmosphérique et la pression nécessaire pour maintenir le gaz au même volume malgré l'échauffement qu'il subit.

C'est aux indications d'un appareil de ce genre qu'il faut comparer les indications des thermomètres à mercure quand on veut les graduer au-dessus de 100° avec quelque exactitude.

217. Tirage des cheminées. — Les causes qui produisent le tirage des cheminées sont encore dues à la dilatation des gaz. En effet, à l'intérieur de la cheminée il y a une colonne d'air chaud de hauteur h, à la température T. A l'extérieur, une colonne de même hauteur h est à la température t. Les poids de ces deux colonnes ne sont pas égaux ; car si la section est s et si p est le poids de l'unité de volume de l'air à 0°, le poids de la colonne intérieure est :

$$P = \frac{sh}{1 + \alpha T} p.$$

Le poids de la colonne extérieure est :

$$P' = \frac{sh}{1 + \alpha t} \times p.$$

Ce dernier poids est plus grand que le premier, puisque t est plus petit que T. L'équilibre ne peut donc pas exister dans le plan horizontal qui passe par le foyer. L'air froid pousse l'air chaud, s'échauffe à son tour, monte dans le tuyau, et le phénomène continue. Mais il faut que la chambre où est le foyer ne soit pas absolument close et que l'air froid puisse s'y renouveler ; c'est une condition qui se trouve toujours réalisée dans la pratique, car les jointures des portes et des fenêtres laissent toujours passer une quantité d'air, suffisante.

On comprend que plus la hauteur du tuyau augmente, plus augmente aussi la différence entre le poids de l'air chaud et celui d'une colonne d'air froid de même hauteur. Mais il y a une limite : il est indispensable que l'air arrive au sommet du conduit plus léger, autrement dit plus chaud, que l'air extérieur ; il ne faut par conséquent pas que son trajet ait été assez long pour l'avoir refroidi entièrement.

Les autres applications de la dilatation des gaz font l'objet du chapitre suivant.

Exercices.

80. Un ballon de verre soudé à un tube calibré et divisé en parties d'égale capacité mesure 150 centimètres cubes jusqu'au zéro de la graduation. Il est plein d'air jusqu'à la division 10 à 0°, et l'air est limité par un index de mercure. On demande quelle sera à 100° la position de l'index, sachant que chaque division correspond à 200 millimètres cubes, que le coefficient de l'air est 0,00367, celui du verre $\frac{1}{38700}$.

81. Un ballon de 5 litres à la température de 20° et sous la pression de 750 est plein d'acide carbonique et fermé ; quelle sera la pression nouvelle du gaz si la température s'abaisse à 0° ?

82. On mesure 250 centimètres cubes d'azote à la température de 30° sous la pression de 610 millimètres ; quel volume occuperait ce gaz à 0° et sous la pression de 760 millimètres ?

83. Un ballon plein d'air à 0° communique à un manomètre où les deux niveaux du mercure sont sur le même plan horizontal ; on le chauffe à 100°, et on lui maintient le même volume. Quelle sera alors la différence de hauteur des deux niveaux du mercure dans le manomètre ?

CHAPITRE XXVIII

DENSITÉ DES GAZ

218. Définition de la densité d'un gaz. — On ne compare pas le poids des gaz au poids du même volume d'eau comme on le fait pour les solides et les liquides, aussi ne peut-on pas appliquer au gaz la définition que nous avons donnée du poids spécifique. Le volume des gaz variant avec leur température et leur pression, il était naturel de prendre un gaz pour y rapporter les poids relatifs des autres; on a choisi l'air comme terme de comparaison pour les gaz.

On appelle densité d'un gaz par rapport à l'air *le rapport du poids de ce gaz au poids du même volume d'air pris dans les mêmes conditions de température et de pression.* Et quand on dit que la densité du chlore est 2.46, celle de l'acide carbonique 1.52, ces nombres expriment ce que chacun de ces gaz pèse de fois plus que l'air dans les mêmes conditions.

Comme il est commode d'indiquer une fois pour toutes le poids de l'air dans des conditions connues, on l'indique à la température 0° et sous la pression de 760^{mm}; et quand on veut comparer le poids d'un gaz à celui d'un égal volume d'air, on les prend tous deux à 0° et sous la pression de 760^{mm}.

219. Recherche de la densité des gaz. — Il paraît facile au premier abord de trouver la densité d'un gaz, puisqu'en principe il s'agit de connaître le poids d'un volume déterminé du gaz et le poids d'un égal volume d'air dans les mêmes conditions de température et de pression. Il semble alors qu'il suffise de peser un ballon plein du gaz, le même ballon vide, puis le ballon plein d'air, et d'en tirer le poids du gaz et le poids de l'air. Mais la pesée exacte d'un gaz est chose très délicate, non seulement parce que les variations de température modifient le poids du gaz, mais surtout parce que la poussée exercée par l'air sur le ballon contenant le gaz est presque de même grandeur que le poids du gaz, et que cette poussée peut varier si la température change, si l'état hygrométrique se modifie. Un grand nombre de physiciens ont cherché à résoudre ce problème. C'est Regnault qui a donné la solution la plus précise et la plus simple.

220. Méthode de Regnault. — Pour éviter d'avoir à tenir compte des variations de température, Regnault remplit toujours à 0° le ballon qui sert à contenir le gaz et l'air; et pour annuler l'influence de la poussée de l'air pendant la pesée, il fait la tare du ballon par un ballon aussi semblable de volume extérieur que possible.

Avant de procéder à une détermination, il faut se procurer deux ballons fabriqués avec le même verre et présentant un volume extérieur à peu près identique. En les plongeant dans l'eau, on connaît la différence de leur volume extérieur par la poussée que chacun d'eux subit. A l'un on mastique une garniture à robinet: c'est celui qui servira à contenir les gaz. On ferme l'autre à la lampe et on lui ajoute un petit tube fermé dont le volume extérieur ajouté à celui du ballon soit exactement égal au volume extérieur du premier. Pour les pesées, l'un est suspendu à l'un des plateaux d'une balance, l'autre, en guise de tare, au second plateau, et la poussée de l'air est exactement la même des deux côtés.

Pour faire la recherche de la densité d'un gaz, on met le ballon à garniture dans de la glace fondante (fig. 145). On y fait le vide, puis on le met en communication par l'intermédiaire de tubes desséchants avec le réservoir contenant le gaz un peu comprimé. Le ballon se remplit. On y fait le vide une seconde fois et on le remplit de nouveau ; il est donc finalement plein du gaz pur et sec. Avant de le fermer, on l'ouvre un instant à l'air; le gaz prend la pression atmosphérique que l'on note sur un baromètre. On retire de la glace le ballon fermé ; on l'essuie ; on le porte sous la balance et on le tare avec le ballon compensateur et au besoin

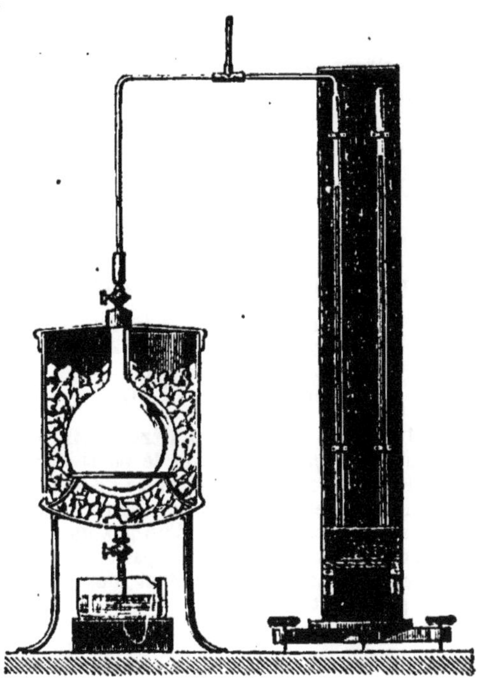

Fig. 145.

un peu de grenaille de plomb. On s'assure qu'après quelques instants l'équilibre persiste.

On reporte le ballon dans la glace; on y fait le vide; après l'avoir mis en communication avec la partie supérieure d'un tube barométrique; on note ainsi la pression h du gaz resté dans le ballon. Après avoir essuyé le ballon on le reporte sous la balance ; comme la tare n'a pas changé il faut ajouter des poids p sur le plateau pour rétablir l'équilibre. Ces poids représentent le gaz enlevé du ballon avant la seconde pesée.

Si V est le volume du ballon, π le poids du litre de gaz à 0° et à 760 millimètres, le poids total du gaz d'abord renfermé dans le ballon était

$$\frac{V\pi H}{760}$$

le poids du gaz qui y est resté est

$$\frac{V\pi h}{760},$$

le poids du gaz enlevé (p) est

$$p = \frac{V\pi (H - h)}{760}$$

On refait les mêmes opérations avec l'air ; et si la pression barométrique au moment de la fermeture était H', le poids du litre d'air à 0° et à 760 millimètres π', que la pression de l'air resté après le vide ait été h', et la différence de poids du ballon plein et vide d'air p', on a pour le poids (p') de l'air remplissant le ballon :

$$p' = \frac{V\pi'\,(H' - h')}{760}$$

La densité du gaz, c'est-à-dire le rapport du poids du gaz remplissant le ballon à 0° et à 760 au poids du même volume d'air dans les mêmes conditions est

$$d = \frac{\pi}{\pi'}\,;$$

mais, des équations précédentes, on tire

$$\frac{\pi}{\pi'} = \frac{p\,\dfrac{760}{H - h}\,V}{p'\,\dfrac{760}{H' - h'}\,V},$$

d'où

$$d = \frac{p\,(H' - h')}{p'\,(H - h)}\,.$$

Regnault a ainsi trouvé les nombres suivants pour les principaux gaz :

Oxygène.	1,1056.		Azote	0,971.
Hydrogène.	0,0692.		Acide carbonique. .	1,529.
Chlore.	2,46.		Gaz des marais . . .	0,558.
Gaz ammoniac . .	0,597.		Gaz sulfureux. . . .	2,25.

221. Poids normal du litre d'air. — L'expérience précédente donnait à Regnault le moyen de trouver le *poids normal d'un litre d'air*, c'est-à-dire le poids du litre d'air à la température de 0° et sous la pression de 760 millimètres. C'est un nombre intéressant à connaître puisqu'il est indispensable pour calculer le poids d'un volume donné d'un gaz dont on connaît la densité.

Regnault tirait de la seconde partie de son expérience le poids p' d'un volume d'air remplissant le ballon à 0° et sous la pression $H' - h'$; sous la pression de 760 ce gaz aurait pesé,

$$p = p' \times \frac{760}{H' - h'}\,.$$

Il suffisait, ce poids étant connu, de chercher le volume du ballon et de diviser le poids p par le nombre de litres du ballon pour avoir le nombre cherché.

Pour trouver le volume du ballon, il fallait chercher le poids du ballon plein d'eau à 0°, le poids du ballon plein d'air à la même température, retrancher les deux nombres pour avoir le poids de l'eau remplissant le ballon

On suspendait le ballon ouvert au plateau d'une balance, en mettant assez de poids de son côté, et on faisait la tare de l'autre côté. Puis on enlevait le ballon, on le remplissait d'eau pure en le laissant dans la glace fondante. On le fermait à 0° et on le reportait sous la balance. Pour rétablir l'équilibre, il fallait enlever un poids P au plateau.

Ce poids P représentait la différence entre le poids du ballon plein d'eau à 0° et le poids du ballon plein d'air à la température t et à la pression H. Dans les deux cas le poids du verre était le même et aussi la poussée subie par le ballon.

Or si V_0 est le volume cherché et D_0 la densité de l'eau à 0°, le poids de l'eau est

$$V_0 D_0\,;$$

le poids de l'air qui a été trouvé égal à p sous la pression de 760 et à 0°, devient à la température t et sous la pression H,

$$p \times \frac{H}{760} \times \frac{1}{(1 + \alpha t)}\,.$$

Le poids trouvé P était la différence de ces deux poids :

$$P = V_0 D_0 - p \times \frac{H}{760} \times \frac{1}{1 + \alpha t}\,.$$

On en tirait la valeur de V_0.

C'est ainsi que Regnault a trouvé, pour le poids d'un litre d'air à 0° sous la pression 760 millimètres, à Paris, le nombre 1 gramme 29319.

Dans les calculs, c'est le nombre 1,293 que l'on emploie.

222. Calcul du poids des gaz.

— Avec la connaissance du poids d'un litre d'air à 0° et à 760^{mm} de pression, on peut calculer le poids d'un volume quelconque V d'air à une température t et à une pression H, et aussi le poids d'un autre gaz dont on donne la densité.

Soit à chercher *le poids de 40 litres d'air à 100° et sous la pression* 570^{mm}.

Le volume ramené à 0° deviendrait :

$$\frac{40}{1 + 0,00367 \times 100}.$$

Et si au lieu d'être à la pression 570, il était à la pression 760, le volume serait :

$$\frac{40}{1 + 0,00367 \times 100} \times \frac{570}{760}.$$

Le poids de cette quantité d'air est donc :

$$P = \frac{40 \times 570}{(1 + 0,00367 \times 100)760} \times 1,293 = 28^{gr},3.$$

Si on généralise la question, qu'on appelle V le volume à $t°$ et à la pression H, α le coefficient de dilatation des gaz, on a pour l'expression du poids :

$$P = V \times 1,293 \times \frac{H}{760} \times \frac{1}{1 + \alpha t}.$$

Quand il s'agit d'un autre gaz, puisque la densité d est le nombre de fois que le gaz pèse plus que l'air dans les mêmes conditions, on a pour l'expression du poids :

$$P' = V \times 1,293 \times d \times \frac{H}{760} \times \frac{1}{1 + \alpha t}.$$

D'ordinaire, on prend le litre pour unité de volume; alors si le volume est exprimé en litres, le poids est obtenu en grammes; c'est une remarque qu'il ne faut pas perdre de vue, surtout quand on compare le poids d'un gaz à celui d'un liquide ou d'un solide; on sait en effet que pour ces derniers, au volume exprimé en litres correspond le poids en kilogrammes.

Les deux formules précédentes sont d'un usage courant, soit pour déterminer le poids d'un volume donné de gaz, soit pour trouver le volume qu'occuperait, dans des conditions indiquées de température et de pression, un poids connu d'un gaz.

En chimie, on prend souvent comme terme de comparaison le poids d'un litre d'hydrogène à 0° et à 760^{mm}, c'est-à-dire le nombre

0,0895, parce que la densité des gaz principaux est en rapport simple avec la densité de l'hydrogène. Ainsi quand on veut trouver le poids d'un litre d'oxygène, d'azote, d'acide carbonique, à 0° et à 760^{mm}, on multiplie le poids du litre d'hydrogène par 16, 14, 22; c'est souvent plus commode que d'avoir recours directement au poids du litre d'air et à la densité du gaz.

223. Influence de l'air dans les pesées. — Corrections. — Un corps pesé dans l'air éprouve de la part de l'air une poussée qui équivaut à une perte de poids et qui est égale au poids de l'air déplacé. Et le poids absolu d'un corps est égal à son poids apparent trouvé à l'aide de la balance augmenté de cette poussée. La connaissance de la formule qui donne le poids du litre d'air dans toutes les conditions de température et de pression permet de calculer cette poussée.

Comme pour les solides et les liquides, au volume en litres correspond le poids en kilogrammes, il faut ici exprimer le poids du litre d'air également en kilogrammes et le prendre égal à 0,001293.

Soit x le poids absolu d'un corps dont la densité est D, son volume est $\dfrac{x}{D}$.

Le poids de l'air qu'il déplace à la température t et à la pression H est

$$p = \frac{x}{D} \times 0,001293 \times \frac{H}{760} \times \frac{1}{1 + \alpha t}.$$

Son poids apparent est $\qquad\qquad x - p$

ou si l'on pose

$$0,001293 \times \frac{H}{760} \times \frac{1}{1 + \alpha t} = a$$

$$x - \frac{x}{D} \times a \quad \text{ou} \quad x\left(1 - \frac{a}{D}\right).$$

Les poids que l'on emploie pour lui faire équilibre (P) sont construits pour être exacts dans le vide; si leur densité est d leur volume est $\dfrac{P}{d}$, leur perte de poids dans l'air est $\dfrac{P}{d}a$, leur poids apparent

$$P - \frac{P}{d}a \quad \text{ou} \quad P\left(1 - \frac{a}{d}\right).$$

Les deux poids apparents font équilibre à la même tare; ils sont égaux et l'on peut écrire :

$$x\left(1 - \frac{a}{D}\right) = P\left(1 - \frac{a}{d}\right)$$

d'où

$$x = P \frac{1 - \dfrac{a}{d}}{1 - \dfrac{a}{D}}.$$

Telle est l'équation qu'il faut résoudre pour obtenir le poids vrai d'un corps. On voit qu'il faut connaître la densité D du corps et celle des poids que l'on emploie. Il est donc très intéressant d'apprendre comment on trouve la densité d'un solide en tenant compte de l'influence de la poussée que l'air exerce sur les pesées. Nous n'en prendrons qu'un exemple.

Exemple de la correction relative à la densité. — Considérons la recherche de la densité d'un solide par la méthode du flacon. Nous supposerons qu'on remplit le flacon à 0°.

Appelons x le poids vrai du corps dont on cherche la densité D, P le poids du flacon plein d'eau, V son volume, p les poids marqués mis à la place du corps, d' la densité de l'eau à 0°, d la densité des poids employés et p' les poids qui représentent le poids d'eau chassée par le corps quand il est mis dans le flacon.

Lorsqu'on fait la tare, le poids apparent du corps est

$$x\left(1 - \frac{a}{D}\right),$$

le poids apparent du flacon $P - Va$,

le poids apparent total

$$x\left(1 - \frac{a}{D}\right) + P - Va.$$

Quand on remplace le corps par des poids marqués p, le poids apparent est alors

$$p\left(1 - \frac{a}{d}\right) + P - Va$$

Ces deux poids sont égaux puisqu'ils font équilibre à la même tare

$$x\left(1 - \frac{a}{D}\right) + P - Va = p\left(1 - \frac{a}{d}\right) + P - Va,$$

d'où

$$x\left(1 - \frac{a}{D}\right) = p\left(1 - \frac{a}{d}\right). \qquad (1)$$

Quand on met le corps dans le flacon, il chasse un poids d'eau égal à $\frac{x}{D}d'$; le poids apparent du flacon devient $P + x - \frac{x}{D}d' - Va$.

Pour rétablir l'équilibre, on ajoute du même côté un poids p' dont le poids apparent est

$$p'\left(1 - \frac{a}{d}\right).$$

Le poids apparent est donc

$$P + x - \frac{x}{D}d' - Va + p'\left(1 - \frac{a}{d}\right).$$

Ce poids qui fait équilibre à la tare est égal à l'un des précédents faisant comme lui équilibre à la même tare. On peut donc écrire :

$$p\left(1 - \frac{a}{d}\right) + P - Va = P + x\left(1 - \frac{d'}{D}\right) - Va + p'\left(1 - \frac{a}{d}\right)$$

et

$$p\left(1 - \frac{a}{d}\right) = x\left(1 - \frac{d'}{D}\right) + p'\left(1 - \frac{a}{d}\right)$$

$$x\left(1 - \frac{d'}{D}\right) = (p - p')\left(1 - \frac{a}{d}\right). \qquad (2)$$

En divisant les équations (1) et (2) membre à membre on obtient

$$\frac{1 - \frac{a}{D}}{1 - \frac{d'}{D}} = \frac{p}{p - p'}$$

ou

$$\frac{D - a}{D - d'} = \frac{p}{p - p'},$$

ou

$$D = \frac{d'p - ap + ap'}{p}$$

en portant dans cette égalité la valeur

$$a = 0,001293 \times \frac{H}{760} \times \frac{1}{1 + at},$$

on a tous les éléments du calcul pour la densité.

Exercices.

84. On a mesuré 250 centimètres cubes de chlore à la température de 30° et sous la pression de 640 millimètres, trouver le poids du gaz; la densité du chlore est 2,44.

85. Quel volume occuperait à 20°, sous la pression 380 millimètres, un poids d'hydrogène de 4 grammes? La densité du gaz est 0,0692.

86. A quelle température faut-il chauffer l'acide carbonique pour que le poids d'un litre soit le même que le poids du litre d'air, c'est-à-dire $1^{gr},293$?

87. Un ballon de 10 litres a été rempli, à 0° et sous la pression de 760, de gaz acide carbonique. On le chauffe à 100° en le laissant ouvert. On demande le poids du gaz qui sortira du ballon : 1° si la pression reste invariable; 2° si la pression devient 750 millimètres? La densité de l'acide carbonique est 1,529; le coefficient du verre $\frac{1}{38\,700}$.

88. On pèse une masse de plomb à 20°, et l'on trouve que les poids marqués, en laiton, qui font équilibre à la même tare sont de 45 grammes; trouver le poids vrai de cette masse. La densité du laiton est 8,4; celle du plomb 11,4; la hauteur barométrique 770.

89. On cherche la densité d'un corps par la méthode du flacon; on trouve pour le poids du corps $25^{gr},4$; pour le poids de l'eau déplacé $16^{gr},8$; trouver la densité corrigée, la température au moment de la pesée étant 20°, la pression barométrique 770; on prendra pour la densité de l'eau à 0° le nombre 0,9998.

CHAPITRE XXIX

CHANGEMENTS D'ÉTAT DES CORPS

224. La chaleur change l'état des corps. — Quand on chauffe un corps, on peut le faire passer par l'un ou l'autre des trois états sous lesquels se présente la matière. Chauffe-t-on un solide, ordinairement il devient liquide; et si l'on donne plus de chaleur le liquide passe à l'état de gaz ou de vapeur. Au contraire que l'on refroidisse suffisamment une vapeur ou un gaz et le corps redevient liquide; il reprendra l'état solide si le refroidissement est assez grand et assez continu.

C'est un fait général qu'un même corps peut se présenter suivant les circonstances sous l'un ou l'autre des trois états et que c'est toujours la chaleur qui est la cause de ces transformations. L'eau nous offre pour le prouver un des exemples les plus frappants. On met un petit morceau de glace dans un tube d'essai; on plonge le tube dans l'eau chaude et la glace fond et devient liquide. Si l'on munit le tube d'essai d'un tube abducteur se rendant à un serpentin refroidi et que l'on continue à chauffer sur une lampe à alcool ou sur un bec de gaz, l'eau provenant de la glace passe en vapeur; mais cette vapeur refroidie par son contact avec le serpentin repasse à l'état d'eau; et si l'on reprend cette eau et qu'on la mette dans un mélange réfrigérant elle se congèle; on a ainsi fait parcourir à l'eau le cycle complet des changements d'état.

Il y a lieu d'étudier les deux transformations générales : 1° *le passage d'un corps solide à l'état liquide et le retour inverse d'un solide en liquide; 2° le passage d'un liquide en vapeur et le retour inverse d'une vapeur à l'état liquide.*

Le passage d'un solide à l'état liquide peut s'opérer de deux manières que nous étudierons séparément.

I. — FUSION

225. La plupart des corps, soumis à une élévation de température convenable passent brusquement de l'état solide à l'état liquide; on dit qu'ils *fondent* et le phénomène porte le nom de **fusion.**

La fusion est donc le passage d'un corps solide à l'état liquide par l'action de la chaleur.

A ne considérer que les corps usuels, on peut établir des différences très caractéristiques sous le rapport de la fusion. D'abord les uns sont plus faciles à fondre que les autres: ainsi on fond l'étain en feuille, sur une feuille de papier, au-dessus de charbons allumés, le plomb dans une cuiller de fer chauffée sur des charbons; il faut déjà une assez haute température pour fondre le zinc, une plus haute encore pour fondre les autres métaux.

Certains corps comme le charbon et la chaux ne fondent pas quand on les soumet aux plus hautes températures, mais on est porté à penser qu'ils ne résisteraient pas à des sources de chaleur plus puissantes que celles que nous pouvons actuellement produire. D'autres corps, notamment les corps organiques, se décomposent au lieu de fondre : telle est la cellulose, tel est aussi le carbonate de chaux.

Enfin, parmi les corps qui fondent, il y a encore deux catégories. Les uns, comme la glace et les métaux, deviennent nettement et franchement liquides; les autres, comme le verre, passent d'abord par un état intermédiaire : ils deviennent pâteux avant d'être franchement liquides.

En donnant les lois de la fusion, nous ne nous occuperons que des corps où le passage d'un état à l'autre se produit d'une manière nette; l'étude des corps pâteux ne pourrait pas nous conduire à des conclusions générales.

226. Lois de la fusion. — Le phénomène de la fusion résulte deux lois :

1° *Pendant tout le temps qu'un corps solide fond, sa température reste invariable;*

2° *Un corps solide commence toujours à fondre à une même température que l'on appelle le point de fusion.*

La première loi ne subit aucune exception. Quelle que soit la puissance du foyer où le corps solide est placé, la fusion totale est plus ou moins accélérée, mais tout le temps que le corps fond, sa température reste la même. C'est précisément cette propriété que nous avons mise à profit pour trouver l'un des point fixes, le point zéro, de l'échelle thermométrique.

On peut se demander ce que devient la chaleur que l'on fournit en excès à un corps solide qui a commencé à fondre. Nous apprendrons qu'elle est employée à effectuer le travail moléculaire du changement d'état et qu'on n'accepte plus l'ancienne hypothèse qui admettait que cette chaleur était latente ou dissimulée pour reparaître dans le changement inverse.

La seconde loi n'est pas aussi nette. Pour qu'elle soit vérifiée, il est nécessaire de se placer dans les mêmes conditions, d'opérer sur des corps purs et à l'air libre; encore le point de fusion varie-t-il pour le même corps avec quelques circonstances particulières, comme la pression. Mais la constance du point de fusion à l'air libre est assez marquée pour pouvoir servir à constater la pureté d'une substance donnée.

Voici pour un certain nombre de corps usuels les points de fusion observés à l'air libre :

Mercure.	—40	Étain.	228
Acide hypoazotique.	— 9	Plomb.	334
Eau solide.	0	Argent.	950
Suif.	33	Or.	1035
Phosphore.	44	Cuivre.	1050
Potassium.	62	Fonte de fer.	1200
Cire.	64	Acier.	1400
Acide stéarique.	70	Fer pur.	1500
Soufre.	114	Platine.	1800

Une particularité très curieuse, c'est que dans le cas des mélanges, soit de métaux entre eux sous forme d'alliages, soit des acides gras solides, le point de fusion est généralement au-dessous de celui du corps le plus fusible qui entre dans le mélange. En voici des exemples :

Alliage de Darcet $\left\{ \begin{array}{l} 5 \text{ de plomb} \quad (334°) \\ 8 \text{ de bismuth} \ (247°) \\ 3 \text{ d'étain} \qquad (228°) \end{array} \right\}$ point de fusion 95°.

Alliage d'Hermann $\left\{ \begin{array}{l} 1 \text{ plomb} \\ 1 \text{ d'étain} \\ 4 \text{ de bismuth} \end{array} \right\}$ point de fusion 94°.

On prouve d'ailleurs très facilement que les deux alliages précédents fondent avant 100° : on en suspend un morceau dans un ballon où l'on fait bouillir de l'eau et l'on voit l'alliage tomber goutte à goutte au fond du vase.

227. Changement de volume pendant la fusion.

— Un corps en fondant subit en général un changement de volume, et le plus souvent le liquide occupe plus de place que le solide dont il provient. C'est ainsi pour la plupart des corps. Pendant la fusion, les morceaux encore solides restent au fond du vase et n'apparaissent pas à la surface du liquide : tel est le cas de la cire et du soufre.

Mais quelques corps, et en particulier la glace, sont plus légers et occupent un plus grand volume à l'état solide qu'à l'état liquide; aussi ils surnagent pendant leur fusion sur le liquide déjà produit. Tout le monde a pu le remarquer pour la glace. On constate la même particularité pour la fonte de fer, le bismuth, l'antimoine, l'alliage d'Hermann cité plus haut et l'argent.

228. Influence de la pression. — Une pression mécanique exercée à la surface du corps qui est soumis à l'action de la chaleur modifie la température à laquelle le corps devient liquide.

Lorsque la fusion est accompagnée d'une augmentation de volume, comme il arrive dans la majeure partie des cas, le point de fusion s'élève à mesure que la pression augmente; on conçoit en effet que toute cause pouvant s'opposer à la dilatation du corps doive en retarder la fusion. C'est ainsi que, d'après Bunsen, le blanc de baleine qui fond à 47° sous la pression atmosphérique ne fond plus qu'à 49° à 90 atmosphères.

Au contraire, les corps qui diminuent de volume en fondant, comme la glace, ont leur point de fusion abaissé par une augmentation de pression. C'est en effet ce que Thomson a constaté pour la glace qui commence à fondre à 0°,05 au-dessous de zéro à 8 atmosphères. Mais ce fait de la fusion de la glace par la pression n'a été réellement mis hors de doute que par l'expérience suivante de Mousson. On prend un tube d'acier à parois très résistantes, fermé en bas par un bouchon à vis B (fig. 146) et en haut par une partie filetée pouvant faire enfoncer plus ou moins dans le tube une vis A. On retourne ce tube ; on le débouche en B; on le remplit d'eau et on y met un morceau de fer b qui tombe sur la vis A. On remet le bouchon et on place l'appareil dans un mélange réfrigérant pour faire congéler l'eau. Quand on a ainsi fait changer en glace l'eau du tube, on le remet dans la position de la figure et en tournant la tête de vis D on fait enfoncer A et on

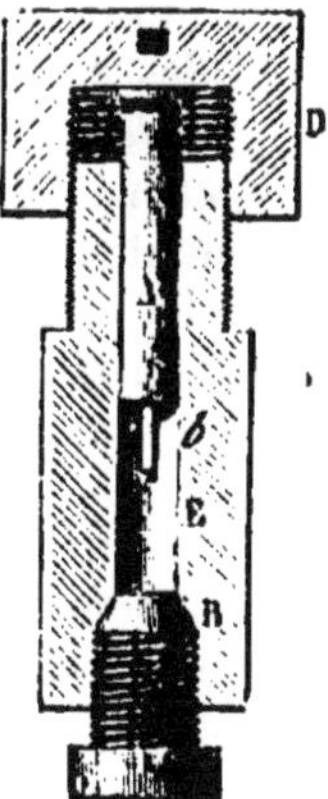

Fig. 146

exerce sur la glace une pression de plus de mille atmosphères. Si après cette compression, l'on débouche le tube en B, on y trouve le morceau de métal (b). Il faut donc admettre que la compression a fait fondre la glace puisque la tige de métal (b) a pu la traverser.

229. Phénomène du regel. — L'abaissement du point de fusion de la glace suffisamment comprimée a fourni à Tyndall et à Thomson l'occasion de deux expériences intéressantes et leur a permis d'expliquer le phénomène du *regel*. On avait remarqué depuis longtemps qu'en pressant fortement deux morceaux de glace l'un contre l'autre on pouvait arriver à les sou-
der en un seul. Tyndall eut l'idée d'em-
ployer deux blocs de bois dur portant chacun une cavité en forme de demi-lentille
(fig. 147), d'entasser des morceaux de glace
entre ces blocs et de mettre le tout sous une
forte presse. Il en retira une lentille de glace.
Sous l'influence de la pression, tous les mor-

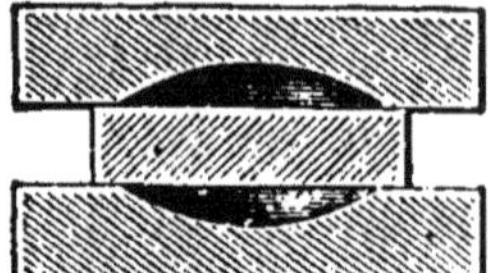

Fig. 147.

ceaux avaient fondu, et le tout s'était repris à l'état solide avec la forme du vase quand la pression avait cessé; il y avait donc eu fusion et ensuite regel.

Voici l'expérience de Thomson, qu'il est intéressant de répéter. On pose un bloc de glace sur deux supports fixes et sur le bloc un fil de fer aux deux extré-mités duquel sont suspendus des poids assez lourds (fig. 148). La pression du fil fait fondre la glace et le fil pénètre peu à peu dans l'intérieur du bloc; mais en même temps l'eau provenant de la fusion passe au-dessus du fil, elle n'est plus pressée et elle reprend l'état solide. Le fil traverse ainsi tout le bloc, sans le sé-parer réellement en deux puisque les deux moitiés se resoudent à mesure que le fil descend.

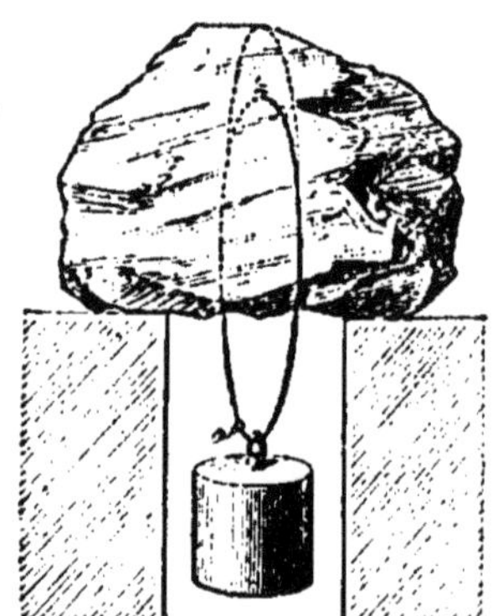

Fig. 148.

Explication de la marche des glaciers. — Les expériences précédentes ont permis d'expliquer la marche des glaciers. La neige qui tombe sur les montagnes s'accumule; elle s'agglomère sous l'effet de la pres-sion; les couches inférieures subissent une fusion et un regel qui les transforme en glace. Ces masses énormes poussées par la pression supérieure se brisent contre les obstacles qui entravent leur mouve-ment de descente; mais les morceaux se resoudent bientôt grâce au regel; et toute la masse paraît descendre dans les vallées, tantôt en se rétrécissant, tantôt en s'élargissant, toujours en se moulant sur les parois qui la renferment, comme pourrait le faire un corps pâteux. La fusion par la pression suivie du regel donne donc à ces masses de glace l'apparence d'un corps plastique, bien que ce soit réellement un corps dur et cassant.

II. — SOLIDIFICATION

230. Lois de la solidification. — Quand on abaisse suffisamment la température d'un liquide, il reprend l'état solide : c'est le phénomène inverse de la fusion et les lois peuvent en être formulées d'une manière analogue :

1° Pendant tout le temps qu'un liquide se solidifie, sa température reste invariable ; et elle est la même que pendant la fusion du corps ;

2° Un liquide commence ordinairement à se solidifier à la même température.

Comme pour la fusion, la première de ces lois ne subit aucune exception ; mais la seconde en présente.

Ainsi la pression exerce sur la solidification le même effet que sur la fusion : les corps qui diminuent de volume en devenant solides peuvent sous une forte pression commencer à se solidifier plus tôt ; au contraire, les corps comme l'eau qui augmentent de volume en devenant solides, ne prennent ce dernier état qu'à des températures de plus en plus basses, à mesure qu'on les comprime.

La présence dans l'eau d'autres substances retarde la solidification. Ainsi l'eau de mer ne se solidifie qu'au-dessous de zéro, et pendant le phénomène de la congélation le sel se sépare de l'eau ; de sorte que la glace formée par l'eau de mer n'est pas salée à moins qu'elle n'ait emprisonné quelques cristaux de sel.

Il existe en outre une exception bien plus importante qui n'a pas d'analogue dans la fusion et que nous allons exposer.

231. Surfusion. — Dans certaines circonstances, on peut abaisser de plusieurs degrés le point où un liquide se solidifie, sans que la pression soit intervenue ; on dit qu'il y a **surfusion**. Le phénomène est très curieux surtout dans la manière dont il prend fin par une solidification absolument brusque se produisant avec un dégagement de chaleur.

Fahrenheit avait observé que l'eau contenue dans des tubes capillaires peut être refroidie bien au-dessous de zéro sans se congeler. On peut produire ce phénomène sur une assez grande masse d'eau dans un vase vide d'air. On prend un ballon aux trois quarts plein d'eau ; on fait bouillir le liquide pour chasser l'air et on ferme le vase. On peut alors le refroidir jusqu'à 7 ou 8° au-dessous de zéro sans que le liquide se solidifie ; mais si, par une brusque secousse, on détermine la solidification, elle est instantanée et la température remonte immédiatement à 0°.

L'eau n'est pas le seul corps qui jouisse de cette propriété ; le soufre et le phosphore sont dans le même cas. Avec ce dernier l'expérience est particulièrement facile. Dans de l'eau à 50° contenue dans un tube d'essai, on jette du phosphore qui devient liquide. On place le tube dans un vase contenant de l'eau chaude dont un thermomètre indique la température (fig. 149), on laisse le tout se refroidir lentement à l'air. Le phosphore est encore liquide à 30°. Mais si l'on vient à y laisser tomber un fragment du même corps, la solidification se fait brusquement et un thermomètre plongé dans le tube d'essai remonte immédiatement à 44°.

232. Congélation de l'eau. —

Parmi les corps liquides qui augmentent de volume en se solidifiant, l'eau est le plus important. Si pour une cause quelconque la dilatation du liquide qui se congèle est empêchée, cette dilatation développe une force considérable et a pour effet de briser le vase. On a pu faire briser des vases à parois très fortes comme des canons en les emplissant d'eau, les fermant hermétiquement et les exposant à un froid suffisant pour faire congeler l'eau.

Fig. 149.

La rupture des vaisseaux qui contiennent l'eau se produit fréquemment dans la nature sur les calcaires poreux que l'on désigne sous le nom de pierres gelives et sur les plantes. L'eau que les calcaires ont absorbée augmente de volume en se solidifiant et provoque la rupture de la pierre. La congélation de l'eau dans les vaisseaux des plantes explique les dégâts que les gelées fortes du printemps produisent sur les végétaux.

III. — DISSOLUTION

233. Dissolution. — Corps solubles. — Dissolvants. —

Beaucoup de corps solides passent à l'état liquide quand on les agite dans l'eau ou dans un liquide approprié, ainsi un fragment de sel ordinaire, un morceau de sucre disparaissent dans l'eau et prennent la forme liquide. On dit vulgairement que le sel et le sucre *fondent* dans l'eau; le chimiste dit qu'il se *dissolvent* et il appelle **dissolvant** le liquide dans lequel un corps solide peut ainsi disparaître.

L'eau est le principal dissolvant des corps solides; elle en dissout en effet un très grand nombre; mais quelques corps ne peuvent perdre la forme solide que dans d'autres liquides. Ainsi la fuchsine, à peine soluble dans l'eau, se dissout très bien dans l'alcool; le coton-poudre disparaît entièrement dans un mélange d'éther et d'alcool, la graisse est soluble dans l'ammoniaque, l'iode dans la benzine, le soufre et le phosphore dans le sulfure de carbone.

234. La dissolution est une sorte de fusion. —

Le phénomène de la dissolution est comparable à celui de la fusion; les molécules du corps solide sont en effet aussi complètement séparées les unes des autres, qu'elles le seraient par l'action de la chaleur. De plus, on peut grouper les corps pour la dissolution comme ils le sont pour la fusion ; on trouve en effet :

1° Des corps qui se dissolvent { *en devenant nettement liquides.* Ex. : le salpêtre, le sucre, etc. *en devenant pâteux.* Ex. : les gommes ;

2° Des corps qui ne se disolvent pas { *faute d'un dissolvant.* Ex. : le carbone, *mais qui se décomposent.* Ex. : la craie dans un acide.

L'analogie cesse là ; car les deux lois de la fusion n'ont pas leurs analogues dans la dissolution. Il n'y pas en effet de température fixe pour la dissolution ; une même substance, le salpêtre par exemple, se dissout dans l'eau n'importe à quelle température.

Mais si l'on ne peut pas formuler des lois simples et générales pour la dissolution, on peut néanmoins prouver expérimentalement deux faits intéressants : c'est d'une part que la *chaleur favorise la dissolution* et d'autre part, que *certains sels exigent de la chaleur pour se dissoudre.*

La chaleur favorise la dissolution. — La quantité d'un corps qui peut se dissoudre dans un poids donné d'eau ou d'un liquide n'est pas illimitée. Quand le liquide a dissous tout ce qu'il peut retenir du solide, à une température donnée, on dit qu'il est *saturé,* et on appelle *coefficient de solubilité* le rapport de ce poids de sel dissous au poids du liquide dissolvant.

L'élévation de la température augmente la solubilité de la plupart des corps.

Ainsi le salpêtre se dissout en bien plus grande quantité dans l'eau chaude que dans l'eau froide : 100 grammes d'eau à 20° ne peuvent dissoudre que 30 grammes de salpêtre ; si on chauffe l'eau à 100°, elle pourra dissoudre six fois plus du sel solide.

La variation est plus grande encore pour le sulfate de soude, mais entre des limites plus restreintes de température : 100 grammes d'eau qui à zéro degré sont saturés par 12 grammes du sel, peuvent en dissoudre 320 grammes à 33°.

Mais la solubilité du sel marin n'augmente presque pas avec la température, car tandis que 100 grammes d'eau dissolvent 35 grammes de sel à zéro, ils n'en peuvent dissoudre que 40 grammes à 110°.

235. La dissolution peut exiger de la chaleur ; mélanges réfrigérants. — Pour certains sels, la quantité de chaleur nécessaire à leur changement d'état est grande ; et si leur dissolution est tant soit peu rapide, ils empruntent de la chaleur à l'eau qu'on leur a mélangée et au vase qui les contient. On peut alors les utiliser pour refroidir d'autres corps, et c'est ce qui a fait donner le nom de **mélanges réfrigérants** à leur mélange avec l'eau.

Un exemple frappant est celui de l'azotate d'ammoniaque mélangé à un poids égal d'eau. Le verre qui contient ce mélange se recouvre extérieurement d'une buée qui ruisselle et même se congèle; et si on a mis dans le mélange un peu d'eau contenue dans un tube d'essai, on retrouve cette eau en glace.

Le mélange réfrigérant le plus employé est formé de deux parties de glace pilée et d'une de sel marin, les deux corps étant disposés par couches successives; l'abaissement de température peut aller jusqu'à — 20°. C'est ce mélange qui est employé par les glaciers pour faire congeler les sirops et fabriquer les glaces et les sorbets.

Dans les laboratoires, on mélange la glace ou la neige avec du chlorure de calcium en poudre et on obtient un froid de — 50°.

Ou bien on mélange de l'acide carbonique solide avec de l'éther et la température peut s'abaisser jusqu'à — 100°.

Dans la **glacière des familles** (fig. 150), on met 3 parties de sulfate de soude et 2 d'acide chlorhydrique pour remplir le vase extérieur : on place le corps à congeler dans le vase central ; on ferme et on tourne la manivelle qui fait mouvoir l'agitateur : en un quart d'heure, on obtient un petit bloc de glace. Pour retirer ce corps congelé du vase qui le

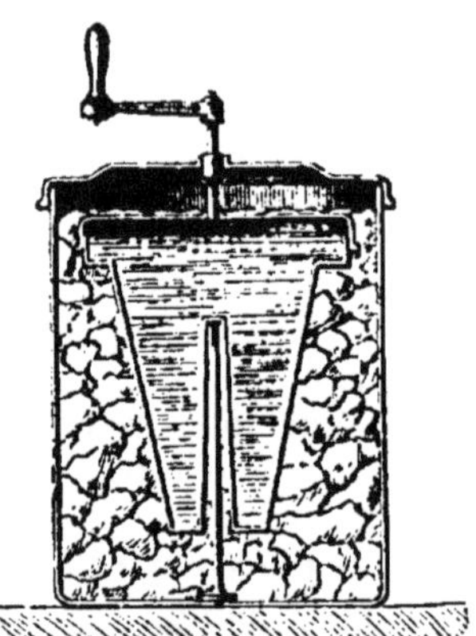

Fig. 150.

contient, on plonge quelques instants ce vase dans de l'eau chaude ; la chaleur communiquée aux parois fait fondre un peu la glace et le morceau se détache alors avec facilité.

IV. — SOLIDIFICATION DES CORPS DISSOUS

236. Retour à l'état solide d'un corps dissous. — Lorsqu'un corps est dissous dans un liquide, on peut le ramener à l'état solide en enlevant le liquide par évaporation. A mesure qu'une partie du liquide disparaît, celui qui reste contient un plus grand poids du solide par rapport au poids du dissolvant ; la solution est bientôt saturée et le dépôt du solide commence.

L'évaporation du liquide peut avoir lieu à l'air libre dans des vases à large surface ; elle est lente alors ; lent aussi est le dépôt du solide ; mais l'évaporation peut être aidée par l'action de la chaleur, le phénomène est alors beaucoup plus rapide. Dans l'un et dans l'autre cas, dans le premier surtout, le corps solide peut grouper ses parcelles suivant des formes géométriques, et se déposer en cristaux; comme il peut prendre aussi l'aspect d'une croûte sèche où l'on ne voit pas à l'œil nu de formes cristallines.

Tous les corps qui deviennent franchement liquides en se dissolvant peuvent prendre des formes cristallines; les autres restent amorphes dans la solidification.

La cristallisation d'un solide dissous peut encore avoir lieu par le refroidissement de la solution, quand le solide, plus soluble à chaud qu'à froid, a été dissous par l'action de la chaleur : c'est le cas du salpêtre lorsqu'on a saturé de ce sel un certain volume d'eau à 100°. A mesure que le liquide diminue de température, le sel se dépose en cristaux; en effet, il faut une moindre quantité de sel pour saturer l'eau à froid qu'à chaud et toute la différence entre ces deux quantités doit se déposer pendant le refroidissement.

237. Dissolution sursaturée. — Il peut arriver qu'un liquide saturé à chaud d'un sel dissous dont il ne reste plus de fragments solides en présence du liquide puisse être refroidi d'un certain nombre de degrés sans qu'on observe aucun dépôt pendant le refroidissement; la dissolution retient alors un poids de sel plus grand que celui qu'on pourrait y faire dissoudre en la prenant froide et en la chauffant jusqu'au degré où elle est : on dit qu'elle est **sursaturée.**

La sursaturation offre beaucoup d'analogies avec la surfusion; comme cette dernière, on la fait cesser par une brusque secousse ou par la chute dans le liquide d'un fragment, même très petit, du sel dissous ou d'un autre sel isomorphe avec le premier; la solidification est alors très brusque et elle s'opère avec un dégagement de chaleur.

On réussit très facilement la sursaturation du sulfate de soude, ou celle de l'acétate de chaux. On dissout le sel dans une certaine quantité d'eau de manière à saturer le liquide, à 33° si c'est le sulfate de soude. On transvase la solution claire dans un ballon; on la fait bouillir quelques instants et on ferme le vase, soit avec un bon bouchon, soit en étirant le col à la lampe. La dissolution reste limpide et sans dépôt en se refroidissant. Mais quand elle est refroidie, si on ouvre le vase, elle se prend tout d'un coup en cristaux. Dans le cas où elle resterait encore liquide, on la ferait solidifier brusquement en y laissant tomber un petit fragment du sel. Au moment de la brusque solidification il y a un dégagement de chaleur assez sensible pour qu'on puisse le constater en touchant le ballon.

238. La glace est un cristal. — L'eau en se congelant cristallise, et certains fragments de glace présentent les formes géométriques d'un prisme hexagonal. On peut en faire la remarque sur la neige quand elle tombe dans un air calme et qu'on en recueille les flocons sur un corps mauvais conducteur comme du drap noir; on y peut voir à la loupe de petits prismes hexagonaux (fig. 151) par-

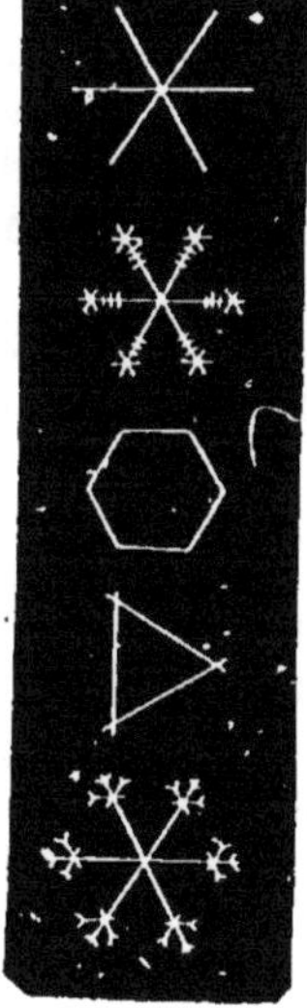

Fig. 151.

faitement symétriques, ou des arborescences très régulières comme celles dont se couvrent les carreaux des appartements quand ils sont pendant l'hiver fortement refroidis par l'air extérieur. On montre d'ailleurs les formes des cristaux de glace en projetant sur un écran blanc, dans une chambre noire, comme l'a indiqué Tyndall, un faisceau de lumière que l'on a fait passer au travers d'une lame de glace à faces parallèles. La glace fond en différents points et les cristaux apparaissent sous une forme étoilée à six branches régulières.

Exercices

90. Un récipient à parois très résistantes est rempli par 20 litres d'air à 0° sous la pression de 760 millimètres et fermé. On le porte à la température de 500°. On demande quelle est la pression que le gaz exerce sur les parois.

Le coefficient de l'air est 0,00367, celui du vase 0,000036.

91. Deux ballons, l'un de 5 litres, l'autre de 8 litres, à 0°, sont remplis d'air à 10° sous la pression de 750 millimètres et mis en communication l'un avec l'autre. On chauffe le second à 100°. On demande quel sera le poids de l'air dans chacun d'eux.

92. On a recueilli et mesuré sur le mercure, à la pression de 700 millimètres, 250 centimètres cubes d'azote à la température de 24°; trouver le poids de ce gaz.

93. On a trouvé 0gr,025 pour le poids de 400 centimètres cubes d'hydrogène mesurés à 20° sous la pression de 570 millimètres; en déduire la densité du gaz.

CHAPITRE XXX

PROPRIÉTÉS GÉNÉRALES DES VAPEURS

239. Production des vapeurs. — Si un liquide comme l'eau ou l'alcool est exposé à l'air dans un vase à large surface, son volume diminue peu à peu; une partie du liquide passe à l'état de gaz invisible et se répand dans l'atmosphère. Et lorsque le liquide est odorant comme l'éther, l'odeur se répand dans toute la salle où l'on fait l'expérience.

La disparition du liquide et sa transformation en gaz est plus rapide quand on fait intervenir la chaleur. De grosses bulles se forment dans toute sa masse et montent à la surface; on dit que le liquide bout; et l'on voit son volume diminuer rapidement.

Dans ces deux cas le liquide a donc changé d'état; il est devenu gazeux. Cette transformation, ce changement d'état porte le nom de **vaporisation**, quelle que soit la manière dont on l'effectue; et on appelle **vapeur** l'état gazeux des corps qui se présentent habituellement sous la forme solide ou liquide. Il faut donc étudier *ce passage de l'état liquide à l'état de gaz* et inversement *le retour de l'état de gaz à l'état liquide*, auquel on donne le nom de **liquéfaction**.

Tous les liquides, à l'exception de ceux qui se décomposent facilement par la chaleur, sont susceptibles de se réduire en vapeur quand on les place dans des conditions convenables. Mais dans tous les cas la conversion d'un liquide en gaz est influencée par l'atmosphère environnante. Il est donc tout naturel, si l'on veut rechercher à quelles lois obéit la vaporisation en général, d'éliminer l'action de l'atmosphère et d'étudier d'abord la formation des vapeurs dans le vide.

240. Formation des vapeurs dans le vide.

— Le vide le plus parfait que nous sachions obtenir est le vide barométrique : c'est donc dans la chambre d'un baromètre que nous placerons le liquide sur lequel nous voulons opérer. Nous pouvons employer deux moyens : ou bien, après avoir rempli presque complètement le tube barométrique de mercure sec, nous achèverons de le remplir avec une petite colonne du liquide à étudier, pour boucher ensuite le tube, le retourner et le déboucher dans la cuvette, ou bien nous établirons d'abord un baromètre avec un tube large et nous apporterons sous le tube une petite éprouvette D (fig. 152), pleine du liquide voulu. Cette éprouvette retournée sous le tube barométrique laissera échapper le liquide qui montera à la partie supérieure de la colonne mercurielle en vertu de sa moindre densité.

On emploie parfois l'une et l'autre de ces deux manières d'opérer et on dispose sur une large cuvette (fig. 153), quatre baromètres dont l'un reste intact et sert de témoin et dont les autres reçoivent une petite quantité d'eau, d'alcool, d'éther.

Aussitôt qu'un de ces liquides ar-

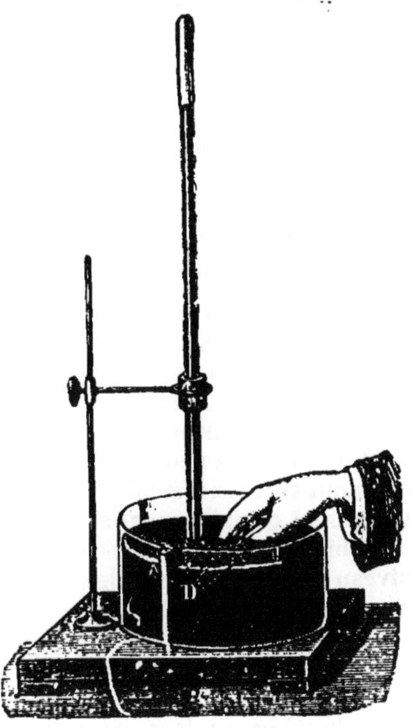

Fig. 152.

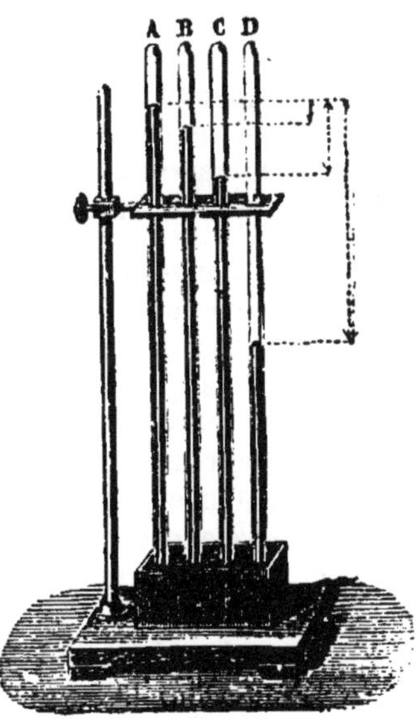

Fig. 153

rive dans la chambre barométrique, il se résout en vapeur et fait déprimer la colonne de mercure. Cette différence de niveau entre le baromètre où l'on a introduit le liquide et le baromètre témoin est due à la pression exercée par la vapeur produite. On peut donc formuler ainsi le résultat de cette expérience : *Un liquide se vaporise instantanément dans le vide et sa vapeur possède une force élastique ou une tension comme un gaz.* Avec les trois liquides précédents, la force élastique de la vapeur est très différente : faible pour l'eau, un peu plus grande pour l'alcool, cette force élastique est très notable pour l'éther à la température ordinaire ; en général elle est d'autant plus grande que le liquide est plus volatil.

241. Force élastique ou tension maxima. — Les vapeurs produites dans le vide ont, comme les gaz, une force élastique ; mais il y a une différence très notable entre les vapeurs et les gaz. Quand on introduit dans un baromètre successivement plusieurs bulles d'air, le niveau du liquide s'abaisse à chaque fois, la force élastique du gaz peut donc augmenter indéfiniment. Mais quand on introduit successivement plusieurs gouttes d'éther, les premières se vaporisent complètement et la force élastique de la vapeur s'accroît ; mais bientôt les nouvelles gouttes introduites restent liquides et le niveau du mercure cesse de s'abaisser ; la force élastique de la vapeur ne s'accroît plus ; elle a atteint la plus grande valeur qu'elle peut prendre dans les conditions de l'expérience, et la vaporisation cesse de se produire. La vapeur d'un liquide a donc dans les conditions de l'expérience une force élastique qu'elle ne peut dépasser : c'est la *force élastique* ou la *tension maxima*. Cette force élastique augmente avec la température ainsi qu'on peut s'en assurer en promenant une lampe à alcool le long du tube contenant de la vapeur d'éther ; on voit la colonne de mercure se déprimer rapidement, pour reprendre sa première hauteur par le refroidissement.

Ainsi, quand un liquide est placé dans le vide, il se transforme en vapeur entièrement s'il est en petite quantité ; mais si le liquide est en excès, la vaporisation s'arrête dès que la vapeur a atteint une force élastique maximum qui dépend de la température.

242. Variations de la force élastique des vapeurs. — Pour étudier les variations de la force élastique des vapeurs on se sert de la cuvette profonde (fig. 154). On y dispose un baromètre fixe qui ne sert qu'à indiquer la pression atmosphérique et un autre baromètre dans lequel on a fait passer assez d'éther pour qu'il en reste après la vaporisation.

Si on enfonce le baromètre à éther dans la cuve profonde, on diminue l'espace occupé par la vapeur ; et malgré cela le niveau du mercure ne baisse pas, il reste invariable : la force élastique de la vapeur est donc constante. Seulement, si on observe le tube, on remarque que la colonne d'éther a un peu augmenté de volume. L'effet de la compression exercée sur la vapeur a été d'en faire repasser une partie à l'état liquide sans rien changer à la force élastique.

Si au contraire on relève le tube à éther, qu'on augmente le volume que peut occuper la vapeur, le niveau du mercure reste encore invariable; mais une partie de l'éther se vaporise et tant qu'il reste de ce liquide, la force élastique garde la même valeur.

Si le tube barométrique était assez long, qu'on puisse le lever assez pour déterminer la vaporisation complète de tout l'éther et le soulever encore, on constaterait qu'à partir de ce moment la vapeur est, comme le serait un gaz, soumise à la loi de Mariotte.

On substitue à ce premier tube un autre baromètre contenant assez peu d'éther pour que tout le liquide y soit vaporisé; on le soulève dans deux positions; on note dans chacune le volume et la pression de la vapeur (cette dernière est toujours la différence de niveau entre le baromètre à éther et le baromètre normal), et on constate que la force élastique diminue à mesure que le volume augmente et que la vapeur suit la loi de Mariotte. Vient-on à enfoncer le tube, on constate que la force élastique augmente à mesure que le volume diminue. Mais à un moment donné la force élastique reste stationnaire bien que l'on continue à diminuer le volume; elle a pris sa valeur maximum et si on continue à diminuer le volume, on remarque qu'une partie de la vapeur repasse à l'état liquide.

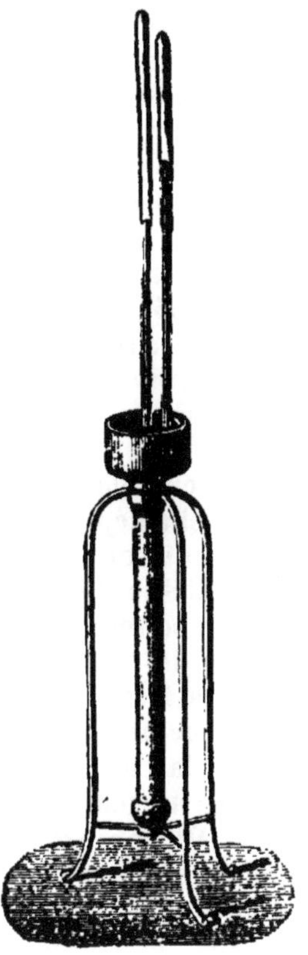

Fig. 151.

Ainsi, en résumé, il faut considérer deux cas dans la compression des vapeurs :

1° Si la vapeur est en présence d'un excès de liquide, sa force élastique pour la même température est invariable; la vapeur possède sa tension maximum; elle *sature* l'espace qui la contient; et si on diminue son volume une portion de la vapeur se liquéfie.

2° La vapeur est sèche et sans trace de liquide; elle est comme un gaz et elle suit la loi de Mariotte; sa force élastique augmente quand son volume diminue jusqu'au moment où elle atteint la force élastique maximum. Si alors on continue la compression, on rentre dans le premier cas.

Il résulte de cette comparaison une conséquence, c'est qu'en diminuant suffisamment le volume d'une vapeur qui se conduit d'abord comme un gaz, on arrive à lui donner sa force élastique maximum et à commencer sa liquéfaction.

243. Tension maximum de la vapeur d'eau. — La vapeur d'eau joue un si grand rôle dans les phénomènes naturels, de plus elle est si importante aujourd'hui comme force motrice, qu'il est indispensable de connaître avec précision la force élastique qu'elle prend à toutes les températures.

La recherche de la force élastique de la vapeur d'eau a occupé plusieurs savants. Dalton est le premier qui l'ait déterminée entre 0° et 100°. L'appareil qui lui a servi est simple : il se compose de deux baromètres dont l'un contient un peu d'eau, tous deux montés sur une cuve de fonte et entourés d'un large manchon dans lequel est de l'eau; le manchon est muni d'un agitateur et de plusieurs thermomètres (fig. 155). On chauffe le vase de fonte qui sert de cuvette barométrique; la chaleur se transmet à l'eau du manchon et aux baromètres; la vapeur d'eau augmente de tension et elle marque sa force élastique pour chaque température par la longueur dont elle déprime la colonne barométrique. On peut commencer les déterminations en remplissant le manchon de glace fondante; et quand tout l'appareil marque 0°, la différence de niveau des deux baromètres indique la force élastique de la vapeur d'eau à zéro degré. On chauffe ensuite graduellement la cuvette et on agite l'eau du manchon; la température s'élève. Quand elle est 10° par exemple, on lit la différence de niveau des deux baromètres qui fait connaître la force élastique de la vapeur d'eau à 10°. On continue ainsi les observations

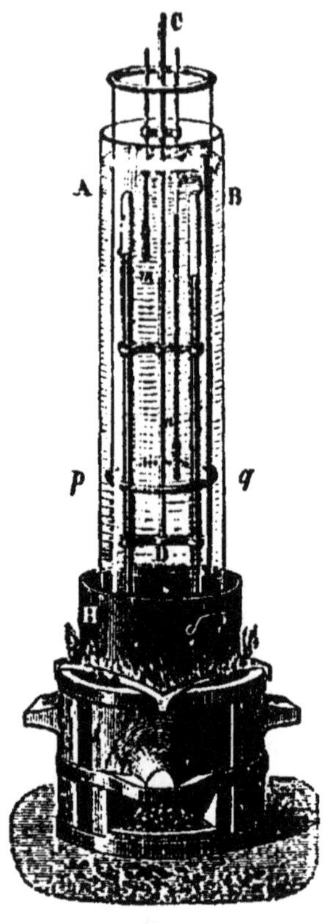

Fig 155.

de 5 en 5 ou de 10 en 10 degrés jusqu'à 100°. Quand l'eau du manchon est arrivée à cette température, il n'y a plus de mercure dans le baromètre contenant de l'eau : la force élastique de la vapeur est alors égale à la pression barométrique du moment. Ainsi, dans ce procédé de Dalton, on amène la température à un degré déterminé, et par une lecture on a la force élastique maximum de la vapeur d'eau à cette température.

La méthode de Dalton ne pouvait pas donner des résultats très exacts. Il était difficile d'obtenir que toute l'eau du manchon fût à la même température, et en second lieu, la lecture des volumes, au travers d'un cylindre transparent, présentait quelques incertitudes. Aussi Regnault a-t-il modifié l'appareil de Dalton. Il s'est proposé d'abord de mesurer la force élastique de la vapeur d'eau de zéro degré à 50° et au lieu du long manchon de Dalton chauffé par l'intermédiaire de la cuve à mercure, il a enveloppé le haut seulement des deux baromètres d'une caisse pleine d'eau présentant deux faces de verre parallèles. La caisse était chauffée peu à peu par un foyer placé dessous ; un seul thermomètre suffisait à en donner la température exacte ; et les lectures ne pouvaient pas présenter d'incertitude parce qu'elles étaient faites au travers de parois à faces parallèles.

244. Force élastique de la vapeur d'eau au-dessus de 50°. — Pour connaître la force élastique au-dessus de 50° et à des températures supérieures même à 100°, Regnault s'est appuyé sur un principe dont l'expérience de Dalton avait déjà fait la preuve : c'est que lorsqu'un liquide bout, la force élastique de sa vapeur est égale à la pression que supporte le liquide. Regnault s'est donc proposé de produire au-dessus du liquide chauffé

Fig. 156.

une atmosphère d'une pression connue et d'observer la température à laquelle le liquide entrait en ébullition. La pression exercée sur le liquide et mesurée au moment de l'ébullition représente la force élastique maximum de la vapeur du liquide pour cette température. Ainsi, tandis que Dalton amenait le liquide et sa vapeur à une température donnée et mesurait la force élastique correspondante de la vapeur, Regnault, renversant les termes du problème, produisait au-dessus du liquide une pression déterminée et il notait la température à laquelle l'ébullition du liquide avait lieu, en d'autres termes la température à laquelle la force élastique de la vapeur correspondait à la pression donnée.

Pour comprendre comment il a pu réussir dans ses recherches, on suppose une chaudière à parois solides contenant l'eau à vaporiser. Le couvercle de la chaudière porte plusieurs tubes fermés en bas, plongeant dans l'eau et contenant un peu de mercure et des thermomètres qui donnent assez exactement la température du liquide (fig. 156). La chaudière est mise en communication par un tube enveloppé d'un réfrigérant avec un réservoir extérieurement refroidi qui communique d'une part avec un manomètre à air libre et d'autre part avec une pompe à comprimer l'air.

Pour faire une expérience, on commence par établir au-dessus de la chaudière et dans tout l'appareil une pression donnée qu'indique le manomètre, on se sert d'une machine pneumatique si l'on veut une pression inférieure à 760^{mm}, et d'une pompe de compression si l'on veut une pression supérieure à une atmosphère. On chauffe la chaudière, les thermomètres indiquent une température croissante, et quand le liquide bout, les thermomètres deviennent stationnaires ; on note donc d'une part la température fixe des thermomètres et d'autre part la pression que supporte le liquide et qu'indique le manomètre ; cette dernière pression est la force élastique de la vapeur pour la température à laquelle se trouve le liquide.

On voit que ce mode d'expérimentation peut convenir à la fois à des pressions inférieures ou à des pressions supérieures à une atmosphère, et lorsqu'il s'agit de l'eau à des températures inférieures et supérieures à 100°.

245. Table des forces élastiques de la vapeur d'eau d'après Regnault. — Voici les principaux résultats trouvés par les diverses expérimentateurs depuis Dalton jusqu'à Regnault ; ils sont indiqués à la fois en millimètres de mercure et en atmosphères :

Températures.	FORCE ÉLASTIQUE		Températures.	FORCE ÉLASTIQUE	
	en millimètres.	en atmosphères.		en millimètres.	en atmosphères.
0°	4,6	0,006	100°	760,00	1,00
10°	9,17	0,012	110°	1075,4	1,42
20°	17,4	0,023	120°	1491,3	1,96
30°	31,5	0,04	130°	2030,3	2,67
40°	54,9	0,072	140°	2717,6	3,58
50°	91,9	0,121	150°	3581,2	4,71
60°	148,8	0,196	160°	4651,6	6,12
70°	233	0,307	170°	5961,6	7,84
80°	354,6	0,467	180°	7546,4	9,93
90°	525,4	0,691	190°	9442,7	12,4

Ce tableau montre que la force élastique de la vapeur d'eau, très faible d'abord, s'augmente très rapidement et beaucoup plus vite que la température. Une construction graphique permet de s'en rendre encore mieux compte : on porte sur une ligne horizontale des longueurs égales dont chacune représente 10° (fig. 157); puis en chaque point on élève une ordonnée proportionnelle à celui des nombres du tableau précédent qui correspond à la température; on joint par une ligne continue les extrémités de toutes les ordonnées et on a la représentation graphique des variations de la force élastique de la vapeur d'eau. Nous donnons ici une courbe des tensions de 0° à 50°, une des tensions de 0° à 100°, avec des ordonnées prises à une échelle plus petite, enfin une courbe des tensions de 0° à 160°. On y peut trouver, par une mesure à l'échelle employée, la force élastique correspondante à telle ou telle température qui n'est point énoncée dans le tableau précédent.

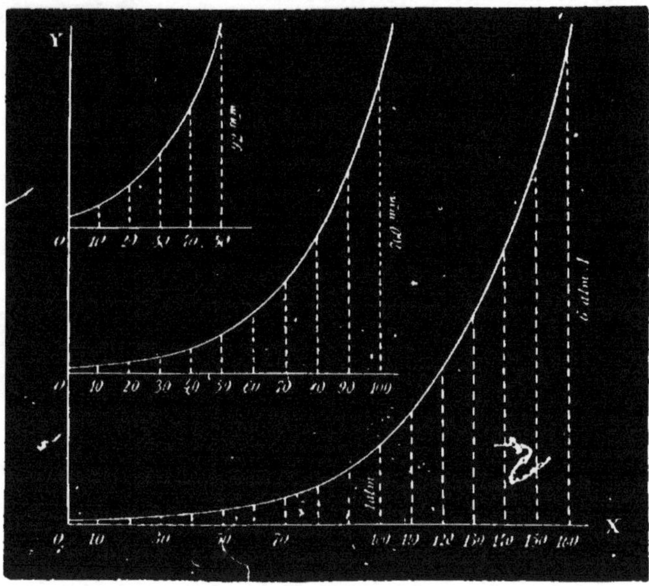

Fig. 157.

Nous remarquerons qu'il suffit d'amener l'eau dans un vase fermé à un peu plus de 120° pour que la force élastique de sa vapeur soit de 2 atmosphères, à environ 132° pour que la force soit de 3 atmosphères, à environ 180° ou 181° pour que la force élastique soit de 10 atmosphères.

246. Force élastique de la vapeur d'eau au-dessous de zéro. — Pour compléter les déterminations il reste à trouver la force élastique de la vapeur d'eau au-dessous de zéro. Pour cela on prend deux baromètres posés sur la même cuvette, dont l'un à eau ayant son extrémité supérieure repliée et plongeant dans un mélange réfrigérant (fig. 158). On met d'abord dans le vase où plonge l'extrémité supérieure du baromètre à eau de la glace fondante et on mesure la différence de niveau des deux baromètres; cette différence donne la force élastique cherchée. On remplace la glace par un mélange réfrigérant dont la température s'abaisse (il suffit pour cela de saupoudrer la glace de sel), et pour chaque température fixe on fait la lecture de la différence de hauteur des deux baromètres; on connaît ainsi les forces élastiques cherchées. Une partie notable de la vapeur n'est pas dans la portion refroidie du tube; mais la force élastique est la même que si toute la vapeur était à la température la plus basse où se trouve l'extrémité du tube. En effet, si la force élastique n'était pas la même partout dans le tube, l'équilibre n'existerait pas, et la vapeur quitterait les points où sa force élastique est plus grande pour aller vers le point le plus froid. Lors donc qu'une vapeur se trouve dans un espace dont une portion est à une température plus basse que le reste, la force élastique est la même que si tout l'espace se trouvait à cette température la plus basse.

C'est le principe de la roi froide, découvert par Watt et don nous trouverons plus tard une application au condenseur de la machine à vapeur. .

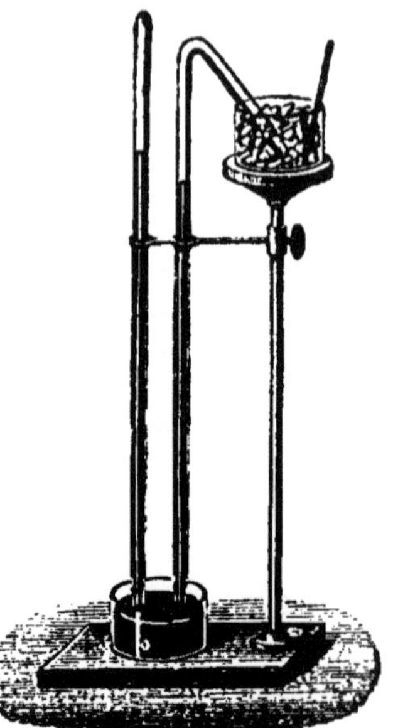

Fig. 158.

247. Mélange des gaz et des vapeurs. — Formation des vapeurs dans l'air et dans les gaz.

— Au lieu d'introduire un liquide dans le vide, si on l'introduit dans un espace clos contenant déjà un gaz, la vaporisation du liquide est moins brusque et demande un temps plus long; mais quand elle est complète, la *force élastique maximum de la vapeur est la même qu'elle aurait été dans le vide à la même température.*

Cette loi, énoncée d'abord par Dalton, a été vérifiée par Gay-Lussac de la manière suivante : On prend un gros tube de verre muni à la partie supérieure comme à la partie inférieure d'une garniture de fer à robinet et portant latéralement un tube fin (fig. 159). Le robinet inférieur étant fermé, on remplit l'appareil de mercure jusqu'au robinet supérieur. Cela fait, on fixe sur la garniture du haut un ballon plein d'air; on ouvre le robinet inférieur pour faire écouler le mercure et appeler dans le gros tube l'air du ballon. On ferme alors le robinet supérieur; on dévisse le ballon et on met à sa place un robinet à gouttière contenant de l'éther. A ce moment il y a dans le gros tube un certain volume d'air qu'il convient d'amener à la pression atmosphérique, ce que l'on fait en versant dans le tube fin du mercure jusqu'à ce que les niveaux dans les deux tubes soient sur un même plan horizontal. On marque alors le niveau du mercure dans le gros tube.

Le fonctionnement du robinet à gouttière se comprend facilement par l'inspection de la figure; dans toutes les positions il ferme le gros tube à l'air; et quand on le tourne de 180° il laisse tomber quelques gouttes d'éther sur le mercure dans la chambre pleine d'air; on le manœuvre ainsi plusieurs fois jusqu'à ce qu'il reste de l'éther sur le mercure. On attend quelques instants et on remarque que par suite de l'introduction de l'éther le niveau du mercure a monté dans la petite branche. Quand le niveau du mercure dans le petit tube est devenu stationnaire, c'est que la force élastique de la vapeur d'éther mêlée à l'air du gros tube a pris sa valeur maximum. On verse alors du mercure dans le tube fin jusqu'à ce que le niveau du liquide dans le gros tube soit le même qu'il était avant l'introduction de l'éther. La différence des deux niveaux, mesurée, indique la force élastique de la vapeur d'éther formée dans l'air. On peut vérifier qu'elle est la même que si l'éther s'était vaporisé dans le vide.

On tire de cette expérience une conséquence : c'est qu'un mélange d'un gaz et d'une vapeur se conduit comme un mélange de deux gaz; la vapeur y occupe tout l'espace avec la force élastique maximum qui lui est propre à la température où l'on est. Ainsi quand l'air est saturé de vapeur d'eau à la température de 20°, il contient son volume de vapeur avec une force élastique égale à $17^{mm},4$; par suite si la pression barométrique est de 760^{mm}, l'air sec qui remplit l'espace et qui est mêlé à la vapeur n'a réellement qu'une pression de $760-17,4$ ou de $742,6$. Cette remarque est nécessaire pour permettre de calculer le poids d'un mélange de gaz et de vapeur, et en particulier le poids de l'air saturé d'humidité.

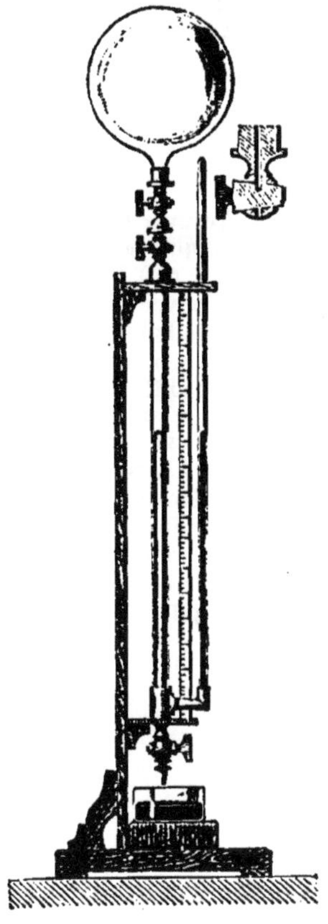

Fig. 159.

248. Application. — *Soit à chercher le poids d'un mètre cube d'air saturé de vapeur d'eau à 20° à la pression de 760^{mm}, si $0^{gr},8$ est le poids d'un litre de vapeur d'eau à 0° et sous la pression de 760^{mm}, et la tension de la vapeur à 20° $17^{mm},4$.*

La vapeur occupe 1000 litres à la pression $17^{mm},4$.
Le gaz   —   1000   —   — $760-17,4$.

Le poids de l'air humide est égal au poids de l'air sec augmenté du poids de la vapeur.

Le poids de l'air sec est :

$$p = \frac{1000 \times 1,293\,(760-17,4)}{760\,(1+0,00367 \times 20)}.$$

Le poids de la vapeur est :

$$p' = \frac{1000 \times 17,4 \times 0,8}{760\,(1+0,00367 \times 20)}.$$

Et le poids de l'air humide :

$$P = p + p'.$$

Il suffit pour l'obtenir de substituer dans cette dernière équation à p et à p' leurs valeurs et d'effectuer le calcul. On trouve :

$$P = 1193 \text{ grammes.}$$

Exercices.

94. Trouver le poids de vapeur d'eau qui sature 1 mètre cube d'air à 20° : la force élastique maximum de la vapeur à 20° est 17ᵐᵐ,4 ; le poids du litre de vapeur à 0° et à 760 millimètres est 0ᵍʳ,8.

95. Trouver le poids de la vapeur d'eau qui sature le même espace à 10° : la force élastique de la vapeur d'eau est à 10° de 9ᵐᵐ,1.

96. On a pris 15 litres d'air sec à 0° et sous la pression de 760 millimètres ; on les a chauffés à 30° et ils se sont saturés d'humidité. On demande quel est leur volume, si la pression n'a pas changé : la tension maximum de la vapeur d'eau à 30° est 31ᵐᵐ,5.

97. On a mesuré à 15° 10 litres d'air, saturé d'humidité sous la pression de 718 millimètres ; on demande quel serait le volume de cet air sec à 30° sous la pression de 760 millimètres.

98. Un volume V d'air sec à t° sous la pression H est mis en contact avec un excès de liquide. Quel sera le volume V' qu'occupera cet air quand il se sera saturé de vapeur, si la pression ne varie pas et si F représente la force élastique de la vapeur ? Appliquer en cas où V = 100 centimètres cubes, H = 760, t = 99°9, F = 758 millimètres.

CHAPITRE XXXI

DENSITÉ DES VAPEURS

249. Méthode de Gay-Lussac. — On définit la densité d'une vapeur par rapport à l'air, *le rapport du poids de la vapeur au poids d'un égal volume d'air pris dans les mêmes conditions de température et de pression.*

Pour trouver la densité d'une vapeur, Gay-Lussac remplissait complètement de liquide une petite ampoule en verre mince, tarée d'abord, puis fermée et pesée ; il connaissait le poids P du liquide employé. Il introduisait cette ampoule dans une éprouvette graduée, pleine de mercure, renversée sur une cuve en fonte et entourée d'un manchon rempli d'eau froide (fig. 160). Il chauffait l'appareil ; la dilatation du liquide faisait briser l'ampoule et réduire le liquide en vapeur. Il portait la température du manchon jusqu'à une température t, telle que tout le liquide fût vaporisé. Il mesurait exactement le volume V occupé dans l'éprouvette par la vapeur et la hauteur h de la colonne de mercure soulevée pour avoir, en retranchant h de la pression barométrique H, la pression de la vapeur.

On connaissait donc dans cette expérience le poids P de vapeur occupant à t^o, à la pression $H — h$, le volume $V (1 + Kt)$, K étant le coefficient du verre.

Dans les mêmes conditions le poids d'un égal volume d'air serait

$$P' = \frac{V (1 + Kt) \, 1{,}293 \, (H — h)}{(1 + 0{,}00367 \, t) \, 760} ;$$

la densité de la vapeur était obtenue d'après la définition par le calcul,

$$d = \frac{P}{P'} = \frac{P (1 + 0{,}00367 \, t) \, 760}{V (1 + Kt) \, 1{,}293 \, (H — h)} .$$

230. Méthode de Dumas. — Le procédé de Gay-Lussac présente quelques incertitudes dans la lecture du volume de la vapeur et de sa pression. Le suivant, dû à Dumas, est plus précis.

On introduit le liquide dont on veut déterminer la densité de vapeur dans un ballon à col effilé comme s'il s'agissait de remplir un thermomètre. Le ballon a été taré, ouvert et plein d'air à la température t du laboratoire avant l'introduction du liquide. On place ce ballon dans une marmite de fonte, sur un support qui le maintient plongé dans le liquide de la marmite (fig. 161) ; ce liquide est l'eau, l'huile, une dissolution saline ou un alliage fusible dont le point d'ébullition est notablement plus élevé que celui du liquide dont on cherche la densité de vapeur. On chauffe graduellement la marmite de manière que la température soit constamment ascendante. Le liquide du ballon se vaporise et sa vapeur, en sortant par la pointe effilée, entraîne l'air du ballon. Quand tout le liquide est vaporisé, qu'il ne sort plus de jet gazeux, on ferme au chalumeau la pointe du tube et on sort le ballon du bain après en avoir noté la température T. Le ballon refroidi est porté sur la balance.

La variation du poids (p) est la différence entre le poids du ballon plein de vapeur à la température T et le poids du ballon plein d'air à la température t.

Il reste à chercher le volume V du ballon. On plonge l'extrémité effilée dans l'eau et on brise la pointe : le ballon se remplit. En le pesant de nouveau on détermine le poids de l'eau introduite et on a le volume intérieur V du ballon en litres.

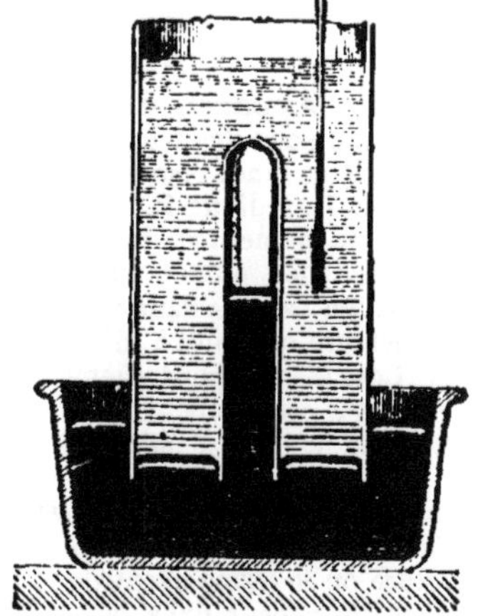

Fig. 160.

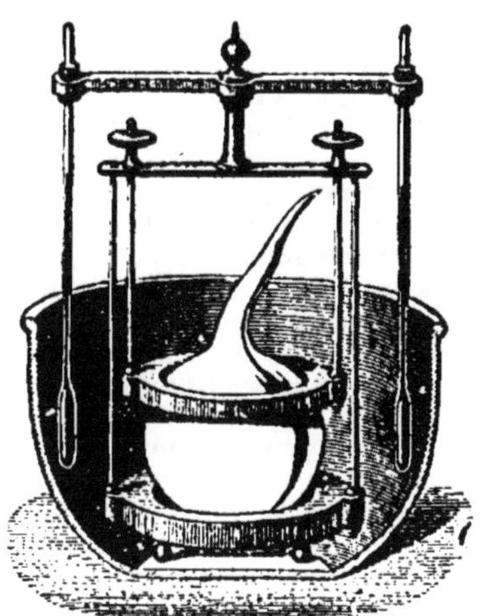

Fig. 161.

Voici le calcul à effectuer

Le poids d'air qui remplissait le ballon au moment de la tare est

$$\frac{V (1 + Kt) \, H \times 1{,}293}{(1 + \alpha t) \, 760} .$$

Le poids de la vapeur est donc

$$P = p + \frac{V (1 + Kt) \, H \times 1{,}293}{(1 + \alpha t) \, 760} .$$

A la même température T, le poids du même volume d'air serait

$$P' = \frac{V(1 + KT) \times H \times 1{,}293}{(1 + \alpha T)\,760}$$

La densité de la vapeur est donnée par le quotient de P sur P'

$$d = \frac{P}{P'}.$$

231. Appareil de Deville. — On ne peut se servir de l'appareil précédent que pour des températures inférieures à 500°, parce qu'au-dessus le verre se ramollit et fond. Pour opérer à des températures plus élevées, il faut employer, comme l'a indiqué M. Sainte-Claire Deville, un ballon de porcelaine que l'on ferme au moment voulu à l'aide du chalumeau oxydrique par un bouchon de porcelaine soudé au col du ballon. La marche générale de l'opération est la même. Le ballon est mis dans un liquide bouillant sous la pression atmosphérique, soit le mercure qui bout à 360°, le soufre à 440°, le cadmium à 860° et le zinc à 1040°. M. Deville a d'abord cherché par cette méthode la densité de la vapeur d'iode, et c'est à cette vapeur qu'il a comparé ensuite les densités des vapeurs provenant de liquides à point d'ébullition élevé.

Ce ballon, contenant un liquide dont on connaît bien la densité de vapeur, peut servir de pyromètre si après l'avoir laissé dans le foyer dont on veut mesurer la température on le ferme avant de le sortir. Du poids du ballon plein de vapeur dans les conditions de l'expérience on tire la température à laquelle il a été porté.

232. Méthode de Meyer. — On emploie fréquemment aujourd'hui, pour déterminer les densités des vapeurs, une méthode rapide due à Meyer. Le principe en est simple : on s'arrange de manière à connaître un poids p de vapeur et à mesurer le volume d'air égal à celui de cette vapeur et qu'elle chasse hors de l'appareil.

Pour les liquides dont le point d'ébullition n'est pas trop élevé, l'appareil se compose essentiellement d'un gros réservoir thermométrique d'environ 100 centimètres cubes de capacité et de 30 centimètres de hauteur ; ce réservoir cylindrique est prolongé par un tube de 6 millimètres de diamètre et de 60 centimètres de longueur ; à 10 centimètres au-dessous de son extrémité supérieure ouverte, est soudé un tube de dégagement d'un millimètre de diamètre se rendant dans une petite cuve à eau sous une éprouvette graduée (fig. 162). Le réservoir contenant au fond un peu d'amiante calcinée, est chauffé dans un manchon de verre contenant de l'eau, ou dans un tube de fer contenant du mercure. Quand la température du bain chauffé est devenue stable, on laisse tomber dans le réservoir un petit tube contenant environ 1 décigramme du liquide à vaporiser ; on bouche le tube par le haut et on recueille dans l'éprouvette graduée le gaz qui se dégage. La vapeur s'est produite sous l'influence de la chaleur ; elle a occupé un certain volume et elle a chassé du réservoir un volume d'air égal au sien. Quand le dégagement a cessé, on mesure le gaz recueilli sur la cuve à eau à la pression H. Si V est ce volume, comme ce serait celui que la vapeur occuperait si l'on pouvait la mesurer dans les mêmes conditions, on peut écrire que le poids P de vapeur dont la densité est d est indiqué par la formule

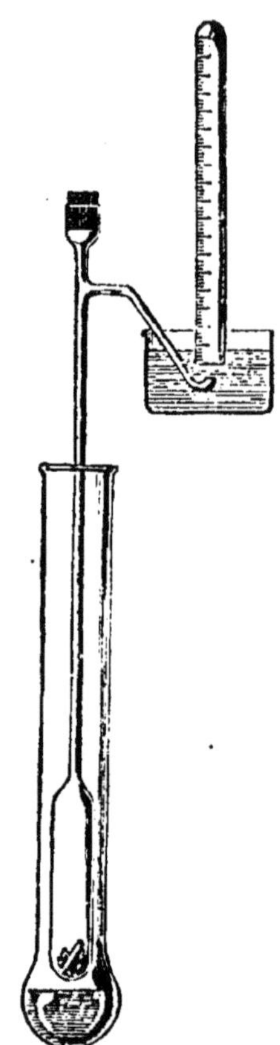

Fig. 162.

$$P = \frac{V \times 1{,}293 \times (H - h) \times d}{(1 + \alpha t)\,760}$$

et on en tire

$$d = \frac{P(1 + \alpha t)\,760}{V \times (H - h)\,1{,}293}.$$

L'appareil de Meyer est aujourd'hui d'un usage courant dans les laboratoires à cause de sa simplicité et de la rapidité des opérations. On a pu, en le modifiant un peu, l'appliquer à la recherche des densités de vapeur à hautes températures.

253. Densités théoriques. — On peut calculer théoriquement la densité de vapeur des corps dont on connaît bien la composition en poids et en volumes.

En chimie on compare les corps à l'hydrogène dont l'équivalent en poids est pris égal à 1 et l'équivalent en volume égal à 2.

Si l'on considère un corps simple comme le chlore dont l'équivalent en poids est 35,5 et l'équivalent en volume 2 ; ou bien un corps composé comme HS dont l'équivalent en poids est 17 et l'équivalent en volume 2, on pourra écrire :

2 volumes	H	sont représentés par	1 gramme,
2 volumes	Cl	—	35^{gr},5,
2 volumes	HS	—	17 grammes,

et on en conclura immédiatement que le chlore pèse 35,5 et l'hydrogène sulfuré 17 fois plus que l'hydrogène ; que les densités théoriques de ces corps, celle de l'hydrogène étant 0,0692, sont :

Pour le chlore. . . . . . . $d = 35{,}5 \times 0{,}0692 = 2{,}4566.$
Pour l'hydrogène sulfuré. . $d = 17 \times 0{,}0692 = 1{,}1764.$

On peut ainsi calculer les densités de beaucoup de corps. Voici quelques exemples :

Oxygène	O	8^{gr} et 1 volume	$d =$	$16 \times 0{,}0692 = 1{,}1072.$
Acide carbonique	CO^2	22^{gr} et 2 volumes	$d =$	$22 \times 0{,}0692 = 1{,}52.$
Acide chlorhydrique	HCl	36^{gr}5 et 4 volumes	$d =$	$18{,}75 \times 0{,}0692 = 1{,}2975.$

Les nombres ainsi trouvés sont généralement un peu plus faibles que ceux que donne l'expérience directe : c'est que les vapeurs ne peuvent être considérées réellement comme des gaz parfaits que quand leur température est élevée et qu'elles sont loin de leur point de saturation.

Exercices.

99. Quel est le volume occupé par 10 grammes d'eau réduite en vapeur à 30° sous la pression de 32 millimètres ? La densité de la vapeur d'eau est 0,622.

100. Trouver la densité de l'ammoniaque sachant que 2 volumes d'azote et 6 volumes d'hydrogène donnent 4 volumes du gaz. Az = 14 grammes.

101. Trouver la densité théorique de l'acide acétique dont la formule C^{4}H^{4}O^4 (C = 6 , O = 8) le représente sous 4 volumes de vapeur.

102. La densité de la vapeur d'éther est de 2,56, quel poids d'éther faut-il vaporiser dans l'appareil de Meyer pour que l'air recueilli mesuré humide à 20° sous la pression barométrique de 770 occupe 60 centimètres cubes ? La tension h de la vapeur d'eau à 20° est 17^{mm},4.

CHAPITRE XXXII

MODES DE FORMATION DES VAPEURS. — ÉVAPORATION — ÉBULLITION

254. Modes de formation des vapeurs. — Un liquide peut passer en vapeur de deux manières : ou bien le passage est lent et ne s'effectue que par la surface libre du liquide : celui-ci diminue peu à peu et disparaît dans l'air en vapeurs invisibles, c'est le phénomène de l'**évaporation**; ou bien, si l'on place le liquide sur une source de chaleur, on voit à un moment donné de grosses bulles se former au fond et sur les parois du vase, s'élever dans le liquide et venir crever à la surface en produisant un bouillonnement tumultueux dans toute la masse du liquide : c'est le phénomène de l'**ébullition**.

255. Conditions qui favorisent l'évaporation.

— Si l'on abandonne à l'air sur des soucoupes un peu d'eau, un peu d'alcool, un peu d'éther, ce dernier liquide est vite disparu, le second est plus longtemps à disparaître, et l'eau elle-même diminue peu à peu et se répand en gaz invisible dans l'atmosphère. Si l'on avait couvert d'une cloche chacune des soucoupes et limité ainsi l'espace dans lequel pouvait se répandre la vapeur, l'évaporation se serait d'abord produite, mais elle n'aurait pas tardé à s'arrêter; quand la cloche aurait contenu la vapeur du liquide avec la force élastique maximum que cette vapeur peut prendre à la température de l'expérience, l'espace aurait été saturé et la production de vapeur se serait arrêtée. Mais quand l'atmosphère au-dessus du liquide est illimitée ou se renouvelle sans cesse, la production de vapeur est continue.

La rapidité de l'évaporation dépend de plusieurs conditions : de l'étendue de la surface du liquide, de la température, de l'agitation de l'air ambiant, de la quantité de vapeur existant déjà dans l'atmosphère.

Étendue de la surface. — Puisque la production de la vapeur a lieu par la surface du liquide, plus cette surface est grande, plus est grande aussi la quantité de liquide évaporé dans un temps donné. On sait fort bien que pour faire sécher du linge mouillé on l'étale le plus possible plutôt que de le laisser en tas. On met à profit l'influence de la grandeur de la surface évaporatoire pour extraire le sel soit des eaux de la mer, soit des sources salées. L'eau de la mer ne contient environ que 2.5 % de sel; il faut l'amener à peu près à 25 % pour que le sel se dépose. On fait arriver l'eau de la mer dans une suite de bassins de faible profondeur mais d'une étendue de deux ou trois cents hectares, et après un court séjour dans ces **marais salants**, l'eau s'est assez évaporée pour laisser déposer le sel que l'on rassemble et que l'on enlève.

Les eaux des sources salées sont comme l'eau de la mer très peu chargées de sel; on dépenserait trop de combustible pour les faire évaporer tout d'abord par la chaleur. On les répand sur des tas de fagots où elles s'évaporent à l'air libre et sans frais parce qu'elles sont répandues sur une très grande surface.

Élévation de la température. — Plus un liquide à évaporer est chaud, plus est grande la tension maximum de sa vapeur, par conséquent plus il donne de vapeurs dans le même temps et plus son évaporation est rapide. On met journellement à profit cette influence pour évaporer rapide · · ' les liquides dans les laboratoires; on place les liquides dans de larges capsules que l'on chauffe. Pendant l'été, le sol et les plantes se dessèchent promptement aux rayons du soleil; l'évaporation par les feuilles est très active, si active même que la plante se fane si on ne l'abrite pas ou si on ne lui rend pas par un arrosage l'eau qu'elle perd par l'évaporation. Dans les fabriques de papier et de tissus, on sèche ceux-ci en un instant en les faisant passer sur des cylindres creux chauffés par un courant de vapeur d'eau qui circule dans leur intérieur.

Influence de la quantité de vapeur existant déjà dans l'air. — L'évaporation est d'autant plus rapide que l'air en contact avec le liquide contient moins de vapeurs, et lorsqu'il s'agit de l'eau, que l'air est plus sec. Si l'atmosphère est près d'être saturée, l'évaporation est lente, presque nulle; elle devient au contraire très active si l'atmosphère est sèche. C'est un fait d'expérience qu'on ne peut sécher facilement les lessives quand l'air est humide. Cette influence se fait aussi sentir sur la transpiration cutanée, et le malaise que l'on éprouve dans un air très humide et que l'on indique en disant à tort que le temps est lourd en est la conséquence.

Agitation de l'air. — Le mouvement de l'air active l'évaporation. Si l'air était calme et ne se renouvelait pas, il se formerait au-dessus du liquide une couche saturée et l'évaporation serait arrêtée. L'agitation de l'air enlève cette couche à mesure qu'elle se sature et amène au-dessus du liquide, d'une façon continue, de l'air qui ne contient pas encore de vapeur. On sait d'ailleurs que les vents secs et chauds sèchent promptement les corps humides. Et on tient compte de cette circonstance aussi bien que des précédentes pour opérer rapidement la dessiccation des corps auxquels il faut enlever de l'eau.

256. Ébullition. — L'ébullition est la production continue de vapeur en grosses bulles dans toute la masse du liquide. On la produit d'ordinaire par l'action de la chaleur : on met sur le feu un vase contenant de l'eau; si le vase est de verre on voit les premières bulles de vapeur se former au contact de la partie chauffée, puis monter et se détruire dans le liquide, tant que la température de tout le liquide n'est pas suffisante pour que la force élastique des bulles de vapeur devienne égale à la pression de l'atmosphère. Chaque bulle qui monte rencontre des couches d'eau moins chaudes qu'elle et dont elle prend la température; elle se condense en se refroidissant, et le liquide environnant se précipite et se choque pour remplir le vide que la bulle a laissé. Quand ce phénomène se produit à beaucoup de points du liquide, la succession des chocs donne naissance au **chant** de l'eau qui va bouillir. Enfin quand les bulles de vapeur peuvent exister au milieu du liquide, c'est-à-dire quand leur tension maximum est devenue égale à la pression de l'atmosphère, elles arrivent jusqu'à la surface sans se condenser et le liquide est en pleine ébullition.

257. Lois de l'ébullition. — L'ébullition des liquides est gouvernée par les deux lois suivantes :

1° Un liquide ne commence à bouillir que quand sa température est suffisante pour que la force élastique maximum de sa vapeur soit au moins égale à la pression que le liquide supporte.

2° La température de la vapeur est constante immédiatement au-dessus du liquide pendant toute la durée de l'ébullition.

On démontre aisément cette seconde loi, en faisant bouillir pendant quelque temps un liquide et en observant un thermomètre plongé dans la vapeur : le thermomètre reste invariable, quelle que soit la puissance du foyer. Nous avons d'ailleurs fait usage de cette loi pour déterminer le point 100 du thermomètre.

On démontre la première loi pour l'eau soumise à la pression ordinaire par l'expérience suivante : Dans un tube recourbé dont la petite branche est fermée et la grande ouverte, on met du mercure pour remplir la petite branche; on y ajoute ensuite un peu d'eau que l'on fait passer en inclinant convenablement le tube, au haut de la petite branche. Ce tube, passé dans un bouchon, est placé dans un ballon qui contient de l'eau et que l'on chauffe sur un fourneau (fig. 163).

Quand l'eau du ballon approche de l'ébullition, on voit l'eau du tube se vaporiser et le mercure baisser dans la petite branche; et quand l'eau du ballon bout, les deux niveaux du mercure dans les deux branches du tube sont sur un même plan horizontal. La vapeur d'eau de la petite branche, au contact de laquelle il reste du liquide a pris la force élastique maximum correspondante à sa température; elle est au même degré que l'eau du ballon et elle fait équilibre à la pression de l'atmosphère. On peut donc dire que *la force élastique de la vapeur d'un liquide qui bout est égale à la pression que le liquide supporte.*

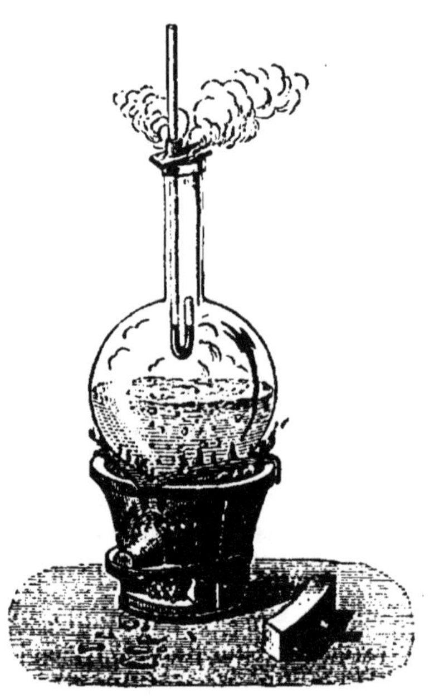

Fig. 163.

Il résulte de cette loi que si on diminue la pression exercée au-dessus du liquide, l'ébullition doit être facilitée, avoir lieu plus tôt, à une température moins élevée, puisque la force élastique à donner à la vapeur est moins grande; et au contraire que si on augmente la pression au-dessus du liquide, l'ébullition est retardée et ne se produit qu'à une température plus élevée. Nous pouvons vérifier ces deux conséquences par l'expérience.

288. Influence de la pression sur l'ébullition. — 1° Augmentation de la pression, marmite de

Papin. — On sait que la force élastique maximum de la vapeur d'eau augmente rapidement avec la température, qu'elle est de 2 atmosphères à 121°, de 3 atmosphères à 135°, de 4 atmosphères à 145°. Si donc on fait supporter à l'eau une pression de 2, 3, 4 atmosphères, il faudra élever sa température à 121°, à 135° ou à 145° pour produire l'ébullition ; si même on augmente assez la pression, on pourra empêcher l'eau de bouillir. C'est ce qu'on réalise avec la *marmite de Papin.* Cet appareil est une chaudière de cuivre à parois très fortes dont le couvercle, percé seulement d'une petite ouverture,

est fixé très solidement contre le vase au moyen d'une vis (fig. 164). Sur la petite ouverture du couvercle appuie un cône pressé par un levier à l'extrémité duquel est un poids : c'est une soupape de sûreté destinée à éviter que la pression dans l'intérieur de l'appareil n'atteigne une puissance capable de faire éclater la chaudière ; la longueur du levier et le poids sont calculés de manière que la vapeur puisse soulever le cône et sortir, avant que sa pression ait une valeur trop grande.

Fig. 164.

On a mis de l'eau dans la chaudière avant de la fermer ; on la place sur le feu et on la chauffe ; il n'en sort pas de vapeur, bien que la température soit élevée beaucoup au-dessus de 100°.

L'eau ne bout pas tant que la soupape reste fermée ; car le liquide subit une pression plus grande que la tension de sa vapeur, puisqu'à celle-ci s'ajoute la pression de l'air intérieur. Mais si on soulève la soupape, il sort un jet de vapeur avec bruit par l'orifice, parce que la pression intérieure diminue et que l'ébullition se produit violemment.

On a pu, avec un appareil très résistant, faire fondre de l'étain dans l'eau et par conséquent porter ce liquide à 235°. Dans l'industrie on emploie cette marmite plus ou moins modifiée sous le nom d'autoclave pour faire agir l'eau sur des substances qui ne seraient pas attaquées à 100° ; c'est ainsi, pour ne citer qu'un exemple, qu'on extrait la gélatine des os.

2° Diminution de la pression. — *Ébullition dans le vide.* — *Ballon de Franklin.* — Si l'on place sous la cloche de la machine pneumatique un vase de verre contenant de l'eau à 20° et qu'on fasse le vide, l'eau commencera à bouillir quand la pression sous le récipient ne sera plus que de 17ᵐᵐ,4 ; c'est en effet la valeur de la force élastique de la vapeur d'eau à 20° : l'ébullition de l'eau sera aussi complète que si le vase était porté à 100° sous la pression ordinaire.

On peut démontrer, sans qu'il soit besoin d'une machine pneumatique, que la diminution de la pression permet à l'eau de bouillir plus facilement.

On remplit aux quatre cinquièmes un ballon d'eau; on y fait bouillir le liquide au moins dix minutes pour que la vapeur, en se dégageant, entraîne tout l'air, puis on ferme le ballon avec un bon bouchon et on le laisse refroidir en le posant renversé sur un support (fig. 165). Si alors on verse de l'eau froide sur le dôme du ballon, on voit reprendre l'ébullition du liquide comme si celui-ci était chauffé. Pendant que l'ébullition a lieu, on l'arrête instantanément en versant de l'eau chaude sur le ballon.

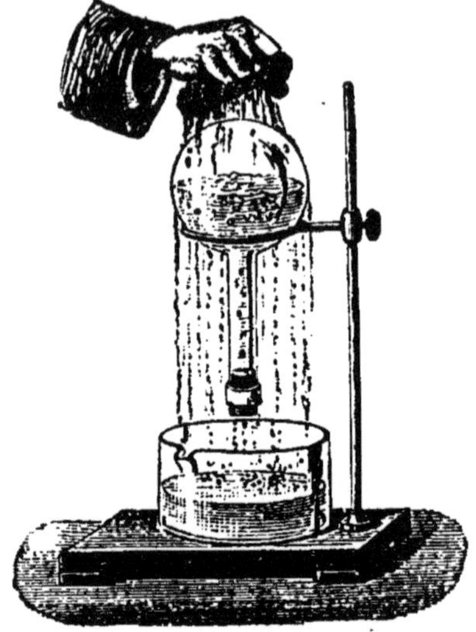

Fig. 165.

Voici comment on peut expliquer ce curieux phénomène. Il n'y a, dans le ballon, que de l'eau et de la vapeur d'eau; lorsqu'on verse un liquide froid sur le haut du ballon, ce liquide refroidit un peu l'espace plein de vapeur d'eau; sous l'action de ce refroidissement, une partie de la vapeur d'eau se condense; c'est comme si un vide partiel s'était produit au-dessus du liquide; la pression diminue et l'ébullition peut avoir lieu à nouveau. Cette expérience dure jusqu'à ce que le ballon soit à la température ambiante; et à ce moment on peut encore y produire l'ébullition en versant sur le dôme un liquide comme l'éther, qui provoque un refroidissement. Mais le phénomène cesse tout à fait quand le liquide est à la même température que la vapeur dont il est surmonté.

260. Mesure des hauteurs par la température d'ébullition de l'eau. — L'eau, à l'air libre, bout à 100° quand la pression est de 760^{mm}; si la pression est plus faible, l'eau bout à une température un peu plus basse. Quand on connaît la température à laquelle a lieu l'ébullition de l'eau dans un endroit quelconque, si l'on cherche, sur les tables des forces élastiques de la vapeur d'eau, la tension maximum qui correspond à la température donnée, cette tension exprime exactement la pression atmosphérique au point où l'on est. On peut donc, avec les tables de Regnault, et en connaissant la température à laquelle l'eau entre en ébullition, trouver la pression atmosphérique aussi exactement qu'on l'aurait avec un baromètre; on peut, par suite, déterminer la hauteur à laquelle on s'est élevé. Pour opérer avec quelque exactitude, il faut avoir un thermomètre particulier qui donne les dixièmes de degré vers le point 100, et un vase d'eau pour y placer ce thermomètre. L'opération à faire est très simple : on met de l'eau dans le vase (fig. 166); on y place le thermomètre; à l'aide d'une lampe à alcool on fait bouillir l'eau; on observe le thermomètre, et quand il est devenu stationnaire on lit la température qu'il marque. En consultant les tables de Regnault, on lit en face de cette température la force élastique maximum de la vapeur d'eau qui donne la pression; et par cette dernière on a l'un des éléments de la recherche de l'altitude du lieu de l'observation. Sur le mont Blanc, dont la hauteur est de 4,800 mètres, la température d'ébullition est 84°,5.

260. Influence de l'air sur l'ébullition. — Quand on laisse refroidir l'eau contenue dans un ballon après l'avoir fait bouillir assez de temps pour que tout l'air et les gaz dissous dans l'eau aient pu être entraînés et qu'on chauffe à nouveau ce liquide, on constate qu'il faut élever sa température à plus de 100° pour y produire à nouveau l'ébullition. On en conclut que l'air adhérent aux parois du vase et l'air dissous dans le liquide jouent un rôle dans l'ébullition ordinaire et la favorisent.

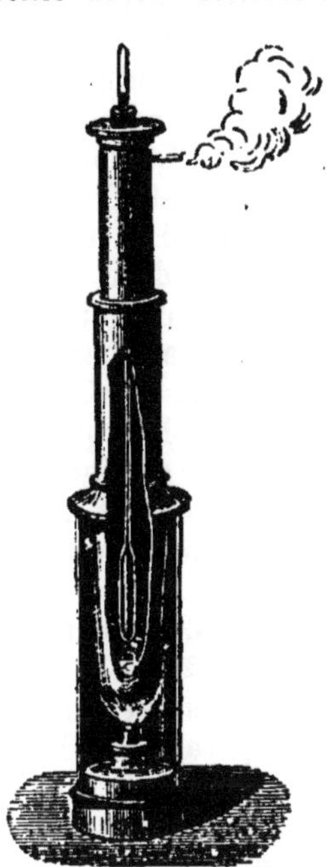

Fig. 166.

Pour le prouver, on a d'abord montré que l'ébullition n'a pas lieu dans un liquide privé d'air ou d'un autre gaz, et ensuite qu'aussitôt que des bulles de gaz sont introduites dans le liquide chauffé, l'ébullition se produit. Une des expériences les plus saisissantes sous ce rapport a été indiquée par M. Gernez. On remplit au tiers, après l'avoir soigneusement lavé à l'acide sulfurique, un tube d'essai de sulfure de carbone surmonté d'une petite couche d'eau, et on plonge le tube dans un ballon plein d'eau. On chauffe le ballon graduellement jusqu'à 60°. Bien que le sulfure de carbone puisse bouillir sous la pression normale à 47°, il reste encore liquide à 60° dans les conditions précédentes. Mais si on laisse tomber dans le tube une petite cloche pleine d'air, on voit se produire une bulle de vapeur au moment où la cloche arrive dans le liquide; cette bulle soulève la cloche qui retombe et le phénomène recommence.

La présence d'un gaz libre est donc nécessaire à l'ébullition; c'est autour d'un noyau gazeux que se forment et que se dégagent les bulles de vapeur du liquide.

261. Influence du vase. — Cette action de l'air explique pourquoi l'ébullition est plus rapide dans certains vases que dans d'autres : le phénomène commence d'autant plus tôt que le vase retient mieux l'air sur ses parois internes ; et quand l'air est chassé à peu près complètement par une longue ébullition, les bulles de vapeurs qui se produisent se dégagent par soubresauts, en même temps que la température s'élève. Si l'on a fait bouillir quelque temps de l'eau dans un ballon et qu'on le retire du feu, l'ébullition cesse ; elle reprend spontanément si on laisse tomber dans le liquide de la limaille de fer, parce que ce dernier corps y introduit de l'air qu'il retenait à sa surface.

262. Influence des substances dissoutes. — Les substances salines en dissolution dans l'eau en retardent plus ou moins l'ébullition ; c'est ainsi qu'une eau saturée de carbonate de potasse ne bout qu'à 135° et une eau saturée de chlorure de calcium à 179°. Et dans ces dissolutions plus denses que l'eau, contenant moins d'air dissous, les bulles de vapeurs qui se forment ne montent pas aussi facilement que dans l'eau ; elles soulèvent le liquide qui retombe derrière elles, et il en résulte un mouvement tumultueux.

C'est ce qui se présente surtout avec l'acide sulfurique ; les bulles formées au fond du vase contre la partie chauffée soulèvent le liquide visqueux dont elles rompent difficilement la cohésion ; le liquide retombe brusquement et peut briser le vase si celui-ci est de verre. On évite cet inconvénient en introduisant dans le liquide des fils de platine ou des fragments de ponce sulfurique qui rendent l'ébullition régulière quand le chauffage est lui-même très régulier.

263. Températures d'ébullition des principaux liquides. — D'après tout ce que nous venons de dire des influences diverses qui agissent sur l'ébullition, on voit que pour connaître la température à laquelle un liquide bout sous la pression ordinaire de 760ᵐᵐ, il est indispensable d'employer un liquide très pur, ne contenant pas de solide en dissolution, et de prendre la température, non dans le liquide lui-même, mais dans la vapeur près du liquide, en préservant celle-ci du refroidissement comme on le fait pour le point 100 du thermomètre : c'est avec ces précautions qu'ont été déterminés les nombres suivants qui donnent les points d'ébullition des liquides usuels sous la pression de 760ᵐᵐ :

Acide sulfureux	−10°	Benzine	80.3
Éther	35	Acide nitrique concentré	86
Sulfure de carbone	46	Eau	100
Chloroforme	60.4	Essence de térébenthine	159
Alcool méthylique	66.8	Mercure	357
— de vin pur	78.3	Soufre	449

264. Bain-marie. — La constance de la température d'ébullition tant que la pression ne change pas est appliquée pour maintenir un corps à une température invariable. Si on ne doit pas le chauffer à plus de 100°, on emploie l'eau. Ce liquide est contenu dans un vase extérieur où l'on plonge le vase contenant le corps à chauffer. Cette disposition porte le nom de *bain-marie*; elle est d'un fréquent usage; le pot à colle des menuisiers en est un exemple des plus communs.

Si l'on remplace l'eau par un liquide dont le point d'ébullition est plus élevé, on pourra chauffer un corps à plus de 100°, mais sans dépasser la température d'ébullition du premier liquide.

265. Liquides projetés sur des plaques très chaudes. — Quand on verse de l'eau sur une plaque métallique très fortement chauffée, comme une plaque de tôle ou une capsule de platine, le liquide, au lieu de s'étendre et de se vaporiser très promptement, se rassemble en petites masses sphériques qui se déplacent en tous sens et qui diminuent peu à peu de volume sans présenter les caractères spéciaux de l'ébullition. Laisse-t-on refroidir la plaque ou la capsule, à un moment l'eau s'étale à la surface du métal et elle se résout subitement en vapeur avec une sorte d'explosion. Ce phénomène est désigné sous le nom de **caléfaction;** on l'a d'abord appelé très improprement état sphéroïdal.

Quand la caléfaction se produit, il n'y a pas contact entre la plaque chaude et le globule liquide. On peut le montrer de plusieurs manières : d'abord si la plaque est percée de petits trous, le liquide ne passe pas au travers; ensuite si l'on emploie une plaque de cuivre et qu'on y projette de l'acide azotique, la plaque n'est pas attaquée; enfin en employant un liquide noirci et en plaçant une bougie allumée à la hauteur de la plaque (fig. 167), on peut

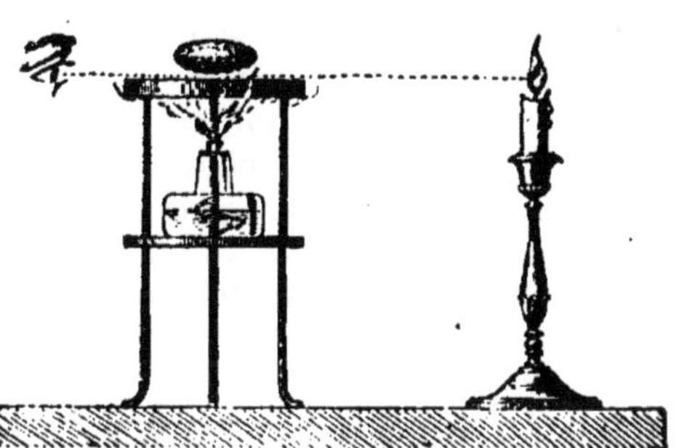

Fig. 167.

voir qu'il existe un espace libre entre la plaque et le globule liquide.

Ce phénomène s'explique de la manière suivante. Le liquide ne mouille pas la plaque très chaude; il s'enveloppe d'une gaine de vapeur qui le maintient comme suspendu; supporté ainsi par sa vapeur il prend la forme globulaire que prennent les liquides qui ne mouillent pas les corps. Puisque le contact n'existe pas, le globule n'est pas à la température de la plaque; il n'est même pas au degré auquel il peut bouillir. Quand la température de la plaque s'abaisse, l'évaporation du liquide se ralentit; les vapeurs ne portent plus le globule, et aussitôt que celui-ci tombe au contact du métal notablement plus chaud que lui, il se vaporise avec violence.

Les expériences faites d'abord par Boutigny et répétées depuis dans les cours, prouvent bien que le globule est à une température inférieure à son point d'ébullition. Si en effet dans un creuset de platine porté au rouge blanc, on projette d'abord de l'acide sulfureux liquide puis quelques gouttes d'eau, et qu'on retourne vivement le creuset, il en sort des fragments de glace. L'acide sulfureux liquide a pris la forme globulaire en gardant une température plus basse que — 10°, et il a congelé l'eau à son contact.

La caléfaction permet de rendre compte des explosions qui se produisent dans les chaudières des machines à vapeur. L'eau, en s'évaporant dans la chaudière, laisse en dépôt un sel calcaire qui se fixe aux parois. Il faut alors plus de chaleur pour faire bouillir l'eau au travers de cette couche calcaire et les parois rougissent. Si les incrustations se fendillent, l'eau subit la caléfaction contre les portions découvertes des parois chauffées, et quand survient un refroidissement, l'eau subit une ébullition violente, et il en résulte une brusque augmentation de pression qui fait éclater la chaudière et qui en projette les parois.

266. La vaporisation exige de la chaleur. — Quel que soit le moyen que l'on emploie pour faire passer un liquide en vapeur, il faut toujours de la chaleur pour produire le changement d'état. Dans le cas de l'ébullition ou d'une évaporation très rapide, cette chaleur est empruntée à un foyer et la dépense de chaleur est évidente; le phénomène est analogue dans toute évaporation; et si l'on isole le liquide de tout autre corps, la chaleur est empruntée au liquide lui-même qui se refroidit notablement, et parfois même assez pour se congeler.

Froid produit par l'évaporation. — Tout le monde sait qu'un liquide très volatil comme l'éther, versé sur la main, y produit une sensation de froid parce qu'il emprunte à la main la chaleur nécessaire à sa volatilisation rapide. Deux expériences simples permettent de montrer que l'éther se refroidit en s'évaporant : la première consiste à envelopper de ouate le réservoir d'un thermomètre, à placer ce thermomètre dans un courant d'air ou à envoyer un jet d'air avec un soufflet sur le tampon d'ouate : on voit le thermomètre baisser rapidement; dans la seconde, on verse de l'éther dans un verre; on place dans le liquide un tube d'essai contenant un peu d'eau, et à l'aide d'un soufflet et d'un tube recourbé plongeant dans le verre on envoie dans l'éther un courant d'air; l'évaporation de l'éther est très rapide, et au bout de peu de temps l'eau du tube est transformée en glace : la chaleur empruntée au tube et à l'eau est assez considérable pour amener la congélation de l'eau.

La congélation de l'eau dans le vide réalisée pour la première fois par Leslie est un phénomène analogue. Pour la produire, on pose sur la platine de la machine pneumatique un vase large contenant de l'acide sulfurique concentré, sur le vase un support en fils métal-

Fig. 168.

liques portant un bouchon large et peu épais légèrement creusé et noirci (fig. 168). On place quelques gouttes d'eau dans la cavité du bouchon; on couvre le tout de la cloche et on fait le vide rapidement. Quand le vide est fait et maintenu quelque temps, on voit l'eau se prendre en glace sur le bouchon. Si l'on suit attentivement l'expérience, on voit d'abord l'eau bouillir quand le vide est assez approché; mais la vapeur produite est absorbée par l'acide sulfurique à mesure qu'elle se forme, il y a donc un vide à peu près complet au-dessus du liquide; l'évaporation est continue, et comme aucune source étrangère ne peut fournir à l'eau qui est isolée la chaleur dont elle a besoin pour se vaporiser, l'eau se la prend à elle-même; elle abaisse sa température jusqu'à zéro et la portion du liquide qui reste se prend en glace.

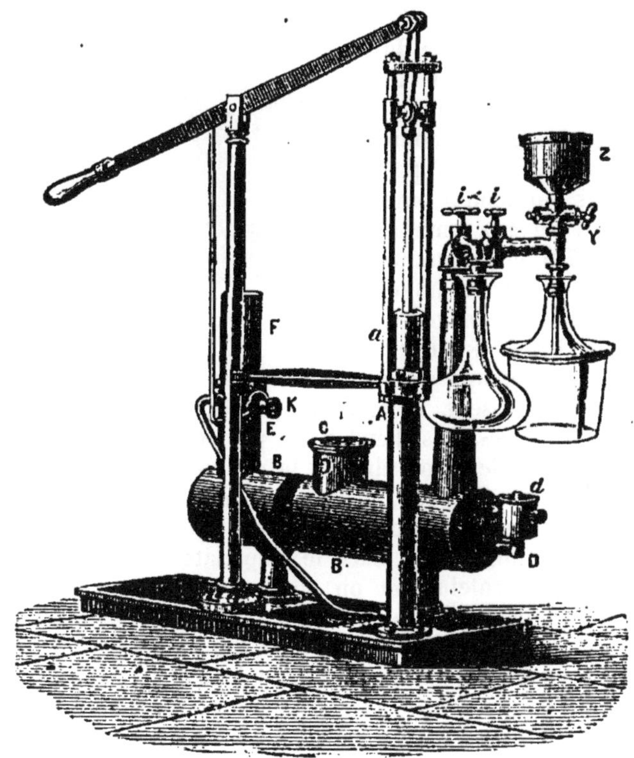

Fig. 169.

267 Applications du froid produit par la vaporisation — L'expérience de Leslie ne permet de faire à l'aide du vide qu'un très petit morceau de glace; on en a néanmoins utilisé le principe pour la production du froid dans l'industrie, en faisant évaporer rapidement soit l'eau, soit d'autres liquides qui passent facilement à l'état gazeux.

Pompe Carré à réservoir d'acide sulfurique. — Un appareil fondé sur l'évaporation de l'eau est dû à M. Carré. Il se compose d'un réservoir en plomb B contenant de l'acide sulfurique; dans ce réservoir aboutissent deux tubes, l'un à l'extrémité duquel on fixe avec un bouchon en caoutchouc une carafe un peu large contenant de l'eau; l'autre qui communique avec une pompe à main munie d'un levier pour sa manœuvre. En faisant fonctionner la pompe, on fait le vide dans la carafe; l'eau ne tarde pas à entrer en ébullition; mais sa vapeur est absorbée par l'acide sulfurique à mesure qu'elle se produit; le vide se maintient, l'ébullition continue et la chaleur qu'elle emprunte est en assez grande quantité pour déterminer la congélation de l'eau dans la carafe.

Appareil congélateur fondé sur la volatilisation de l'ammoniaque. — On doit aussi à M. Carré un appareil industriel pour la fabrication en grand de la glace par l'évaporation rapide de l'ammoniaque liquide. L'appareil se compose d'une chaudière à parois fortes contenant une dissolution de gaz ammoniac (fig. 170), elle communique avec un vase annulaire, appelé le *congélateur*, par deux tubes latéraux

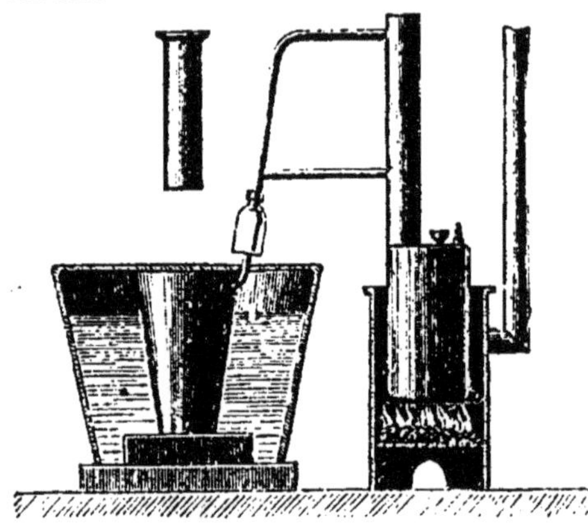

Fig. 170.

munis d'une soupape s'ouvrant dans l'un de dedans en dehors et dans l'autre en sens inverse. L'opération présente deux phases distinctes et successives. Pendant la première, on entoure le congélateur d'eau froide et on chauffe la chaudière jusqu'à 120°. Tout le gaz ammoniac se dégage, passe dans le congélateur, et il devient en partie liquide. Quand ce premier résultat est atteint, on cesse de chauffer la chaudière; on place le congélateur dans une dissolution de chlorure de calcium et on met un vase plein d'eau dans son espace annulaire. Les vapeurs d'ammoniaque se dissolvent dans l'eau de la chaudière; l'ammoniaque liquide s'évapore rapidement puisque les vapeurs disparaissent dans l'eau de la chaudière à mesure qu'elles se produisent; il en résulte un refroidissement très vif du congélateur : l'eau du vase central se prend en glace; la dissolution de chlorure de calcium est de plusieurs degrés au-dessous de zéro, et si l'on y plonge des carafes pleines d'eau, celle-ci se solidifie rapidement. Quand l'appareil est bien clos, la même dissolution d'ammoniaque peut servir un grand nombre de fois. On obtient ainsi de la glace à bon compte; mais la production en est un peu lente.

On a proposé l'emploi dans l'industrie d'autres liquides et de dispositifs différents basés sur le même principe; ainsi on a employé dans le *système Pictet* l'acide sulfureux liquide, dans le *système Tellier* l'éther méthylique, dans le *système Vincent* le chlorure de méthyle. Dans tous, c'est le refroidissement provoqué par un liquide s'évaporant très rapidement, qui est utilisé pour la fabrication de la glace.

Alcarazas. — L'évaporation de l'eau à l'air libre refroidit aussi le liquide, si elle est assez rapide. C'est ainsi que les alcarazas, sortes de vases poreux, maintiennent l'eau très fraîche en été. Le liquide vient suinter à leur surface; il s'évapore rapidement et il emprunte de la chaleur à toute la masse, dont la température s'abaisse.

Évaporation de la sueur. — Le froid produit par l'évaporation de la sueur est un phénomène analogue : de la chaleur est empruntée au corps en quantité d'autant plus grande que la surface évaporatoire est plus étendue ou que l'agitation de l'air est plus grande; aussi recommande-t-on de ne pas se mettre sur un courant d'air quand on est en sueur, et de remplacer par des vêtements secs les habits mouillés; ces préceptes hygiéniques ont pour but d'empêcher le refroidissement dû à l'évaporation du liquide qui couvre le corps.

Exercices

103. Dans une marmite de Papin, on a porté l'eau à une température suffisante pour fondre de l'étain (235°); lorsqu'on ouvre la soupape, avec quelle force par centimètre carré la vapeur se précipite-t-elle au dehors? La tension maxima de la vapeur d'eau à 235° est supposée égale à une colonne de mercure de 22 mètres 650 ?

104. Dans un tube barométrique qui mesure 91 centimètres au-dessus de la cuvette, le mercure s'élève à 61 centimètres, le reste contient de l'air. On introduit un peu d'éther dans le tube; la colonne de mercure baisse de 30 centimètres. On demande quelle est la force élastique de la vapeur d'éther.

105. On a mesuré sur l'eau à la pression de 610 millimètres, 2 litres 5 d'acide carbonique; la température est de 30°; la pression de la vapeur d'eau qui rend le gaz humide est de 31 millimètres. Quel volume occuperait l'acide carbonique supposé sec, à 9° et sous la pression de 760 millimètres?

CHAPITRE XXXIII

LIQUÉFACTION DES VAPEURS ET DES GAZ

268. Lois de la liquéfaction des vapeurs. — Le passage des vapeurs à l'état liquide est le phénomène inverse de la vaporisation : les lois de la liquéfaction des vapeurs doivent être inverses de celles de la vaporisation : une vapeur se condense et reprend l'état liquide quand on diminue assez son volume en la comprimant pour que la pression devienne au moins égale à la force élastique maximum de la vapeur à la température où l'on opère, ou bien quand on refroidit la vapeur au-dessous du point où sa force élastique maximum est égale à la pression extérieure. Ainsi, supposons que l'on prenne un mètre cube renfermant de la vapeur d'eau à une pression de 9ᵐᵐ, à la température de 20°; si on rend son volume deux fois plus petit, la pression du corps gazeux deviendra deux fois plus grande; la force élastique de la vapeur sera de 18^{mm}; mais à la température de 20°, la force élastique maximum de la vapeur d'eau est de 17^{mm},4; par le fait de la compression, on a donc donné à la vapeur une force plus grande que sa force élastique maximum; une partie de la vapeur passera à l'état liquide.

La même quantité de vapeur refroidie à 10° saturerait l'espace; si donc on la refroidit au-dessous du point où sa force élastique maximum est de 9^{mm}, elle passera en partie à l'état liquide.

On a donc deux procédés différents pour liquéfier une vapeur : le refroidissement et la compression; on emploie l'un ou l'autre ou même les deux ensemble.

C'est par simple refroidissement qu'on obtient la liquéfaction de la vapeur d'eau, des vapeurs d'éther ou d'alcool, et celle du gaz acide sulfureux (fig. 171).

C'est par compression qu'on réalise la liquéfaction de l'acide carbonique dans l'appareil de Thilorier.

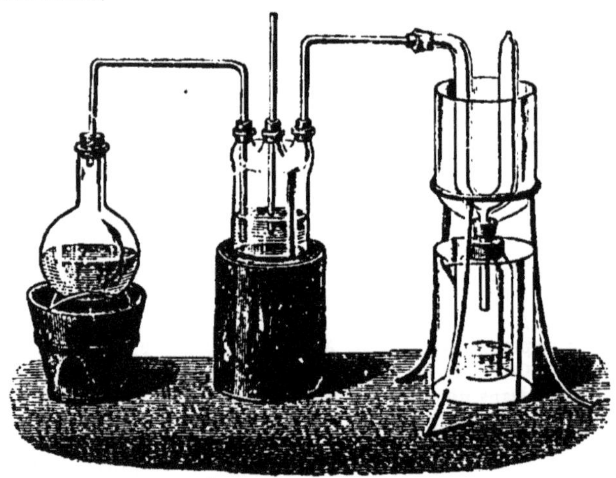

Fig. 171.

Le gaz dont on force la production se rend dans un récipient à parois très solides; sa pression devient bientôt supérieure à la force élastique maximum pour la température du récipient, et la liquéfaction commence. Si on ouvre à l'air le récipient qui contient le gaz comprimé et le gaz liquéfié, celui-ci est projeté à l'extérieur; il s'évapore avec une très grande rapidité et il se refroidit assez dans cette rapide évaporation pour se prendre en flocons neigeux blancs qui constituent l'acide carbonique solide.

Ces flocons neigeux ne s'évaporent pas très vite à l'air; mais si on les imbibe d'éther, qu'on les place sous la cloche de la machine pneumatique, ils s'évaporent rapidement, et leur température devient inférieure à — 100°; c'est le froid le plus considérable qu'on ait encore produit.

Très fréquemment, pour liquéfier les gaz, on a recours simultanément à la compression et au refroidissement. L'un des appareils les plus employés pour liquéfier le chlore ou l'ammoniaque consiste en un tube recourbé, à parois très résistantes (fig. 172). On introduit dans la branche fermée les corps solides ou liquides qui devront dégager le gaz. On ferme à la lampe l'autre branche. On maintient cette dernière dans un mélange réfrigérant tandis que l'autre est placée dans un bain que l'on chauffe. A mesure que le gaz se dégage, la pression augmente dans le tube, et quand elle est devenue égale à la force élastique maximum qui, pour le gaz, correspond à la température du réfrigérant, la liquéfaction commence.

C'est ainsi qu'on a liquéfié la plupart des gaz. Il y a quelques années, sept gaz seulement avaient résisté à l'un et à l'autre de ces moyens : on les appelait gaz permanents; c'étaient : l'oxygène, l'hydrogène, l'azote, le bioxyde d'azote, l'oxyde de carbone, le gaz des marais ou formène et l'acétylène. Ils ne

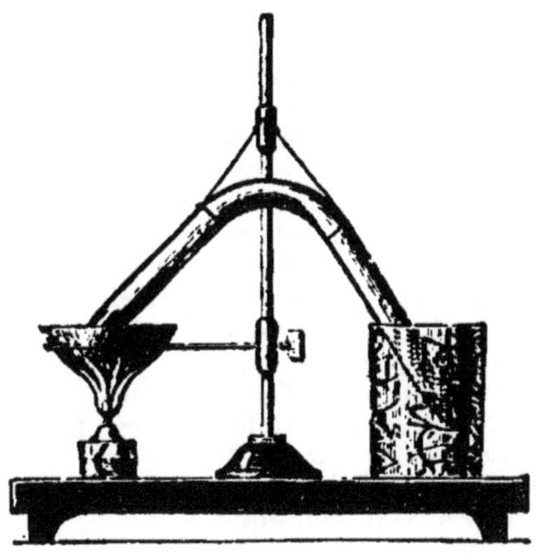

Fig. 172.

font plus exception : on sait aujourd'hui les amener à l'état liquide.

269. Point critique. — Pour bien comprendre par quel ordre d'idées on est arrivé à la liquéfaction des gaz réputés permanents, il faut connaître les phénomènes que présentent les liquides surchauffés en tubes scellés et définir le *point critique*. Au lieu de chauffer un liquide à l'air libre, si on le chauffe en tube clos, son coefficient de dilatation augmente rapidement; ainsi l'acide carbonique liquide chauffé entre zéro et 30 degrés se dilate quatre fois plus que le même volume d'air. Arrivé à un certain degré de température, le liquide se réduit brusquement et totalement en vapeur, bien que la vapeur n'occupe pas un volume de beaucoup plus grand que le liquide, la vaporisation est entière. Il semble donc qu'il y a pour chaque corps une température au-dessus de laquelle l'état liquide n'existe plus, où le corps est forcément gazeux; c'est cette température que l'on a désignée sous le nom de *point critique*.

On a été conduit à considérer les gaz permanents comme des vapeurs dont le point critique est inférieur aux températures auxquelles on avait étudié ces gaz. Dès lors, au lieu de comprimer les gaz permanents pour les liquéfier, il fallait d'abord les refroidir au-dessous de leur point critique.

C'est en effet en produisant sur les gaz un très fort refroidissement, en même temps qu'une très forte compression, que MM. Pictet et Cailletet sont arrivés, l'un à montrer que tous les gaz peuvent être liquéfiés, l'autre à réaliser la liquéfaction de l'hydrogène et de l'oxygène.

270. Expériences de MM. Cailletet et Pictet. — L'*appareil de M. Cailletet* se compose d'un tube de verre large à sa partie inférieure, très étroit et à parois très fortes à sa partie supérieure (fig. 173) ; il est mastiqué dans un gros écrou de bronze qui sert à le visser sur une cuve de fonte C à parois très résistantes.

On remplit d'abord le tube du gaz que l'on veut liquéfier et on le descend dans la cuve de fonte pleine de mercure où il est fixé quand on serre l'écrou de manière à obtenir une fermeture hermétique. Il n'y a que la partie étroite du tube E qui sorte dans l'atmosphère, et on l'entoure même d'un manchon réfrigérant. Le haut de la cuve de fonte est mis par un tube de cuivre en communication avec une presse hydraulique munie de tous ses organes et d'un manomètre spécial. A l'aide de cette pompe on injecte de l'eau dans la cuve; le mercure baisse dans la cuve (C), il monte dans le tube F qui y plonge et comprime le gaz. On peut arriver à faire occuper seulement quelques centimètres de hauteur dans le tube étroit E au gaz qui remplissait tout le tube EF; on peut lui faire atteindre aisément une pression de 300 atmosphères.

La compression du gaz a dégagé de la chaleur; on attend que cette chaleur se soit dissipée. Puis on ouvre un robinet a vis que porte la presse hydraulique; immédiatement la pression retombe, le gaz comprimé refoule brusquement le mercure et on aperçoit dans le tube un brouillard épais constitué par des particules qui se sont liquéfiées. La forte pression n'avait point amené la liquéfaction du gaz; mais l'abaissement brusque de la pression a produit sur le gaz un très fort abaissement de température; le gaz s'est emprunté à lui-même la chaleur nécessaire à sa brusque détente; en passant de la pression de 300 atmosphères à une pression d'une atmosphère, il s'est refroidi de plus de 200°; il est descendu au-dessous de son point critique et il s'est liquéfié. M. Cailletet a pu ainsi produire un brouillard apparent avec tous les gaz réputés permanents.

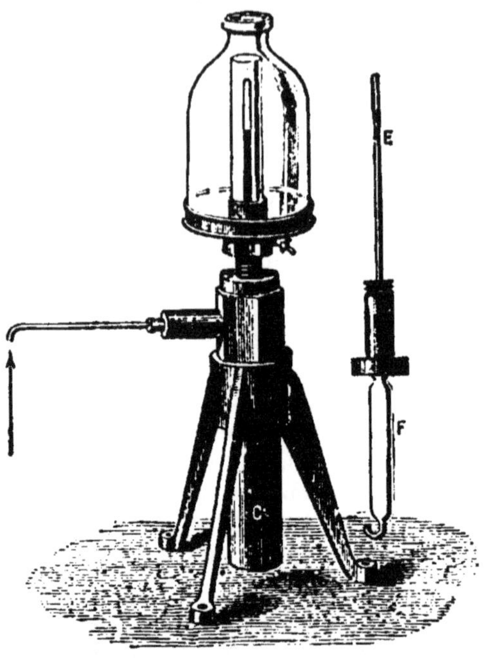

Fig. 173.

M. *Pictet* a appliqué à la liquéfaction de l'oxygène et de l'hydrogène la méthode de Faraday, c'est-à-dire l'action simultanée du froid et de la pression, mais en portant le refroidissement plus loin qu'on ne l'avait fait avant lui.

L'appareil à produire l'hydrogène est un obus de fer pouvant résister à des pressions de plus de 1,000 atmosphères et contenant du formiate de potasse et de la potasse. L'obus communique avec un tube de fer très épais dans lequel doit se produire la liquéfaction du gaz. On chauffe l'obus pour produire le gaz et on refroidit fortement le tube. Pour cela ce tube est enfermé dans deux enveloppes concentriques; l'enveloppe extérieure contient de l'acide sulfureux liquide au-dessus duquel on fait le vide pour accélérer l'évaporation; l'autre contient, soit de l'acide carbonique, soit du protoxyde d'azote liquide. L'évaporation de l'acide sulfureux amène une température de — 70°; et ce refroidissement agissant sur l'acide carbonique ou le protoxyde d'azote, en même temps que le vide, fait baisser la température du tube jusqu'à — 140°. A mesure que le gaz arrive, il se fait pression à lui-même et quand la pression est devenue égale à la tension maximum du gaz pour la température de — 130°, le gaz commence à se liquéfier. Pour l'oxygène la liquéfaction a lieu à — 130° sous la pression de 273 atmosphères; pour l'hydrogène à — 140° sous la pression de 650 atmosphères.

Si l'on ouvre le fond du tube contenant le liquide, on voit un jet sortir avec bruit, se refroidir encore par la détente et produire dans sa chute contre le sol un choc analogue à celui d'un corps solide. L'hydrogène sort ainsi sous forme d'un jet bleuâtre.

On peut donc conclure des expériences précédentes que tous les gaz peuvent être liquéfiés quand on abaisse suffisamment leur température, et il n'y a plus dès lors de différence essentielle entre le gaz et les vapeurs.

271. Application de la liquéfaction des vapeurs. — Distillation. — La distillation est une des plus importantes applications des lois de la liquéfaction des vapeurs. Elle consiste à isoler un liquide des substances fixes ou des matières salines qu'il peut avoir dissoutes, ou à séparer l'un de l'autre des liquides inégalement volatils.

Lorsqu'on porte à l'ébullition de l'eau contenant un sel en dissolution, la vapeur qui se dégage est toujours exempte de matières étrangères; si donc on refroidit assez cette vapeur pour la condenser, on obtiendra de l'eau parfaitement pure. Faire bouillir un liquide pour condenser sa vapeur, c'est pratiquer une **distillation**.

Quand le liquide est très volatil, comme l'éther ou l'alcool, que sa vapeur se produit à une température peu élevée, l'appareil à employer est très simple; c'est une cornue en communication avec une allonge qui se rend elle-même dans un ballon (fig. 174) : les vapeurs sont refroidies par

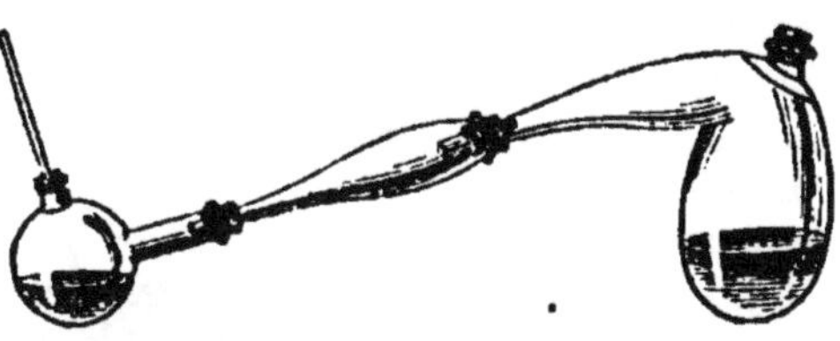

Fig. 174.

leur contact avec les parois de l'allonge et elles arrivent liquides dans le ballon. Ou bien c'est une cornue prolongée par un tube droit entouré d'un manchon dans lequel circule constamment de l'eau froide.

Mais pour l'eau et la plupart des liquides, il faut un refroidissement plus grand et on emploi l'**alambic**.

L'alambic se compose de trois parties : une chaudière en cuivre (*a*) appelée cucurbite où l'on met le liquide à distiller (fig. 175); un *chapiteau* (*b*) avec lequel on ferme la chaudière et qui communique par un tube (*c*) avec un autre tube contourné en spirale et désigné sous le nom de *serpentin*. Ce dernier plonge dans un vase plein d'eau qui

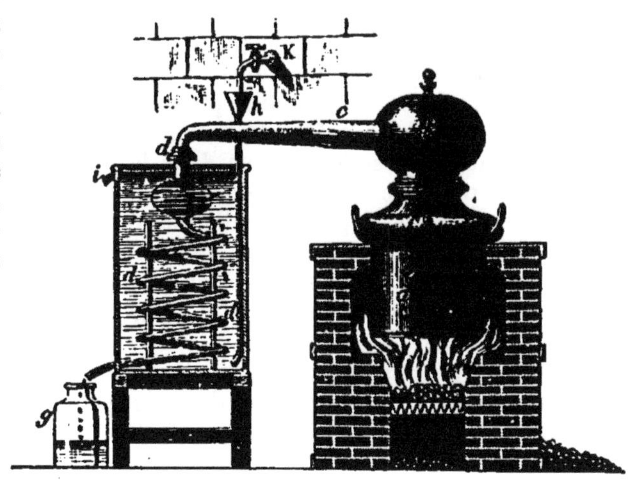

Fig. 175.

constitue le réfrigérant. On chauffe la chaudière; les vapeurs formées se condensent en partie contre la paroi supérieure du chapiteau et retombent, les autres vont dans le serpentin qui est toujours refroidi; elles se condensent, et le liquide qui en provient est recueilli dans un vase.

Pour assurer la réfrigération, un tube amène sans cesse de l'eau froide au fond du vase entourant le serpentin; l'eau qui s'est échauffée s'élève, et elle s'écoule peu à peu par une ouverture pratiquée à la partie supérieure du réfrigérant; de cette manière le serpentin est toujours entouré d'eau froide et la condensation des vapeurs est continue.

C'est avec un appareil de ce genre qu'on produit l'eau distillée, c'est-à-dire l'eau chimiquement pure.

Dans les laboratoires, quand on veut connaître rapidement la quantité d'alcool contenue dans un vin, on emploie un petit appareil dû à Salleron (fig. 176); c'est un petit alambic portatif, avec sa chaudière, son serpentin et son réfrigérant, très bien approprié à l'usage auquel il est destiné.

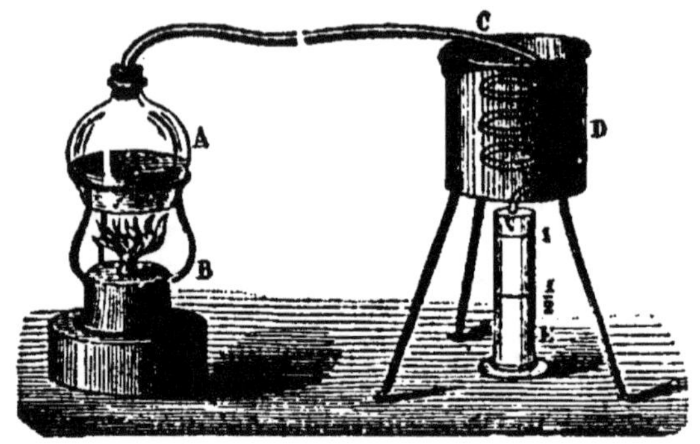

Fig. 176.

On a souvent à séparer les uns des autres des liquides inégalement volatils; on y parvient par la méthode des *distillations fractionnées*. On chauffe progressivement le mélange, le liquide le plus volatil se vaporise en plus grande quantité que les autres; la température reste un moment constante et les vapeurs que l'on recueille alors sont formées en grande partie du liquide le plus volatil. Si l'on recommence une deuxième distillation sur le liquide ainsi recueilli, on obtient un produit plus pur. C'est ainsi qu'on sépare les uns des autres les différents carbures d'hydrogène liquides (benzine et huiles diverses) contenus dans le goudron des usines à gaz. C'est aussi par une marche analogue que l'on extrayait autrefois l'eau-de-vie du vin; la première distillation opérée sur le vin donnait un mélange d'alcool et d'eau, ne contenant pas plus de 25 à 30 pour cent d'alcool; une seconde opération pratiquée sur le produit retiré de la première donnait l'alcool à 54 pour cent, c'est-à-dire l'eau-de-vie.

L'industrie opère aujourd'hui par *distillation continue*, et elle produit en une seule opération, dans de grands appareils convenablement disposés, l'alcool marquant 90° à l'alcoomètre de Gay-Lussac.

Exercices.

106. Combien de litres de vapeur d'eau à 100° et sous la pression de 760 millimètres peut-on produire avec 3 litres 5 d'eau liquide? La densité de la vapeur d'eau à 0° est de 0,622.

107. On fait condenser un volume de vapeur d'eau de 2500 litres à 100° et sous la pression de 760 millimètres; quel sera le volume de l'eau liquide?

108. On refroidit 58 litres de vapeur d'éther après les avoir mesurés à 36° sous la pression de 760 millimètres, quel volume de liquide obtiendra-t-on? La densité de la vapeur d'éther est de 2,58; la densité de l'éther liquide de 0,729.

CHAPITRE XXXIV

VAPEUR D'EAU DE L'AIR. — HYGROMÉTRIE

272. Présence de la vapeur d'eau dans l'air. — Il existe toujours de la vapeur d'eau dans l'atmosphère; elle y est invisible et ne trouble la transparence de l'air que lorsqu'elle se condense. On la met en évidence, soit en l'absorbant par des substances qui changent d'aspect ou qui augmentent de poids, soit en la faisant déposer en buée ou en gouttelettes sur un corps refroidi. Tout le monde sait que certains jours le sel de cuisine absorbe assez de vapeur d'eau à l'air pour mouiller les vases de bois dans lesquels on le conserve. N'importe à quel moment, si l'on abandonne à l'air sur une soucoupe bien sèche un fragment de chlorure de calcium ou de potasse, on le voit s'humecter et devenir liquide grâce à la vapeur d'eau qu'il a prise à l'atmosphère.

273. Objet de l'hygrométrie. — L'hygrométrie est l'ensemble des procédés employés pour mesurer la quantité de vapeur d'eau contenue à un moment donné dans l'atmosphère. On peut se proposer à cet égard deux déterminations distinctes; on peut chercher le poids de vapeur d'eau que contient un mètre cube d'air, ou bien chercher à connaître le degré d'humidité de l'air.

Le degré d'humidité de l'air ne dépend pas du poids absolu de vapeur qui y est contenue. En effet, l'air est à son maximum d'humidité quand il est saturé de vapeur; or à mesure que la température s'élève, il faut un poids plus grand de vapeur pour saturer le même espace. Le poids de vapeur qui sature un volume d'air à basse température le rend à peine humide si la température est plus élevée. Un exemple numérique rend ce fait très saisissant : un mètre cube d'air saturé à 10° contient environ 9 grammes de vapeur d'eau; si ce même volume d'air est porté à 30°, la vapeur qu'il contient n'est que les $\frac{2}{7}$ de celle qui saturerait l'espace à cette nouvelle température; avec la même quantité de vapeur, dans le premier cas l'air est très humide, dans le second il est presque sec.

Le degré d'humidité est donc un rapport : c'est le rapport entre le poids de vapeur existante et le poids qui serait nécessaire pour saturer le même espace à la même température; on l'appelle **l'état hygrométique** ou encore la *fraction de saturation*.

On l'exprime soit par une fraction ordinaire, soit en centièmes ; ainsi l'on dit que l'état hygrométrique est $\frac{1}{2}$ ou 0,50 pour indiquer que la vapeur d'eau contenue dans l'espace considéré est la moitié ou les cinquante centièmes de la quantité de vapeur qui saturerait le même espace à la même température.

Si on désigne par e l'état hygrométrique, par p le poids de vapeur contenue dans l'air, par P le poids de vapeur qui saturerait l'espace, on écrit :

$$e = \frac{p}{P} .$$

Mais p et P peuvent être donnés par la formule qui permet de trouver le poids d'un gaz dans des conditions déterminées de température et de pression.

Si p est le poids en grammes du volume V de vapeur, dont la force élastique est f à la température t, et P le poids du même volume V à la même température t, avec la force élastique F, on peut écrire, en appelant d la densité de la vapeur d'eau :

$$p = \frac{V \times 1.293 \times d \times f}{(1 + \alpha t)\, 760},$$

$$P = \frac{V \times 1.293 \times d \times F}{(1 + \alpha t)\, 760},$$

et on en tire :

$$e = \frac{p}{P} = \frac{f}{F} .$$

L'état hygrométrique peut donc être encore défini par le rapport de la force élastique de la vapeur à la force élastique maximum que cette vapeur peut acquérir à la même température.

Quand on procède à la recherche de la quantité de vapeur d'eau que l'air contient, on connaît la température t ; les tables de Regnault donnent la force élastique maximun correspondante F ; on a donc tous les éléments du calcul de P. De telle sorte qu'il suffit de déterminer l'une des trois quantités e , p , f pour connaître les autres.

De là trois méthodes distinctes en hygrométrie : la première qui détermine p, le poids de vapeur contenue dans un volume d'air ; la seconde qui détermine f, la force élastique de cette vapeur ; enfin la troisième qui cherche l'état hygrométrique e directement.

Les appareils employés portent le nom d'**hygromètres**.

Quelques appareils appelés **hygroscopes** peuvent indiquer qu'il y a plus ou moins d'humidité dans l'air, mais ce ne sont pas des appareils de mesure. Tel est l'*hygroscope à corde de boyau* auquel on donne plusieurs dispositions : le capucin et son capuchon, ou bien deux personnages qui entrent ou sortent alternativement d'une maisonnette.

274. Hygromètre chimique. — La méthode la plus simple au point de vue théorique pour trouver la quantité de vapeur d'eau contenue dans l'air est la méthode dite *chimique*, dans laquelle on estime directement le poids de vapeur que contient un volume donné d'air.

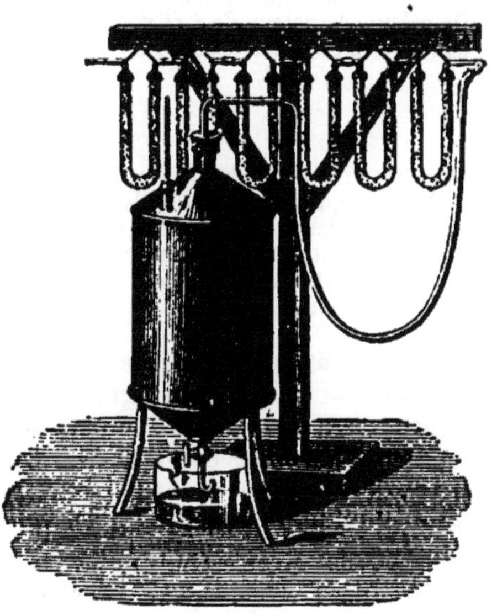

Fig. 177.

L'appareil est un aspirateur plein d'eau en communication avec une série de tubes en U contenant de la ponce imbibée d'acide sulfurique ; de ces tubes, le premier ouvre librement à l'air (fig. 177). On fait écouler lentement l'eau contenue dans l'aspirateur ; l'air extérieur vient remplir le vide laissé dans le vase par l'écoulement de l'eau ; cet air traverse tous les tubes et il y laisse la vapeur d'eau qu'il contient. En pesant la série de tubes avant et après l'expérience, l'augmentation de poids donne le poids de la vapeur d'eau abandonnée par l'air qui est venu remplir l'aspirateur.

Si dans une expérience ainsi faite, on ne tient qu'à un résultat approché, on prend pour le volume d'air qui a passé dans les tubes le volume même de l'aspirateur : soit 20 litres. L'augmentation de poids (p) trouvée dans la pesée des tubes représente le poids de vapeur contenue dans l'air au moment de l'expérience. Il reste à calculer le poids P de vapeur qui saturerait l'espace dans les mêmes conditions. Admettons que la température $t = 20°$, la force élastique maximum de la vapeur d'eau à 20° étant 17^{mm},4, on peut écrire :

$$P = \frac{20 \times 1.293 \times 0,622 \times 17,4}{(1 + 0,00367 \times 20)\, 760}$$

et

$$e = \frac{p}{P}.$$

Si l'on tient à obtenir toute l'exactitude que comporte cette expérience, il faut exprimer exactement le volume d'air qui a passé dans les tubes. Soit V ce volume, si on représente par f la force élastique de la vapeur d'eau existant dans l'air, la pression atmosphérique étant H, le volume d'air sec qui a traversé les tubes avait donc une pression H — f. Quand il remplit l'aspirateur de 20 litres, il y est saturé de vapeur d'eau, sa pression est H — F. En lui appliquant la loi de Mariotte, on écrit

$$V\,(H - f) = 20\,(H - F) \quad \text{ou} \quad V = 20 \times \frac{H - F}{H - f}.$$

Le poids (p) de vapeur d'eau contenue dans ce volume d'air est donné par
le calcul

$$p = 20 \times \frac{H - F}{H - f} \times \frac{f}{760} \times \frac{1}{1 + \alpha t} \times 0,8.$$

0,8 représentant le poids du litre de vapeur d'eau, p est l'augmentation de poids
des tubes; on connaît donc tous les termes de l'équation précédente, à part f
On calcule la valeur de f et comme on connaît F (la force élastique maximum
pour la température t) on peut écrire

$$e = \frac{f}{F}$$

et trouver la valeur de e, l'état hygrométrique.

En pratique ce procédé présente quelques inconvénients : pour que la vapeur
soit bien retenue tout entière par les tubes absorbants, il faut que l'air y passe
très lentement; l'expérience dure longtemps et le résultat n'indique réellement
que la quantité moyenne de la vapeur d'eau existant dans l'air pendant la durée
de l'expérience.

275. Hygromètres à condensation. — Quand on
refroidit de l'air humide graduellement, il arrive un moment où la
vapeur d'eau qu'il contient est suffisante pour le saturer. Si alors
le refroidissement continue, une partie de la vapeur se dépose à
l'état liquide. Le point où la vapeur commence à se condenser
s'appelle le **point de rosée**. Si on refroidit une petite masse d'air
au milieu d'une atmosphère beaucoup plus grande, la force élastique
de la vapeur ne change pas, et quand se produit le point de rosée,
c'est que la portion d'air refroidi est saturée par la vapeur; si donc
on lit la température où la vapeur commence à se déposer et qu'on
cherche sur la table des tensions la force élastique maximum correspondante, le nombre trouvé exprime la force élastique de la
vapeur existant dans l'atmosphère ambiante. Ainsi l'air étant à 20°,
s'il faut en refroidir une petite masse à 10° pour que le point de
rosée se produise, la force élastique maximum à 10° est 9^{mm},1 ; c'est
que la vapeur de l'air avait une force élastique de 9 millimètres à
une température de 20°. Or, à cette dernière température, la force
élastique de la vapeur saturante serait de 17^{mm},4. Le degré d'humidité est donc $\dfrac{9,1}{17,4}$.

Les hygromètres à condensation sont tous fondés sur l'observation du point de rosée.

Leur emploi revient à refroidir une partie de l'air et à noter
exactement la température à laquelle la vapeur commence à se
condenser.

On se sert généralement de l'**hygromètre de Regnault**
(fig. 178). C'est un dé d'argent terminant un tube de verre cylindrique dans le fond duquel on met de l'éther. Le tube est fermé
en haut par un bouchon qui porte un thermomètre très sensible
et un petit tube recourbé plongeant dans l'éther, puis un autre
petit tube que l'on met en communication avec la partie supérieure
d'un aspirateur plein d'eau. Quand on ouvre l'aspirateur, l'eau qu'il

contient s'écoule et l'air extérieur va passer dans l'éther pour aller remplir le vide produit. Ce passage d'air dans l'éther fait évaporer

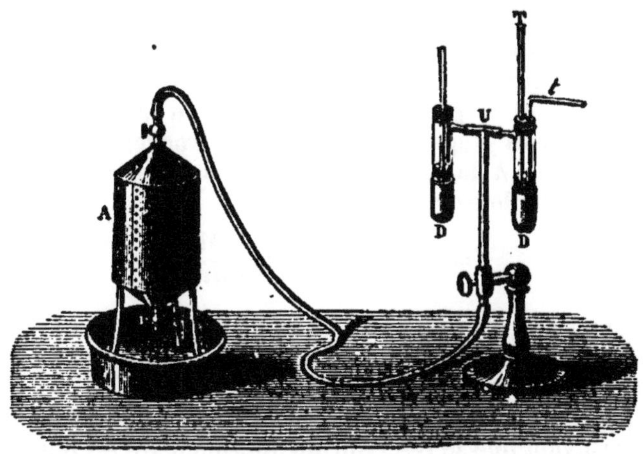

Fig. 178.

rapidement ce liquide ; il en résulte un refroidissement graduel ; et quand le dé d'argent est assez refroidi, la vapeur d'eau de l'air s'y dépose en rosée et ternit le brillant du métal. Pour rendre le dépôt de rosée plus apparent, on dispose un second dé d'argent identique au premier, mais ne contenant rien, et dont la surface reste toujours brillante ; le contraste entre les deux tubes à bout métallique permet de mieux fixer le commencement du point de rosée.

On note la température de l'enceinte et, avec beaucoup de soin, la température de l'éther au moment où le point de rosée apparaît. Mais on est exposé à ne remarquer le dépôt de rosée qu'un peu trop tard. Pour obvier à cet inconvénient, on arrête l'aspirateur ; on laisse l'appareil se réchauffer et on note la température à laquelle la rosée disparaît ; le point vrai qu'il faut noter est entre les deux températures trouvées.

Si t , la température de l'enceinte, est 20°, t', la température du thermomètre, plongeant dans l'éther, est 10°, on écrit que l'état hygrométrique est le quotient des deux forces élastiques maximum de la vapeur à 10° et à 20° ; dans ce cas particulier c'est

$$e = \frac{9,1}{17,4} = 0,52 \cdot$$

276. Psychromètre. — Dans les appareils précédents, on détermine la force élastique (f) de la vapeur d'eau de l'air au moment de l'expérience. On peut la déterminer plus rapidement à l'aide des observations comparatives de deux thermomètres voisins dont l'un a son réservoir constamment humecté d'eau et refroidi par l'évaporation de cette eau.

On comprend, en effet, que la rapidité avec laquelle l'eau s'évapore dépend de l'état hygrométrique de l'air, et qu'il y a par suite une relation entre l'humidité de l'air et la différence des températures données par les deux thermomètres.

Ainsi deux thermomètres posés sur le même support, l'un ayant son réservoir constamment imbibé d'eau qui s'évapore et refroidit l'appareil, tel est le **psychromètre;** on lit les températures t et t', et des tables préparées permettent de trouver la force élastique (f) de la vapeur. A la suite de nombreuses expériences Regnault a proposé la formule suivante :

$$f = F - 0{,}48\,(t - t')\,\frac{H}{610 - t'}.$$

On observe t, t' et H; on cherche dans les tables F la force élastique maximum de la vapeur d'eau à la température t' et on peut calculer f, par suite l'état hygrométrique.

L'appareil est très commode, mais il présente plusieurs causes d'erreur suivant que le réservoir du thermomètre est plus ou moins mouillé; il ne peut d'ailleurs donner que des indications incertaines par les températures basses de l'hiver.

277. Hygromètre de Saussure. — Un grand nombre de substances organiques possèdent la propriété d'absorber l'humidité de l'air, de s'allonger par un air humide, de se raccourcir par la sécheresse sans être pour cela très sensibles aux variations de température : tels sont les cheveux dégraissés; c'est sur cette propriété que repose l'appareil de Saussure, appelé encore **hygromètre à cheveu**, et à l'aide duquel on obtient directement le degré d'humidité de l'air.

La partie principale de l'instrument est un long cheveu soigneusement dégraissé, fixé par une de ses extrémités dans une pince au haut d'un cadre métallique, par l'autre à la partie inférieure de l'une des gorges d'une poulie double (fig. 179). Sur la seconde gorge de cette poulie et en haut, est fixé le fil qui suspend un petit poids destiné à faire tendre le cheveu. L'axe de la poulie porte une aiguille qui se meut sur un cadran divisé.

Si l'air devient moins humide, le cheveu se raccourcit, il tire sur la poulie, et celle-ci, très mobile,

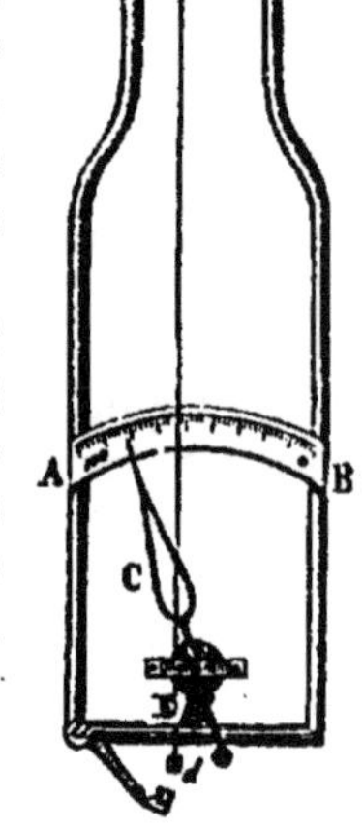

Fig. 179.

tourne en entraînant le contrepoids et en faisant descendre l'aiguille sur le cadran. Au contraire, si l'air devient plus humide, le cheveu s'allonge, le contrepoids l'emporte, il descend jusqu'à ce que le cheveu soit tendu, et il fait tourner l'aiguille dont l'extrémité monte sur le cadran. Les indications de l'aiguille permettent donc de juger s'il y a plus ou moins de vapeur d'eau dans l'air.

On gradue l'instrument, c'est-à-dire qu'on lui marque deux points extrêmes, le *zéro* correspondant à un air très sec, le 100 correspondant à un air très humide. On obtient le 100 au point où s'arrête l'aiguille quand on place l'appareil dans un air saturé, par exemple lorsqu'on le laisse quelque temps dans un vase contenant au fond une petite couche d'eau et des gouttelettes d'eau sur ses parois. On marque 0 au point où s'arrête l'aiguille quand on laisse l'appareil suspendu dans un vase contenant un peu d'acide sulfurique. On divise en 100 parties égales l'intervalle des deux points.

Les divisions ainsi obtenues ne donnent pas l'état hygrométrique; ainsi quand l'appareil marque 50°, on aurait tort de croire que l'air est aux 50 centièmes saturé, l'expérience a montré que l'état hygrométriqr n'est dans ce cas que de 0,28. Il faut donc pour chaque instrument une table qui indique l'état hygrométrique en regard de chacune des divisions du cadran.

Pour construire ces tables, on suit le procédé indiqué par Gay-Lussac. On place l'instrument dans un vase profond au fond duquel on a mis un mélange d'eau et d'acide sulfurique. La force élastique de la vapeur de ce mélange est plus faible que celle de l'eau à la même température; on la détermine en faisant passer un peu du mélange dans un baromètre, comme on a fait pour trouver la force élastique de la vapeur d'eau. En divisant la valeur trouvée par la force élastique maximum de la vapeur d'eau à la même température, on connaît l'état hygrométrique du mélange gazeux où se trouve l'appareil. On inscrit cet état hygrométrique vis-à-vis le chiffre du cadran où l'aiguille s'est arrêtée. En opérant ainsi sur des dissolutions diverses, on peut dresser pour chaque degré de l'hygromètre l'état hygrométrique correspondant.

L'hygromètre à cheveu est certainement le plus facile de tous à observer. Mais comme ses indications peuvent différer suivant la nature du cheveu et la manière dont il a été dégraissé, un instrument donné n'offre d'exactitude que si l'observateur le gradue lui-même entièrement.

278. Poids de l'air humide. — L'air humide qui contient de la vapeur d'eau à une pression f déterminée par les procédés hygrométriques peut être considéré comme un mélange de deux gaz occupant le même volume : la vapeur à la pression f; l'air sec à la pression $H - f$ (H étant la pression barométrique du moment).

Le poids d'un volume donné d'air humide se composera donc du poids de l'air sec augmenté du poids de la vapeur.

Ainsi *soit à chercher le poids d'un mètre cube d'air saturé d'humidité à 20°, sous une pression barométrique de 760.*

Il y a 1000 litres d'air sec à la pression 760 — 17,4 et 1000 litres de vapeur à la pression 17,4.

Le poids de l'air sec est :

$$p_1 = \frac{1000 \times 1.293 \times (760 - 17.4)}{(1 + 0,00367 \times 20)\,760} = 1177^{gr}.$$

Le poids de la vapeur :

$$p_2 = \frac{1000 \times 0,8 \times 17,4}{(1 + 0,00367 \times 20)\,760} = 17^{gr}.$$

Le poids de l'air humide est :

$$p_1 + p_2 = 1194^{gr}.$$

En généralisant et en désignant par V le volume, par H la pression baromé-trique, par f la tension de la vapeur, par (t) la température, on obtient pour le poids de l'air sec,

$$p_1 = \frac{V \times (H - f)\,1.293}{(1 + \alpha t)\,760};$$

pour le poids de la vapeur,

$$p_2 = \frac{V \times f \times 1.293 \times 0.622}{(1 \times \alpha t)\,760};$$

pour l'air humide,

$$P = \frac{V \times 1.293}{(1 + \alpha t)\,760}\,(H - f + 0,622\,f),$$

ou

$$P = \frac{V \times 1,293}{(1 + \alpha t)\,760}\,(H - 0,378\,f).$$

On voit de suite par cette dernière expression que l'air humide pèse moins qu'un égal volume d'air sec à la même température et à la même pression baro-métrique et on comprend que le baromètre baisse quand l'air devient humide.

Exercices.

109. Trouver le poids d'un mètre cube d'air saturé d'humidité sous la pres-sion de 756^{mm}, 1° à 10°, 2° à 20°, 3° à 30°; les forces élastiques de la vapeur d'eau étant $9^{mm},1 - 17^{mm},4 - 31$ millimètres ?

110. Quel est le poids de vapeur d'eau contenue dans un mètre cube d'air à 30°, si l'état hygrométrique est $\frac{3}{4}$?

111. Dans une chambre de 80 mètres cubes, l'air est aux $\frac{3}{4}$ saturé d'humidité à 20°; si on le refroidit à 10° quel est le poids de vapeur qui se déposera en brouil-lard, buée ou rosée?

112. On mesure sur l'eau 125 centimètres cubes d'azote à 20° sous la pression de 680 millimètres; on demande quel est le poids du gaz sec? La densité de l'azote est de 0,968; la tension de la vapeur d'eau à 20° est de $17^{mm},4$.

113. Dans un vase de 4 litres plein d'air sec à 30° sous la pression de 760 mil-limètres, on introduit 4 centigrammes d'eau et on ferme le vase; quel sera l'état hygrométrique et que deviendra la pression du mélange?

CHAPITRE XXXV

CALORIMÉTRIE

270. Quantités de chaleur. — Dans tous les phéno. mènes calorifiques que nous avons étudiés jusqu'ici, nous ne nous sommes pas préoccupés de la dépense de chaleur nécessaire pour les produire. Il est cependant indispensable de mesurer la chaleur mise en jeu dans chaque cas et d'en obtenir une expression numérique. Avant tout, il faut montrer que la chaleur est susceptible de mesure.

On admet sans peine que deux kilogrammes de charbon en brûlant complètement, donnent deux fois plus de chaleur qu'un kilogramme. On admet également comme évident que pour chauffer deux kilogrammes d'eau entre les mêmes limites, il faut deux fois plus de chaleur que pour un seul. On a donc l'idée des quantités de chaleur sans savoir précisément quelle est la nature de la chaleur; on peut dès lors les comparer et pour effectuer cette comparaison on choisit une unité.

280. Unité de chaleur ou calorie. — Pour évaluer les quantités de chaleur et avoir des résultats indépendants de toute théorie, on prend pour unité un effet produit sur un corps qu'il est toujours facile de se procurer identique à lui-même.

On a choisi l'eau comme terme de comparaison, et on définit l'unité de chaleur que l'on appelle *calorie*, la *quantité de chaleur nécessaire pour échauffer un kilogramme d'eau de 0° à 1°.*

Si l'on prouve que l'eau a un échauffement régulier, que le même poids exige la même quantité de chaleur pour s'élever de 1°, quelle que soit la température, on pourra définir la calorie, la quantité de chaleur nécessaire pour chauffer un kilogramme d'eau de 1°.

L'expérience montre que l'eau s'échauffe régulièrement entre 0° et 100°.

En effet si on mélange, dans un vase qui ne perde ni ne gagne de chaleur, un kilogramme d'eau à 0° avec un kilogramme d'eau à 2°, toute la masse prend une température de 1°; le kilogramme d'eau qui s'est refroidi de 2° à 1° a échauffé l'autre kilogramme de 0° à 1°, il a donc abandonné une calorie; on en conclut qu'il faut une calorie pour chauffer un kilogramme d'eau de 1° à 2°, et par suite 2 calories pour chauffer un kilogramme d'eau de 0° à 2°.

Que l'on mêle un kilogramme d'eau à 0° avec un kilogramme à 4°, le mélange prendra une température moyenne de 2°; l'un des deux kilogrammes aura gagné 2 calories; l'autre les aura abandonnées, et on pourra conclure qu'il faut 4 calories pour chauffer un kilogramme d'eau de 0° à 4°.

Il en est encore de même quand on espace davantage les deux températures :

1 kilogramme d'eau à 0° }
avec 1 kilogramme — à 20° } donnent 2 kilogrammes à 10°.

Le premier a gagné 10 calories, le second les a fournies en se refroidissant de 10 degrés.

On peut donc dire qu'il faut la même quantité de chaleur pour échauffer de 1° un kilogramme d'eau, quelle que soit la température dont on parte, pourvu qu'elle soit inférieure à 100°.

En partant de la définition même de la calorie, il est facile d'exprimer la quantité de chaleur nécessaire pour échauffer un poids connu d'eau d'un certain nombre de degrés, par exemple de 10° à 50°, ou en général de t à t'.

Soit à trouver le nombre de calories nécessaires pour élever 30 *kilogrammes d'eau de* 10° *à* 50°.

1 kilogramme d'eau pour 1° exige 1 calorie,
1 kilogramme   —   40°   —   40 calories,
30 kilogrammes   —   40°   —   30 × 40.

Et si l'on veut garder les deux températures de l'énoncé, on écrit :

$$30\,(50 - 10)$$

ou, d'une manière générale, en appelant q la quantité de chaleur, t la température inférieure, t' la température supérieure, P le poids de l'eau,

$$q = P\,(t' - t).$$

Cette quantité q exprime aussi la chaleur qu'abandonnerait un poids P d'eau en se refroidissant de t' à $t°$.

281. Chaleurs spécifiques. — Tous les corps n'exigent pas la même quantité de chaleur pour s'échauffer au même degré, et inversement quand ils sont chauffés au même degré ils n'abandonnent pas la même quantité de chaleur en se refroidissant jusqu'au même point. On peut en donner plusieurs preuves.

On sait que si l'on mélange un kilogramme d'eau à 0° avec un kilogramme d'eau à 100°, on aura 2 kilogrammes de liquide à 50°. Mais si l'on prend un kilogramme de mercure à 100° pour le mêler à un kilogramme d'eau à 0°, le mélange n'accusera qu'une température de 3°; c'est donc que le mercure n'a abandonné que 3 calories en se refroidissant de 100° à 3°, c'est-à-dire de 97 divisions de l'échelle thermométrique. Le mercure abandonne donc en se refroidissant bien moins de chaleur que l'eau. Inversement il faudra pour l'échauffer une dépense de chaleur beaucoup moindre que pour l'eau. La chaleur agit donc diversement sur les différents corps.

L'expérience de Tyndall en donne une preuve palpable. On prend des billes de différents métaux (fer, étain, plomb, cuivre) et de même poids, et après les avoir chauffées au même degré dans un même bain d'huile, on les retire et on les pose ensemble sur un gâteau de cire assez mince (fig. 180). Au bout de peu de temps la bille de fer passe au travers du gâteau, puis un peu après la bille de cuivre, même la bille d'étain; mais la bille de plomb s'y enfonce à peine.

Chacune des billes a cédé de sa chaleur à la cire et en a déterminé la fusion; les premières ont cédé beaucoup plus de chaleur que les dernières en se refroidissant entre les mêmes limites.

Il faut donc des quantités de chaleur différentes pour échauffer un même poids de différents corps entre deux températures données.

La quantité de chaleur nécessaire pour chauffer de 1° un kilogramme d'un corps, s'appelle sa *chaleur spécifique*.

La détermination de la chaleur spécifique d'un corps est intéressante au même titre que la détermination

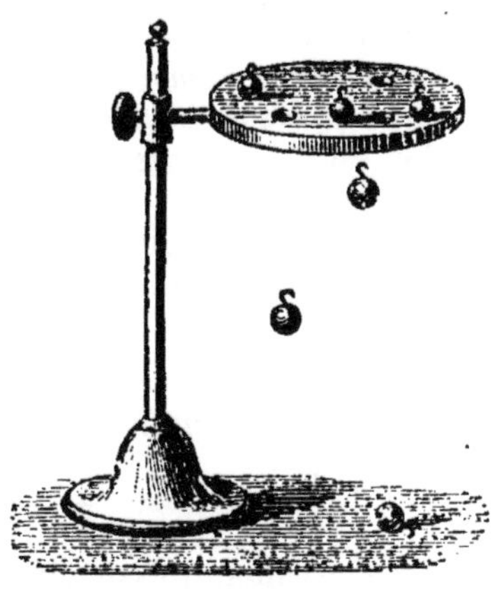

Fig. 180.

du coefficient de dilatation ou celle de la densité. C'est le premier problème que l'on résout dans la *calorimétrie*, c'est-à-dire dans la partie de la physique qui apprend à mesurer des quantités de chaleur.

Lorsqu'on dit que la chaleur spécifique du fer est 0,114, on veut dire qu'un kilogramme de fer chauffé de 1° absorbe 0,114 calorie ou 114 millièmes d'une calorie; avec cette notion on peut exprimer la quantité de chaleur nécessaire pour chauffer un poids connu de fer entre deux températures données (par exemple 5 kilogrammes de fer de 10° à 100°).

1 kilogramme de fer pour   1° exige 0,114 calorie.
1 kilogramme   —   90°   — $0,114 \times 90$.
5 kilogrammes   —   90°   — $5 \times 0,114 \times 90$.

Et si l'on veut conserver les nombres de l'énoncé,

$$5 \times 0,114 (100 - 10).$$

En généralisant, si on appelle P le poids en kilogrammes, c la chaleur spécifique, t et t' les deux températures, q' la quantité de chaleur exigée pour un échauffement de t à t', ou abandonnée dans un refroidissement de t' à t, on écrit :

$$q' = Pc(t' - t).$$

282. Détermination des chaleurs spécifiques.

— La méthode la plus employée pour déterminer les chaleurs spécifiques est la *méthode des mélanges*. En voici le principe. Si on met un corps chaud dans un liquide froid, celui-ci gagne de la chaleur tandis que l'autre corps en perd; au bout de peu de temps ils arrivent à la même température. Alors, si aucune portion de la chaleur n'a été perdue par le vase où s'est opéré le mélange, on peut écrire que la chaleur abandonnée par le corps chaud pendant son refroidissement a été prise par le corps froid et a servi à l'échauffer. On écrit donc l'égalité entre les deux quantités de chaleur et on en déduit la chaleur spécifique cherchée.

Voici un exemple numérique : *On a chauffé à 100° 2 kilogrammes d: fer ; on les a plongés dans 4 kilogrammes 560 d'eau à 16° ; la température finale du mélange est de 20°, trouver la chaleur spécifique du fer* (on ne tiendra pas compte de la perte de chaleur par le vase où s'opère le mélange).

Le fer s'est refroidi de 100° à 20°, si x est sa chaleur spécifique, on peut écrire que la chaleur abandonnée est :

$$q' = 2 \times x\,(100 - 20).$$

L'eau s'est échauffée de 16° à 20°, la quantité de chaleur qu'il lui a fallu est :

$$q = 4{,}56\,(20 - 16).$$

Ces deux quantités de chaleur sont égales ; on peut donc écrire :

$$2x\,(100 - 20) = 4{,}56\,(20 - 16),$$

$$2x \times 80 = 4{,}56 \times 4,$$

$$x = \frac{4{,}56 \times 4}{160} = \frac{4{,}56}{40} = 0{,}114.$$

Dans la pratique, le calcul est moins simple ; et pour obtenir un résultat exact, il faut prendre des précautions assez minutieuses. Il faut d'abord chauffer le corps à une température connue, puis, sans qu'il se refroidisse, il faut l'introduire vivement dans l'eau d'un vase spécial disposé pour garder sa chaleur; enfin il faut noter avec grand soin la température finale. Puis dans le calcul, il faut faire figurer la quantité de chaleur qu'a pu absorber le vase, aussi le thermomètre qui y plonge; et c'est seulement alors que l'on peut avoir avec quelque exactitude la chaleur spécifique cherchée.

283. Recherche de la chaleur spécifique d'un corps solide. — La détermination de la chaleur spécifique d'un corps solide comprend plusieurs opérations : il faut chauffer à une température connue un poids donné du corps sur lequel on opère, le plonger vivement dans l'eau d'un vase disposé pour ne rien perdre de la chaleur qui lui est communiquée, et estimer la température à laquelle s'élève cette eau par la chaleur que lui apporte le corps.

Calorimètre. — Le vase dans lequel doit avoir lieu le mélange du corps et de l'eau est en laiton mince, poli extérieurement; il est contenu dans un autre vase plus grand, également en laiton et poli à l'intérieur; le premier ne touche pas le second; il en est séparé par une couche d'air; le vase interne repose sur des chevilles de bois ou sur des fils tendus. C'est à cet ensemble qu'on donne le nom de **calorimètre**. On y met un poids connu d'eau et on y plonge un thermomètre très sensible

L'échauffement du corps dont on veut chercher la chaleur spécifique a lieu en plaçant le corps dans un conduit cylindrique entouré de deux enveloppes concentriques dans lesquelles on fait circuler un courant de vapeur d'eau. Pour que le corps présente la plus grande surface possible, on le réduit en fragments ou bien on le tourne en anneau et on le met dans un petit panier en toile de laiton (fig. 181).

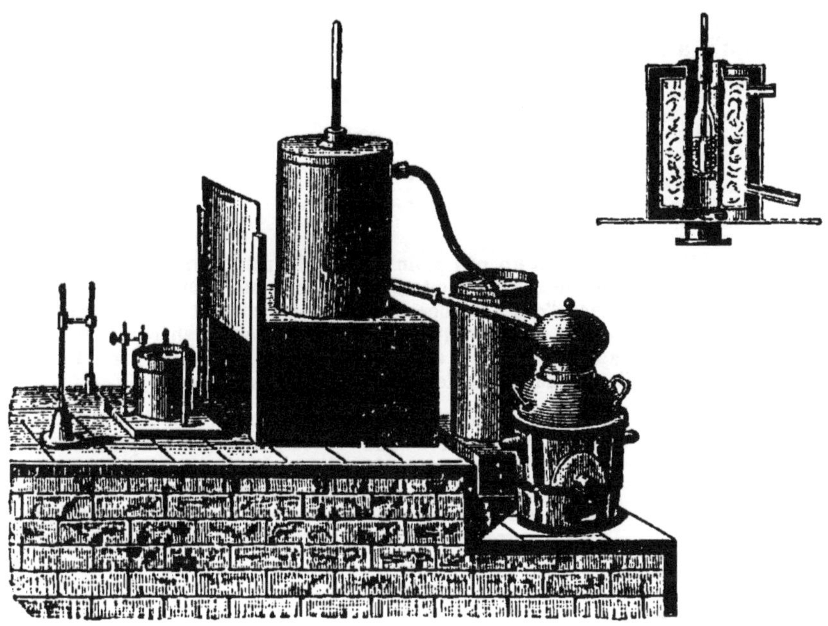

Fig. 181.

Pour faire une recherche, on commence par peser un poids (p) du corps dont on veut connaître la chaleur spécifique; on le pose dans le panier métallique; on suspend celui-ci dans la cavité centrale de l'étuve et on fait passer un courant de vapeur d'eau dans l'étuve. Un thermomètre qui touche le corps et dont une partie de la tige est hors de l'appareil, indique la température du corps.

D'autre part on a mis un poids connu (P) d'eau dans le calorimètre où plonge un thermomètre très sensible.

Quand la température indiquée par le thermomètre de l'étuve, d'abord ascendante, est devenue stationnaire, on la note. On amène vivement le calorimètre en dessous de l'étuve; on débouche l'extrémité inférieure de celle-ci; on fait tomber le corps dans le calorimètre et on éloigne celui-ci de l'étuve. On observe alors attentivement le thermomètre plongé dans l'eau du calorimètre, et quand sa colonne, d'abord ascendante, est devenue stationnaire, on note la température marquée. On a tous les éléments du problème.

Pour montrer comment ce problème peut être résolu, prenons d'abord un exemple simple : supposons qu'on a chauffé à 100° un morceau de fer de 200 grammes, qu'il y avait dans le calorimètre 912 grammes d'eau à 18°, et que la température finale du mélange a été de 20° ; nous admettrons que toute la chaleur abandonnée par le fer en se refroidissant a été gagnée par l'eau.

L'eau a reçu une quantité de chaleur de

$$0,912 \, (20 - 18) = 1°,824.$$

Le fer s'est refroidi de 100° à 20° ou de 80°. Si nous appelons x sa chaleur spécifique, nous pourrons écrire que la quantité de chaleur qu'il a abandonnée est exprimée ainsi :

$$0,200 \times x \times (100 - 20) = 16x.$$

D'où
$$16x = 1,824,$$

$$x = \frac{1,824}{16} = 0,114.$$

Le problème complet est un peu moins simple. Le panier métallique qui contient le corps a comme le corps abandonné de la chaleur. D'autre part, le vase métallique qui contient l'eau, le thermomètre qui y plonge ont comme l'eau absorbé de la chaleur. Et si l'on veut écrire que la chaleur gagnée par les corps dont la température s'est élevée est égale à la chaleur abandonnée par les corps qui se sont refroidis, l'équation deviendra plus complexe.

Appelons p le poids du corps et x sa chaleur spécifique :
— p' — du panier métallique et c' sa chaleur spécifique ;
— P — de l'eau contenue dans le calorimètre ;
— p'' — du calorimètre et c' sa chaleur spécifique ;
— p''' — du mercure du thermomètre et c'' sa chaleur spécifique ;
— p^{iv} — du verre du thermomètre et c^{iv} sa chaleur spécifique ;
— T la température du corps ;
— t — du calorimètre ;
— θ — finale.

La chaleur abandonnée par le corps et le panier métallique est

$$px \, (T - \theta) + p'c' \, (T - \theta).$$

La chaleur reçue est

Pour l'eau. . . . . P $(\theta - t)$;

Pour le calorimètre. . . . . $p''c'$ $(\theta - t)$;

Pour le mercure du thermomètre. $p'''c''$ $(\theta - t)$;

Pour le verre du thermomètre. . . $p^{iv}c^{iv}$ $(\theta - t)$;

En totalité :

$$(P + p''c' + p'''c'' + p^{iv}c^{iv}) \, (\theta - t).$$

Et puisque la chaleur abandonnée est égale à la chaleur reçue, on écrit :

$$px \, (T - \theta) + p'c' \, (T - \theta) = (P + p''c' + p'''c'' + p^{iv}c^{iv}) \, (\theta - t) ;$$

d'où l'on peut tirer x, la chaleur spécifique cherchée.

La quantité $(P + p''c' + p'''c'' + p^{iv}c^{iv})$ par laquelle il faut multiplier l'échauffement du calorimètre pour avoir la quantité de chaleur qu'il gagne, est ordinairement désignée sous le nom de *poids en eau* du calorimètre ; c'est en effet l'équivalent d'un poids d'eau qui exigerait pour s'échauffer la même quantité de chaleur que le calorimètre tout entier.

L'expression totale comprend un grand nombre de termes à déterminer. Mais si l'on remarque que les deux derniers, ceux qui concernent le thermomètre, sont des quantités très petites; et si l'on opère tout d'abord sur un morceau de laiton chauffé dans un panier de laiton, et plongé dans l'eau d'un calorimètre en laiton, x, c' et c'' expriment la même quantité et l'équation devient pour ce cas particulier :

$$px\,(T - \theta) + p'x\,(T - \theta) = (P + p''x)\,(\theta - t)$$

et

$$(px + p'x)\,(T - \theta) = P\,(\theta - t) + p''x\,(\theta - t),$$

$$x\,(p + p')\,(T - \theta) - xp''\,(\theta - t) = P\,(\theta - t)$$

$$x = \frac{P\,(\theta - t)}{(p + p')\,(T - \theta) - p''\,(\theta - t)}$$

Une fois que l'on connaît la chaleur spécifique du laiton dont sont formés le panier métallique et le calorimètre, on peut procéder à la recherche de la chaleur spécifique d'un autre corps quelconque.

Il reste bien encore une petite cause d'erreur, car pendant le temps que le calorimètre s'échauffe de t à θ, il perd une petite quantité de chaleur. C'est pour remédier à cette erreur que Rumford avait proposé la méthode dite de *compensation* et qui consiste à faire d'abord une première expérience pour déterminer le nombre de degrés dont s'échauffe le calorimètre, puis à recommencer une seconde expérience, mais en prenant l'eau du calorimètre à autant de degrés au-dessous de la température ambiante qu'on doit le retrouver au-dessus de cette température à la fin de l'expérience. Cette compensation n'est pas encore tout à fait exacte parce que le thermomètre plongé dans le calorimètre s'élève d'abord brusquement et reste ensuite quelque temps pour marquer la température finale; mais elle est suffisamment exacte dans la plupart des cas.

284. Chaleur spécifique des liquides. — Pour déterminer la chaleur spécifique des liquides, on peut employer deux méthodes un peu différentes. Ou bien on met le liquide dans le calorimètre et l'on chauffe un corps solide dont on connaît le poids et la chaleur spécifique; c'est alors la chaleur spécifique du liquide qui devient l'inconnue. Ou bien on chauffe un poids connu du liquide dans un petit tube à parois minces dont on connaît le poids et la chaleur spécifique; on prend la précaution de ne pas porter la température jusqu'à l'ébullition du liquide et on plonge le tout dans un calorimètre; le reste de l'opération est le même que dans le cas d'un solide.

Le choix de l'eau comme liquide à employer dans le calorimètre n'est pas très heureux, parce que l'eau exige beaucoup de chaleur pour s'échauffer; aussi s'est-on servi avec succès de l'essence de térébenthine ou du mercure pour des recherches précises. Un kilogramme de mercure n'exige en effet que 0 calorie 033 pour s'échauffer de 1°.

285. Chaleur spécifique des gaz. — On a aussi employé la méthode des mélanges pour déterminer la chaleur spécifique des gaz; mais il a fallu la modifier quelque peu. Un courant de gaz passe dans un long serpentin entouré d'eau chaude dont il prend la température, puis il arrive dans un second à peu près semblable qui est entouré d'eau froide et qui forme calorimètre. Il se refroidit; l'eau et le calorimètre s'échauffent. On note les températures; on mesure le volume de gaz qui a circulé et on en calcule le poids, on a ainsi les éléments pour trouver la chaleur que peut abandonner un kilogramme d'un gaz en se refroidissant d'un degré.

286. Les deux chaleurs spécifiques des gaz. — Quand le gaz n'est qu'à une pression très peu différente de la pression atmosphérique, qu'il peut se dilater librement sous l'influence des changements de température et qu'on trouve sa chaleur spécifique on a la *chaleur spécifique à pression constante*.

Mais on peut aussi empêcher un gaz de se dilater malgré le changement de température ; il faut alors une quantité différente de chaleur pour échauffer un kilogramme de 1° ; c'est la *chaleur spécifique sous volume constant*.

Cette dernière est très difficile à obtenir par une expérience directe ; mais on peut la déduire de la première ; on démontre en effet que le rapport des deux chaleurs spécifiques est un nombre constant.

287. Chaleurs spécifiques des différents corps.

— Voici quelques-uns des résultats obtenus par diverses expériences :

Corps solides.

Aluminium	0,218	Or	0,033
Argent	0,057 — 0,061	Platine	0,032
Cuivre	0,095 — 0,101	Plomb	0,031
Étain	0,056	Phosphore	0,189
Fer	0,114	Potassium	0,169
Mercure (solide)	0,031	Soufre	0,203
Eau solide ou glace	0,5	Zinc	0,096 — 0,102

Liquides.

Eau	1,00	Plomb fondu	0,04
Brôme	0,111	Phosphore	0,24
Étain fondu	0,064	Alcool	0,547
Mercure	0,033		

Gaz (à pression constante).

Air	0,237	Acide sulfureux	0,154
Gaz ammoniac	0,508	Hydrogène	3,409
Acide carbonique	0,217	Oxygène	0,2175
Chlore	0,121	Oxyde de carbone	0,257

Le rapport des deux chaleurs spécifiques pour l'air étant de 1,41, il s'ensuit que la chaleur spécifique sous volume constant, lorsque le gaz ne peut pas se dilater, est seulement de 0,168.

L'examen du tableau précédent inspire plusieurs remarques. La première, c'est que de tous les corps l'eau est celui qui exige le plus de chaleur, qu'un poids d'eau liquide en exige beaucoup plus que l'eau solide en glace.

La chaleur nécessaire à porter 1 kilogramme d'eau de 0° à 100 est suffisante pour porter un égal poids de fer à une température de $\dfrac{100}{0,114}$ ou de 877°, c'est-à-dire au rouge blanc.

La structure des corps a une influence sur la chaleur spécifique, le même corps exige plus ou moins de chaleur, suivant qu'il est liquide ou solide.

Enfin la température elle-même modifie un peu la chaleur spécifique, c'est le cas de l'argent, du cuivre et du zinc qui, de 100° à 200°, ont une chaleur spécifique un peu supérieure à celle qu'ils possèdent de 0° à 100°.

288. Relation des chaleurs spécifiques avec les poids atomiques.

— Loi de Dulong. — Si l'on compare les chaleurs spécifiques des corps simples avec les nombres qui expriment les poids atomiques de ces corps, on remarquera, comme Dulong l'a fait le premier, que le *produit de la chaleur spécifique par le poids atomique est sensiblement constant*, et le même pour beaucoup de corps. En voici quelques exemples pour les corps solides :

Corps.	Poids atomique (p).	Chaleur spécifique (c).	Produit (pc).
Argent.	108	1,057	6,16
Cuivre	63,3	0,095	6,03
Fer.	56	0,1138	6,37
Iode	127	0,054	6,87
Or	196	0,0324	6,35
Platine.	197	0,0324	6,38
Phosphore. . .	31	0,1887	5,85
Plomb	206	0,0314	6,47
Zinc	64,9	0,095	6,21

Les nombres du dernier tableau ne sont pas absolument concordants; mais ils ne s'écartent guère de la moyenne 6,38.

Les poids atomiques sont pour la plupart des métaux le double de l'équivalent chimique.

Pour les métalloïdes qui n'offrent pas entre eux la même analogie de conditions physiques que les métaux, la régularité est moins grande. Ainsi l'hydrogène, l'azote et l'oxygène présentent les nombres suivants si l'on prend leur chaleur spécifique à volume constant :

Hydrogène.	1	2,411	2,4
Azote	14	0,173	2,4
Oxygène	16	0,155	2,48

Le chlore, le carbone, le silicium s'e écartent sensiblement.

La loi de Dulong, considérée comme une relation approximative, est aussi applicable aux corps composés : dans ceux-ci, les atomes des corps simples transportent avec eux leur chaleur spécifique, de sorte que le produit de l'équivalent chimique par la chaleur spécifique est sensiblement le même pour tous les corps de même composition chimique.

289. Chaleur de fusion. — Lorsqu'un corps solide fond, comme la glace ou le plomb, sa température reste invariable, toute la chaleur qu'il reçoit du foyer est employée à accomplir le changement d'état. Inversement, quand un liquide se solidifie après avoir été suffisamment refroidi, le thermomètre qui y est plongé ne descend plus pendant tout le temps que dure la solidification; le corps liquide dégage de la chaleur en prenant l'état solide.

On appelle **chaleur de fusion** d'un corps la quantité de chaleur nécessaire pour fondre un kilogramme de ce corps sans élever sa température : c'est aussi la quantité abandonnée par un kilogramme du corps liquide passant à l'état solide.

On appelait autrefois *chaleur latente* cette quantité de chaleur pour indiquer qu'elle n'exerce pas d'action sur le thermomètre. L'expression de *chaleur de fusion* est préférable parce qu'elle ne laisse pas supposer comme la première que la chaleur fournie à un corps pendant sa fusion est dissimulée pour reparaître pendant la solidification.

On fait habituellement dans les cours une expérience qui rend sensible l'absorption de chaleur pendant la fusion et qui en permet une mesure approchée. On mêle un kilogramme d'eau à 79° avec un kilogramme de glace à 0°, et quand la glace est fondue, le thermomètre plongé dans le mélange marque 0°. L'eau chaude a abandonné 79 calories qui ont donc été employées intégralement à fondre la glace. Mais cette expérience, excellente pour donner une idée de la chaleur de fusion, doit être quelque peu modifiée pour servir à une mesure exacte.

290. Recherche de la chaleur de fusion de la glace. — Pour trouver la chaleur de fusion de la glace, on emploie la méthode des mélanges. On jette un poids connu de glace à 0° dans l'eau d'un calorimètre qui possède assez de chaleur pour fondre toute la glace, et on note la température finale que prend le mélange. L'eau cède de la chaleur à la glace, et si l'on s'est arrangé pour que la chaleur de l'eau ne se perde pas à échauffer l'air ambiant, on peut écrire que la chaleur prise par la glace est égale à la chaleur cédée par l'eau.

Voici un exemple numérique simple : *on a jeté 2 kilogrammes de glace à 0° dans 8 kilogrammes 925 d'eau à 30° et la température finale du mélange est de 10°.*

L'eau s'est refroidie de 30° à 10°; elle a abandonné

$$8,925 (30 - 10) \quad \text{ou} \quad 178^{cal},5.$$

La glace a fondu d'abord; et l'eau produite par les 2 kilogrammes de glace s'est élevée de 0° à 10°; elle a dû absorber :

$$2 \times 10 \quad \text{ou} \quad 20 \text{ calories,}$$

c'est que la glace a exigé pour fondre

$$178,5 - 20 = 158^{cal},5.$$

1 kilogramme de glace a donc pris, pour fondre,

$$\frac{158,5}{2} = 79^{cal},25 .$$

Pour une expérience précise, il faut tenir compte de la chaleur abandonnée par le calorimètre qui se refroidit en même temps que l'eau qu'il contient. On ne pèse pas d'abord la glace, mais on tare le calorimètre sur une balance. La glace prise à zéro est essuyée, puis plongée dans l'eau du calorimètre; le thermomètre de celui-ci baisse et quand il est devenu stationnaire on note sa température θ comme on avait noté sa température primitive t. On reporte le calorimètre sur la balance, l'augmentation de poids donne le poids de la glace.

Appelons p le poids de glace fondante, x sa chaleur de fusion.
— P le poids de l'eau du calorimètre;
— p' le poids du calorimètre et c' sa chaleur spécifique.
La chaleur abandonnée est

$$(P + p'c') (t - \theta).$$

La chaleur prise par la glace est : pour la fusion px, après la fusion $p\theta$.
Ces deux quantités sont ensemble égales à la précédente d'où

$$px + p\theta = (P + p'c') (t - \theta)$$

d'où

$$x = \frac{(P + p'c') (t - \theta) - p\theta}{p} .$$

Pour obtenir x avec un peu d'exactitude, il faut avoir soin de prendre t autant au-dessus de la température ambiante que θ se trouvera au-dessous, ou bien tenir compte de la quantité de chaleur perdue par le refroidissement de l'appareil au contact de l'air.

On déterminerait par une opération analogue la chaleur de fusion d'un corps quelconque.

Dans le cas d'un corps qui est habituellement solide on le fait fondre; on le jette fondu dans le calorimètre et on estime la quantité de chaleur qu'il abandonne en se solidifiant.

291. Lenteur de la fusion de la glace et de la neige.

— Une masse un peu considérable de glace ou de neige met un temps assez long pour fondre complètement, parce qu'il lui faut une très grande quantité de chaleur. Un exemple numérique rend ce fait très saisissant. Supposons un mètre carré de glace ayant 5 centimètres d'épaisseur, fondant par la chaleur que lui communique de l'eau qui tombe sur elle à 4°, et proposons-nous de trouver la quantité d'eau qui serait nécessaire.

Le volume de la glace est de $100^{dmq} \times 0^d,5 = 50^{dmc}$.

Son poids $50 \times 0,93 = 46^{kg}$.

La chaleur nécessaire pour la fondre, $46,5 \times 79,25 = 3685$ calories.

Chaque kilogramme d'eau tombant à 4° fournira 4 calories.

Il faudra donc

$$\frac{3685}{4} \quad \text{ou} \quad 921^{kg},25 \text{ d'eau.}$$

Et si cette eau présentait un volume de même surface que la glace, c'est-à-dire une surface d'un mètre carré, il en faudrait une hauteur de 92 centimètres. C'est, dans ce cas particulier, plus de 18 fois la hauteur de la glace.

292. Chaleur de vaporisation.

— Pendant tout le temps qu'un liquide bout, sa température ne change pas; la chaleur fournie au liquide par le foyer est exclusivement employée à effectuer le changement d'état. La vaporisation exige de la chaleur n'importe à quelle température elle se produise; en effet un liquide qui s'évapore un peu rapidement se refroidit beaucoup, parfois même assez pour se congeler.

La *chaleur de vaporisation* d'un liquide est le nombre de calories nécessaire pour transformer totalement en vapeur un kilogramme de ce liquide sans changer sa température; c'est aussi la chaleur qu'abandonne un kilogramme de vapeur en se condensant à l'état liquide.

La chaleur de vaporisation de l'eau à 100° est considérable. On le prouve facilement en faisant bouillir de l'eau dans un ballon muni d'un tube qui sert au dégagement de la vapeur et qui se rend dans un vase d'eau : la vapeur abandonne assez de chaleur à cette eau pour la porter en peu de temps à une température élevée.

On peut chercher la chaleur de vaporisation de l'eau ou d'un autre liquide à l'aide de l'appareil ci-contre (fig. 182). Une cornue qui contient le liquide est mise en communication avec un tube serpentin contenu dans un réfrigérant plein d'eau, muni d'un agitateur et de thermomètres. Un écran sépare la cornue du réfrigérant. On commence par porter le liquide ou l'eau de la cornue à l'ébullition ; puis seulement après quelque temps on met le col de la cornue

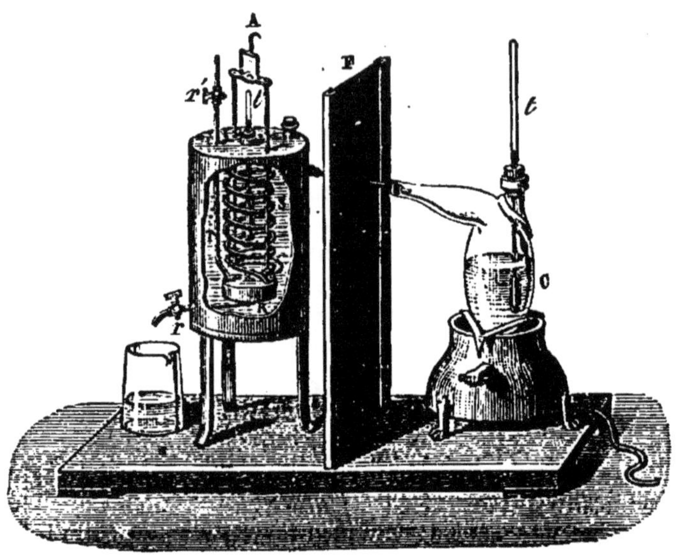

Fig. 182

en communication avec le tube du serpentin. La vapeur en arrivant au contact des parois froides du tube se condense et se rassemble à l'état liquide dans la boîte qui termine inférieurement le serpentin: elle échauffe l'eau du réfrigérant. Pour mettre fin à une expérience, on sépare le col de la cornue du tube du serpentin. On note la température de l'eau du réfrigérant comme on a noté sa température initiale ; on doit connaître le poids de l'eau, celui du vase et de ses différents agrès. On ouvre la boîte contenant le liquide qui provient de la vapeur ; on pèse ce liquide et on a tous les éléments du calcul.

Voici un exemple numérique simple où l'on ne tient pas compte de l'échauffement du vase formant le calorimètre. *Dans une expérience sur l'eau, on a recueilli 50 grammes de vapeur condensée ; le calorimètre contient 6 kilogrammes 070 d'eau à 25° ; la température d'ébullition est 100° ; la température finale du calorimètre est de 30°, quelle est la chaleur de vaporisation?*

La chaleur recueillie par le calorimètre est :

$$6{,}07 \times (30 - 25) = 30{,}35.$$

Cette chaleur a été fournie d'abord par la vapeur qui est devenue liquide sans cesser d'être à 100°, puis par l'eau provenant de la vapeur et qui s'est refroidie de 100° à 30°.

Cette dernière partie est :

$$0^k,050 (100 - 30) = 3^c,50.$$

Il reste $26^c,85$ pour la chaleur abandonnée par 50 grammes de vapeur, on en tire que la chaleur abandonnée par 1 kilogramme de vapeur en se condensant à 100° est :

$$\frac{26,85 \times 1000}{50} = 537 \text{ calories.}$$

Telle est la valeur de la chaleur de vaporisation de l'eau à 100°.

Le problème général pour un liquide quelconque s'exprimerait de la manière suivante : En désignant par T la température d'ébullition du liquide, par x sa chaleur de vaporisation, par c la chaleur spécifique à l'état liquide, par p le poids de vapeur condensée, par M le poids en eau du calorimètre, par t sa température initiale, et par θ sa température finale, on écrirait ·

$$px + pc (T - \theta) = M (\theta - t),$$

et on en tirerait x.

La méthode que nous venons de décrire comporte deux causes d'erreur : d'abord le réfrigérant, placé trop près de la cornue et du foyer, peut en recevoir directement une certaine quantité de chaleur; ensuite des gouttelettes liquides sont entraînées par la vapeur dans le serpentin et augmentent le poids total du liquide recueilli qui se trouve être plus grand que le poids réel de la vapeur condensée. Regnault a remédié à ces deux causes d'erreur et il a déterminé avec soin la chaleur de vaporisation de plusieurs liquides, notamment de l'eau. Il a trouvé pour l'eau le nombre 537 calories par kilogramme. Il faut donc pour vaporiser entièrement un kilogramme d'eau déjà arrivé à 100°, 537 calories, c'est une quantité égale à celle qu'il faudrait fournir à 5 litres 37 d'eau à 0° pour les porter à 100°.

203. Chaleur totale de vaporisation de l'eau. — On a souvent besoin de connaître la quantité de *chaleur totale* qu'il faut fournir à un kilogramme d'eau pris à 0° pour le porter à la température T° et le réduire complètement en vapeur à cette dernière température. Les expériences de Regnault ont donné pour le calcul de cette chaleur totale la formule suivante :

$$q = 606,5 + 0,305 \, T$$

ou bien
$$q = 607 + 0,3 \, T$$

Pour $T = 100°$ on en tire,

$$q = 606,5 + 0,305 \times 100 = 637.$$

Pour $t = 80°$,

$$q = 606,5 + 0,305 \times 80 = 630,9.$$

Cette formule permet de calculer la chaleur à fournir à un poids P de kilogrammes d'eau à 20°, par exemple, pour porter cette eau à 80° et la réduire totalement en vapeur à cette température; on a en effet

$$P (606,5 + 0,305 \times 80) - P \times 20.$$

On peut admettre que pour chauffer un kilogramme d'eau de 0° à t° il faut sensiblement t calories; si donc q représente la chaleur totale, la portion q' de cette chaleur nécessaire pour la vaporisation à la température t sera :

$$q' = q - t$$

ou
$$q' = 606,5 + 0,305 t - t = 606,5 - 0,695 t.$$

On voit que la chaleur de vaporisation q' doit diminuer à mesure que la température augmente; à 100° elle est 537 calories; à 200° elle n'est plus que 467 calories 5. On doit donc prévoir une température à laquelle la chaleur de vaporisation sera nulle et où le liquide passera en vapeur sans dépense de chaleur; c'est en effet ce qui arrive pour les liquides surchauffés qui à une température convenable ne peuvent plus subsister qu'à l'état de gaz.

Exercices.

114. Si l'on appliquait à un kilogramme de fer pris à 0° la chaleur nécessaire pour fondre un kilogramme de glace, à quelle température porterait-on le fer?

La chaleur spécifique du fer est 0,114.

115. Un morceau de marbre de 130 grammes, contenu dans une corbeille dont le poids en eau est 0,6, est porté à 97°; il est ensuite plongé dans un calorimètre dont le poids en eau est 462 grammes, la température initiale 7°, la température finale 9°5, trouver la chaleur spécifique du marbre.

116. On sait par une première expérience que 100 grammes de laiton portés à 75° et plongés dans 400 grammes d'eau à 13° ont élevé cette eau à 15°4; une expérience semblable faite avec 600 grammes d'essence de térébenthine a donné pour la température finale de l'essence prise d'abord à 13° le nombre 14°8; trouver la chaleur spécifique de l'essence; la chaleur spécifique du laiton est 0,093.

117. On fait fondre 5 kilogr. 5 de glace à 0° dans 35 litres d'eau à 20°; quelle sera la température finale du mélange?

118. On jette 1500 grammes de glace à — 6° dans 9 litres d'eau à 12°; quelle sera la température finale du mélange et si toute la glace ne peut pas fondre quel est le poids qui fondra?

119. Le sol d'une cour de 160 mètres carrés de surface est couvert d'une couche de neige de 6 centimètres d'épaisseur et de densité 0,76; quel poids d'eau à 10° faudra-t-il pour fondre toute cette neige?

120. Quel poids de vapeur d'eau à 100° faut-il envoyer dans 20 hectolitres d'eau à 15° pour porter la température de cette eau à 65°?

121. Un calorimètre contenant 24 litres d'eau est tenu par l'addition de glace dans l'eau à une température de 20°; il y passe 1 kilogr. 750 de vapeur d'eau à 100°, quel poids de glace faudra-t-il?

122. Trouver la quantité totale de chaleur qu'il faut fournir à 25 kilogrammes d'eau prise à 15° pour les porter à 180° et les réduire totalement en vapeur à cette température?

CHAPITRE XXXVI

SOURCES DE CHALEUR

294. Sources de chaleur. — On donne le nom de sources de chaleur à toutes les causes capables d'amener dans les corps une élévation de température. On les distingue en deux groupes : les **sources permanentes** qui, d'une manière continue, par le jeu des forces naturelles, dégagent de la chaleur; les **sources accidentelles** ou **artificielles** que l'homme peut susciter à volonté par différents moyens, comme un métal à l'incandescence, un foyer allumé, un corps échauffé par le frottement ou la percussion.

La première et la plus importante des sources permanentes c'est le soleil dont le rayonnement échauffe tout notre système planétaire. Avec lui se classent les étoiles qui sont comme des soleils très lointains, et la terre à cause de sa chaleur propre.

Les sources accidentelles peuvent être ramenées à deux groupes principaux : la *chaleur dégagée par les actions chimiques et la chaleur provenant des actions mécaniques*.

Tout nous porte à penser que le mouvement est la cause primordiale de la chaleur; c'est donc par l'étude des actions mécaniques que nous devrions logiquement commencer ce chapitre. Mais nous préférons donner d'abord quelques détails sur chacune des sources et dans l'ordre adopté ci-dessus, sauf à résumer notre étude et à présenter ensuite dans le chapitre suivant des notions sur le mouvement considéré comme cause de la chaleur, autrement dit sur la théorie mécanique de la chaleur.

I. — SOURCES PERMANENTES

295. Chaleur solaire. — Le soleil est pour nous la plus importante des sources de chaleur; elle n'agit pas comme les autres sources en quelques points restreints et limités, à quelque distance seulement du centre d'activité, mais elle élève la température de toutes les régions que nous pouvons parcourir et elle se répand dans les espaces immenses où la terre n'est qu'un point. Dès que le soleil paraît sur l'horizon, la température s'élève; elle va en croissant à mesure que les rayons sont moins obliques et elle échauffe l'air et le sol. Mais celui-ci rayonne une partie de la chaleur qu'il a reçue, et tant que la quantité qu'il perd est inférieure à celle qu'il reçoit, la température s'accroît; ce phénomène se remarque jusque vers deux heures après midi. A partir de ce moment il y a décroissance jusqu'à ce que le soleil reparaisse à l'horizon.

L'importance de la chaleur solaire n'a été méconnue à aucune époque, mais ce n'est qu'en 1838 qu'on a, pour la première fois, mesuré la quantité de chaleur que le soleil envoie à la terre et celle qu'il donne tout autour de lui. C'est Pouillet qui a fait cette détermination à l'aide d'une sorte de calorimètre auquel il a donné le nom de *pyrhéliomètre*.

L'instrument se compose d'une boîte cylindrique de métal recouverte de noir de fumée; la boîte est prolongée par une tige située dans l'axe du cylindre et portant à son extrémité un disque de même diamètre que le fond de la boîte. Le tout est mobile autour d'un axe, de manière à ce qu'on puisse l'orienter et diriger le fond de la boîte pour que les rayons solaires y tombent normalement. La boîte est pleine d'eau et elle contient un thermomètre disposé de manière à ce qu'on puisse en suivre facilement les indications (fig. 183).

Pour faire une expérience, on tourne l'appareil de manière que l'ombre de la boîte noircie vienne sur le disque du bout; alors les

rayons solaires tomberont normalement sur la surface de la boîte
On couvre le tout d'un écran qui intercepte les rayons solaires et
on note pendant cinq minutes l'échauffement
que l'eau subit. On découvre alors l'appareil
pendant cinq minutes et l'on note l'élévation
du thermomètre ; puis on le remet cinq minutes encore à l'abri des rayons solaires. On
peut ainsi connaître la quantité de chaleur
que l'appareil a réellement reçue du soleil,
après en avoir déduit celle qui provient du
milieu ambiant.

Des expériences faites par Pouillet et de
celles qui ont été faites depuis par M. Violle,
il résulte que pendant une minute le soleil
envoie à la terre sur un mètre carré environ
18 calories. Et si la quantité totale que la
terre reçoit dans le cours d'une année était
uniformément répartie sur tous les points du
globe et employée sans aucune perte à fondre de la glace, elle serait capable de fondre
une couche de glace qui envelopperait la terre
et qui aurait plus de 30 mètres d'épaisseur.

Fig 183.

En tenant compte de l'absorption exercée par l'atmosphère qui
est d'environ 0,4, on peut remonter à la chaleur totale émise par
le soleil. Si en effet on suppose une sphère décrite avec un rayon
égal à la distance qui sépare le soleil de la terre, chaque mètre carré
de cette sphère recevra autant de chaleur que la terre, si celle-ci
était supposée privée d'atmosphère. La quantité totale de chaleur
ainsi trouvée, divisée par la surface du soleil, donnera le nombre de
calories que chaque mètre carré de la surface solaire distribue
chaque minute. En transformant cette chaleur en quantité de glace
fondue, on arrive au résultat suivant : c'est que la chaleur émise
par le soleil en un jour serait capable de fondre une couche de glace
qui envelopperait le globe solaire et qui aurait 17 kilomètres d'épaisseur.

Nous verrons plus tard à quelles causes on peut attribuer cette
énorme quantité de chaleur, comment varient ses manifestations
aux différents points du globe, comment on arrive à pouvoir l'utiliser pour l'industrie et pour l'économie domestique à l'aide des
insolateurs Mouchot.

296. Chaleur propre de la terre. — La chaleur
propre de la terre est à peu près sans influence sur la surface de
notre globe ; la température de celle-ci varie en effet avec la puissance de la radiation solaire, avec l'heure du jour et avec les saisons.
Mais à une faible profondeur, une vingtaine de mètres environ, la
température est constante l'hiver comme l'été. A partir de cette
couche constante et en descendant plus profondément, on constate

une augmentation de température qui varie suivant les lieux, mais que l'on évalue à 1° pour 30 mètres de profondeur. On n'a pas pu vérifier cet accroissement sur une distance assez grande pour affirmer qu'il se maintient le même à de grandes profondeurs. On n'en peut pas moins conclure avec certitude que l'intérieur de la terre est à une température très élevée sous laquelle aucune substance ne peut tenir à l'état liquide.

La chaleur de l'eau des puits artésiens, celle des sources thermales amène les mêmes conclusions, et l'hypothèse du feu central apparaît alors comme une réalité.

II. — CHALEUR DÉGAGÉE PAR LES ACTIONS CHIMIQUES

297. Les actions chimiques dégagent de la chaleur. — Toute action chimique est accompagnée d'une production de chaleur. On peut le montrer par bien des exemples dont quelques-uns sont très saisissants. L'eau jetée sur un morceau de chaux vive rend cette chaux brûlante, et la chaleur produite réduit en vapeur une partie du liquide. Un mélange d'acide sulfurique et d'eau s'échauffe presque jusqu'à 100 degrés. L'acide sulfurique versé goutte à goutte sur de la baryte caustique rend celle-ci incandescente. Mais de toutes les actions chimiques, celle à laquelle nous demandons le plus fréquemment la chaleur pour les besoins de l'industrie et pour nos usages domestiques, c'est la *combustion*, c'est-à-dire la combinaison d'un corps dit combustible (bois, charbon, houille, gaz, etc.) avec un comburant (l'oxygène).

298. Mesure de la chaleur des actions chimiques. — Lavoisier et Laplace ont mesuré les premiers la quantité de chaleur que dégage en brûlant un poids constant des principaux combustibles; ils se servaient d'un calorimètre à glace, c'est-à-dire d'une chambre métallique où s'opérait la combustion, enveloppée de glace dont une partie plus ou moins grande passait à l'état liquide par la chaleur.

Dulong a repris ces mesures avec un calorimètre à eau comprenant une chambre à combustion où l'on amenait le combustible et l'air ou l'oxygène destiné à la combustion; le bas de la chambre (fig. 184) était en com-

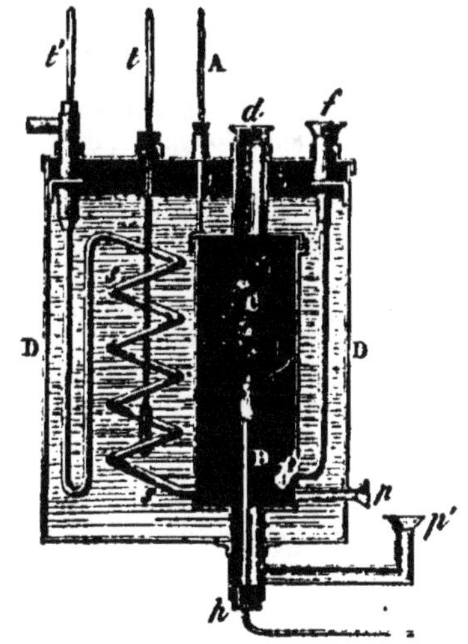

Fig. 184.

munication avec un serpentin destiné à laisser sortir les produits formés et à retenir leur chaleur; la chambre à combustion et le serpentin plongeaient dans l'eau d'un calorimètre dont des thermomètres donnaient la température. On brûlait un poids donné de combustible et on cherchait le nombre de calories reçues par le calorimètre.

Plus récemment, cet intéressant problème a été repris par Fabre et Silbermann et aussi par M. Berthelot.

209. Calorimètre de Fabre à combustions vives. — L'appareil se compose essentiellement d'un vase plein d'eau qui est le calorimètre proprement dit. Dans la masse d'eau est une chambre de platine qui recevra le combustible et l'oxygène nécessaire à la combustion. Ce dernier gaz arrive dans la chambre par un tube D communiquant à un gazomètre (fig. 185). Les gaz produits par la combustion sortent par un tube C replié sous la chambre en un long serpentin et s'échappent refroidis par un tube à l'aide duquel on peut les recueillir pour les mesurer, les peser ou les analyser. Un thermomètre T indique les variations de température du calorimètre et permet de connaître la chaleur qu'a reçue l'appareil dans un temps donné. Les enveloppes successives sont disposées de manière à ce qu'il n'y ait pas de chaleur perdue ni d'action sensible de l'air ambiant sur la température du calorimètre.

Si l'on expérimente un combustible non gazeux on le place dans une petite corbeille de platine s'il est solide, dans une petite lampe s'il est liquide. On l'allume et on l'introduit vivement dans la chambre à combustion où l'on fait venir un courant d'oxygène. Si le combustible est gazeux, on le fait pénétrer dans la chambre par un second tube. Au-dessus de la chambre à combustion est un tube fermé d'une glace et surmonté d'un miroir incliné H à l'aide duquel l'opérateur peut voir ce qui se passe dans l'appareil.

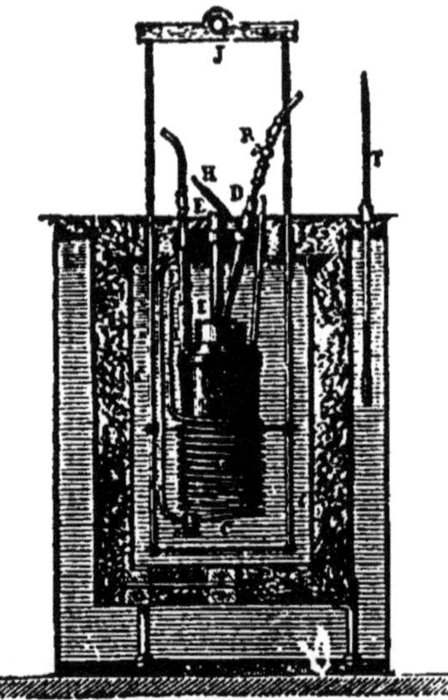

Fig. 185.

Voici dans le tableau suivant les chaleurs de combustion de différentes substances dans l'oxygène, c'est-à-dire le nombre de calories dégagées lorsqu'on fait brûler dans l'oxygène 1 kilogramme de ces corps :

	Chaleur de combustion.
Hydrogène	34.462
Gaz des marais	13.120
Gaz oléfiant	11.857
Essence de térébenthine	10.850
Huile d'olives	9.862
Éther	9.027
Charbon de bois	8.080
Alcool de vin	7.180
— de bois	5.307
Soufre	2.260

On voit que de tous les corps c'est l'hydrogène qui dégage le plus de chaleur; à poids égal il en fournit presque 4 fois plus que le charbon.

200. Calorimètre à mercure. — Pour étudier les quantités de chaleur dégagées dans les réactions chimiques produites par la voie humide, c'est-à-dire par le mélange de liquides, MM. Favre et Silbermann ont employé un calorimètre très différent du précédent. C'est un gros thermomètre à mercure dont la graduation, au lieu d'indiquer les variations de température, donne par une lecture la quantité de chaleur reçue par l'instrument exprimé en calories (fig 186). Dans le réservoir s'enfoncent plusieurs tubes ou *moufles*, en platine, dans lesquels on effectue les réactions chimiques. La chaleur produite par une réaction se communique au mercure et en fait avancer le niveau dans le tube capillaire de l'instrument.

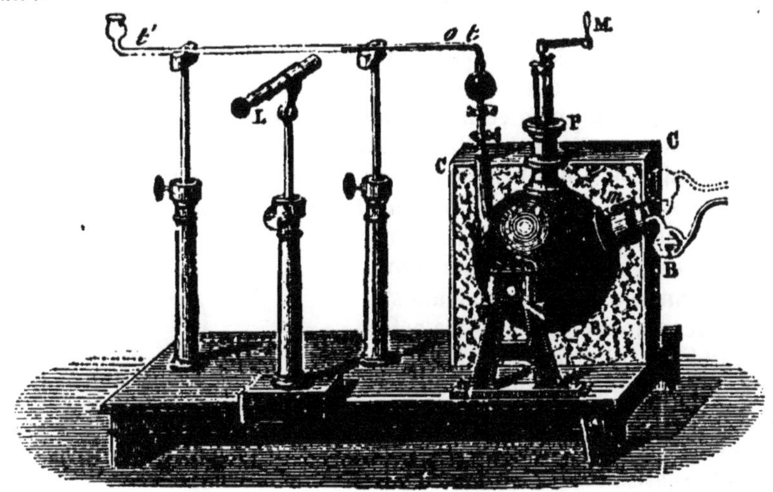

Fig. 186.

Pour éviter la déperdition de la chaleur par la surface du réservoir, celui-ci est entouré de corps mauvais conducteurs : ouate, duvet, liège, contenus dans une boîte en bois.

L'appareil peut être gradué très simplement : on met dans la moufle un poids connu p d'eau à une température t ; cette eau se refroidit jusqu'à t' et abandonne par conséquent un nombre de calories égal à $p (t - t')$.

Si le mercure a avancé dans le tube capillaire d'une longueur l mesurée, en divisant cette longueur par le nombre de calories, on a la valeur de la dilatation due à une calorie.

Dès lors, pour faire une expérience, on commence par amener le mercure au zéro de la graduation, c'est à quoi sert le piston à manivelle dont le haut du réservoir est surmonté. Puis on met dans la moufle les corps qui doivent réagir les uns sur les autres et on lit sur le tube capillaire la chaleur dégagée par la réaction.

301. Calorimètre de M. Berthelot. — On doit à M. Berthelot les études les plus étendues sur les quantités de chaleur qui se manifestent dans les réactions chimiques. Elles ont toutes été faites avec un calorimètre à eau d'après la méthode des mélanges. Le calorimètre est un vase en platine contenant de l'eau un bon thermomètre un agitateur (fig. 187). Il est enve-

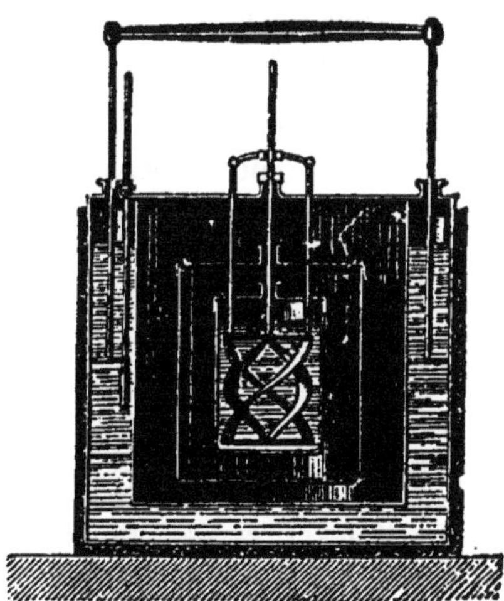

Fig. 187.

loppé d'une enceinte argentée, puis le tout est contenu dans une double enveloppe de fer blanc contenant de l'eau et enfin protégé extérieurement par une couche de feutre.

Toutes les précautions ont été prises pour rendre négligeable l'influence du refroidissement et pour diminuer les causes d'erreur. Nous reviendrons dans un chapitre spécial sur les beaux travaux du savant chimiste et sur les conclusions qu'il a formulées. (V. Notions de thermo-chimie.)

302. Production des températures élevées. —

C'est la chaleur dégagée par les combinaisons chimiques qui est le plus souvent utilisée pour produire les températures élevées. Exceptionnellement, pour accumuler sur un corps de grandes quantités de chaleur, on a pu faire intervenir à la fois la chaleur solaire concentrée par une forte lentille, la chaleur de l'arc voltaïque produit par une pile et le dard du chalumeau oxydrique, mais ordinairement on n'utilise que la combustion du charbon et celle de l'hydrogène.

Un poids donné de charbon ne peut fournir en brûlant qu'une quantité déterminée de chaleur. Mais s'il n'est aucun moyen d'accroître cette quantité de chaleur, on peut du moins l'accumuler dans un espace restreint et la développer dans le temps le plus court possible. C'est ce qu'a réalisé M. Sainte-Claire Deville en disposant convenablement le fourneau où il voulait chauffer un corps et en activant la circulation de l'air au travers du combustible. Mais c'est la combustion de l'hydrogène par l'oxygène dans le chalumeau oxydrique (fig. 188), échauffant un petit creuset de chaux, qui a permis d'obtenir les plus hautes températures et notamment de réaliser la fusion du platine.

La plupart des fours industriels sont chauffés directement par la flamme provenant de la combustion

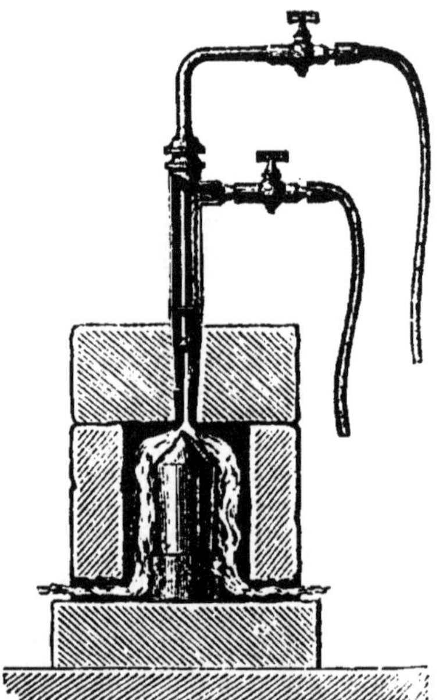

Fig. 188.

de la houille ou du coke. Cependant depuis quelques années on emploie les fours dits *à chaleur régénérée*. Le combustible y est formé des gaz fournis par une grande masse de charbon allumé et d'air que l'on fait arriver chaud dans le four où il doit servir à la combustion.

303. Chaleur animale. — La chaleur des animaux peut

être considérée comme produite par des actions chimiques. Elle est en effet due à la combustion au sein des organes des matériaux combustibles tirés des aliments et transportés par le sang dans toutes les parties du corps; ces matériaux sont brûlés par l'oxygène de l'air, introduit dans le sang par l'acte de la respiration.

S'il en est ainsi, la quantité de chaleur qu'un animal produit dans un temps donné est corrélative de la combustion respiratoire et dépend de la quantité d'oxygène ingéré; l'animal est donc comparable à un foyer où brûle du combustible et où se développe de la chaleur. Bien que le phénomène de la production de la chaleur animale ne soit pas aussi simple que nous venons de le dire, la

Fig. 189.

chaleur animale est en rapport avec le carbone et l'hydrogène dépensés et avec l'eau et l'acide carbonique produits. C'est ce que Lavoisier a le premier prouvé en enfermant un animal dans une cage posée au milieu d'un calorimètre (fig. 189), en lui fournissant assez d'air et en recueillant la vapeur d'eau et l'acide carbonique produits. L'expérience a montré que, dans la plupart des cas, la chaleur totale dégagée est celle que pourrait produire, dans un foyer ordinaire, une égale quantité de charbon et d'hydrogène à celle que l'animal a consommée.

III. — CHALEUR DÉGAGÉE PAR LES ACTIONS MÉCANIQUES

304. Le frottement est une source de chaleur. — Les exemples sont nombreux pour prouver que le frottement dégage de la chaleur. Le plus familier est la friction des deux mains l'une contre l'autre pour les réchauffer. L'essieu d'un chariot peut dans une marche rapide s'échauffer assez pour mettre le feu aux roues. Les tourillons d'un arbre de machine s'échauffent fortement quand ils ne sont pas suffisamment lubréfiés. C'est le frottement de l'acier contre un silex qui enflamme les petites parcelles détachées du morceau d'acier et qui les rend incandescentes La roue du rémouleur produit une gerbe d'étincelles sous l'instrument qu'on y applique pour l'aiguiser. Certaines peuplades sauvages se procurent du feu en faisant tourner rapidement un morceau de bois dur taillé en fuseau et appuyé par sa pointe contre un autre morceau de bois très inflammable. Tous ces faits, et bien d'autres que nous pourrions citer, sont du même ordre, et ils ont été bien souvent observés avant que l'on ait pu en donner, comme on le fait aujourd'hui, une explication satisfaisante.

305. Expérience de Rumford. — La production de chaleur par le seul fait du frottement avait vivement frappé Rumford et l'avait conduit à imaginer une expérience dont le but était de prouver que la chaleur dégagée par le frottement est inépuisable. Rumford fit monter sur un tour une pièce de canon portant encore sa masselotte, c'est-à-dire la masse de bronze coulée avec le canon et que le travail du tour doit en séparer. Contre la masselotte était appliqué un large foret émoussé frottant fortement contre la pièce métallique quand on faisait tourner celle-ci. Les deux pièces étaient entourées de dix litres d'eau. Au bout de deux heures d'un mouvement de rotation communiqué à la masse par l'arbre d'un manège, l'eau de la caisse était en ébullition : le frottement de la tarière fixe contre la masse mobile avait donc dégagé plus de 1,000 calories.

306. Expérience de Davy. — L'expérience imaginée par Davy est tout aussi curieuse : elle consiste à faire fondre deux morceaux de glace en les frottant l'un contre l'autre dans un espace maintenu à une température inférieure à zéro. Lorsqu'on veut la répéter l'hiver dans une enceinte au-dessous de 0°, on prend deux gros morceaux de glace taillés de manière à présenter chacun une surface plane; on les tient à la main à l'aide d'un corps mauvais conducteur et on les frotte l'un contre l'autre; au bout de quelque temps on voit couler de l'eau des surfaces frottées. La quantité de chaleur engendrée peut être estimée; on sait qu'elle est de 79 calories par kilogramme de glace fondue.

Fig. 190.

307. Appareil de Tyndall. — On montre aujourd'hui, dans les cours, la production de chaleur par le frottement à l'aide de l'appareil imaginé par Tyndall. On fait tourner rapidement, à l'aide de deux roues qui se commandent, un tube de cuivre rouge que l'on a rempli aux trois quarts d'un liquide et que l'on a fermé d'un bon bouchon (fig. 190). Pendant la rotation, on serre le tube entre les deux mâchoires d'une pince de bois un peu large. Au bout de peu de temps le bouchon du tube est projeté en l'air avec force. Le frottement du tube contre la pince a dégagé de la chaleur en assez grande quantité pour faire bouillir le liquide, et la vapeur produite a pressé sur le bouchon et l'a fait sauter.

308. La percussion et le choc développent de la chaleur. — Quand on frappe un morceau de fer à coups redoublés sur une enclume, il devient brûlant et peut mettre le feu à un morceau d'amadou. Le plomb martelé de même entre en fusion et s'éparpille en gouttelettes. Les médailles que l'on frappe deviennent brûlantes sous le choc du balancier. La balle de fusil qui frappe une plaque de fonte avec force, s'arrête et tombe, mais elle est devenue très chaude. En général, toutes les fois que l'on déforme un corps ductile par une action mécanique, il y a un développement de chaleur.

309. La compression des gaz dégage de la chaleur. — La grande compressibilité des gaz rend ces corps aptes à produire de la chaleur lorsque, par une pression, on leur fait subir un changement de volume. Tous les gaz comprimés dégagent de la chaleur; et si la compression est rapide, la température s'élève assez pour mettre le feu à des matières inflammables. C'est ce qui arrive dans le briquet à air (fig. 4) que nous avons déjà décrit. Le mouvement très brusque du piston comprime l'air très rapidemeut; et la chaleur produite enflamme l'amadou. Quand on opère dans l'obscurité, on voit au moment de la compression une lueur dans le tube; elle est due à la combustion de la matière grasse dont le tube est enduit et l'air imprégné.

Toutes les fois que l'on comprime un gaz il s'échauffe et il échauffe le vase qui le contient. On vérifie ce fait facilement en fixant la pompe de compression sur un récipient métallique où l'on veut comprimer de l'air. Si la compression est rapide, le vase s'échauffe assez pour qu'on puisse constater une augmentation de température sur ses parois; quant à la pompe elle-même, son échauffement est dû au frottement du piston.

310. Froid produit par l'expansion des gaz. — L'expansion d'une masse gazeuse, qui est l'inverse de la compression, doit produire un résultat contraire, c'est-à-dire un abaissement de température. L'expérience le démontre pleinement. On fait le vide dans une cloche à robinet, posée sur la platine de la machine pneumatique; puis on visse sur cette cloche un ballon tubulé, à robinet, plein d'air ordinaire un peu humide. Aussitôt qu'on ouvre le robinet de la cloche, on voit le ballon se remplir d'une buée.

L'air du ballon s'est détendu en se répandant dans la cloche; son expansion a amené un refroidissement, et la vapeur d'eau qu'il contient s'est condensée en brouillard.

Quand on commence à faire le vide sous la cloche de la machine pneumatique et que l'air est humide, on peut constater un phénomène du même genre; dès le premier coup de piston on voit les parois de la cloche se couvrir d'un léger voile : voici ce qui s'est passé; l'air de la cloche a diminué de pression; il s'est un peu refroidi, et la vapeur d'eau qu'il contient subissant ce refroidissement, a éprouvé un commencement de condensation.

Enfin si l'on expose un thermomètre à un jet de gaz sortant d'un réservoir où le gaz était comprimé, on voit le thermomètre baisser. Et même si l'air est humide, sa vapeur d'eau se refroidit et peut se congeler quand la pression du gaz comprimé est notablement supérieure à la pression extérieure.

Le refroidissement de la vapeur qui s'échappe d'une chaudière où elle était à plusieurs atmosphères, est un phénomène du même genre : la vapeur en sortant se dilate beaucoup; elle a besoin de beaucoup de chaleur pour accomplir cette dilatation, et elle se refroidit au point qu'on tient impunément la main dans un jet sortant d'une chaudière où la vapeur était à 10 atmosphères de pression ou autrement dit à une température d'environ 180°.

Ainsi toutes les actions mécaniques sont accompagnées de chaleur : le choc, la percussion, la compression en développent; la dilatation, l'expansion des gaz en absorbent. Quelle est la relation existant entre le mouvement et la chaleur? c'est l'objet du chapitre suivant.

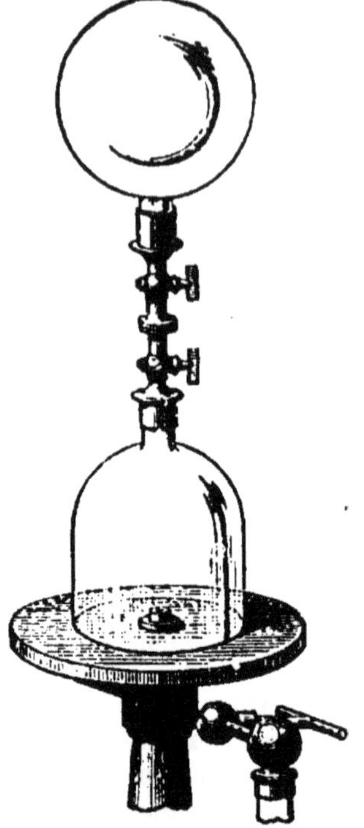

Fig. 191.

Fig. 192.

Exercices.

123. Trouver le poids d'une couche de glace de 30 mètres d'épaisseur qui envelopperait la terre et le nombre de calories qu'il faudrait pour la fondre.

124. Une houille renferme 82 0/0 de son poids de charbon et 4 0/0 d'hydrogène, trouver son pouvoir combustible, c'est-à-dire le nombre de calories qu'un kilogramme de cette houille peut dégager.

CHAPITRE XXXVII

NOTIONS ÉLÉMENTAIRES SUR LA THÉORIE MÉCANIQUE DE LA CHALEUR

311. L'énergie et la chaleur. — Laissons tomber de la même hauteur, sur un plan de marbre, deux corps de même poids, l'un très élastique comme une bille d'ivoire, l'autre mou comme une bille de plomb : la bille d'ivoire rebondira et remontera à son point de départ, la bille de plomb se déformera légèrement et restera sur le sol. Les deux corps partis du repos ont gagné peu à peu de l'énergie ; en arrivant sur le plan de marbre, la force vive de l'un était égale à la force vive de l'autre ; mais les effets ont été tout différents. Après le choc l'énergie de mouvement de la bille d'ivoire a fait remonter la bille et s'est peu à peu transformée en énergie potentielle ; en vertu de sa vitesse acquise, la bille d'ivoire a pris un mouvement contraire à celui que lui avait donné la pesanteur et elle a remonté jusqu'à la hauteur dont elle était tombée. Pour le corps mou, la même énergie de mouvement produite par la chute semble ne donner aucun effet, avoir disparu, n'être plus ni énergie potentielle, ni énergie actuelle. Mais un phénomène nouveau se produit : le corps mou s'échauffe. On est donc conduit à penser que la chaleur ainsi produite a pris la place de l'énergie disparue et à chercher dans les phénomènes de mouvement la source principale de la chaleur.

312. Le travail se convertit en chaleur. — Toutes les fois qu'on arrête brusquement un corps en mouvement, il s'échauffe ; le travail mécanique produit ou l'énergie acquise se transforme en chaleur : des billes de plomb envoyées avec une grande vitesse contre une plaque résistante s'aplatissent et elles s'échauffent assez pour fondre en partie.

La chaleur produite par le frottement a la même origine : elle est engendrée par la disparition du travail mécanique. En effet, si rien ne gêne le mouvement d'un corps et qu'on dépense un certain effort pour le mettre en mouvement, le corps acquiert une certaine vitesse, une certaine énergie de mouvement ; mais si le mouvement est gêné par une cause extérieure, par un frottement, la vitesse est moins grande et cependant le travail dépensé est resté le même ; il y a donc dans ce cas perte apparente d'énergie en regard de la production d'une certaine quantité de chaleur.

Nous pouvons reprendre à ce nouveau point de vue toutes les expériences que nous avons citées dans le chapitre précédent et tous les faits mis en avant au sujet de la chaleur dégagée par les actions mécaniques. Ainsi dans la compression brusque d'un gaz dans le briquet à air, le mouvement du piston s'arrête tout à coup ; la force vive qu'il possédait paraît s'anéantir ; elle se transforme en chaleur ; l'énergie de mouvement s'est changée en énergie calorifique.

Parmi les expériences spécialement instituées pour mettre en relief cette transformation de l'énergie ou du travail, aucune n'est plus nette que celle de Foucault. On fait tourner devant les pôles d'un électro-aimant un disque de cuivre monté sur un axe mis en mouvement à l'aide d'une manivelle. Quand le disque a une vitesse régulière, on lance un courant de quelques éléments de pile dans l'électro-aimant. Aussitôt le mouvement du disque est très gêné, et pour lui garder la même vitesse qu'auparavant il faut produire plus de force, dépenser plus de travail. Il y a donc là une perte apparente de force vive, du travail mécanique qui paraît sans effet utile, de l'énergie de mouvement que l'on peut croire disparue. Mais le disque, que rien ne touche, s'échauffe notablement. La chaleur a donc été produite par la disparition du travail mécanique.

313. La chaleur se convertit en travail. — Inversement toute création apparente de travail devra exiger une dépense de chaleur et devenir par suite une source de froid. En thèse générale, toutes les fois que de la chaleur disparaît, elle a dû créer du travail mécanique, se transformer en énergie de mouvement; mais on aurait grand'peine à prouver ce fait pour tous les cas; il faut se contenter de quelques exemples particuliers. Le plus frappant est celui de la machine à vapeur : lorsque la vapeur a agi sur le piston et produit en déplaçant celui-ci un travail souvent considérable, elle s'est notablement refroidie. Le froid produit par l'expansion subite des gaz a une cause analogue. Un gaz sort brusquement d'un réservoir comprimé; il refoule devant lui l'atmosphère; il produit donc du travail; il dépense de la chaleur et sa température s'abaisse.

314. Équivalence du travail mécanique et de la chaleur. — Toutes les fois que du travail semble être dépensé sans produire un mouvement correspondant il y a production de chaleur. Inversement, toutes les fois que du travail mécanique est engendré, il y a dépense correspondante de chaleur; la même quantité de travail dépensé donnera toujours naissance à la même quantité de chaleur. Il y a équivalence entre le travail mécanique et la chaleur : ce sont là deux quantités capables de se remplacer et de se transformer l'une dans l'autre.

315. Recherche de l'équivalent mécanique. — Dans quelle proportion se manifeste l'équivalence du travail et de la chaleur, combien faut-il dépenser de calories pour produire un travail d'un kilogrammètre ou inversement quel nombre d'unités de travail sont nécessaires à la production d'une unité de chaleur? telle est la question. Elle a été résolue de différentes manières : notamment par Joule, à l'aide de la chaleur dégagée par le frottement; par M. Hirn, à l'aide du choc; par Fabre, en appliquant l'électricité à la production du mouvement; par Mayer, au moyen de calculs sur les variations de volume des gaz.

Expérience de Joule. — L'appareil de Joule était monté de manière que la chute d'un poids fît tourner un arbre à palettes dans un liquide. La figure 193 en donne une représentation théorique. Le vase qui contenait le liquide était disposé comme un calorimètre, avec toutes les précautions voulues pour effectuer exactement la mesure de la chaleur produite. L'arbre à palettes reposait sur le

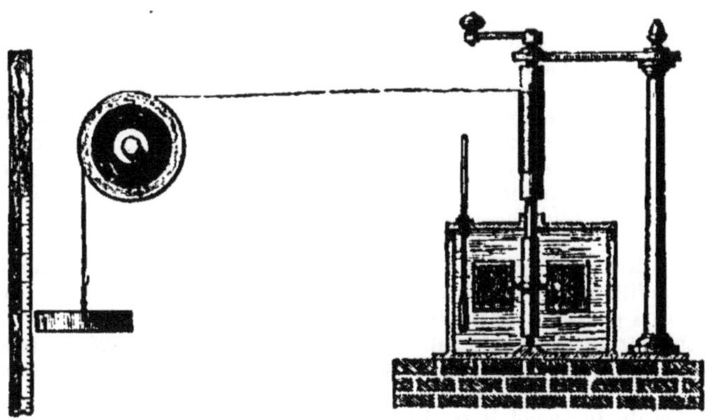

Fig. 193.

fond de ce vase. Il était mis en mouvement par la chute d'un poids attaché à un fil fixé lui-même sur le haut de l'axe. Le travail dépensé par le frottement des palettes contre le liquide était mesuré par la valeur du poids et sa hauteur de chute. La chaleur produite était estimée par l'échauffement constaté du calorimètre. On avait donc d'une part le travail T en kilogrammètres, d'autre part la quantité de chaleur Q en calories; il était facile de trouver la relation de ces deux quantités. Joule fit d'abord tourner des palettes de laiton dans l'eau, des palettes de fer dans du mercure, et un anneau de fonte contre un cône de fonte dans du mercure.

Il est résulté d'un grand nombre d'expériences que le rapport

$$E = \frac{T}{Q} = 425,$$ que *pour produire une calorie il faut dépenser un travail mécanique égal à 425 kilogrammètres.*

Ce nombre 425 est donc *l'équivalent mécanique de la calorie* ou, comme on dit plus généralement, *l'équivalent mécanique de la chaleur.*

Il en résulte que si l'on veut produire un travail mécanique d'un kilogrammètre, il faut dépenser $\frac{1}{425}$ de calorie, ou 0,00235; ce dernier nombre est l'équivalent calorifique du kilogrammètre.

Le nombre trouvé par Joule n'a pas été sensiblement modifié par les autres expérimentateurs; il est généralement admis aujourd'hui comme une moyenne de toutes les expériences.

Autres méthodes. — M. Hirn s'est proposé de mesurer l'équivalent mécanique de la chaleur en faisant écraser un morceau de plomb par le choc d'un lourd marteau contre une massive enclume, et en mesurant d'une part, dans un calorimètre, la chaleur gagnée par le morceau de plomb aplati, d'autre part, le travail dépensé dans le choc du marteau contre l'enclume. Cette enclume était une très grosse masse de pierre suspendue par des câbles à un plancher solide. Le marteau était une grosse masse de fonte également suspendue, le morceau de plomb était suspendu contre un des bouts de l'enclume. Pour produire le choc, on remontait le marteau d'une hauteur (h) en l'éloignant de l'enclume; on le laissait tomber; sa force vive acquise ou son énergie était donnée par le produit (Ph) de son poids par sa hauteur de chute. Il écrasait le morceau de plomb. On faisait le plus rapidement possible tomber celui-ci dans un calorimètre dont on mesurait exactement l'échauffement, on avait donc la quantité de chaleur et le travail, et par suite leur rapport. L'expérience comportait plusieurs corrections à faire : nous nous bornons à en indiquer le principe.

La *méthode de Fabre* est toute différente : elle repose sur la mesure de la chaleur dégagée par une pile électrique dans son circuit, d'abord dans le cas où aucun travail mécanique n'est produit par l'effet du courant électrique, et ensuite dans le cas où le courant électrique est appliqué à un moteur dont on peut estimer le travail. Dans ce dernier cas, la chaleur constatée est moindre; la portion de chaleur disparue a servi à produire le travail du moteur. Nous reviendrons sur ce sujet au chapitre de l'électricité.

Méthode de Mayer. — Mayer a déduit l'équivalent mécanique de la chaleur de conditions théoriques fondées sur la dilatation des gaz et sur les chaleurs spécifiques à pression constante et à volume constant.

La chaleur spécifique de l'air à pression constante est 0,2374, et la chaleur spécifique à volume constant est seulement 0,1684. Ainsi 1 kilogramme d'air absorbe 0^c,1684 pour s'échauffer de 1° sans changer de volume, et 0^c,2374 pour s'échauffer de 1° quand il se dilate librement et qu'il reste sous la pression de l'atmosphère. Dans les deux cas, l'air s'est échauffé de la même quantité; dans le second il a accompli un travail en se dilatant. Mayer admet que ce travail effectué pendant la dilatation a exigé le surcroît de chaleur qu'il a fallu fournir au gaz.

Ce travail est facile à déterminer; il est le produit de l'augmentation du volume par la pression extérieure. En effet, 1 kilogramme d'air occupe à 0° et sous la pression 760^{mm}, en litres

$$\frac{1000}{1,2926} = 773,6, \quad \text{en mètre cube } 0^{mc},7736.$$

Si on le suppose renfermé dans un vase de 1 mètre carré de surface, on admet que le gaz est limité supérieurement par un poids de 10333 kilos, puisque telle est la valeur de la pression atmosphérique sur 1 mètre carré. En s'échauffant de 1 degré il augmente de $\frac{1}{273}$ de son volume : c'est comme si le gaz élevait le poids de 10333 kilos qu'il supporte à une hauteur de

$$\frac{1}{273} \times 0,7734.$$

Le travail est donc exprimé par

$$\frac{1}{273}\, 0,7734 \times 10333 \text{ ou } 29^{km},28.$$

La chaleur correspondante à ce travail est

$$0^{c},2374 - 0^{c},1684 = 0^{c},069.$$

Le travail qui correspondrait à *une* calorie devrait être

$$\frac{29,28}{0,069} = 424,3.$$

C'est un nombre très voisin de celui que Joule a trouvé pour l'équivalent mécanique de la chaleur.

316. Action de la chaleur sur les corps. — Lorsqu'on soumet un corps à l'action de la chaleur, cette chaleur y produit plusieurs effets distincts :

Tout d'abord on constate une élévation de température accompagnée d'une augmentation de volume ; on sait en effet que tous les corps se dilatent par l'action de la chaleur. Mais, pour accomplir sa dilatation, il faut que le corps surmonte la pression extérieure ; il produit donc du travail mécanique auquel correspond une dépense de chaleur. C'est ce que l'on nomme le *travail extérieur*. On l'estime en faisant le produit de la pression par l'augmentation du volume.

Mais pour que la dilatation s'effectue, il faut que la distance des molécules qui composent le corps aille en s'augmentant. Il faut donc vaincre les forces moléculaires qui retiennent les particules du corps les unes aux autres, il y a donc aussi un *travail intérieur* à effectuer, et une partie de la chaleur est employée à ce travail.

Enfin, le corps peut changer d'état, prendre un nouvel arrangement des particules dont il est composé ; de là un nouveau travail intérieur différent du précédent et une portion de la chaleur employée pour ce changement.

Ainsi quand on chauffe un corps la chaleur peut produire quatre effets distincts : élévation de température, dilatation ou travail extérieur, déplacement des particules ou travail intérieur et changement d'état.

Inversement, quand on laisse un corps se refroidir, le contraire a lieu, et il y a abandon de chaleur ; dans le changement d'état notamment, soit la liquéfaction d'un gaz, soit la solidification d'un liquide, la chaleur produite par la destruction du travail est telle que le refroidissement peut être interrompu et la température rester stationnaire.

Nous pourrions reprendre à ce point de vue nouveau tous les phénomènes calorifiques précédemment étudiés ; mais il nous suffira d'en rappeler quelques-uns. Dans le passage d'un solide à l'état liquide, nous avons vu la température rester stationnaire ; il y a bien parfois une petite variation du volume qui représente un travail extérieur ; mais la plus grande partie de la chaleur est employée au travail intérieur de la fusion et la chaleur de fusion mesurée permet d'évaluer le travail produit. Lorsqu'un solide comme le fer se dilate par la chaleur, il y a deux travaux accomplis : un travail intérieur d'écartement des molécules, et un travail extérieur. Ce dernier est à peine sensible, car la variation du volume n'est pas grande ; mais le premier est grand si l'on en juge par la quantité de chaleur consommée ; on sait d'ailleurs qu'il faut exercer une énorme traction sur une barre de fer pour lui donner le même allongement qu'une certaine quantité de chaleur peut lui procurer.

317. Effets de la chaleur sur les gaz. — Le problème de l'échauffement des gaz est beaucoup plus simple que celui des liquides et des solides, surtout si l'on considère des gaz très éloignés de leur point de liquéfaction et que l'on appelle ordinairement des *gaz parfaits*. Il ne se produit plus de change ment d'état; il n'y a pas non plus de travail intérieur puisque les gaz n'ont pas de cohésion; il ne reste donc que deux effets, l'élévation de température et le travail extérieur de changement du volume.

Il faut prouver qu'un gaz qui se dilate ne produit pas de travail intérieur. Pour cela on chauffe un gaz sous volume constant, puis sous pression constante; on le laisse ensuite refroidir sous volume constant puis sous pression constante, et quand il est revenu à son point de départ (fig. 194) la différence entre la quantité de chaleur qu'on lui a fournie et celle qu'il a rendue est exactement la représentation du travail extérieur de la dilatation. Il n'y a donc pas eu de travail intérieur.

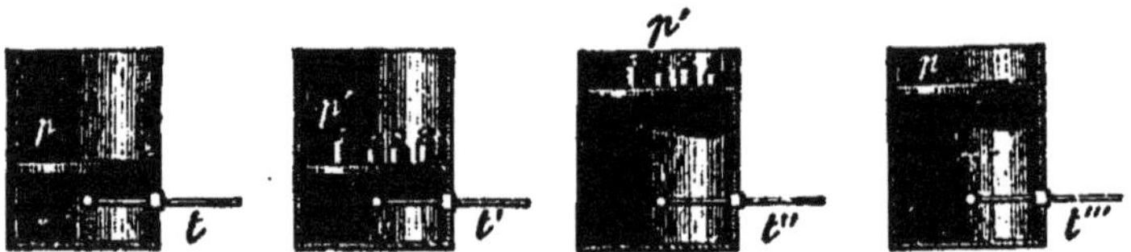

Fig. 194.

Comme les gaz sont très compressibles, on peut chauffer un gaz et le comprimer en même temps de façon que son volume reste invariable; dans ces conditions, il n'y a plus de travail extérieur; la chaleur dépensée sert tout entière à produire une élévation de température. C'est le cas d'un gaz parfait comme l'air chauffé en maintenant son volume constant, et c'est pourquoi le thermomètre à air peut être considéré comme thermomètre normal.

318. Températures absolues. — Un gaz parfait suit à la fois la loi de Gay-Lussac relative à la dilatation et la loi de Mariotte relative à la variation de la pression. Si V est le volume, P la pression, t la température, quelles que soient les transformations que l'on fera subir à la masse de gaz considérée, l'expression

$$\frac{PV}{1 + \alpha t} \text{ est constante.}$$

L'expression sera encore constante si on la multiplie par α et qu'on écrive

$$\frac{PV}{\frac{1}{\alpha} + t} = \text{constante.}$$

Mais $$\alpha = \frac{1}{273}$$

On peut donc écrire $$\frac{PV}{273 + t} = \text{constante,}$$

et si l'on fait $273 + t = \tau$, la formule devient

$$\frac{PV}{\tau} = \text{constante}$$

Cette température τ comptée à partir de -273 au-dessous de la température de la glace fondante est ce qu'on est convenu d'appeler la *température absolue*, et on donne le nom de *zéro absolu* à la température de 273° au-dessous de notre zéro. C'est une notion hypothétique; mais elle a l'avantage de simplifier beaucoup les formules relatives aux gaz.

Si en effet on écrit que pour un gaz donné

$$\frac{PV}{\tau} = K$$

on en tire

$$V = K \frac{\tau}{P}$$

c'est-à-dire que le volume d'un gaz est proportionnel à la température absolue et inversement proportionnel à la pression.

319. Détente des gaz. — Une masse de gaz se détend quand elle augmente brusquement de volume; cette détente peut avoir lieu dans l'air ou dans le vide. Quand elle a lieu dans l'air, le gaz accomplit un travail extérieur en refoulant l'atmosphère; il faut une certaine quantité de chaleur pour produire ce travail, le gaz doit donc se refroidir, et c'est ce qui arrive lorsqu'on ouvre à l'air un réservoir de gaz comprimé.

Quand la détente a lieu dans le vide, il n'y a pas de travail extérieur produit et il n'y a aucune raison pour que la température varie; on a pu vérifier par l'expérience qu'il en est ainsi.

Si le gaz qui se détend dans l'air ne reçoit pas de chaleur de l'extérieur, il ne suit plus la loi de Mariotte, le rapport des pressions n'est plus égal au rapport inverse des volumes, mais comme l'a démontré Laplace, à ce dernier rapport ayant pour exposant le nombre 1,41, quotient des deux chaleurs spécifiques du gaz,

d'où
$$\frac{P}{P'} = \left(\frac{V'}{V}\right)^{1,41}$$

Si l'on prend les températures absolues T et T' du gaz dans les deux conditions on peut écrire

$$\frac{PV}{T} = \frac{P'V'}{T'}$$

et en éliminant $\frac{V'}{V}$ entre les deux équations on trouve

$$\frac{T}{T'} = \left(\frac{P}{P'}\right)^{0,291}$$

Cette équation, qu'il faut calculer par logarithmes, sert à chercher l'abaissement de température que subit un gaz quand sa pression varie dans des limites données. Soit un gaz comprimé à 10 atmosphères et qui revienne brusquement à la pression atmosphérique,

$$\frac{P}{P'} = 10$$

$$\frac{T}{T'} = 10^{0,291}$$

ou
$$\log \frac{T}{T'} = 0,291 \qquad\qquad \frac{T}{T'} = 1,935.$$

Mais si le gaz était à 0°, T = 273

d'où
$$T' = \frac{273}{1,935} = 140.$$

Si de 140 on retranche 273, on aura le degré centigrade cherché

$$140 - 273 = \; -133°.$$

La température du gaz descendrait donc à 133° au-dessous de zéro, si le gaz ne recevait pas de chaleur des corps voisins. Cet exemple montre bien l'énorme refroidissement que peut produire la détente, et il fait comprendre le mode de liquéfaction des gaz proposé par M. Cailletet.

320. Principe de Carnot pour les machines thermiques. — On appelle machine thermique tout appareil où l'on dépense de la chaleur pour produire du travail; tels sont les moteurs à vapeur, à gaz, à air chaud, où un corps gazeux opère la transformation de la chaleur en travail.

Dans la machine à vapeur, le gaz intermédiaire est la vapeur d'eau. Un certain poids d'eau pris à une température *t* est mis au contact d'une source de chaleur où le liquide se change en vapeur à une température t'; cette vapeur passe dans un cylindre où elle travaille; elle en sort à une température t'' inférieure à t', elle est conduite à un réfrigérant où elle reprend son premier état et sa température primitive.

Une machine est d'autant plus parfaite qu'elle utilise une plus grande partie de la chaleur qu'on lui fournit. Le rapport de la quantité de chaleur réellement transformée en travail à la chaleur totale fournie à la machine s'appelle le *coefficient économique;* c'est l'expérience qui peut le déterminer dans chaque cas particulier. Mais la théorie prévoit un *coefficient* que la machine devrait avoir si elle était parfaite. La règle qui permet de trouver ce coefficient théorique a été formulée par Carnot. Elle est connue sous le nom de principe de Carnot et on peut l'énoncer de la manière suivante :

Dans une machine thermique où le gaz arrive à une température absolue T, en sort, le travail fait, à une température absolue T', le coefficient économique maximum a pour valeur

$$\frac{T - T'}{T}$$

Prenons l'exemple d'une machine où la vapeur est introduite à 6 atmosphères, et mise en communication avec un condenseur à 30°. La température correspondante à 6 atmosphères est 159 degrés centigrades.

Donc $$T = 159 + 273 = 432$$

$$T' = 30 + 273 = 303$$

Le coefficient maximum sera $$\frac{432 - 303}{432} = 0,3.$$

Il n'y aura donc que les 3 dixièmes de la chaleur que possède la vapeur qui pourront être utilisés à produire du travail. Dans la pratique, le coefficient sera encore plus faible.

321. — La chaleur est considérée comme un mode de mouvement.

— La transformation du mouvement en chaleur, la production d'une quantité indéfinie de chaleur par la dépense ou la disparition d'une quantité indéfinie de mouvement, ne permet plus de considérer la chaleur, ainsi qu'on l'a fait longtemps, comme un fluide particulier émané des corps chauds. Tous les phénomènes connus s'expliquent très bien si l'on voit dans la chaleur le résultat d'un mouvement vibratoire qui se propage autour des sources calorifiques, comme se propagent autour d'un centre d'ébranlement dans l'air les ondes d'où résultent les sons. On considère donc aujourd'hui la chaleur comme un mode de mouvement.

On suppose que les corps sont formés de parties très petites, atomes ou molécules, séparées les unes des autres par des intervalles relativement grands si on les compare aux dimensions de ces particules. Au lieu de conserver une position fixe, les atomes ou molécules exécutent des oscillations autour d'une position moyenne d'équilibre. Chaque atome est considéré comme animé d'un mouvement incessant de va-et-vient autour d'un point, comme un mouvement pendulaire. Les particules des corps solides et liquides sont attirées et retenues les unes vers les autres par des forces dites moléculaires dont l'effet est désigné par le nom de cohésion. Un corps chaud est-il placé en présence d'un corps froid, on dit ordinairement que le premier cède de la chaleur au second jusqu'à ce que leur température soit la même; le premier communique au second une partie du mouvement de ses molécules, les forces moléculaires reprennent le dessus et le corps d'abord chaud se refroidit et se contracte. Au contraire, le mouvement vibratoire du second s'accentue; le corps s'échauffe; les forces moléculaires se trouvent en partie vaincues et il y a une dilatation qui dépend de l'échauffement.

Un corps nous paraît chaud parce qu'il communique à nos nerfs une partie du mouvement de ses molécules. Élever la température d'un corps c'est donc augmenter la vitesse de ses mouvements moléculaires, c'est augmenter la force vive de ces mouvements.

Avec cette hypothèse, la transformation du travail en chaleur se comprend aisément. On frappe à coups redoublés sur un clou qui enfonce lentement et difficilement dans un corps dur; la force vive des chocs successifs paraît perdue; elle s'est transformée d'abord dans le mouvement de progression du clou et ensuite dans le mouvement de recul des molécules du corps dur. Aussitôt que le clou cesse d'avancer parce qu'il a rencontré un obstacle qu'il ne peut vaincre et que son mouvement de progression cesse, il s'échauffe notablement : une partie de la force vive du choc s'est transformée; non plus en un mouvement de progression, mais en augmentation de force vive des molécules du clou, en mouvements vibratoires moléculaires qui constituent la chaleur. Un corps mou tombe de haut, s'aplatit au lieu de rebondir comme le ferait un corps élastique, mais s'échauffe : la force vive qu'il possédait au moment du choc se partage entre les molécules, et les mouvements vibratoires de ces molécules augmentent d'intensité; la force vive du mouvement général s'est transformée en force vive du mouvement particulier des molécules d'où résulte la chaleur.

Dans les gaz, les molécules, au lieu d'être retenues les unes aux autres par la cohésion, se repoussent, se choquent, s'écartent et vont frapper les parois de l'enveloppe qui les renferme. Si on augmente les dimensions du vase, on conçoit que les molécules ont à parcourir plus d'espace avant d'arriver aux parois, que leurs chocs y sont moins nombreux ou la force élastique moins grande. Donne-t-on de la chaleur à un gaz, on accroît la vitesse des mouvements moléculaires; si la paroi cède, le volume augmente, et si la paroi résiste, ce sont les chocs contre elle qui s'accroissent, aussi la force élastique grandit.

Ainsi l'hypothèse de la chaleur considérée comme un mode de mouvement rend compte de tous les phénomènes; elle ne peut être directement démontrée, mais les découvertes de la science la rendent de plus en plus vraisemblable : c'est une des plus fécondes que l'on ait faites jusqu'ici dans les sciences. Puisqu'elle ramène tous les phénomènes à une même cause, le mouvement, il est intéressant de rechercher l'origine première de la chaleur et des mouvements que nous utilisons.

322. Origine de la chaleur et du mouvement.

— Les sources de mouvement les plus employées sont les machines thermiques, notamment la machine à vapeur et quelques moteurs naturels, comme le vent et les cours d'eau. Le vent, quelles que soient ses causes, provient toujours, en dernière analyse, d'une différence de température entre les divers points de l'atmosphère ; c'est donc dans la chaleur du soleil qu'il faut chercher son origine. Les cours d'eau ont été formés des pluies tombées sur le sol, celles-ci de l'évaporation continuelle des eaux de la mer sous l'action de la chaleur solaire. La force d'un moteur à vapeur a pour cause visible le combustible, houille ou coke, gaz ou autre, qui a vaporisé l'eau ; mais ce combustible est d'origine végétale et il n'a pu se former que par les rayons du soleil.

Les mouvements de l'homme et des animaux ne peuvent s'accomplir sans une dépense de chaleur dont la restitution au corps ne peut se faire que par la nutrition. Or c'est en définitive aux végétaux que l'homme et les animaux demandent leurs aliments, et les végétaux ne se développent que sous l'action de la lumière solaire.

C'est donc le soleil qui nous apparaît comme la source de l'énergie que nous utilisons dans tous les mouvements qui nous servent, de toute la chaleur que nous transformons ensuite en énergie de mouvement.

Exercices.

125. Dans un vase clos qui renferme 3 kilogrammes de neige à zéro on fait arriver 370 grammes de vapeur d'eau à 100° ; la neige fond et reste à zéro. Pour produire le même résultat, il faudrait 2ᵏ,37 d'eau bouillante. Déterminer avec ces données la chaleur de fusion de la glace et la chaleur de vaporisation de l'eau.

126. Sur un morceau de plomb de 500 grammes posé sur une enclume on laisse tomber de 2 mètres de hauteur un marteau de 100 kilos. On suppose que toute la chaleur est employée à échauffer le plomb. On demande combien de fois le marteau devra tomber pour amener le plomb à l'état liquide. (Chaleur spécifique du plomb 0,031 — chaleur de fusion 12,4.)

127. Un boulet du poids de 1ᵏ,5 sort d'une arme avec une vitesse de 500 mètres par seconde ; au bout de 3 secondes il frappe contre une forte cible. Quelle sera la quantité de chaleur produite par le choc, et de combien de degrés s'élèvera la température du boulet si sa chaleur spécifique est de 0,114 ?

CHAPITRE XXXVIII

MACHINES THERMIQUES. — MACHINE A VAPEUR.

323. Emploi de la vapeur comme force motrice.

— La machine à vapeur, est sans contredit l'une des inventions qui ont exercé le plus d'influence sur le développement de l'industrie et sur le progrès de la civilisation. De toutes les puissances utilisées par l'activité humaine, la force de la vapeur est la plus importante, celle qui se prête le mieux à tout genre de travail mécanique; aussi l'emploi de la vapeur comme force motrice est-il considéré comme une des découvertes de premier ordre.

On fait remonter jusqu'à l'antiquité la plus reculée la connaissance de la force que prend la vapeur produite par l'eau bouillante, dans un vase qui ne laisse au gaz qu'une petite issue, et l'on cite l'éolipyle d'Héron d'Alexandrie; mais ce n'était là qu'une simple expérience qui ne pouvait donner une idée exacte de la force de ressort de la vapeur.

Denis Papin. — Le problème de l'emploi de la vapeur comme puissance mécanique a été résolu pour la première fois en 1690, par un Français, Denis Papin, dont l'idée fondamentale est d'avoir songé à faire agir la vapeur sur un piston se mouvant dans un cylindre et à transmettre le mouvement de la tige du piston à des pompes ou à des roues à palettes de bateaux. La machine de Papin était très imparfaite, elle n'en mérite pas moins une mention bien due au premier appareil où l'on ait substitué la force de la vapeur d'eau à la force de l'homme. Un cylindre fermé en bas, ouvert en haut, contenait un piston, et sur son fond un peu d'eau. On allumait du feu sous le cylindre, des vapeurs se formaient sous le piston, et poussaient celui-ci au haut du cylindre. On retirait le feu; les vapeurs diminuaient de force élastique en se condensant, et le piston redescendait par l'action de son poids et celle de la pression atmosphérique. Il fallait de nouveau mettre le feu sous le cylindre pour produire une nouvelle ascension du piston, enlever le feu pour que le piston pût redescendre et ainsi de suite. La manœuvre était très lente.

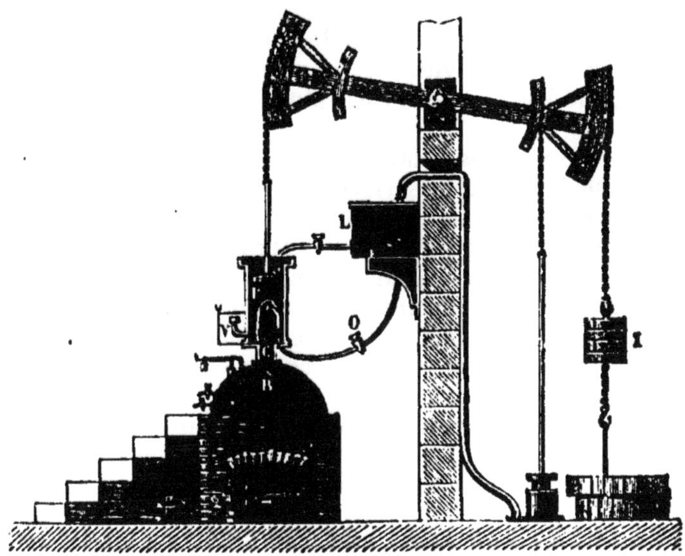

Fig. 195

324. La machine atmosphérique. — Un grand progrès fut réalisé en 1705, dans la machine de Newcomen, où la vapeur

se formait dans une chaudière distincte du cylindre. La vapeur, produite en quantité suffisante et toujours prête à remplir le corps de
pompe, était envoyée dans le cylindre par un tube à robinet; elle
arrivait sous le piston qu'elle faisait monter. Aussitôt que le piston
était arrivé au haut de sa course, il fallait fermer le robinet du tube
amenant la vapeur (fig. 195).

On ouvrait alors un tube communiquant à un réservoir d'eau,
et venant dans le bas du corps de pompe : l'eau injectée dans le
cylindre plein de vapeur faisait condenser rapidement cette vapeur,
et la pression atmosphérique produisait la descente du piston. Cette
machine avait reçu le nom de machine atmosphérique; on l'appelle
encore *à simple effet*, parce que la vapeur n'y agissait que sur une des
faces du piston. Elle fut employée jusque vers 1770, époque à laquelle
Watt proposa d'importants perfectionnements, et parvint à créer la
machine à double effet telle que nous l'avons aujourd'hui, et à laquelle ce n'est que justice de donner son nom.

325. Watt. — Le condenseur. — Le premier perfection·

nement apporté par Watt fut de supprimer l'injection d'eau froide
dans le corps de pompe et d'opérer la condensation de la vapeur
dans un vase à part, nommé *condenseur*, mis en communication avec
ce corps de pompe au moment où l'on y veut faire le vide.

L'emploi du condenseur permit de réaliser une grande économie
de combustible. On n'avait plus besoin dès lors de refroidir le corps
de pompe et on économisait toute la chaleur dépensée auparavant,
à chaque coup de piston, pour ramener le corps de pompe à la température de la vapeur.

Voici le principe du condenseur :

On sait que si un espace plein de vapeur à T° est mis en commu·
nication avec un espace vide à $t°$, la vapeur prend de suite la tension
qui correspond à la température la plus basse; il y a donc une rapide
condensation.

Un exemple va nous le faire comprendre. Admettons que la vapeur venue de la chaudière arrive sous le piston avec une force de
2 atmosphères. Si l'on se borne à ouvrir à l'air l'extrémité opposée
du cylindre, pour permettre à la vapeur du coup précédent de
sortir, le piston est pressé, sur sa face inférieure, par une force de
2 kilogrammes par centimètre carré, et sur sa face supérieure par
une force de 1 kilogramme qui contre-balance la première et la réduit à la moitié de sa valeur. Si, au contraire, on met le haut du cylindre en communication avec un espace vide d'air, où l'on fait arriver de l'eau à 30°, la vapeur se trouve donc dans un espace dont la
force élastique n'est que de trente et quelques millimètres, ou environ
un vingtième d'atmosphère; il ne restera à la vapeur venant dans cet

espace qu'une force élastique d'environ $\frac{1}{20}$ d'atmosphère. La force

effective avec laquelle montera le piston sera $2 - \frac{1}{20}$ ou 1 atm. $\frac{19}{20}$, c'est presque le double de la force qu'il avait dans l'exemple précédent, c'est-à-dire dans une machine sans condenseur.

Le condenseur est un grand vase B en communication par un tuyau A avec le corps de pompe de la machine (fig. 196). Par le bas, un tuyau CF le fait communiquer à une pompe aspirante ; enfin un conduit HGE, terminé par une pomme d'arrosoir, amène l'eau d'un réservoir. Quand la pompe aspirante a enlevé l'air du condenseur, l'eau froide du réservoir, pressée par la pression atmosphérique, jaillit par la pomme d'arrosoir et elle fait condenser la vapeur venue du corps de pompe à chaque coup de piston. Cette eau s'échauffe à son tour par la chaleur de la vapeur, mais la pompe aspirante l'enlève à mesure.

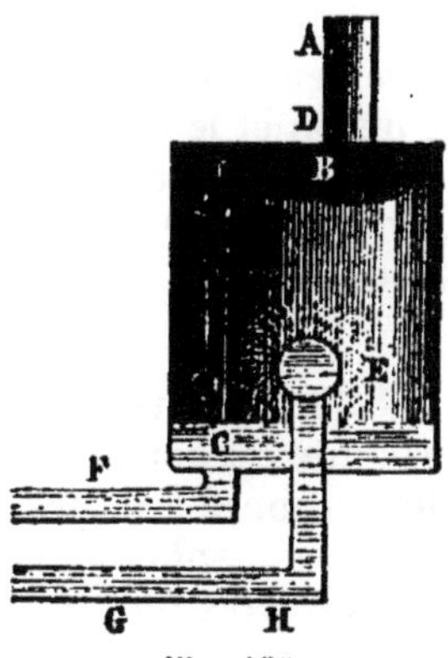
Fig. 196.

326. Machines à basse, à moyenne et à haute pression.
— Dans les différentes machines à vapeur, la pression peut varier beaucoup, de 2 à plus de 10 atmosphères ; mais on distingue ordinairement trois groupes :

Les machines à basse pression, dans lesquelles la force élastique de la vapeur est inférieure à 2 atmosphères.

Les machines à moyenne pression où la force élastique de la vapeur est comprise entre 1 1/2 et 4 atmosphères.

Les machines à haute pression où la force élastique de la vapeur est supérieure à 4 atmosphères.

Théoriquement les dernières seraient les plus avantageuses, mais les autres présentent plus de sécurité, moins d'usure, moins d'accidents, aussi sont-elles encore très employées.

327. Machine à double effet.
— Watt, dès ses premiers essais, ferma le corps de pompe en haut comme en bas et fit amener la vapeur alternativement au-dessous et au-dessus du piston. Il établit ainsi la *machine à double effet* dans laquelle on n'a plus recours qu'à la vapeur. Le piston acquiert son mouvement alternatif parce que la force élastique de la vapeur s'exerce sur ses deux faces successivement, et la vapeur peut agir sous des pressions plus élevées puisqu'on ne fait plus usage de la pression atmosphérique.

Watt imagina aussi le moyen de transformer le mouvement alternatif rectiligne de la tige du piston en un mouvement circulaire continu, à l'aide du *parallélogramme articulé*, le moyen de proportionner l'arrivée de la vapeur aux nécessités de la marche de la machine et de mesurer le travail produit, de sorte que la machine à vapeur actuelle ne diffère de la sienne que par des perfectionnements de détail.

328. Division de l'étude d'une machine à vapeur.
— Dans toute machine à vapeur il y a deux parties très

distinctes . la *chaudière* ou le générateur qui produit la vapeur ; la *machine proprement dite* dans laquelle une partie de la chaleur donnée à la vapeur est transformée en travail. Il faut donc étudier d'abord la chaudière Quant à la machine proprement dite, on peut encore faire deux groupes de ses organes : d'abord le cylindre où se meut le piston et le système de distribution qui y amène la vapeur, puis les autres organes dont les uns font fonctionner les principales pièces d'admission de la vapeur, et dont les autres transmettent le travail produit. Nous allons exposer brièvement chacune de ces trois parties.

320. Chaudière. — La chaudière dans laquelle la vapeur est produite est construite en fer forgé, quelquefois même en acier doux. On a renoncé à la première forme, qui était un cylindre terminé par deux demi-sphères, et on emploie aujourd'hui, suivant les circonstances, trois formes principales : la *chaudière à bouilleurs*, la *chaudière à foyer intérieur* et la *chaudière tubulaire*.

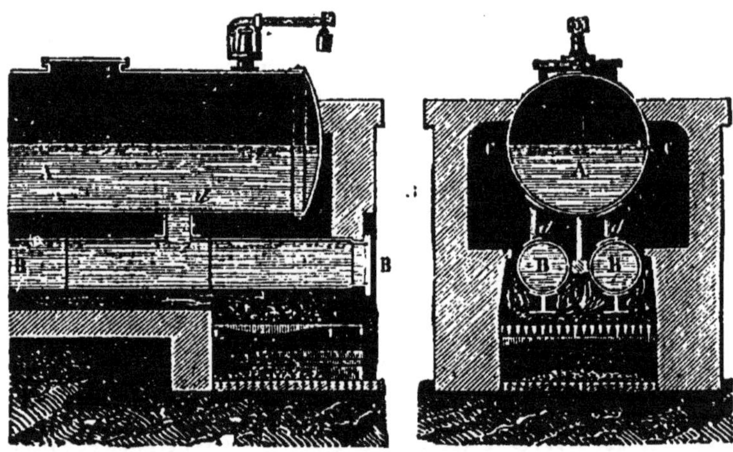

Fig. 197.

Chaudière à bouilleurs. — La chaudière à bouilleurs est employée dans les machines fixes, quand l'on dispose de beaucoup de place. Elle se compose d'un cylindre horizontal ou *générateur* relié par deux tubes à deux cylindres horizontaux et plus petits ou *bouilleurs* (fig. 197). Ceux-ci et la moitié du générateur sont remplis d'eau. Le tout est encastré dans un fourneau en maçonnerie, avec des cloisons convenablement disposées pour que la flamme du foyer place à l'avant chauffe d'abord les bouilleurs, revienne d'arrière en avant en dessous du générateur, pour repartir sur les côtés de celui-ci et se rendre à la cheminée.

Chaudière à foyer intérieur. — Cette chaudière a la forme d'un cylindre traversé suivant son axe par un gros tube, ouvert aux deux bouts, dans lequel on place le foyer ; les gaz chauds ne sont donc en contact qu'avec les parois de la chaudière, et la plus grande partie de leur chaleur est utilisée.

Chaudière tubulaire. — C'est un cylindre traversé dans sa longueur par des tubes ouverts aux deux extrémités et qui sont baignés par l'eau du cylindre.

Le foyer est placé à l'avant : la flamme et les gaz chauds, pour gagner la cheminée placée à l'arrière, doivent passer par tous les tubes (fig. 198). La surface de chauffe est considérable, et on peut réaliser la production d'une très grande quantité de vapeur en peu de temps.

Ce dernier type est d'un entretien difficile ; mais on l'emploie surtout dans les machines mobiles, à cause de ses dimensions restreintes.

330. Accessoires de la chaudière. — Il faut à toute chaudière un *tube indicateur du niveau de l'eau*, un *indicateur magnétique*, un *flotteur*, deux *manomètres* dont un à air libre, un *dôme pour prise de vapeur*, une *soupape de sûreté*, un *appareil pour alimentation*.

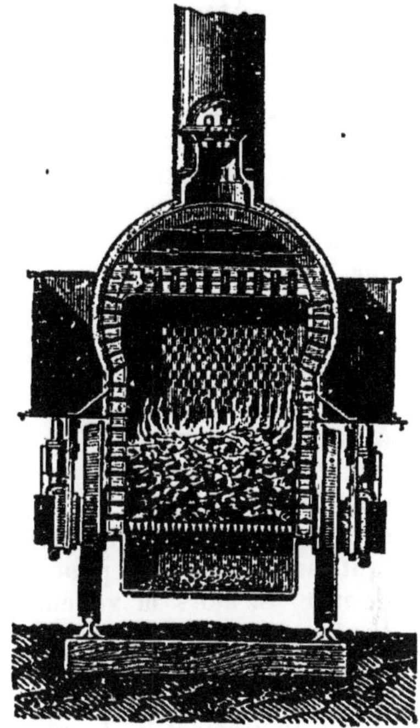

Fig. 198.

Le niveau de l'eau est indiqué au chauffeur par le *tube indicateur*, c'est un tube en cristal, épais, vertical, mastiqué dans deux tubes de cuivre coudés, communiquant l'un à la partie supérieure, l'autre à la partie inférieure de la chaudière, à l'avant au-dessus du foyer.

Un second indicateur dit *indicateur magnétique* est placé sur la partie supérieure de la maçonnerie des fourneaux.

Il y a en outre un appareil automatique muni d'un *sifflet d'alarme*, et destiné à avertir le chauffeur si le niveau de l'eau descend au-dessous d'un certain point. La figure 199 en montre bien le mécanisme : quand le niveau s'abaisse assez, le flotteur descend, débouche l'ouverture

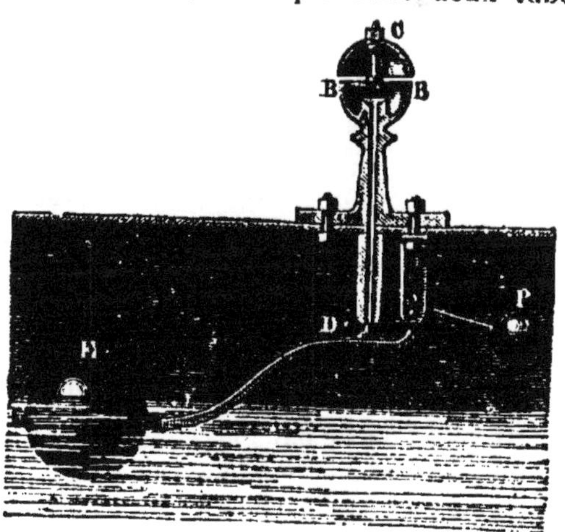

Fig. 199.

de la vapeur, et celle-ci en sortant vient frapper vivement la paroi d'une petite cloche qui rend un son aigu.

La pression de la vapeur est indiquée à tout instant par deux **manomètres,** un métallique posé à l'avant de la chaudière, pour que le chauffeur en voie facilement les indications; un autre à air libre, appuyé contre un des murs de la pièce où se trouve le générateur.

Une **soupape de sûreté** est posée sur la chaudière pour éviter que la vapeur n'y atteigne une trop forte pression. C'est un bouchon tenu sur un orifice à l'aide d'un levier du second genre dont le grand bras

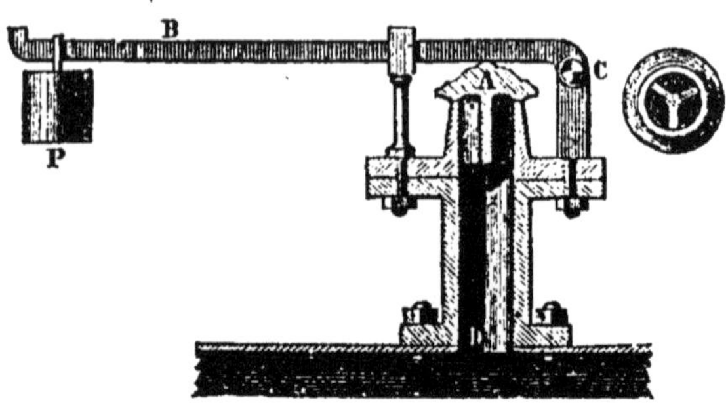

Fig. 200

supporte un poids (fig. 200). On calcule facilement la place où il faut mettre le poids, pour que le bouchon représente une pression donnée. Si alors la vapeur prend dans la chaudière une pression supérieure à celle que représente la charge de la soupape, la vapeur sort par la soupape. On doit faire l'ouverture de celle-ci assez grande pour que la vapeur puisse sortir facilement.

Ordinairement la chaudière est munie d'un *dôme* dans lequel débouche le tube qui doit conduire la vapeur à la machine. L'effet de ce dôme est d'avoir de la vapeur qui ait pu déposer les gouttelettes d'eau qu'elle avait entraînées.

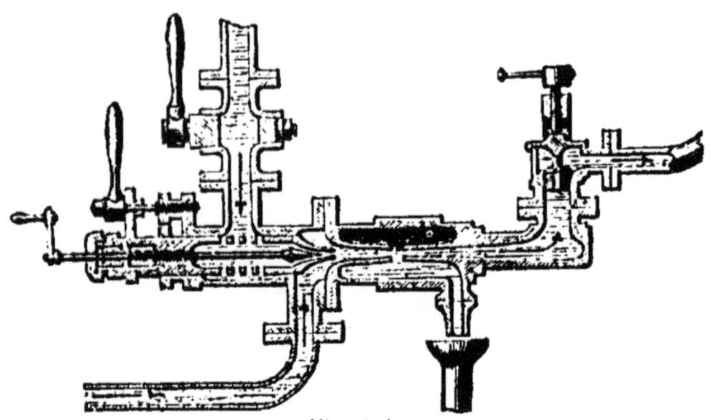

Fig. 201.

Il y a en outre, dans les chaudières à bouilleurs, un *trou d'homme,* fermé d'une plaque boulonnée et mastiquée, et que l'on peut ouvrir, quand il faut envoyer un ouvrier visiter l'intérieur de la chaudière et y faire des réparations.

Quant à l'*alimentation de la chaudière,* c'est-à-dire à l'introduction de l'eau devant remplacer celle qui a été vaporisée, on la fait aujourd'hui avec l'**injecteur Giffard,** un très ingénieux appareil qui permet de réaliser deux conditions nécessaires, c'est-à-dire d'envoyer l'eau au fond de la chaudière, et de l'y faire arriver par une pression supérieure à celle de la vapeur (fig. 201).

Telle est la chaudière avec ses organes ; elle doit avoir été essayée avant de servir, elle doit être souvent nettoyée et vérifiée, débarrassée des incrustations qui peuvent s'y produire par le dépôt des eaux, et conduite dans la marche avec une grande régularité.

331. Distribution de la vapeur dans le corps de pompe.

— Il faut que la vapeur produite dans le générateur soit envoyée par un large tube, enveloppé d'une substance non conductrice qui évite les pertes de chaleur, jusqu'au cylindre où elle doit faire mouvoir le piston. Cette vapeur doit produire son effet successivement sur chacune des faces du piston, et être ensuite expulsée ou mise en communication avec le condenseur. Dans les premières machines on établissait cette marche de la vapeur en manœuvrant à la main des robinets. Aujourd'hui on obtient ce résultat par un mécanisme que la machine elle-même fait mouvoir au moment convenable.

Les *appareils de distribution* présentent diverses formes. Il nous suffit d'en connaître le principe ; aussi nous ne décrirons que le plus simple, la **boîte à distribution** avec **le tiroir.**

La vapeur vient dans la boîte à distribution placée sur le côté du cylindre. Là se trouvent trois lumières, deux d'admission et une d'échappement, qui communiquent, les deux premières avec chacun des bouts du cylindre, l'autre avec le condenseur. Une pièce creuse en coquille, appelée *tiroir*, munie d'une tige, se déplace devant ces lumières en n'en laissant qu'une de libre du côté de la boîte à distribution.

La figure 202 représente l'appareil au moment où le piston est poussé de haut en bas ; l'ouverture du haut est libre et la vapeur y pénètre ; la vapeur du coup précédent peut sortir vers le tiroir et par la lumière d'échappement.

L'appareil est disposé de telle sorte

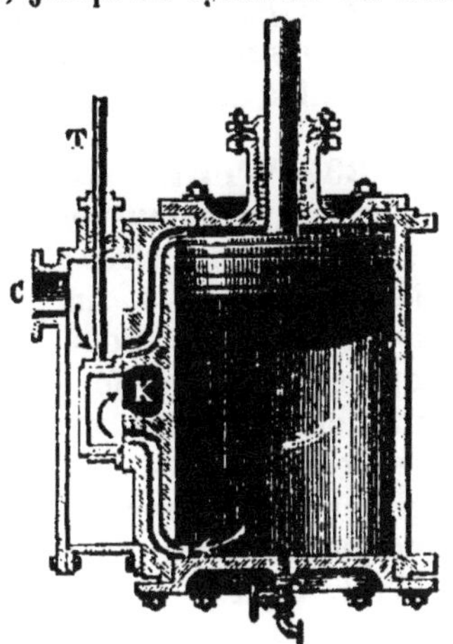

Fig. 202.

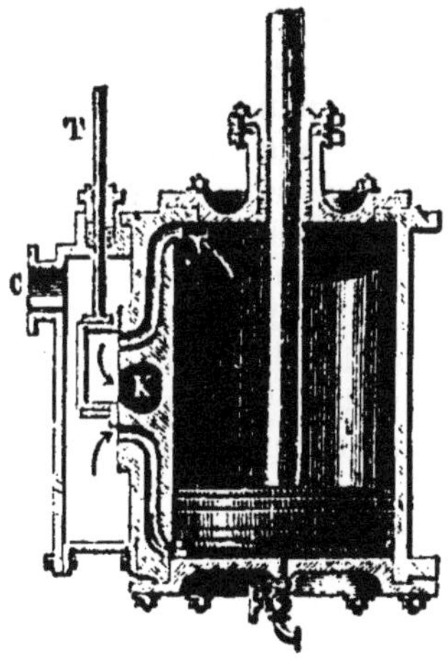

Fig. 203.

que le tiroir s'abaisse brusquement quand le piston est à l'extrémité de sa course; alors il présente la disposition de la figure 203; la vapeur entre en bas et sort en haut.

Le mouvement du tiroir est alternatif; il est produit par une *excentrique* calée sur l'arbre de la machine (fig. 204); le tiroir va constamment soit de gauche à droite ou de haut en bas, soit de

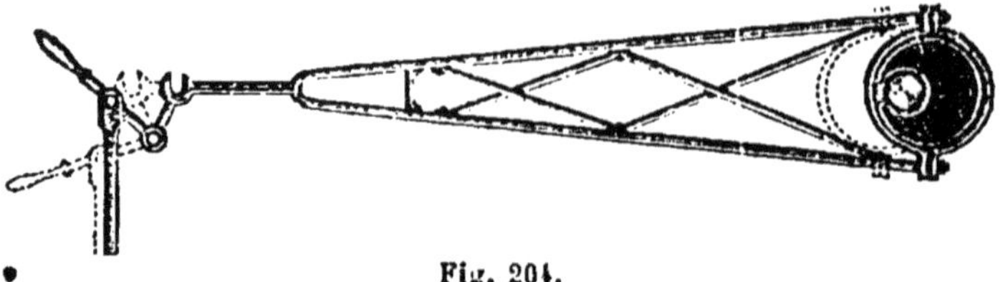

Fig. 204.

droite à gauche ou de bas en haut : mais sa vitesse n'est pas égale à tous les instants de sa course; elle est très grande à l'extrémité et très faible au milieu, ce qui permet d'obtenir le résultat désiré.

332. Transmission du mouvement. — Dans toute machine, le mouvement de va-et-vient du piston doit communiquer un mouvement circulaire continu à un *arbre de couche*. Pour opérer cette transformation, on met en œuvre plusieurs systèmes; le plus ancien, employé déjà par Watt, c'est le *balancier* avec son *parallélogramme articulé*, sa *bielle* et sa *manivelle*.

Le *balancier* est une sorte de gros levier mobile autour d'un axe horizontal

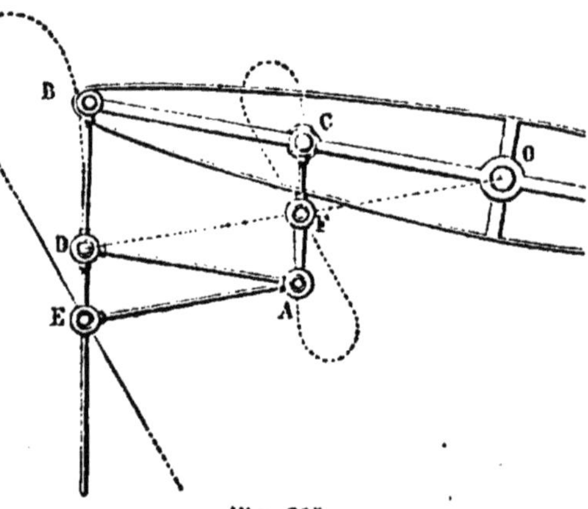

Fig. 205.

qui passe par son milieu. La tige du piston agit sur une des extrémités pendant que l'autre commande une grande pièce appelée *bielle*, qui commande elle-même la manivelle calée sur l'arbre de couche. La bielle est fixée directement sur le balancier. Il ne peut en être de même de la tige du piston, qui doit se mouvoir en ligne droite et qui ne peut, par suite, être attachée à un point décrivant un arc de cercle comme l'extrémité du balancier.

La tige du piston est attachée à l'une des branches du **parallélogramme articulé** de Watt, dont la figure 205 indique la marche.

Pendant que le piston monte dans le cylindre, l'une des extrémités du balancier monte aussi; l'autre, celle qui porte la bielle, descend, fait descendre la manivelle d'un demi-cercle et fait faire un demi-tour à l'arbre. Au moment où le piston redescend, la bielle tend à remonter, à entraîner la manivelle et à produire le second demi-tour de l'arbre. Mais il faut pour cela une impulsion qui détermine la continuation du mouvement dans le même sens et qui permette à la manivelle de franchir les points *morts*, c'est-à-dire les positions dans lesquelles la bielle et la manivelle étant en ligne droite, le mouvement est aussi bien possible dans un sens que dans l'autre. C'est par le **volant** qu'on obtient ce résultat; c'est une lourde roue de fonte fixée sur l'arbre de couche; dans le premier demi-tour de la manivelle, cette roue acquiert une certaine vitesse et continue à se mouvoir en vertu de sa vitesse acquise au moment du point mort; elle fait donc dépasser cette position à la manivelle et le mouvement continu de l'arbre de couche est assuré.

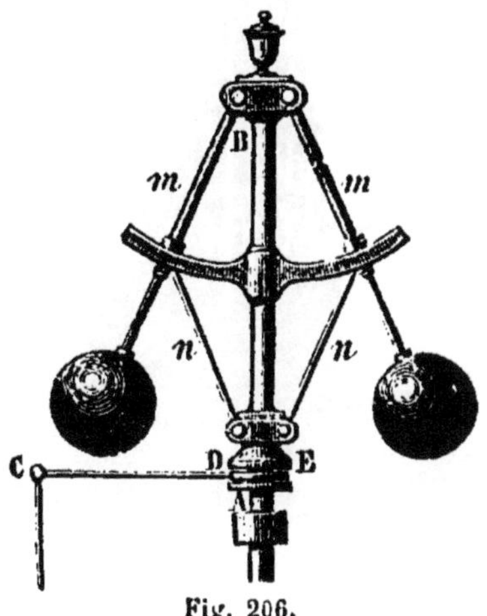

Fig. 206.

Le *régulateur à force centrifuge*, imaginé par Watt, a pour but de remédier dans une certaine mesure à l'accélération que la machine pourrait prendre, si pendant sa marche on diminuait l'effort qu'elle doit vaincre. Il se compose d'une tige verticale portant deux tiges obliques articulées qui elles-mêmes sont en rapport avec deux tiges fixées à un anneau ou collier qui monte ou descend sur la tige principale (fig. 206). Cet anneau agit sur l'admission de la vapeur pour la diminuer s'il est nécessaire.

C'est la *machine verticale* complète (fig. 207) que nous venons de décrire. Il y en a d'autres, verticales ou horizontales, sans balancier, où la tige du piston est fixée à la bielle: il faut, comme dans le cas précédent, que la tige du piston ait un mouvement en ligne droite; c'est pour obtenir ce mouvement que la tête de la tige est munie d'une pièce qui se meut entre deux règles parfaitement dressées que l'on nomme des glissières.

Nous nous en tiendrons à ces deux exemples et nous renverrons aux traités de mécanique pratique, si l'on a besoin de plus de détails.

333. Détente. — Quand on laisse entrer la vapeur d'un côté du piston pendant toute la course de celui-ci, on dit que la machine est à pleine vapeur. Pendant la marche il y a une notable économie à ne laisser pénétrer la vapeur sous le piston que pendant une partie de la course du piston. La vapeur introduite augmente de volume, se *détend* en diminuant de pression. Si cette détente n'est pas trop considérable, la vapeur conserve encore, quand le piston arrive à l'extrémité du cylindre, une pression supérieure à celle qui règne sur l'autre face; elle a donc continué à pousser le piston pendant toute sa course. L'effort produit sur le piston est moins grand que si la machine fonctionnait à pleine vapeur, puisque la différence de pression

Fig. 207.

existant sur les deux faces du piston va en diminuant à partir du moment où commence la détente jusqu'à la fin de la course du piston, mais la dépense de vapeur est beaucoup moins considérable.

Il y a bien des manières d'obtenir la détente à un moment donné de la course du piston. Une des dispositions employées est celle du *tiroir à recouvrement* que représente la figure 208. En combinant la largeur des pièces de recouvrement avec le mouve-

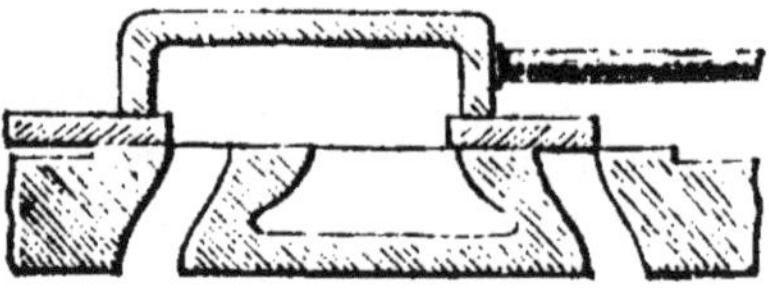

Fig. 208.

ment du tiroir on arrive à faire varier la détente à volonté. Dans certaines machines on fait commander la détente par le régulateur de vitesse, de façon à obtenir que la détente diminue, c'est-à-dire qu'il entre plus de vapeur, quand le mouvement commence à se ralentir.

334. Locomotive. — Une locomotive se compose d'une longue chaudière tubulaire, puis de deux cylindres horizontaux agissant simultanément sur un essieu qui fait fonction d'arbre de couche. La vapeur se rend d'abord dans un dôme où elle se débarrasse des gouttelettes d'eau entraînées, puis elle va aux deux boîtes à distribution; quand elle sort des cylindres elle est rejetée dans l'atmosphère par un tuyau qui débouche dans la cheminée.

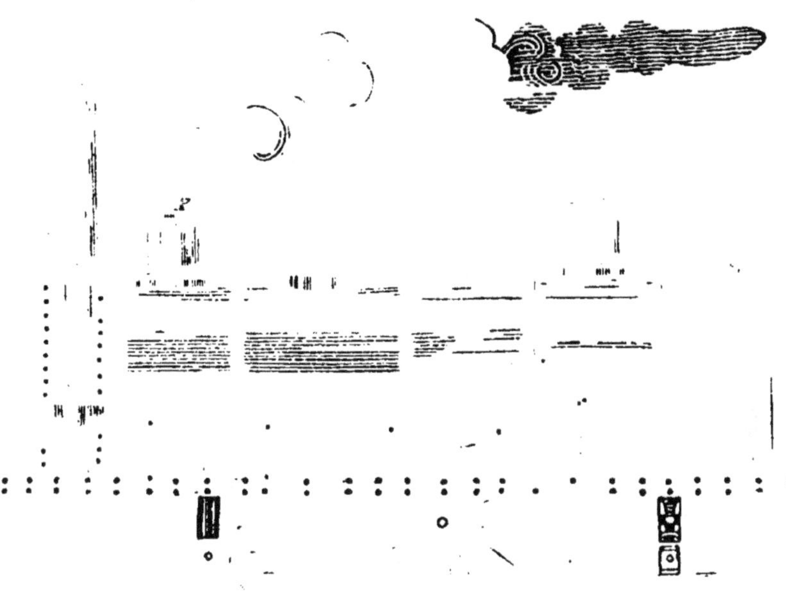

Fig. 209.

Parfois une seule paire de roues est commandée par les pistons, les autres roues ne servant qu'à porter la machine. Mais souvent les trois paires de roues sont reliées entre elles.

Il faut pouvoir à un moment donné renverser le sens du mouvement, faire, comme on dit : machine arrière; on y parvient à l'aide d'une pièce spéciale appelée la *coulisse de Stephenson*. Deux excentriques BB' sont fixés sur l'essieu de la roue principale et disposés à 180° l'un de l'autre de manière que leur mouvement soit inverse et que le milieu de la coulisse qui joint les deux boutons C et C' reste immobile (fig. 210). La tête D de la tige DEG qui fait mouvoir le tiroir est engagée dans cette coulisse. Le mécanicien peut, par des leviers *cabdeg*, à l'aide de la tige *m*, placer le bouton D en un point quelconque de la coulisse CC'. Si le bouton D est au milieu de la coulisse, la tige du tiroir reste immobile, l'admission de la vapeur est suspendue et la machine s'arrête. Au contraire, plus le bouton D est près de C ou de C', plus ses mouvements sont grands, par conséquent plus il entre de vapeur dans les cylindres et plus la marche est rapide. On peut donc donner à la machine toutes les vitesses depuis la plus faible jusqu'à la plus grande qu'elle puisse prendre.

Veut-on renverser le sens du mouvement? on commence par supprimer l'arrivée de la vapeur, puis on amène le bouton D en C s'il était en C', et on ouvre de nouveau l'arrivée de la vapeur; le mouvement que prend la machine est le contraire de celui qu'elle avait avant.

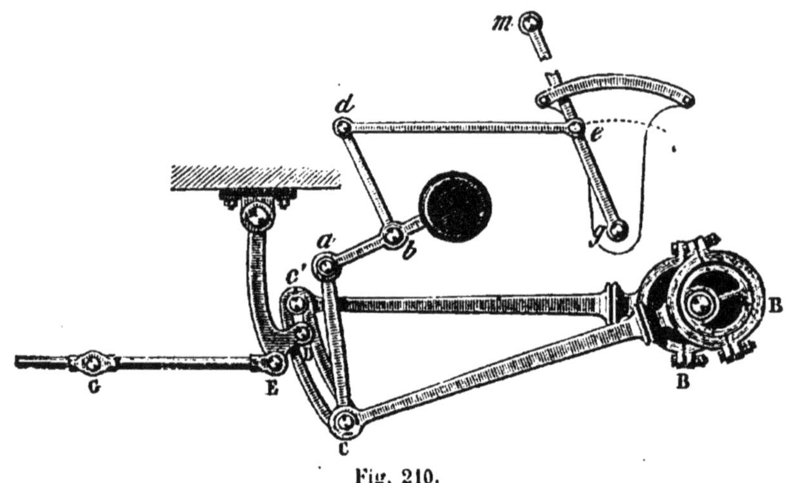

Fig. 210.

335. Machines Corliss et machines compound.

— Les machines *Corliss* diffèrent des autres par le mode de distribu-

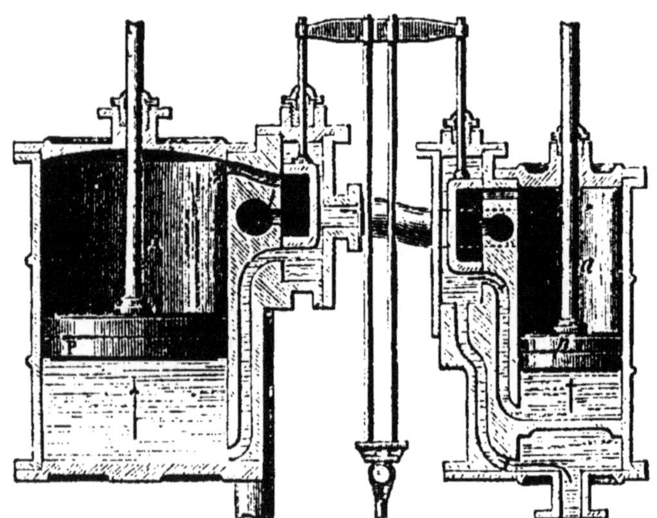

Fig. 211.

tion; au lieu d'un tiroir, il y a devant les lumières d'entrée et de sortie de la vapeur des soupapes à tiges qu'une roue à came soulève brusquement et qu'un ressort fait refermer au moment voulu. L'entrée et la suppression de la vapeur sont ainsi beaucoup plus brusques qu'avec les tiroirs.

On donne le nom de machines *compound* aux machines à plusieurs cylindres quand la vapeur passe de l'un dans l'autre. La vapeur venant de la chaudière agit à pleine pression sur le piston (*p*) du petit cylindre (*a*) (fig. 211); en même temps la vapeur contenue dans le petit cylindre est envoyée à la partie inférieure du grand cylindre A dont la portion supérieure est en communication avec le condenseur; ainsi les deux pistons accomplissent le même mouvement et leurs effets s'ajoutent s'ils sont réunis au même balancier ou à la même bielle. Il en est de même quand les deux tiroirs ou les deux déclanchements ont changé de position et que la vapeur agit au-dessus des deux pistons. Cette disposition a le grand avantage de permettre une détente notable et d'économiser ainsi la vapeur et par suite le combustible.

336. Travail des machines à vapeur. — Quand une machine est appelée à vaincre une résistance extérieure, on peut toujours imaginer qu'elle peut être employée à produire un effet utile équivalent, mais facile à évaluer, comme d'élever un poids à une certaine hauteur; dans ce dernier cas, l'effet utile produit est évidemment proportionnel à la fois au poids du fardeau soulevé et à la hauteur dont il a été élevé. C'est à ce produit du poids du fardeau par la hauteur qu'on donne le nom de *travail*, en prenant comme unité celui qui correspond à un poids de 1 kilogramme élevé de 1 mètre.

Mais quand il s'agit d'une machine à vapeur, il faut introduire une autre notion, celle du temps que la machine a mis à développer un travail. L'unité adoptée est le *cheval-vapeur*, qui correspond à un travail de 75 kilogrammètres par seconde. Une machine de 10 *chevaux* serait capable d'élever 750 kilogrammes à 1 mètre de hauteur en une seconde. Ce serait une erreur de croire qu'un cheval travaillant effectivement peut produire un travail équivalent à un cheval-vapeur; un cheval attelé à une voiture ne produit généralement qu'un effort d'un demi-cheval-vapeur, et si l'on tient compte du repos, on arrivera à cette conclusion, c'est que pour produire d'une manière continue un travail équivalent à 1 cheval-vapeur, il faudrait employer 4 ou 5 chevaux.

On fait des machines pour les grands navires qui atteignent la puissance de 3,000 à 4,000 chevaux-vapeur.

Dans les moteurs à vapeur, on brûle du charbon et on produit du travail; la vapeur a été l'agent intermédiaire. Une partie de la chaleur du combustible, un quart environ, est perdue dans la chaudière ou emportée avec la fumée. De ce qui reste, une partie seulement peut être transformée en travail d'après le principe de Carnot; enfin une partie du travail produit par la vapeur est dépensée en frottement ou en mouvement des organes accessoires, de sorte que le travail réellement utilisable n'est qu'une fraction de celui que développe la vapeur

Il nous faudrait rechercher ici quelles sont les meilleures machines au point de vue du travail produit et du combustible dépensé à le produire. De nombreuses expériences ont été faites dans ce sens sur tous les genres de machines, sur les machines à basse pression où la vapeur ne dépasse pas une atmosphère et demie, sur les machines à moyenne pression, où la force élastique de la vapeur va jusqu'à 4 atmosphères, et sur les machines à haute pression où la force élastique de la vapeur varie de 4 à 10 atmosphères.

Il nous suffira de noter que la dépense de charbon par *cheval-vapeur* et *par heure* varie, suivant les machines, depuis 1 kilogramme jusqu'à 5 et 6 kilogrammes. Au point de vue théorique, il faudrait pour obtenir des machines une plus grande quantité de travail écarter les limites de température entre lesquelles la vapeur entre sous le piston et sort du condenseur. Mais on ne peut songer à élever beaucoup la température de production de la vapeur parce que la force élastique s'accroît trop vite. Alors on a essayé d'employer la *vapeur surchauffée*. On fait passer la vapeur, au sortir de la chaudière, dans des tubes où elle est portée à une température élevée et où sa pression n'augmente que comme celle d'un gaz ; on a pu ainsi accroître le rendement de la machine.

Fig. 212.

337. Moteurs à gaz. — Dans les moteurs à gaz, le cylindre ne diffère pas sensiblement de celui des machines à vapeur. On y introduit, par un tiroir spécial, un mélange détonant de gaz d'éclairage et d'air auquel on met le feu à un moment donné. Le piston est poussé par les gaz portés à une haute température au moment de l'explosion et le mouvement peut être obtenu si les explosions se succèdent régulièrement.

Parmi les moteurs à gaz, l'une des plus en vogue est celui de Otto (fig. 212): Le cylindre horizontal, la tige à glissières et le volant le font ressembler à une petite machine à vapeur. Le piston au bout de sa course ne touche pas le fond du corps de pompe, il laisse entre lui et ce fond un espace appelé *chambre de compression*.

Dans un premier coup de piston, le cylindre se remplit d'un mélange convenable d'air et de gaz que le piston refoule dans la chambre de compression; alors un tiroir découvre un bec allumé qui met le feu au mélange et le piston est chassé par l'explosion; en revenant il expulse les produits de la combustion.

La force motrice produite par les gaz enflammés n'agit donc pas à chaque coup de piston, mais le mouvement est entretenu par le volant.

Ces moteurs emploient un combustible cher, le gaz d'éclairage, qui coûte encore plus de 0 fr. 20 le mètre cube; mais ils peuvent être arrêtés à un moment quelconque en supprimant la dépense, ce qui est un très grand avantage pour des travaux intermittents. On commence à les employer dans beaucoup de cas où il y a de fréquentes interruptions de travail et lorsqu'il ne faut que peu de force; ils sont alors beaucoup plus avantageux que ne pourraient l'être des machines à vapeur de petites dimensions.

Exercices.

128. Dans une machine à vapeur le cylindre a $1^m,20$ de hauteur et $0^m,40$ de diamètre, l'arbre fait 20 tours à la minute. On demande quel poids de vapeur il faudra pour une marche de dix heures? — La pression est de 3 atmosphères et la température de la vapeur 136°.

129. Trouver la quantité de chaleur qu'il faudrait dans l'exemple précédent pour vaporiser l'eau (on prendra la formule de la chaleur totale $Q = 606,5 + 0,305\,T$ et on supposera que l'eau est prise à 15°). Quel poids de charbon faudra-t-il brûler si 1 kilogr. de charbon donne 7,200 calories dont les trois quarts seulement servent à échauffer l'eau?

CHAPITRE XXXIX

NOTIONS DE THERMO-CHIMIE

338. Développement de la chaleur dans les réactions chimiques. — Nous avons vu que toute combinaison chimique dégage de la chaleur et nous avons décrit quelques-uns des appareils calorimétriques employés pour la mesurer. Quelle que soit la cause de la combinaison chimique, quelle que soit l'idée que nous puissions nous faire de la manière dont deux corps simples ou composés s'unissent pour prendre de nouvelles propriétés, puisque cette union les atomes est accompagnée d'un dégagement de chaleur, autrement dit d'une manifestation d'énergie, il était naturel de rechercher si comme dans les phénomènes mécaniques, cette énergie qui apparaît ne provient point par transformation d'une énergie d'une autre sorte, si elle n'est point corrélative d'un travail, si l'on ne veut pas appliquer aux travaux moléculaires accomplis dans les phénomènes chimiques les relations générales qui existent entre le travail et la chaleur. Ces recherches ont été faites par plusieurs savants, notamment par M. Berthelot, et les principes posés constituent un chapitre commun à la physique et à la chimie; on a donné le nom de *thermo-chimie* à cette étude calorimétrique des phénomènes chimiques.

339. Premier principe de thermo-chimie. — Si l'on admet qu'au moment de la combinaison chimique, il y a précipitation des molécules les unes sur les autres, et que le dégagement de chaleur constaté est comparable à celui qui a lieu au moment du choc de deux masses sensibles, on pourra attribuer la chaleur dégagée dans les actions chimiques aux modifications des mouvements moléculaires des corps. Puisque l'énergie se conserve dans ses différentes transformations, on formule ainsi le premier principe de la thermo-chimie : *la quantité de chaleur dégagée dans une réaction qaelconque mesure la somme des travaux physiques et chimiques accomplis dans cette réaction.* Il faut 22 calories pour effectuer le travail de séparation du chlore et de l'hydrogène de l'acide chlorhydrique, 34 calories 4 pour séparer l'hydrogène et l'oxygène de l'eau; la combinaison de l'hydrogène et du chlore dégage 22 calories, celle de l'hydrogène et de l'oxygène à la température ordinaire produit $34^{cal},5$.

Le premier exemple est simple; il n'y a en effet pas de travail physique; 1 gramme d'hydrogène en se combinant avec $35^{gr},5$ de chlore donne un gaz, l'acide chlorhydrique, qui occupe le même volume que ses composants; les 22 calories qui se dégagent représentent donc la chaleur correspondante au travail chimique; celui-ci est égal à 22×425 ou 9350 kilogrammètres.

Le second exemple est un peu plus compliqué : l'oxygène et l'hydrogène gazeux donnent à la température ordinaire de l'eau liquide. La combinaison des deux gaz représente le travail chimique; le passage en eau liquide de la vapeur d'eau formée représente un travail physique. Or ce dernier travail absorbe pour 9 grammes d'eau environ 5 calories; il reste donc pour exprimer le travail chimique $34,4 - 5 = 29,4$ calories.

Il est donc nécessaire de tenir compte de tous les travaux physiques résultant d'une combinaison, si l'on veut trouver la quantité de chaleur qui est réellement due aux forces chimiques.

340. Méthode directe et méthode indirecte. — Un certain nombre de réactions peuvent être mesurées directement au sein du calorimètre, ainsi la combinaison du chlore et de l'hydrogène, celle de l'oxygène et de l'hydrogène, la combustion du soufre, la saturation d'un acide par une base; elles exigent il est vrai un dispositif expérimental différent, plus ou moins compliqué, un calorimètre simple ou avec serpentin disposé pour recueillir le plus complètement possible toute la chaleur produite; mais elles permettent de trouver la *chaleur de combinaison* des corps réagissants que l'on peut rapporter tous à l'état de gaz, ou tous à l'état solide.

Cette méthode directe n'est applicable qu'à un petit nombre de cas; il est rare en effet que l'on puisse faire agir directement les uns sur les autres les corps pris tous dans le même état et obtenir de nouveaux corps qui conservent cet état commun. Il a donc fallu chercher une *méthode indirecte* qui permit de calculer la chaleur dégagée dans une réaction à l'acide des données expérimentales d'une autre réaction. M. Berthelot a trouvé cette méthode dans l'application du principe de l'*équivalence calorifique des transformations chimiques* dont voici l'énoncé.

341. Principe de l'équivalence calorifique des réactions chimiques. — *Si un système de corps simples ou composés, pris dans des conditions déterminées, éprouve des changements physiques ou chimiques, capables de l'amener à un nouvel état sans donner lieu à aucun effet mécanique extérieur au système, la quantité de chaleur dégagée ou absorbée par l'effet de ces changements dépend unique-*

ment de l'état initial et de l'état final du système; elle est la même quelles que soient la nature et la suite des états intermédiaires.

Voici un exemple simple : on unit le carbone à l'oxygène de deux manières un peu différentes pour produire une même quantité d'acide carbonique. Si la combinaison est directe, 6 grammes de charbon prennent 16 grammes d'oxygène et dégagent 47 calories.

Mais on peut combiner d'abord les 6 grammes de charbon à 8 grammes d'oxygène et produire de l'oxyde de carbone, cette opération dégage $34^{cal},5$, puis ensuite brûler cet oxyde de carbone et obtenir finalement l'acide carbonique, il y a dans cette deuxième phase $12^{cal},5$ produites. Le total est 47 calories pour un même poids de 6 grammes de charbon. Le principe est donc vérifié; il l'a été d'ailleurs par une multitude d'expériences.

Ainsi, en partant d'un même état initial, on déterminera deux cycles de réactions aboutissant à un même état final et l'on exprimera que les quantités de chaleur sont égales dans les deux cas; on pourra ainsi trouver la chaleur d'une transformation chimique que l'on ne peut pas directement réaliser. Nous allons exposer succinctement les conséquences les plus générales et les plus intéressantes de ce principe.

Première conséquence. — *La chaleur absorbée pendant la décomposition d'un corps est égale à la chaleur dégagée par la formation du même corps.* Ici en effet l'état initial et l'état final sont identiques, la somme des transformations intermédiaires doit être nulle. Ainsi un équivalent d'acide carbonique (22 grammes) dégage dans sa formation 47 calories; si l'acide est décomposé en carbone et oxygène comme dans les végétaux sous l'influence de la lumière, cette décomposition absorbe 47 calories.

La décomposition de l'eau oxygénée HO^2 en eau et oxygène dégage 11 calories, on en peut conclure que la formation de l'eau oxygénée avec l'eau et l'oxygène absorberait 11 calories, si l'on pouvait produire directement et mesurer la quantité de chaleur.

Deuxième conséquence. — *La quantité de chaleur dégagée dans une réaction chimique considérée entre un état initial et un état final est la somme des quantités de chaleur dégagées dans les transformations isolées et successives qui partant du même point initial aboutissent au même point final.* Ainsi l'acide azotique anhydre et gazeux ($AzO^5 = 54$ grammes) mêlé à une grande quantité d'eau dégage $14^{cal},9$. Cette quantité de chaleur trouvée directement est la somme des quantités trouvées dans les transformations successives suivantes qui aboutissent au même état final (liquéfaction de l'acide anhydre gazeux 2,4 — solidification de l'acide liquide 4,1 — union de l'acide anhydre solide avec un équivalent d'eau pour former l'acide monohydraté 1,25 — dissolution de l'acide monohydraté dans une grande quantité d'eau 7,15 : total 14,9).

Ce théorème permet de calculer la quantité de chaleur dégagée dans des réactions que l'on ne peut pas réaliser aisément. Voici un exemple : soit à déterminer la chaleur de formation de l'eau oxygénée en partant des gaz qui la forment. Le système initial est représenté par H et O , le système final par HO^2.

On pose

$$H + O^2 = HO^2 \quad \text{avec production de } x \text{ calories}$$

et d'autre part :

$$H + O = HO \quad \text{produisant } + 34,5 \text{ calories}$$

et

$$HO + O = HO^2 \quad \text{absorbant } - 11 \text{ calories.}$$

Les deux sommes sont égales; on en tire

$$x = 34,5 - 11 = 23 \text{ calories.}$$

Un raisonnement analogue permet de trouver la variation de la chaleur de combinaison avec la température. On sait en effet que la chaleur dégagée dans une réaction chimique n'est pas constante et qu'elle varie quelque peu avec la température des substances réagissantes. Ainsi 1 gramme d'hydrogène en se combinant à 8 grammes d'oxygène dégage $34^{cal},1$, si les corps sont maintenus à 100° et $34^{cal},5$ à la température de zéro.

Si on détermine la réaction à la température t, on mesure une quantité de chaleur Q.

Si on porte chaque composant de t à T on dépense une quantité de chaleur u; on effectue la réaction à la température T, on constate un dégagement de chaleur Q' et on ramène les produits à t en constatant un dégagement de chaleur v.

L'état initial et l'état final étant les mêmes dans les deux cas, les quantités de chaleur doivent être les mêmes et s'il y a une différence entre Q et Q' elle peut être exprimée par la différence en u et v, de telle sorte qu'on peut écrire :

$$Q - Q' = u - v.$$

Cette dernière quantité $u - v$ peut être calculée facilement quand les corps réagissants n'éprouvent pas de changement d'état entre les deux températures t et T.

Troisième conséquence. — *Si l'on opère deux séries de transformations en partant de deux états initiaux distincts pour arriver au même état final, la différence entre les quantités de chaleur dégagée dans les deux cas sera précisément la quantité de chaleur dégagée ou absorbée par le passage d'un état initial à l'autre état initial.*

Voici quelques exemples. On ne peut pas déterminer directement la chaleur de combinaison du carbone et de l'hydrogène pour former le gaz des marais. Mais on peut déterminer : 1° la chaleur de combustion du carbone (C^2) et de l'hydrogène (H^4) brûlés séparément et qui est égale à 232 calories; 2° la chaleur de combustion de 16 grammes de gaz des marais (C^2H^4) changés en eau et en acide carbonique et qui est de 210 calories. L'état final est le même, l'eau et l'acide carbonique ;

Le 1° état initial est celui des deux gaz séparés C^2 et H^4.

Le 2° état initial est le gaz des marais C^2H^4.

On en conclut que l'union du carbone et de l'hydrogène pour former du gaz des marais doit dégager

$$232 - 210 \quad \text{ou} \quad 22 \text{ calories.}$$

On ne peut pas trouver facilement par une expérience directe la chaleur de formation de l'ammoniaque; mais on peut brûler un mélange d'azote et d'hydrogène, ou l'ammoniaque elle-même pour obtenir le même état final (l'azote et l'eau), et on mesure la chaleur dégagée dans chacune de ces combustions :

$$Az + H^3 + O^3 = Az + (HO)^3 \text{ dégagent} \quad 103^{cal},5$$

$$AzH^3 + O^3 = Az + (HO)^3 \quad\quad - \quad\quad 91^{cal},3$$

$$Az + H^3 \ldots\ldots\ldots\ldots\ldots\ldots\ldots \quad \overline{12^{cal},2.}$$

Telle est la chaleur de formation de l'ammoniaque à l'aide des deux gaz composants.

Nous pourrions multiplier beaucoup les exemples, ces deux suffisent pour montrer le parti que l'on peut tirer de cette manière d'opérer.

342. Principe du travail maximum. — *Tout changement chimique, accompli sans l'intervention d'une énergie étrangère, tend vers la production du corps ou du système de corps qui dégage le plus de chaleur.* Ce principe formulé par M. Berthelot est basé sur la remarque suivante : c'est que le système qui a dégagé le plus de chaleur possible s'est dépouillé de toute l'énergie nécessaire pour accomplir un nouveau travail et qu'il doit être le résultat final auquel on peut parvenir. Il a été vérifié par un grand nombre d'expériences dont nous allons citer les plus décisives.

L'oxygène, en s'unissant avec un autre corps, tend à former l'oxyde qui répond au plus grand dégagement de chaleur. Par exemple le bioxyde d'azote avec un équivalent d'oxygène forme l'acide azoteux en dégageant 10 calories; en s'unissant avec deux équivalents d'oxygène, il forme l'acide hypoazotique avec dégagement de 17 calories ; rien d'étonnant donc à ce que ce soit l'acide hypoazotique qui prenne naissance en présence d'un excès d'oxygène.

L'étain en passant à l'état du protoxyde dégage $36^{cal},9$; en formant le bioxyde il dégage $72^{cal},7$; ce sera donc le bioxyde d'étain qui se formera, soit au moyen de l'étain métallique, soit par le protoxyde en présence d'un excès d'oxygène.

Au contraire, l'hydrogène en formant son protoxyde, l'eau, dégage $34^{cal},5$, tandis qu'en formant son bioxyde, l'eau oxygénée, il ne dégage que $23^{cal},5$; ce sera donc l'eau qui prendra naissance par la combustion de l'hydrogène et l'eau oxygénée tendra toujours à se décomposer.

Le chlore déplace le brôme de ses combinaisons et ce dernier agit de même sur l'iode : c'est que la combinaison du chlore avec l'hydrogène dégage plus de chaleur que celle du brôme, et celle-ci plus que celle de l'iode. Ainsi les mesures calorimétriques ont donné

$$H + Cl = HCl \quad \text{avec production de 22 calories.}$$

$$H + Br = HBr \quad - \quad 12^{cal},5.$$

$$H + I = HI \quad - \quad \text{absorption de } 0^{cal},8.$$

De même, toutes les fois qu'un métal en déplace un autre de ses sels, on peut constater que la formation du nouveau sel répond au plus grand dégagement de chaleur.

343. Corps exothermiques et endothermiques. — La plupart des corps dégagent de la chaleur pendant l'union directe de leurs éléments : ce sont les corps *exothermiques*. Dans d'autres, au contraire, l'union des éléments exige de la chaleur ; on les dit *endothermiques*.

Les premiers ne se décomposent pas eux-mêmes : pour séparer leurs éléments il faut faire intervenir une énergie étrangère, par exemple les chauffer, les soumettre à une étincelle ou à un courant électrique ou à un faisceau de lumière.

Les corps endothermiques formés avec absorption de chaleur peuvent se décomposer d'eux-mêmes, ou au moins ils offrent une grande tendance à entrer en combinaison avec d'autres corps : tel est le cas des oxydes du chlore, du chlorure d'azote, de l'azotite d'ammoniaque, de l'eau oxygénée.

ACOUSTIQUE

CHAPITRE XL

PRODUCTION ET PROPAGATION DU SON

344. Production du son. — Le son est le résultat d'une impression produite sur l'organe de l'ouïe par les déplacements nombreux et réguliers d'un corps matériel. Ainsi, quand un verre à boire est ébranlé par un choc il produit un son; si l'on applique le doigt

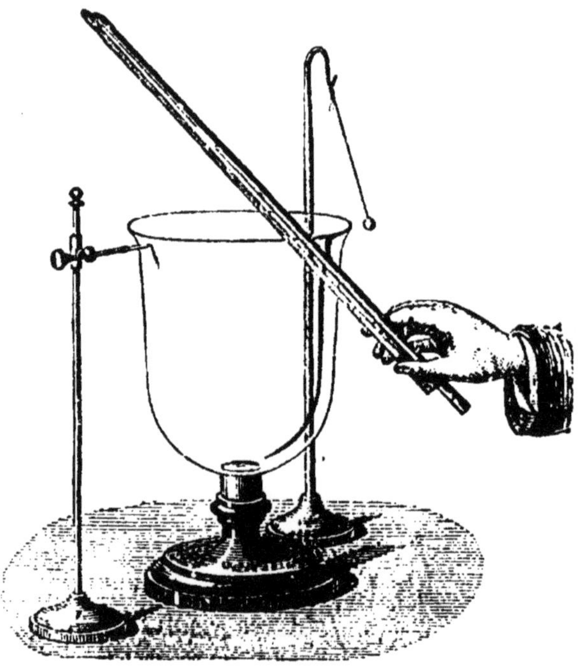

Fig. 213.

sur le bord du verre, on sent une sorte de frémissement qui accuse le très rapide mouvement du bord; on dit que le verre *vibre*, et le son s'éteint aussitôt que le contact du doigt a fait cesser le mouvement vibratoire. On peut d'ailleurs rendre plus sensible le mouvement du bord du verre : on en approche assez près une pointe A qui ne le touche pas et un petit pendule B qui y est appuyé (fig. 213), puis on fait rendre un son au verre, soit en le frappant, soit en le frottant avec un archet. Le petit pendule est repoussé vivement toutes les fois qu'il vient toucher le verre; et on entend une série de chocs du verre contre la pointe fixe.

345. Forme du mouvement vibratoire. — Le mouvement vibratoire qui produit un son est composé d'une succession de déplacements nombreux et réguliers d'un corps matériel autour de sa position d'équilibre. Pour nous en convaincre, fixons dans un étau une tige DC et écartons l'extrémité C en C' pour l'abandonner ensuite à elle-même. Nous la voyons exécuter une série de mouvements de C' en C" et de C" en C'. Une allée et une venue de la tige est ce que nous appelons une *vibration*. Quand la tige est assez courte, les vibrations qu'elle exécute sont rapides (fig. 214), si rapides même que l'œil ne les distingue plus et qu'il voit la tige comme si l'extrémité C était renflée ; alors la tige rend un son dont la force s'éteint peu à peu à mesure que diminue la grandeur des déplacements de la tige. Tel est le mouvement vibratoire.

Fig. 214.

346. Tous les corps qui rendent un son exécutent des vibrations. — Il est facile de montrer par une série d'expériences que tous les corps qui rendent un son exécutent un mouvement vibratoire plus ou moins rapide.

Si l'on saupoudre de sable fin une plaque métallique fixée en son milieu et qu'on frotte le bord de la plaque avec un archet (fig. 215), la plaque rend un son et l'on voit le sable sautiller et se rassembler suivant des lignes régu-

Fig. 215.

lières ; certaines parties de la plaque ont été animées d'un mouvement très rapide.

Que l'on tende sur un tableau noir entre deux chevalets une corde blanche et qu'on la pince, on voit les allées et venues qu'elle exécute de part et d'autre de sa position d'équilibre. Mais si la tension de la corde est suffisante, les vibrations sont plus rapides ; la corde apparaît comme un fuseau, gonflée en son milieu (fig. 216) ; ses déplacements sont si rapides que l'œil ne peut plus les distinguer, elle rend un son dont la force diminue avec le mouvement de la corde.

L'air lui-même est en vibration quand il produit un son. Pour le prouver on fait résonner un tuyau de bois placé sur une soufflerie et présentant une paroi de verre, et on descend dans ce tuyau une membrane de baudruche tendue sur un cadre et saupoudrée de sable fin (fig. 217) ; on voit le sable sauter violemment tant que le tuyau résonne.

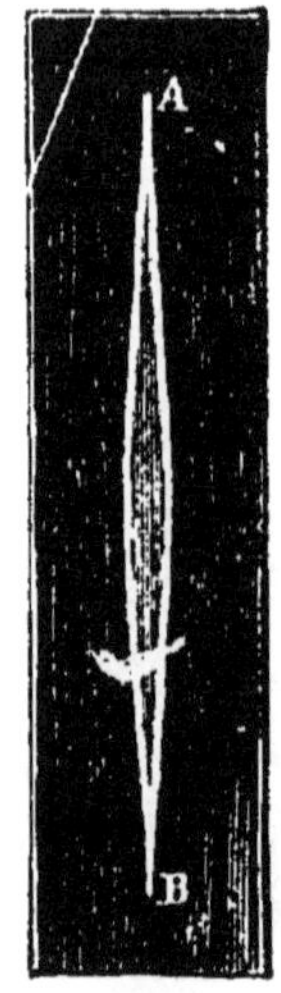

Fig 216.

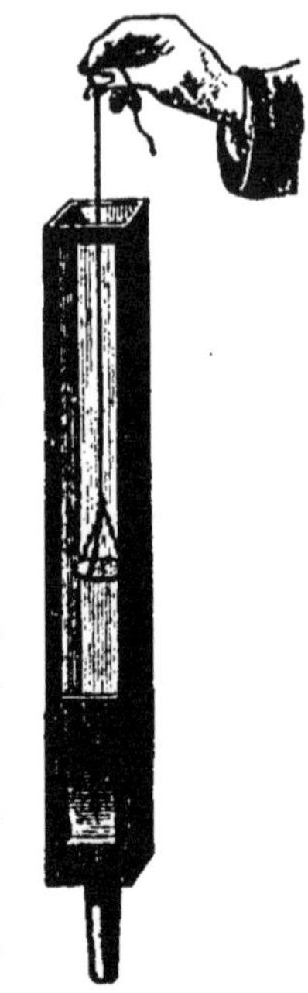

Fig. 217.

Ainsi tous les corps qui rendent un son accomplissent un mouvement vibratoire rapide et régulier.

347. Sons et bruits. — Qualités des sons. — Le choc d'un marteau sur une pierre, celui de deux corps durs en général, produisent sur l'oreille une sensation vague de très courte durée que nous désignons sous le nom de *bruit*. Nous appelons également bruit un mélange confus produit par plusieurs mouvements discordants et irréguliers, tandis que nous appelons *son musical* le son de quelque durée qui nous laisse une sensation bien définie.

Le son musical a trois caractères distinctifs : il est plus ou moins *intense*; il est plus ou moins *élevé* et il a un *timbre* particulier.

Une corde tendue donne un son qui va en diminuant d'*intensité* à mesure que les mouvements de la corde sont moins grands, qu'ils ont une moindre amplitude; l'intensité du son tient donc à l'amplitude des vibrations.

De quoi dépend la *hauteur* du son, c'est-à-dire le caractère que l'on exprime en disant qu'un son est plus aigu ou plus grave qu'un autre ? Il dépend du nombre des vibrations, comme on peut s'en assurer avec la corde tendue : en effet, à mesure qu'on tend la corde davantage, on rend ses vibrations plus rapides, on lui en fait produire un plus grand nombre dans le même temps, et on constate que les sons qu'elle donne sont de plus en plus élevés. Quant au *timbre*,

c'est .. qualité qui permet de distinguer l'un de l'autre deux sons
de même hauteur et de même intensité, de distinguer le même son
émis par deux instruments différents.

Au premier abord un bruit isolé n'a aucune de ces trois qualités
des sons musicaux. Mais si on compare entre eux des bruits de
même nature, on peut éprouver une sensation qui rappelle celle que
donnent les sons musicaux. Ainsi on peut tailler de petites planchettes
de bois, de telle sorte qu'en les laissant successivement tomber l'une
après l'autre, on ait la sensation d'une gamme. On construit même
des harmonicas avec des lamelles de bois placées sur deux fils tendus,
de telle sorte qu'en les frappant successivement avec un petit marteau de bois on puisse exécuter un air. Les bruits sont donc en réalité
moins différents des sons musicaux qu'on ne le croit tout d'abord.

348. Propagation du son. — C'est un fait d'expérience
journalière que les corps matériels, solides, liquides ou gazeux,
transmettent bien les sons. Nous entendons les sons produits à distance et communiqués par l'air à notre oreille. Les solides transmettent aussi les sons, même beaucoup mieux que l'air : en appliquant
l'oreille à l'extrémité d'une longue poutre on entend distinctement les
plus petits chocs produits à l'autre bout. Si l'on applique l'oreille
contre la terre, on perçoit à plusieurs kilomètres le roulement d'une
voiture. Cependant les corps mous comme les draperies ne transmettent pas bien les sons, aussi les emploie-t-on en portières, pour
empêcher d'entendre dans une pièce ce qui se dit dans une pièce
voisine. Les liquides aussi transmettent les vibrations sonores : un
plongeur perçoit non seulement les bruits qui prennent naissance
dans l'eau autour de lui, mais encore les bruits du rivage.

349. Le son ne se propage pas dans le vide. —
On montre par l'expérience que le son a besoin d'un corps matériel
pour se transmettre à notre oreille, que les vibrations sonores ne traversent pas le vide. On prend
un ballon de verre dans lequel est suspendue une
clochette par des fils de coton (fig. 218). Tant que
le ballon est plein d'air à la pression ordinaire,
il suffit de l'agiter pour entendre le son de la clochette; les vibrations sont transmises par l'air
intérieur à la paroi de verre, de celle-ci par l'air
environnant à l'oreille de l'observateur. On fait le
vide dans le ballon et en recommençant à l'agiter
on n'entend plus le son. On ouvre alors progressivement le robinet pour laisser rentrer lentement

Fig. 218.

l'air et on constate que le son d'abord faible, redevient plus perceptible à mesure que l'air rentre.

Cette dernière partie de l'expérience explique bien un fait remarqué des touristes que le son de la voix est moindre sur les hautes
montagnes que dans la plaine; c'est qu'en effet l'air est raréfié au
sommet de la montagne; il l'est de plus en plus à mesure que l'on

s'élève et on a pu constater, dans les ascensions en ballons, qu'à une grande hauteur un coup de pistolet ne produit plus qu'un faible bruit.

350. Mode de propagation du son dans l'air. — Le son se transmet dans l'air, dans toutes les directions, tout autour du point de production, et il se passe en tous sens un phénomène analogue à celui qui prend naissance sur la surface d'un grand bassin plein d'eau au centre duquel un piston s'élève et s'abaisse dans le liquide. Au premier mouvement du piston sur l'eau, comme au choc d'une pierre qui tomberait sur le bassin, il se forme une petite vague de forme circulaire qui s'éloigne progressivement du point où elle s'est formée. Mais si le piston est animé d'un mouvement régulier, il produit une succession régulière de vagues circulaires qui suivent la première dans leur développement et leur trajet. Il se forme une série de bourrelets et de sillons qui s'élargissent sans cesse et courent avec une grande régularité à la file l'un de l'autre. Il suffit d'un peu d'attention pour reconnaître que ces ronds sont composés chacun d'une petite vague et d'un petit sillon; un petit corps flottant à la surface de l'eau comme un brin de paille est en effet soulevé par chaque vague; mais il ne change pas de place. Cette dernière observation montre que les ébranlements communiqués à l'eau ont transmis à chaque point du liquide un mouvement de va-et-vient, mais qu'il n'y a pas eu transport de l'eau elle-même du centre vers le bord.

Ce qui se passe ainsi dans un plan horizontal donne l'image de ce qui se produit en tous sens dans l'air autour d'un corps sonore. Chacun des mouvements exécutés par le corps en vibration se communique de proche en proche à l'air environnant; chaque point de l'air ébranlé exécute une série de mouvements de va-et-vient et finalement, sans qu'il y ait eu transport de l'air, il y a transport du mouvement vibratoire; en un mot, au bout d'un certain temps, à une certaine distance du centre d'ébranlement, l'air répète le premier mouvement vibratoire.

351. Vitesse de propagation du son. — La propagation du son n'est pas instantanée; ainsi qu'on peut s'en convaincre par l'observation, le son met un temps appréciable pour se transmettre d'un point à un autre, tant soit peu éloigné du premier. Quand on observe la décharge d'une arme à feu faite à une distance un peu considérable, on aperçoit d'abord l'éclair de l'explosion et la fumée, et c'est seulement plusieurs secondes après que l'on entend le son. Quand on suit à quelque distance les mouvements d'un bûcheron qui abat un arbre, on voit le mouvement de la cognée contre l'arbre avant d'en entendre le son. Il y a donc lieu d'étudier le temps que le son met à parcourir une distance, ou l'unité de distance, autrement dit à déterminer sa vitesse.

Tous les sons se propagent-ils également vite? C'est là une première question à résoudre et à laquelle l'expérience répond affirmativement. On remarque en effet qu'un morceau d'orchestre entendu de plus près ou de plus loin conserve pour l'oreille le même caractère, ce qui implique nécessairement que tous les sons se trouvent transmis de la même manière. Dès lors pour étudier le mouvement de propagation des sons on peut prendre un son quelconque, on le choisit fort afin qu'on puisse l'entendre à une assez grande distance et afin qu'il y ait quelque intervalle entre le mouvement de sa production et celui de son arrivée.

Les premières expériences faites sur le bruit d'un canon, par des observateurs espacés à des distances différentes du point de départ, ont montré que pour une distance double ou triple, le son met un temps double ou triple, que le son se transmet d'un mouvement *uniforme*. Par suite la vitesse du son, c'est la longueur exprimée en mètres qu'il parcourt en une seconde.

352. Vitesse du son dans l'air. — Les premières mesures effectuées par une commission de l'Académie des Sciences eurent lieu en 1738 entre Montmartre et Montlhéry, à une distance de 29 kilomètres. En 1822, les membres du Bureau des Longitudes reprirent avec quelques précautions nouvelles l'étude de la vitesse du son dans l'air entre Montlhéry et Villejuif.

Un groupe d'observateurs était à Villejuif, l'autre groupe à Montlhéry : une pièce de canon était disposée dans chacune des deux stations. On tirait un coup de canon à Villejuif à une heure convenue; les observateurs de Montlhéry déterminaient avec un compteur à secondes l'intervalle de temps écoulé entre l'apparition de la lumière et l'audition du son.

Une seule observation faite avec précision aurait à la rigueur pu suffire; mais pour diminuer les chances d'erreurs, on croisait les observations, en tirant un canon à Montlhéry et en observant de Villejuif le temps après lequel la détonation était perçue. On fit ainsi plusieurs expériences et on prit la moyenne des résultats obtenus. On trouva que pour la distance de 18,360 mètres, il s'écoulait une moyenne de 54 secondes entre l'apparition de la lumière et l'audition du son, ce qui donnait pour la vitesse $\frac{18,360}{34} = 340$. La température pendant l'expérience était de 15°. Le son parcourt donc 340 mètres par seconde à la température de 15°.

Il résulte d'expériences plus récentes de Regnault que la vitesse du son augmente de $0^m,6$ avec chaque degré de température. A zéro degré, la vitesse serait donc

$$340 - 0,6 \times 15 = 331^m.$$

353. Vitesse du son dans les liquides. — MM. Colladon et Sturm ont cherché la vitesse du son dans l'eau par des expériences faites en 1827 sur le lac de Genève. Deux bateaux étaient séparés par une distance connue. L'un portait, plongeant dans l'eau, une cloche, qu'à un moment donné un marteau pouvait frapper; l'autre portait, plongeant dans l'eau, une sorte de cornet à large embouchure pour recevoir les vibrations (fig. 219). Au moment où le choc du marteau avait lieu contre la cloche, il se produisait une lumière sur le bateau; l'observateur ayant le cornet récepteur des

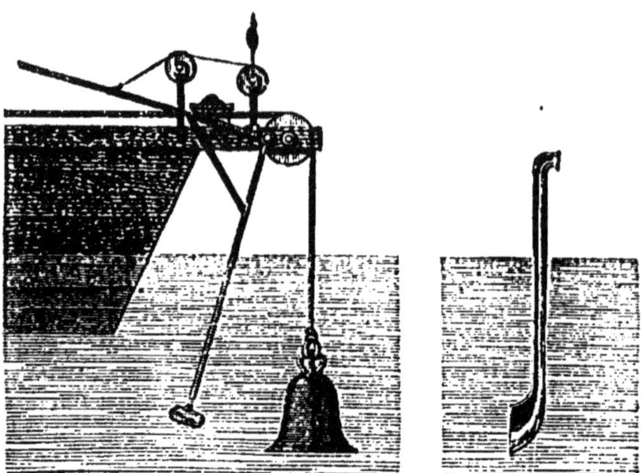

Fig. 219.

vibrations à son oreille comptait le temps écoulé depuis cet éclair jusqu'à l'audition du son De diverses expériences on trouva le nombre

1435 mètres par seconde.

C'est une vitesse plus de quatre fois plus grande que la vitesse dans l'air.

354. Vitesse du son dans les solides. — On a pu trouver la vitesse du son dans certains solides, comme la fonte, l'acier, le fer et constater qu'elle est bien plus grande que la vitesse dans l'eau, et à plus forte raison que la vitesse dans l'air. L'expérience faite par Biot est particulièrement intéressante par sa simplicité. On venait de placer une conduite de tuyaux de fonte d'Arcueil à Paris sur une longueur de 951 mètres. Biot profita de la circonstance; il fit sonner un timbre à l'une des extrémités de la conduite et il constata que pour chaque son produit à un bout, il en arrivait deux à l'autre extrémité, l'un était amené par le solide, l'autre par l'air du tuyau; et il y avait dans l'exemple qui nous occupe 2 secondes 5 d'intervalle entre les deux. Or, puisque la vitesse dans l'air est de 340 mètres par seconde, le temps que le son mettait à venir par l'air était de $\dfrac{951}{340}$. Si on désigne par x la vitesse dans le solide, le temps que le son transmis par le solide met à parcourir la longueur du tuyau est $\dfrac{951}{x}$. Comme la différence des deux temps est de 2"5 on écrit

$$\frac{951}{340} - \frac{951}{x} = 2,5$$

et on tire $x = 3201^m$ ou environ 10 fois la vitesse dans l'air.

Dans l'acier la vitesse est environ quinze fois plus grande que dans l'air.

355. Diminution de l'intensité du son avec la distance. — Comme le son se propage dans tous les sens autour du point sonore, les mouvements vibratoires sont transmis à des surfaces sphériques d'un rayon de plus en plus grand, l'énergie avec laquelle l'air est ébranlé diminue rapidement avec la distance; l'intensité du son diminue comme elle à mesure qu'on s'éloigne du point où le son est produit, et le son finit par s'éteindre à une certaine distance de son point d'origine.

Mais si l'on transmettait le mouvement vibratoire à des tranches d'air de même surface, l'intensité primitive du son se conserverait

Fig. 220.

à de plus grandes distances. C'est ainsi qu'on procède quand on veut communiquer à d'assez grandes distances au travers d'obstacles qui arrêteraient la voix; on établit entre les deux points des *tubes acoustiques*. Ce sont des tubes flexibles de caoutchouc terminés à leurs extrémités par une embouchure. Au repos, chaque embouchure porte un sifflet (fig. 220). Si on enlève le sifflet d'une des extrémités A et que l'on souffle par l'embouchure, le sifflet de l'autre extrémité résonne et avertit la personne qu'on va lui parler. Quand on parle devant l'embouchure A, les vibrations sonores transmises à l'air gardent leur intensité dans les différents points du tuyau et elles arrivent en A′ sans s'être notablement affaiblies, si en A′ la personne qui écoute place l'embouchure du tuyau près de son oreille elle entend très distinctement ce qu'on lui dit de A. Ces tuyaux sont aujourd'hui d'un usage courant entre les différentes pièces d'un même service ou d'une même maison.

356. Réflexion du son. — Quand les vibrations sonores rencontrent un obstacle fixe, elles sont renvoyées par lui, et dans la direction qu'elles prennent elles semblent venir d'un point d'ébranlement placé de l'autre côté de l'obstacle. Ce phénomène de *réflexion* dont on peut constater approximativement les lois par une bille élastique envoyée contre un plan fixe, sera étudié en optique. Nous nous contenterons en ce moment de montrer par une expérience que le son se réfléchit suivant les mêmes lois que la lumière. Nous prenons deux grands miroirs métalliques de cuivre et nous les plaçons en face l'un de l'autre aux deux extrémités de la salle et de manière que leurs axes coïncident. Nous plaçons une bougie au foyer de l'un des miroirs et nous cherchons près de l'autre miroir la place où un petit écran est le plus éclairé. La lumière émise par la bougie est réfléchie par le premier miroir vers le second, et de celui-ci sur l'écran. Nous remplaçons la bougie par un corps sonore comme une montre par exemple, et nous allons placer notre oreille à la place de l'écran : l'oreille perçoit alors distinctement le tic-tac de la montre, qui cesse d'être perceptible pour les points voisins.

Les phénomènes de réflexion du son présentent quelque intérêt, ils expliquent pourquoi dans certaines salles, on peut parler à voix basse en certains points et être entendu en d'autres points éloignés ; ils font comprendre l'emploi du porte-voix et du cornet acoustique ; enfin ils rendent compte des échos et des résonnances.

Le *porte-voix* est un tube un peu conique, terminé à une extrémité par une embouchure devant laquelle on parle et à l'autre par un pavillon (fig. 221). Les vibrations de la voix, réfléchies par les parois internes du tube, arrivent au pavillon pour sortir dans une direction parallèle à l'axe du tube ; la voix peut ainsi porter à une distance beaucoup plus grande que si elle était émise à l'air libre.

Le *cornet acoustique* est l'inverse du porte-voix ; il est destiné à recueillir dans l'air et à porter à la tranche d'air la plus voisine de l'oreille, le plus de vibrations possibles (fig. 222) : il sert aux personnes qui ont l'ouïe dure.

Fig. 221.

Fig. 222.

357. Écho et résonnance. —

L'écho est la répétition d'un son déjà entendu, par la réflexion contre un obstacle des vibrations sonores qui ont produit le son. On pousse un cri en face d'un grand mur situé à une certaine distance et on entend la répétition de ce cri au bout d'un temps plus ou moins long suivant la distance du mur, tel est l'écho simple. On voit un chasseur tirer son arme au versant d'une colline, à une certaine distance, on entend le bruit de la détonation suivi bientôt d'une répétition qui en est l'écho ; dans ce dernier cas l'observateur a d'abord entendu le son direct, puis le son réfléchi par la montagne, la colline, un fort tertre élevé ou tout autre obstacle, et le trajet parcouru par ces vibrations ainsi réfléchies a été notablement plus long que le premier.

Pour se rendre compte des conditions dans lesquelles l'écho peut se produire distinctement, il suffit de considérer la distance à laquelle se trouve l'observateur de l'obstacle sur lequel s'effectue la réflexion. Soit un obstacle placé à 340 mètres; il faudra 1″ au son pour gagner l'obstacle, 1″ pour revenir au point de départ, en tout 2 secondes. Un son instantané se trouvera donc répété après 2″. Et si l'on produit une succession de sons, des syllabes articulées, on entendra répéter les dernières; si par exemple on en prononçait quatre par seconde, quand on se taira, on entendra les huit dernières que l'on aura prononcées.

Si la distance de l'obstacle au lieu d'être de 340 mètres n'est plus que de 170 mètres, il ne faut plus qu'une demi-seconde pour aller de l'obstacle à l'observateur, une seconde pour le trajet entier, l'écho répétera deux fois moins de syllabes.

On admet que pour distinguer deux sons successifs il faut que ceux-ci soient séparés par au moins $\frac{1}{10}$ de seconde. Or en un dixième de seconde le son parcourt 34 mètres; dès lors un son direct et le son réfléchi ne pourront être distincts qu'autant que l'obstacle donnant lieu à l'écho sera à une distance d'au moins 17 mètres de l'observateur.

Certains échos peuvent être disposés de manière à se renvoyer un son plusieurs fois, après plusieurs réflexions successives; ce sont les échos multiples dont le plus célèbre est celui de la villa Simonetta, près de Milan, où un coup de pistolet est répété quarante fois.

Résonnance. — Dans les longs corridors, dans les nefs d'églises, dans les cloîtres, on entend confusément les sons produits : c'est que le son réfléchi se superpose au son direct en le prolongeant un peu et en le mêlant au son suivant; alors les syllabes se confondent les unes avec les autres en une sorte de bourdonnement qui rend la parole inintelligible. C'est à ce phénomène qu'on donne le nom de résonnance.

On le fait disparaître en partie dans les grandes salles par des draperies, des tentures, des ornements qui amortissent les vibrations ou qui gênent les réflexions sonores. Il faut agir de même pour les salles de conférences ou de théâtre.

358. Mouvement vibratoire. — Longueur d'onde. — Concevons une colonne d'air renfermée dans un tuyau cylindrique indéfini et partagée en tranches égales de faible épaisseur; une plaque vibre à l'entrée du tuyau. Cette plaque pousse en avant la première tranche et la comprime; celle-ci comprime la seconde et redevient immobile, tandis que la seconde tranche comprime la troisième et ainsi de suite : la compression se transmet de proche en proche à toutes les couches d'air.

Si la plaque revient en arrière au point de départ, la première tranche se dilate pour la suivre; sa force élastique devient plus faible; la seconde tranche se dilate à son tour et ainsi des autres.

En somme chaque tranche répète à des moments différents le mouvement de la plaque.

On appelle *longueur d'onde* la distance à partir du centre d'ébranlement où est parvenue la première vibration quand la seconde commence, ou encore la distance entre deux points qui se trouvent au même moment dans le même état vibratoire. Cette longueur est égale à la vitesse du son, pour le cas où il n'y a qu'une vibration par seconde; d'une manière générale elle est donnée par $\frac{V}{n}$ quotient de la vitesse du son par le nombre de vibrations par seconde.

Exercices.

130. On produit un son à l'une des extrémités d'un tuyau en fer de 2550 mètres de longueur; on entend deux sons successifs à l'autre extrémité et séparés par un intervalle de 7 secondes, trouver la vitesse du son dans le fer.

131. Sachant que la vitesse du son dans l'air à 0° est de 331 mètres, et qu'elle varie comme la racine carrée du binome de dilatation, trouver la vitesse du son dans l'air à 20°, dans l'air à 50°.

132. Sachant que la vitesse du son varie en raison inverse de la racine carrée de la densité du gaz, trouver la vitesse qu'aurait le son à 0°, dans l'hydrogène dont la densité est 0,0692.

CHAPITRE XLI

HAUTEUR DES SONS. — MESURE DES VIBRATIONS. — GAMME

359. La hauteur d'un son dépend du nombre des vibrations. — La hauteur d'un son est caractérisée par le nombre de vibrations que le corps sonore exécute. Nous avons vu déjà qu'une corde tendue donne un son plus aigu à mesure que la longueur de la partie qui vibre est plus petite; or, plus une corde est courte, plus elle accomplit de vibrations dans le même temps: les sons aigus sont donc caractérisés par des nombres de vibrations plus grands que les sons graves. Il importe donc, si l'on veut définir un son au point de vue de la hauteur, de pouvoir indiquer à quel nombre de vibrations il correspond; il faut en un mot *compter* les vibrations effectuées en un temps déterminé. On emploie à cet effet plusieurs appareils dont le compteur graphique et la sirène sont les deux plus intéressants.

360. Compteur graphique des vibrations. — Dans le compteur graphique, on fait inscrire au corps sonore lui-même les vibrations qu'il exécute. Supposons qu'il s'agisse d'un diapason : on arme l'une de ses branches d'un petit stylet très léger qui appuie contre un cylindre recouvert de noir de fumée, et de manière que les déplacements de va-et-vient du corps vibrant se fassent parallèlement à l'axe du cylindre (fig. 223). Si le cylindre tourne pendant que vibre le diapason, le stylet marque sur la surface noircie une ligne sinueuse dans laquelle toutes les allées et venues du corps vibrant sont séparées. Il faut en outre qu'à chaque tour le cylindre s'avance un peu sur son axe de manière que le stylet ne passe pas sur les endroits où il a déjà passé. On comprend que si l'on con naît le temps qu'a duré une expérience il suffise de compter les dents de la ligne sinueuse pour avoir le nombre des vibrations effectuées. Dans les expériences précises, on s'arrange donc pour bien connaître le temps pendant lequel a eu lieu le mouvement du cylindre entre deux points de la ligne tracée.

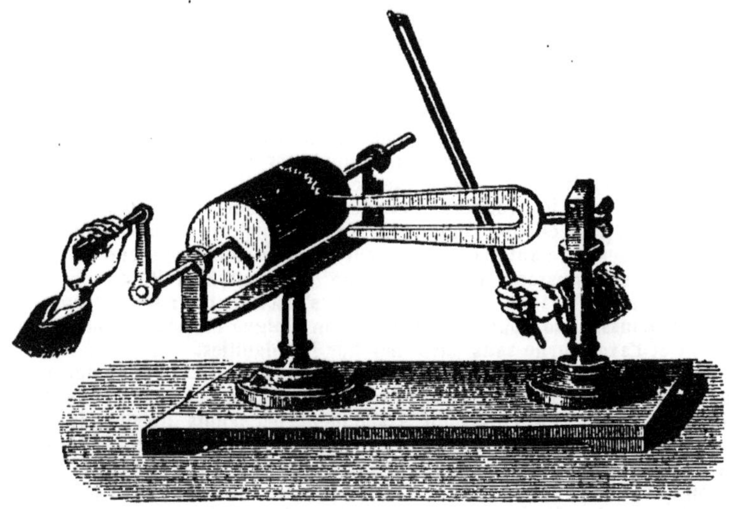

Fig. 223.

Ce procédé, très commode et très facile à employer pour les vibrations des corps solides, peut aussi être appliqué avec une légère modification aux vibrations des gaz; dans ce dernier cas on termine une partie du tuyau à gaz par une membrane de baudruche qui vibre comme le gaz et qui porte le stylet faisant l'inscription sur la surface noircie du cylindre. On peut d'ailleurs faire inscrire en même temps les vibrations de deux corps sonores et les comparer.

361. Sirène. — La *sirène*, imaginée par Cagniard de Latour, est destinée à mesurer le nombre de vibrations qui correspond à un son donné. Elle se compose de deux parties, l'une produisant le son, l'autre inscrivant le nombre des vibrations effectuées.

La première partie est une petite caisse où l'on fait arriver de l'air sous pression. La paroi supérieure de cette caisse est percée de trous équidistants et rangés en cercle (fig. 224). Au-dessus, à une très petite distance, est un plateau mobile autour d'un axe vertical. Ce plateau est percé de trous en nombre égal à ceux de la caisse, disposés sur un cercle de même rayon, de telle sorte que quand un trou du disque mobile se trouve en face d'un trou de

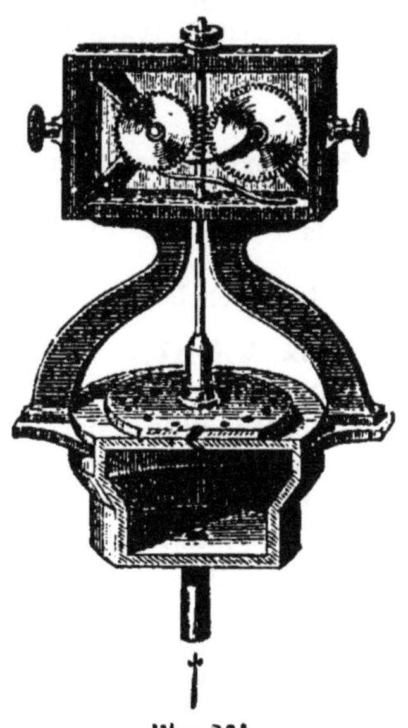

Fig. 224.

la caisse, tous les autres se correspondent également. Dans chacune des deux surfaces les trous sont obliques en sens inverse; alors le courant d'air passant par le trou inférieur frappe obliquement les parois du trou supérieur et imprime au disque mobile un mouvement de rotation. L'air de la caisse s'échappe dans l'atmosphère toutes les fois qu'un trou du disque vient se placer en coïncidence avec un trou de la caisse; mais l'air en sortant fait mouvoir le disque, et l'échappement de l'air cesse momentanément pour reprendre à la coïncidence suivante. L'air sort autant de fois dans un tour entier du disque mobile que celui-ci contient de trous. Les impulsions communiquées à l'air augmentent avec la vitesse; elles sont bientôt assez nombreuses pour déterminer un son musical.

La seconde partie est le compteur des vibrations. Elle se compose de l'axe vertical du plateau mobile et des roues auxquelles il donne le mouvement. Cet axe est fileté à sa partie supérieure, et contre lui on peut faire engrener une roue dentée qui avancera alors d'une dent pour chaque tour du plateau mobile. Cette roue pourra indiquer son mouvement par une aiguille sur un cadran. Si en dehors de ses 100 dents elle a une dent particulière agissant sur une seconde roue R', cette roue R' avancera d'une division pour chaque tour de la roue R, autrement dit pour chaque centaine de tours du plateau mobile. Enfin, le système des deux roues formant compteur peut être à volonté engrené et désengrené avec l'axe; en poussant un bouton que l'on voit à droite sur la figure, on embraye la roue R et les tours du disque s'inscrivent sur les cadrans; au contraire, en poussant le bouton de gauche, on éloigne un peu la roue R de la vis sans fin et l'axe tourne sans faire marcher les aiguilles.

Pour se servir de la sirène et déterminer avec elle le nombre des vibrations d'un son donné, ou la place sur une soufflerie. On s'assure que les deux aiguilles sont au zéro, ou bien l'on note exactement les points qu'elles indiquent; le compteur n'est pas alors en prise avec l'axe. On donne le vent; l'air comprimé sort par la sirène, le plateau mobile tourne de plus en plus vite et l'on entend un son qui s'élève graduellement. Quand le son de la sirène a même hauteur que celui que l'on étudie, on cherche à le maintenir le même par le règlemen de l'air de la soufflerie. Alors, on embraye le compteur et on note l'heure à un chronomètre; on maintient ainsi le son bien constant pendant 10, 20 ou 30 secondes, une ou plusieurs minutes même si c'est possible; on désembraye et on note l'heure. On connaît donc exactement le nombre de secondes qu'a duré l'observation. Les deux cadrans permettent de trouver le nombre de tours du plateau mobile de l'appareil. En effet supposons que la 2ᵉ aiguille ait avancé sur son cadran de 21 divisions et la 1ʳᵉ aiguille de 36 divisions, nous en conclurons que l'axe a fait 21 centaines de tours et en plus 36 tours, en tout 2,136 tours. Si le plateau porte 20 trous, le nombre des vibrations sera de

$$2136 \times 20 = 42720.$$

Et si l'expérience a duré 40", le nombre de vibrations produites par seconde

sera de
$$\frac{42720}{40} = 1068.$$

Ainsi le son etudié fait 1068 vibrations par seconde.

362. Limite des sons perceptibles à l'oreille.

— Tout mouvement vibratoire ne produit pas nécessairement un son que l'oreille puisse percevoir. Quand le mouvement est trop lent, ou trop petit le nombre des vibrations, notre oreille n'entend plus qu'une sorte de ronflement et pas un son caractérisé. D'après les expériences de Hemholtz il faut au moins 20 vibrations par seconde pour que l'oreille entende un son véritable; les sons les plus graves des orgues de cathédrale font 30 à 34 vibrations par seconde.

Inversement, à mesure que les vibrations deviennent plus rapides, plus nombreuses dans le même temps, le son devient plus aigu.

Quand les vibrations sont trop rapides, elles ne produisent plus sur l'oreille qu'une sensation désagréable; ce résultat se présente pour des sons qui font plus de 23,000 vibrations par seconde.

363. Unisson. — Les appareils à l'aide desquels on mesure le nombre des vibrations montrent que la hauteur des sons tient au nombre des vibrations. Quand deux sons ont le même nombre de vibrations, ils produisent sur l'oreille la même impression au point de vue de la hauteur (gravité ou acuité); on dit qu'ils sont à **l'unisson**; ils peuvent différer l'un de l'autre par l'intensité ou encore par le timbre, mais l'oreille leur trouve un caractère commun, une analogie complète au point de vue musical.

364. Intervalles musicaux. — Gamme. — On emploie en musique un certain nombre de sons fondamentaux qui présentent une série régulière formée de sept sons se reproduisant dans le même ordre avec une élévation plus grande : c'est à cette série qu'on donne le nom de *gamme*.

Les sept sons de la gamme sont désignés par les noms :

$$do \quad ré \quad mi \quad fa \quad sol \quad la \quad si$$

En continuant au-dessus on commence une seconde gamme dont les sons ont les mêmes relations entre eux, à part que chacun d'eux est plus élevé ou correspond à un nombre plus grand de vibrations.

On appelle **intervalle** de deux sons *le rapport des nombres de vibrations des deux sons :* ainsi deux sons font l'un 512 vibrations, l'autre 1024, leur intervalle est $\dfrac{1024}{512} = 2$. Le plus souvent l'intervalle de deux sons musicaux n'est pas représenté par un nombre entier, mais par une fraction dont le numérateur représente le nombre de vibrations du son le plus aigu, le dénominateur le nombre des vibrations du son le plus grave, ayant lieu dans le même temps. L'étude physique de la musique recherche la valeur des intervalles musicaux des sons formant la gamme.

Le rapport le plus simple est celui de $\dfrac{1}{1}$, il caractérise l'unisson ; après vient le rapport $\dfrac{1}{2}$; il caractérise l'**octave**, c'est-à-dire l'intervalle de la première note de la gamme (*do*) à la première note (*do*) qui commence la gamme suivante, ou l'intervalle entre la première et la huitième de la série.

Pour désigner les intervalles de la gamme, on se sert des noms suivants tirés du rang du deuxième son par rapport au premier.

do	à	*ré*	*seconde*	*do*	à	*sol*	*quinte*
do	à	*mi*	*tierce*	*do*	à	*la*	*sixte*
do	à	*fa*	*quarte*	*do*	à	*si*	*septième*
		do₁	à	*do₂*	*octave.*		

365. Valeur des intervalles musicaux. — On a pu mesurer les nombres de vibrations caractérisant chacun des sons d'une même gamme, en employant la sirène ou le compteur graphique. On peut aussi remarquer qu'il est possible de produire tous les sons d'une gamme avec une corde que l'on fait d'abord vibrer tout entière et dont on diminue peu à peu la longueur jusqu'à n'avoir plus que la moitié de la corde qui donne l'octave du premier son; on voit alors que les nombres de vibrations des sons obtenus sont en raison inverse des longueurs de corde qui les donnent; on peut donc aussi par ce moyen facile, à la portée de tout le monde. connaître les nombres des vibrations des sons de la gamme. Les voici, en prenant pour unité le nombre de vibrations exécutées en une seconde par le son fondamental de la gamme :

Nota	do	ré	mi	fa	sol	la	si	do
Nom de l'intervalle		seconde	tierce	quarte	quinte	sixte	septième	octave.
Valeur	1	$\dfrac{9}{8}$	$\dfrac{5}{4}$	$\dfrac{4}{3}$	$\dfrac{3}{2}$	$\dfrac{5}{3}$	$\dfrac{15}{8}$	2

Ces fractions expriment ce que chaque note fait de vibrations, pendant que la première note en fait une; ainsi la quinte fait $\dfrac{3}{2}$ ou une fois et demie plus de vibrations que la note fondamentale de la gamme à laquelle on donne le nom de *tonique*.

366. Ton et demi-ton. — Avec les nombres precédents, on peut calculer les intervalles successifs qui existent entre deux notes consécutives de la gamme; il suffit de diviser le plus grand nombre par le plus petit.

$$do \quad \text{à} \quad ré \qquad \frac{9}{8} \qquad\qquad sol \quad \text{à} \quad la \quad \frac{5}{3} : \frac{3}{2} = \frac{10}{9}$$

$$ré \quad \text{à} \quad mi \quad \frac{5}{4} : \frac{9}{8} = \frac{10}{9}$$

$$la \quad \text{à} \quad si \quad \frac{15}{8} : \frac{5}{3} = \frac{9}{8}$$

$$mi \quad \text{à} \quad fa \quad \frac{4}{3} : \frac{5}{4} = \frac{16}{15}$$

$$fa \quad \text{à} \quad sol \quad \frac{3}{2} : \frac{4}{3} = \frac{9}{8} \qquad\qquad si \quad \text{à} \quad do \quad 2 : \frac{15}{8} = \frac{16}{15}$$

Il y a donc seulement *trois* intervalles consécutifs :

Le premier représenté par le nombre $\dfrac{9}{8}$ s'appelle *ton majeur*.

— deuxième   — $\dfrac{10}{9}$ —   *ton mineur*.

— troisième   — $\dfrac{16}{15}$ —   *demi-ton*.

Et si l'on ne s'arrête pas à la distinction entre le ton majeur et le ton mineur, on peut définir la gamme une succession de sons comprenant consécutivement deux tons, un demi-ton, puis trois tons et un demi-ton.

Après avoir formé une première gamme commençant par do_1 et finissant par do_2, on peut en former une autre dont do_2 sera la première note et do_3 la dernière et ainsi de suite; on constitue ainsi une échelle musicale dans laquelle une quelconque des gammes sera connue par le rang de sa première note; c'est ainsi qu'on désignera la gamme de do_3, de do_4, etc., qui seront parfaitement déterminées par la connaissance du nombre de vibrations de do_1.

Mais on peut aussi commencer la gamme par toute autre note que *do* et cependant conserver les mêmes intervalles que dans la gamme ordinaire. Il faut alors modifier certaines des notes de l'échelle précédente en employant deux signes que l'on a appelés *dièze* # et *bémol* ♭.

367. Dièzes et bémols. — Proposons-nous de former une gamme ayant la même succession d'intervalles que la gamme ordinaire et avec le moins possible de modifications, nous verrons que si nous commençons par *sol* ou par *fa* il n'y aura dans chaque cas qu'une note à modifier; en effet

$$do \quad ré \quad mi \quad fa \quad sol \quad la \quad si \quad do$$

$$sol \quad la \quad si \quad do \quad re \quad mi \quad fa \quad sol$$
$$1 \quad 1 \quad \frac{1}{2} \quad 1 \quad 1 \quad \frac{1}{2} \quad 1$$

$$fa \quad sol \quad la \quad si \quad do \quad ré \quad mi \quad fa$$
$$1 \quad 1 \quad 1 \quad \frac{1}{2} \quad 1 \quad 1 \quad \frac{1}{2}$$

Pour la gamme qui commence par *sol* on trouve deux tons, un demi-ton, puis trois tons et un demi-ton, à condition de relever la note *fa* et de reporter entre *fa* et *sol* le demi-ton qui serait entre *mi* et *fa*. On indique ce changement en substituant à *fa* une note *fa* # (*fa* dièze) dont le nombre de vibrations est celui de *fa* multiplié par le rapport $\frac{25}{24}$.

Cette première gamme peut donc devenir le point de départ d'une série de gammes successives analogues aux gammes de *do*.

Si l'on opère sur cette gamme de *sol* comme on l'a fait sur la gamme de *do*, que l'on commence une nouvelle gamme par la quinte (*ré*), on trouvera qu'il faut modifier encore une note et changer *do* en *do* #; la gamme de *ré* aura donc deux dièzes.

Et si l'on continue à former des gammes de quinte en quinte en montant, on trouve que le nombre de dièzes va en croissant : gamme de *do*, pas d'accident; gamme de *sol*, un dièze; gamme de *ré*, deux dièzes; gamme de *la*, trois dièzes; gamme de *mi*, quatre dièzes, etc. Les dièzes vont donc de quinte en quinte en montant à partir de *fa* #.

Dans la gamme descendante commençant par *fa*, une seule modification est nécessaire; elle consiste à baisser le *si* pour l'éloigner de *do* et le rapprocher de la note *la* afin que le demi-ton se trouve entre *si* et *la* et que la gamme ait ses deux tons, puis un demi-ton, puis trois tons et un demi-ton. On met un signe à la note *si*, ce signe porte le nom de *bémol* et la note celui de si bémol (*si* ♭).

La gamme de *fa* (quinte en dessous de *do*) a donc *un* bémol

La gamme de *si* ♭ (quinte en dessous de *fa*) a donc *deux* bémols;

La gamme de *mi* ♭ (quinte en dessous de *si* ♭) a donc *trois* bémols, etc.

Les bémols vont de quinte en quinte en descendant à partir de *si* ♭.

308. Gamme naturelle et gamme tempérée. — Puisque chacune des notes de la gamme ordinaire peut être affectée d'un dièze ou d'un bémol, le nombre des sons possibles devient plus grand. Ainsi, pour ne prendre que deux notes *do* et *ré*, on peut avoir entre elles *do* # et *ré* ♭. Puisqu'une note diézée a un nombre de vibrations, qui est les $\frac{25}{24}$ du nombre de vibrations de la note, on trouve pour les quatre notes précédentes les nombres suivants :

$$do \qquad\qquad 1$$

$$do\,\# \qquad 1 \times \frac{25}{24} = 1,042$$

$$r\acute{e}\,♭ \qquad \frac{9}{8} \times \frac{24}{25} = 1,080$$

$$r\acute{e} \qquad\qquad \frac{9}{8} = 1,125$$

Et si l'on écrivait ainsi toute la gamme, on aurait 21 sons dans l'étendue d'une octave.

Les personnes douées d'une oreille très exercée peuvent reproduire tous ces sons dans le chant ou sur les instruments à sons variables comme le violon. Mais sur les instruments à sons fixes, comme le piano, l'orgue et les instruments à vent, ce serait impraticable. Aussi dans ces derniers a-t-on cherché à réunir les sons très peu différents les uns des autres de manière à réduire le nombre des sons possibles dans l'étendue d'une octave. Non seulement on confond en un seul son le dièze d'une note et le bémol de la suivante comme *do* # et *ré* ♭ ; mais on a divisé l'octave en douze demi-tons égaux, dont deux constituent un ton. Entre do_1 et do_2, le premier faisant 1 vibration, si l'on veut douze intervalles égaux, le produit de tous ces intervalles devant être égal à 2, chacun aura pour valeur

$$\sqrt[12]{2} = 1,060;$$

la gamme est alors ainsi constituée :

1	1,060	1,122	1,19	1,26	1,33	1,41	1,498	1,587	1,683	1,782	1,887	2
	do#		*ré*#			*fa*#		*sol*#		*la*#		
	ré♭		*mi*♭			*sol*♭		*la*♭		*si*♭		
do		*ré*		*mi*	*fa*		*sol*		*la*		*si*	*do*

Telle est la *gamme tempérée*. On voit que rigoureusement, à part l'octave, aucun des sons n'est juste, que la quinte n'est pas tout à fait ce qu'elle devrait être puisque la quinte juste est $\frac{3}{2}$ ou 1.5. Mais comme l'oreille ne distingue que très difficilement la différence de deux sons très voisins, la gamme tempérée peut être employée avec un résultat satisfaisant.

369. Nombres absolus de vibrations. — Diapason normal. — Nous n'avons présenté jusqu'ici que les *rapports* des nombres de vibrations des notes de l'échelle musicale. Pour pouvoir accorder entre eux les divers instruments produisant des sons, il a fallu fixer le nombre absolu des vibrations de l'une des notes de la gamme pour avoir la valeur des autres notes de l'échelle musicale.

On se sert d'un diapason qui fait 435 vibrations doubles par seconde; on l'appelle le **diapason normal;** le son qu'il donne correspond au *la* de la troisième gamme.

Il en résulte pour le do_3 $\dfrac{435 \times 3}{5}$ ou 261 vibrations.

— le do_2 — 130,5 —

— le do_1 — 65,25 —

Ce dernier son est celui de la quatrième corde du violoncelle.

370. Accords. — On désigne sous le nom d'*accords* le résultat produit par plusieurs sons entendus simultanément. Si l'impression produite est agréable à l'oreille, l'accord est dit *consonnant;* il est *dissonnant* dans le cas contraire.

L'expérience montre que l'accord de tierce (*do-mi*), l'accord de quinte (*do-sol*) sont consonnants et que les autres plaisent moins à l'oreille. L'accord le plus agréable est celui que l'on produit avec la tierce et la quinte du son fondamental, en y joignant même l'octave; on l'appelle l'*accord parfait;* il est formé dans la gamme ordinaire par les notes *do-mi-sol-do*.

Si l'on met en regard les nombres de vibrations qui correspondent à ces sons on trouve :

$$1 \qquad \frac{5}{4} \qquad \frac{3}{2} \qquad 2$$

ou $\qquad 4 \qquad 5 \qquad 6 \qquad 8$

les trois premiers surtout ont des nombres de vibrations qui sont entre eux comme des nombres simples.

Exercices.

133. Trouver les nombres de vibrations qui caractérisent la tierce, la quinte de la gamme *do*, dont la tonique fait 522 vibrations simples?

134. Pour compter le nombre des vibrations d'un son l'on s'est servi d'une sirène dont les deux roues ont chacune 200 dents et le plateau mobile 15 trous. Les deux roues étaient au zéro au début, on les retrouve, la première marquant 90 divisions, la seconde 12; le compteur a été embrayé pendant 80 secondes, on demande le nombre des vibrations du son donné par l'instrument.

CHAPITRE XLII

VIBRATIONS DES CORDES

371. Vibrations transversales des cordes. — Sonomètre. — On pourrait faire vibrer les cordes de deux manières, soit en les frottant dans le sens de leur longueur, soit en les ébranlant transversalement avec le doigt ou avec un archet; mais on ne leur fait ordinairement produire que ces dernières vibrations perpendiculaires à la direction de la corde et dites *vibrations transversales*.

Les conditions dans lesquelles se produisent les sons des cordes tendues peuvent être étudiées avec une corde quelconque, métallique ou autre, tendue entre deux crochets quelconques. Il est préférable d'employer le *sonomètre*. C'est une caisse de bois portée sur un pied un peu élevé (fig. 225); elle porte deux chevalets fixes *a*, *b* placés à une distance d'un mètre. Une première corde (1) tendue entre

Fig. 225.

deux chevilles dont l'une est à tête carrée passe sur les deux chevalets; on tend cette corde plus ou moins en tournant à l'aide d'une clef la tête de la cheville. Une seconde corde (2) fixée à l'un des bouts du sonomètre passe à l'autre bout sur une poulie et soutient un poids qui la tend. Parfois de l'autre côté de cette dernière corde en est une troisième (3) fixée comme la première. Des chevalets mobiles permettent de limiter à volonté la longueur de la partie vibrante de chacune des cordes.

372. Loi des vibrations des cordes. — Nous savons déjà qu'à mesure que l'on diminue la longueur d'une corde, le son rendu est plus aigu; le nombre des vibrations augmente donc quand la longueur diminue. Nous pouvons aussi facilement montrer que si on tend la corde davantage, le son s'élève; le nombre de vibrations dépend donc aussi de la tension de la corde; il dépend en outre de deux autres facteurs : le diamètre de la corde et la densité de sa substance. Il y a donc quatre lois que le sonomètre permet de vérifier. Entre toutes, la loi des longueurs est celle dont la vérification est le plus facile.

Loi des longueurs. — On commence par tendre les deux cordes fixes de manière qu'elles rendent exactement le même son quand on les ébranle avec un archet, puis on place le chevalet mobile à la moitié de la longueur d'une des cordes et on ébranle une des moitiés; le son produit est exactement l'octave aiguë du premier son; le nombre des vibrations est donc double. On place le chevalet mobile au tiers de l'une des cordes et on attaque par l'archet les deux tiers restants, le son produit est la *quinte* du son de l'autre corde, le nombre de vibrations est les $\frac{3}{2}$ de celui de la grande corde.

quand la longueur en est les $\frac{2}{3}$. Ces deux exemples suffisent pour formuler la loi : *le nombre des vibrations d'une corde est inversement proportionnel à la longueur de la partie vibrante.*

On peut alors comme application montrer qu'en faisant vibrer successivement les $\frac{8}{9}$ $\frac{4}{5}$ $\frac{3}{4}$ $\frac{2}{3}$ $\frac{3}{5}$ $\frac{8}{15}$ $\frac{1}{2}$ de la corde, on produit les notes successives de la gamme.

On s'explique ainsi comment dans le violon on peut produire des sons différents avec la même corde en l'appuyant avec le doigt contre le manche de l'appareil et en modifiant ainsi la longueur de la partie vibrante.

Loi des diamètres. — Si l'on dispose de deux fils métalliques de même nature dont l'un ait un diamètre double de l'autre, on peut facilement faire l'expérience. On tend sur la poulie le fil qui a le plus gros diamètre et en modifiant la tension de la corde fixe, on arrive à faire produire aux deux cordes le même son. On remplace alors la corde mobile par celle dont le diamètre est deux fois plus petit et à laquelle on suspend les mêmes poids, et on constate que cette corde rend l'octave aiguë du son de la corde fixe ou du son de la première corde; à un diamètre deux fois plus petit correspond un nombre de vibrations deux fois plus grand : *le nombre des vibrations est en raison inverse du diamètre.*

Il n'est pas facile de mesurer le diamètre des cordes, encore moins de se placer exactement dans les conditions de l'exemple précédent. Voici comment on tourne la difficulté. On prend 1 mètre de longueur de chacun des deux fils métalliques à comparer et on pèse; on déduit les diamètres des poids trouvés. Si par exemple p est le poids de l'unité de longueur pour un des fils, p' pour l'autre, les diamètres d et d' sont entre eux comme $\frac{\sqrt{p}}{\sqrt{p'}}$ et c'est à cette expression qu'est égal le rapport inverse des nombres de vibrations.

Loi des poids tenseurs. — On suspend à la corde qui passe sur la poulie un poids $p = 1$, et on dispose de plusieurs autres poids égaux. On tend plus ou moins la corde fixe jusqu'à ce qu'elle rende le même son. Cela fait, on *quadruple* le poids qui tend la corde mobile; alors le son qu'elle rend est l'octave aiguë du premier son; à un poids quadruple correspond donc un nombre double de vibrations : *le nombre des vibrations est proportionnel à la racine carrée du poids tenseur.*

Loi des densités. — L'influence de la densité se met en évidence en faisant vibrer successivement, après les avoir tendues également, deux cordes de même diamètre, l'une de fer (densité 7,7), l'autre de platine (densité 21,5); la première donne un son plus aigu que la seconde. L'expérience faite avec exactitude montre que le *nombre des vibrations est en raison inverse de la racine carrée de la densité.*

En résumé, on peut rassembler en une seule formule les résultats relatifs aux vibrations des cordes ; et si n représente le nombre des vibrations, r le rayon, l la longueur, P le poids tenseur, d la densité, g l'intensité de la pesanteur, on écrit

$$n = \frac{1}{2rl}\sqrt{\frac{g\mathrm{P}}{\pi d}}.$$

373. Instruments à cordes. — Les instruments qui utilisent les vibrations des cordes sont dits à *sons fixes*, comme le piano, quand l'opérateur n'intervient pas pour modifier à son gré la hauteur d'un son donné ; ils sont dits à *sons variables*, comme le violon, quand la hauteur de chaque son dépend de l'exécutant.

Le **violon** a quatre cordes dont une extrémité est fixée à la queue de l'instrument par une cheville qui permet de les tendre plus ou moins. La première corde, appelée *chanterelle,* produit les sons les plus aigus. La seconde est accordée au *la* du diapason ; la chanterelle à la *quinte* en dessus ; les deux autres à des quintes en dessous ; de sorte que les sons que donnent les quatre cordes d'un violon, vibrant dans toute leur longueur, sont les suivants sol_2 $ré_3$ la_3 mi_4.

L'alto est un violon de dimensions un peu plus grandes accordé à une quinte en dessous du violon ordinaire.

Le **violoncelle,** encore beaucoup plus grand, est accordé à une octave en-dessous de l'alto.

La **contrebasse** est accordée à une octave en dessous du violoncelle.

Dans le **piano,** les vibrations des cordes sont produites par le choc de petits marteaux garnis de peau, dont chacun correspond à une des touches du clavier et vient frapper une corde de longueur déterminée. La série des sons est obtenue par des cordes dont la longueur et le diamètre sont différents ; et l'instrument contient autant de cordes tendues qu'il peut donner de sons. Pour accorder l'instrument, c'est-à-dire pour en rendre les sons parfaitement justes, on modifie la tension des cordes en agissant par une clef sur les chevilles auxquelles les cordes sont fixées ; on commence par mettre le la_3 à l'unisson du diapason normal et on détermine les autres notes par comparaison.

374. Harmoniques des cordes. — Lorsqu'on fait vibrer une corde en l'attaquant dans le voisinage de son milieu avec un archet, elle paraît se gonfler ; tous ses points entrent en vibration à l'exception des deux extrémités maintenues sur les chevalets et qui restent en repos. Le son produit est le *son fondamental.*

Si l'on place le chevalet mobile au milieu C, qu'on y appuie très légèrement le doigt et qu'on ébranle l'une des moitiés de la corde avec l'archet, on entend l'octave du premier son qui correspond à un nombre double de vibrations. Le milieu de la corde étant rendu fixe, elle vibre en deux moitiés comme si elle était formée de deux cordes dont chacune serait deux fois plus courte. La seconde moitié non touchée par l'archet vibre comme la première; les petits chevrons de papier que l'on y place sont renversés; mais elle vibre en sens inverse de la première.

Si l'on met le chevalet mobile au tiers de la corde en D (fig. 226) et qu'on attaque la partie BD avec l'archet, on entend un son qui est

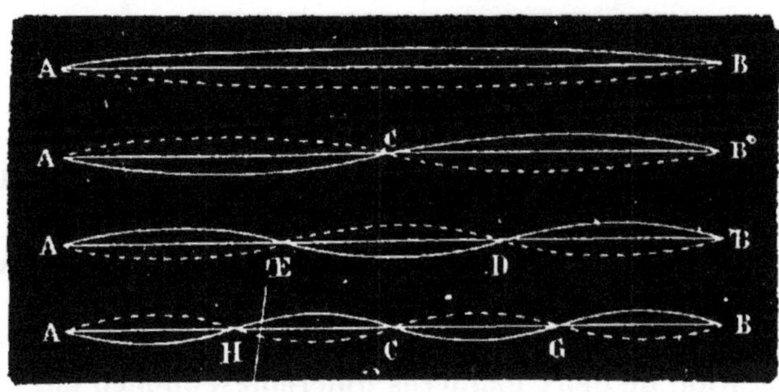

Fig. 226.

la *quinte* au-dessus de l'octave du premier son. La corde vibre comme si elle était partagée en trois cordes de longueur trois fois moindre. On le constate en mettant sur la corde des chevrons de papier; le chevron placé en E reste fixe pendant que les autres tombent; le point E placé entre deux parties qui vibrent en sens inverse reste en repos, il constitue ce qu'on appelle un *nœud* de vibrations, tandis que les parties vibrantes BD, DE, EA ont à leur milieu la plus grande amplitude et forment en ces milieux les *ventres* de vibrations.

Place-t-on le chevalet au quart de la corde, toute la corde, agitée par l'archet qui frotte en BG, se partage en 4 cordes de longueur quatre fois moindre; il y a des nœuds de vibrations en C, en G, en H et des ventres au milieu de BG, de GC, de CH, de HA. Le son est l'octave de l'octave du son produit par la corde entière. Les chevrons de papier placés sur ces ventres de vibrations tombent tandis que ceux qui sont placés aux nœuds en C et en H restent sur la corde.

Les divers sons qu'on peut ainsi faire rendre à une même corde sans modifier sa tension, rien que par sa division en nœuds et ventres de vibrations, prennent le nom de *sons harmoniques* de la corde : les nombres de vibrations de ces sons harmoniques successifs sont entre eux comme la suite des nombres entiers 2, 3, 4, 5, etc. Nous verrons que ces sons harmoniques existent dans les sons que nous croyons simples et qu'ils influent sur le timbre.

Exercices.

135. On fait rendre à une corde d'un mètre de longueur un son qui correspond à 435 vibrations par seconde et par suite à la note *la*, quelle longueur faut-il laisser à la corde pour qu'elle donne *do*₄ et *mi*₄?

136. On a pesé une longueur d'un mètre de deux fils de cuivre et on a trouvé 25 grammes pour le premier, 49 grammes pour le second. On les tend également et on leur fait rendre un son. Si le premier donne un son répondant à 261 vibrations, quel nombre de vibrations donnera l'autre et quel sera l'intervalle entre les deux sons?

137. On fait vibrer deux cordes d'égale longueur, d'égal diamètre, tendues par les mêmes poids, l'une de cuivre (densité 8,8), l'autre de platine (densité 22); cette dernière donne un son faisant 400 vibrations; quel sera le nombre des vibrations produites par l'autre.

CHAPITRE XLIII

VIBRATIONS DE L'AIR. — TUYAUX SONORES

375. Tuyaux à embouchure de flûte. — Tuyaux à anche. — Un tuyau sonore est un appareil limitant une colonne d'air dont les vibrations produisent un son. L'air peut être mis en vibration de deux manières différentes, ou bien par un biseau fixe contre lequel l'air frappe, ou bien par l'agitation d'une petite lamelle que l'air met en mouvement vibratoire à l'entrée du tuyau; il y a donc deux sortes de tuyaux : les tuyaux à *embouchure de flûte* et les tuyaux à *anche*.

Dans les *tuyaux à embouchure de flûte*, le vent produit par une soufflerie pénètre par le pied *c* du tuyau (fig. 227), vient

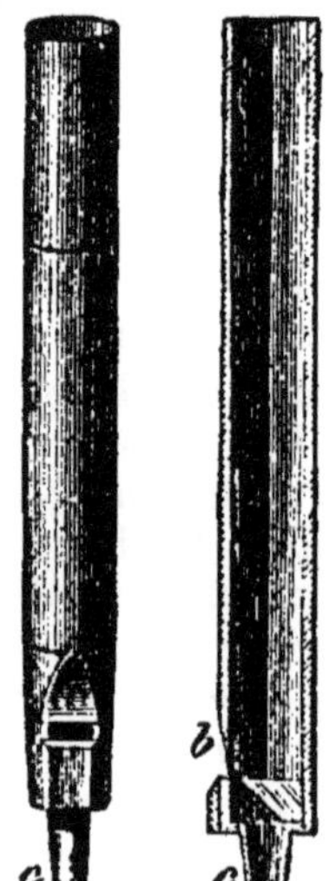

sortir par une fente appelée lumière et se briser contre un biseau *b* qui constitue la lèvre supérieure de la bouche du tuyau. Une partie de cet air pénètre dans le tuyau et détermine dans la colonne d'air intérieure des vibrations qui donnent naissance à un son. Quand on souffle dans une clef forée ou dans le trou ovale d'une flûte on obtient des sons par un mode analogue; la lumière est remplacée par l'orifice étroit des lèvres et le biseau par le tranchant de l'ouverture sur lequel le souffle est dirigé.

Dans les *tuyaux à anche*, l'air arrive de la soufflerie dans le porte-vent *a* (fig. 228) et ne peut s'en échapper que par une rigole demi-cylindrique (*c*) fermée par une membrane ou languette métallique (*l*) qui constitue

Fig. 227.

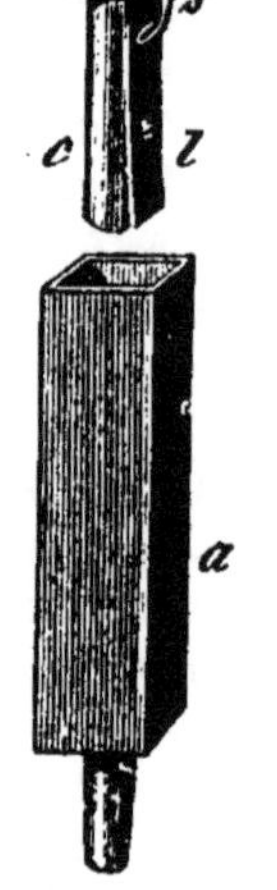

Fig. 228.

l'*anche*. L'air du porte-vent pousse l'anche qui revient sur elle-même et prend un mouvement vibratoire qui se communique à l'air du tuyau. On modifie la longueur de la partie vibrante de l'anche en faisant appuyer plus ou moins près de son extrémité un fil métallique *s* appelé *razette* que l'on descend ou que l'on relève à volonté.

L'anche est dite *battante* quand elle est plus large que l'ouverture de l'orifice de sortie de l'air et qu'elle frappe contre les bords. L'anche est *libre* quand la languette oscille librement dans l'orifice de sortie de l'air sans en toucher les bords.

Dans les deux sortes de tuyaux, la nature des parois est sans influence sur la hauteur du son produit, pourvu toutefois que les parois ne soient pas assez minces pour être mises en vibration par l'air. Les lois des vibrations sont donc indépendantes du moyen employé pour faire résonner le tuyau; mais elles diffèrent suivant que l'on emploie des tuyaux ouverts ou des tuyaux fermés.

376. Influence de la longueur du tuyau. — Si l'on adapte sur la soufflerie et que l'on fasse successivement résonner plusieurs tuyaux ouverts dont les longueurs soient différentes, par exemple deux tuyaux dont la longueur du premier soit *double* de la longueur du second, on constate que le son de ce dernier est à l'octave aiguë du son du premier, par conséquent, à une longueur deux fois plus petite correspond un nombre *double* de vibrations. Si on fait chanter quatre tuyaux dont les longueurs soient :

$$1 \qquad \frac{4}{5} \qquad \frac{2}{3} \qquad \frac{1}{2},$$

on obtient l'accord parfait, c'est-à-dire des nombres de vibrations entre eux comme

$$1 \qquad \frac{5}{4} \qquad \frac{3}{2} \qquad 2.$$

On en tire cette loi, c'est que dans les tuyaux *les longueurs de la colonne d'air qui vibre sont inversement proportionnelles aux nombres de vibrations.*

On vérifie le même résultat en comparant entre eux plusieurs tuyaux fermés,

Il n'en est plus de même si l'on compare un tuyau ouvert à un tuyau fermé; dans ce dernier cas, *le tuyau ouvert de longueur double du tuyau fermé donne un son de même hauteur.*

377. Nœuds et ventres de vibration. — La colonne d'air vibrant dans un tuyau n'a pas partout le même mouvement vibratoire, ainsi que l'on peut s'en convaincre par l'expérience. On place sur la soufflerie le tuyau à paroi de verre de la figure 217, on lui fait rendre le son le plus grave qu'il peut donner, en y envoyant le vent sans trop de pression. Si avant de le faire résonner on a descendu en son milieu le petit disque à membrane portant du sable, on constate qu'au milieu du tuyau le sable est au repos. Mais si on dispose le disque, soit vers l'ouverture supérieure, soit vers l'ouverture inférieure, on voit le sable sautiller d'autant plus vivement qu'on approche de l'extrémité. La tranche d'air du milieu, subissant deux mouvements de sens contraire, est au repos. C'est un *nœud* de vibrations; les tranches des extrémités sont au contraire animées d'une grande vitesse d'oscillation, ce sont des *ventres* de vibration.

Dans un tuyau ouvert qui donne le son fondamental, il y a donc un ventre à l'orifice et à la sortie, un nœud au milieu.

S'il en est réellement ainsi, puisqu'un nœud est une tranche d'air immobile, on ne doit rien changer à la partie inférieure de la colonne gazeuse si on substitue une cloison solide à la tranche médiane. C'est en effet ce que l'expérience vérifie : on a un tuyau ouvert que l'on peut fermer en son milieu par une cloison, il rend le même son quand par la cloison on l'a transformé en un tuyau fermé d'une longueur deux fois plus petite.

La conséquence à en tirer c'est qu'un tuyau fermé a un nœud de vibration à son extrémité : là en effet le mouvement vibratoire subit une réflexion et l'air y est animé de deux mouvements égaux mais contraires qui se font équilibre.

378. Sons harmoniques. — L'expérience montre que si on force le courant d'air dans un tuyau ouvert on peut lui faire rendre plusieurs sons disposés comme le sont ceux d'une corde que l'on divise successivement en 2, 3, 4 parties. On donne le nom de *sons harmoniques* à ces sons que peut donner un même tuyau d'une ongueur fixe. Lorsque le tuyau donne ainsi l'un de ses harmoniques, la colonne d'air présente une autre disposition de ventres et de nœuds de vibration, mais en gardant un ventre à chaque extrémités. Le tuyau se partage donc en un nombre pair de parties dont chacune est la distance d'un nœud à un ventre. Dans ce cas, on montre avec un tuyau percé d'ouvertures latérales garnies de chevilles qu'on ne modifie pas le son en ouvrant une ouverture correspondant à un ventre de vibrations, mais que le son est notablement modifié si on ouvre le tuyau vis-à-vis d'un nœud de vibration.

On utilise cette remarque pour la production de plusieurs sons avec un tuyau d'une longueur fixe, dans les instruments à vent.

379. Instruments à vent. — Parmi les instruments à vent, il faut d'abord citer l'*orgue* où le vent d'une forte soufflerie est envoyé dans une série de tuyaux. Chaque tuyau ne peut rendre qu'un son; il y faut donc autant de tuyaux que l'instrument doit donner de notes différentes ou même autant de *jeux*, c'est-à-dire de série de tuyaux, qu'on veut obtenir de timbres différents.

Dans les autres instruments où l'on souffle avec la bouche, on peut produire des sons variables par plusieurs moyens dont nous indiquerons les principaux.

Les uns, comme le clairon, le cor de chasse, ont une longueur invariable mais on n'y fait usage que des harmoniques du son fondamental; ainsi dans le clairon ce sont les harmoniques 3, 4, 5, 6 répondant aux notes *sol, do, mi, sol,* et dans la trompe de chasse des harmoniques plus élévées encore dont la succession donne juste la seconde, la tierce, la quinte, la septième et l'octave du premier son, et à peu près la quarte et la sixte, en tout une gamme.

Dans le trombone à coulisse (fig. 230), le tuyau peut être allongé ou raccourci suivant la volonté de l'exécutant qui dispose en outre de la facilité de produire une seconde gamme en dessus de la première en poussant l'air avec plus de force.

Dans les instruments à piston, comme le *cornet* (fig. 229), on allonge le tuyau au moyen de tuyaux supplémentaires fermés d'ordinaire par une soupape et que l'on ouvre à volonté en appuyant sur les pistons

Enfin dans les instruments à trous et à clefs on ouvre le tuyau pour réduire sa longueur ou pour changer la disposition des nœuds et ventres de vibration et produire ainsi toutes les notes d'une ou de plusieurs gammes.

Mais la flûte et le flageolet sont les seuls instruments à embouchure de flûte Tous les autres sont à anche, car dans ceux dont l'embouchure est une sorte de cavité hémisphérique, ce sont les lèvres qui forment l'anche vibrant à l'entrée du tuyau.

Fig 229.

Fig. 230.

Exercices.

138. Trouver la longueur du tuyau ouvert pouvant donner 32 vibrations par seconde sachant que la distance d'un nœud à un ventre de vibrations est le quart du quotient de la vitesse du son par le nombre des vibrations.

139 Trouver les longueurs des tuyaux donnant la gamme de *do₁* en admettant que *do₁* fasse 512 vibrations par seconde avec une longueur de 0,62.

CHAPITRE XLIV

TIMBRE DES SONS

380. Cause générale du timbre. — Le timbre d'un son est la qualité particulière qui permet de distinguer les uns des autres des instruments qui donnent la même note. La cause du timbre a été longtemps ignorée, depuis les expériences de Helmholtz on l'attribue à la composition des sons.

Nous avons vu qu'avec une corde ou un tuyau on peut obtenir on seulement une note unique, mais un certain nombre d'harmoniques. Ces différents sons harmoniques peuvent aussi se faire entendre en même temps que le son fondamental; en écoutant attentivement le son d'une corde ou même celui d'un tuyau, on y constate au moins un son harmonique. C'est à la présence de tel ou tel des sons harmoniques avec la note fondamentale et à leur intensité relative que serait dû le timbre particulier à chaque instrument.

On peut se figurer facilement qu'une corde produise un ou plusieurs sons harmoniques avec le son fondamental; il suffit d'admettre qu'au lieu de vibrer seulement tout d'une pièce dans toute sa longueur, elle vibre aussi en même temps comme si elle était partagée en deux ou trois parties, et de fait c'est probablement ainsi que les choses se passent; et les sons qui au premier abord nous paraissent simples présentent un son fondamental qui fixe la hauteur et un cortège d'harmoniques dont l'ensemble forme le caractère spécial, le timbre particulier.

La méthode imaginée par Hemholtz pour l'étude du timbre est fondée sur le renforcement des sons.

381. Renforcement des sons. — Quand un corps sonore est mis en contact avec les parois d'une caisse contenant de l'air, cet air peut entrer en vibration et résonner comme un tuyau sonore si les dimensions de la caisse sont convenables. C'est ainsi qu'on place les diapasons sur des caisses de bois, et quand le diapason libre est mis en vibration et que le son est près de s'éteindre, si on place l'appareil sur la caisse le son acquiert une intensité beaucoup plus grande.

Le phénomène est encore plus sensible avec un timbre et un tuyau dont on peut modifier les dimensions (fig. 231). On fait vibrer le timbre au moyen d'un archet. On en approche l'ouverture du tuyau et l'on augmente ou l'on diminue la longueur de celui-ci jusqu'à ce qu'on obtienne un renforcement très notable. On constate ainsi que pour

Fig. 231

un son donné il y a une longueur de colonne d'air qui est capable de le renforcer.

On fait encore une démonstration analogue en faisant vibrer un diapason au-dessus d'un long tube de verre dont une extrémité plonge dans l'eau, en général on n'y observe pas d'abord de renforment; mais si l'on enfonce peu à peu le tube dans l'eau, de manière à diminuer la longueur de la colonne d'air du tube, il arrive un moment où le son du diapason est très notablement renforcé.

Produit-on un son avec un instrument quelconque ou avec la voix devant la table d'harmonie d'un piano débarrassée de ses étouffoirs, le son est renforcé; et si on l'éteint tout à coup, on constate que le piano le continue avec le timbre qu'il avait et le fait entendre comme un son lointain. C'est que certaines des cordes du piano ont vibré à l'unisson des vibrations qu'elles ont reçues.

382. Résonnateurs. — Analyse des sons. — Les résonnateurs sont des sphères de métal munies de deux ouvertures, l'une assez grande que l'on dispose vis-à-vis du corps sonore, l'autre effilée que l'on peut introduire dans l'oreille. Cette forme de tuyau (fig. 232) jouit d'une propriété, c'est que chacun de ces instruments ne peut renforcer qu'un son, d'après les dimensions qu'on lui a données.

On les emploie à analyser les sons, c'est-à-dire à rechercher tous les sons harmoniques qui peuvent se trouver dans un son donné. Veut-on faire l'analyse des sons à l'aide des résonnateurs, on fait produire le son; on bouche l'une de ses oreilles et dans l'autre on introduit successivement plu-

Fig. 232.

sieurs résonnateurs de dimensions différentes; dès que le son fondamental du résonnateur apparaît dans le son analysé, l'oreille entend un renforcement intense. On arrive ainsi à fixer la hauteur des harmoniques qui accompagnent un son quelconque.

Voici les principaux résultats de l'application des résonnateurs à l'analyse des sons. La plupart des instruments rendent des sons très complexes formés d'un son fondamental et d'un certain nombre de ses harmoniques. Si les harmoniques sont en petit nombre et peu intenses, le son est sourd comme dans les tuyaux fermés; quand au contraire les harmoniques sont nombreux et intenses, le son est plein. Ce sont les instruments à cordes, comme le violon, qui avec la voix humaine produisent les sons les plus riches en harmoniques et les plus agréables à l'oreille.

Le son musical est caractérisé par un mouvement vibratoire qui reste sensiblement le même au point de vue de la vitesse pendant un certain temps; il y a un seul son fondamental et un cortège d'harmoniques. Dans le *bruit*, au contraire, les résonnateurs font reconnaître plusieurs sons dont la hauteur varie sans cesse et qui n'ont pas entre eux de rapport simple. Le courant d'air envoyé dans un tuyau est un bruit où le tuyau choisit d'après sa longueur un son qu'il est capable de renforcer, et c'est alors que le tuyau vibre.

383. La voix humaine. — C'est le passage de l'air dans le larynx qui produit la voix. L'air expulsé des poumons traverse la *glotte*; il y rencontre deux ligaments appelés les *cordes vocales* dont la tension peut être modifiée par des muscles particuliers et qui entrent en vibration plus ou moins rapide ou plus ou moins complète sous l'action du choc de l'air. Le son est renforcé par la cavité de *a bouche qui prend une forme particulière suivant les sons. Les voyelles sont produites directement par les vibrations des cordes vocales; ce sont de véritables sons musicaux renforcés par la caisse résonnante que forme la bouche. Ce sont les différentes pièces de la cavité bucale qui, par leur disposition différente, déterminent les consonnes et la parole articulée.

384. L'audition. — Le son recueilli par le *pavillon* de l'oreille arrive dans le *conduit auditif* contre la membrane du *tympan* qu'il met en vibration. De l'autre côté du tympan est la caisse à air qui forme l'oreille moyenne et qui communique à l'oreille interne par deux fenêtres, l'une ronde, l'autre ovale. Les vibrations du tympan ont deux voies à suivre, d'une part l'air qui les conduit à la fenêtre ronde, d'autre part le chemin des *osselets* qui les conduit à la fenêtre ovale. De ces deux fenêtres les vibrations sont transmises au liquide qui remplit le *vestibule*, les *canaux semi-circulaires* et le *colimaçon* de l'oreille interne; elles arrivent finalement sur les fibres de Corti du nerf acoustique, que l'on peut comparer à une très grande table d'harmonie analogue à celle que présentent les cordes tendues d'un piano. Chaque son agite telle ou telle des fibres qui portent au cerveau l'impression reçue indépendamment des impressions que peuvent recevoir en même temps d'autres fibres. C'est ainsi qu'on peut comprendre que l'oreille puisse entendre simultanément plusieurs sons et les distinguer les uns des autres.

385. Le phonographe. — Le phonographe est un instrument imaginé par Édison et qui permet de reproduire avec leurs intonations le chant et la parole.

Il se compose d'un cylindre métallique mobile autour d'un axe fileté, de telle sorte qu'en tournant la manivelle de l'axe, on anime le cylindre d'un mouvement de progression le long de l'axe en même temps qu'on le fait tourner sur lui-même.

Sur la surface du cylindre est une rainure en forme d'hélice dont le pas est le même que celui de la vis de l'axe (fig. 233). On couvre le cylindre d'une feuille de papier d'étain que l'on y applique exactement.

Sur le côté du cylindre est disposée une embouchure au fond de laquelle est une plaque métallique mince qui porte perpendiculairement à son plan une petite pointe.

On place le support de l'embouchure de manière que la pointe corresponde à une rainure du cylindre. Puis on tourne l'axe du cylindre pendant qu'on parle devant l'embouchure. La plaque métallique vibre par les sons de la voix, et la pointe trace une rainure plus ou moins profonde ou au moins une série de points sur la feuille d'étain.

Pour faire répéter à l'appareil les paroles ou le chant qui lui a été confié. il faut d'abord le remettre à son point de départ ; pour

cela on écarte le stylet et on détourne le cylindre jusqu'à le remettre dans sa position initiale. On remet le stylet contre le cylindre et on fait ensuite tourner celui-ci du même mouvement qu'auparavant. La pointe obéit aux sinuosités du gaufrage qu'elle a tracé ; la membrane métallique vibre comme elle a vibré et elle reproduit les sons qu'elle avait prononcés près d'elle ; ces sons s'entendent bien à condition

Fig 233.

qu'on munisse l'embouchure d'un cornet destiné à les renforcer un peu.

Tel est l'appareil dont la première apparition a excité tant d'étonnement ; peut-être pourra-t-il rendre des services dans l'étude de la voix et dans celle de l'articulation des sons.

ÉLECTRICITÉ STATIQUE

CHAPITRE XLV

PREMIERS PHÉNOMÈNES ÉLECTRIQUES. — DISTRIBUTION DE L'ÉLECTRICITÉ

386. Production de l'électricité par le frotte-ment. — Les anciens avaient remarqué que l'ambre jaune, frotté avec une étoffe de laine, devient capable d'attirer les corps légers, comme des brins de paille, des débris de feuilles sèches, des barbes de plumes.

Ils désignaient cette propriété sous le nom de propriété de l'ambre ou *electrum*, d'où est venu le nom d'*électricité*, mais ils n'avaient pas autrement étudié le phénomène. A la fin du xvie siècle, un médecin anglais, Gilbert, reconnut qu'on pouvait communiquer la propriété attractive à un grand nombre de corps, électriser par le frottement le soufre, la résine, le verre, les pierres précieuses, la gomme laque.

Aujourd'hui on communique la propriété électrique au verre en le frottant avec un morceau de drap, à la résine en la battant avec une peau de chat, au papier bien séché en le frottant vivement avec la main, etc. (fig. 234).

Longtemps on n'a pas pu électriser un métal *tenu à la main*. Mais depuis l'expérience de Gray (1727) on sait produire

Fig. 234.

et garder l'électricité sur les corps métalliques. Gray frottait avec du drap un tube de verre fermé à un bout par un bouchon ; il constata que le bouchon acquérait la propriété électrique. Il refit l'expérience en plantant une tige métallique dans le bouchon, et il vit la tige métallique présenter la propriété électrique en tous ses points. Enfin il reconnut qu'une corde métallique de 886 pieds, soutenue au-dessus du sol par des cordons de soie, frottée vivement à une de ses extrémités, devenait capable d'attirer *en tous ses points* les corps très légers.

387. Corps conducteurs et corps isolants. — On avait été conduit à partager les corps en deux groupes : ceux que le frottement électrise, et ceux où après le frottement il ne se manifeste pas de propriété attractive. L'expérience de Gray a fait admettre une autre classification. Les corps, comme les métaux, qui manifestent

immédiatement dans tous leurs points la propriété électrique quand
on les a mis en contact avec un corps électrisé, sont appelés *conducteurs* de l'électricité : ils laissent en effet se propager l'électricité sur
leur surface à une distance quelconque de la source qui la leur fournit. Si on les tient à la main, l'électricité se répand sur tout le sol
par l'entremise du corps humain.

Les autres corps, comme la résine et le verre, ne laissent pas l'électricité se propager, ils ne s'électrisent que dans les points où le frottement s'exerce; ils sont *mauvais conducteurs*. Mais ils peuvent servir
à garder l'électricité sur un corps conducteur si on les met comme
supports à ce dernier; ils servent donc à *isoler* le corps conducteur,
de là le nom d'*isolants* qui leur est donné. Ils remplissent bien leur
objet s'ils sont secs et si l'air lui-même est sec; mais quand l'air est
humide, il devient conducteur et il rend également conducteurs
presque tous les isolants.

Grâce à l'emploi des substances isolantes, on peut montrer que
tous les corps sont susceptibles d'être électrisés par le frottement. Il suffit
en effet de battre avec une peau de chat une sphère de cuivre montée
sur un support de verre pour que cette sphère donne des signes évi-
dents d'électricité.

**388. Pendule électrique. — Attractions et
répulsions.** — Pour reconnaître si un corps est électrisé, on
n'emploie pas seulement des corps légers comme nous l'avons dit,
on se sert fréquemment
du *pendule électrique.*
C'est une petite potence
suspendant par un fil fin
une petite balle de su-
reau (fig. 235). On en
approche le corps élec-
trisé, et la balle est attirée par le corps.

Si l'on tient à ne cons-
tater que des attractions,
on emploie un pendule
dont la potence est mé-
tallique et le fil qui suspend la balle un fil de
chanvre. Mais si l'on veut pousser plus loin l'expérience et faire
garder à la balle de sureau l'électricité qu'elle pourra prendre par
son contact avec le corps électrisé, il faut prendre un pendule à potence de verre et à fil de soie.

Fig. 235.

Avec ce dernier pendule, voici ce que l'on constate. Approche-
t-on un bâton de verre électrisé? la balle de sureau est attirée et
vient toucher le verre; aussitôt ce contact la balle est vivement
repoussée. Le phénomène comprend donc une *attraction* d'abord et
après le contact une *répulsion*.

389. Distinction des deux électricités. — On dispose deux pendules isolés. On frotte un bâton de verre avec du drap; on le présente à l'un des pendules, A, par exemple : la balle est attirée et, après son contact avec le bâton, elle a pris de l'électricité du verre et elle est repoussée par le verre.

On frotte le bâton de résine avec une peau de chat et on l'approche du pendule B, dont la balle est attirée d'abord puis repoussée.

Le bâton de résine approché du pendule A attire la boule. Le bâton de verre approché du pendule B attire la boule. On en peut conclure que *l'électricité du verre repousse l'électricité du verre et attire l'électricité de la résine*, et que *l'électricité de la résine repousse l'électricité de la résine et attire l'électricité du verre*. Il y a donc au moins deux électricités, celle que prend le verre frotté avec la laine et celle de la résine frottée avec une peau de chat. Mais il n'y a que ces deux, car un corps quelconque électrisé et approché successivement des deux pendules A et B attire l'un et repousse l'autre. On ne les appelle pas électricités vitrée et résineuse; on préfère les noms d'électricité *positive* et d'électricité *négative*.

L'expérience démontre que deux corps frottés l'un contre l'autre développent les deux électricités, l'une sur un des corps, la seconde sur l'autre corps.

Tout se passe comme si chaque corps contenait à la fois de l'électricité positive et de l'électricité négative réunies et sans effet apparent, et comme si le frottement n'avait d'autre effet que de séparer les deux électricités contraires en les mettant en évidence, l'une sur le corps frottant, l'autre sur le corps frotté. L'expérience confirme cette manière de voir, car si l'on prend deux plateaux portés par des manches de verre isolants, et qu'en tenant les manches à la main on frotte les deux plateaux et qu'on les présente ensemble à un pendule conducteur, on ne remarque aucune attraction; tandis que si on les sépare, ils présentent des signes d'électricités contraires.

Coulomb a cherché par l'expérience les lois suivant lesquelles s'exercent les attractions et les répulsions électriques, et il a trouvé que *les actions, soit répulsives, soit attractives, qui s'exercent entre deux corps électrisés, sont proportionnelles aux quantités d'électricité des deux corps et en raison inverse du carré de leur distance.*

390. Distribution de l'électricité. — L'électricité se porte à la surface des corps conducteurs. — Lorsqu'il s'agit d'étudier la manière dont l'électricité se distribue sur les corps, il faut distinguer les corps conducteurs et les corps isolants. Pour ces derniers, l'électricité se distribue irrégulièrement, aussi bien à l'intérieur qu'à la surface. Dans les corps conducteurs, au contraire, la distribution est régulière. L'électricité réside seulement à la surface du corps.

On peut le prouver par plusieurs expériences. On électrise una sphère creuse de laiton (fig. 236), percée à la partie supérieure d'une petite ouverture. On touche un point de la surface intérieure avec un petit *plan d'épreuve* (petit disque de papier doré porté par un manche isolant), et on présente ce plan à un pendule sensible; on ne constate aucune trace d'électricité. Au contraire, si l'on touche avec le plan d'épreuve l'extérieur de la sphère et qu'on le présente au pendule, on voit qu'il est électrisé.

On a imaginé pour répéter cette démonstration

Fig. 236.

Fig. 237.

plusieurs autres appareils. La figure 237 en représente un. C'est un cylindre creux de laiton portant dans son intérieur un double pendule et un second pendule à deux balles en communication métallique avec la surface extérieure. On le met en communication avec une source électrique et on constate que le pendule central ne bouge pas, tandis que les deux boules du pendule extérieur sont vivement écartées.

L'électricité s'est donc portée tout entière à la surface extérieure du cylindre, sans qu'il y en ait trace à l'intérieur.

391. Distribution de l'électricité à la surface des corps. — La manière dont l'électricité se répartit à la surface des corps a été étudiée par Coulomb en prenant avec le plan d'épreuve de l'électricité en différents points du corps et en cherchant les rapports des quantités ainsi recueillies.

L'expérience a montré que sur une sphère la

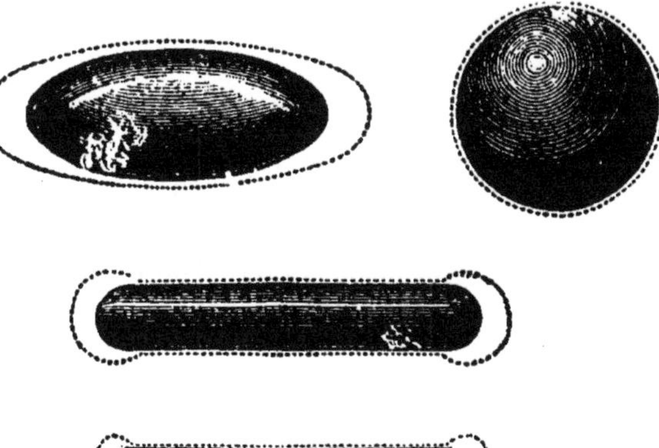

Fig. 238

charge électrique est la même en tous les points. Sur les autres corps elle varie d'un point à un autre. On peut représenter cette distribution en admettant que l'électricité forme autour du corps une couche d'une *épaisseur* variable.

Sur un cylindre l'épaisseur électrique est à peu près constante au milieu et elle va en croissant vers les extrémités (fig. 238).

Sur un ellipsoïde, l'épaisseur va en croissant depuis l'extrémité du petit axe jusqu'aux extrémités du grand axe; le rapport des épaisseurs aux extrémités des axes est le même que celui des longueurs de ces axes. Si donc l'ellipsoïde s'allonge, l'épaisseur électrique grandira aux extrémités.

Sur un ovoïde allongé, l'épaisseur est notablement plus grande au petit bout effilé qu'à l'autre extrémité.

Et si l'on augmente la charge électrique, quelle que soit la forme du conducteur, la distribution reste attachée à cette forme; elle augmente en chaque point proportionnellement à l'épaisseur déjà existante.

302. Pouvoir des pointes. — Si l'on considère une pointe comme un ovoïde dont le petit bout est de plus en plus effilé, on comprendra que l'électricité existant sur un corps terminé par une

Fig. 239.

pointe se porte en très grande partie à la pointe. Or, les charges électriques accumulées se repoussent mutuellement d'autant plus qu'elles sont plus considérables; il arrive donc un moment où la répulsion peut vaincre la pression extérieure et s'échapper dans l'air. Cette propriété, connue depuis Franklin, est désignée ordinairement sous le nom de *pouvoir des pointes*. On la met en évidence en plaçant une pointe recourbée sur une puissante source électrique et une bougie allumée devant la pointe (fig. 239). On voit la bougie s'incliner comme elle le ferait sous un courant d'air venant de la pointe, et on constate que la source ne garde presque pas d'électricité.

Cette propriété des pointes de laisser échapper l'électricité oblige à ne laisser aux corps conducteurs sur lesquels on veut garder de l'électricité ni arêtes vives, ni formes aiguës, ni pointes, et à les terminer au contraire en cylindre ou en parties arrondies.

393. Déperdition de l'électricité. — L'expérience montre que si on abandonne à lui-même un corps conducteur électrisé, supporté par un pied isolant, l'électricité se perd peu à peu, parfois même si vite qu'il est à peu près impossible de garder un conducteur électrisé. Cette déperdition est d'abord due à l'isolant, qui se laisse lentement traverser par l'électricité; mais elle est surtout produite par l'air et par la vapeur d'eau : les molécules de l'air en touchant la source électrique lui empruntent un peu d'électricité, et la vapeur d'eau qui rend l'air conducteur fait écouler rapidement toute la charge du corps.

Ces considérations expliquent pourquoi il est si nécessaire de dessécher les conducteurs et leurs supports isolants, et surtout l'air de la salle, si l'on veut réussir les expériences électriques. On comprend pourquoi les expériences deviennent difficiles dans une salle où il y a beaucoup d'auditeurs dont la respiration amène dans l'air beaucoup de vapeur d'eau.

CHAPITRE XLVI

ÉLECTRISATION DES CORPS PAR INFLUENCE

394. Influence ou induction. — Quand on approche d'un corps électrisé un conducteur isolé à l'état naturel, ce dernier manifeste, même à distance, des signes d'électricité. C'est à ce phénomène du développement d'électricité à distance et sans contact qu'on donne le nom d'*influence* ou encore d'*induction*. Le corps électrisé d'abord porte le nom de corps *influent* ou *inducteur*; celui dans lequel se développe de l'électricité par l'action du premier est le corps influencé ou *induit*.

395. Première expérience. — On approche d'une sphère isolée S, chargée d'électricité, un cylindre isolé aussi BA (fig. 240) et portant suspendus une série de

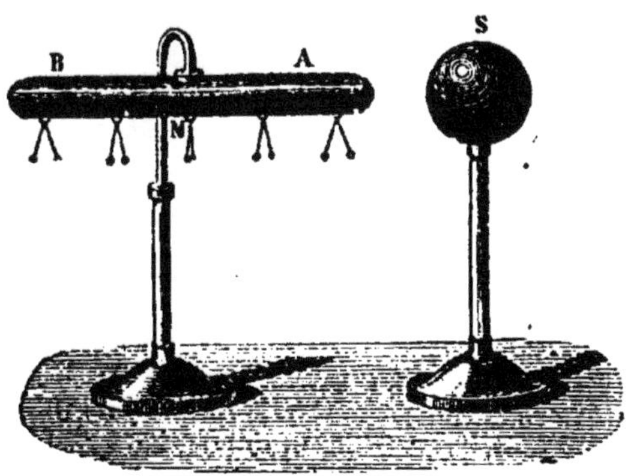

Fig. 240.

doubles pendules à balles de sureau. Quand le cylindre s'approche
d la sphère, tous ses pendules divergent à l'exception de celui qui
est un peu en avant du milieu, et leur divergence augmente du milieu
vers chacune des extrémités.

Si l'on prend avec un plan d'épreuve de l'électricité sur la sphère
et qu'on l'approche des pendules du cylindre, on reconnaît que dans
la moitié A du cylindre tournée vers la sphère, l'électricité est de nom
contraire à celle de la sphère et qu'elle est de même nom dans la
moitié B la plus éloignée.

Si on approche davantage le cylindre, la divergence des pendules
augmente, la charge électrique aux deux bouts augmente donc aussi

Si on éloigne le cylindre, la charge électrique diminue ou disparaît et le cylindre revient à l'état neutre.

L'approche de la sphère a donc séparé les deux électricités contraires, qui sont sur le cylindre en charge égale . l'électricité de nom
contraire à la source a été attirée le plus près de la source, l'autre de
même nom a été repoussée, et il y a sur le cylindre une portion *neutre* où il ne se manifeste pas d'électricité

Sous l'influence de la sphère S, l'électricité neutre du cylindre
est décomposée Si la sphère S est positive, l'électricité négative est
attirée en A et l'électricité positive du cylindre repoussée en B. Mais
cette séparation a une limite   les deux électricités accumulées en A
et B s'attirent et leur attraction augmente à mesure qu'augmente
leur quantité; il arrivera donc un moment ou cette attraction fera
équilibre à l'action de séparation exercée par la sphère S; la limite
de la décomposition sera atteinte.

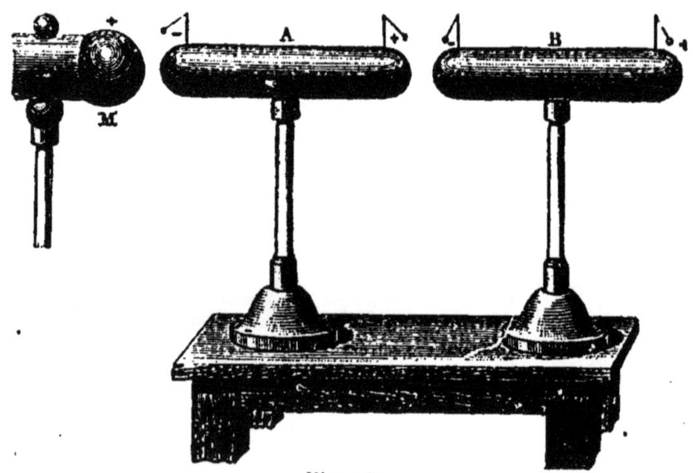

Fig. 241.

L'électricité développée par influence sur le cylindre BA jouit de
la même propriété que l'électricité influente; elle est capable à son
tour d'électriser un corps neutre que l'on met dans sa sphère d'action. Ainsi un deuxième cylindre placé à la suite du premier (fig. 241)

subit une action analogue à celle que la sphère a exercée sur le premier; un troisième cylindre est aussi influencé par le second. Et si par l'éloignement du corps influent primitif on fait cesser le phénomène électrique dans le premier cylindre, il cesse aussi immédiatement dans les autres.

306. Deuxième expérience. — Le conducteur n'est pas isolé. — Au lieu du premier cylindre BA (fig. 240) approché de la sphère électrisée, si l'on en suppose un beaucoup plus long, l'influence augmentera. En effet, si l'extrémité B s'éloigne de A, l'attraction des deux électricités diminue et l'action de la sphère S a plus d'effet. La quantité d'électricité développée en A augmente donc à mesure que B s'éloigne. Et si B s'éloigne le plus possible, l'électricité de A prend sa plus grande valeur. On réalise ce cas en faisant communiquer le cylindre avec le sol.

Si donc on touche le cylindre avec le doigt, en un point quelconque, l'électricité la plus éloignée de la source disparaît dans le sol; on voit augmenter la divergence des pendules de l'extrémité A; l'influence a sa plus grande valeur.

Au moment où l'on cesse la communication avec le sol, si on éloigne le cylindre, l'électricité unique qui y reste s'y répand sur toute la surface, il reste chargé d'électricité de nom contraire à celle de la source et il peut servir à son tour de source électrique.

On emploie fréquemment ce moyen pour charger un corps d'électricité contraire à celle que possède un autre corps : on l'approche de la source, on le touche avec le doigt et on l'éloigne.

307. Troisième expérience. — Charger le corps de même électricité que la source. — Si au lieu de faire communiquer le cylindre avec le sol on continue à l'approcher de la source, il arrive un moment où les pendules de la moitié A retombent, et si l'on a observé attentivement, on a pu remarquer une étincelle entre la source et l'extrémité A. Les deux électricités contraires de A et de la source se sont recombinées à travers l'espace avec flamme et bruit et il n'y a plus sur le cylindre que de l'électricité de même nom que celle de la source. Éloigné immédiatement, le cylindre est une source d'électricité analogue à la sphère prise comme source primitive, mais un peu plus faible.

Ces phénomènes se produisent toutes les fois qu'un corps est approché d'un autre corps électrisé; il y a une influence partielle si le premier corps est isolé, maximum si le premier corps communique au sol, et quand leur distance est assez faible, il part entre eux une étincelle.

L'influence a également lieu sur un conducteur déjà électrisé. Elle s'exerce aussi mais très lentement sur les corps isolants où les mouvements de l'électricité sont très lents à s'effectuer.

398. Électroscope à feuilles d'or. — On donne le nom d'*électroscopes* à tous les appareils à l'aide desquels on peut constater qu'un corps est électrisé. Le plus simple est le pendule; l'un des plus employé est l'*électroscope à feuilles d'or*.

Cet appareil se compose d'une tige métallique terminée à sa partie supérieure par une boule de laiton et portant à la partie inférieure deux lames d'or longues, minces et très légères. La tige est mastiquée dans la douille d'une cloche de verre dont toute la partie supérieure est couverte d'un vernis à la gomme-laque (fig. 242). La cloche repose sur un plateau métallique où l'on met de la chaux vive ou du chlorure de calcium pour absorber l'humidité de l'air; le plateau porte deux tiges en métal contre lesquelles les feuilles d'or se déchargent quand elles ont été très fortement écartées.

Fig. 242.

L'électroscope sert d'abord pour constater qu'un corps est électrisé, et ensuite pour déterminer de quelle électricité il est chargé.

Pour *constater qu'un corps est électrisé*, on l'approche de la boule de l'électroscope, il se manifeste sur la tige de celui-ci un phénomène d'influence, de l'électricité est attirée dans la boule, de l'autre repoussée dans les lames d'or qui, électrisées de la même façon, se repoussent et divergent. Si le corps présenté ne fait pas diverger les lames, c'est qu'il n'est pas électrisé.

Pour *reconnaître de quelle électricité un corps est chargé*, il faut d'abord charger d'une électricité connue les lames d'or de l'appareil. Pour cela on approche du bouton un bâton de verre électrisé, l'influence se manifeste, on touche la tige avec le doigt, l'électricité de même nom que celle du bâton s'écoule dans le sol; les lames d'or retombent. Mais si on éloigne le bâton en même temps qu'on cesse de toucher la tige, celle-ci reste chargée d'électricité contraire à celle de la source employée, négative dans le cas qui nous occupe, qui se répand sur toute la tige et provoque sur les lames d'or une divergence qu'elles gardent si l'air de la cloche est bien sec. Alors on approche *lentement* le corps à étudier; s'il fait diminuer la divergence des lames, c'est qu'il a attiré dans la boule l'électricité des lames : il est donc chargé contrairement aux lames. Si au contraire il augmente d'abord la divergence des feuilles d'or, c'est qu'il possède de l'électricité de même nature que celles-ci.

On peut aussi se servir du corps à étudier pour charger l'électroscope comme nous l'avons indiqué. Cela fait on cherche si c'est un bâton de verre frotté ou un bâton de résine électrisé qui de loin fait rapprocher les lames d'or ; dans le premier cas le corps était positif, dans le second il était négatif.

CHAPITRE XLVII

MACHINES ÉLECTRIQUES FONDÉES SUR L'INFLUENCE

399. Machine d'Otto de Guericke. — La première machine qui a servi à obtenir de l'électricité en quantité un peu notable a été imaginé par Otto de Guericke.

Elle consistait en un globe de soufre monté sur un axe et auquel on pouvait imprimer un mouvement de rotation. Pendant le mouvement on appuyait sur le soufre les mains bien sèches et le frottement développait de l'électricité. On recueillait cette électricité sur un conducteur isolé par des fils de soie et tenu très près du soufre.

Depuis on a imaginé bien des modèles de machines électriques. Nous ne décrirons dans ce chapitre que *l'électrophore* de Volta et la *machine à plateau de verre* de Ramsden, laissant pour un chapitre ultérieur la description des machines modernes.

400. Électrophore. — L'électrophore se compose de deux parties : un gâteau de résine ou une lame de gutta-percha, de caoutchouc durci reposant sur un disque de bois; puis un conducteur métallique en forme de disque (en bois recouvert de papier d'étain) muni d'un manche de verre (fig. 243). On commence par frotter le gâteau de résine avec une peau de chat; il s'électrise alors négativement et l'électricité y pénètre et y reste comme sur les corps isolants. On pose sur la résine le disque conducteur; l'influence se manifeste; de l'électricité positive est attirée à la partie inférieure du disque pendant que l'électricité négative est re-

Fig. 243.

poussée à la face supérieure jusqu'au manche isolant. On touche le disque avec le doigt, on fait écouler ainsi l'électricité négative et, si cessant le contact on enlève le disque par son manche isolant, il emporte son électricité positive qui se répand sur toute sa surface.

Ce disque devient une source électrique qui peut charger un corps par contact. Si l'on en approche le doigt, on en tire des étincelles de quelques centimètres quand l'appareil est bien sec.

Lorsque le disque est déchargé on le pose à nouveau sur le plateau, on le recharge comme la première fois : on a ainsi une petite source, mais qu'il est très facile de mettre en état de produire de l'électricité.

401. Machine de Ramsden. — La *machine à plateau de verre* de Ramsden est encore très employée dans les cabinets de physique, elle donne par les temps secs suffisamment d'électricité pour les principales expériences, à ce titre elle mérite une description.

La pièce principale est un plateau de verre qui peut tourner autour d'un axe horizontal entre deux paires de coussins portés par les montants qui supportent l'axe (fig. 244). Perpendiculairement à la

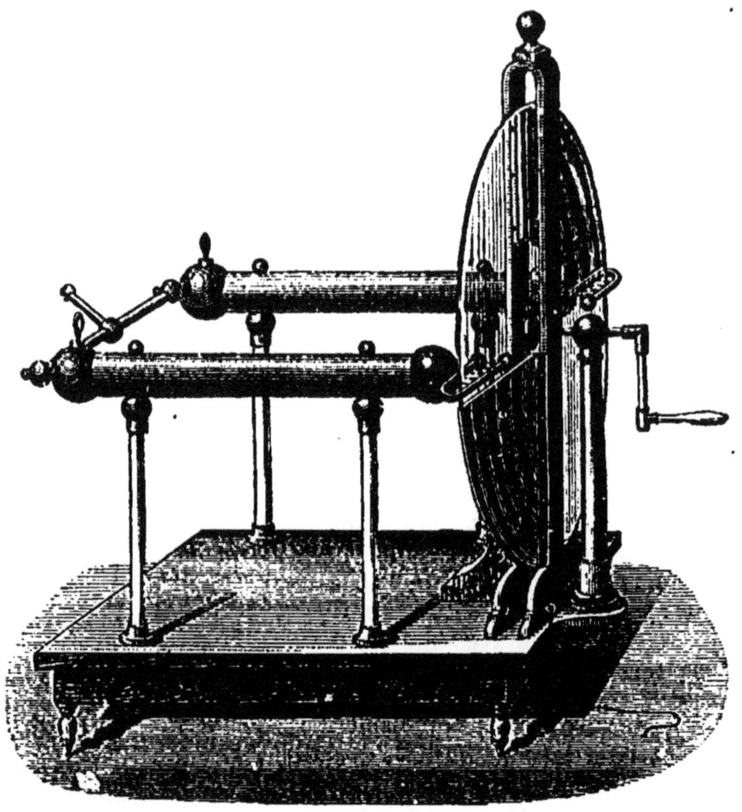

Fig. 244.

ligne des coussins se trouvent deux pièces métalliques en forme d'U, appelées *mâchoires* ou *peignes*, garnies de pointes à l'intérieur et fixées aux conducteurs de cuivre qui reposent sur des pieds de verre et qui sont les collecteurs de l'électricité produite par l'influence de celle du plateau.

Lorsqu'on fait tourner le plateau de verre en agissant sur la manivelle, il frotte entre les coussins et il s'électrise positivement en même temps que les coussins prennent l'électricité négative que les montants et le bâti de la machine laissent perdre dans le sol. Chaque partie électrisée du plateau arrive devant les mâchoires, un phénomène d'influence se produit, le plateau fonctionne comme une source, les mâchoires et les cylindres à pied de verre comme un conducteur isolé : l'électricité positive est repoussée sur les cylindres jusqu'aux pieds de verre, l'électricité négative est attirée dans les pointes; mais elle n'y peut pas rester; les pointes la laissent perdre, et en s'échappant elle se combine à l'électricité positive du plateau qui se trouve ainsi neutralisé. Ainsi, des quatre secteurs du plateau, deux sont toujours chargés d'électricité parce qu'ils viennent de passer entre les coussins; les deux autres sont à l'état neutre après leur passage entre les mâchoires. Ce n'est donc pas l'électricité du plateau de verre qui passe sur les collecteurs de la machine; ceux-ci n'ont d'électricité libre que par un phénomène d'influence qui se répète tout le temps que l'on tourne le plateau.

L'électricité s'accumule sur les conducteurs; mais la charge qu'elle y peut atteindre est limitée. En effet le plateau arrive devant les conducteurs avec une même charge toujours renouvelée; son électricité positive exerce une répulsion constante sur une molécule de fluide positif appartenant au fluide neutre du conducteur; mais cette même molécule subit d'autre part, du fluide qui s'accumule sur le conducteur, une répulsion qui va en s'accroissant à mesure que s'accroît le fluide libre du conducteur; cette dernière action répulsive arrive à être égale à la première; alors la limite théorique de la charge est atteinte.

Dans la pratique, la limite de charge indiquée par la théorie n'est jamais atteinte; la quantité d'électricité que l'on peut accumuler sur le conducteur dépend de l'état de l'atmosphère : si l'air est humide, la perte par les supports et par l'air est si grande qu'il n'y a presque pas d'électricité restant sur les conducteurs, même par une rotation rapide du plateau. Quand l'air est sec, on peut atteindre une limite plus grande et l'on voit fréquemment une étincelle partir le long du plateau de verre entre les mâchoires électrisées positivement et les coussins électrisés négativement. Il est donc nécessaire d'éviter toutes les causes de déperdition si l'on veut qu'une machine produise toute l'électricité qu'elle peut donner : on frotte avec un linge bien sec les pieds isolants et on dispose au milieu de la table qui porte la machine un brasier rempli de charbon de bois allumé.

La quantité d'électricité développée par le frottement dépend des substances frottantes; l'expérience a prouvé que les corps qui donnent le plus d'électricité avec le verre sont l'or mussif (bisulfure d'étain), ou un amalgame de zinc (2 de zinc et 1 de mercure); on en recouvre la surface des coussins.

Pour éviter la déperdition de l'électricité pendant le trajet des coussins aux mâchoires, on recouvre les deux secteurs électrisés du plateau de verre avec une enveloppe de soie portée par les montants de l'appareil.

La machine à plateau de verre ne donne sur ses conducteurs que de l'électricité positive; l'électricité négative se répand sur les coussins et ceux-ci la perdent dans le sol, soit par le bâti de la machine ou encore par une communication métallique directe. Nous renvoyons au chapitre suivant la description de la machine de Holtz qui donne les deux électricités.

CHAPITRE XLVIII

NOTIONS ÉLÉMENTAIRES SUR LA FORCE ÉLECTRIQUE, LE POTENTIEL ET LA CAPACITÉ.

402. Masses ou charges électriques. — Unité d'électricité. — Loi de Coulomb. — On considère aujourd'hui les phénomènes électriques comme un mode spécial de mouvement, comme une manifestation particulière de l'énergie ; engendrés par la chaleur, par l'énergie chimique ou mécanique, ils sont capables de reproduire, par transformation, de l'énergie chimique, du travail mécanique ou de la chaleur.

Nous jugeons de l'électrisation d'un corps par les actions mécaniques qu'il est capable d'exercer et qui consistent en attractions et en répulsions. Coulomb a déterminé par l'expérience la loi des attractions et répulsions électriques en mesurant pour différentes distances l'action qui s'exerce entre deux petites sphères électrisées. Il prenait deux petites boules en moelle de sureau recouvertes de papier doré. L'une *b* portée à l'extrémité d'une tige de verre était placée à poste fixe dans une cage de verre ; l'autre *c* était fixée à l'extrémité d'une aiguille de gomme-laque suspendue à un fil métallique long et fin, de manière qu'elle reste horizontale. L'extrémité supérieure du fil était fixée à une pièce mobile au haut d'un tube surmontant la cage de verre.

L'appareil de Coulomb est représenté par la figure 244 [1]. Dans la position d'équilibre de l'aiguille horizontale, quand le fil n'avait aucune torsion, la boule *c* appuyait très légèrement contre la boule *b*. Une division en degrés, collée sur la cage et dont le zéro correspondait au centre de la boule fixe permettait de mesurer l'angle d'écart des deux boules.

Pour faire une expérience, on électrise la boule *b* ; aussitôt qu'elle touche *c*, celle-ci partage la charge électrique ; elle est repoussée et vient se placer à une certaine distance de la boule fixe. On tourne le micromètre supérieur d'un

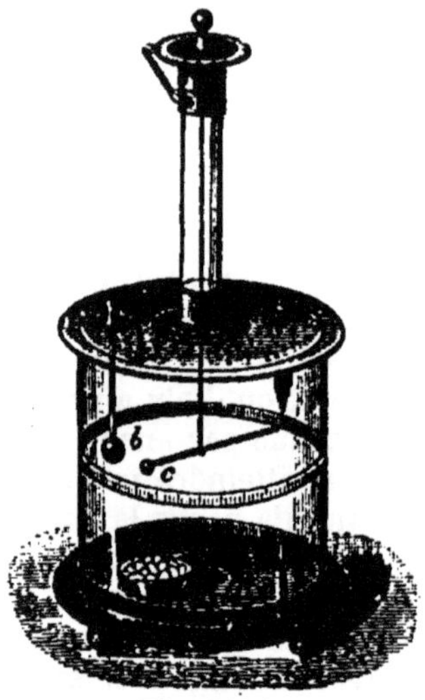

Fig. 244 [1].

angle D, de manière qu'en tordant le fil on rapproche la boule mobile pour lui faire prendre une nouvelle position d'équilibre faisant un angle *d* avec sa position initiale. La torsion totale du fil est représentée par D + *d* : elle fait équilibre à la répulsion des deux boules ; elle mesure cette répulsion. Si en modifiant les torsions supérieures pour maintenir la boule mobile à des distances *d*, *d'*, *d''* de la boule fixe on a tourné le micromètre d'angles D, D', D', on constate que $\dfrac{D + d}{D' + d'} = \dfrac{d'^2}{d^2}$ et $\dfrac{D' + d'}{D'' + d''} = \dfrac{d''^2}{d'^2}$. On en conclut que la force répulsive qui s'exerce entre deux sphères ayant des charges de même espèce, varie en raison inverse du carré de la distance.

La loi est la même pour les attractions exercées par des électricités contraires. Coulomb l'a formulée en énonçant, que dans tous les cas, *l'action qui s'exerce entre deux petites sphères également chargées d'électricité est en raison inverse du carré de la distance.*

Si dans la balance de Coulomb, la charge de la boule mobile reste invariable, que l'on tienne constante la distance des deux boules, et qu'on fasse varier la charge de la boule fixe de manière que la force répulsive devienne 2, 3, 4 fois plus grande, on dit que pour la boule fixe la *masse électrique* est devenue 2, 3, 4 fois plus grande. On a donc le moyen de comparer les charges électriques par les actions qu'elles exercent sur une charge déterminée, et pour traduire ces charges en nombres, il suffit de faire choix d'une unité de charge ou de masse électrique.

L'unité de masse électrique adoptée est la charge que doit posséder une petite sphère pour qu'en agissant sur une sphère égale, également chargée et placée à la distance d'un centimètre, elle la repousse avec une force égale à une dyne[1]. Cette unité est très petite ; dans les mesures courantes on emploie une *unité pratique* de quantité qu'on appelle *coulomb* et qui est trois billions de fois plus grande que la précédente, ou égale à celle que nous venons de définir multipliée par 3×10^9.

L'expérience montre et la balance de Coulomb permet de vérifier que si on touche une sphère électrisée par une seconde sphère identique non électrisée, la charge de chaque sphère est la moitié de la charge primitive. L'expérience montre aussi que si deux sphères ont une charge égale, l'une positive, l'autre négative et qu'on les mette en contact, elles reviennent toutes deux à l'état neutre ; que si l'une des sphères possède une masse d'électricité positive m, l'autre une masse m' d'électricité négative, après le contact, elles ont chacune une charge égale à $\dfrac{m - m'}{2}$. Les masses électriques de noms contraires se comportent comme des quantités de même espèce et s'additionnent à la façon des quantités algébriques.

Si deux masses m et m' d'électricité sont placées à une distance d l'une de l'autre, l'action qui s'exerce entre elles est, d'après la loi de Coulomb, exprimée par $f = \dfrac{mm'}{d^2}$: quand les deux masses sont de même signe, toutes deux positives ou toutes deux négatives, la force f est une répulsion ; quand elles sont de signes contraires, la force f est une attraction. On peut d'ailleurs connaître la masse agissant sur une masse égale par la mesure de la force et de la distance, car dans ce cas on peut écrire $f = \dfrac{m^2}{d^2}$ d'où , $m = d \sqrt{f}$.

403. Travail électrique. — Potentiel. — La propriété la plus remarquable de l'électricité c'est de produire des actions à distance : un corps électrisé agit sur les corps voisins pour y développer l'électrisation ou pour y produire des actions mécaniques d'attraction ou de répulsion ; un corps électrisé est donc une source particulière d'énergie capable de produire du travail. L'énergie que possède un corps électrisé et qui peut se manifester de diverses manières dépend à coup sûr de la masse électrique du corps, mais elle dépend aussi d'un autre facteur qu'on pourrait appeler *l'état électrique* du corps et qui est à l'électricité ce que la température est à la chaleur ; on désigne ce facteur par le nom de *potentiel*.

Considérons un corps électrisé, A, très petit, isolé dans un espace illimité avec une charge positive donnée; il devient agissant aussitôt qu'on met en présence de lui une autre masse électrique. Si en un point B, à une distance d du corps A, on imagine une petite quantité d'électricité positive, un coulomb par exemple, cette dernière masse sera repoussée par le corps A jusqu'à l'infini; le corps A produit du travail puisqu'il développe en B une force dont le point d'application se déplace dans la direction même de cette force. Inversement, si l'on veut amener un coulomb de l'infini jusqu'au point B, il faudra dépenser du travail puisqu'il faudra vaincre la répulsion du corps A le long du chemin suivi. Pour amener un coulomb de l'infini en un point C à une distance d' du corps A, il faudra un travail différent du premier, mais tout aussi déterminé.

---

1. On sait que dans le système C. G. S., la *dyne* est la force qui, agissant sur une masse d'un gramme, lui communique en une seconde une accélération d'un centimètre.

La masse d'un gramme prend, sous l'action de la pesanteur, une accélération de 981 centimètres; le poids d'un gramme vaut donc 981 dynes.

L'état électrique du corps A vis-à-vis du point B ou du point C est donc fixé par l'un ou l'autre de ces travaux. On appelle *potentiel du corps A, au point B ou au point C, le nombre d'unités de travail qu'il faut dépenser pour amener de l'infini au point B ou au point C l'unité d'électricité.*

Ainsi, en chaque point de l'espace autour d'un corps électrisé A, le potentiel a une certaine valeur; les points au même potentiel sont disposés sur des surfaces dites *de niveau* ou *équipotentielles* qui enveloppent le corps. L'espace formé de toutes ces surfaces, dans lequel se fait sentir l'action du corps électrisé, s'appelle le *champ électrique*.

Si le corps électrisé A est négatif avec une charge égale, la force agissant sur l'unité d'électricité positive en un point B, a la même grandeur, mais elle change de sens; le travail est le même, mais de signe contraire. Le potentiel au point B, dû à la charge A, est négatif; il est d'autant plus grand en valeur absolue que le point B est plus éloigné du corps A.

Dans un cas comme dans l'autre, sous l'action de la force électrique du corps électrisé A, *une petite masse d'électricité positive et libre se meut des points où le potentiel est plus élevé vers ceux où le potentiel est plus bas.*

Si l'unité d'électricité se transporte d'un point d'une surface de niveau à potentiel V¹ en un autre point d'une surface à potentiel plus faible V², le travail correspondant a pour expression V¹ — V² et il est indépendant du chemin suivi, comme le travail mécanique développé en élevant un poids d'un plan horizontal à un autre plan horizontal au-dessus du premier.

Pour une masse électrique *m* passant de la première surface à la seconde, le *travail électrique* est

$$T = m\,(V^1 — V^2);$$

c'est le produit de deux facteurs, l'un la masse électrique, l'autre la différence de potentiel; il a une expression tout à fait analogue au travail de la pesanteur qui est le produit de la masse qui tombe par la hauteur de chute ou la différence des deux niveaux.

Si au lieu de considérer une seule petite masse *m* produisant un champ électrique, on en considère plusieurs *m, m', m"*, on démontre que *le potentiel en un point P est la somme algébrique des quotients obtenus en divisant chacune des masses agissantes par la distance au point considéré.*

De même que tout point d'un champ électrique est à un potentiel déterminé, de même tout point du corps électrisé qui produit le champ est lui-même à un certain potentiel. Si le corps est *isolant*, deux points assez voisins peuvent rester à des potentiels différents. Mais si le corps est *conducteur*, comme l'électricité tend sans cesse à passer des potentiels élevés sur les potentiels plus bas, l'équilibre n'est possible et réalisé que quand tous les points du conducteur sont au même potentiel. *Un conducteur électrisé, en équilibre, isolé dans l'espace, a donc tous ses points au même potentiel.* Pour une sphère métallique de rayon R chargée d'une masse M d'électricité, le potentiel de la sphère est

$$V = \frac{M}{R}$$

et le potentiel d'un point du champ à une distance R' du centre de la sphère est

$$V' = \frac{M}{R'}\,.$$

Si deux conducteurs isolés sont réunis par un fil métallique, ils forment un seul système conducteur. Quand ils sont au même potentiel, il ne se produit de l'un à l'autre aucun mouvement électrique; mais s'ils sont à des potentiels différents, ils prennent rapidement le même, comme si l'électricité s'écoulait dans le fil allant du corps dont le potentiel est le plus élevé vers l'autre. Une différence de potentiel entre deux points réunis par un fil a donc pu être considérée comme la cause qui produit le mouvement de l'électricité d'un des points vers l'autre par le fil, c'est pourquoi on l'avait appelée *force électromotrice*.

On a pris comme zéro du potentiel le potentiel de la terre, et ce choix se justifie, car un corps électrisé que l'on fait communiquer à la terre perd toute trace d'électrisation. Le potentiel en un point d'un champ électrique ou d'un conducteur est donc la différence de potentiel entre ce point et la terre.

Pour comparer les potentiels, on a choisi une unité. L'unité de masse électrique a été définie, c'est le *coulomb;* l'unité de travail est l'*erg*[1]; il est logique de prendre pour unité de potentiel celui d'un corps tel qu'il faut un travail d'un erg pour y amener un coulomb de l'infini. Cette unité a été trouvée trop faible pour les besoins de la pratique : l'unité adoptée *est le potentiel d'un conducteur tel qu'il faut dépenser dix millions d'ergs pour y amener de l'infini un coulomb.* Lors donc qu'il existe entre deux conducteurs une différence de potentiel égale à l'unité, en d'autres termes que la force électromotrice entre deux points d'un fil est 1, c'est qu'il faut dépenser 10 000 000 d'ergs pour amener un coulomb du corps au potentiel le plus bas sur le corps au potentiel le plus haut, c'est que le travail de l'unité d'électricité est égal à 10 000 000 d'ergs. Cette unité de potentiel est le *volt*[2].

101. Phénomène général de l'influence ou de l'induction. — Faraday a formulé de la manière suivante la loi générale de l'influence. Soit B le corps influençant ou l'*inducteur* chargé d'une quantité *m* d'électricité positive, placé à l'intérieur d'un conducteur ou d'un *induit* C complètement fermé et isolé; il se développe sur les deux surfaces intérieure et extérieure de l'induit, *deux charges égales entre elles, de signe contraire, et égale chacune à la charge* m *du corps inducteur* B.

Pour vérifier expérimentalement cette loi, on se sert du seau de Faraday, un long cylindre métallique creux, bien que ce ne soit pas un conducteur complètement fermé. On le met en communication avec un électroscope à feuilles d'or et on y descend une petite sphère B tenue par un manche isolant et chargée d'électricité positive (fig. 244[2]).

Dès que la sphère descend dans le cylindre, les feuilles de l'électroscope divergent; leur divergence va en augmentant et quand la boule est à quelque distance de l'ouverture, l'écart des feuilles reste

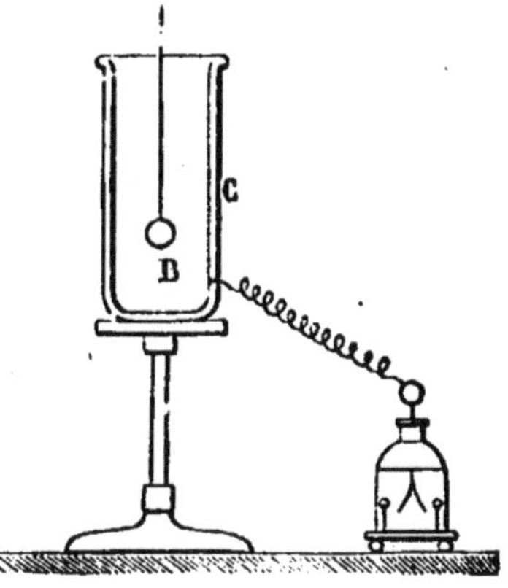

Fig. 244[2].

invariable, quelle que soit la position de la boule dans le cylindre. On sait, et l'on peut vérifier par le plan d'épreuve, que la surface intérieure du cylindre a de l'électricité négative et la surface extérieure de la positive; on peut aussi vérifier que la distribution de l'électricité sur la surface extérieure est indépendante de la position de la boule, et qu'il n'en est pas de même de la distribution intérieure. Si on retire la boule et qu'on l'éloigne, les feuilles d'or retom-

---

1. L'*erg* ou unité C. G. S. de travail est le travail produit par une *dyne* se déplaçant d'un centimètre. En pratique, on emploie le gramme-mètre et le kilogrammètre.

Comme le poids d'un gramme vaut 981 dynes, le gramme-mètre vaut 98 100 ergs et le kilogrammètre 98 100 000 ergs.

2. Le volt, valant 10 000 000 d'ergs, est exprimé en kilogrammètre par $\frac{1}{9.81}$ ou approximativement $\frac{1}{10}$.

Le travail électrique T étant le produit de la masse électrique Q, en coulombs, par la différence de potentiel V exprimée en volts, est donné en kilogrammètres par la formule

$$T = Q \times \frac{V}{9.81}, \text{ approximativement par } T = \frac{Q.V}{10}.$$

Si le produit de 1 coulomb par 1 volt est appelé *unité pratique de travail* ou *watt*, le watt vaut environ $\frac{1}{10}$ de kilogrammètre, exactement $\frac{100}{981}$ kilogrammètres.

bent, il n'y a plus d'électricité dans le cylindre ; ses deux charges étaient donc équivalentes.

On remet la boule toujours chargée dans le cylindre et on lui fait toucher la surface intérieure, l'écart des feuilles reste le même, rien n'est changé à la charge extérieure de l'induit. Mais si la boule est conductrice, après le contact, elle n'a plus d'électricité et il n'y en a plus sur la surface intérieure du cylindre : c'est que la charge positive de la boule et la charge négative induite sur la surface intérieure du cylindre sont équivalentes. On a donc démontré que la quantité d'électricité contraire, qu'une charge électrique induit sur les corps qui l'entourent, est égale à sa propre charge.

Si, quand la boule chargée est à l'intérieur du cylindre, on met celui-ci un instant en communication avec le sol, toute trace d'électricité disparaît de la surface extérieure, mais rien n'est changé à l'intérieur. Si alors on fait sortir la boule du cylindre, l'électricité négative de la surface intérieure passe à l'extérieur et le cylindre se trouve chargé d'une quantité égale et de signe contraire à celle du corps influençant.

On en conclut que lorsqu'un corps électrisé est au milieu d'une salle, tous les objets qu'elle comprend sont électrisés ; les parois de la salle et tous les corps en communication avec ces parois sont chargés d'électricité contraire et la quantité d'électricité ainsi développée est égale à celle du corps influençant.

Le cylindre approché d'une sphère électrisée dans l'expérience classique du chapitre 56, page 315, est un cas particulier du phénomène général de l'influence.

403. Capacité électrique. — Quand on charge un conducteur au moyen d'une machine électrique, l'électricité afflue de la machine jusqu'à ce que le conducteur soit au même potentiel que la machine. On peut remarquer alors qu'il faut d'autant plus de tours du plateau de l'appareil que la surface du conducteur est plus grande : un conducteur de grande surface absorbe donc plus d'électricité qu'un autre à surface plus petite pour être amené au même potentiel : c'est ce qu'on exprime en disant qu'il a une *capacité électrique* plus grande.

La *capacité électrique d'un conducteur est la charge ou la masse d'électricité qu'il faut lui communiquer pour lui donner un potentiel égal à l'unité*, quand tous les conducteurs qui l'entourent communiquent au sol.

D'après cette définition, si on donne au corps un potentiel V et qu'on appelle C sa capacité, la masse électrique qui formera sa charge M sera donnée par
$$M = CV.$$

Cette expression de capacité a été empruntée à la théorie de la chaleur ; mais tandis que la capacité calorifique d'un corps dépend de sa nature et que la quantité de chaleur qu'il faut lui communiquer est proportionnelle à son poids, la capacité électrique ne dépend ni de la nature du corps électrisé, ni de son poids ; elle dépend surtout de la forme extérieure du conducteur et de l'action des conducteurs voisins sur lui.

La capacité électrique d'une sphère isolée, éloignée de tout autre conducteur, est égale à son rayon. En effet, le potentiel V d'une telle sphère de rayon R, chargée d'une masse M, est $\dfrac{M}{R}$. Comme on a par la définition précédente $M = CV$, on en tire
$$C = R,$$
c'est-à-dire que pour porter une sphère au potentiel *un*, il faut lui donner autant d'unités d'électricité que son rayon vaut de centimètres.

On prend comme *unité pratique de capacité* celle d'un conducteur dans lequel *un coulomb* détermine un potentiel d'*un volt* ; on l'appelle *farad*. Comme cette unité est très grande, on compte d'ordinaire en *microfarads*, c'est-à-dire en millionièmes de farad [1].

---

1. La capacité de la terre est exprimée en unités électrostatiques par $C = R = \dfrac{4.\,10^9}{2\,\pi}$.

Puisque le coulomb vaut 3.10^9 unités de quantité, que le volt correspond à $\dfrac{1}{3.10^2}$ unités électrostatiques, pour avoir la capacité de la terre en farads, il faut diviser la valeur de son rayon en

Il est intéressant de montrer que *la capacité d'une sphère électrisée augmente quand on en approche un conducteur mis en communication avec la terre*. Soit une sphère de rayon R chargée d'une quantité M d'électricité; son potentiel V' est $\frac{M}{R}$ et sa capacité C égale à R. On en suppose une autre creuse de rayon R'

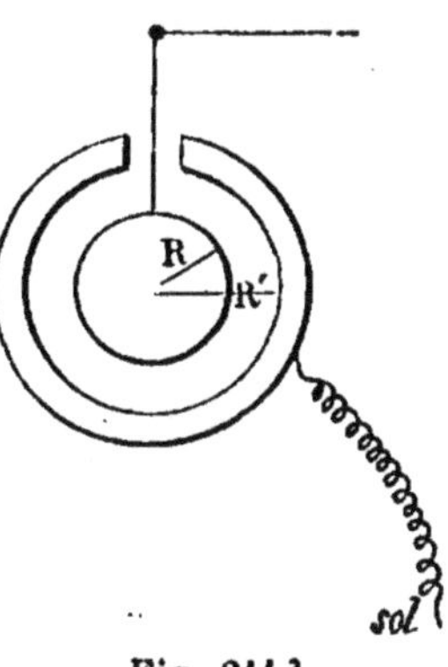

Fig. 244 3.

enveloppant la première et mise en communication avec le sol (fig. 244 3). Il y a influence et, en vertu de la loi de Faraday, il se développe à l'intérieur de la seconde sphère une charge d'électricité négative — M égale à la première charge.

Le potentiel au centre de la première sphère est toujours V ; mais il prend pour expression

$$V = \frac{M}{R} - \frac{M}{R'} \text{ ou } M\left(\frac{1}{R} - \frac{1}{R'}\right) \text{ ou } M\left(\frac{R' - R}{RR'}\right).$$

La capacité nouvelle C' du système des deux sphères est

$$C' = \frac{1}{\dfrac{R' - R}{RR'}} = \frac{RR'}{R' - R}$$

la capacité primitive était R.

Il y a augmentation de capacité puisque $\frac{RR'}{R' - R}$ est une quantité positive.

La présence de la seconde sphère autour de la première permet donc à celle-ci de prendre une charge plus grande que si elle était isolée. C'est une remarque qui trouvera son application dans la théorie des condensateurs.

406. Notions sur la mesure du potentiel. Electromètres. — L'expérience prouve que si on relie un conducteur par un fil métallique long et fin à un corps isolé très petit par rapport au premier, une très petite boule métallique par exemple, cette petite boule ne faisant qu'une masse conductrice unique avec le conducteur prend le même potentiel que lui. La charge prise par cette petite boule est indépendante du point où le fil de communication touche le conducteur et elle est dans tous les cas proportionnelle au potentiel du conducteur. Si l'on suppose que cette petite sphère soit la boule fixe de la balance de Coulomb, on pourra mesurer sa charge par la répulsion qu'elle exercera sur la charge déterminée donnée à la boule mobile de la balance. On mesurera donc ainsi le potentiel du conducteur; la balance de torsion sera dans ce cas un *électromètre*.

Au lieu de la balance de Coulomb, on emploie d'autres électromètres plus sensibles pour comparer les charges électriques prises par un corps de petite surface relié aux conducteurs dont on veut connaître les charges ou les potentiels. Tel est l'appareil de Thomson.

L'électromètre de Thomson a pour pièce principale une aiguille très légère en aluminium, taillée en forme d'un huit horizontal, suspendue par un double fil dans l'intérieur de quatre quadrants métalliques A, B, A', B' dont on se figure la forme en se représentant celle d'une boîte cylindrique peu élevée comme une boîte de dragées coupée en quatre parties égales (fig. 245). Les quadrants sont portés sur des pieds isolants. L'aiguille est en équilibre dans le plan vertical déterminé par les deux fils qui la suspendent; on s'arrange de manière que son grand axe corresponde avec la ligne de séparation de deux secteurs. L'aiguille se termine par une petite tige verticale de platine qui plonge dans un godet de

centimètres par 3°.10¹¹ et pour l'avoir en microfarads par 3°.10⁵. La capacité en microfarads est donc $\frac{4.10^9}{2.\pi} \cdot \frac{1}{3^2.10^5} = \frac{2.10^4}{3^2.\pi} = 708$ microfarads.

Le farad serait la capacité d'une sphère dont le rayon serait environ 1,400 fois celui de la terre.

verre isolé et contenant de l'acide sulfurique ; dans l'acide plonge également un fil métallique destiné à être mis en rapport avec le corps dont on veut mesurer la charge électrique (fig. 246) ; habituellement on charge les deux paires de cadrans opposés AA' et BB' de deux électricités contraires (le moyen le plus simple consiste à les mettre en communication avec les deux pôles d'une pile de Volta).

Si AA' sont négatifs, BB' positifs, que l'aiguille soit mise en communication avec un corps chargé d'électricité positive, l'aiguille tournera puisque ses deux

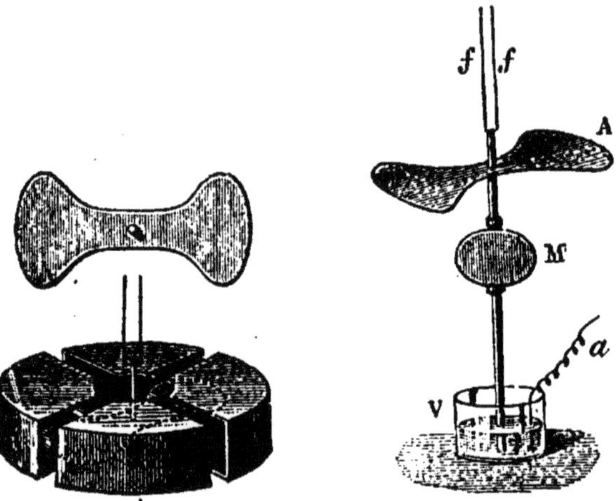

Fig. 245.　　　　　Fig. 246.

extrémités sont attirées par A et A' et repoussées par B et B' ; elle tordra les fils qui la suspendent et elle prendra un état d'équilibre après avoir dévié d'un angle mesurable α.

On démontre que la charge de l'aiguille est proportionnelle au sinus de l'angle de déviation, ou à cet angle lui-même quand il est petit.

Pour mesurer cet angle, on emploie la méthode par réflexion. L'aiguille porte un petit miroir vis-à-vis duquel est disposée à distance une règle horizontale divisée. L'œil placé au-dessus de la règle voit au départ dans le miroir la division O du milieu de la règle. Quand l'aiguille est déviée l'œil voit par réflexion dans le miroir une autre division. De la longueur dont s'est ainsi déplacé sur la règle le rayon lumineux réfléchi par le miroir, on conclut facilement l'angle dont a tourné le miroir et par suite l'angle de déviation de l'aiguille.

Si l'on met les deux paires de quadrants à des potentiels égaux et de signes contraires V' en les reliant aux deux pôles d'une pile de Volta dont le milieu a été mis en communication avec le sol, que l'aiguille soit mise en communication par le fil a avec le conducteur à mesurer et dont le potentiel est V, l'angle de déviation α est exprimé par

$$\alpha = 2\,CV'V.$$

C étant une constante de l'appareil, le potentiel V de l'aiguille est proportionnel à la déviation.

Si on relie l'aiguille à l'une des paires de quadrants, l'autre paire étant mise en communication avec le sol, on a pour la déviation $\alpha = CV^2$, cette déviation est proportionnelle au carré du potentiel.

On peut donc comparer entre eux les potentiels des conducteurs et les rapporter à l'un d'eux donnant le volt, c'est-à-dire l'unité pratique choisie et définie plus haut.

CHAPITRE XLIX

CONDENSATEURS

407. Première bouteille de Leyde. — La première
bouteille de Leyde, celle de Cunéus et de Muschenbroeck, était une
bouteille aux trois quarts pleine d'eau dans le bouchon de laquelle
passait une tige de cuivre recourbée et destinée à la suspendre au
conducteur d'une machine électrique. Cunéus, après avoir électrisé
la bouteille qu'il tenait d'une main, toucha de l'autre la tige métallique; il reçut une violente secousse, et c'est ainsi que furent décou-
verts les effets du condensateur

Depuis cette expérience on donne le nom de *condensateur* à tout
appareil formé de lames métalliques et de lames isolantes et qui possède la propriété de retenir l'électricité et de la rendre brusquement
sous forme d'une grande étincelle.

408. Condensateur à plateaux. — Le condensateur
le plus simple se compose de deux disques de laiton B et A (fig 247)

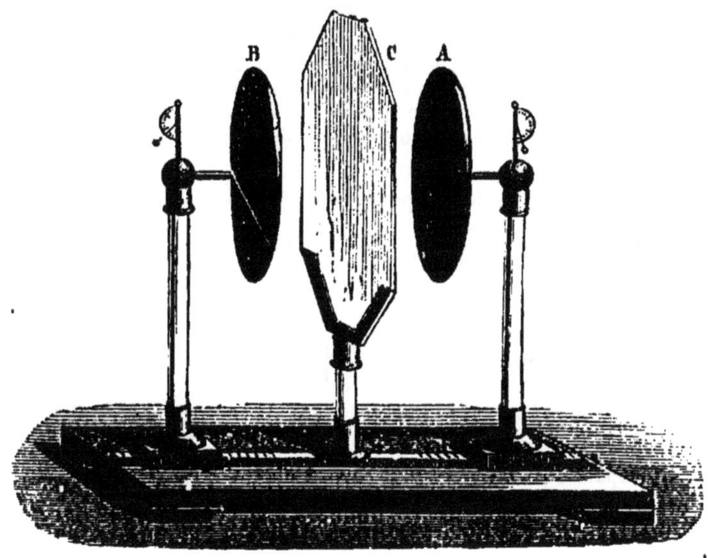

Fig 247.

isolés, munis chacun d'un pendule et pouvant se rapprocher ou
s'éloigner l'un de l'autre. Ils ont entre eux une lame isolante C habituellement en verre

On suppose, pour donner facilement la théorie de cet appareil, que
le plateau B, d'abord seul, est mis en communication avec une source
électrique par un fil métallique qui est assez long pour qu'on n'ait

pas à tenir compte de l'influence de la source sur B. Ce plateau B se charge d'électricité + comme celle de la source; il est au même potentiel que la source. On l'isole momentanément de la source et on en approche le plateau A. On voit le pendule de B retomber en partie et celui de A diverger. Le plateau B a été vis-à-vis de A une source électrique agissant par influence sur A. On met A en communication avec le sol. Le plateau B peut reprendre une nouvelle quantité d'électricité qui agira sur A comme la première a agi; il s'accumulera donc par le fait de la présence de A près de B, de l'électricité positive sur B, de l'électricité négative sur A; et les deux masses électriques sembleront retenues l'une par l'autre des deux côtés de la lame de l'isolant ou du diélectrique qui les sépare.

On a donné le nom de *collecteur* au plateau B, de *condenseur* au plateau A et celui de *condensateur* à la réunion des deux plateaux et de la lame isolante; les deux plateaux sont encore appelés les deux *armatures*. On désignait sous le nom de *force condensante* le rapport entre la charge que prend B dans le condensateur et la charge qu'il peut prendre seul en contact avec la source.

La notion de la capacité électrique permet de donner une expression plus précise de la force condensante d'un condensateur : *c'est le rapport de la capacité de l'appareil à la capacité du conducteur B quand il est seul.*

Soient les deux sphères B et A de rayon R et R' de la figure 244 [3]. On suppose la sphère B en communication avec une source au potentiel V. Seule elle prendrait une charge M telle que M = VR. La présence de la seconde sphère lui fait prendre une charge plus grande M' qui développe par influence sur A une charge — M'.

Le potentiel au centre de B a pour valeur $V = \dfrac{M'}{R} - \dfrac{M'}{R}$.

La charge M' est donnée par $M' = V\dfrac{RR'}{R' - R}$.

La nouvelle capacité par $\dfrac{RR'}{R' - R}$.

La force condensante est donc $\dfrac{RR'}{(R' - R)\,R}$ ou $\dfrac{R'}{R' - R}$.

R' — R représente l'épaisseur *e* de la lame d'air qui est le diélectrique séparant les deux armatures. Comme R est très peu différent de R', on peut écrire que la nouvelle capacité C' est égale à la première capacité R multipliée par $\dfrac{R'}{e}$

ou encore $C' = \dfrac{RR'}{e} = \dfrac{R^2}{e}$

en multipliant par 4π et appelant S la surface de la sphère il vient

$$C' = \frac{4\pi R^2}{4\pi e} \quad \text{ou} \quad \frac{S}{4\pi e}.$$

La capacité prise par un condensateur sphérique à lame d'air est donc proportionnelle à sa surface et en raison inverse de l'épaisseur du diélectrique.

Cette formule peut aussi s'appliquer aux diverses formes de condensateurs.

409. Décharge du condensateur. — On peut enlever

l'électricité d'un condensateur de deux manières, par une *décharge brusque* ou par des *décharges successives*.

La *décharge brusque* se fait en amenant à l'aide d'un conducteur métallique l'électricité d'un des plateaux en présence de l'autre. On se sert à cet effet de l'*excitateur à manches de verre* (fig. 248). On pose l'une des boules sur le plateau A. Quand l'autre boule de l'excitateur est à une petite distance du collecteur, l'électricité négative amenée du plateau A par l'excitateur se combine à travers l'air avec l'électricité positive du plateau B; il en résulte une forte étincelle. Et il ne reste plus sur les deux plateaux que la différence des quantités d'électricité qu'ils possédaient : le contact de l'excitateur avec le plateau B donne encore une petite étincelle.

Fig. 248.

Les *décharges successives* s'effectuent de la manière suivante. On isole les deux plateaux et l'on remarque que le pendule de B diverge seul. On touche B avec le doigt; le plateau B joue alors le rôle d'un corps conducteur en communication avec le sol et placé sous l'influence du plateau A; il ne conserve plus qu'une charge inférieure à celle de A. Les pendules de B retombent et ceux de A divergent. C'est alors le plateau A qui se trouve avoir plus d'électricité que le plateau B. On touche A avec le doigt, un phénomène analogue se produit et ainsi de suite indéfiniment. Chaque communication avec le sol diminue la charge du plateau touché, de sorte qu'après un certain nombre de ces décharges successives, les plateaux n'ont plus de trace apparente d'électricité.

Les décharges successives ne sont d'aucun usage dans la pratique, tandis que la décharge brusque permet de faire passer dans un corps, d'un seul coup, une grande quantité d'électricité.

410. Bouteille de Leyde. — La forme que l'on donne actuellement à la bouteille de Leyde est un peu différente de celle que lui avait donnée Cunéus. C'est une bouteille en verre dont le haut est recouvert d'un vernis à la gomme-laque et la plus grande partie de la surface extérieure d'une feuille d'étain qui forme le condenseur ou l'*armature externe*. La

Fig. 249.

bouteille est remplie de fragments de clinquant ou de papier métallique où pénètre une tige qui traverse le bouchon et qui extérieurement se termine par une boule : c'est le collecteur ou *l'armature interne* (fig. 249).

Pour charger l'appareil on le tient à la main par l'armature externe afin de mettre le condensateur en communication avec le sol, et on présente la boule à une source électrique comme le conducteur d'une machine à plateau de verre. Ou bien encore, on suspend la bouteille par son armature interne au conducteur de la machine électrique et on met par une chaîne l'armature externe en communication avec le sol.

La décharge de la bouteille peut s'opérer de plusieurs manières, par une décharge brusque ou par des décharges successives comme pour le condensateur à plateaux. Pour opérer la décharge brusque, on tient d'une main la bouteille que l'on vient de charger et de l'autre main un excitateur simple formé de deux arcs métalliques réunis On appuie contre l'armature externe la boule d'un des arcs et on

Fig. 250.

approche l'autre boule de l'armature interne de la bouteille (fig. 250). Quand la distance est assez faible, on voit jaillir une forte étincelle entre l'excitateur et la tige de la bouteille.

Si tenant la bouteille d'une main, on voulait toucher de l'autre main le bouton de l'armature interne, il partirait une étincelle entre la main et le bouton de la bouteille et l'opérateur recevrait une forte commotion.

On peut opérer les décharges successives de plusieurs manières. On pose sur un support isolant la bouteille chargée; on touche l'armature interne d'abord; il se produit une petite étincelle. On touche ensuite l'armature externe et le même phénomène a lieu; on continue ainsi à toucher successivement chacune des armatures jusqu'à ce que la bouteille n'ait plus d'électricité.

On peut aussi laisser les décharges successives s'effectuer automatiquement. On pose la bouteille chargée sur une lame métallique en communication avec une tige métallique verticale portant un timbre à la hauteur du bouton de la bouteille; entre le timbre et le bouton est suspendu un corps léger qui va successivement du bouton au timbre tant qu'il y a de l'électricité dans la bouteille. On réalise ainsi ce que l'on a appelé *l'araignée de Franklin*.

411. Jarres et batteries. — Quand on veut obtenir des décharges puissantes, on fabrique des bouteilles de Leyde de grandes dimensions, à l'aide de grands bocaux à fruits; on les nomme *jarres*.

On réunit même plusieurs jarres pour ajouter leur effets et on constitue ainsi une *batterie*.

Cette réunion de jarres peut se faire de deux manières. Ou bien l'on réunit l'armature interne de la première à l'armature externe de la seconde, et ainsi de suite, ne laissant libre qu'une armature externe à un bout de la série et une armature interne à l'autre bout. Ou bien toutes les jarres sont posées dans une caisse doublée de papier d'étain et les armatures externes toutes réunies; alors toutes les armatures internes sont mises également en communication les unes avec les autres par des tiges métalliques partant d'une boule commune. C'est comme si l'on avait une seule bouteille de Leyde dont la surface serait égale à la somme des surfaces métalliques de toutes les bouteilles réunies.

Énergie d'un condensateur. — Tout corps électrisé est une source d'énergie qui y existe à l'état potentiel et qui y a été produite par le travail exercé contre les forces électriques dans l'électrisation. En décomposant le travail qui a produit sur un conducteur de capacité C une charge d'électricité M au potentiel V en un nombre n d'opérations; en admettant que chacune d'elles a amené une masse m et fait passer le potentiel de O à v, de v à $2v$, etc., que les travaux élémentaires sont $m\frac{v}{2}$, $m\frac{3v}{2}$, $m\frac{5v}{2}$, etc., et en faisant la somme de ces travaux, on trouve pour le travail total $\frac{1}{2}mv \times n^2$ ou $\frac{1}{2}MV$.

L'énergie potentielle W d'un corps électrisé est donc $W = \frac{1}{2}MV$, et en vertu de la relation de la capacité avec la masse et le potentiel, on a aussi

$$W = \frac{1}{2}\frac{M^2}{C} = \frac{1}{2}CV^2.$$

Dans le cas du condensateur, $C = \frac{S}{4\pi e}$;   donc $W = \frac{1}{2} \times \frac{S}{4\pi e}V^2$.

L'énergie est donc proportionnelle à la surface de l'armature, au carré du potentiel et en raison inverse de l'épaisseur de la lame isolante. Le moyen le plus simple de l'augmenter est d'augmenter la surface, car on ne peut diminuer l'épaisseur de l'isolant au delà d'une certaine limite, ni faire trop croître le potentiel, car les électricités ne resteraient pas séparées.

Le **couplage en batterie** comprenant n jarres égales, au même potentiel V, présente une capacité C_1, qui est la somme des capacités de toutes les jarres

$$C_1 = nC$$

L'énergie du système est donnée par la relation

$$W = \frac{1}{2}nCV^2 \quad \text{ou} \quad \frac{1}{2}\frac{M^2}{Cn}$$

pour un potentiel donné, l'énergie est proportionnelle au nombre des bouteilles.

Le **couplage en cascade** où l'armature interne de la première jarre est réunie à l'armature externe de la 2ᵉ et ainsi de suite, donne avec des jarres identiques en nombre n une capacité C_2 n fois plus petite que la capacité C d'une des jarres[1]. L'énergie du système est $W = \frac{1}{2} \frac{C}{n} V^2$ ou $\frac{1}{2} n \frac{M^2}{C}$.

Pour un potentiel donné, l'énergie est en raison inverse du nombre des bouteilles; on peut y distribuer un potentiel élevé sans détruire la lame isolante.

La *décharge lente* d'une bouteille de Leyde n'enlève que peu à peu l'électricité dont elle est chargée. Si M est la charge et V le potentiel du collecteur, l'autre armature a une charge — M et le potentiel O.

Après le 1ᵉʳ contact le collecteur prend le potentiel O et une charge M' telle que l'on ait $\frac{M'}{R} - \frac{M}{R'} = O$; elle abandonne donc une quantité d'électricité,

$$M - M' = M \left(\frac{R' - R}{R'} \right) \text{ ou } M \frac{c}{R'}.$$

Il reste une charge $$M' = M \frac{R}{R'}.$$

Après le contact de l'armature interne, celle-ci ne garde plus que la charge M'.

Le 2ᵉ contact du collecteur enlève une quantité d'électricité égale à

$$M' \frac{c}{R'} \text{ ou } M \left(\frac{c}{R'} \right)^2 \text{ et il reste une charge M'' égale à } M \left(\frac{R}{R'} \right)^2.$$

Après n contacts on a enlevé $M \left(\frac{c}{R'} \right)^n$ et il reste $M \left(\frac{R}{R'} \right)^n$.

La décharge ne doit donc être complète qu'après un nombre infini de contacts.

Condensateur en feuillets. — Quand on veut construire des condensateurs

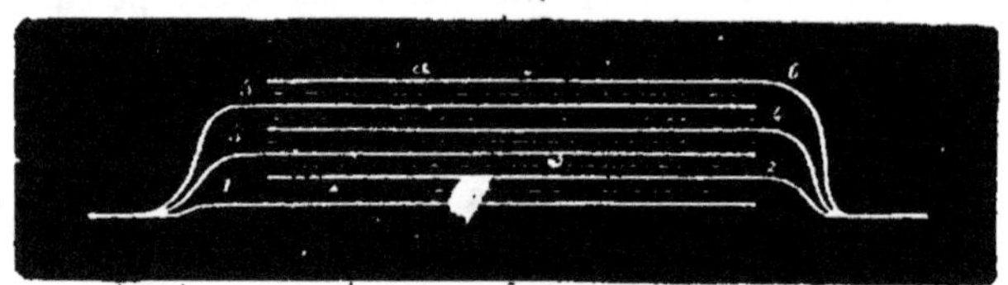

Fig. 250[1].

de grande capacité destinés à être chargés par des sources électriques à faible potentiel comme les piles électriques, on constitue les armatures par des feuilles de papier d'étain et on se sert comme diélectrique de feuilles de papier mince imbibées de paraffine. Les feuilles d'étain et les feuilles de papier paraffiné sont

---

1. Soit C C' C"... les capacités et V V' V"... les potentiels des bouteilles, chacune a sur ses deux armatures la charge M

$$M = C (V - V') = C' (V' - V'') = C'' (V'' - V''').....$$

d'où

$$M \left(\frac{1}{C} + \frac{1}{C'} + \frac{1}{C''} .... \right) = V$$

$$M = \frac{V}{\frac{1}{C} + \frac{1}{C'} + \frac{1}{C''}...} \text{ et si } C = C' = C''$$

$$M = \frac{V}{\frac{n}{C}} = V \frac{C}{n}$$

superposées alternativement. Les feuilles .d'étain de rang pair débordent le papier d'un côté et elles sont soudées ensemble par leur rebord. Il en est de même des feuilles de rang impair qui débordent de l'autre et qui ne touchent pas les précédentes. La pile ainsi formée est pressée entre deux plaques, enfermée dans une boîte qui porte deux bornes reliées métalliquement à chacune des séries de feuilles d'étain. On obtient ainsi sous un petit volume un condensateur de grande surface.

L'étalon de capacité, le microfarad, est aussi formé de feuilles d'étain, 300 feuilles séparées par des feuilles de mica; la surface des armatures est d'environ 8 mètres carrés.

412. Rôle de la lame isolante. — La lame isolante d'un condensateur ou d'une bouteille de Leyde se charge sur ses deux faces d'électricités contraires qui y restent adhéren-
tes. On le prouve facilement avec la *bouteille à armatures mobiles*. C'est une sorte de go-
belet de verre, verni à la gomme-laque sur sa partie supérieure (fig. 251). Dans ce gobelet *v* entre un cylindre métallique à tige *i* qui forme l'armature interne; et le tout

Fig. 251.

est placé dans un autre gobelet de métal *e* qui forme l'armature externe. Quand les trois pièces sont l'une dans l'autre, c'est une bouteille que l'on charge à la manière ordinaire. On la pose sur un sup-
port isolant et on enlève d'abord le vase *i*, puis le vase *v* et on touche le vase *e*. On reconstitue alors la bouteille et si l'on réunit les deux armatures par un excitateur, on reconnaît que l'étincelle est aussi puissante qu'elle aurait été si l'on n'avait pas démonté l'appareil. L'électricité qui forme l'étincelle au moment de la décharge était donc restée sur les deux faces de la lame isolante.

413. Électroscope condensateur. — Le condensateur a été appliqué par Volta à l'électroscope à feuilles d'or pour en augmenter la sensibilité. Au lieu de terminer en boule la tige métal-
lique qui supporte les feuilles d'or, on la termine par un plateau métallique verni à sa face supérieure; et sur ce plateau on en pose un autre verni à sa face inférieure et muni d'un manche de verre (fig. 252). Les deux plateaux forment un condensateur dont le vernis est la couche isolante.

Veut-on reconnaître l'électricité développée par une source faible et continue? on touche avec la source le plateau inférieur, et avec le doigt le plateau supérieur. Le premier prend à la source bien plus d'électricité qu'il n'en pourrait prendre si le second plateau n'était

pas là. On retire alors le corps et on cesse de toucher le plateau supérieur avec le doigt, les feuilles
d'or ne divergent pas. Mais si l'on
enlève le plateau supérieur, l'électricité accumulée sur l'autre n'est
plus retenue par l'influence du
premier, elle redevient libre et se
répand dans les feuilles d'or qu'elle
fait diverger.

Cet appareil est surtout utile
pour étudier les corps qui repro-
duisent par eux-mêmes de l'électricité à mesure qu'on la leur enlève. Volta l'a fait servir à l'étude
de l'électricité développée par le
contact de deux métaux hétérogènes.

Fig 252.

114. Machine de Holtz. — La
machine de Holtz (fig. 253) se compose essentiellement : 1° d'un plateau de verre
mobile autour d'un axe horizontal et que l'on peut mettre en mouvement rapide

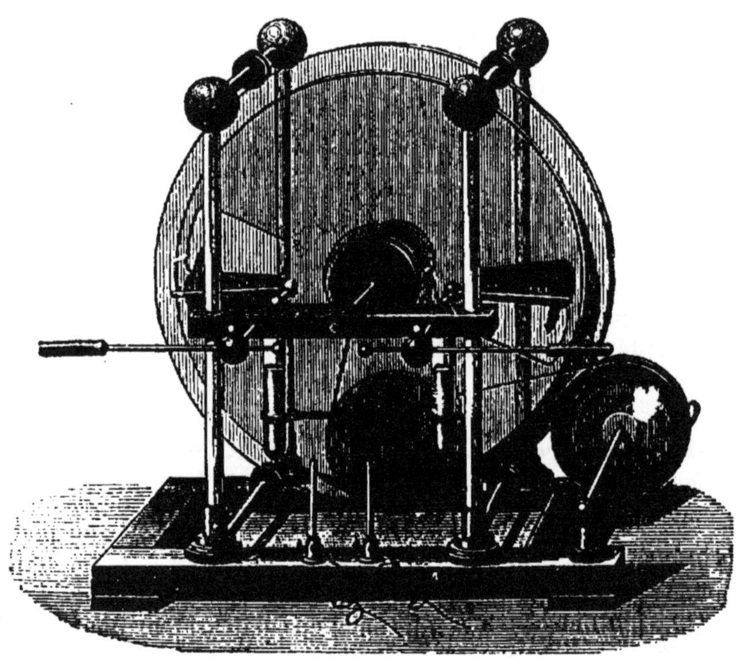

Fig 253.

par un système de poulies et de courroies de transmission ; 2° d'un plateau fixe
devant lequel tourne le premier et dans lequel sont ouvertes deux fenêtres garnies en partie d'une feuille de papier verni terminée par une pointe (fig 254) ;
3° de deux mâchoires métalliques à pointes disposées aux extrémités du diamètre

horizontal du plateau; chacune de ces mâchoires est continuée par un conducteur métallique isolé, et dans les bou-
les de ces deux conducteurs passent
deux tiges que l'on approche plus ou
moins et entre lesquelles jailliront les
étincelles de l'électricité produite. Telle
est la machine simple. On en construit
de doubles où il y a quatre plateaux,
deux fixes et deux mobiles, montés sur
le même axe

Pour faire fonctionner cette machine, on met en contact les deux tiges des conducteurs; on charge d'électricité négative l'une des armatures de
papier et on fait tourner le plateau
mobile en sens inverse des pointes de
papier. Au bout de quelques instants
on entend un crépitement dû à l'électricité; la machine est amorcée; on
peut alors écarter les tiges à boules des
conducteurs, et il part entre elles des
gerbes de belles et grandes étincelles.

Si l'on veut charger une batterie,
on écarte les deux tiges et on les met
séparément en communication avec les
deux armatures de la batterie.

Voici comment on explique la production de l'électricité dans cet appareil. On électrise négativement avec

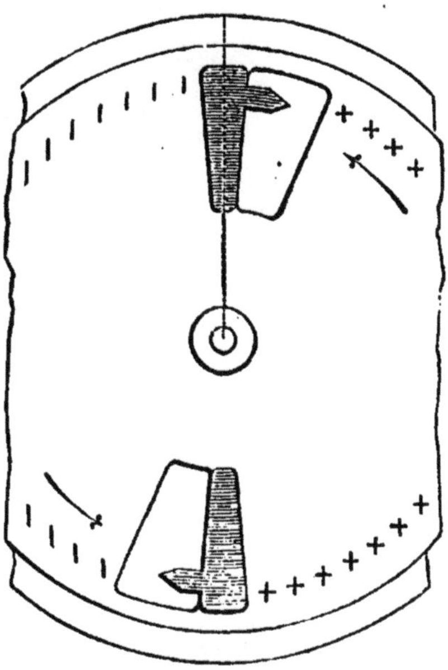

Fig. 254

une lame de caoutchouc durci le secteur de papier S et on met le plateau mobile en mouvement. Comme ce plateau est très mince il constitue avec le secteur de papier et le peigne métallique à pointes une sorte de condensateur particulier : l'électricité neutre du peigne est décomposée, l'électricité positive attirée
dans les pointes n'y peut rester et se répand sur la face externe du plateau mobile, tandis que l'électricité négative se rend au conducteur.

Le plateau mobile arrive devant la pointe de papier du second secteur S'; il
y produit une influence qui attire dans la pointe de papier de l'électricité négative
et repousse dans la base du secteur de papier de l'électricité positive; la pointe
perd l'électricité négative qui se répand sur la face interne du plateau mobile.
L'instant d'après, le plateau mobile est devant la base du secteur qui agit sur
lui par influence, attire dans les pointes du second peigne et par suite sur la
face externe du plateau mobile de l'électricité négative, pendant que de l'électricité positive est portée au conducteur extérieur.

Ainsi pendant une rotation, la moitié du plateau se charge sur les deux faces
d'électricité positive et l'autre moitié d'électricité négative. Et les deux conducteurs reçoivent chacun une des deux électricités. Il en est de même dans chacun des autres tours du plateau mobile; il arrive devant le premier secteur de
papier chargé sur ses deux faces d'électricité positive; en agissant d'une part
sur le papier et d'autre part sur la griffe à pointes, il provoque deux mêmes effets,
il maintient ou augmente l'électrisation négative de ce premier secteur et il développe dans le premier conducteur de l'électricité négative. Quand il se présente devant le second secteur, le phénomène est analogue mais de sens inverse
en ce qui concerne la nature de l'électricité. La production est donc continue.

On dispose ordinairement sur les tiges des deux conducteurs deux petites
bouteilles de Leyde suspendues toutes deux par leurs armatures internes et réunies l'une à l'autre par leurs armatures externes. Elles servent à condenser l'électricité produite par la machine, et on obtient avec elles des étincelles moins fréquentes mais beaucoup plus longues et plus belles.

La machine de Holtz donne à égalité de surface de plateau plus de vingt fois
plus d'électricité qu'une machine de Ramsden.

Machine de Voss. — La machine de Voss (fig. 255) se compose comme la machine de Holtz de deux plateaux de verre, l'un fixe qui joue le rôle d'inducteur, l'autre mobile, de diamètre plus petit, portant des petites pastilles métalliques collées sur sa paroi antérieure. Il y a deux conducteurs, diamétraux tous deux, munis de pointes et de petits balais en fils métalliques qui frottent les pastilles du plateau mobile pendant le mouvement de celui-ci. Les peignes collecteurs sont reliés à deux bouteilles de Leyde où s'accumulent les charges; deux tringles à boutons

Fig. 255.

que l'on écarte peu à peu après les avoir mises au contact laissent éclater entre elles les étincelles.

La machine s'amorce d'elle-même sans qu'il soit besoin de lui communiquer une charge initiale; elle marche mieux quand l'air est sec, mais comme elle est peu sensible à l'humidité, elle donne de l'électricité par tous les temps.

Machine de Wimshurst. — La machine de Wimshurst (fig. 255') donne encore plus d'électricité que la précédente. Elle se compose de deux plateaux identiques, soit en verre, soit en ébonite, disposés parallèlement et pouvant tourner en sens inverse. Sur chacun d'eux sont collés des secteurs en papier d'étain destinés à prendre le contact des pinceaux de clinquant portés par deux conducteurs diamétraux. L'un des plateaux sert d'inducteur à l'autre. Des peignes embrassent les disques et communiquent les charges qu'ils reçoivent à deux condensateurs. Tous les petits éléments métalliques s'induisent mutuellement par le jeu

Fig. 255'.

des contacts et des peignes. On peut d'ailleurs produire un amorçage initial en approchant un bâton d'ébonite électrisé par frottement, au moment où l'on met les plateaux en rotation; on a bientôt une grande quantité d'électricité qui se révèle par de grandes étincelles.

CHAPITRE L

EFFETS GÉNÉRAUX DE L'ÉLECTRICITÉ

415. Effets de l'électricité. — Les premiers phénomènes électriques constatés ont été les attractions et les répulsions que les corps électrisés produisent sur les corps légers placés dans leur voisinage, puis est venue l'observation de l'étincelle, les mouvements des corps, la destruction de certains isolants, l'inflammation des corps combustibles, quelques actions chimiques spéciales, des commotions sur les êtres vivants. On peut donc grouper les effets de l'électricité en effets lumineux, mécaniques, calorifiques, chimiques et physiologiques.

416. Effets lumineux. — Étincelle. — La théorie de l'influence nous a appris que si on approche assez l'un de l'autre deux corps dont l'un est électrisé, il part entre eux un trait de feu qui constitue l'*étincelle électrique*.

Cette étincelle diffère dans sa forme et dans sa puissance suivant la grandeur de la charge qui la produit. Quand la distance des boules entre lesquelles jaillit l'étincelle est courte, celle-ci affecte la forme d'un trait droit (fig. 256); elle devient sinueuse et prend la forme de zigzags si la distance augmente. Dans le vide, elle apparaît sous forme d'une lueur

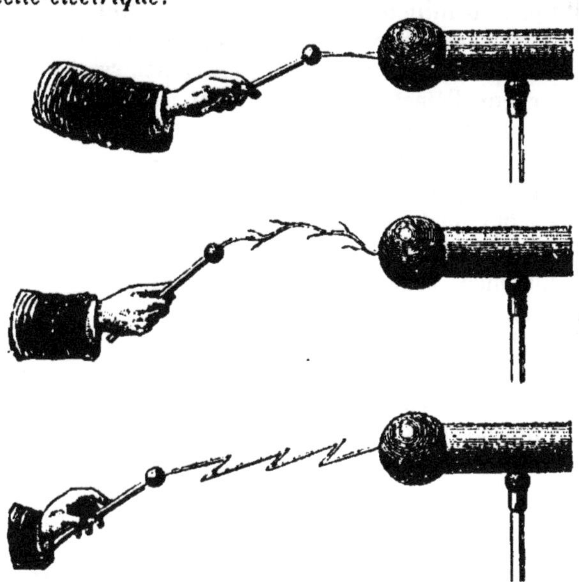

Fig. 256.

dont la couleur varie avec la nature du gaz qui remplissait aupravavant le vase où elle jaillit.

On peut la multiplier par une disposition particulière. On colle sur un long tube à garniture métallique des losanges de papier d'étain ou de clinquant très fin, en mettant les pointes de ces losanges en regard et à une courte distance les unes des autres. Le premier et le dernier des losanges touchent aux garnitures. Si l'on tient à la main un pareil tube par une extrémité et qu'on présente l'autre bout à une machine électrique, on voit une succession d'étincelles se produire d'un bout du tube à l'autre, le tube est *étincelant*. Cette expérience peut être variée de mille manières et donner lieu à des dessins lumineux sur tube ou sur feuille de verre.

417. Effets mécaniques. — L'électricité peut animer certains corps légers de mouvements de va-et-vient; les deux exemples les plus faciles à réaliser expérimentalement sont d'une part le carillon électrique, d'autre part l'appareil à grêle ou la danse des pantins.

Le *carillon électrique* (fig. 257) se compose d'une tige métallique que l'on peut suspendre au conducteur d'une machine électrique et qui tient elle-même en suspension deux timbres en communication avec elle, un troisième timbre suspendu par un fil isolant, deux petites boules métalliques suspendues entre le timbre du milieu et ceux des extrémités. Le timbre du milieu est relié au sol. Quand l'appareil est en rapport avec une source électrique, les deux timbres extrêmes se chargent d'électricité, ils attirent les petites boules et les repoussent ensuite. Dans cette répulsion, les boules viennent frapper le timbre central et perdent l'électricité dont elles se sont chargées, alors le phénomène recommence; et le carillon s'entend et persiste tant que la machine est électrisée.

Fig. 257.

L'*appareil à grêle* se compose d'une cloche reposant sur un disque métallique (fig. 258). Dans le bouchon de la cloche passe une tige terminée à sa base par un plateau et en haut par un crochet ou une boule. Entre le plateau et le fond de la cloche, on place un grand nombre de balles de sureau. Quand le haut de la cloche est mis en rapport avec une machine électrique, le plateau s'électrise, il attire les balles de sureau qui s'élèvent, viennent le toucher, sont ensuite repoussées et retombent sur le plateau inférieur où elles perdent l'électricité qu'elles ont prise. Le phénomène continue et les billes prennent un rapide mouvement de va-et-vient.

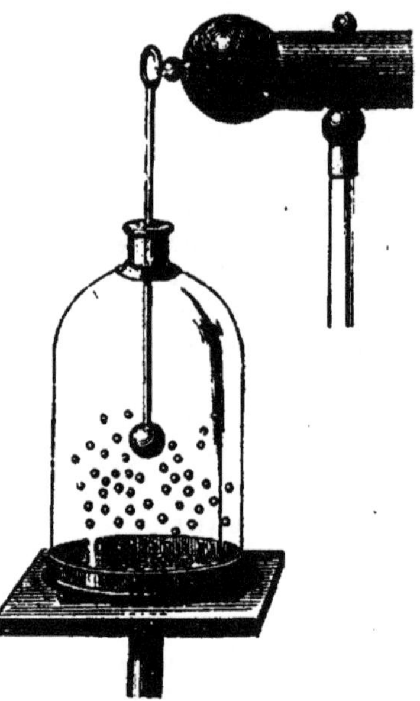

Fig. 258.

On emploie souvent au lieu de cette cloche deux plateaux dont on suspend l'un à la machine tandis que l'autre communique au sol. Sur ce dernier on met des pantins en moelle de sureau terminés par des aigrettes. L'électricité du plateau supérieur attire les pantins; puis elle les repousse sur le plateau inférieur où ils perdent l'électricité qu'ils ont prise. Le phénomène recommence et les pantins accomplissent une danse d'un plateau vers l'autre.

L'électricité peut produire la rupture des corps mauvais conducteurs qu'on lui fait traverser; c'est ainsi qu'on peut appuyer deux pointes en regard contre une feuille de carton, faire passer une décharge électrique entre les pointes; on constate que le papier a été traversé par l'électricité.

Avec de fortes décharges on arrive à percer une lame épaisse de verre.

418. Effets calorifiques. — L'étincelle et la décharge électrique produisent toujours un dégagement de chaleur. On le prouve facilement en enveloppant d'un corps très combustible, comme le coton-poudre, une des boules d'une excitateur simple avec lequel on décharge une bouteille de Leyde, le coton-poudre s'enflamme. On peut aussi enflammer des liquides comme l'alcool ou l'éther. On met l'éther dans une petite capsule métallique posée sur la table, on en approche la boule d'une tige dont l'autre extrémité touche à une machine électrique; aussitôt qu'on met la machine en marche, une étincelle part entre la tige et la capsule et met le feu à l'éther. On peut d'ailleurs donner à cette expérience plusieurs autres formes, notamment celle de la figure 259, ou encore la suivante : on monte sur le

Fig. 259.

tabouret isolant, on pose une main sur la machine électrique; on approche de l'éther un doigt de l'autre main et le liquide prend feu.

Une décharge électrique un peu forte peut porter à l'incandescence et même volatiliser un fil métallique. On monte l'expérience comme l'indique la figure 260; le fil métallique est tendu entre les deux tiges isolées d'un excitateur universel et derrière lui est placé un carton; l'une des tiges communique par une chaîne avec l'armature externe d'une batterie; l'autre tige est en rapport avec une des boules d'un excitateur à manche de verre dont on approche la seconde boule de l'armature interne de la batterie. Quand l'étincelle jaillit entre la batterie et l'excitateur, le fil est volatilisé s'il est assez fin, et l'on retrouve sur le papier les vapeurs métalliques condensées.

C'est par la volatilisation d'une feuille d'or, au travers d'un car-

ton découpé, que l'on fait imprimer sur un ruban de soie blanche,
dans les cours, le portrait de Franklin.

Fig. 260.

419 Effets chimiques. — Le passage de l'électricité dans
les corps composés ou dans les mélanges de corps simples peut produire dans les uns des décompositions et dans les autres des effets de
combinaison.

Parmi ces derniers nous citerons l'explosion d'un mélange d'hydrogène et d'oxygène employée dans les cours pour effectuer la syn-
thèse de l'eau. Une étincelle électrique jaillissant dans le mélange y
met le feu et détermine la combinaison.

On répète l'expérience avec les appareils appelés *eudiomètres*
quand on veut mesurer les gaz employés et les gaz restants, et avec le
pistolet de Volta quand on veut seulement montrer la force de l'explosion. Le pistolet de Volta est une petite bouteille de fer-blanc, dont la

Fig. 261.

paroi est traversée par une tige à deux boules dont l'une aboutit à
l'intérieur tout près de la paroi opposée (fig. 261). La tige est mastiquée dans un petit tube de verre et isolée ainsi des parois métalliques de la bouteille. On remplit l'appareil du mélange d'hydrogène
et d'oxygène et on le ferme avec un bon bouchon; puis tenant la
bouteille d'une main, on approche la tige latérale d'une machine

électrique, une étincelle part entre la boule extérieure de la tige et la machine, et le bouchon saute avec force : c'est qu'une étincelle a jailli en même temps que la première dans l'intérieur de la fiole et a fait détoner le mélange gazeux.

Parmi les décompositions que l'étincelle électrique peut produire nous citerons la décomposition de l'ammoniaque : si l'on fait passer une série d'étincelles dans du gaz ammoniac, on voit doubler le volume du gaz; c'est que la séparation de l'azote et de l'hydrogène a été effectuée : ces deux gaz libres occupent en effet un volume double de celui du composé qu'ils forment en se combinant. Nous reprendrons plus tard l'étude des effets chimiques de l'électricité, quand nous étudierons les piles et les actions du courant électrique.

420. Effets physiologiques. — Lorsqu'on approche le doigt d'une machine électrique et qu'il jaillit une étincelle, on ressent comme une secousse, une commotion dans les articulations des doigts et du poignet. La commotion est plus violente et peut se faire sentir dans tout le bras quand on décharge une bouteille de Leyde; elle serait dangereuse avec une batterie.

C'est au brusque passage de l'électricité au travers du corps qu'il faut attribuer la commotion. L'électrisation directe par contact avec un corps électrisé ne produit pas les mêmes effets; ainsi lorsqu'on monte sur le tabouret isolant et qu'on touche une machine électrique en marche, on n'éprouve rien qu'un léger souffle sur les mains et sur le visage, ou comme un courant d'air dû à la déperdition de l'électricité. Mais une étincelle provoque toujours une commotion plus ou moins forte. ·

La commotion par la décharge d'une bouteille de Leyde peut être donnée simultanément à plusieurs personnes

CHAPITRE LI

ÉLECTRICITÉ ATMOSPHÉRIQUE

421. Premières recherches sur l'électricité atmosphérique. — *Franklin, Dalibard et Romas.* — A peine les physiciens eurent-ils produit avec les machines électriques et les condensateurs des étincelles de quelques centimètres de longueur, qu'ils firent de suite la comparaison entre l'électricité des machines et la foudre. C'est Franklin qui, le premier, indiqua la méthode pour tirer de l'électricité aux nuages et constater l'identité de l'électricité atmosphérique avec l'électricité produite par le frottement.

En 1752, un jour d'orage, dans la plaine de Philadelphie, il lança en l'air un cerf-volant armé d'une pointe métallique et retenu par une corde de chanvre, dont il tenait l'extrémité à la main. Un premier nuage orageux passa au-dessus du cerf-volant sans produire d'effet; mais une petite pluie ayant mouillé la corde et l'ayant rendue conductrice de l'électricité, Franklin eut la satisfaction de tirer de la corde des étincelles brillantes et nombreuses.

Dalibard fit dresser peu de temps après, à Marly-la-Ville, une barre métallique, dont la partie supérieure était terminée en pointe et la partie inférieure en boule. Un nuage orageux ayant passé au-dessus de la pointe, l'extrémité inférieure se chargea d'électricité comme si la pointe avait été mise en présence d'une machine électrique en activité; on en tirait des étincelles et on put, en la mettant en communication avec divers appareils, répéter un grand nombre d'expériences.

On s'exposait à de grands dangers en opérant ainsi. Romas, qui répéta à son tour les expériences de Franklin et de Dalibard, eut soin de placer, autour de la corde conductrice qui recueillait l'électricité des nuages, plusieurs conducteurs en communication avec le sol et de ne tirer les étincelles qu'à l'aide d'un excitateur. C'est ainsi qu'il faut agir pour éviter tout accident et pour n'être pas exposé à des décharges foudroyantes.

422. L'atmosphère contient toujours de l'électricité.

— L'air est presque toujours chargé d'électricité, comme on peut le reconnaître avec des électroscopes sensibles. Si on lance verticalement une flèche métallique en communication avec un électroscope par un fil conducteur qui se déroule en même temps que la flèche monte, on constate que l'électroscope indique de l'électricité d'autant plus que la flèche monte plus haut. Cette expérience peut être faite en tout temps; et toujours, même par un ciel serein, les lames de l'électroscope divergent.

Quelle est la distribution de l'électricité dans l'atmosphère? Il est impossible de rien préciser sous ce rapport : les phénomènes qu'on observe sont produits soit par l'électricité répandue sur le sol, soit par des masses électrisées qui se trouvent dans les hautes régions de l'atmosphère, soit par ces deux sources à la fois.

Tout se passe, en temps ordinaire et par un ciel serein, comme si le sol était électrisé négativement à sa surface. Alors un corps isolé placé dans l'atmosphère s'électrise positivement à sa partie inférieure.

423. Nuages électrisés. — Éclair. — Tonnerre.

— Si l'atmosphère, à sa partie inférieure, est électrisée positivement. les nuages, en se formant, se chargeront d'électricité positive. Il peut y avoir également des nuages chargés d'électricité négative; on comprend en effet qu'il se produit des phénomènes d'influence entre les nuages et les masses électriques atmosphériques. Soumis à une influence électrique quelconque, un nuage se chargera des deux électricités; s'il se résout en pluie par sa partie inférieure, l'électricité inférieure disparaîtra; s'il se sépare en fragments, chaque masse provenant de la division aura l'une ou l'autre des deux électricités.

Quand deux nuages fortement électrisés de signes contraires se rapprochent assez, il jaillit entre eux une forte étincelle; on désigne la vive lueur sous le nom d'*éclair*, et on donne le nom de *tonnerre* ou de *foudre* au bruit qui accompagne l'étincelle ou même à la décharge entière.

Les *éclairs* offrent plusieurs aspects : les uns ont l'apparence d'un trait de feu en zigzags, à contours très nets : ils ressemblent, à part la grandeur, aux grandes étincelles de nos machines puissantes. Les autres illuminent tout une partie de l'horizon, sans affecter une forme définie, mais avec une durée souvent appréciable et des colorations diverses. On peut les considérer comme des éclairs de l'ordre précédent, dont la vue nous est cachée par les nuages inférieurs, ou bien encore comme des décharges successives qui ont lieu dans l'intérieur d'un nuage électrisé. D'autres éclairs enfin présentent la forme de boules de feu; on les voit bien plus rarement que les deux autres formes, et ils n'ont pas encore été observés en assez grand nombre pour qu'on puisse être bien fixé sur les circonstances de leur apparition.

Le *tonnerre* est accompagné d'un bruit sec, strident, comme le cri de la déchirure d'un papier métallique, suivi ou précédé d'un roulement. C'est le bruit de la grande étincelle électrique qui jaillit entre deux nuages et qui met parfois une ou plusieurs secondes à arriver à notre oreille. On donne plusieurs causes au roulement du tonnerre : d'abord le bruit primitif nous arrive répercuté par les nuages, le sol et les montagnes et comme une succession très rapide de bruits répétés par des échos multiples; il suffit d'avoir entendu un bruit fort comme un coup de canon produit dans les montagnes, pour se rendre compte de cette influence; d'ailleurs le roulement du tonnerre n'est nulle part aussi long et aussi continu que dans les gorges des régions montagneuses. En outre les nuages présentent des formes très complexes et un grand nombre de décharges partielles y accompagnent la décharge principale. Enfin l'éclair n'est pas une étincelle simple, mais le plus souvent une succession d'étincelles produites à la suite les unes des autres dans un temps très court et dont les bruits s'ajoutent et se continuent.

424. Effets de la foudre. — L'étincelle électrique, au lieu de jaillir entre deux nuages et de ne produire qu'un phénomène lumineux très vif et instantané et qu'un bruit sec ou prolongé, peut jaillir entre un nuage et le sol électrisé contrairement au nuage par influence. Dans ce dernier cas, elle provoque tous les effets d'une étincelle électrique avec une très grande puissance. Elle met le feu aux matières inflammables; elle fond et volatilise les métaux, elle détruit les corps mauvais conducteurs, brise et déchire les arbres, fond le sable et les matières terreuses en des sortes de tubes que l'on désigne sous le nom de *fulgurites*. Elle provoque des combinaisons chimiques, produit l'ozone, donne naissance avec les éléments de l'air et de l'eau aux composés nitrés et à l'ammoniaque. Enfin elle provoque chez les êtres animés des commotions si violentes et si soudaines que la mort peut en résulter. Elle inspire la crainte et la frayeur aux animaux et à l'homme, qui cherchent à échapper à ses redoutables effets.

425. Choc en retour. — L'homme et les animaux peuvent être foudroyés sans être directement atteints par l'étincelle électrique, au moment où l'éclair jaillit entre un nuage et le sol à quelque distance, c'est le phénomène du *choc en retour*. Le nuage orageux électrise fortement par influence tous les objets à la surface du sol; une grande quantité d'électricité s'accumule ainsi dans la partie supérieure du corps de l'homme et des animaux à mesure que le nuage se rapproche. Au moment où l'éclair jaillit entre le sol et le nuage, celui-ci est déchargé, il est ramené à l'état naturel; alors rien ne retient plus l'électricité développée par influence; elle retourne au sol en traversant brusquement le corps de l'homme et des animaux et en y produisant de graves désordres comme en aurait produit la foudre elle-même.

L'influence exercée à distance par les nuages électrisés se manifeste souvent sous forme d'aigrettes lumineuses, surtout à l'extrémité des corps en pointe; et les marins, qui les observent fréquemment à l'extrémité des mâts de leurs navires, les ont désignées sous le nom de feu *Saint-Elme*.

426. Paratonnerre. — C'est Franklin qui a proposé le premier, dès 1750, de protéger les édifices de la foudre en les armant de paratonnerres formés d'une barre métallique terminée en pointe et mise en communication avec le sol par un conducteur métallique non interrompu.

Lorsqu'on approche d'une machine électrique en activité une pointe métallique communiquant au sol, celle-ci s'électrise contrairement à la machine; mais l'électricité n'y peut séjourner, elle s'échappe par la pointe, s'écoule sur la machine et la ramène à l'état naturel. C'est cette même propriété des pointes qui est mise à profit dans le paratonnerre, et l'effet produit est facile à comprendre.

Un nuage orageux chargé d'électricité positive arrive-t-il au-dessus de l'édifice? il agit par influence sur tous les corps conducteurs dont cet édifice est formé; il attire donc dans la pointe un flux d'électricité négative qui s'échappe d'une manière continue et va neutraliser celle du nuage, pendant que le fluide positif, repoussé par le fluide du nuage se rend dans le sol par le conducteur métallique. Si tous les corps bons conducteurs, toutes les masses métalliques de l'édifice sont reliés à la tige du paratonnerre, des deux électricités que le nuage développera par influence, l'une s'écoulera par la pointe, l'autre vers le sol. Le paratonnerre empêche donc l'accumulation de l'électricité dans les parties élevées de l'édifice.

Si les nuages qui passent au-dessus d'un paratonnerre sont très fortement électrisés et qu'un éclair jaillisse, c'est le paratonnerre qui est frappé et l'électricité en mouvement suit la chaîne conductrice qui relie la pointe au sol.

Pour qu'un paratonnerre soit établi dans de bonnes conditions, il lui faut une pointe effilée, on la faisait autrefois en platine, mais on ne lui donnait pas en général assez de grosseur, et elle s'émoussait vite par la fusion provoquée par les décharges. On la fait aujourd'hui en cuivre et on la visse solidement à une forte tige de fer (fig. 262). Cette tige de fer est continuée par un câble conducteur qui ne présente aucune solution de continuité et qui se termine dans le sol jusqu'à une couche d'eau persistante Il est très important que la communication de la tige avec le sol soit aussi parfaite que possible, sans cela le paratonnerre deviendrait un danger au lieu d'être un appareil de protection.

Fig. 262.

Fig 263.

On estime que la surface protégée par un paratonnerre est un cercle de rayon double de la hauteur de la tige.

Paratonnerre Melsens. — M. Melsens a proposé de substituer au paratonnerre à tige une sorte de cage métallique terminée inférieurement dans le sol et supérieurement par un grand nombre de pointes en aigrettes (fig. 263). L'édifice se trouve ainsi au milieu d'un corps conducteur et l'on sait que, dans ces conditions, si le conducteur fonctionne bien, il n'y a pas d'influence électrique dans une telle cage métallique. Cette forme nouvelle présente donc des avantages appréciables, surtout dans les cas où la communication avec une couche aquifère du sol est quelque peu difficile, il est probable que l'usage s'en répandra.

CHAPITRE LII

PROPRIÉTÉS DES AIMANTS

427. Aimant naturel. — On trouve dans la nature, notamment à l'île d'Elbe et en Suède, un minerai de fer qui a la propriété d'attirer le fer, l'acier et quelques autres métaux comme le cobalt, le nickel et le chrome; on lui donne le nom de *pierre d'aimant* ou d'*aimant naturel*. C'est un oxyde de fer de la formule Fe^3O^4 Plongé dans la limaille de fer, il l'attire en certains points sous forme de houppes disposées irrégulièrement (fig. 264).

Fig. 264.

Cette attraction était connue des Chinois et des Grecs et le nom de *magnétisme* que nous donnons aujourd'hui à l'ensemble des phénomènes dérivant de l'attraction du fer par ce minerai particulier vient du nom que les Grecs donnaient au minerai qui nous occupe.

L'attraction magnétique est différente de l'attraction électrique, puisqu'elle ne s'exerce pas sur tous les corps indistinctement.

428. Aimants artificiels. — La propriété de la pierre d'aimant peut être communiquée par simple contact à des barreaux d'acier fortement trempés ; ceux-ci, frottés sur l'aimant naturel, prennent la propriété d'attirer le fer, mais ils l'attirent surtout à leurs extrémités ; on leur donne le nom d'aimants artificiels et on les emploie de préférence aux pierres d'aimant pour étudier tous les effets magnétiques.

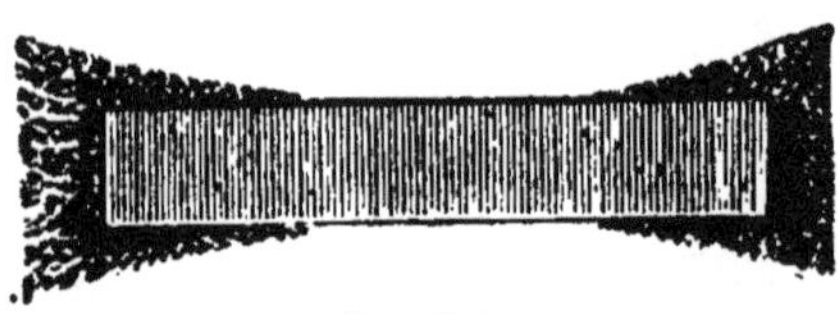

Fig. 265.

On peut leur donner plusieurs formes, celle d'une lame mince taillée en losange très allongé ou aiguille aimantée, ou celle de lame épaisse et de barreaux prismatiques (fig. 265).

429. Propriété générale des aimants. — Quand on plonge dans la limaille de fer une aiguille aimantée ou un barreau, la limaille s'attache surtout aux extrémités ; la force attractive va en croissant du milieu du barreau où elle est nulle vers les extrémités où elle est maximum. On désigne sous le nom de POLES les centres d'attraction de la limaille et on appelle LIGNE NEUTRE la ligne sur laquelle aucune attraction ne se manifeste.

On montre les pôles d'un aimant en le retirant de la limaille de fer où il a été d'abord plongé ; les parcelles de limaille restent retenues les unes aux autres en longues houppes aux deux extrémités de l'aimant. On donne encore

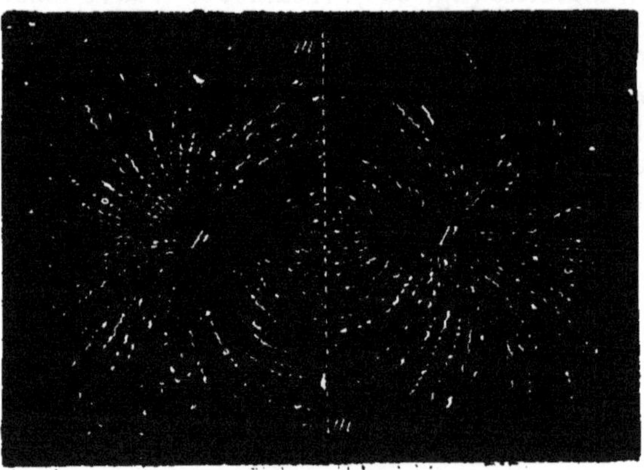

Fig. 266.

une autre forme à l'expérience. On pose un aimant sur la table, on le recouvre d'une feuille de carton. Puis, à l'aide d'un tamis, on fait tomber de la limaille sur le carton : en donnant à celui-ci quelques petites secousses, on voit les grains de limaille se disposer très régulièrement les uns à la suite des autres aux pôles de l'aimant. Si les deux pôles sont rapprochés comme dans un aimant en fer à cheval, la limaille forme des lignes courbes qui se rejoignent et qui tracent ce que l'on a appelé le *spectre magnétique* ou encore les lignes de force des aimants (fig. 266).

430. Direction des aimants libres. — Un aimant librement suspendu se dirige et s'oriente dans une direction voisine de la direction nord-sud. Écarté de sa position, il y revient, et c'est toujours la même extrémité qu'il tourne vers le nord.

On attribue ce phénomène à une action exercée par la terre sur les aimants.

Il est commode, pour désigner les pôles des aimants, d'appeler *pôle nord* celui qui se dirige toujours vers le nord et *pôle sud* le pôle opposé, il ne peut y avoir alors aucune confusion.

Les aimants les plus mobiles sont les aiguilles munies en leur centre d'un petit godet ou *chape* dont le fond est constitué par un morceau d'agate et qui repose sur un pivot en pointe (fig. 267). Ces aiguilles sont en acier trempé que l'on a recuit jusqu'à ce qu'il ait pris une teinte bleu foncé. Mais on ne conserve ordinairement la teinte bleue que sur la moitié de l'aiguille qui se tourne vers le nord ; l'autre moitié est polie.

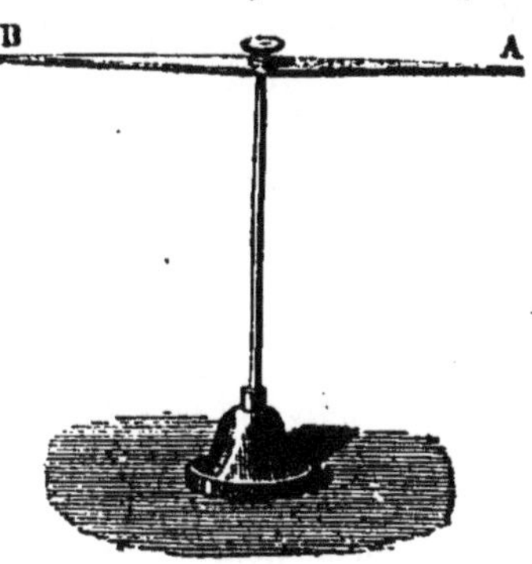

Fig. 267.

On peut rendre mobiles les barreaux aimantés en les posant sur

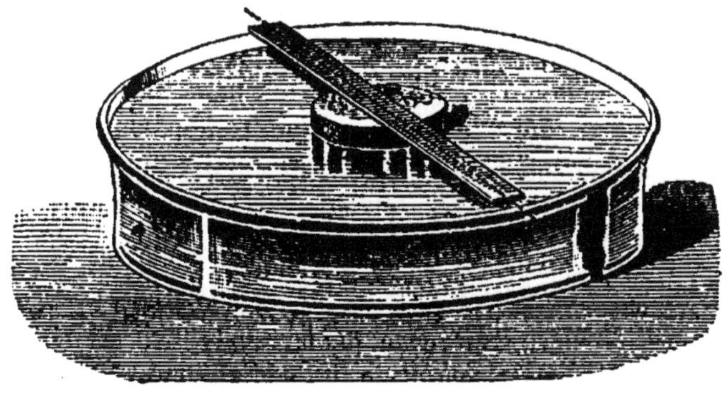

Fig. 268.

un bouchon qui flotte sur l'eau (fig. 268) ; ou encore en les posant sur une encoche de papier supportée par quatre fils réunis en un seul à quelque distance de l'encoche. Par ces deux derniers modes, le barreau est moins facilement mobile qu'une aiguille sur sa pointe, mais il prend comme l'aiguille, de lui-même, une direction fixe à laquelle il revient si on l'en écarte.

Plusieurs aimants libres, placés à quelque distance l'un de l'autre, prennent librement des directions parallèles.

431. Action d'un aimant fixe sur un aimant mobile. — Sur le milieu d'un long barreau aimanté on pose une aiguille mobile sur son pivot : celle-ci se place parallèlement au barreau; quelle que soit la direction de celui-ci, l'aiguille lui demeure parallèle comme si elle lui était invariablement liée; la même moitié de l'aiguille est attirée par la même moitié du barreau. On s'appuie sur cette expérience pour conclure que lorsque l'aiguille est dirigée par la terre, c'est comme si elle obéissait à un fort aimant ayant une direction voisine de la direction du méridien du lieu.

Qu'on place à une assez grande distance l'une de l'autre deux aiguilles aimantées, tout à fait pareilles, elles se placeront en équilibre dans deux directions rigoureusement parallèles. Les pôles nord des deux aiguilles pourront être considérés comme de même nom, de même espèce, puisqu'ils prennent la même direction sous l'action de la terre et qu'ils obéiraient de la même façon à un barreau fixe qui leur serait présenté. Si alors on prend à la main l'une des aiguilles pour l'approcher de l'autre, on constate :

Que le pôle nord de l'une repousse le pôle nord de l'autre et attire son pôle sud;

Que le pôle sud de l'une repousse le pôle sud de l'autre et attire son pôle nord.

On en conclut que *les pôles de nom contraire s'attirent et que les pôles de même nom se repoussent.*

Les deux expériences précédentes permettent d'expliquer les anciens noms de *boréal* et d'*austral* donnés autrefois aux pôles sud et nord des aimants. On supposait dans la terre un gros aimant ayant son pôle boréal dans l'hémisphère de ce nom; on admettait que nos petits aimants mobiles étaient dirigés par ce gros aimant. Et comme les pôles qui s'attirent sont de nom contraire, on était conduit à appeler *pôle austral* ce que nous appelons aujourd'hui *pôle nord* d'une aiguille et *pôle boréal* ce que nous appelons *pôle sud.*

Coulomb a étudié les lois des attractions et des répulsions magnétiques et il a montré que ces attractions et répulsions varient en raison inverse du carré de la distance des deux pôles.

432. Aimantation par influence. — Lorsqu'on approche d'un aimant un morceau de fer doux, c'est-à-dire de fer absolument pur, celui-ci présente immédiatement les caractères d'un aimant; il peut attirer la limaille de fer et la retenir à ses deux extrémités. Il a deux pôles, et celui qui se forme dans la partie voisine du pôle influent est un pôle contraire à celui de l'aimant.

De plus, comme dans le cas de l'électrisation par influence, l'aimantation du fer doux augmente quand le barreau s'approche de l'aimant; elle diminue quand il s'éloigne; elle disparaît entièrement à quelque distance.

Un deuxième barreau de fer placé à la suite du premier devient à son tour un aimant sous l'action du premier barreau, comme ce dernier l'a été sous l'action de l'aimant influent. Un troisième barreau à la suite du second prend également la propriété magnétique. On le montre facilement par l'expérience. A un barreau N on présente un cylindre de fer doux AB qui y reste attaché (fig. 269); un second cylindre C est attiré par AB; il en attire de même un troisième D. On peut ainsi, avec un aimant fort, faire tenir attachés les uns aux autres un certain nombre de barreaux, pourvu qu'on ait soin de les prendre de plus en plus petits.

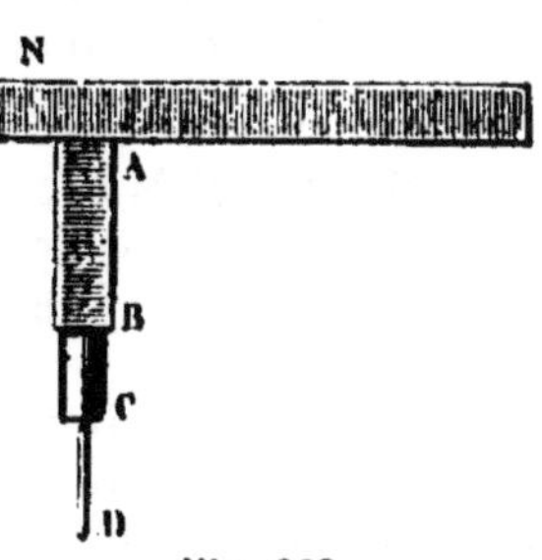

Fig. 269.

Mais tous les morceaux de ce chapelet perdent leur propriété d'aimant et tombent si on enlève l'aimant inducteur ou même encore, sans enlever l'aimant inducteur, si l'on diminue sa force d'attraction en lui présentant le pôle contraire d'un autre aimant.

Si au lieu de fer doux, on emploie de l'acier, le phénomène d'influence a encore lieu, bien qu'il paraisse moins intense; mais l'acier une fois séparé de l'aimant inducteur conserve de l'aimantation, le magnétisme qui y a été développé est persistant : l'acier reste aimant après l'influence ou le contact; le fer doux ne garde aucune aimantation; le fer plus ou moins aciéré participe un peu à la propriété de l'acier; on dit qu'il garde du *magnétisme rémanent*.

Ainsi pour faire des aimants permanents il faut prendre des morceaux d'acier : le fer ne peut donner que des aimants temporaires qui n'ont d'aimantation que tant que dure l'influence produite.

433. Hypothèse sur les aimants. — Tous les faits qui précèdent peuvent être compris dans une même théorie où l'on rapproche les phénomènes d'aimantation des phénomènes électriques qui se produisent sur les corps mauvais conducteurs. On a pu remarquer en effet que la propriété magnétique diffère de la propriété électrique en ce sens que celle-ci passe par contact d'un conducteur à un autre, tandis que la première reste localisée et ne se communique que par influence.

Que l'on brise par le milieu une aiguille aimantée et l'on constate que les deux fragments constituent chacun une nouvelle aiguille ayant deux pôles : il s'est donc formé au point de brisure deux pôles contraires. On peut continuer l'expérience et casser chacun des fragments en deux, en quatre, etc. Si loin que l'on pousse la division, chaque portion se comporte comme un aimant complet.

On a donc été conduit à admettre que dans le fer doux comme

dans l'acier chaque particule peut s'aimanter et présenter deux pôles sous l'influence d'un aimant ; que si l'on approche un aimant d'un barreau de fer, toutes les particules de ce dernier s'aimantent de manière à tourner leurs pôles de même nom du même côté, que dans le fer doux tout disparaît quand disparaît l'action de l'aimant, que dans l'acier les molécules restent orientées. On dit que l'acier possède une *force coercitive* que n'a pas le fer ; mais en s'exprimant ainsi on constate simplement la différence magnétique du fer et de l'acier et l'on n'en donne pas une explication.

434. Procédés d'aimantation. — On produit les aimants artificiels avec des barres ou des lames d'acier trempé, soit en les frottant avec des aimants permanents, soit en faisant agir sur elles un courant électrique par un procédé que nous étudierons plus loin.

Le procédé d'aimantation le plus anciennement employé consiste à frotter le barreau avec une pierre d'aimant ou avec un aimant artificiel fort. On peut effectuer cette friction de plusieurs manières différentes, par la *simple touche*, par la *touche séparée* et par la *double touche*.

La *simple touche* consiste à faire glisser un aimant B naturel ou artificiel (fig. 270) le long du barreau d'acier CA ; on frotte toujours dans le même sens, de gauche à droite par exemple, et sans revenir en arrière. L'aimant développe un pôle de même nom que le sien à l'extrémité

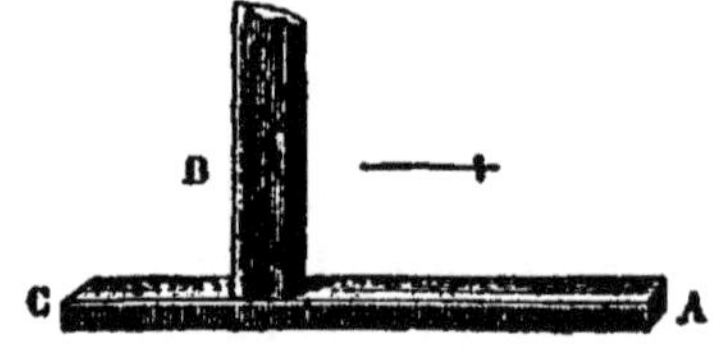

Fig. 270.

dont il s'éloigne, un pôle contraire à l'extrémité dont il s'approche.

Dans la *touche séparée*, on emploie deux aimants d'égale force ; on les tient inclinés à environ 30° sur le barreau à aimanter, en son milieu, les pôles de nom contraire en regard. On les écarte à la fois du milieu en frottant jusqu'aux extrémités ; puis on les rapporte au milieu pour recommencer à frotter comme précédemment.

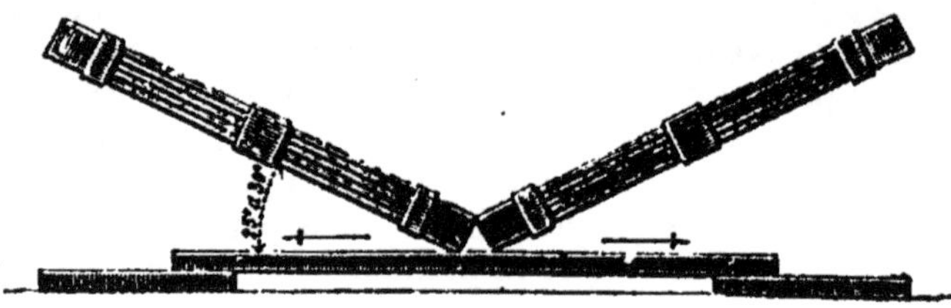

Fig. 271.

Dans la *double touche* on emploie encore deux aimants, mais on les réunit par leurs pôles contraires (fig. 271) au moyen d'une ficelle et d'une cale. On les promène ensemble en frottant dans le sens d'une extrémité du barreau à l'autre. Les actions des deux pôles se neutralisent à peu près sur les points extérieurs, tandis qu'elles s'ajoutent sur les points qui sont entre eux. L'aimantation est très régulière.

En employant les deux dernières méthodes, on obtient une aimantation plus forte si l'on pose les extrémités de la lame qu'il s'agit d'aimanter sur les deux pôles contraires de deux aimants.

Quand la friction n'a pas été régulière, l'aimant a plus de deux pôles et il n'est pas aussi fort que s'il était régulier. La limaille s'attache en certains points autres que les extrémités; on donne à ces points formés de pôles opposés le nom de *points conséquents*.

435. Formes des aimants. — Quand on veut utiliser séparément les deux pôles d'un aimant, la forme la plus simple est celle de barreaux ou d'aiguilles. Au contraire, s'il s'agit de porter des poids, la forme en fer à cheval est plus avantageuse parce qu'elle rapproche l'un de l'autre les deux pôles. On présente aux pôles une pièce de fer doux qu'on appelle *armature* et qui y reste attirée.

En général, un aimant est d'autant plus puissant que ses dimensions sont plus grandes; mais s'il a une certaine épaisseur, l'intérieur ne s'aimante pas ou presque pas. Pour obtenir de forts aimants, au lieu de prendre une grosse masse prismatique, on réunit par les pôles de même nom, dans une même armature, plusieurs aimants minces.

En superposant des lames d'acier aimantées séparément; en les repliant en fer à cheval et en engageant leurs extrémités dans des armatures de fer doux, M. Jamin a obtenu des aimants capables de porter un grand poids (fig. 272).

436. Conservation des aimants. — Il faut quelques précautions pour conserver aux aimants leurs propriétés magnétiques. Pour les barreaux rectilignes, on les met deux à deux, parallèlement, dans une boîte, en les séparant par une règle de bois; on place au même bout de la boîte le pôle nord de l'un et le pôle sud de l'autre; et devant les pôles on met une pièce de fer doux qui s'aimante par influence sous chacun des pôles des aimants et qui conserve ainsi le magnétisme des barreaux.

Pour les aimants en fer à cheval dont les pôles sont rapprochés, on réunit les pôles par une pièce de fer ou armature à crochet. On suspend l'aimant et on charge graduellement son armature. Si l'on augmente progressivement la charge, on reconnaît que la force portative augmente et que l'aimant devient capable de supporter un poids plus grand que celui qu'on aurait pu lui suspendre du premier coup.

Fig. 272.

L'expérience a montré qu'un barreau d'acier ne reste fortement aimanté que lorsqu'il a été très fortement trempé, toutes les causes qui diminuent la trempe influent aussi sur l'aimantation.

CHAPITRE LIII

MAGNÉTISME TERRESTRE. — BOUSSOLES

437. Action de la terre sur les aimants. — Si l'on abandonne à elle-même une aiguille aimantée librement suspendue par son centre (fig. 273), on la voit s'orienter dans un plan vertical voisin du méridien géographique du lieu, et en même temps s'incliner sur l'horizon : voilà ce que montre l'expérience.

Le plan vertical qui passe par les deux pôles de l'aiguille porte le nom de *méridien magnétique*. L'angle de ce plan avec le méridien géographique s'appelle *angle de déclinaison*, ou plus simplement la *déclinaison*. L'angle que fait l'horizontale avec la partie nord de l'aiguille s'appelle l'*inclinaison*.

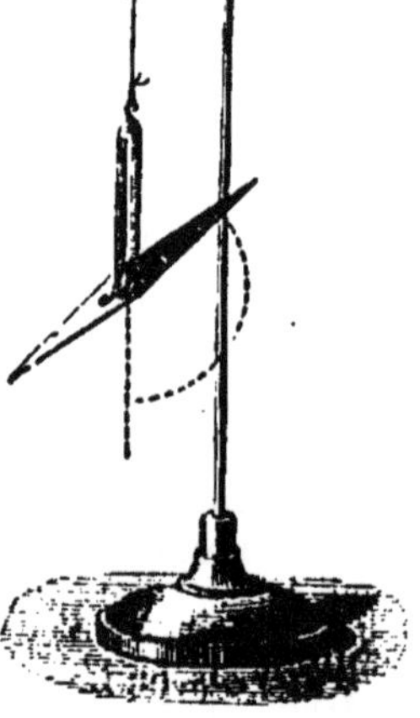

Fig. 273.

Les deux angles que nous venons de définir n'ont pas en tous les points de la terre la même valeur, ainsi qu'on peut le constater en promenant en différents points un peu éloignés les uns des autres une aiguille comme celle de l'exemple précédent ; la déclinaison et l'inclinaison varient d'un point à un autre. Dans le voisinage de l'équateur, l'inclinaison est nulle et l'aiguille est horizontale ; près des pôles, au contraire, l'inclinaison prend sa plus grande valeur, et l'aiguille est presque verticale.

La manière la plus simple de se rendre compte de ces phénomènes, c'est de supposer que la terre agit comme un aimant dont les pôles seraient sur un diamètre un peu oblique à la ligne des pôles géographiques. On peut constater en effet que si l'on met sur le milieu d'un barreau aimanté placé dans la direction du méridien magnétique une petite aiguille aimantée, celle-ci se met parallèle au barreau et reste horizontale ; qu'elle s'incline au contraire tout en restant dans le plan des pôles du barreau, si on la transporte du milieu vers l'un ou l'autre des pôles, et qu'elle est presque verticale à chacune des extrémités.

On suppose que ce qui se passe ici entre le barreau aimanté et l'aiguille se passe aussi entre la terre et les aiguilles aimantées libres qui sont à sa surface, que c'est la terre qui provoque l'inclinaison et la déclinaison. On s'est demandé alors de quelle nature est l'action exercée par la terre sur les aimants, on a trouvé que cette action est purement *directrice*.

438. La terre exerce sur les aimants une action directrice. — On ne peut comparer l'action que la terre exerce sur l'aiguille aimantée à celle que la pesanteur exerce sur les corps. En effet, si l'action magnétique pouvait être assimilée à la pesanteur, elle aurait une résultante unique appliquée en un certain point de l'aimant, comme le poids qui est la résultante des actions de la pesanteur est appliqué au centre de gravité. Cette résultante serait verticale ou horizontale ou oblique. Or il n'y a pas de force verticale, puisqu'un barreau d'acier trempé, suspendu à une balance très sensible, puis ensuite aimanté, n'augmente pas de poids apparent quand on le reporte sur la balance. Il n'y a pas non plus de force horizontale, car si l'on place une aiguille aimantée sur une lame de liège qui flotte sur l'eau, le liège tourne de manière à ce que l'aiguille prenne la direction nord-sud; mais en aucun cas on ne le voit obéir à une action de transport, ni dans un sens, ni dans l'autre. Enfin si la force terrestre avait une résultante oblique, elle pourrait être décomposée en deux forces, l'une horizontale, l'autre verticale, et ces dernières paraissent ne pas exister ni l'une ni l'autre.

L'action terrestre se ramène donc à celle de deux forces parallèles, égales, agissant en sens contraire, appliquées chacune à l'un des pôles de l'aiguille aimantée. L'ensemble de ces deux forces porte le nom de *couple* terrestre et l'équilibre d'un aimant a lieu quand la ligne de ses pôles est orientée suivant la direction de ce couple.

Le nom de *pôles* des aimants demande alors à être défini avec précision; on ne peut ici lui laisser le sens un peu vague qu'on lui donne quand on se contente de dire que c'est le point où s'accumule sur un aimant la limaille de fer. Supposons une petite aiguille aimantée mobile, et à quelques mètres de distance imaginons une source magnétique M. Chaque particule de la première moitié de l'aiguille agira par attraction sur M; toutes ces forces attractives pourront être considérées comme parallèles à cause de la faible longueur de l'aiguille par rapport à la distance relativement grande qui la sépare de M. Or toutes ces forces conserveront leurs rapports de grandeur, quelle que soit la position de M par rapport à l'aiguille, puisque leur intensité relative ne dépend que de la distribution du magnétisme dans l'aiguille. Ces forces ont donc une résultante, et le point d'application de cette résultante, c'est le pôle de l'aiguille.

Ainsi toute aiguille libre est soumise de la part de la terre à deux forces égales et parallèles qui n'ont sur l'aiguille qu'une action directrice.

130. Direction du couple terrestre. Déclinaison — Inclinaison. — Pour déterminer le plan dans lequel agit le couple terrestre et la ligne suivant laquelle les forces agissent dans ce plan, il faut chercher la déclinaison et l'inclinaison.

Une simple aiguille aimantée peut servir à trouver la déclinaison, si toutefois l'on a pris la précaution de donner à la moitié, qui doit être le pôle sud, un poids un peu plus fort qu'à l'autre moitié afin que l'aiguille, une fois aimantée, se tienne bien horizontale, malgré l'action du globe dont l'effet est d'incliner le pôle nord vers l'horizon. Cette aiguille horizontale se meut autour de son pivot, et quand elle a pris une position d'équilibre, elle détermine la direction des composantes horizontales du couple terrestre; le plan vertical passant par les deux pôles de l'aiguille donne le plan même du couple terrestre.

On donne le nom général de *boussoles* aux différents instruments employés dans l'étude du magnétisme terrestre; et on détermine la direction de la force terrestre au moyen de deux boussoles dites de déclinaison et d'inclinaison.

La *boussole de déclinaison* dans sa forme la plus simple (fig. 274) est une aiguille aimantée portée sur un support vertical et mobile dans un plan horizontal au-dessus d'un limbe gradué. Le cercle porte un bâti vertical sur lequel est une

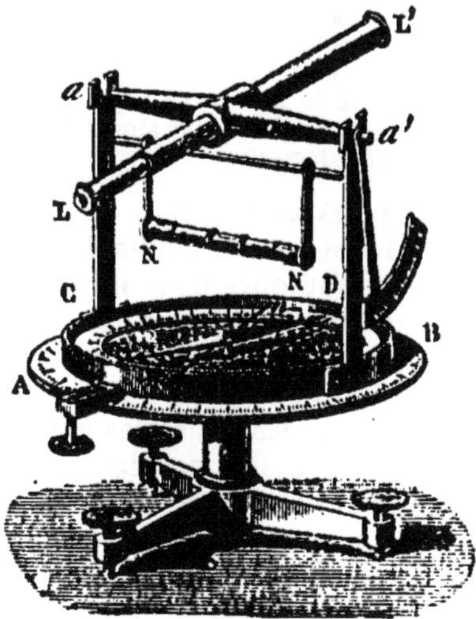

Fig. 274.

lunette qui permet de déterminer par des observations astronomiques la direction du méridien géographique. Si l'on met la ligne 0° 180° du limbe dans la direction N. S. géographique, l'aiguille aimantée indique l'angle de déclinaison.

La *boussole d'inclinaison* (fig. 275) est un cercle vertical au centre duquel est une aiguille aimantée mobile autour d'un axe horizontal. Pour trouver l'inclinaison, on commence par diriger le cercle vertical de manière que l'aiguille mobile soit rigoureusement verticale; le plan du cercle est alors perpendiculaire au méridien magnétique; on le tourne de 90° pour le mettre dans ce dernier plan, et on lit l'angle que fait avec l'horizontale l'extrémité nord de l'aiguille. Cet angle indique l'inclinaison.

La détermination précise de la déclinaison et de l'inclinaison demande des appareils plus compliqués et des observations plus minutieuses; mais le principe de la méthode reste le même.

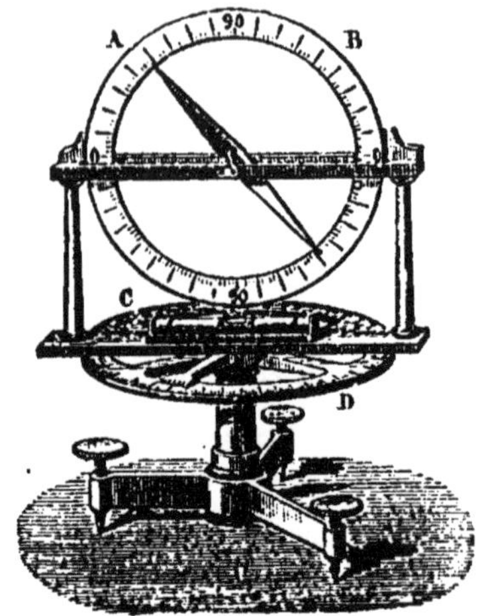

Fig. 275.

440. Variation des éléments magnétiques. — La déclinaison et l'inclinaison subissent des variations régulières diurnes, annuelles et séculaires, et des variations irrégulières brusques et de courte durée; ces dernières sont attribuées à l'influence des orages, des tremblements de terre, des aurores boréales.

Voici un aperçu des variations séculaires de la déclinaison à Paris : orientale et de 11°30' en 1580, elle a été nulle en 1663; occidentale depuis; de 22°34' en 1814, de 20°11' en 1848, de 16°52' en janvier 1880. Depuis 1814, l'aiguille aimantée revient lentement vers le méridien.

Les variations diurnes n'offrent guère qu'un écart de 12' à 15'. L'aiguille exécute chaque jour une double oscillation, entre 7 heures du matin et 1 heure du soir dans un sens, de 1 heure à 8 heures dans l'autre.

On étudie dans les grands observatoires les variations de l'aiguille aimantée de déclinaison et d'inclinaison, aussi l'intensité magnétique, c'est-à-dire la grandeur de la force avec laquelle la terre agit sur les aimants; on détermine ainsi tous les éléments du magnétisme terrestre

441. Boussoles terrestres et marines. — L'aiguille de déclinaison qui se dirige toujours dans le méridien magnétique donne le moyen d'obtenir dans un lieu une direction fixe et de trouver la position du nord si l'on connaît la déclinaison. Aussi emploie-t-on les boussoles pour tracer la direction des points cardinaux, pour la topographie et pour se diriger sur mer.

Les boussoles terrestres sont généralement formées d'une boîte rectangulaire que l'on peut poser sur un plan ou fixer sur un pied à trois branches et dans une position horizontale. L'aiguille se meut au centre de

Fig. 276.

la boîte au-dessus d'un cadran gradué (fig. 276). La boîte porte sur un de ses côtés une lunette qui peut se mouvoir autour d'un axe horizontal mais tout en restant parallèle à la ligne 0-180 du cercle divisé.

Veut-on tracer dans un lieu la direction nord-sud? On place la boîte de la boussole horizontale à l'aide des niveaux dont elle est munie; on tourne la boîte jusqu'à ce que la pointe nord de l'aiguille fasse avec la ligne 0-180 et à gauche un angle égal à la déclinaison; la ligne de visée de la lunette est alors la direction nord-sud cherchée.

Veut-on employer l'appareil à relever un point ou à mesurer un angle? On tourne la boîte jusqu'à ce que la ligne de visée de la lunette rencontre le point, ou soit sur un des côtés de l'angle; alors la division du cercle sur laquelle se trouve la pointe nord de l'aiguille indique l'angle que fait la ligne de visée avec la direction fixe de l'aiguille aimantée.

Boussole marine. — La boussole marine employée sur les navires porte le nom de *compas;* elle est constituée par une aiguille mobile sur pivot et au-dessus de laquelle on colle un disque où est dessinée une rose des vents dont la ligne nord-sud correspond au diamètre occupé par l'aiguille; l'aiguille est donc invisible, mais elle porte elle-même le cercle gradué. Sur le couvercle de la boîte du côté de l'avant du navire est un trait vertical qui avec le pivot de l'aiguille se trouve sur la ligne de symétrie du navire; on l'appelle la *ligne de foi*. Pour savoir dans quelle direction on navigue, il suffit de lire la division du cercle porté par l'aiguille qui se trouve devant la ligne de foi. Supposons qu'on lise N. N. E. ou 22°30′, la direction suivie fait réellement avec le nord-sud géographique un angle à l'est de

$$22°30′ — 16°50′ \text{ ou } 5°40′.$$

Il faut en effet dans ce cas retrancher la valeur de la déclinaison. Au contraire, si le point de la rose des vents qui se trouve devant la ligne de foi est N. N. O. par exemple, la direction que suit le navire fait avec le méridien géographique un angle à l'ouest de

$$22°30′ + 16°50 = 39°20′.$$

Il a fallu dans ce cas ajouter la déclinaison à l'angle formé par l'axe de l'aiguille et par la ligne de foi.

Pour que l'aiguille reste horizontale dans les mouvements de tangage et de roulis du navire, la boussole est portée par une suspension de Cardan : la caisse fixée au navire est munie de deux tourillons entre lesquels tourne librement un premier cercle métallique; celui-ci porte deux tourillons perpendiculaires aux premiers autour desquels tourne la boîte qui contient l'aiguille; de la sorte le pivot de l'aiguille peut rester toujours vertical.

112. Aimantation par la terre. — La terre exerce une action magnétique sur les masses de fer doux et d'acier et elle peut les transformer, dans certaines circonstances, en aimants. Cette aimantation est la plus grande possible quand le barreau de fer doux ou d'acier est orienté dans le sens de l'aiguille d'inclinaison; les forces terrestres ont alors sur lui toute leur action. Que l'on place dans la direction de l'aiguille d'inclinaison un faisceau de fils d'acier ou de petits barreaux prismatiques et qu'on les frappe à coups de marteau ou qu'on les torde violemment, on les transformera en aimants permanents avec un pôle nord dans la partie inférieure et un pôle sud à l'autre bout.

Cette action de la terre s'exerce sur tous les outils d'acier tels que les limes que l'on trouve très souvent aimantées.

Elle s'exerce aussi sur les boussoles des navires qui ont de grandes masses de fer et d'acier. Ces masses s'aimantent en effet de quantités diverses, variant avec l'orientation du navire et sa position géographique, et elles peuvent amener des variations dans l'aiguille de la boussole. On a trouvé moyen de remédier à cet inconvénient et de compenser l'action des masses de fer du navire par l'action d'un aimant et d'une masse de fer doux convenablement placés par rapport à l'aiguille de la boussole; de la sorte, celle-ci se d irige toujours du nord au sud magnétique, quelle que soit l'orien tation du navire.

ÉLECTRICITÉ DYNAMIQUE

CHAPITRE LIV

PILES ÉLECTRIQUES

443. Expérience fondamentale. — Si l'on plonge
dans de l'eau acidulée par un dixième d'acide sulfurique deux lames
métalliques terminées chacune par un fil de
cuivre, que l'une des lames soit de cuivre, l'autre de zinc pur ou de zinc ordinaire ayant sa
surface amalgamée (fig. 277), tant que les deux
lames restent séparées, rien ne se produit. Sitôt qu'on met en contact les deux fils et qu'on
réunit ainsi les deux lames par un circuit métallique, on constate deux phénomènes simul-
tanés :

Une action chimique visible dans le liquide
par le dégagement de nombreuses bulles gazeuses ;

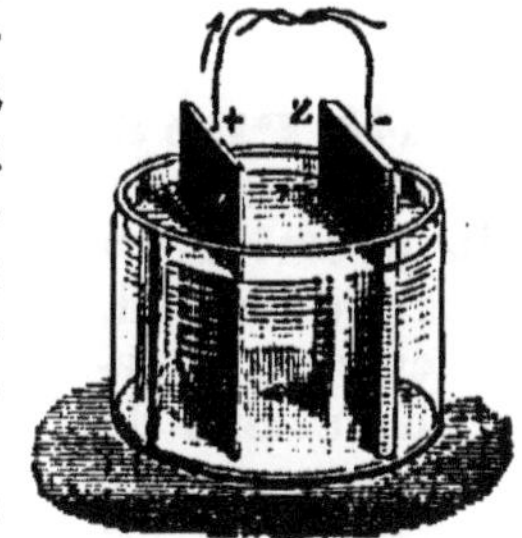

Fig. 277.

Une action électrique qui peut être rendue sensible dans le fil si
on lui fait produire l'un des effets de l'électricité.

Aussitôt que cesse le contact des deux extrémités du fil, les
deux phénomènes précédents, action chimique et électricité, cessent
aussi. Ils recommencent quand recommence la communication
métallique extérieure des deux lames.

Il y a donc lieu de suivre attentivement chacun des deux phénomènes, l'action chimique dans le liquide, la présence d'électricité
dans le fil.

L'action chimique est une dissolution du zinc et un dégagement
d'hydrogène d'après la formule bien connue :

$$HOSO^3 + Zn = ZnOSO^3 + H.$$

Seulement ce gaz hydrogène se dégage en bulles sur la surface de
la lame de cuivre, laquelle ne subit aucune attaque du liquide.

L'électricité qui existe dans le fil métallique formant le circuit
d'une lame à l'autre peut, si les deux lames ont une surface assez
grande, rougir un fil de platine fin et court. On lui fait ordinairement dévier une aiguille aimantée au-dessus de laquelle on met le fil
qui réunit les deux lames.

On admet que la production d'électricité est due à l'action chimique exercée par le liquide sur une lame qu'il attaque en présence
d'une seconde lame métallique non attaquée par le liquide. La pro-

duction d'électricité commence avec l'action chimique, dure autant qu'elle, finit avec elle.

L'électricité est sensible dans le fil tout le temps que ce fil réunit les deux lames. On dit qu'il y a un *courant* électrique d'une lame à l'autre dans le fil, que la lame non attaquée est le pôle positif, la lame attaquée le pôle négatif.

L'ensemble des deux lames, du liquide et du fil conducteur constitue ce qu'on appelle un *couple* électrique. La réunion de plusieurs couples en communication les uns avec les autres forme une *pile*.

Les piles semblables à celle qui vient d'être décrite sont dites *piles simples* ou *à un seul liquide;* il en est une autre catégorie que l'on appelle *piles à deux liquides;* nous allons les étudier séparément

I. — PILES A UN LIQUIDE

444 Pile à tasses. — Pile à auges. — Que l'on prenne plusieurs couples semblables au précédent, qu'on réunisse le cuivre

du premier au zinc du second, le cuivre du second au zinc du troisième, et ainsi de suite, il ne restera libre qu'un zinc au premier bout, un cuivre au dernier; c'est à ces deux lames que seront mis les

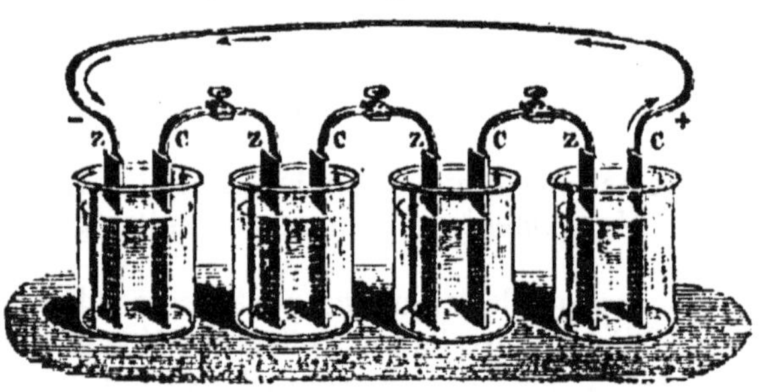

Fig. 278.

deux fils conducteurs devant former le circuit extérieur : on montera ainsi l'appareil appelé *pile à tasses* (fig. 278).

Le montage de la pile précédente est très long quand on veut la constituer avec un grand nombre de couples. La pile *à auges*, ima-

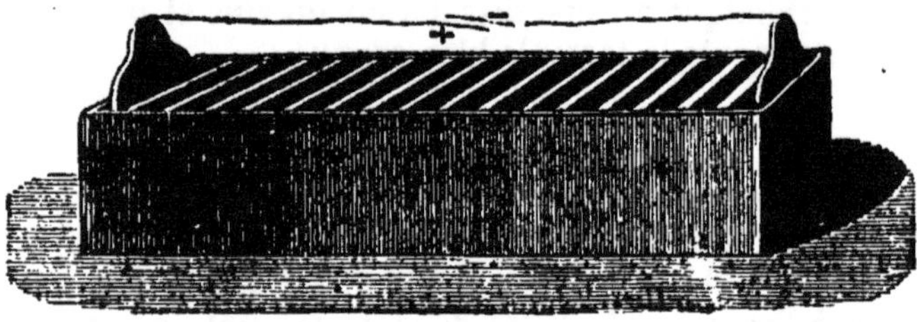

Fig. 279.

ginée par Cruiskans en 1800, est mise bien plus vite en état de fonctionner (fig. 279); les lames y sont à demeure, les deux fils conducteurs aussi, et il n'y a réellement qu'un vase à remplir d'eau acidulée puisque toutes les auges communiquént les unes avec les autres ; de plus, on peut donner de grandes dimensions aux plaques métal·liques et obtenir ainsi plus d'électricité.

445. Pile de Volta. — La première pile est celle de Volta, imaginée en 1799 par le célèbre physicien. Elle est formée (fig. 280) d'une colonne de disques de zinc et de cuivre superposés avec des rondelles de drap imbi-bées d'eau acidulée interposées entre les dis-ques. La colonne est montée sur un support de bois : elle commence par un disque de cuivre, une rondelle de drap et un disque de zinc et ainsi de suite jusqu'au dernier disque de zinc qui la termine. On réunit le premier cuivre et le dernier zinc par deux fils conduc-teurs qui sont le siège d'un courant électri-que quand leurs extrémités sont réunies. Le courant électrique est d'autant plus fort que le nombre des disques est plus grand. Il pro-voque des commotions quand il traverse le corps humain.

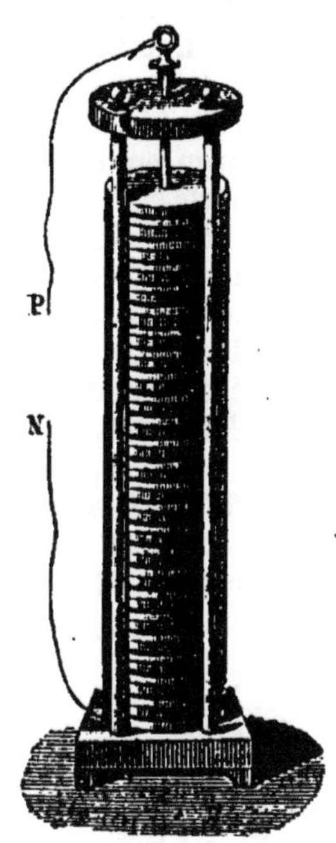

Fig. 280.

Ici le couple élémentaire producteur d'élec-tricité est encore composé, comme dans les cas précédents, d'un cuivre, d'eau acidulée et d'un zinc; le cuivre y est le pôle positif, le dernier zinc le pôle négatif. La pression des disques sur les rondelles de drap en fait sor-tir le liquide acidulé; les rondelles se dessè-chent assez promptement, de plus, le liquide qui s'écoule le long de la colonne réunit les disques de tous les couples et gêne le dégagement de l'électricité dans le fil extérieur.

La description de la pile de Volta nous amène à faire en quelques mots l'historique de la découverte de l'électricité dyna mique.

446. Historique de la découverte de l'électri-cité dynamique. — L'électricité qui se manifeste le long d'un fil conducteur réunissant les deux parties d'une pile a reçu le nom d'électricité *dynamique* (en mouvement), par opposition au nom d'électricité *statique* (en repos) donné à l'électricité de frottement. Sa découverte ne remonte qu'à 1780.

Il faut ici rappeler l'expérience célèbre de Galvani.

Galvani, en étudiant l'action de l'électricité des machines à frotte-ment sur les grenouilles, observa que ces animaux éprouvent de vives commotions quand on fait communiquer les nerfs lombaires avec les muscles des pattes au moyen d'un arc métallique dont une branche est en zinc et l'autre en cuivre.

On répète facilement la principale expérience de Galvani. On

écorche une grenouille ; on met à nu les nerfs lombaires. On suspend
le corps de l'animal, par ces nerfs lombaires, à la partie en zinc de
l'arc métallique ; et toutes les fois qu'on touche les muscles des
pattes avec la branche de cuivre de l'arc, les pattes se contractent
violemment.

Galvani expliquait les phénomènes constatés par lui en admettant que le corps d'un animal comme la grenouille se comporte
comme une bouteille de Leyde dont les nerfs seraient une des armatures, les muscles l'autre, que cette sorte de bouteille se charge
d'électricité sous l'influence de la vie, et qu'on en provoque la
décharge en réunissant par un conducteur métallique les muscles
aux nerfs.

Volta n'admit point l'explication de Galvani ; il voulut voir la
cause de l'électricité dans le contact des deux métaux hétérogènes
employés, et son hypothèse le conduisit, par une série d'expériences,
à la découverte de la pile qui est devenue le point de départ de toutes
les découvertes faites dans notre siècle sur la production et l'emploi
de l'électricité.

447. Pile de Wollaston. — Dans l'emploi des premières
piles on avait reconnu qu'il était préférable d'augmenter la surface
des lames métalliques plutôt que le
nombre des cou-
ples. Wollaston
avait imaginé de
replier la lame de
cuivre autour de
la lame de zinc de
manière que les
deux faces de cette
dernière fussent
toutes deux en pré-
sence du cuivre.
La figure 281 donne
la disposition qu'il
avait imaginée. Il

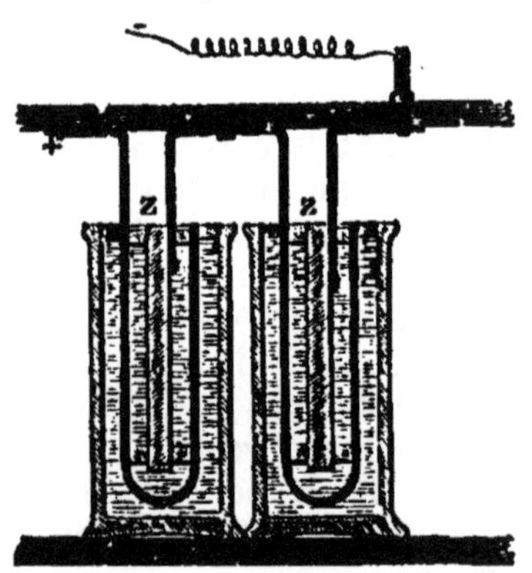

Fig. 282.

Fig. 281.

réunissait le cuivre d'un couple au zinc du couple suivant pour constituer une pile d'un certain nombre d'éléments. Toutes les lames
métalliques étaient fixées à une même traverse de bois qui servait
à les plonger toutes à la fois quand on voulait de l'électricité dans
l'eau acidulée contenue dans des vases convenablement disposés et
à les retirer d'un seul coup quand on voulait interrompre l'expérience.

On n'emploie plus les piles de Wollaston ; mais on se sert encore
du couple simple (fig. 282). On réunit ses deux pôles zinc et cuivre
par un fil de platine court et très fin ; et quand on plonge les lames
dans de l'eau acidulée, le fil de platine devient incandescent, révélant ainsi la chaleur développée par le courant électrique.

On a imaginé un grand nombre de dispositions pour augmenter

la surface des éléments sans augmenter beaucoup leur volume, comme par exemple d'enrouler les deux lames zinc et cuivre en hélice, en les maintenant séparées par des corps isolants. Mais toutes ces piles n'ont plus aujourd'hui qu'un intérêt historique.

4.8. Zinc amalgamé. — L'emploi du *zinc amalgamé* a constitué un grand progrès. Le zinc ordinaire plongé dans l'eau acidulée s'altère, se dissout, quand même les deux fils conducteurs de la pile ne sont pas réunis ; et si on l'employait dans une pile, il faudrait le sortir de l'eau acidulée toutes les fois que la pile ne devrait pas fonctionner. Le zinc amalgamé, au contraire, ne se dissout pas dans l'eau acidulée tant que la pile n'a pas ses deux fils réunis ; or le prouve très facilement en plongeant un zinc amagalmé dans l'eau acidulée : tandis qu'un zinc ordinaire s'attaquerait de suite, celui-là reste intact jusqu'à ce qu'on le touche avec une lame de cuivre ; il ne s'use donc que pendant la marche de la pile.

449. Inconvénients dus au dégagement d'hydrogène. — L'observation de l'action chimique produite dans la pile a montré que le zinc se dissout peu à peu et se transforme en oxyde puis en sulfate de zinc en dégageant de l'hydrogène. Le gaz hydrogène mis en liberté par la dissolution du zinc vient se dégager le long de la lame positive en bulles qui montent peu à peu à la surface du liquide.

Ce dégagement d'hydrogène est une des principales causes d'affaiblissement du courant électrique dans les piles simples : d'abord il forme une couche bulleuse qui fait obstacle au passage de l'électricité sur le cuivre et dans le fil extérieur ; en second lieu il a une certaine tendance à se recombiner avec l'oxygène qui oxyde le zinc et à constituer une action chimique inverse de celle qui produit l'électricité. La puissance de la pile diminue à mesure que la quantité d'hydrogène produite par la réaction principale augmente : on exprime cet état en disant que la lame de cuivre se *polarise*.

On a cherché divers moyens d'éviter, de supprimer cette polarisation. Un des plus simples consiste à mettre dans le liquide un corps qui prenne l'hydrogène et annule son action en le faisant entrer dans une combinaison.

C'est le principe de la *pile au bichromate* (fig. 283). Le liquide qui attaque le zinc est encore l'acide sulfurique ; mais le bichromate de potasse qui lui est mélangé détruit l'hydrogène en se transformant lui-même en alun de chrome. La lame positive est formée de deux plaques de charbon de cornues enveloppant le zinc sur ses deux faces. La pile est d'ailleurs disposée pour rester montée : la lame de zinc est portée à l'extrémité d'une tige que l'on remonte quand la pile ne doit plus servir, et que l'on redescend quand on veut faire

Fig. 283.

marcher l'appareil; le zinc peut donc être mis hors du liquide ou dans le liquide par une manipulation très simple.

II. — PILES A DEUX LIQUIDES

450. Principe des piles à deux liquides. — Le principe des piles à deux liquides est le suivant : une lame de zinc qui forme le pôle négatif de la pile plonge dans de l'eau acidulée par l'acide sulfurique; la lame positive, cuivre, platine ou charbon de cornues, suivant le cas, plonge dans un second liquide capable d'absorber l'hydrogène; les deux liquides sont séparés par une cloison poreuse perméable au gaz.

Dans presque toutes les piles, la réaction primitive est analogue : c'est le plus souvent l'action du zinc sur l'eau acidulée

$$Zn + HOSO^3 = H + Zn\,OSO^3.$$

Les piles diffèrent surtout les unes des autres par le liquide destiné à détruire l'hydrogène ou, comme on dit, à dépolariser la pile.

451. Pile de Daniell. — Dans la *pile de Daniell* (fig. 284), la première en date, le liquide dépolarisant est le sulfate de cuivre; de sorte que l'appareil se compose d'un vase extérieur contenant un cylindre de zinc et de l'eau acidulée; à l'intérieur est un vase cylindrique en porcelaine dégourdie, et par conséquent poreux; il contient le sulfate de cuivre dissous et des cristaux pour tenir la dissolution concentrée, puis la lame de cuivre qui forme le pôle positif.

La réaction de l'hydrogène sur le sulfate de cuivre met en liberté du cuivre métallique qui se dépose sur la lame du pôle positif :

$$H + Cu\,OSO^3 = Cu + HOSO^3.$$

Le sulfate de cuivre se détruit donc peu à peu et il faut le renouveler.

Cette pile n'est pas très forte, mais elle est très constante, de plus, elle ne donne lieu à aucun dégagement gazeux; elle a été beaucoup employée dans la télégraphie.

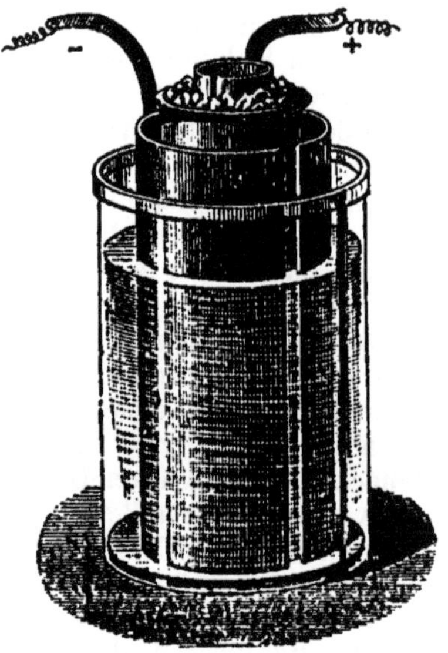

Fig. 284.

452. Pile de Bunsen. — Dans la *pile de Bunsen* (fig. 285), le second liquide est l'acide azotique, et le pôle positif est formé d'un prisme de charbon de cornues plongeant dans cet acide.

La réaction de l'hydrogène sur l'acide azotique détruit cet acide en produisant de l'eau et des vapeurs nitreuses qui sont gênantes pour la respiration et qui obligent à ne monter les piles Bunsen que loin des appartements habités et en plein air.

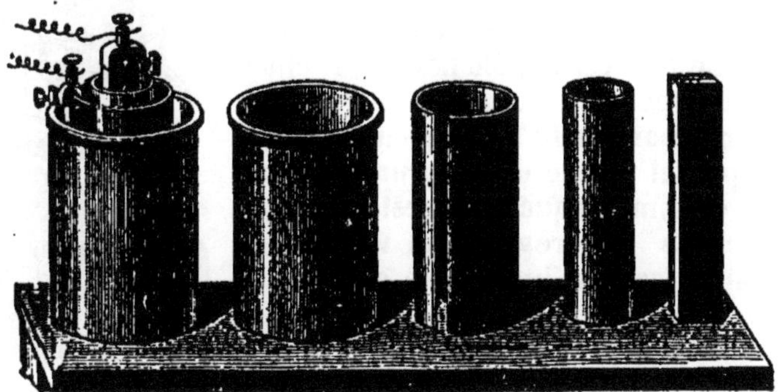

Fig. 285.

On a en effet dans la pile la **réaction** suivante qui donne du bioxyde d'azote :

$$3H + HOAzO^5 = 4HO + AzO^2.$$

Et à l'air ce bioxyde d'azote se transforme en vapeurs rutilantes

$$AzO^2 + O^2 = AzO^4.$$

Sans cet inconvénient, la pile de Bunsen aurait été très employée, car elle est beaucoup plus puissante que la pile de Daniell. Elle est assez coûteuse en raison de la dépense d'acide azotique . cet acide est bientôt hors de service.

483. Pile de Callaud. — La *pile de Callaud* est une modification très heureuse de la pile de Daniell : les deux pôles sont encore, l'un de zinc, l'autre de cuivre ; les deux liquides l'eau et le sulfate de cuivre ; mais il n'y a pas de vase poreux et c'est un avantage parce que ces vases finissent par s'incruster et par perdre leur perméabilité.

Dans le vase extérieur de verre ou de porcelaine (fig. 286) est posée une lame de cuivre à laquelle est fixé un fil qui passe dans un tube de verre ou qui est isolé par de la gutta-percha ; cette lame est au milieu des cristaux de sulfate de cuivre. On remplit le vase d'eau très légèrement acidulée et on coiffe le vase avec un court cylindre de zinc à rebord qui ne plonge que dans la première moitié du vase. Aussitôt que les pôles sont réunis, la pile fonctionne : l'eau et le sulfate de cuivre sont suffisamment séparés par leur densité.

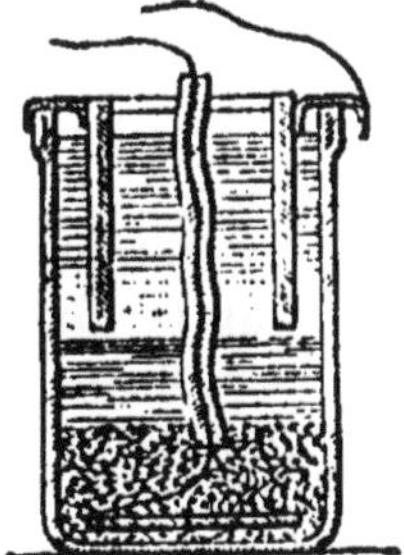

Fig. 286.

Cette pile est très constante ; elle ne dégage aucun gaz ; elle est employée aujourd'hui dans tous les bureaux télégraphiques.

454. Pile de Leclanché. — La *pile Leclanché* sous sa première forme se compose d'un cylindre de zinc plongeant dans une dissolution saturée de chlorhydrate d'ammoniaque, puis d'un vase poreux rempli de morceaux de coke et de bioxyde de manganèse au milieu desquels est une lamelle de charbon. Le zinc est le pôle négatif, le charbon le pôle positif. Quand les deux pôles sont réunis par un fil conducteur, le zinc est attaqué, il donne du chlorure de zinc, un peu d'ammoniaque qui reste dans le liquide et de l'hydrogène qui va vers le pôle positif; ce gaz hydrogène est détruit par le bioxyde de manganèse. Ici le corps dépolarisant n'est donc plus un liquide, mais un solide.

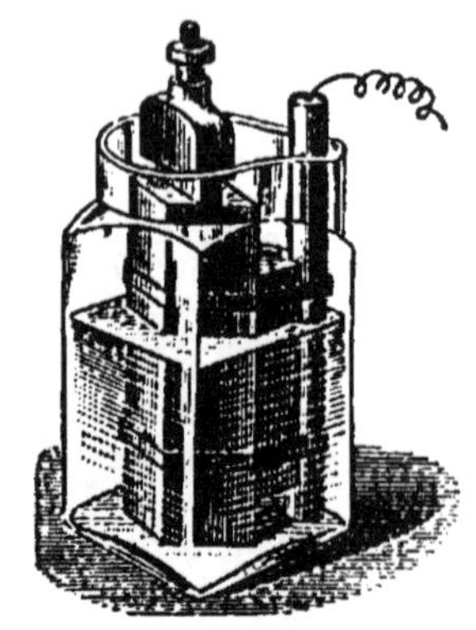

Fig. 287.

Récemment on a supprimé le vase poreux, le mélange dépolarisant de coke et de bioxyde de manganèse est moulé en forme de bloc auquel on accole la lame de charbon formant le pôle positif (fig. 287).

Sous l'une ou l'autre forme, cette pile peut fonctionner longtemps quand on ne l'emploie que par intermittences, comme c'est le cas dans les sonneries électriques ou même dans les petites lignes télégraphiques; elle ne donne pas de dégagement gazeux; le zinc ne s'use qu'autant que le circuit est fermé; aussi est-elle très employée.

On a imaginé un grand nombre d'autres piles à un ou plusieurs liquides. Nous ne les décrirons pas; nous nous sommes bornés à la description des plus importantes. Toutefois, dans les modèles récents, on semble se préoccuper beaucoup plus d'étendre la surface utile du pôle dépolarisant ou l'hydrogène doit se détruire que de multiplier la surface de la lame négative qui est la source de l'action chimique.

III. — PILES THERMO-ÉLECTRIQUES

455. Principe des piles thermo-électriques. — Dans toutes les piles précédentes, c'est l'action chimique qui produit la chaleur nécessaire au développement de l'électricité. On a pu réaliser des piles où le courant électrique tire son origine d'une élévation de température d'un

Fig. 288

des points de son circuit : ce sont les *piles* dites *thermo-électriques*.

La première est due à Seebeck. Dans sa forme la plus simple, elle se compose d'un barreau de bismuth CB soudé à une lame de cuivre deux fois repliée BADC (fig. 288). Dans le cadre ainsi formé on place une aiguille aimantée. Si on dirige d'abord le cadre dans le méridien magnétique et qu'on chauffe l'une des soudures bismuth-cuivre, l'aiguille dévie; il y a eu un courant électrique produit qui va de la soudure chaude à la soudure froide par le circuit extérieur.

Ainsi, un système de deux métaux soudés l'un à l'autre, dont les extrémités libres peuvent être réunies par un conducteur, forme un couple thermo-électrique.

La réunion de plusieurs barreaux de deux métaux, dont les soudures paires sont d'un côté, les soudures impaires de l'autre, constitue une *pile thermo-électrique* (fig. 289) qui donne un courant toutes les fois qu'un rang de soudures est à une température plus élevée que l'autre rang.

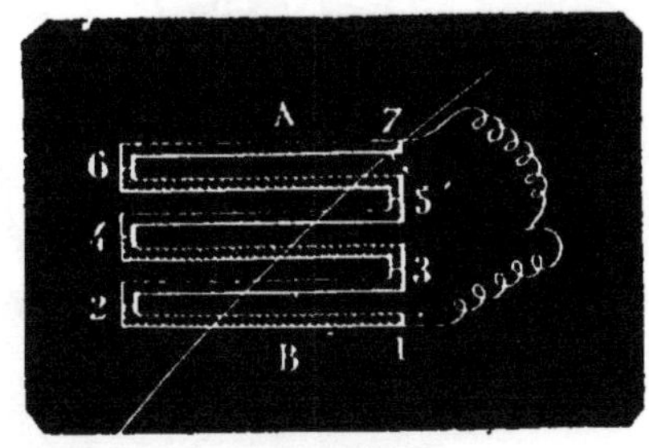

Fig 289.

Le thermo-multiplicateur de Melloni est jusqu'ici la plus importante application des courants thermo-électriques.

CHAPITRE LV

EFFETS CHIMIQUES DES COURANTS ÉLECTRIQUES

480. Décomposition de l'eau. — En 1800, un an après l'apparition de la pile de Volta, Carlisle et Nickolson ont découvert que si l'on plonge dans l'eau les deux fils de cuivre fixés aux pôles d'une forte pile, on voit des bulles gazeuses d'hydrogène se dégager sur le fil qui communique avec le pôle négatif; l'autre fil ne présente pas de dégagement gazeux, mais il s'oxyde. Si on le remplace par un fil de platine inoxydable, il s'y dégage alors de l'oxygène.

On répète aujourd'hui facilement cette expérience de la décomposition de l'eau par le courant électrique à l'aide du **voltamètre** à fils de platine et à petites cloches pleines d'eau posées au-dessus de ces fils. L'appareil est rempli d'eau légèrement acidulée. C'est un verre dont le fond est traversé de deux fils de platine (fig. 290) ou de deux lames du même métal en communication avec deux bornes métalliques où l'on amènera les deux fils d'une pile de deux éléments de Bunsen. Pour disposer l'expérience, on renverse au-dessus de chacun des fils de platine deux éprouvettes pleines d'eau acidulée. Quand le courant passe, les deux éprouvettes se remplissent de gaz, l'une deux fois plus vite que l'autre; la première a de l'hydrogène, l'autre de l'oxygène.

Le courant électrique a donc décomposé l'eau en portant l'oxygène au pôle positif, l'hydrogène au pôle négatif. Cette décomposi-

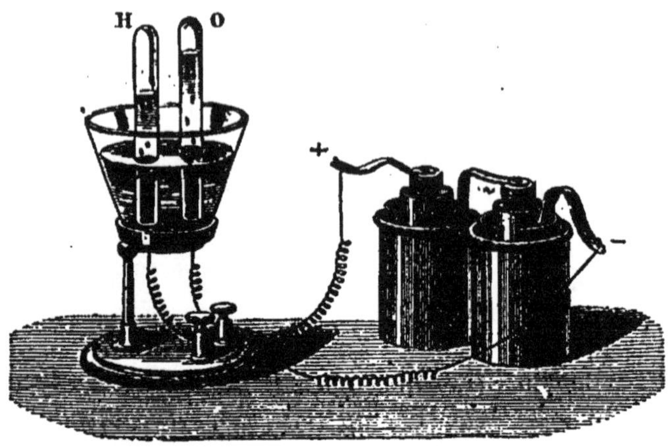

Fig. 290.

tion porte le nom d'*électrolyse*, les fils ou lames sur lesquelles la décomposition s'opère celui d'*électrodes*; le corps porté sur l'électrode positive et comme attiré par elle est dit *électro-négatif*, l'autre est dit *électro-positif*.

Ainsi, dans la décomposition de l'eau, l'hydrogène est électropositif et l'oxygène électro-négatif.

Tout le temps que dure l'expérience, le volume de l'hydrogène est double du volume de l'oxygène.

487. Le voltamètre comme mesure des courants.

— La quantité de gaz hydrogène produite dans un voltamètre, dans un temps donné, augmente avec le nombre des éléments de la pile; elle est proportionnelle à la quantité d'électricité qui traverse le circuit. Pour le prouver, l'on réunit le pôle positif d'une pile à un premier voltamètre A (fig. 291); du second fil de ce voltamètre on fait partir deux conducteurs égaux ABD et ACD, sur chacun desquels on place deux voltamètres C et D identiques entre eux, mais pouvant être différents ou non du premier voltamètre A. On joint le point D

Fig. 291.

au second pôle de la pile et on laisse marcher le courant quelque temps. On constate alors que le volume d'hydrogène déposé dans les voltamètres C et D est exactement le même et qu'il est la moitié de celui qui s'est dégagé en A. C'est qu'en effet l'électricité venue de la pile vers A a dû se diviser en deux parties égales pour passer dans les circuits égaux qui lui étaient offerts. Ainsi, à une quantité d'électricité deux fois plus petite, correspond un dégagement d'hydrogène deux fois plus petit.

Le voltamètre, et c'est de là que lui vient son nom, peut donc servir à comparer des quantités d'électricité ou à mesurer l'intensité d'un courant, si l'on prend pour intensité du courant la quantité de gaz hydrogène dégagé pendant l'unité de temps. Mais ce n'est pas un appareil de mesure très commode, puisqu'il oblige à recueillir et à mesurer un gaz.

458. Décomposition des composés binaires. — Le courant électrique décompose également les composés binaires qu'il peut traverser. Davy a reconnu qu'en soumettant au courant d'une forte pile des oxydes métalliques comme la potasse, la soude, etc., ils sont décomposés, comme l'eau, en leurs éléments; c'est une de ses expériences de ce genre qui lui a fait découvrir les métaux alcalins. Davy posait un morceau de potasse sur une lame

de platine; il amenait le pôle positif à la lame de platine et le pôle négatif sur la potasse, et il constatait à ce dernier pôle que des globules métalliques venaient brûler à l'air.

On répète cette expérience en creusant le morceau de potasse d'une cavité que l'on remplit de

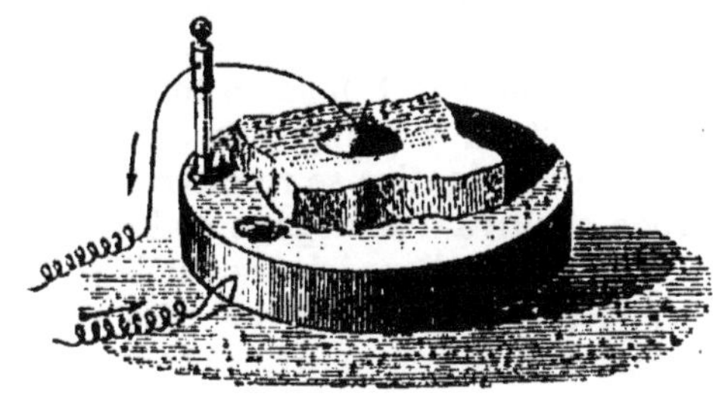

Fig. 292.

mercure (fig. 292) et où l'on amène le fil négatif de la pile; on prend ainsi comme électrode négative du mercure où le potassium vient s'amalgamer.

Dans ces décompositions, *le métal se porte au pôle négatif*; il est donc toujours électro-positif comme l'hydrogène.

Si on soumet à l'action du courant, non plus un morceau de potasse, mais une dissolution de ce corps, et que les deux électrodes soient en platine, on constate de l'oxygène au pôle positif, de l'hydrogène au pôle négatif, comme si c'était l'eau qui se soit décomposée. Le potassium s'est bien porté au pôle négatif, mais il a décomposé l'eau en formant de la potasse et en dégageant l'hydrogène. Le dégagement d'hydrogène est donc dû à une *action secondaire* qui a suivi celle que le courant avait d'abord exercée sur le liquide; et ce n'est pas une exception à la loi citée ci-devant de l'électrolyse. On empêche totalement ce dégagement d'hydrogène en prenant comme électrode négative un petit tube recourbé contenant du mercure; ce dernier métal retient le potassium mis en liberté par le courant

Ainsi donc, toutes lés fois que le courant peut traverser un composé binaire, il le décompose, et *il porte l'hydrogène ou le métal au pôle négatif.* Voici quelques exemples que l'on peut facilement réaliser :

	CORPS	POLE +	POLE —
Eau..............	HO	O	H
Acide chlorhydrique.	HC*l*	C*l*	H
Chlorure de plomb. .	P*b*C*l*	C*l*	P*b*
Iodure de potassium .	KI	I	K

L'expérience avec ce dernier corps est assez curieuse. On met dans un tube en U une solution d'iodure de potassium, et dans la branche où l'on amènera le pôle + de la pile, on ajoute un peu d'empois d'amidon. Aussitôt qu'on fait passer le courant, on voit le liquide devenir au pôle positif bleu violacé : c'est l'iode mis en liberté qui a agi sur l'empois et qui l'a coloré en bleu.

489. Décomposition des sels métalliques. —

Les sels dissous ou fondus subissent aussi la décomposition électro-chimique quand ils sont traversés par un courant. *Le métal se porte au pôle négatif* et le reste au pôle positif : telle est la loi générale ; et si quelques résultats en paraissent différents, c'est que l'action primitive du courant a été suivie d'une action secondaire.

L'expérience est particulièrement nette avec le sulfate de cuivre dissous. On le met dans un tube en U ou même dans un verre quelconque et on y plonge les deux électrodes *en platine* d'une pile : l'électrode négative se recouvre de cuivre rouge, tandis qu'à l'électrode positive il se dégage de l'oxygène et il vient un acide.

Si l'on fait l'expérience sur le sulfate de potasse, on constate un dégagement d'oxygène au pôle +, d'hydrogène au pôle —, et au premier abord on pourrait croire que l'eau seule a été décomposée. Si l'on verse du sirop de violettes aux deux pôles, on constate qu'il rougit au pôle positif et qu'il verdit au pôle négatif, et l'on est tenté de conclure que le sel s'est dissocié en base d'une part, et en acide d'autre part. Mais voici réellement ce qui se passe : le courant décompose le sulfate de potasse comme le sulfate de cuivre en portant au pôle positif un acide et de l'oxygène qui s'y dégage, et en mettant en liberté au pôle négatif du potassium. Mais ce métal, à mesure qu'il est libre, décompose l'eau, lui prend l'oxygène et laisse dégager l'hydrogène, et c'est ainsi qu'au pôle négatif on peut constater à la fois une base formée et un dégagement d'hydrogène. Cette dernière explication est d'ailleurs corroborée par ce qui se passe si on emploie du mercure comme électrode négative : le potassium s'amalgame au mercure, et on ne constate plus à ce pôle ni base, ni hydrogène.

Influence de l'électrode. — Si l'on décompose un sel métallique en prenant des fils de platine comme électrodes, le métal se dépose au pôle négatif, et la dissolution va en s'appauvrissant. Mais si l'on emploie comme électrode positive une lame du métal même contenu dans le sel, cette lame est attaquée par l'oxygène et par l'acide qui arrivent au pôle positif; elle se dissout peu à peu et maintient la dissolution à peu près dans le même état. Ainsi tout se passe comme si le métal de l'électrode positive était transporté sur l'électrode négative. En réalité le métal qui se dépose est emprunté à la dissolution.

Cette sorte d'électrode, qui porte le nom d'*électrode* ou d'*anode soluble*, est très employée dans la galvanoplastie.

460. Lois de Faraday. — Si on intercale plusieurs voltamètres différents de forme et de dimensions sur un même circuit, on constate que les quantités d'hydrogène dégagées dans chacun d'eux sont égales. De plus, on sait qu'il y a dans la pile un dégagement d'hydrogène le long de la lame de cuivre; si on cherche à connaître la quantité de ce dernier gaz qui s'est produite, on la trouve égale à celle de chacun des voltamètres : on en conclut que *les réactions chimiques qui s'accomplissent dans toutes les parties du circuit, la pile comprise, sont égales.*

Si au lieu de faire passer le courant dans une série de voltamètres à eau, on lui fait traverser différentes dissolutions métalliques, et qu'on pèse les quantités de chaque métal déposées dans un temps donné, on constate que *pour 1 gramme d'hydrogène déposé dans un voltamètre à eau, il y a, dans les différentes dissolutions, des poids des métaux égaux à leurs équivalents chimiques.*

Ainsi pour 1 gramme d'hydrogène dégagé dans le voltamètre, il se dépose aux électrodes négatives 32 grammes de cuivre, 108 grammes d'argent, etc.

Ces deux lois trouvent leur application dans la dépense nécessaire pour accomplir, dans un temps donné, une décomposition d'un sel. En voici deux exemples simples : 1° Pour déposer l'argent d'une de ses dissolutions, un élément de Bunsen suffit; alors, puisque le courant a la même force dans tout son parcours, quand sur son circuit extérieur il a déposé 108 grammes d'argent, il a produit dans son circuit intérieur 1 gramme d'hydrogène, et par conséquent dépensé 33 grammes de zinc.

2° Pour déposer le cuivre de son cyanure il faut au moins trois éléments de Bunsen; par conséquent, pendant que dans le circuit extérieur il se déposera 32 grammes de cuivre, dans chaque élément il y aura une dépense de 33 grammes de zinc; dans ce dernier cas, la dépense de zinc sera en définitive de 99 grammes pour un dépôt de 32 grammes de cuivre.

461. Pile à gaz. — Quand on a fait passer un courant quelque temps dans un voltamètre à grandes lames ou à longs fils de platine, qu'on supprime le courant et qu'on met en communication avec un galvanomètre les deux bornes du voltamètre, on constate que le circuit nouveau ainsi formé est traversé par un courant de sens contraire à celui qui avait servi à décomposer l'eau. Les deux gaz disparaissent peu à peu et le courant prend fin quand tout le gaz a disparu.

Le voltamètre plein de gaz après le passage du courant se comporte donc comme une pile dont le pôle positif est le fil correspondant à la cloche pleine d'oxygène. On donne le nom de courant *secondaire* au courant ainsi produit. La réunion de plusieurs voltamètres produisant des courants secondaires constitue une *pile à gaz* ou *pile secondaire*.

Sous la forme précédente, la pile secondaire n'a pas d'emploi. M. Planté est parvenu à la modifier et à la rendre capable de produire de grands effets.

462. Pile secondaire de Planté. — Principe des accumulateurs. — La *pile Planté* se compose de deux lames de plomb enroulées en spirale et constamment séparées l'une

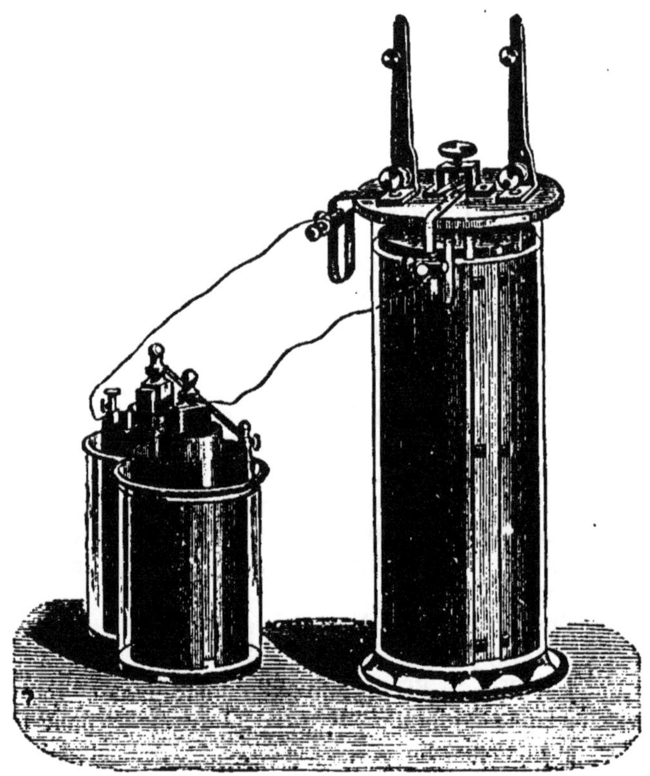

Fig. 293.

de l'autre par des bandes de caoutchouc ou de gutta-percha, le tout plongeant dans un vase cylindrique en verre rempli d'eau acidulée (fig. 293).

On fait passer dans ces deux lames, comme dans un voltamètre, le courant d'une pile faible pendant plusieurs heures les deux lames se polarisent et retiennent les deux gaz de l'eau, à leur surface que l'on fait très grande; la charge est atteinte quand des bulles de gaz commencent à se dégager.

Si alors on supprime la pile et qu'on réunisse les lames de plomb par un fil conducteur, ce fil sera traversé par un *courant secondaire* de peu de durée, mais de forte intensité.

On a ainsi *accumulé* lentement pendant plusieurs heures l'électricité de la première source; l'appareil peut la garder longtemps si ses deux bornes restent isolées l'une de l'autre, il la rend rapidement aussitôt qu'on ferme son circuit.

Un *accumulateur* se compose d'une batterie d'éléments secondaires analogues à celui que nous venons de décrire. Un dispositif simple et commode met d'abord tous les pôles positifs de chacun des éléments en communication; la résistance de l'ensemble est faible; le courant d'une source faible peut y passer et charger tous les appareils. On change alors la communication des pôles, et l'on fait communiquer le positif du premier avec le négatif du second et ainsi de suite. L'appareil rend alors, sous une assez forte tension, l'électricité qu'il avait accumulée, et l'on peut lui faire produire des effets très énergiques.

CHAPITRE LVI

GALVANOPLASTIE. — ÉLECTRO-CHIMIE

463. Galvanoplastie. — Quand on plonge les deux pôles d'une pile dans une dissolution métallique, le métal de la dissolution se dépose sur le pôle négatif. Si le courant est bien réglé, ni trop fort, ni trop faible, le dépôt métallique est homogène. Quand ce dépôt se moule exactement sur l'objet sans y adhérer, qu'il en reproduit tous les détails et peut en être séparé, on a fait de la *galvanoplastie*. Si, au contraire, le dépôt est très mince et très adhérent, qu'il constitue une couche protectrice ou décorative, on a fait de l'*électro-chimie*.

L'expérience la plus simple de galvanoplastie consiste à reproduire en cuivre l'une des faces d'une médaille métallique dont on obtient en creux tous les reliefs et inversement. On peut la réaliser avec une pile et un vase distinct de la pile contenant la dissolution de sulfate de cuivre : c'est l'**appareil composé**.

On entoure une médaille ou une pièce de monnaie d'un fil de cuivre; on recouvre de cire fondue l'une des faces et le pourtour. On attache la médaille, par le fil qui l'entoure, au pôle négatif d'un élément de Bunsen, et on la plonge dans un vase contenant du sulfate de cuivre. Au pôle positif de la pile est un fil terminé par une lame de cuivre que l'on plonge dans la dissolution pour servir d'*anode soluble;* au bout de quelque temps la médaille est couverte sur sa face libre d'une couche de cuivre dont l'épaisseur s'accroît peu à peu à mesure que le courant passe. On laisse marcher l'opération assez de temps pour qu'on puisse ensuite détacher la lame déposée sans la briser.

404. Appareil simple. — On obtient d'aussi bons résultats avec un seul vase monté comme une pile de Daniell; au lieu et

place de la lame de cuivre qui doit former le pôle positif de la pile, on met la médaille M à reproduire; la pile fonctionne quand cet objet à recouvrir est mis, extérieurement à la pile, en communication métallique avec le zinc Zn : l'objet se couvre peu à peu de cuivre métallique en couche homogène (fig. 294).

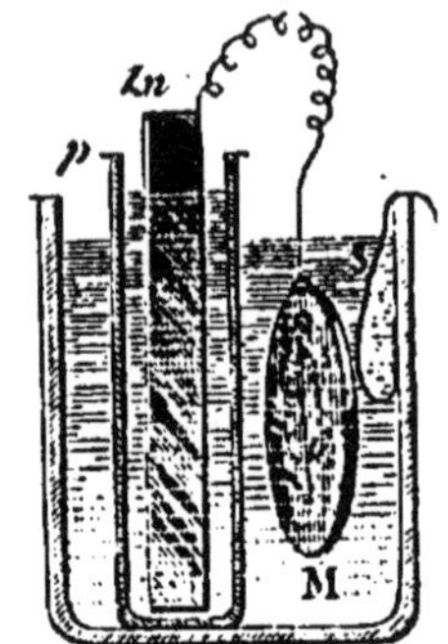

Fig. 294.

On peut même donner n'importe quelle forme à cet appareil simple, remplacer le vase poreux p par une vessie formant le fond d'un tamis de bois, pourvu que l'objet à recouvrir plonge dans du sulfate de cuivre et qu'il soit mis extérieurement en communication avec une lame de zinc qui plonge dans l'eau. Un courant même très faible suffit à faire déposer le cuivre en couche homogène sur l'objet.

La raison de ce dépôt de cuivre se comprend aisément. Dans l'appareil composé où le liquide traversé par l'électricité est distinct de la pile, le courant porte le cuivre sur la lame négative, c'est-à-dire sur l'objet à recouvrir, tandis qu'il porte sur l'anode l'oxygène et l'acide qui forment peu à peu avec l'anode du sulfate de cuivre maintenant la dissolution à peu près au même degré de concentration.

Dans l'appareil simple, la première action chimique est celle de l'eau acidulée et du zinc, qui dégage de l'hydrogène; c'est ce gaz hydrogène qui dans la pile se porte sur le pôle positif, y décompose le sulfate de cuivre et fait déposer le cuivre sur l'objet conducteur qui forme ce pôle.

405. Emploi des moules. — Il est plus commode d'employer un moule de l'objet. On fait ce moule en plâtre, en stéarine, en cire, en gélatine, en gutta-percha, même en alliage fusible, en un mot, en une matière plastique qui garde bien la forme qu'on lui a donnée par compression, par fusion ou par coulage sur l'objet.

On rend ce moule conducteur de l'électricité en le frottant avec un pinceau enduit de plombagine. On le met au pôle négatif d'une pile, on le fait plonger dans une dissolution de sulfate de cuivre, et il se recouvre d'une couche dont une des faces, celle qui touche le moule, reproduit exactement l'objet.

La dissolution de sulfate de cuivre s'appauvrirait rapidement; mais dans le cas de l'appareil simple, on y suspend des sachets de toile remplis de cristaux de sulfate de cuivre; et dans le cas de l'appareil composé, on termine le pôle positif de la pile par une plaque de cuivre au moins égale en surface à l'objet qu'il s'agit de recouvrir :

de cette manière, c'est le métal de la dissolution qui se dépose sur l'objet, mais en même temps la surface de l'anode soluble se dissout et maintient la dissolution saturée.

Les applications de la galvanoplastie à la reproduction des médailles, des bas-reliefs, des planches gravées, des gravures sur bois, etc., sont tout particulièrement intéressantes. Ainsi c'est par la galvanoplastie qu'on produit les clichés au moyen desquels sont tirées les figures des livres. Le dessin est d'abord gravé en relief sur un bloc de buis. Mais ce bloc s'userait vite au tirage. On en prend une empreinte en gutta-percha et sur cette empreinte rendue conductrice on opère un dépôt galvanique qui reproduit en cuivre rouge tous les traits du dessin original.

Rien n'empêche de prendre du même et unique objet gravé plusieurs empreintes qui seront toutes semblables et qui permettront d'obtenir sur une même planche un certain nombre de dessins identiques du même original. C'est ainsi qu'on opère pour le tirage des timbres-postes.

406. Électro-chimie. — Le but de l'*électro-chimie*, c'est de recouvrir un métal commun ou un objet quelconque métallisé d'une couche d'un métal précieux ou inaltérable qui ne change pas les détails de la surface et qui présente une adhérence parfaite et une certaine résistance au frottement.

L'argenture, la dorure galvanique et le nickelage sont les trois principaux exemples.

Avant 1840 on dorait à l'aide d'un amalgame de mercure, posé sur les pièces métalliques, puis chauffé pour chasser le mercure et déposer le métal précieux ; c'était un procédé nuisible à la santé des ouvriers à cause des vapeurs de mercure qui se produisaient pendant le chauffage de l'objet recouvert de l'amalgame.

Quand Elkington et Ruolz proposèrent l'emploi du courant électrique, leur procédé fut immédiatement mis en pratique : c'était une œuvre d'humanité autant qu'une découverte scientifique.

Avant eux on savait décomposer une solution métallique d'argent ou d'or par le courant électrique ; mais on n'obtenait qu'un dépôt pulvérulent ; leur découverte consiste à avoir proposé l'emploi du cyanure d'argent ou d'or dissous dans le cyanure de potassium, qui donne un dépôt absolument homogène et parfaitement adhérent.

L'argenture ou la dorure et même le nickelage exigent l'emploi de l'appareil composé, c'est-à-dire une cuve contenant la solution métallique à décomposer et une pile distincte.

Elles exigent également que les objets à recouvrir aient été au préalable parfaitement décapés avant leur mise au bain. A leur sortie, il faut les sécher, les brosser fortement, les polir ou les brunir.

On dépose non seulement des métaux différents, mais on sait même déposer des alliages ressemblant au cuivre jaune ou au bronze. Et c'est une industrie très prospère, que celle de l'électro-chimie en général et celle de l'argenture en particulier.

Argenture. — Pour préparer le liquide d'argenture on fait dissoudre dans 100ᶜᶜ d'eau distillée 10 grammes de nitrate d'argent. On verse dans le liquide 6 grammes de cyanure de potassium dissous dans le moins d'eau possible, on laisse déposer le précipité, et on le décante. Puis on y verse du cyanure de potassium dissou~ jusqu'à ce que le précipité soit entièrement redissous. On étend d'eau distillée au volume d'un litre. On filtre si besoin est ; ce liquide est prêt à servir.

Pour une expérience de laboratoire, on décape un objet à argenter et un gros fil de cuivre en les brossant dans une solution de cristaux de soude, puis ensuite avec de la crème de tartre finement pulvérisée. On les attache au pôle négatif d'un élément de pile (fig. 295) et on les plonge dans le bain d'argenture. On met au pôle positif et plongeant dans le bain une lame d'argent, et on laisse le tout plus ou moins de temps suivant l'épaisseur du dépôt que l'on veut obtenir.

Fig. 295.

On retire les objets du bain, on les lave à l'eau distillée, on les sèche dans de la sciure de bois légèrement chauffée. Il suffit de les brosser ensuite avec une brosse dure pour leur donner le brillant métallique.

Dorure. — Pour préparer le bain d'or, dissoudre dans un peu d'eau 2 grammes de chlorure d'or ; dans 200ᶜᶜ d'eau 20 grammes de prussiate jaune de potasse; mêler les deux liquides, et chauffer presque jusqu'à l'ébullition puis filtrer.

Placer dans le bain d'or *chauffé à* 60°, le fil de cuivre argenté ou l'objet à dorer, attaché au pôle négatif de la pile ; mettre au pôle positif une lame d'or et laisser tremper vingt minutes au plus. Retirer le fil du bain, le laver, le sécher, le frotter fortement pour lui donner le brillant de l'or.

Nickelage. — Pour faire un bain, dissoudre dans un demi-litre d'eau bouillante 60 grammes de sulfate de nickel et d'ammoniaque; dans un autre demi-litre 30 grammes de sulfate d'ammoniaque pur et un petit cristal d'acide citrique. Mêler les deux liquides, y ajouter peu à peu du carbonate d'ammoniaque jusqu'à ce que le bain ne rougisse plus le papier de tournesol, et filtrer.

Plonger dans ce bain les objets à nickeler après les avoir convenablement décapés. Mettre au pôle positif une anode de nickel. Au bout de quelque temps les objets sont recouverts ; il ne reste plus qu'à les sécher, les brosser et les polir.

CHAPITRE LVII

ACTION DU COURANT ÉLECTRIQUE SUR L'AIGUILLE AIMANTÉE. — GALVANOMÈTRE

467. Expérience d'OErsted. — Loi d'Ampère. — OErsted a remarqué le premier, dès 1820, que si l'on fait passer un courant électrique dans le voisinage d'une aiguille aimantée, celle-ci est déviée de sa position d'équilibre et tend à se mettre en croix avec le courant.

Le sens de la déviation dépend du sens du courant et de sa position par rapport à l'aiguille.

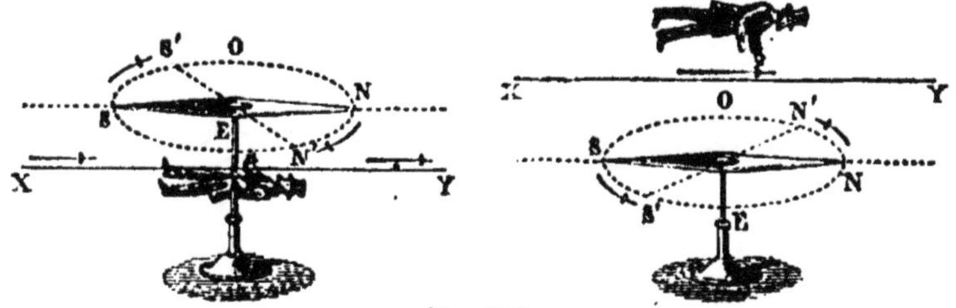

Fig. 296.

Ampère a montré qu'on peut toujours prévoir dans quel sens l'aiguille déviera sous l'action d'un courant, si l'on suppose un observateur couché sur le fil, astreint à regarder l'aiguille et dans une position telle que le courant lui entre par les pieds, c'est-à-dire qu'il ait la tête vers le pôle négatif et les pieds vers le pôle positif de la pile fournissant le courant. Dans tous les cas, *le pôle nord de l'aiguille aimantée se porte à gauche de cet observateur*.

On confond souvent cet observateur d'Ampère avec le courant et l'on dit droite et gauche du courant, au lieu de dire droite et gauche de l'observateur. La loi d'Ampère se formule alors simplement : *le pôle nord de l'aiguille aimantée se porte toujours à la gauche du courant*.

La figure 296 montre comment on fait l'expérience, en plaçant le fil constituant le circuit fermé d'une pile soit au-dessus, soit au-dessous de l'aiguille. On note le sens du courant et on s'assure que dans tous les cas le pôle nord de l'aiguille se porte à la gauche de ce courant.

468. Commutateurs. — Pour n'avoir pas à détacher et à rattacher les fils de la pile à chaque fois qu'on veut changer le sens du courant dans un circuit, on emploie des appareils appelés *commutateurs* Ces appareils sont très différents de forme, bien qu'ils aient tous le même objet. La fi-gure 296 *bis* en re-présente un très commode imaginé par Bertin. Nous nous contenterons de citer leur principe sans détailler leur construction. Le courant de la pile arrive dans deux

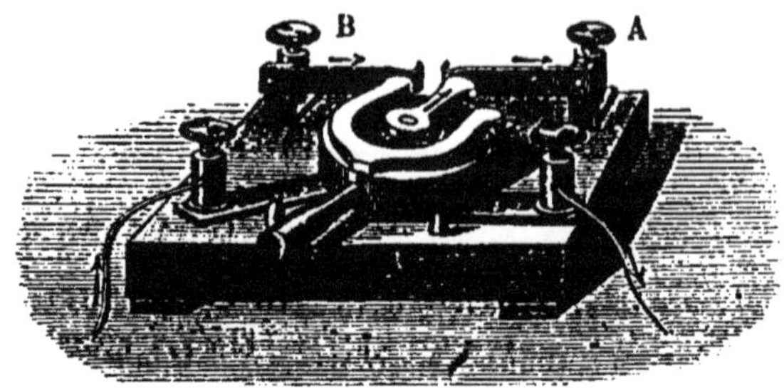

Fig. 296 *bis*.

bornes P et N, pour repartir par deux autres A et B ; une pièce mobile permet de mettre P en communication soit avec A, soit avec B ; par suite, N l'est avec B ou avec A ; le changement se fait en un instant.

469. Multiplicateur. — L'expérience prouve qu'un courant donné qui traverse un fil enroulé plusieurs fois autour d'un cadre de bois (fig. 297) a bien plus d'action sur une aiguille aimantée

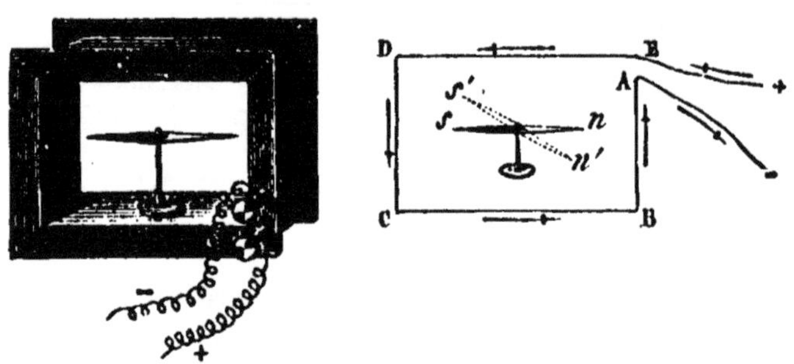

Fig 297

qu'il n'en aurait s'il passait seulement une fois au-dessus ou au-dessous de l'aiguille comme dans l'expérience d'Œrsted.

Montrons en effet que les quatre côtés d'un rectangle traversé par un courant, au milieu duquel est une aiguille, agissent tous quatre sur l'aiguille pour produire des déviations de même sens et que leurs actions s'ajoutent : celles d'une seconde spire s'ajoutent à celles d'une première et ainsi de suite.

Soit le cadre de fil ABCDE dans lequel le courant entre en E et sort en A. Soit *ns* l'aiguille aimantée. La portion ED du courant agit pour porter le pôle nord (*n*) de l'aiguille en (*n'*) en avant du plan de la figure. La portion DC agit également pour porter le pôle nord en avant du plan de la figure. Il en est de même de la portion CB où la gauche du courant est encore en devant de la figure, et aussi de BA. Toutes les parties du rectangle ajoutent donc leur action sur l'aiguille. Tel est le principe du *multiplicateur* employé pour révéler l'existence des courants. Il est entendu que toutes les spires doivent être isolées les unes des autres, ce que l'on obtient en employant un fil recouvert de soie ou de gutta-percha.

470. Galvanomètre. — Le galvanomètre est un multiplicateur disposé pour constater l'existence des courants dans un circuit et en mesurer l'intensité d'après la déviation de l'aiguille.

Quand l'aiguille du multiplicateur est déviée de sa position par le courant, la force magnétique de la terre tend à la ramener dans le plan du méridien magnétique ; il s'établit un état d'équilibre entre l'action du courant et celle de la terre, et cet état d'équilibre est indiqué par la déviation.

Si l'aiguille est fortement aimantée, la force de la terre est plus grande par rapport à celle du courant, et la déviation est faible pour les courants faibles. Si au contraire la force de la terre est diminuée, un faible courant peut produire une déviation assez notable.

C'est pour diminuer l'action de la terre sur l'aimant que l'on emploie deux aiguilles fixées l'une à l'autre par une tige rigide, ayant leurs pôles opposés et mobiles ensemble. L'une des aiguilles est au milieu du cadre multiplicateur ; l'autre est au-dessus. Il est facile de montrer, d'après la loi d'Ampère, que l'action du courant sur l'aiguille extérieure produit une déviation du même sens que l'action du multiplicateur sur l'aiguille placée en son milieu.

Si les deux aiguilles étaient exactement de même force magnétique, le système serait rigoureusement astatique ; le moindre courant le mettrait en croix avec lui. On donne à l'une des aiguilles un peu plus d'aimantation qu'à l'autre, de cette manière l'appareil est très sensible, et les aiguilles reviennent d'elles-mêmes dans le méridien magnétique quand elles en ont été écartées.

L'instrument est formé d'un cadre d'ivoire sur lequel est enroulé le fil et qui porte un cadran divisé dont le 0-180 est dans la direction des spires du fil. Les deux aiguilles sont réunies par une petite

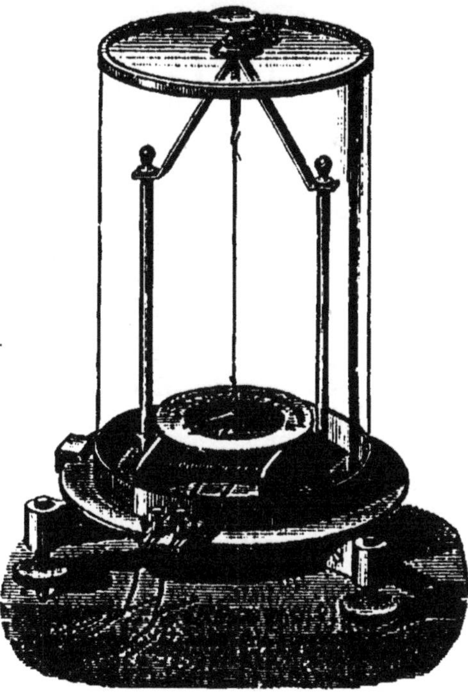
Fig. 298.

tige de cuivre à crochet portée par un fil de cocon suspendu au haut de l'appareil (fig. 298). L'une des aiguilles est au-dessus du cadran, l'autre dans l'intérieur du cadre. L'appareil est monté sur un pied à vis calantes qui permet de mettre le cadran bien horizontal et d'obtenir que la tige de cuivre qui réunit les deux aiguilles se meuve librement dans sa petite cavité sans se heurter aux parois. Les deux bouts du fil enroulé sur le cadre se rendent à deux bornes métalliques auxquelles on attache les extrémités du circuit dont on veut constater la force.

Pour se servir de l'appareil, il faut d'abord rendre les aiguilles très mobiles en agissant sur les vis calantes du pied pour mettre le cadran horizontal et sur la vis supérieure pour relever ou abaisser le fil qui suspend les aiguilles. Il faut ensuite tourner le cadre de manière que l'aiguille soit au zéro, c'est-à-dire que le plan des spires du fil soit dans le méridien magnétique; alors l'instrument est prêt pour les expériences.

471. Galvanomètre des tangentes. — La forme et les dispositions d'un galvanomètre peuvent varier beaucoup; mais dans tout appareil, il y a un champ magnétique directeur qui est souvent le champ magnétique terrestre plus ou moins contrebalancé par un aimant, et un circuit traversé par le courant électrique et qui peut être fixe ou mobile.

Quand le champ magnétique directeur est uniforme comme celui de la terre ou d'un aimant placé à grande distance d'une aiguille très courte, que le courant passe dans un cadre éloigné de l'aiguille, l'appareil est dit *boussole* ou *galvanomètre des tangentes*. Les actions du courant se réduisent à deux forces égales et contraires appliquées au deux pôles de l'aiguille et perpendiculaires à sa direction initiale. Pour une position d'équilibre faisant un angle a, si F est la force du courant, sa composante utile est $F \cos a$. T étant la force magnétique, sa composante utile est $T \sin a$. On a donc

$$F \cos a = T \sin a \quad \text{ou} \quad F = T \tan g \, a$$

Pour un autre courant

$$F' = T \tan g \, a'$$

et les deux courants peuvent être comparés par le rapport des tangentes des angles de déviation qu'ils impriment à l'aiguille.

172. Galvanomètre apériodique. — L'aiguille oscillerait longtemps avant de s'arrêter à sa position d'équilibre si on ne prenait pas des dispositions spéciales pour amortir les oscillations. L'appareil est *apériodique* quand l'aiguille prend très rapidement sa position d'équilibre: tel est le galvanomètre

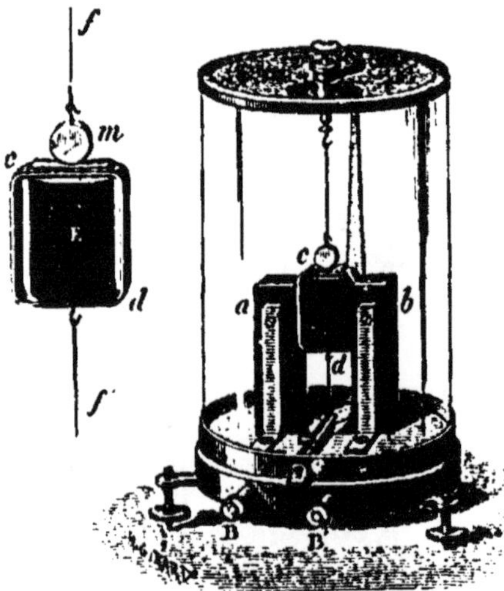

Fig. 299. — Galvanomètre Deprez-d'Arsonval.

Deprez-d'Arsonval. Le champ magnétique est formé par les deux branches a et b d'un fort aimant vertical (fig. 299) Le circuit du courant est un cadre rectangulaire cd mobile autour d'un axe formé par deux fils métalliques ff qui communiquent aux bornes BB' de l'appareil; le cadre entoure un cylindre de fer doux E. Le fil de suspension porte un petit miroir m qui se meut avec le cadre. Le courant arrive dans le cadre par un des fils f; il tend à faire tourner le cadre: la torsion des fils d'argent fait équilibre à la répulsion des pôles de l'aimant sur le courant rectangulaire. Le cadre et son miroir prennent très vite une position d'équilibre. Les déviations sont mesurées par le déplacement d'un rayon lumineux envoyé sur le miroir.

CHAPITRE LVIII

LOIS DES COURANTS ÉLECTRIQUES. — INTENSITÉ. — RÉSISTANCE.

473. Courant électrique. — Si l'on réunit par un fil métallique deux conducteurs à des potentiels différents, l'électricité passe par le fil du corps dont le potentiel est le plus élevé sur l'autre corps. Et si l'on maintient par une dépense d'énergie les potentiels constants, le conducteur et l'espace qui l'environne prennent des propriétés spéciales; le conducteur est traversé par un *courant électrique*. On assimile ce courant électrique à un *écoulement* ou *flux* d'électricité; l'énergie électrique qui s'y manifeste est la transformation de l'énergie dépensée pour maintenir constante la différence des potentiels. Lors donc qu'un courant électrique se produit dans un conducteur, il est la conséquence d'une *différence de potentiel* qui en paraît être la cause et qu'on a appelée la *force électromotrice*.

Le chemin parcouru par le courant constitue le *circuit électrique*. Les actions diverses que ce courant peut produire dépendent de sa grandeur ou *intensité*, et celle-ci est liée à son tour à la force électromotrice de la source, comme aussi aux obstacles ou à la *résistance* que le circuit oppose.

Le courant est donc caractérisé et défini dans un circuit électrique par trois éléments : la *force électromotrice*, l'*intensité* et la *résistance*.

474. Intensité du courant. — L'expérience montre que dans tous les points du circuit formé par une source électrique et le conducteur interpolaire, les propriétés sont les mêmes quant au sens du courant et à la grandeur de ses effets: on en conclut que chaque section est traversée en même temps par la même quantité d'électricité. On définit l'*intensité du courant* la quantité d'électricité qui traverse par seconde une section quelconque du circuit.

Quand on emploie les unités pratiques, l'*unité d'intensité* est celle qui correspond au passage d'un coulomb par seconde: on lui a donné le nom d'*ampère*. L'intensité d'un courant exprimée en ampères est donc le nombre de coulombs qui passent par seconde dans une section du circuit. Si q est le nombre de coulombs qui ont traversé en t secondes une section du circuit et que le courant soit constant, l'intensité est donnée par la formule $I = \frac{q}{t}$. Lorsque le courant est variable, cette formule donne l'intensité à *un instant donné*, si l'on y fait t très petit et si q y représente la quantité d'électricité écoulée en un temps très court.

Un courant de 50, 100 ampères est celui où il passe par seconde dans une section 50 ou 100 coulombs.

Les lois de Faraday sur l'électrolyse (460) donnent un moyen simple de connaître la valeur de l'intensité d'un courant. D'après les expériences de Kohlrausch et de Mascart, un coulomb passant à travers l'eau acidulée dégage $0^{gr},000\,010\,35$ d'hydrogène; ce nombre est l'équivalent électro-chimique du gaz hydrogène. Un coulomb décompose donc d'un électrolyte un poids p qui est le produit de l'équivalent du corps, rapporté à 1 gramme d'hydrogène, par $0^{gr},000\,010\,35$, autrement dit un équivalent électro-chimique du corps. Comme un ampère équivaut à 1 coulomb par seconde, si un courant de I ampères passant pendant t secondes dans un électrolyte dont l'équivalent électro-chimique est e a libéré un poids P, on écrit

$$P = Iet \quad \text{d'où on tire} \quad I = \frac{P}{et}$$

dans le cas du voltamètre à eau, si P est l'hydrogène libéré, $I = \dfrac{P}{0,000\,010\,35\,t}$.

Nous indiquerons à la fin de ce chapitre un autre moyen de déterminer l'intensité I d'un courant.

475. Résistance. — On prend une pile simple à deux grandes lames métalliques, dont on relie les pôles par un circuit dans lequel on intercale soit un galvanomètre, soit un voltamètre, on constate que le courant a une certaine intensité mesurable au voltamètre ou par la déviation du galvanomètre.

1° On augmente la longueur du circuit métallique sans changer sa nature, ni sa section, on voit l'intensité du courant diminuer;

L'intensité augmente si au lieu du premier fil on en met un second de même longueur et de même nature, mais de diamètre plus grand.

L'intensité change pour des fils de nature différente.

On peut donc conclure que la force électromotrice de la pile restant invariable, les corps interposés dans le circuit changent la quantité d'électricité qui traverse une section du conducteur dans un temps donné; le conducteur offre donc une *résistance* plus ou moins grande au passage du courant, suivant sa longueur, sa section et sa nature.

2° On rapproche ou on éloigne l'une de l'autre les deux lames qui forment la pile, ou bien on les plonge plus ou moins dans le liquide pour faire varier leur surface utile et on constate que l'intensité du courant produit et dont le circuit est resté le même a varié, comme lorsque le circuit variait. Il y a donc, dans l'intérieur de l'élément de pile, une *résistance* de même ordre que dans le circuit extérieur.

Pouillet a étudié les lois de la résistance des conducteurs en cherchant les conditions de longueur et de section, pour deux fils de même substance et pour des fils différents, qui rendent deux conducteurs équivalents vis-à-vis de l'intensité d'un courant de force électromotrice constante. Voici les résultats qu'il a formulés :

La résistance d'un conducteur est *proportionnelle à sa longueur*, à un facteur qui dépend du métal, autrement dit à sa *résistance spécifique;* et elle est *inversement proportionnelle à sa section* ou au carré de son diamètre.

Unité de résistance. On a adopté comme unité pratique de résistance, sous le nom d'*Ohm* légal, la *résistance qu'oppose au courant une colonne de mercure de 1 millimètre carré de section et de 106 centimètres de longueur, à la température de la glace fondante.*

On exprime la résistance spécifique des corps en ohms ou en fractions d'ohms en supposant que le corps soit un fil d'un mètre de long et d'un millimètre de diamètre.

Dans ces conditions, si k est la résistance spécifique du cuivre, un conducteur de ce métal de longueur l (en mètres), de diamètre d (en millimètres) produira dans un circuit une résistance R en ohms donnée par

$$R = K \frac{l}{d^2} \cdot$$

On a fait l'*étalon de résistance* soit avec une colonne de mercure comme l'indique la définition, soit, pour la pratique, avec un fort fil de maillechort roulé en bobine. Pour les mesures électriques, on réunit en une seule boîte plusieurs bobines représentant l'*Ohm* et des multiples et sous-multiples de cette unité. On adopte la disposition indiquée par la figure 300, a, a', a''.. sont des pièces épaisses en laiton dont la résistance est négligeable; b, b', b''... des chevilles en laiton dont la tête est en ébonite; c, c', c'' sont des bobines dont la résistance est différente et inscrite

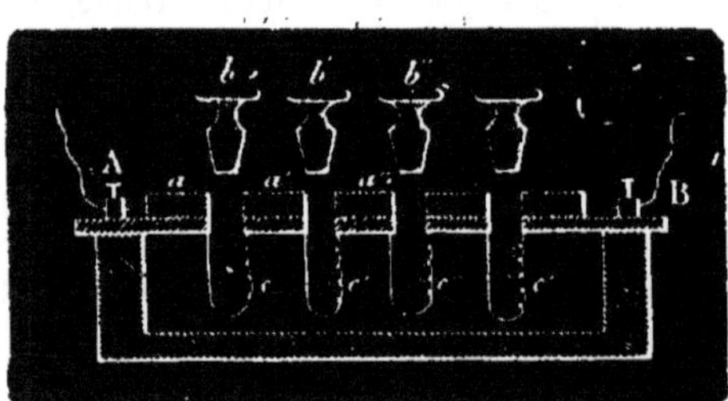

Fig. 300. — Coupe d'une boîte de résistance.

par un chiffre sur le couvercle de la boîte au-dessus de chacune d'elles. On introduit l'appareil dans le circuit, toutes les chevilles étant en place, le courant n'éprouve pas de résistance appréciable; en enlevant une cheville, on introduit dans le circuit la bobine correspondante, c'est-à-dire une résistance connue. Et si les bobines sont les unes par rapport aux autres comme les poids d'une boîte de balance, on dispose d'un très grand nombre de résistances.

Loi d'Ohm. — Ohm a formulé la relation qui lie les trois caractéristiques d'un courant : *L'intensité d'un courant est proportionnelle à la force électromotrice du générateur et en raison inverse de la résistance totale du circuit.* Il a montré.

1° que la résistance de la pile est de même ordre que celle du circuit et intervient dans le même sens.

2° L'intensité du courant est en raison inverse de la résistance totale du circuit.
— Ohm et Pouillet ont montré que si l'on prend une pile dont la résistance intérieure R ne varie pas pendant l'expérience, qu'on lui mette des conducteurs extérieurs divers de résistance r, r', r'' .... , et que dans chaque cas on mesure les intensités du courant i, i', i'' ...., dans tous les cas le produit de l'intensité par la résistance totale sera le même; on aura donc :

$$i\,(R + r) = i'\,(R + r') = i''\,(R + r'') .... = E.$$

Ainsi donc, dans un circuit de résistance variable, l'intensité du courant varie en raison inverse de la résistance totale.

Force électro-motrice. — On désigne sous le nom de *force électro-motrice* le produit constant de l'intensité d'une pile par la résistance totale de son circuit. C'est l'intensité du courant que la pile produirait dans un circuit dont la résistance totale serait égale à l'unité.

Si donc on représente par I l'intensité d'un courant, par E la force électro-motrice, par R la résistance intérieure de la pile et par r la résistance extérieure du circuit, on peut écrire :

$$I = \frac{E}{R + r},$$

telle est la formule donnée par Ohm et trouvée expérimentalement par Pouillet.

170. Modes d'association des piles. — On peut grouper et réunir les piles de plusieurs manières et modifier ainsi la valeur effective du courant que peuvent produire un certain nombre d'éléments dans un circuit déterminé; c'est donc un problème intéressant à résoudre que de chercher le meilleur mode de groupement.

Le plus simple est le groupement en *série* ou en *tension;* il consiste à réunir le pôle + du premier élément au pôle — du second, et ainsi de suite, de manière à former une seule file où il ne reste libres que deux pôles, un à chaque bout, pour y placer les électrodes (fig. 301).

Voici le calcul de l'intensité dans ce cas, pour n éléments :

Si i est l'intensité de l'un, R la résistance intérieure de chaque élément, r la résistance du circuit ex-

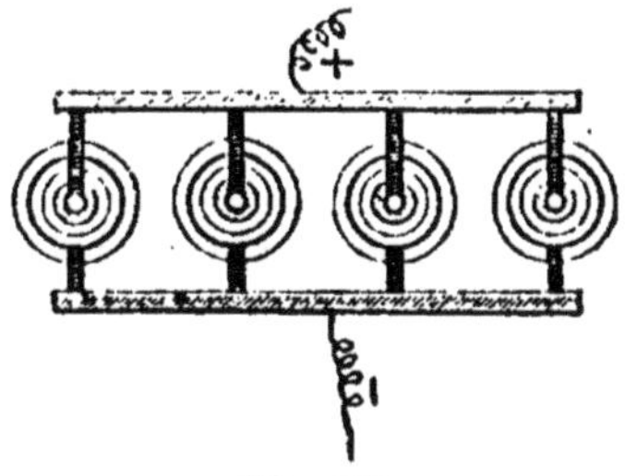

Fig. 301.

térieur, la résistance totale est $nR + r$. L'intensité de chaque élément est donc

$$(nR + r)\,i = E \quad \text{ou} \quad i = \frac{E}{nR + r}.$$

Comme il y a n courants égaux et de même sens qui s'ajoutent, l'intensité totale I sera :

$$I = ni = \frac{nE}{nR + r}.$$

Et si l'on divise les deux termes par n,

$$I = \frac{E}{R + \dfrac{r}{n}}.$$

On voit de suite que si r est très grand par rapport à R, l'intensité grandira avec le nombre des couples. Ainsi, d'une manière générale, ce mode d'association en série n'est très bon que si le circuit extérieur présente une grande résistance.

2° *Batterie*. — Un deuxième mode d'assemblage consiste à réunir en un seul tous les pôles positifs, d'un autre côté, en un seul, tous les pôles négatifs et à constituer ainsi un arrangement en *batterie* appelé aussi groupement en *surface* ou en *quantité*. C'est en résumé comme si l'on faisait un seul élément de tous les éléments réunis.

Dans cet assemblage, la résistance de chaque élément n'est plus que $\frac{R}{n}$ puisque la section de l'élément est devenue n fois plus grande, et il n'y a en tout qu'une pile, par conséquent qu'une force électro-motrice.

La formule est donc :

$$I = \frac{E}{\frac{R}{n} + r}.$$

3° *Mode mixte*. — Le mode le plus employé consiste à faire plusieurs séries identiques et parallèles et à les réunir par leurs pôles de même nom pour les constituer en *batterie* ou en *quantité*.

Supposons que l'on dispose de n éléments.

Que l'on en fasse m séries à réunir ensuite par les pôles de même nom.

Dans chaque série il y aura $\frac{n}{m}$ éléments.

Il y aura donc $\frac{n}{m}$ fois la force électro-motrice.

La résistance d'une série sera $\frac{n}{m} R$.

Mais quand les séries seront en batterie, la résistance sera m fois plus petite; l'expression de la résistance totale sera :

$$\frac{n}{m^2} R + r.$$

On pourra donc écrire :

$$I = \frac{\frac{n}{m} E}{\frac{n}{m^2} R + r}.$$

Et si l'on multiplie le numérateur et le dénominateur par m,

$$I = \frac{nE}{\frac{n}{m} R + mr}.$$

Sous cette forme, le dénominateur est la somme de deux termes dont le produit est constant; il sera minimum quand les deux termes seront égaux et que l'on aura $nR = m^2 r$; quand le dénominateur sera minimum, la fraction aura sa plus grande valeur. L'intensité sera donc la plus grande possible quand on pourra écrire :

$$nR = m^2 r \quad \text{ou} \quad r = \frac{nR}{m^2},$$

c'est-à-dire quand la résistance du circuit extérieur r sera égale à la résistance intérieure de la pile.

Si l'on veut calculer m, on écrira :

$$m = \sqrt{\frac{nR}{r}}.$$

Étant donné que l'on connaît R et r, on pourra donc facilement trouver le meilleur mode de groupement des piles. Ainsi soit $R = 62,5$, $r = 100$, $n = 40$.

$$m = \sqrt{\frac{40 \times 62,5}{100}} = \sqrt{25} = 5.$$

Il faudrait dans ce cas faire 5 séries dans chacune desquelles entreraient 8 éléments.

477. Courants dérivés. — Supposons une pile P, munie de deux fils PA et PB en communication avec ses deux pôles. Si on réunit A et B, on constitue un seul circuit pour le courant de la pile. Mais si l'on tient A et B éloignés, et qu'on les réunisse par deux fils a et b allant tous deux de A en B, il y aura trois parties dans le circuit, d'abord APB qui porte le nom de *courant principal*, puis AaB et AbB qui constituent des *courants dérivés*.

Il faut chercher quelles modifications ces courants dérivés apportent au courant principal et à l'intensité des différentes parties du circuit.

Kirchoff a montré que quand un courant d'intensité I se partage en plusieurs courants d'intensité i , i' , i'' , etc., on a toujours :

$$I = i + i' + i'' \ldots$$

Il a démontré aussi que dans un circuit fermé, la force électro-motrice est égale à la somme des produits de l'intensité de chaque partie du circuit par la résistance de cette partie.

En s'appuyant sur ces deux propositions, on peut résoudre facilement les cas les plus simples des courants dérivés.

Soit un circuit APB provenant d'une pile P ayant dans cette partie une intensité I et se partageant entre A et B en deux circuits dérivés où les intensités sont i et i'.

On peut écrire d'après la première proposition :

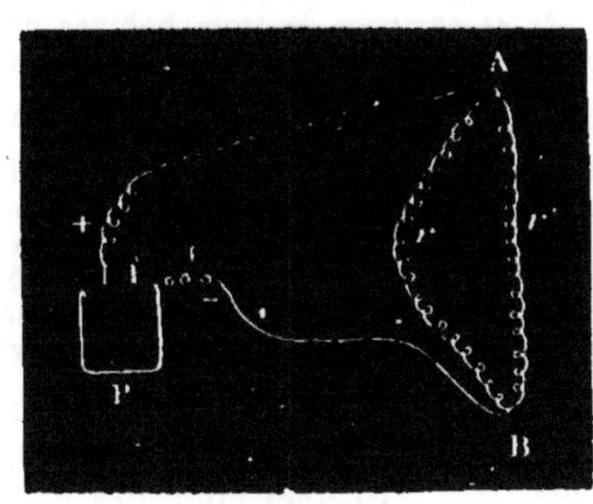

Fig. 302.

$$I = i + i'$$

Et d'après la seconde, en appelant R et r et r' les résistances

$$E = IR + ir = IR + i'r'.$$

On en tire, en résolvant ces équations par rapport à I à i et à i' :

$$I = \frac{E}{R + \dfrac{rr'}{r+r'}} \ ; \quad i = I\frac{r'}{r+r'} \ ; \quad i' = I\frac{r}{r+r'} .$$

Si l'on divise membre à membre les deux dernières formules, il vient :

$$\frac{i}{i'} = \frac{r'}{r} .$$

Les intensités des deux courants dérivés sont inversement proportionnelles aux résistances des dérivations.

L'emploi des courants dérivés est très fréquent; nous nous contenterons d'en citer un exemple, applicable au galvanomètre dans la mesure des courants. Un galvanomètre sensible ne peut servir que pour des courants faibles. Si l'on veut l'employer pour des courants intenses, il faut le mettre en *dérivation*. Voici comment on peut opérer : entre deux points A et B du courant principal, on établit deux branches; sur l'une on met le galvanomètre, sur l'autre on met un fil métallique dont on peut connaître la résistance.

Soit I l'intensité du courant principal, i celle du courant qui passe au galvanomètre dont on suppose la résistance r; i' l'intensité du courant passant dans la dérivation dont la résistance est r'. D'après les principes précédents, on peut écrire :

$$i = I\frac{r'}{r + r'} \; ; \; i'' = I\frac{r}{r + r'} \cdot$$

Mais si l'on peut faire :

$$r' = \frac{1}{9}r \; ; \; r' = \frac{1}{99}r \; ; \; r' = \frac{1}{999}r,$$

on aura :

$$i = I\frac{r}{r + 9r} \quad \text{ou} \quad \frac{1}{10}I \; ; \; i = \frac{1}{100}I \; ; \; i = \frac{1}{1000}I.$$

Le courant qui passera dans le galvanomètre pourra donc être réduit au dixième, au centième ou au millième du courant total, suivant la valeur de la dérivation ; le galvanomètre pourra ainsi, par cette disposition, être employé à la mesure des courants intenses.

478. Shunt. — On réalise le problème précédent à l'aide d'un appareil imaginé en Angleterre, désigné sous le nom de *Shunt*, et très employé dans les mesures galvanométriques.

Il se compose de trois bobines de fil conducteur dont les résistances sont respectivement $\frac{1}{9}$, $\frac{1}{99}$, $\frac{1}{999}$ de la résistance du galvanomètre qui sert avec cet instrument. Elles sont renfermées dans une boîte cylindrique en métal dont le couvercle est une plaque isolante d'ébonite. Six pièces métalliques sont disposées sur la plaque et isolées l'une de l'autre ; les trois d'avant sont marquées $\frac{1}{9}$, $\frac{1}{99}$, $\frac{1}{999}$ (fig. 303) ; la pièce centrale est marquée CA ; les deux autres sont les bornes ordinaires propres à recevoir des fils. Des chevilles métalliques permettent d'établir une communication entre les pièces du dessus de la boîte.

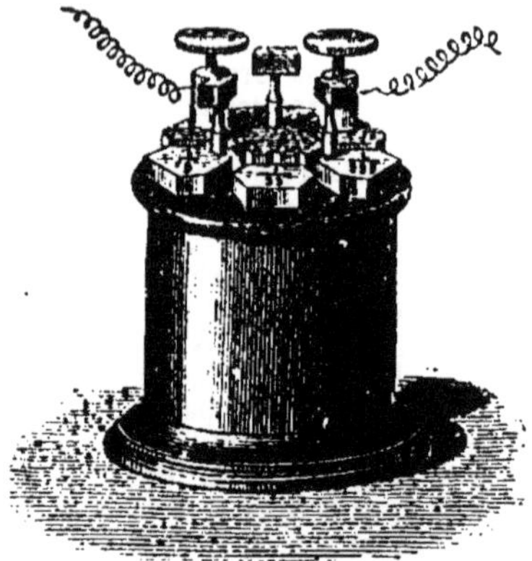

Fig. 303.

On attache les fils du circuit de la pile aux deux bornes droite et gauche ; on y fixe aussi les deux fils du galvanomètre qui se trouve ainsi placé en dérivation. Les trois bobines contenues dans la boîte ont l'une des extrémités de leurs fils attachée à la borne de gauche, l'autre à l'une des trois pièces métalliques antérieures marquées.

Si l'on plante une cheville métallique entre les deux bornes postérieures, tout le courant passe de l'une à l'autre ; il n'en passe qu'une portion presque insensible dans le galvanomètre.

Si d'abord la pièce centrale CA communique avec la borne de droite et qu'on plante une cheville métallique entre la borne CA et la borne $\frac{1}{9}$, on établit une dérivation, et le courant se partage entre la bobine et le galvanomètre ; il ne passe plus alors dans ce dernier que la dixième partie du courant total. Il n'en passerait plus que la centième partie si l'on mettait la cheville entre la borne CA et la borne marquée $\frac{1}{99}$; la millième partie, si la cheville touchait à la borne $\frac{1}{999}$.

Le shunt permet donc de faire passer à volonté dans le galvanomètre soit tout le courant, soit seulement un dixième, un centième ou un millième de ce courant. Mais il ne peut servir qu'avec le galvanomètre pour lequel il a été spécialement construit.

479. Pont de Wheatstone. — Mesure des résistances. — La méthode que nous avons indiquée jusqu'ici pour mesurer les résistances des fils et qui consiste à les intercaler dans un circuit, à noter la diminution de l'intensité et à chercher quelle longueur de colonne de mercure serait capable du même effet, n'est pas d'une application générale. Si en effet le conducteur a une faible résistance par rapport à celle de la source, il ne diminue l'intensité que d'une quantité trop faible, pour qu'on puisse exactement l'évaluer.

On préfère employer dans la pratique un procédé de dérivation qui porte le nom de *pont de Wheatstone* et que nous allons décrire. Les deux fils de la pile sont amenés en deux points A et B qui forment les deux extrémités de la grande diagonale d'un losange ACBD; sur le milieu de la petite diagonale CD qui forme le *pont*, on place un galvanomètre G. Le courant doit donc se partager entre les deux branches AC et AD, passer dans le deux sens de C en D et de D en C, retourner au point B par les deux branches CB et DB.

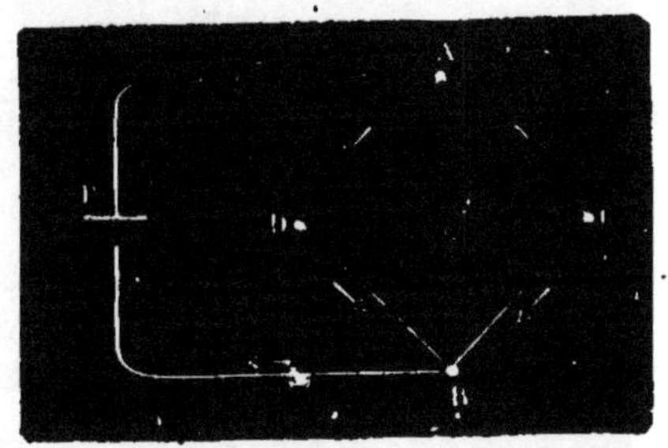

Fig. 303 *bis*.

Sur les branches AC et AD on dispose deux bobines fixes de résistance r et r', entre C et B on met la résistance x à étudier, et entre B et D on pose un rhéostat, c'est-à-dire un appareil dont on puisse faire varier la résistance qui doit être toujours connue, et que nous appellerons b.

Supposons qu'on fasse varier cette résistance jusqu'à ramener le galvanomètre au zéro; alors il ne passera aucun courant dans le pont CD. Il en résulte que les courants de AC et de CB ont la même intensité i, et que les courants de AD et de BD ont également la même intensité l'un que l'autre i'. Appliquons à cet ensemble les lois des courants dérivés.

Dans le circuit fermé ACBDA où il n'y a pas de force électro-motrice, la somme des produits de la résistance de chaque branche par l'intensité du courant qui les traverse est nulle, on écrit donc :

$$ir + ix = i'r' + i'b.$$

De même dans le circuit fermé ACDA, on peut écrire :

$$ir = i'r',$$

puisque la branche CD n'a pas de courant.

De la dernière équation, on tire :

$$\frac{i}{i'} = \frac{r'}{r}.$$

Et de la première :

$$i(r + x) = i'(r' + b) \quad \text{et} \quad \frac{i}{i'} = \frac{r' + b}{r + x}.$$

D'où

$$\frac{r'}{r} = \frac{r' + b}{r + x}.$$

D'où enfin

$$\frac{r}{r'} = \frac{x}{b}$$

Si l'on connaît r, r', b, on peut trouver x la résistance cherchée.

Tel est le principe de l'appareil. Si l'on remarque qu'en faisant $r' = 100r$, il vient $b = 100x$, on pourra donc mesurer une résistance x au moyen d'une résistance b beaucoup plus grande qu'elle; en s'arrangeant toujours pour que par l'interposition de la résistance b le galvanomètre reste au zéro.

Dans la pratique, on donne souvent à l'appareil la disposition qu'indique la figure 304. Tout le système est disposé sur une table horizontale; les portions

AC, AD, DB représentent les trois bras du pont sur lesquels sont des bobines de résistance étalonnées, réunies par des chevilles que l'on peut enlever à volonté. La résistance à mesurer x est placé sur le 4° bras. Le galvanomètre est en G. Deux clefs de contact K et K' sont disposées pour ouvrir et fermer à volonté le circuit du galvanomètre et celui de la pile. Au commencement de l'expérience toutes les chevilles sont en place. On en enlève en AC et en AD de manière à réaliser deux résistances déterminées, par exemple r = 100, r' = 10. On débouche une résistance en b, soit 200, et l'on voit que le galvanomètre dévie vers la droite; on en débouche

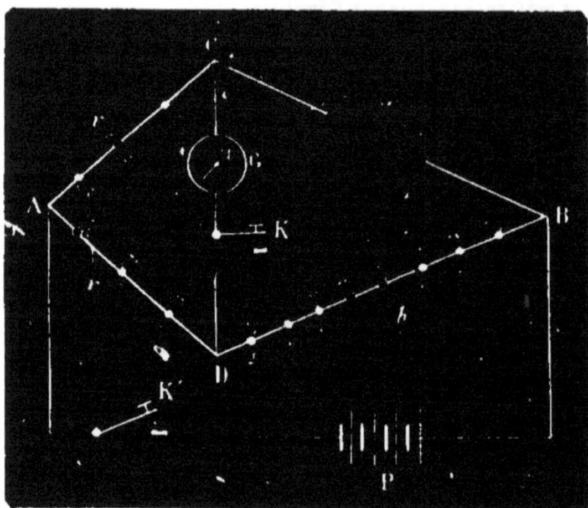

Fig. 304. — Forme en losange du pont.

une autre, soit 5, le galvanomètre dévie vers la gauche. La résistance b doit donc être comprise entre 5 et 200. Après quelques tâtonnements on la trouve de telle sorte que le galvanomètre reste au zéro. On peut alors écrire :

$$\frac{x}{b} = \frac{r}{r'} \qquad \text{ou} \qquad \frac{x}{15} = \frac{100}{10} \qquad x = \frac{1\,500}{10} = 150 \text{ ohms.}$$

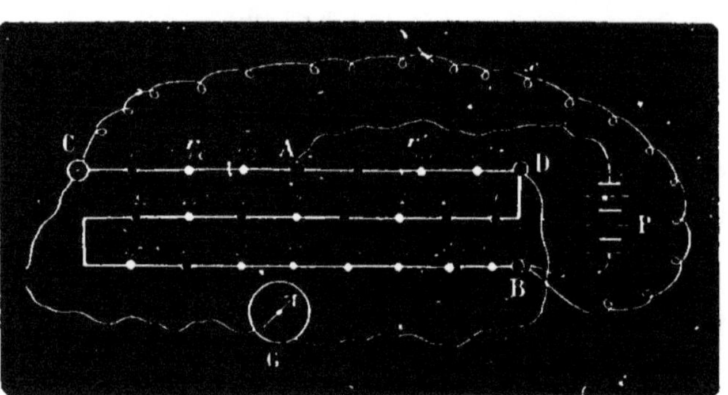

Fig. 304 *bis*. — Forme ordinaire du pont ressemblant
à une boîte de résistance.

La figure 304 *bis* représente les liaisons de la pile P, d'une résistance x à mesurer et du galvanomètre G sur un pont ordinaire en forme de boîte de résistance; c'est la même notation que dans la figure précédente. Les chevilles qui sont représentées comme enlevées donneraient le calcul :

$$\frac{x}{2\,168} = \frac{1\,000}{10} \qquad \text{d'où} \qquad x = \frac{2\,168 + 10}{1\,000} = 21^{\text{ohms}},68.$$

480. Énergie du courant. — Quand un courant circule dans un circuit, un certain nombre d'unités d'électricité passent pendant un temps déterminé de l'extrémité dont le potentiel est le plus élevé vers l'autre. Il se produit donc pendant ce temps de l'énergie. On en obtient la valeur en multipliant le nombre de coulombs transportés, par la force électromotrice. Mais le nombre de coulombs par seconde, c'est l'intensité I. L'énergie électrique a donc pour formule

$$W = EI \text{ et pratiquement exprimée en kilogrammètres } W = \frac{EI}{9,81} \cdot$$

Cette énergie constitue la puissance mécanique du courant; elle est la source de toutes les actions qu'il peut produire.

$$\text{Exprimée en chevaux-vapeur, elle est } W = \frac{EI}{9,81 \times 75} = \frac{EI}{736} \cdot$$

En tenant compte de la loi d'Ohm, la formule devient :

$$W = \frac{E^2}{R \times 9,81} \quad \text{ou encore} \quad \frac{RI^2}{9,81} \text{ Kgm.}$$

Cette dernière formule répond à la loi de Joule sur le dégagement de la chaleur par le courant (V. parag. 518). Quand le courant ne produit aucun travail extérieur, et si la source est une pile, qu'il n'y a dans le circuit d'autres liquides que ceux de la pile, toute l'énergie engendrée par la source est transformée en chaleur.

La quantité de chaleur en 1 seconde est :

$$J = \frac{T}{424} = \frac{I^2R}{9,81 \times 424} = I^2R \times 0,00024.$$

Unité d'énergie électrique. — L'unité d'énergie électrique est le travail produit par *un coulomb* sous une force électromotrice *d'un volt;* c'est environ $\frac{1}{10}$ de kilogrammètre, exactement $\frac{1}{9,81}$.

Si on la rapporte au temps et qu'on suppose ce travail produit en 1 seconde, on lui donne le nom de *watt.* Le watt est donc environ $\frac{1}{10}$ de kilogrammètre par seconde.

Le *watt-heure,* employé dans les mesures industrielles, est l'énergie produite en une heure par un courant d'un coulomb par seconde ou d'un ampère-heure sous la force électro-motrice d'un volt. Si donc l'intensité d'un courant est donnée en *ampère-heures*, la force électromotrice en volts, son énergie W en watt-heures, sera $W = EI$.

Dans les grands générateurs des courants industriels, on l'exprime parfois par un multiple du watt, le kilowatt.

Mesures des caractéristiques du courant. Un courant a trois caractéristiques qui le déterminent : l'intensité I, la force électromotrice E ou la différence de potentiel (e) entre les deux points considérés du circuit, la résistance totale R ou celle r de la portion du circuit que l'on étudie. Le produit des deux premières donne *l'énergie.*

1° *Intensité.* Les appareils destinés à mesurer l'intensité forment trois groupes : les voltamètres qui reposent sur l'action chimique et qui ne peuvent servir que pour des courants constants ou qui ne peuvent donner que l'intensité moyenne; les galvanomètres basés sur l'action qu'exerce le courant sur l'aiguille aimantée; les électro-dynamomètres basés sur l'action mutuelle de deux courants.

Nous avons déjà indiqué le mode de mesure par le voltamètre.

Les galvanomètres peuvent servir à toutes les mesures. La boussole des tangentes donne l'intensité en mesure absolue :

$$\text{Dans la formule} \qquad I = \frac{H}{G} \text{ tang } a,$$

H désigne la composante terrestre horizontale; G, ou la constante de l'instrument, est donné pour les *n* spires du cadre de rayon *r* par $\frac{n\,2\,\pi}{r}$. On mesure *a* par la méthode du miroir.

Si on veut se servir d'un galvanomètre, on le tare en comparant l'indication qu'il donne avec celle que donne pour le même courant une boussole des tangentes, et l'on trouve sa constante galvanométrique, ou bien le facteur par lequel il faut multiplier ses indications pour avoir l'intensité en ampères.

On a imaginé des galvanomètres spéciaux que l'on appelle *ampère-mètres* parce que leurs indications font connaître le nombre d'ampères du courant qui les traverse.

Pour mesurer l'intensité des courants alternatifs qui changent de sens à des intervalles très courts, on se sert d'électro-dynamomètres. Le principe de ces appareils est l'action d'un courant sur un autre, il sera démontré dans le chapitre suivant.

La fig. 304 *ter* est le schéma de l'électro-dynamomètre de Siemens. Une bobine fixe *a*, *b*, *c*, *d* porte du fil de cuivre à spires isolées; un fil unique très gros plié en rectangle ABCD a ses deux extrémités dans des godets de mercure gg'; il est suspendu à un ressort à boudin R et porte un index I. Dans l'état d'équilibre le plan du fil mobile est perpendiculaire à celui de la bobine et l'index est au zéro du cercle E. Quand le courant passe, il entre dans le fil fixe, puis dans le fil mobile. Celui-ci se déplace sous l'action du courant fixe. On fait alors tourner la douille D' du ressort jusqu'à ramener l'index au zéro. L'angle dont il a fallu tordre le ressort et qui est indiqué par l'aiguille *i* permet de déduire l'intensité du courant.

Les intensités sont ordinairement exprimées en *ampère-heures;* ce sont aussi les quantités d'électricité en coulombs par seconde ou en 3 600 coulombs par heure.

Fig. 304 *ter*. — Électro-dynamomètre.

2° *Résistance.* Nous avons indiqué ci-devant la méthode générale employée pour la mesure des résistances des circuits.

Dans le cas particulier de la résistance intérieure R d'une pile, on ferme cette pile par une résistance *r*, très grande, contenant un galvanomètre et on lit l'intensité *i*. On met ensuite sur les pôles de la pile une dérivation de résistance *r'* et on lit une nouvelle intensité *i'*. On peut écrire en appliquant les formules des courants dérivés :

$$E = i(r + R) \quad \text{et} \quad E = i'r + i'R \frac{r + R}{r'},$$

dont on tire, en supposant $\frac{R}{r}$ négligeable,

$$\frac{i - i'}{i'} = \frac{R}{r'} .$$

3° *Force électromotrice.* — On peut avoir à mesurer la force électromotrice d'une pile ou la différence de potentiel qui existe entre deux points A et B d'un circuit traversé par un courant. L'électromètre à cadrants peut donner la force électromotrice par comparaison avec un couple étalon. Le galvanomètre peut également être employé à condition de le placer sur une grande résistance qui rende négligeable la résistance du couple en face de celle du circuit.

Soit à déterminer la différence de potentiel de deux points A et B d'un circuit. On établit entre eux une dérivation très résistante qui ne modifie pas d'une manière appréciable l'intensité du courant dans le circuit primitif. Cette résistance et le galvanomètre sont parcourus par un courant dont l'intensité est proportionnelle à la chute du potentiel entre A et B; le galvanomètre fait donc connaître celle-ci.

Les appareils établis sur ce principe et employés dans la pratique industrielle sont appelés *volts-mètres* : ils donnent la force électro-motrice en volts.

4° *Mesure de l'énergie.* — On a imaginé des appareils qui donnent non seulement l'intensité I en ampères et la force électromotrice E en volts, mais encore le produit de ces deux quantités I E en watts, c'est-à-dire l'énergie du courant : ce sont des *watt-mètres* ou des compteurs d'énergie. Placés sur une distribution de courant électrique, ils indiquent la portion de l'énergie qui a passé en un temps donné dans la dérivation sur laquelle ils sont posés.

Exercices.

140. On dispose de 40 éléments Bunsen dans chacun desquels la résistance intérieure est de $0^{ohm},6$; on demande comment il faudra les grouper pour vaincre une résistance extérieure de 10 ohms.

141. On ferme une pile avec un circuit de résistance r égale à 30 ohms, sur laquelle se trouve un galvanomètre qui accuse une intensité de 15°; on ferme la même pile avec un autre circuit dont la résistance n'est plus que $1^{ohm},5$, et on constate une intensité de 40°; trouver la résistance intérieure R de cette pile

---

CHAPITRE LVIII

ACTION DES COURANTS SUR LES AIMANTS ET SUR LES COURANTS

481. Moyen de rendre un courant mobile. — L'expérience d'Œrsted nous a montré qu'un courant peut agir sur un aimant mobile pour changer sa direction; inversement un aimant fixe agit à son tour sur un courant mobile. Il importe donc de pouvoir rendre mobile une partie d'un circuit sans en interrompre la continuité.

La première disposition est due à Ampère; elle est représentée par la figure 305 : deux potences métalliques séparées reçoivent l'une le pôle + l'autre le pôle — de la pile; elles portent chacune une petite coupelle hémisphérique au fond de laquelle on met un peu de mercure. Un fil de cuivre contourné en rectangle ou en cercle est terminé par deux aiguilles verticales placées dans le prolongement l'une de l'autre et de manière que la direction passe par le centre

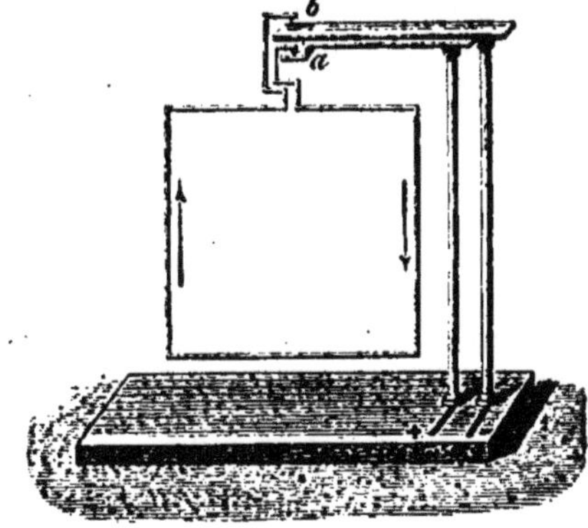

Fig. 305.

de gravité du cadre. On pose les aiguilles dans les godets de mercure, et le courant entrant et sortant par la base des deux potences traverse le cadre métallique qui peut se mouvoir sans que le courant cesse de passer. Cet appareil n'a qu'un inconvénient, c'est qu'il ne peut pas faire un tour entier sans buter contre son support.

M. de la Rive a proposé un autre dispositif. Le cadre de fil de cuivre contourné en rectangle va se terminer inférieurement d'un côté à une lame de cuivre, de l'autre à une lame de zinc; les deux lames sont plantées dans un fort bouchon qui sert de flotteur à tout l'ensemble. On met le bouchon sur un vase d'eau acidulée; les deux lames plongent dans l'eau, et comme elles sont réunies par un fil extérieur, elles constituent un élément de pile traversé par un courant dont on connaît le sens : le courant va de cuivre vers le zinc dans le fil extérieur: on a ainsi un *courant mobile flotteur*.

Enfin dans les appareils nouveaux, on emploie un dispositif imaginé par M. Bertin dans lequel le courant mobile peut tourner librement autour de son axe sans buter contre son support. L'appareil complet est monté pour servir à toutes les expériences que l'on réalise sur les rotation des courants.

482. Action d'un aimant sur un courant. — Un aimant fixe placé près d'un circuit mobile traversé d'un courant dirige et oriente ce circuit. Pour faire l'expérience, on prend un circuit mobile que l'on fait traverser par un courant, et quand le cadre mobile s'est arrêté dans une position fixe, on place sur la table un aimant parallèlement au fil inférieur du cadre (fig. 306), aussitôt le cadre est dévié et il se met perpendiculairement à l'aimant. Le sens du mouvement est tel qu'on peut le prévoir par la loi d'Ampère, le pôle nord de l'aimant doit se trouver à gauche du cou-

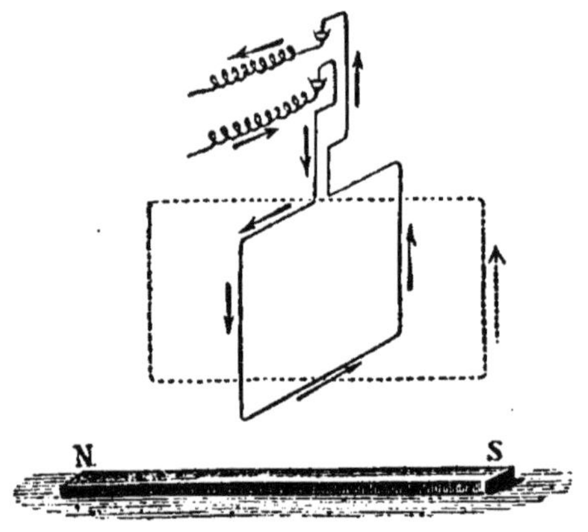

Fig. 306.

rant qui passe dans la branche verticale et dans la branche inférieure du cadre le plus près de l'aimant.

Cette action, la plus facile à réaliser et à expliquer n'est pas la seule, on peut aussi produire des actions de translation et même de rotation de courants sous l'influence des aimants. Inversement on produit aussi la rotation d'un aimant mobile sous l'action d'un courant fixe.

483. Action des courants sur les courants. — Pour étudier l'action d'un courant fixe sur un courant mobile, on prend comme courant mobile l'un des trois appareils décrits ci-devant, et pour courant fixe on se sert d'un cadre rectangulaire sur lequel est enroulé un grand nombre de fois un fil que l'on met en communication avec une pile : on connaît toujours le sens du courant dont ce cadre est traversé.

Il semblerait au premier abord qu'il faille deux piles, l'une dont le courant traverse le circuit mobile, l'autre pour le cadre faisant fonction de courant fixe. Une seule pile peut servir, si on la prend assez forte et qu'on mette l'un des deux circuits en dérivation.

Il y a lieu d'étudier les actions des courants parallèles, des courants angulaires et des courants sinueux.

Loi des courants parallèles. — *Deux courants parallèles et de même sens s'attirent; ils se repoussent quand ils sont de sens contraire.* L'expérience est très facile à réaliser. On fait passer dans le cadre mobile et dans le cadre qui servira de courant fixe un courant dont on connaît et dont on a marqué le sens; quand le cadre mobile est au repos, on prend à la main le circuit fixe et on le présente à l'une des branches verticales du cadre mobile; on constate une attraction si les deux courants sont de même sens, une répulsion si les deux courants sont de sens contraire.

Loi des courants angulaires. — *Deux courants dont les directions forment entre elles un angle s'attirent quand ils s'approchent ou s'éloignent tous deux de leur point de croisement; ils se repoussent si l'un approche du point de croisement tandis que l'autre s'éloigne.*

On réalise les deux cas en apportant le cadre rectangulaire CD au-dessus d'une des branches AB du circuit mobile; si les courants ont le sens indiqué par les flèches (fig. 307) les deux portions AO et CO dont les courants vont ensemble vers le point O doivent se rapprocher; il en est de même des deux portions OD et OB. D'autre part si l'on considère les

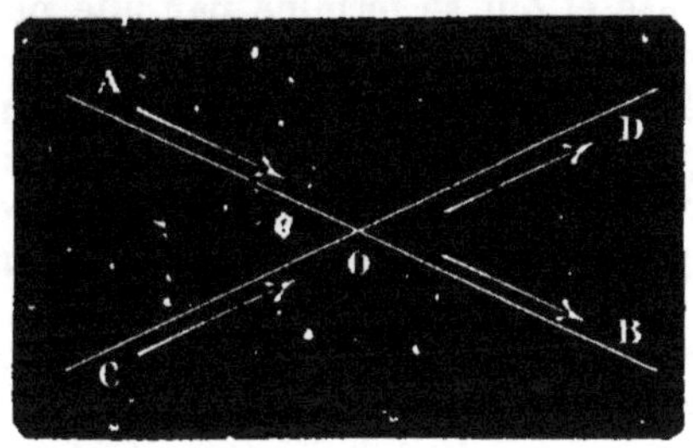

Fig. 307.

deux parties OB et CO dont l'une s'approche et l'autre s'éloigne du point de croisement O, elles doivent se repousser. Toutes les actions de ces portions angulaires tendent donc à faire mouvoir le circuit mobile AB jusqu'à ce qu'il se soit placé parallèlement au courant fixe CD.

Loi des courants sinueux. — *Un courant sinueux produit la même action qu'un courant rectiligne qui serait tendu entre les mêmes extrémités.* Pour démontrer ce principe, on commence par prendre un long fil replié de manière que ses deux branches soient assez près l'une de l'autre sans cependant être en contact; on y fait passer un courant qui est de sens contraire dans les deux branches du fil; on l'approche des côtés du circuit rectangulaire mobile et l'on constate, comme on aurait pu le prévoir, qu'il n'y a aucune action. On prend un autre fil formé d'une portion droite puis d'une autre portion sinueuse repliée contre la première; on l'approche du circuit mobile: il n'y produit ni attraction, ni répulsion, c'est donc que la portion sinueuse, quoique beaucoup plus longue, exerce une action égale et contraire à celle de la portion rectiligne.

Telles sont les lois des actions des courants sur les courants; elles suffisent à expliquer tous les phénomènes que l'on peut produire en faisant agir un courant fixe sur un circuit mobile.

484. Rotation d'un courant par l'action d'un autre.

— Pour montrer qu'on-peut imprimer à un courant un mouvement continu de rotation, on se sert de l'appareil représenté par la figure 308. Le courant de la pile qui entre par les bornes 1 et 2 passe d'abord dans une bobine circulaire à gros fil entourant un vase de cuivre EG qui contient de l'eau acidulée. En sortant de cette bobine le courant va dans une colonne verticale A, isolée, qui monte au centre du vase et qui se termine par une petite coupelle de fer contenant du mercure; sur cette coupelle, on fait reposer par une pointe un équipage de fils d'abord horizontaux puis verticaux CD qui plongent par la base, à l'aide de lames de cuivre, dans l'eau acidulée. Le courant revient donc à cette eau, il se communique au vase de cuivre qui contient l'eau et de là il retourne à la pile.

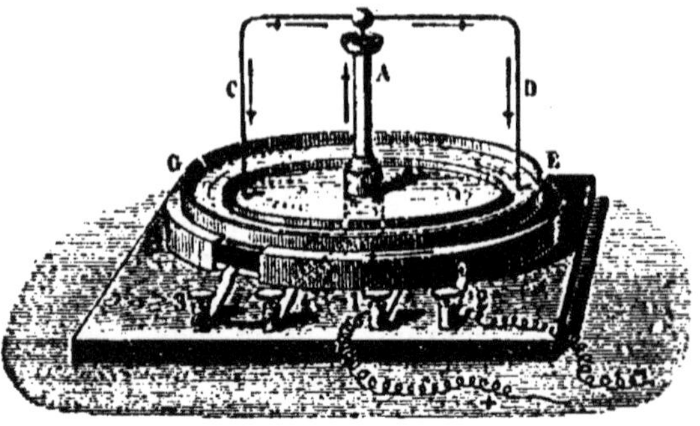

Fig. 308.

Quand le courant est ainsi établi, le fil mobile se met à tourner. Si le courant est comme dans la figure descendant dans les deux branches verticales, le fil tourne en sens inverse du courant de la bobine extérieure. Il doit en être ainsi d'après les actions réciproques des courants; en effet, si l'on considère la branche C du fil et la portion antérieure de la bobine où le courant va de droite à gauche, on a deux courants angulaires qui s'approchent tous deux du sommet de l'angle; le courant fixe doit donc attirer le courant mobile; le fil C vient donc en avant de la figure; mais l'action du courant fixe de la bobine continue et l'équipage de fil est animé d'une rotation continue.

On peut par un commutateur convenablement disposé changer le sens du courant dans le fil; le rendre ascendant par les branches C et D et descendant en A. Dans ce cas, si le courant de la bobine extérieure reste le même, le fil tourne dans le sens de ce dernier courant.

485. Action de la terre sur les courants.

— Un courant librement suspendu, en forme de cadre rectangulaire, ou formé de deux branches verticales inégales réunies par une branche horizontale (fig. 309), se dirige de lui-même de manière que son plan soit perpendiculaire au méridien magnétique et que la branche descendante du courant soit vers l'est.

S'il était sous l'action d'un fort courant horizontal allant de l'est à l'ouest et placé en dessous de lui, il prendrait la même direction.

On admet donc que la terre dirige les courants mobiles comme si elle était traversée à l'équateur par un courant continu dirigé de l'est vers l'ouest.

L'appareil de la figure 309 est monté de la manière suivante. Une colonne métallique AB passe, sans la toucher, au centre d'une cuvette de cuivre où l'on met de l'eau acidulée; elle supporte un godet de fer B contenant quelques

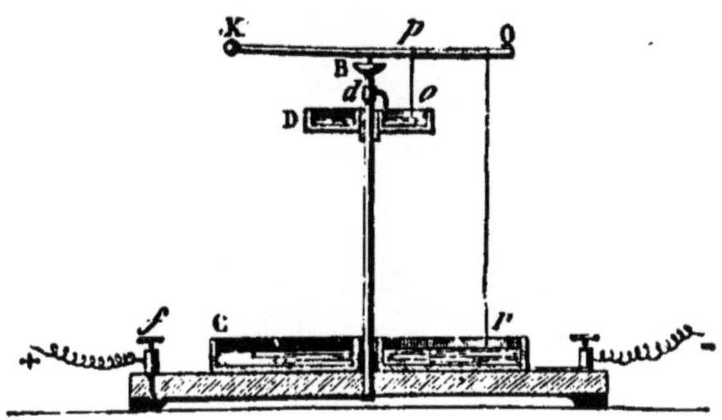

Fig. 309.

gouttes de mercure, et elle est réunie par une bande métallique à une seconde cuvette D plus petite que la première et contenant comme elle de l'eau acidulée. Une tige de bois repose par une pointe métallique sur le godet de mercure et porte un fil enroulé avec deux branches: l'une *op* qui plonge dans la petite cuvette, l'autre Q*r* qui descend dans la grande. Cette dernière est mise en communication avec une borne où l'on amène l'un des fils de la pile.

Si on lance le courant de manière qu'il soit ascendant dans la tige AB, il passe dans la petite cuvette, monte dans le fil en *op* et redescend dans la branche Q*r* pour retourner à la pile. Aussitôt que le courant passe, l'équipage du fil se met à tourner et finalement il s'arrête quand son plan est orienté *est-ouest* et que la branche Q*r* est vers l'est. Le mouvement est le même que si un fort courant horizontal était placé en dessous de l'appareil et allait dans la direction est-ouest, ou sur la figure, de droite à gauche.

Renverse-t-on le sens du courant en changeant de place les pôles de la pile, on voit aussitôt l'équipage se déplacer de 180°; le plan en est toujours *est-ouest;* mais comme alors le courant de la branche *r*Q est ascendant, cette branche se tourne à l'ouest.

La terre exerce donc bien une action analogue à celle qu'exercerait un aimant placé dans la direction du méridien magnétique ou un courant horizontal allant de l'est à l'ouest.

Si l'on veut étudier l'action des courants les uns sur les autres et se débarrasser de l'action directrice de la terre, on prend des conducteurs dits *astatiques,* où l'action terrestre sur une branche est neutralisée par l'action sur une branche égale que le courant traverse dans une direction opposée (fig. 310). Les deux modèles représentés ci-contre ne sont pas dirigés par la terre quand ils sont suspendus et traversés par un courant; ils restent dans la position où ils ont été placés. On peut remarquer en effet en suivant la direction du fil d'une pointe à l'autre, que toutes les parties horizontales et verticales sont parallèles et égales, et qu'elles sont deux

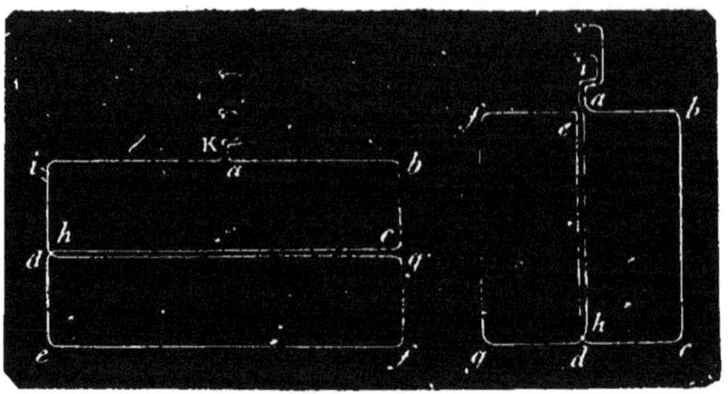

Fig. 310.

à deux traversées par des courants de sens inverse; l'action de la
terre est nulle sur de pareils conducteurs.

486. Solénoïdes. — Ampère a appelé *solénoïde* un assemblage de courants fermés, infiniment petits, tous de même sens,
tous perpendiculaires à une même ligne passant par leurs centres.
Cette conception ne peut pas être entièrement réalisée dans la pratique; mais on peut construire un appareil qui s'en rapproche et
qui soit au solénoïde d'Ampère ce que le pendule composé est au
pendule simple.

Le solénoïde tel qu'on le
construit est un système de
courants circulaires égaux et
parallèles, formés du même
fil de cuivre que l'on a enroulé en spirale et ramené
ensuite parallèlement à l'axe.
La figure 311 en présente deux
dispositions différentes. Il est

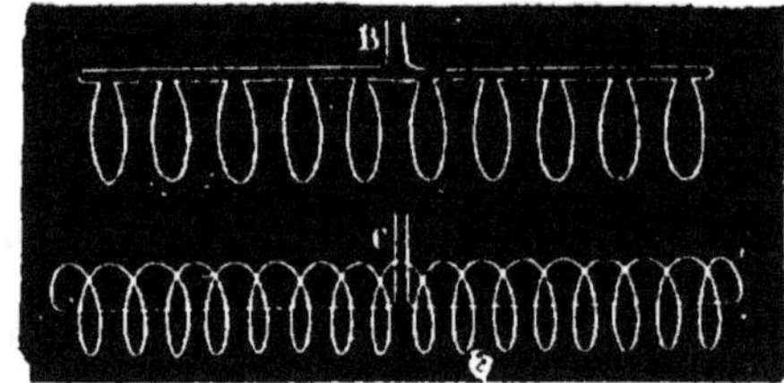

Fig. 311.

facile de montrer que chacune d'elles se ramène en fin de compte à
une série de courants circulaires égaux et parallèles répondant à la
définition que nous avons donnée.

Si l'on imagine trois ou quatre courants circulaires égaux et de
même sens, posés à une assez grande distance l'un de l'autre pour
ne pas s'influencer, chacun dirigera son plan est-ouest de manière
que le courant descendant soit à l'est. Et si par la pensée on les
suppose réunis en un cylindre, et pour un moment traversés par le
même courant, le cylindre aura son axe nord-sud : on aura ainsi
formé le solénoïde théorique.

Mais si l'on voulait y faire passer un même courant, on les réunirait par une portion rectiligne; et pour neutraliser l'effet de la
terre sur cette dernière partie, il faudrait ramener un courant recti-

ligne égal et de sens contraire au premier. C'est en effet ce que l'on fait. Deux spires voisines (fig. 312) peuvent être considérées comme formées de deux courants circulaires parallèles, réunis l'un à l'autre par une portion rectiligne *ab, bc*. Si donc le courant entre par *a* et qu'il soit à partir de *c* replié parallèlement à l'axe des spires suivant *de*, l'action de la terre exercée sur *ab*, *bc* sera contrebalancée par l'action sur le courant de sens contraire *de*. Et si tout l'ensemble est suspendu, il représentera assez

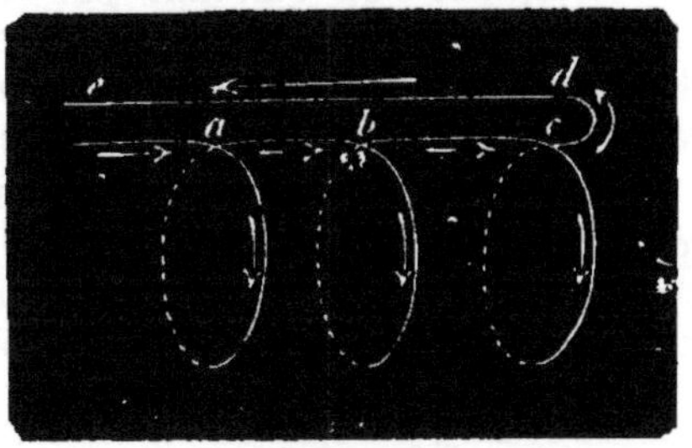

Fig. 312.

bien une réunion de courants circulaires parallèles, traversés du même courant dans le même sens; ce sera un solénoïde aussi rapproché que possible du solénoïde théorique.

487. Action de la terre, des aimants et des courants sur les solénoïdes.

— Un solénoïde librement suspendu et traversé par un courant se dirige de lui-même et s'arrête de manière que son axe soit dans la direction du méridien magnétique, c'est en effet dans cette position que chacun des courants circulaires dont l'ensemble est formé aura son plan est-ouest. La seconde condition remplie, c'est que toutes les branches descendantes du courant sont vers l'est. Par conséquent si on regarde un solénoïde par son pôle sud, le courant paraît y circuler dans le sens des aiguilles d'une montre; et si l'on regarde le pôle nord, le sens du courant est inverse.

Le solénoïde est donc dirigé comme le serait à sa place un aimant suspendu.

Si l'on avait plusieurs solénoïdes traversés de courants, on pourrait donc désigner leurs pôles, rien qu'en considérant le sens du courant dans l'un des bouts.

Si l'on approche du pôle nord d'un solénoïde suspendu le pôle sud d'un aimant que l'on tient à la main (fig. 313), il y a attraction du premier par le second. Si l'on avait présenté le pôle nord au contraire, il y aurait eu répulsion. Ce double phénomène est conforme aux lois des courants; en effet, si

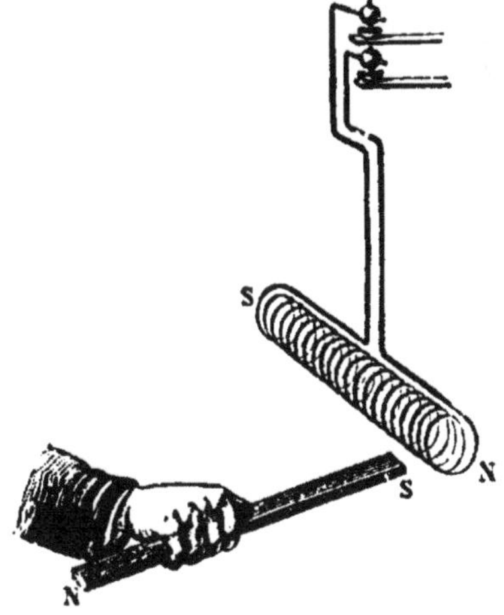

Fig. 313.

nous considérons les courants des deux solénoïdes, du pôle sud de l'un et du pôle nord de l'autre, les courants sont parallèles et de même sens, ils doivent provoquer une attraction ; tandis que les deux pôles sud en présence ont des courants parallèles et de sens contraire, ce qui détermine une répulsion.

Remplace-t-on l'aimant par un second solénoïde dont on fait agir successivement les deux pôles sur ceux du solénoïde suspendu, le résultat est identique : le pôle nord de l'un attire le pôle sud et repousse le pôle nord du solénoïde.

Le solénoïde se conduit donc entièrement comme un aimant : les phénomènes qu'il présente lorsqu'il est soumis à l'action de la terre, à celle d'un courant, à celle d'un aimant sont les mêmes que manifesterait un aimant dans les mêmes circonstances.

488. Hypothèse d'Ampère sur le magnétisme. — L'analogie entre les aimants et les solénoïdes a conduit Ampère à expliquer par des courants tous les phénomènes du magnétisme.

Ampère suppose qu'autour de chaque molécule d'un corps magnétique circule un courant, que ces courants, d'abord dirigés en tous sens quand le corps est à l'état naturel, se trouvent orientés par l'aimantation et de manière que leurs plans deviennent parallèles. On peut alors les considérer comme formant des files de solénoïdes voisins les uns des autres, ayant chacun deux pôles contraires. Ce faisceau de solénoïdes fait ressembler un barreau aimanté à un faisceau de fines et longues aiguilles de section très petite et dont chacune serait un solénoïde. Et les deux pôles de l'aimant se trouvent formés par la réunion des pôles de même nom de tous les solénoïdes élémentaires.

Avec cette hypothèse, on rend compte de tous les phénomènes qui se produisent dans l'action des aimants les uns sur les autres et dans leur action sur les courants. Elle a sur l'ancienne notion des fluides magnétiques l'avantage de ramener tous les phénomènes à des actions de courants sur des courants.

CHAPITRE LIX

AIMANTATION PAR LES COURANTS. — ÉLECTRO-AIMANTS

489. Aimantation de l'acier. — Un fil métallique traversé par un fort courant prend momentanément des propriétés magnétiques, quelle que soit d'ailleurs la nature du métal dont il est formé. Arago a en effet montré qu'un fil de cuivre dans lequel il avait fait passer un fort courant attirait la limaille de fer, mais que la limaille tombait sitôt que le circuit était ouvert. La propriété magnétique était donc essentiellement passagère.

Arago a également fait voir qu'en plaçant dans le voisinage d'un courant une aiguille d'acier non aimantée, on transforme celle-ci en un aimant permanent, qui se forme peu à peu, mais qui garde la force magnétique que le courant lui a donnée.

Or a donc ainsi un moyen de produire des aimants avec les courants.

Pour opérer l'aimantation d'une aiguille d'acier, on la place au milieu d'une hélice traversée par le courant. L'hélice fonctionne comme un solénoïde; elle oriente dans le même sens que son propre courant les courants particulaires de l'acier. Dans le solénoïde, au pôle sud, le courant circule dans le sens des aiguilles d'une montre; le barreau d'acier prendra un pôle sud à celle de ses extrémités où le courant vu de face paraîtra circuler dans le même sens que les aiguilles d'une montre. On peut donc connaître à l'avance les pôles d'un aimant fait à l'aide d'un courant en hélice.

C'est ainsi que dans la figure 314, 1, si le courant suit le sens indiqué par les flèches, qu'il entre par l'extrémité *b* en tournant de

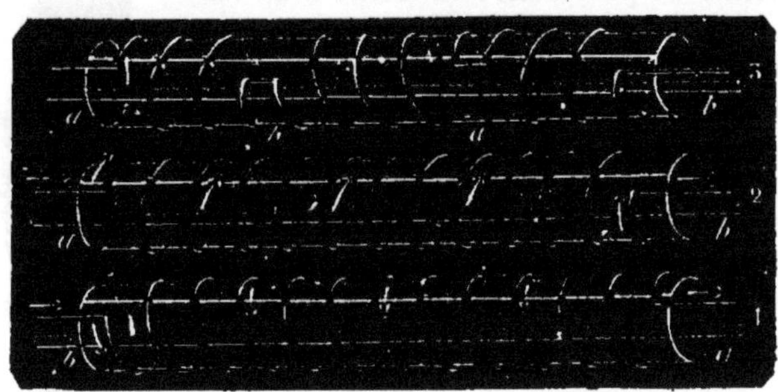

Fig. 314.

gauche à droite, on aura le sens des aiguilles d'une montre à l'extrémité *b*, c'est à cette extrémité que sera le pôle sud de l'aimant.

On avait autrefois l'habitude de désigner les hélices par les noms de *dextrorsum* et de *sinistrorsum;* l'hélice était dextrorsum quand l'enroulement du fil allait de gauche à droite par-dessus le tube, sinistrorsum quand l'enroulement allait de droite à gauche. Dans le premier cas le pôle nord est du côté où le courant sort de l'hélice; il est au contraire à l'entrée dans le second.

Habituellement, comme l'effet est d'autant plus grand que le courant a une plus grande longueur en présence du barreau à aimanter, on enroule un fil isolé en spires serrées sur un tube de verre.

Il est essentiel que l'enroulement du fil de la spirale soit très régulier; s'il change de sens, il se développera dans l'aiguille aimantée des *points conséquents*. Ainsi, dans la figure 314, 3, l'aimant formé aurait quatre pôles, dont deux aux points de rebroussement de l'hélice, et il serait bien moins fort qu'un même aimant n'ayant que ses deux pôles extrêmes.

On emploie un fil recouvert de soie pour que les spires soient isolées.

490. Aimantation du fer doux. — Si l'on met au centre de l'hélice traversée par un courant un barreau de fer doux, l'aimantation se manifeste avec énergie tout le temps que le courant passe dans l'hélice; elle cesse aussitôt que l'on ouvre le circuit.

On le prouve facilement : on place un barreau de fer doux dans une spirale de fil de cuivre où l'on fait passer un courant. On approche l'un des bouts du barreau de la limaille qui s'y attache en houppes comme à un aimant. On rompt le courant et aussitôt la limaille tombe.

On obtient ainsi avec le fer des aimants très puissants qui offrent le très grand avantage de pouvoir être faits et défaits instantanément; on leur donne le nom d'**électro-aimants.**

Les électro-aimants peuvent être droits, mais alors leurs pôles sont éloignés l'un de l'autre.

Fig. 315.

Comme on les fait d'ordinaire pour produire l'attraction d'une armature de fer doux, on leur donne de préférence la forme d'un fer à cheval. Sur les deux branches on enroule en bobines un certain nombre de spires de fil de cuivre recouvert de soie ou d'une enveloppe isolante. L'enroulement du fil est inverse sur les deux bobines; il faut qu'il en soit ainsi pour que si le barreau en fer à cheval était rendu droit l'enroulement soit du même sens sur toute sa longueur; alors il se développe des pôles contraires aux deux extrémités.

On obtient ainsi par cette disposition les mêmes effets que si le barreau avait été en entier couvert par la spirale où l'on fait passer le courant. On sait que dans un aimant il n'y a pas de magnétisme libre au centre; on ne met donc des spires de fil qu'aux extrémités du noyau; et on les multiplie par la forme en bobine pour augmenter leur action.

Aux deux pôles on présente une armature de fer (fig. 315).

On peut même supprimer l'arc de fer doux qui va d'une bobine à l'autre et le remplacer par une traverse en fer perpendiculaire aux deux branches (fig. 316); l'appareil tient ainsi moins de place et il a les mêmes propriétés.

On a donc trois formes principales d'électro-aimants; mais ce ne sont pas les seules.

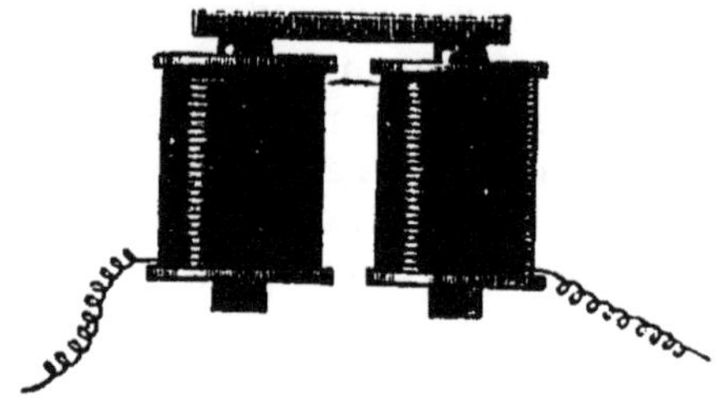

Fig. 316.

Les électro-aimants avec de grosses bobines donnent des effets considérables, même avec des courants peu intenses : on fait supporter de grands poids à leur armature.

Au lieu d'y suspendre des poids, on peut supprimer l'armature et présenter à chaque pôle des pointes en fer; on les voit s'attirer les unes les autres et former des files analogues à celles des grains de limaille dans le spectre magnétique (fig. 317). Aussitôt qu'on interrompt le courant, toutes les pointes tombent.

Les électro-aimants sont des appareils très employés; ils peuvent donner des effets bien supérieurs à tous ceux qu'on obtient des aimants proprement dits; leurs applications reposent sur la possibilité de faire naître ou cesser à volonté leur puissance.

Fig. 317.

Il faut pour cela que le noyau soit en fer parfaitement doux; autrement, s'il était un peu aciéré, il garderait en partie l'aimantation, et l'armature ne se détacherait pas du noyau quand cesserait le courant. On combat le *magnétisme rémanent* en collant sur les noyaux de fer doux une feuille de papier, mieux encore en munissant l'armature d'un ressort antagoniste qui ne l'empêche pas d'être attirée quand le courant passe dans les bobines, mais qui l'éloigne aussitôt que le courant cesse.

491. Sonnerie électrique. — Une des applications les plus simples et les plus répandues des électro-aimants c'est la *sonnerie électrique*. Elle se compose d'un électro-aimant devant les pôles duquel est placée une armature en fer doux terminée par un marteau M qui peut frapper sur un timbre T (fig. 318). L'armature est mobile autour de l'une de ses extrémités; au repos elle appuie contre un ressort R en communication avec l'une des bornes B, auxquelles on attache les fils de la pile. Des deux extrémités du fil de l'électro-aimant, l'une va directement à la borne A; l'autre communique à la base de l'armature, et par cette armature et le ressort contre lequel elle appuie, à la borne B.

Aussitôt qu'on attache les deux fils d'une pile aux bornes A et B, le courant passe dans l'électro-aimant; en effet, le courant entrant par la borne B passe dans le ressort R, puis dans l'armature, puis dans les spires des bobines, et il retourne par A à la pile. Le circuit est donc fermé; l'électro-aimant attire son armature et le marteau frappe sur le timbre. Mais aussitôt que l'armature a quitté le ressort R, le courant de la pile est interrompu; l'électro-aimant cesse d'être un aimant, l'armature n'est plus retenue contre les noyaux de fer doux; elle retombe et vient s'appuyer à nouveau contre le ressort R. Mais alors le courant repasse dans l'électro-aimant; l'armature frappe un second coup et le phénomène continue.

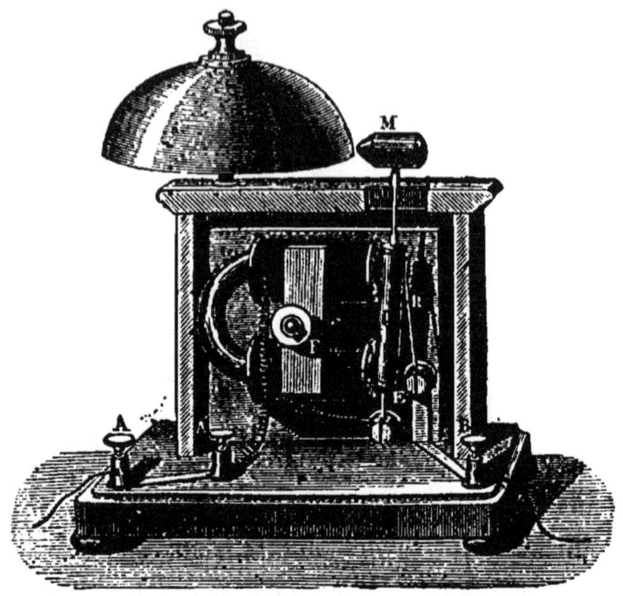

Fig. 318.

Ainsi, l'armature est une sorte de *trembleur* dont la fonction est de faire passer le courant et de l'empêcher de passer un grand nombre de fois dans un court espace de temps.

Le marteau frappe sur le timbre aussi longtemps que le courant de la pile reste en communication avec les deux bornes A et B. Quand on presse sur le bouton d'une sonnerie, on établit cette communication, qui cesse aussitôt qu'on cesse de presser sur le bouton.

CHAPITRE LX

TÉLÉGRAPHES ÉLECTRIQUES

492. Principe du télégraphe électrique. — Il y a longtemps que l'on a essayé de transmettre à distance des signaux, au moyen de l'électricité, même au temps où l'on ne connaissait encore que l'électricité de frottement. On avait proposé de tendre entre deux stations, 25 fils métalliques isolés, de faire communiquer l'extrémité de chacun avec un électroscope et de lancer dans l'un ou dans l'autre, la décharge d'une bouteille de Leyde. — C'était absolument impraticable de placer ainsi 25 fils entre deux points éloignés.

La découverte de la pile et celle de l'action du courant sur l'aiguille aimantée, avaient déjà simplifié le problème. On pouvait réunir deux stations par un circuit unique, comprenant une pile, mettre à la station de départ un commutateur permettant d'envoyer le courant dans un sens ou dans l'autre, à la station d'arrivée une aiguille aimantée. On conçoit qu'alors il ait été possible avec le commutateur de faire dévier l'aiguille, tantôt à droite, tantôt à gauche, et de combiner ces deux déviations pour former des signes correspondant aux lettres de l'alphabet. C'est le système qu'employait Wheatstone vers 1838.

Au lieu de faire agir le courant sur une aiguille aimantée ou un multiplicateur, on peut lui faire actionner un électro-aimant : pendant le passage du courant, l'électro-aimant attirera son armature; aussitôt que le courant ne passera plus dans le circuit, l'armature cessera d'être attirée et elle sera ramenée dans sa position par un ressort : telle est le principe de l'appareil Morse, proposé par son auteur en 1838, et devenu en quelques années le plus répandu de tous les appareils télégraphiques.

La figure 319 indique un dispositif expérimental destiné à montrer sous une forme simple le principe de la télégraphie électrique dans ce qu'il a d'essentiel.

Un électro-aimant E est en rapport par deux fils avec une

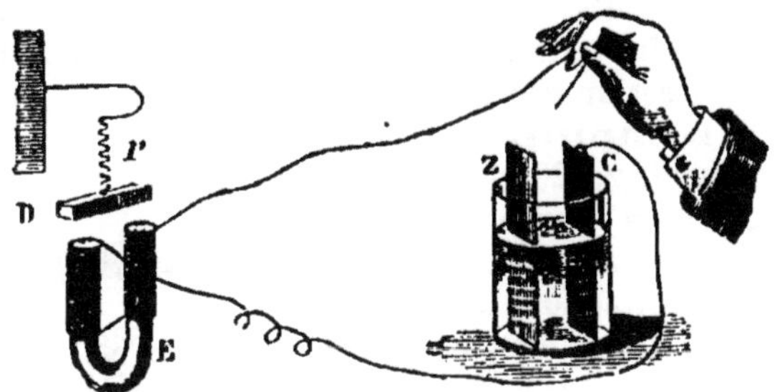

Fig. 319.

pile que nous supposerons pour plus de simplicité réduite à un élément zinc et cuivre. Au-dessus de l'électro-aimant est suspendue par un faible ressort r une armature D en fer. Si l'on tient à la main l'un des bouts du fil dont l'autre est fixé à la pile, le courant ne passe pas; l'électro-aimant reste inactif. Mais à l'instant où l'on fait toucher les deux bouts du fil, le courant passe, le contact D est attiré. Aussitôt que le courant ne passe plus, le contact D est ramené par son ressort et quitte l'électro-aimant.

La pile et l'électro-aimant peuvent être à une grande distance, et quelle que soit cette distance, à l'instant où les deux fils de la pile vont se toucher, l'armature de l'électro-aimant sera attirée; elle restera contre l'électro-aimant, tout le temps que les fils de la pile seront réunis; elle s'éloignera à l'instant même où les deux fils seront séparés l'un de l'autre.

Mais avec cet appareil rudimentaire il faut deux fils entre les deux stations que l'on veut mettre en communication.

Dès 1837, Steinheil avait proposé une simplification en montrant que l'on pouvait relier les deux stations au moyen d'un seul fil, à condition de faire communiquer avec le sol les deux extrémités du circuit : elle est employée depuis cette époque dans tous les télégraphes.

Un *télégraphe* comprend toujours, à l'une des stations, une *pile* dont un pôle communique avec le sol et l'autre avec le *manipulateur* ou appareil à faire les signaux ; à l'autre station un *récepteur* qui marque ou enregistre les signes transmis ; entre les deux postes le *fil de ligne* dont une des extrémités part du manipulateur, et dont l'autre aboutit au récepteur.

La disposition du manipulateur et du récepteur varie beaucoup ; mais l'installation générale reste la même.

Le *fil de ligne* est formé généralement de fil de fer galvanisé, c'est-à-dire recouvert de zinc pour éviter l'oxydation. Il est supporté de distance en distance par des crochets isolés dans des godets de porcelaine fixés à de solides poteaux de bois.

La *pile* doit être formée d'éléments qui présentent à la fois la constance et la durée : c'est généralement la pile de Callaud qui est aujourd'hui préférée.

493. Télégraphe Morse. — Nous décrirons d'abord le télégraphe Morse, bien qu'il n'imprime les signaux que par des points et des traits, c'est-à-dire par des signes conventionnels au lieu d'employer les lettres ; nous le choisissons comme premier exemple parce que c'est un des plus simples et des plus faciles à comprendre.

Le **manipulateur** (fig. 320) est un levier de cuivre mobile autour d'un axe O où est attaché le fil de ligne ; il porte en outre à une extrémité un bouton K et une pointe ; puis à l'autre extrémité, une seconde pointe appuie sur une borne métal-

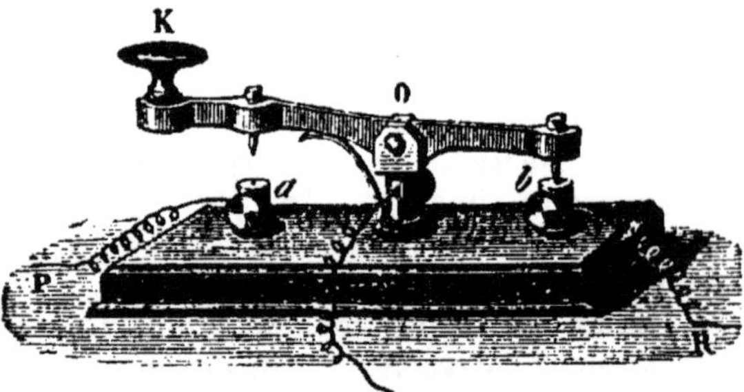

Fig. 320.

lique *b* quand le levier est au repos. La borne *a*, placée en dessous de la première pointe, reçoit le courant de la pile.

Si on abaisse le levier de manière que sa pointe touche la borne *a*, le courant de la pile passe dans le fil de ligne qui le conduit au récepteur de la station avec laquelle on veut communiquer ; de ce récepteur le courant va au sol et revient à la pile. On peut, en maintenant la main sur le bouton du levier plus ou moins de temps, envoyer dans le fil de ligne des courants de durée inégale, et cela suffit à obtenir les deux signes avec lesquels il est possible de correspondre.

Le **récepteur** comprend un électro-aimant, une armature portée à l'un des bouts d'un levier dont l'autre bout est une pointe mousse, un mouvement d'horlogerie qui fait dérouler une bande de papier un peu au-dessus de la pointe, une molette placée vis-à-vis de la pointe, au-dessus du papier, et qui tourne contre un tampon imprégné d'encre grasse. La figure 321 représente les diverses parties du

Fig. 321.

récepteur où l'on voit les deux bobines de l'électro-aimant E, l'armature en levier BCB, le ressort D qui ramène l'armature, la roue à papier K et la bande de papier passant entre les molettes qui la guident, la boîte contenant le mouvement d'horlogerie.

La figure 322 est une coupe théorique très simple pour montrer la manière dont fonctionne l'appareil. Quand le courant arrive dans l'électro-aimant, il attire l'armature A mobile autour du point O; le ressort r se trouve tendu, l'extrémité V appuie

Fig. 322.

le papier contre la molette c. Quand le courant ne passe plus, le ressort r ramène l'armature, et la pointe n'appuie plus contre le papier. Les deux vis a et b permettent de régler, avec la tension du ressort r, la course de l'armature.

On met en marche le mouvement d'horlogerie, la bande de papier se déroule. Si le courant vient à passer un temps très court dans l'électro-aimant, la pointe se soulève, soulève avec elle la bande de papier, l'appuie contre la molette encrée et y fait marquer un trait court ressemblant à un point. Si le courant passe plus longtemps, le papier se déroulant pendant qu'il est pressé contre la molette, il y a un trait marqué.

Les signes sont donc des *points* et des *traits ;* en les combinant, on a pu former l'alphabet et les chiffres.

En voici quelques exemples :

a	· —		n	— ·
e	·		m	— —
i	· ·		d	— · ·
o	— — —		r	· — ·
u	· · —		s	· · ·
t	—		p	· — — ·

Le mécanisme du télégraphe Morse est simple, la manœuvre assez facile à apprendre. On estime qu'une main exercée peut expédier par heure environ 400 mots de cinq lettres en moyenne.

404. Télégraphe à cadran de Bréguet. — Le manipulateur et le récepteur sont tous deux formés extérieurement de cadrans portant les 25 lettres de l'alphabet et un signe de repos entre A et Z.

Le *manipulateur* a son cadran horizontal. Autour du centre peut se mouvoir une manette M qui laisse voir la lettre au-dessus de laquelle elle se trouve ; elle est munie d'ailleurs d'une goupille qui s'arrête dans les échancrures du cadran correspondant aux lettres. En soulevant légèrement cette manette, on l'amène au-dessus de n'importe quelle lettre, et on peut l'y laisser en faisant pénétrer la goupille dans son encoche. L'axe de la poignée est en communication avec une roue dont la figure 323 montre le profil sinueux ; ce profil porte 13 saillies et 13 creux. Contre cette dernière roue appuie un levier mobile autour du point *a* et dont l'autre extrémité appuie alternativement contre deux bornes

Fig. 323.

métalliques CD dont l'une est en communication avec le pôle positif de la pile. L'axe de la manette communique constamment avec le fil de ligne.

Voici comment on fait fonctionner l'appareil. Quand la manette est sur le signe de repos + entre A et Z, la roue sinueuse appuie un creux contre le levier, et l'extrémité inférieure de celui-ci touche la borne D, le courant de la pile n'entre pas dans le manipulateur. Si on avance la manette sur A, c'est-à-dire si on fait tourner la roue sinueuse de $\frac{1}{26}$ de tour, la roue présente une saillie au levier; l'extrémité inférieure de celui-ci touche à la borne C et le courant de la pile traversant l'appareil va dans le fil de ligne. Si on avance de A sur B, le courant cesse de passer; de B sur C, le courant repasse et ainsi de suite. Si donc on transporte la manette du repos sur la lettre H qui est la huitième lettre, le courant aura passé 4 fois dans le fil de ligne, et il aura été interrompu 4 fois.

Le *récepteur* est extérieurement un cadran vertical portant les mêmes signes et dans le même ordre que le manipulateur (fig. 324). Sa pièce principale est un électro-aimant mis en communication avec le fil de ligne et le sol; le contact porte une tige verticale faisant levier, dont l'extrémité supérieure appuie tantôt sur l'une, tantôt sur l'autre de deux roues dentées jumelles, mais dont les dents de l'une alternent avec les dents de l'autre; chacune de ces deux roues à rochet porte 13 dents. Si le courant passe, le contact de l'électro-aimant est attiré, l'extrémité supérieure de l'armature quitte l'une des roues pour s'appuyer

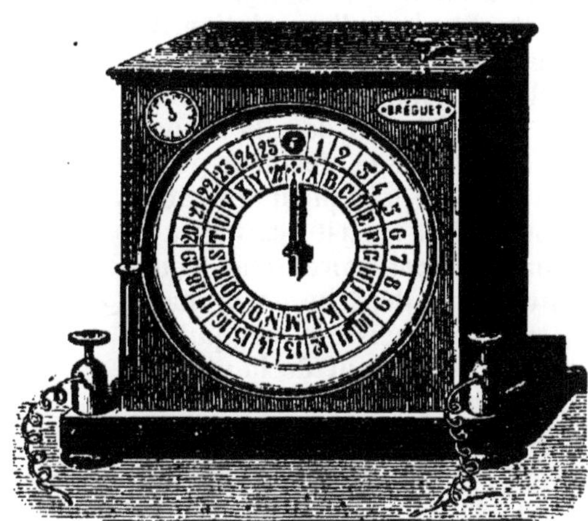

Fig. 324.

sur l'autre; l'axe des roues avance de $\frac{1}{26}$ de tour; l'aiguille indicatrice du cadran avance donc d'une lettre. Il en est de même si le courant cesse de passer.

On comprend alors comment le récepteur suit les indications du manipulateur. Supposons que la manette, d'abord sur le signe de repos +, ait été portée sur la lettre H; le courant aura passé quatre fois et il aura été interrompu quatre fois; le contact de l'électro-aimant aura été quatre fois attiré et quatre fois repoussé; il aura fait huit mouvements; les roues à rochet auront donc avancé de chacune quatre dents; l'axe de ces roues aura tourné de $\frac{8}{26}$ de tour; l'aiguille indicatrice du récepteur se sera transportée devant la lettre H et s'y arrêtera.

La manœuvre de l'appareil est facile. On amène successivement la poignée du manipulateur sur chacune des lettres composant les mots de la dépêche en tournant toujours dans le même sens et en s'arrêtant un peu sur chaque lettre que l'on veut marquer. L'aiguille du récepteur tourne sur son cadran et elle indique par ses arrêts successifs les lettres qui ont été transmises et que l'on relève pour avoir la dépêche. La transmission est un peu longue et la dépêche ne laisse aucune trace, ce sont deux inconvénients. Mais en revanche tout employé peut transmettre une dépêche ou lire les indications du récepteur.

405. Installation d'un poste complet. — Jusqu'ici nous ne nous sommes préoccupés que du dispositif nécessaire pour envoyer une dépêche d'une station A à une station B, et nous avons reconnu indispensable de mettre en A une pile et un manipulateur et en B un récepteur. Mais il faut pouvoir à n'importe quel poste, non seulement envoyer mais aussi recevoir des dépêches. Voici alors comment il faut organiser ces postes.

Dans chacun d'eux il y a une pile dont le pôle positif va au manipulateur et du centre de celui-ci au fil de ligne. Mais il y a aussi un récepteur dont un des fils communique à la troisième borne b du manipulateur tandis que l'autre fil va rejoindre le fil négatif de la pile pour aller avec lui au sol. La figure 325 indique cette disposition à l'aide de laquelle on peut envoyer et recevoir une dépêche par le même fil de ligne. En effet, s'il vient d'une station B éloignée, par le fil de ligne, de l'électricité, elle passe du centre du manipulateur dans la borne b, de là dans le récepteur puis au sol; le récepteur est actionné et il inscrit ses indications. Au contraire, quand on envoie une dépêche de la station A, on abaisse le manipulateur et le courant de la pile P va droit de la borne d au fil de ligne pour se rendre au récepteur de l'autre station et revenir par le sol.

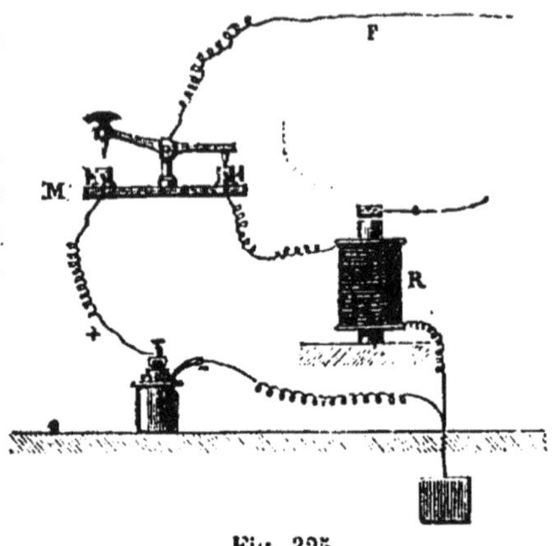

Fig. 325.

Dans chaque poste est une sonnerie destinée à prévenir que l'autre poste désire communiquer.

496. Télégraphe imprimant de Hughes. — Le télégraphe Morse est un appareil très simple, très solide, mais il ne se prête pas à une transmission rapide, il y faut en effet faire en moyenne trois signaux par lettre. Aussi a-t-on cherché à employer des systèmes donnant une lettre par chaque émission de courant : tel est le but du télégraphe imprimant de Hughes qui a le double avantage de permettre une transmission rapide et d'inscrire les dépêches en caractères ordinaires.

Le mécanisme de ce télégraphe est très compliqué et nous ne pouvons songer à le décrire ici dans tous ses détails; nous nous bornerons à en indiquer brièvement le principe et à figurer seulement quelques-uns de ses organes.

Aux deux stations se trouvent deux mouvements d'horlogerie qui doivent marcher ensemble avec un synchronisme parfait pour agir d'une manière identique sur chacun des récepteurs.

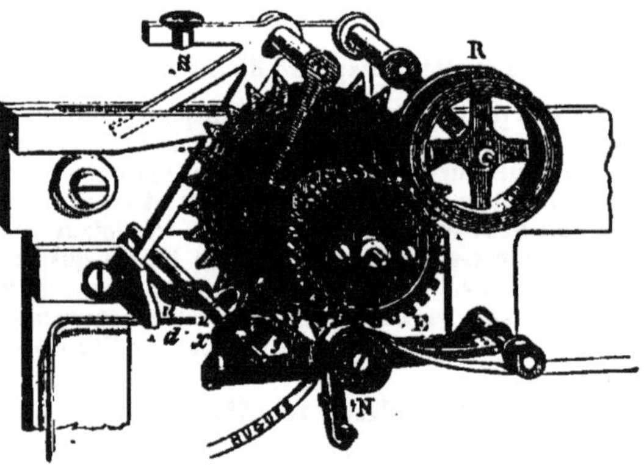

Fig. 326.

Chacun d'eux fait tourner un disque métallique horizontal qui porte sur son contour et en relief les lettres de l'alphabet sans cesse imprégnées d'encre : c'est la *roue des types* E (fig. 326), devant laquelle se déroule une bande de papier comme dans le récepteur Morse. Quand le courant est lancé dans le fil de ligne, il passe dans un électro-aimant qui presse le papier un instant très court contre la roue des types; il y a donc impression sur le papier de la lettre de la roue qui se trouve vis-à-vis le papier au moment du passage du courant.

Le manipulateur est un clavier analogue à celui d'un piano; il porte gravées sur ses touches les lettres de l'alphabet. Les touches communiquent avec 26 tiges verticales ou goujons rangées circulairement sur un cercle qui porte un axe vertical en communication avec le fil de ligne et un bras horizontal ou chariot mis en rotation un peu au-dessus du plan des goujons par le mouvement d'horlogerie. Quand on appuie sur une des touches, le goujon correspondant est soulevé, et au moment où il rencontre le chariot, un courant très court est lancé dans le fil de ligne.

Si à la station d'arrivée la roue des types qui porte les lettres tourne identiquement du même mouvement que le chariot de la station de départ, le passage du courant appuie le papier contre la roue au moment où passe la lettre correspondant au goujon qui a été soulevé ou à la touche du clavier abaissé. Les lettres s'impriment donc à mesure que les touches du clavier qui leur correspondent ont été abaissées. La dépêche est imprimée à la fois dans les deux stations sur une bande; on découpe cette bande et on la colle sur une feuille de papier pour la livrer au public.

Le maniement de cet appareil est très compliqué; il faut en effet que les mouvements du chariot et de la roue des types soient absolument identiques aux deux stations, et le réglage qui amène ce résultat ne peut être confié qu'à des employés exercés. Mais la rapidité de la transmission est bien plus grande qu'avec le télégraphe Morse, et aujourd'hui l'appareil Hughes est employé sur toutes les grandes lignes.

497. Modes de transmission rapide. — Le système Hughes n'est pas encore assez expéditif sur les grandes lignes pour les besoins de la correspondance télégraphique, et on a dû inventer plusieurs combinaisons qui permettent d'aller plus vite encore et d'accélérer la transmission sur un même fil de ligne. Nous donnerons le principe du *transmetteur Baudot* et du *système en duplex*.

Le *télégraphe Baudot* est fondé sur le principe suivant : diviser la durée de la transmission en intervalles réguliers et périodiques dont chaque période est affectée à un manipulateur distinct afin que le fil de ligne reste en activité d'une manière continue.

Le manipulateur et le récepteur sont les mêmes que dans l'appareil Hughes, il y a seulement adjonction aux deux stations d'un organe spécial, appelé le *distributeur*. Ce distributeur met tour à tour et périodiquement cinq manipulateurs Hughes en communication avec le fil de ligne. Pendant un premier intervalle très court, c'est le premier manipulateur qui communique avec le fil de ligne et qui envoie la première lettre de la première dépêche; l'instant suivant, c'est le second manipulateur qui communique seul avec le fil de ligne et ainsi de suite. Le distributeur rétablit la communication de la ligne avec le premier manipulateur au bout du temps qu'il a fallu à l'employé pour préparer la lettre suivante de sa dépêche. On emploie donc ainsi à envoyer quatre autres dépêches le temps que chaque employé met pour passer d'une lettre à la suivante. A la station d'arrivée, un distributeur inverse répartit entre cinq récepteurs les dépêches venues par le même fil. Tel est le principe de cette disposition grâce à laquelle des employés convenablement exercés peuvent travailler simultanément et en réalité périodiquement sur un même fil de ligne et arriver ainsi à transmettre environ 100 mots par minute.

La *disposition en duplex* est toute différente : elle permet d'envoyer dans un même fil et dans le même temps deux dépêches en sens inverse. Elle est fondée sur le pont de Wheatstone dans lequel la branche intermédiaire n'est traversée par aucun courant quand on a bien réglé les résistances des quatre branches.

La figure 327 montre comment les choses doivent être disposées entre les deux stations. Dans chacune est une pile dont un des fils communique au sol et l'autre à un manipulateur M; de là le courant se bifurque en deux branches AC, AB dont la dernière communique avec le fil de ligne et l'autre au sol; entre B et C est un *pont* où l'on intercale un galvanomètre G.

Si l'on choisit convenablement les résistances des branches AB et AC, on peut obtenir que le courant aille de B en B' et de C au sol, sans traverser le pont; cette condition est remplie lorsque le galvanomètre G reste au zéro. On le remplace alors par un récepteur. Si pendant que les choses sont ainsi, on agit sur le manipulateur M, le récepteur placé en G ne subit aucune action. La seconde station étant montée comme la première, la dépêche envoyée par M agit sur le récepteur G' et la dépêche envoyée en même temps par M' vient agir sur le récepteur G; on arrive donc à une transmission double et simultanée.

On est même parvenu à réaliser des dispositions en *quadruplex* qui envoient dans le même temps et par le même fil quatre dépêches, deux dans un sens et deux dans l'autre.

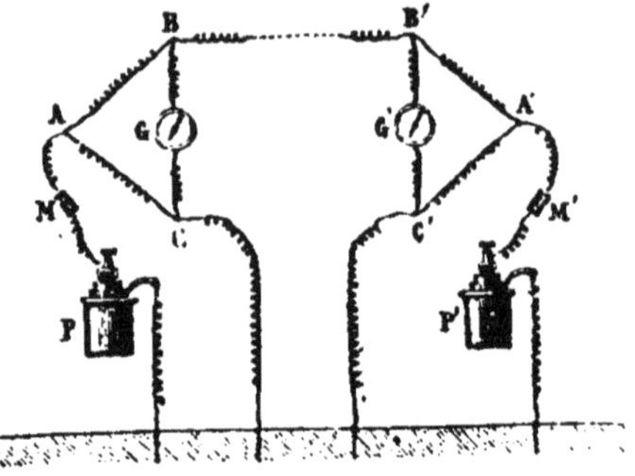

Fig. 327.

498. Télégraphe sous-marin. — Lors-

qu'il s'agit de relier deux continents par un fil posé dans la mer, on ne peut plus employer un simple fil comme dans les lignes aériennes, il faut avoir recours à des câbles solides. Ces câbles sont formés de trois parties (fig. 328) : au centre sont des fils de cuivre rouge tordus ensemble en un faisceau ou séparés sur toute leur longueur mais réunis à leurs extrémités de manière qu'ils soient tous à la fois traversés par le courant. Autour de ces fils est l'enveloppe isolante formée d'abord de couches de gutta-percha et d'enduit de résine, puis de cordes de chanvre goudronnées. Enfin extérieurement le cadre est protégé par des fils d'acier s'enroulant en hélice allongée et constituant une armature métallique. Un tel câble pèse plus de 600 kilogrammes par kilomètre.

La télégraphie sous-marine ne peut pas se faire par les mêmes appareils que la télégraphie aérienne. Le câble, à cause de sa constitution, forme un immense condensateur dont le fil de cuivre est l'armature interne et l'enveloppe protectrice de fer l'armature externe; par suite, lorsqu'on lance dans l'âme du câble un courant positif, il agit par influence sur les fils d'acier

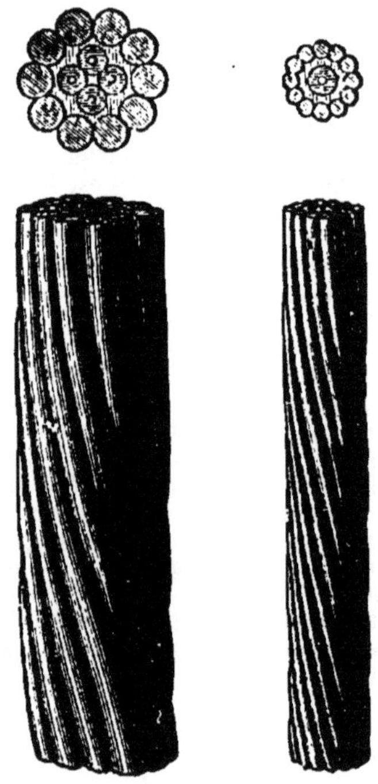

Fig. 328.

de l'armature protectrice qui se chargent d'électricité négative; il se développe dans le câble des contre-courants qui affaiblissent ou prolongent l'état électrique primitif. La transmission n'est pas instantanée, de plus le câble ne se décharge pas immédiatement.

Il a fallu remédier à ces divers inconvénients. On y parvient en lançant dans le câble, aussitôt après le courant qui doit produire le signal, un courant de sens contraire qui ramène le câble à l'état naturel et rend possible l'envoi d'un second signal peu après le premier. Mais alors il n'arrive plus à l'extrémité que des courants trop faibles pour faire agir les récepteurs ordinaires et il faut employer comme récepteur le galvanomètre à réflexion de Thomson où une déviation à gauche figure un *point* et une déviation à droite représente une *ligne*. Le manipulateur est alors un appareil simple disposé pour lancer des courants successifs de sens inverse.

CHAPITRE LXI

PHÉNOMÈNES D'INDUCTION

499. Courants induits. — Il est possible de produire des courants dans des conducteurs fermés qui ne contiennent pas de pile, en employant les actions extérieures de courants ou d'aimants. Qu'on prenne une bobine creuse recouverte d'un fil long et fin dont les deux extrémités sont reliées au fil d'un galvanomètre (le galvanomètre étant placé loin de la bobine), on a un circuit fermé qui ne contient pas de pile. Introduit-on dans la bobine brusquement un aimant? aussitôt l'aiguille du galvanomètre dévie, puis oscille pour revenir à sa première position, annonçant que le circuit fermé a été traversé par un courant électrique instantané.

Au lieu de l'aimant, introduit-on une bobine recouverte d'un fil, en communication avec les deux pôles d'une pile, le galvanomètre dévie également, et dans ce cas encore le circuit fermé a été traversé par un courant instantané.

Ces courants ainsi produits portent le nom de *courants induits* et leur production le nom de phénomène d'*induction*. Ils ont été entrevus par Ampère et étudiés par Faraday, en 1831.

La meilleure forme du circuit est celle d'une bobine sur laquelle le fil est enroulé un grand nombre de fois. Dans le cas où l'on emploie la pile et une petite bobine dont le fil est traversé par le courant de cette pile, la bobine est dite bobine *inductrice*. L'aimant est par lui-même une cause *inductrice*. L'autre bobine qui communique avec le galvanomètre est appelée bobine *induite*.

500. Induction par les courants. — *a*. Quand on appproche du circuit fermé en rapport avec le galvanomètre, une bobine inductrice traversée par un courant, il y a production d'un courant induit; la déviation de l'aiguille du galvanomètre indique que la bobine induite est traversée par un courant de sens contraire à celui qui passe dans la bobine mobile, on le nomme l'*induit inverse*.

Pour faire l'expérience on dispose de deux bobines (fig. 329), l'une creuse recouverte d'un fil long et fin dont on met les deux extrémités en communication avec les deux bornes d'un galvanomètre placé à quelque distance; l'autre à fil gros et court dont les deux bouts du fil communiquent à une pile. On prend la petite bobine à la main et on la plonge brusquement dans la cavité de la grande.

Il ne se produit rien quand les deux bobines restent en présence, l'aiguille du galvanomètre revient au repos. Éloigne-t-on brusquement la bobine mobile, l'aiguille indique un second courant induit de sens inverse au premier ou de même sens que le courant inducteur, c'est l'*induit direct*.

Fig. 329.

Ainsi tout mouvement du circuit inducteur, près du circuit induit, donne naissance à un courant d'induction.

Le courant induit est de sens contraire au courant inducteur ou *inverse* quand les deux circuits se *rapprochent;* il est de même sens ou *direct* quand les deux circuits s'éloignent.

b. On place les deux bobines l'une dans l'autre, sans que la petite communique encore avec la pile. On réunit la bobine centrale à la pile, autrement dit on y fait passer un courant, immédiatement le grand circuit est traversé par un courant *induit inverse*. Au contraire, si on fait cesser le courant inducteur en rompant la communication avec la pile, on constate un courant *induit direct*.

Ainsi un courant qui *commence* au sein d'un circuit fermé développe dans ce circuit un *induit inverse;* un courant qui finit développe un *induit direct*.

c. Enfin si on s'arrange pour augmenter ou diminuer instantanément l'intensité du courant de la bobine centrale, il y a également production de deux courants induits, l'un inverse, l'autre direct.

On dispose l'expérience de la manière suivante. Les deux fils de la pile se rendent à deux godets de mercure V et V' et de ces godets partent les deux fils qui conduisent le courant à la bobine inductrice (fig. 330). La bobine induite est mise en communication avec le galvanomètre. On a préparé une spirale de fil dont les deux extrémités pourront plonger dans les deux vases de mercure.

Si l'on place cette spirale *d*, on produit une dérivation au courant inducteur, son intensité diminue, l'induit direct se produit. Si au contraire on enlève la spirale, l'induit inverse prend naissance.

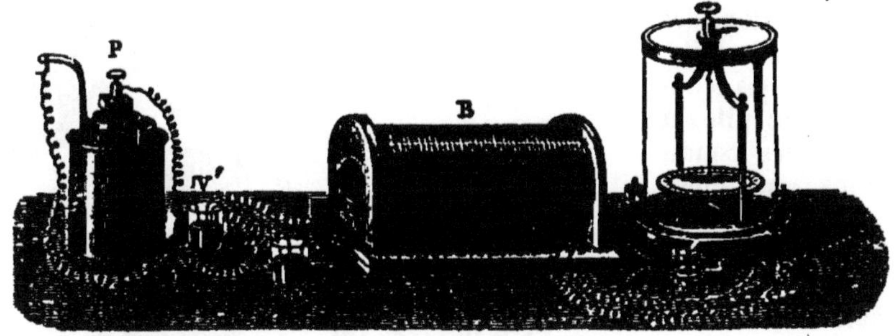

Fig. 330.

On peut réunir les résultats de ces trois expériences en un seul énoncé : *tout courant extérieur qui s'approche commence ou augmente d'intensité*, près d'un circuit fermé, *développe* dans ce dernier, *un courant induit inverse; tout courant qui s'éloigne, diminue ou cesse, provoque un courant induit direct.*

501. Induction par les aimants. — Si dans une bobine creuse dont le fil est relié à un galvanomètre, on introduit brusquement un aimant (fig. 331), il y a pro-duction d'un courant induit. Ce courant est *inverse* de celui de la bobine qu'il aurait fallu enrouler autour du mor-ceau d'acier, pour en faire l'aimant employé. Retire-t-on brusquement l'ai-mant, il y a production d'un courant induit *direct*.

Les courants induits changent de sens, suivant qu'on enfonce dans la bobine, l'un ou l'autre des pôles de l'ai-mant; et on explique très bien ce ré-sultat, en assimilant l'aimant à un so-lénoïde dont les courants particulaires ont une direction déterminée.

Fig. 331.

Ainsi un aimant qui s'approche ou s'éloigne d'un circuit fermé, y développe un courant induit inverse ou direct.

L'expérience montre qu'un aimant, qui commence ou qui finit est dans le même cas; de même un aimant dont on augmente ou dont on diminue la force d'aimantation. La bobine B (fig. 332), contient un cylindre de fer doux A; on approche de ce cylindre un aimant NS; le fer doux devient un aimant, il se produit dans la bobine un induit inverse. Si on éloigne l'aimant NS, l'induit direct se manifeste.

Dans ce cas particulier les induits changent de sens suivant que l'on présente au cylindre A soit le pôle nord soit le pôle sud; en effet le solénoïde qui tiendrait lieu de l'aimant n'a pas le même sens dans chaque cas.

Les aimants donnent donc des courants induits, comme les courants de pile et dans des conditions analogues.

Loi de Lenz. La loi suivante résume toutes les actions des courants et des aimants sur les circuits fermés : *quand on déplace un circuit devant un courant ou un*

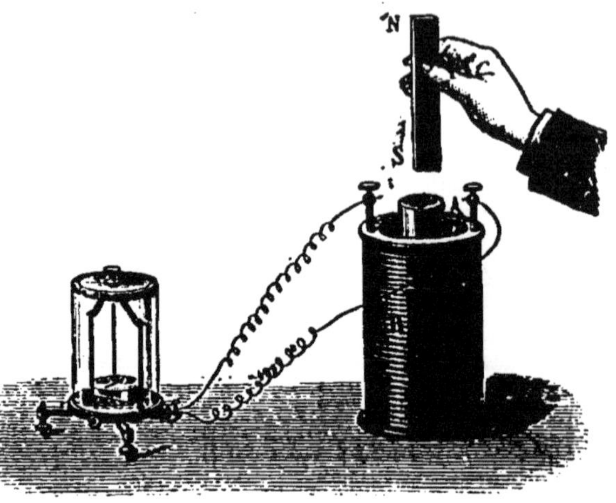

Fig. 332.

aimant ou réciproquement, le sens du courant induit est tel qu'il tend à gêner le mouvement.

502. Induction par la terre. — La terre elle-même dans certaines conditions doit développer aussi des courants induits, puisqu'elle agit comme si elle avait un gros aimant du nord au sud, ou un grand courant équatorial de l'est à l'ouest.

On peut en effet constater les courants induits que produit la terre en faisant tourner brusquement une bobine à noyau de fer doux et dont le circuit contient un galvanomètre. On place d'abord l'axe de la bobine parallèle à l'aiguille d'inclinaison et on l'amène vivement dans une direction perpendiculaire. Mais ces courants induits n'ont reçu aucune application.

503. Extra-courant. — Un courant qui commence ou qui finit, développe des courants induits dans un circuit voisin; on peut penser que par analogie il en développe aussi sur les spires successives de son propre circuit : on les désigne sous le nom d'*extra-courants.*

L'existence des extra-courants a été montrée par Faraday; on se sert encore aujourd'hui de la disposition qu'il a

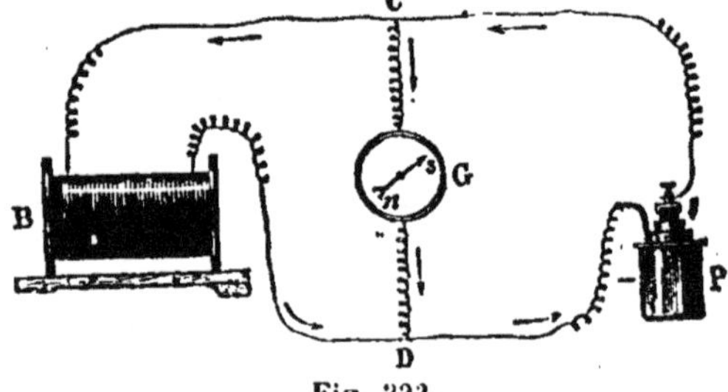

Fig. 333.

indiquée. Soit une pile P mise en communication avec une bobine B (fig. 333); entre la pile et la bobine un fil de dérivation CD sur le trajet duquel est placé un galvanomètre G; près de la pile est un appareil qui sert à fermer ou à rompre le circuit. Si on laisse passer le courant dans tout le circuit suivant le sens des flèches, l'aiguille du galvanomètre dévie et prend une position *ns*. On la ramène à sa première position et on l'y maintient à l'aide d'une cale. Puis on rompt le circuit, aussitôt l'aiguille dévie vers la gauche; elle a donc été traversée par un courant venant de la bobine dans le sens BDC, le même que le sens du courant de la pile. Ainsi à la rupture du courant, la bobine est traversée d'un courant de même sens que le courant primitif: c'est l'*extra-courant de rupture*.

Pour montrer l'extra-courant de fermeture le courant étant interrompu on maintient par une cale l'aiguille du galvanomètre en *ns*, position que le courant de la pile lui faisait prendre. Puis on ferme le circuit et on constate que l'aiguille est déviée vers la droite, c'est-à-dire plus qu'elle ne l'était sous l'action du circuit primitif. On en conclut que la bobine, au moment de la fermeture, a été traversée par un courant ayant le sens DBC inverse du courant primitif. C'est l'*extra-courant de fermeture*.

L'extra-courant de fermeture gêne le courant lui-même. Au contraire l'extra-courant de rupture renforce le courant qui vient de s'interrompre. On montre facilement ce fait en plongeant dans du mercure les deux fils d'une pile sur le trajet de laquelle est placée une bobine à long fil. Si l'on retire l'un des fils du vase de mercure on constate une grande et bruyante étincelle; au contraire à la fermeture du courant l'étincelle est à peine visible; la première est due à l'extra-courant de rupture qui est très intense parce qu'il est très court.

Les deux extra-courants sont donc très différents; mais on se tromperait si l'on croyait que les quantités d'électricité développées dans les deux induits direct et inverse ne sont pas les mêmes; si elles apparaissent plus grandes l'une que l'autre, c'est uniquement parce qu'elles ne se manifestent pas toutes deux aussi instantanément.

<hr>

CHAPITRE LXII

BOBINE DE RUHMKORFF

504. Description de la bobine. — Les appareils qui produisent et utilisent les courants induits sont de deux sortes : ceux où l'induction est déterminée par un courant de pile fréquemment interrompu et ceux où les courants induits prennent naissance par l'action des aimants sur des circuits fermés. La **bobine de Ruhmkorff** est le type du premier groupe.

Elle se compose de deux bobines superposées, l'une, la bobine *inductrice*, est formée d'un fil assez gros enroulé sur un faisceau de fils de fer qui lui sert d'axe; elle est recouverte d'une enveloppe isolante.

La seconde qui constitue la bobine *induite* est enroulée sur la première; elle est formée d'un très grand nombre de spires d'un fil long et fin dont les extrémités sont amenées dans deux supports isolés EF où l'on viendra prendre les courants induits produits (fig. 334).

Toutes les fois qu'on lance un courant dans la bobine centrale, il se produit un double phénomène; d'abord ce courant transforme

Fig. 334.

en aimants les fils de fer du noyau, ces aimants qui commencent avec le courant qui prend naissance dans l'inducteur agissent avec lui pour déterminer un fort courant induit dans la bobine extérieure. Si, au contraire, on interrompt le courant inducteur, les aimants cessent d'être aimants, et il y a deux causes, la rupture du courant d'une part et la diminution d'aimantation d'autre part pour déterminer dans la bobine induite un fort courant induit direct. Ces courants d'induction seront d'autant plus intenses que les spires de la bobine induite seront plus nombreuses et plus près de l'inducteur; c'est pourquoi l'on prend le fil induit si long et si fin; dans les grands appareils il mesure plus de trente kilomètres.

Il faut donc produire de fréquentes interruptions du courant inducteur et les réaliser automatiquement.

305. Interrupteur. — Le plus simple, c'est l'interrupteur à marteau ou à trembleur construit pour ainsi dire comme celui d'une sonnerie électrique. L'extrémité du faisceau de fils de fer qui forme l'âme de la bobine centrale porte une pièce métallique. En avant de cette pièce se trouve l'armature ou contact dont une extrémité est fixée sur un ressort et dont l'autre appuie au repos contre un support métallique où se rend l'un des fils de la pile, tandis que l'autre fil va directement à la bobine inductrice.

Aussitôt que le courant passe, que le circuit est fermé, le noyau central s'aimante, son extrémité attire le marteau qui quitte son support et produit une interruption dans la marche du courant. Au premier courant induit inverse succède donc immédiatement un courant induit direct. Mais alors l'aimantation cessant dans le noyau central, le marteau n'est plus retenu et il revient au contact de la pièce contre laquelle il appuie quand l'appareil est au repos. A ce moment le courant recommence puisqu'il trouve un circuit fermé et le phénomène continue ainsi. Le courant inducteur est ainsi interrompu et fermé automatiquement un grand nombre de fois en une seconde, et à chaque fois il y a production de deux courants induits.

Cet interrupteur à marteau présente un inconvénient dû à l'extra-courant. On remarque en effet que toutes les fois qu'il revient toucher son support, il y a production entre ces deux pièces d'une forte étincelle due à l'extra-courant, cette étincelle a non seulement le désavantage de détériorer les pièces métalliques entre lesquelles elle éclate, mais encore celui de représenter une quantité d'électricité que l'on ne peut recueillir ni utiliser. C'est pour diminuer cette étincelle que, sur le conseil de M. Fizeau, on met le marteau d'une part, son support ou enclume d'autre part, en communication avec un *condensateur* à grande surface qui est ordinairement placé dans le pied de l'appareil.

Dans les grandes bobines on n'emploie pas l'interrupteur à marteau; on lui substitue un autre appareil dû à Foucault, disposé différemment, où l'interruption se fait par l'entrée et la sortie d'une pointe métallique qui plonge à peine dans un godet de mercure et qui est animée d'un rapide mouvement d'oscillation.

Dans toutes les bobines, grandes ou petites, il y a sur le trajet de la pile à l'inducteur un appareil spécial, le *commutateur*, à l'aide duquel on supprime à volonté ou l'on change de sens comme on le veut le courant de la bobine intérieure.

506. Effets de la bobine. — Les effets de la bobine sont comparables à ceux d'une batterie électrique : l'étincelle y est sinueuse et crépitante; elle peut détruire les corps mauvais conducteurs, enflammer les corps combustibles.

Pour produire l'étincelle, on termine les deux extrémités du fil induit par des tiges métalliques munies de boules que l'on approche peu à peu l'une de l'autre. Quand les boules sont un peu écartées, l'induit de fermeture ne peut pas traverser l'interruption; mais l'induit de rupture qui est plus instantané apporte, dans un temps plus court, une certaine quantité d'électricité qui acquiert une forte tension, un potentiel élevé et qui peut produire l'étincelle à travers l'espace. On a construit un modèle de bobine où l'étincelle atteint 75 centimètres de longueur; elle a tous les caractères apparents d'un petit éclair.

On peut avec une bobine un peu forte répéter

Fig 335

toutes les expériences que l'on fait avec les batteries : destruction des corps métalliques en fil ou en lames minces, percement du verre, etc., il ne faut essayer les commotions qu'avec les petits modèles (avec les grands la commotion serait trop forte; elle serait même très dangereuse).

L'étincelle traverse le vide et aussi les gaz raréfiés; elle prend alors la forme de stries alternativement très brillantes et presque dénuées d'éclat. On en fait l'expérience dans l'œuf électrique après y avoir fait le vide (fig. 335). On étudie les effets de l'électricité dans les gaz raréfiés à l'aide de *tubes* dits *de Geissler*, tubes de toutes formes, avec parfois une ou plusieurs enveloppes contenant chacune un liquide (fig. 336).

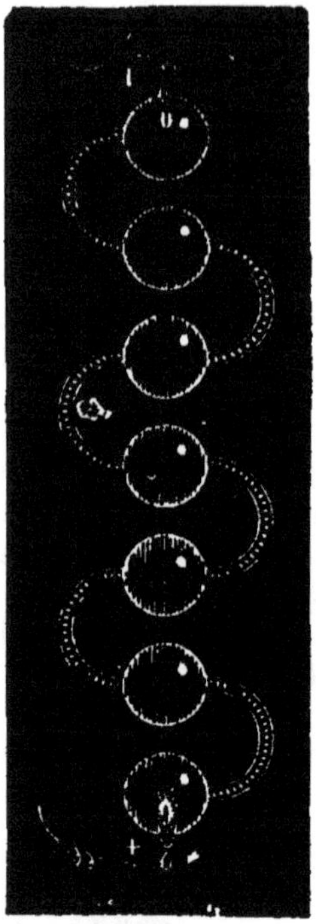

La bobine de Rhumkorff n'a pas beaucoup d'emplois en dehors des laboratoires. Cependant, elle sert utilement à l'inflammation des mines; dans ce cas on se sert de cartouches particulières dues à Statcham, à l'intérieur desquelles se trouvent, en regard et très près, les deux fils qui viennent de la bobine et autour d'eux un corps très combustible (fig. 337). Quand on tourne le commutateur la bobine marche, l'étincelle se produit à distance, met le feu à la fusée qui à son tour enflamme la poudre.

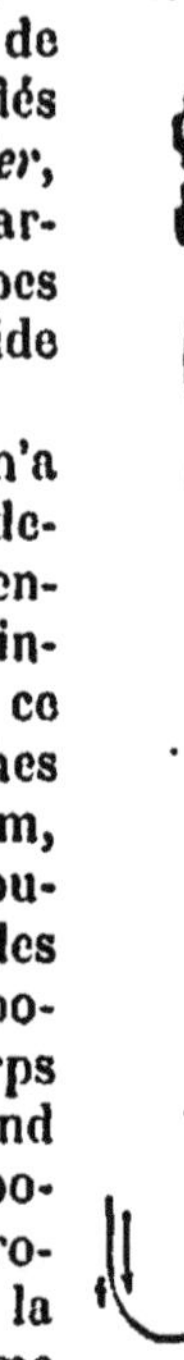

Fig. 336.

Fig 337

CHAPITRE LXIII

MACHINES MAGNÉTO-ÉLECTRIQUES ET DYNAMO-ÉLECTRIQUES

507. Première machine magnéto-électrique. — La production continue des courants d'induction par les aimants a été réalisée dans des appareils auxquels on a donné le nom général de machines *magnéto-électriques*. Ces machines sont aujourd'hui très répandues; on en obtient de grandes quantités d'électricité, qu'on ne pourrait obtenir des piles qu'à grand'peine et avec des frais beaucoup plus considérables. Ce sont les sources auxquelles on s'adresse pour avoir l'électricité qui sert à la galvanoplastie et à l'éclairage; il importe d'en connaître le principe et d'en étudier les types principaux.

La première a été imaginée par Pixii en 1833.

Un électro-aimant est fixé au haut d'une potence. En dessous de lui est placé un fort aimant en fer à cheval, monté pour pouvoir tourner devant les noyaux de fer doux de l'électro-aimant et mis en rotation par une manivelle et une série d'engrenages.

Quand l'aimant est en croix avec l'électro-aimant, les deux noyaux de fer doux de celui-ci ne sont pas aimantés. Si l'on fait tourner brusquement l'aimant d'un quart de tour, chacun de ses pôles aimante le noyau de fer dont il s'approche, et la spirale de fil qui enveloppe ce noyau est traversée par un courant d'induction. Il en est de même dans le second quart de tour de l'aimant. On peut donc recueillir dans les deux extrémités du fil de l'électro-aimant, une succession de courants induits alternativement de sens contraire, que l'on pourra utiliser tels, ou bien après les avoir rendus tous de même sens par un commutateur.

Tel est le principe de cette première machine à laquelle on a renoncé à cause de la difficulté de manœuvrer un fort aimant, mais qui mérite néanmoins d'être citée car elle a servi de point de départ aux autres.

Fig. 338.

508. Machine de Clarke. — La machine de Clarke est le type classique. L'aimant est fixe et c'est l'électro-aimant qui tourne devant ses pôles. L'axe de celui-ci est horizontal tandis que l'aimant est vertical. Cet axe porte un pignon de petit diamètre, relié par une chaîne à la Vaucanson avec une grande roue que l'on met en mouvement au moyen d'une manivelle; on peut communiquer ainsi une très grande vitesse à l'électro-aimant (fig. 338).

On ne pouvait songer à conduire dans deux bornes fixes les deux extrémités du fil de l'électro-aimant, puisque cet appareil doit être animé d'un mouvement de rotation; les deux premiers bouts du fil de chaque bobine, réunis en un seul, communiquent avec l'âme métallique de l'axe; les deux autres extrémités, réunies à leur tour, sont en rapport avec une virole métallique extérieure recouvrant la gaîne isolante qui forme la plus grande partie de l'axe. Ainsi les deux extrémités du fil sont mobiles avec l'électro-aimant.

Deux ressorts fixes complètent l'appareil; ils frottent constamment sur les viroles métalliques de l'axe, dont l'une est toujours en communication avec la portion centrale, et l'autre avec la portion extérieure ; et c'est sur les pièces métalliques de la base de ces ressorts que l'on pose les fils du circuit extérieur destiné à prendre et à utiliser les courants induits.

309. Production des courants. — Il est facile de comprendre comment le mouvement des bobines donne naissance à une succession de courants d'induction. Chaque bobine s'approche et s'éloigne de chacun des pôles de l'aimant; pendant l'approche, son noyau de fer doux devient un aimant; pendant l'éloignement, il cesse d'être un aimant; et, dans ces deux cas, le fil dont il est recouvert est traversé par un courant induit.

Représentons les deux bobines avec leur fil et la jonction des extrémités de ces fils sur l'axe mobile (fig. 339) et supposons que la bobine C s'approche du pôle sud S de l'aimant. Le noyau de fer doux de la bobine devient un aimant et prend un pôle nord ; le courant qu'il faudrait supposer autour pour produire ce même aimant, aurait le sens contraire des aiguilles d'une montre pour un observateur placé du côté de l'aimant et ayant devant lui l'extrémité du noyau de fer doux, le sens des aiguilles d'une montre sur la figure ci-contre. Dans cette formation d'aimant, le fil de la bobine a été parcouru par

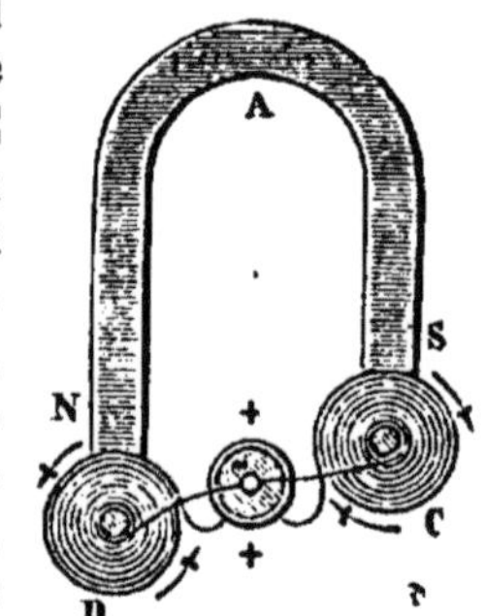

Fig. 339.

un courant induit inverse : celui-ci a donc été, dans la bobine, de l'extrémité qui aboutit à l'enveloppe extérieure à celle qui est fixée à l'axe central; il en est de même dans l'autre bobine D. Les deux bobines ajoutent donc leur effet et le circuit extérieur est traversé d'un courant de sens déterminé. Au moment où les deux bobines s'éloignent des pôles de l'aimant, il se produit un courant induit direct; le fil des bobines est traversé d'un courant de sens contraire au courant précédent.

Quand les deux bobines passent dans la verticale, les noyaux de fer doux ne sont plus aimants, puisque chacun d'eux est à égale distance des deux pôles.

Quand la bobine C va de la verticale vers le pôle N, il y a production d'un courant induit inverse, pour la même raison que dans la première position que nous avons considérée; mais le pôle de l'aimant qui se forme est différent, et le fil des bobines est traversé d'un courant induit de même sens que celui de la position immédiatement antérieure.

Ainsi, pendant que les bobines accomplissent la demi-révolution au-dessus de la ligne des pôles, il s'y produit deux courants de sens contraire aux premiers. On voit que les inversions de courant se produisent au moment où les bobines passent devant les pôles des aimants. On obtient ainsi dans le circuit extérieur des courants alternatifs dont le sens change à chaque demi-révolution des bobines.

810. Commutateur. — Si l'on veut appliquer l'électricité ainsi produite à certains effets qui exigent nécessairement des cou-

Fig. 340.

rants successifs de même sens, il faut apporter une modification à l'axe et le transformer en un *commutateur* que la figure 340 représente. Dans cet appareil les ressorts r et r' appuient contre deux viroles métalliques e et d; l'une e est constamment en communication avec l'enveloppe métallique extérieure qui reçoit l'un des bouts du fil des bobines, l'autre d c est sans cesse en rapport avec l'axe qui reçoit toujours l'autre bout du fil.

Comme le courant change dans le fil à chaque demi-révolution, et que, d'un autre côté, les deux viroles changent également de place, il en résulte que l'un des ressorts est toujours positif, l'autre toujours négatif.

En effet, si dans une demi-révolution, c'est l'axe qui est positif et la périphérie négative, le courant va dans les fils qui le recueillent de f' en f; au demi-tour suivant, l'axe est devenu négatif et la périphérie positive, mais le commutateur a fait un demi-tour aussi et c'est encore le ressort r' et le fil f' qui reçoivent le pôle positif, tandis que le ressort r et le fil f reçoivent le pôle négatif. Le courant a le même sens dans le circuit extérieur.

On peut répéter avec la machine de Clarke toutes les expériences que l'on fait avec un courant électrique ordinaire :

Pour les commotions, on tient deux manettes attachées aux fils f et f'; mais on fait appuyer sur l'extrémité de l'axe un troisième ressort pour produire des extra-courants dans le circuit qui traverse le corps.

Pour produire la décomposition de l'eau, on plante un petit voltamètre en place des fils f et f'; mais si la machine n'était pas munie de son commutateur à viroles, on recueillerait dans chacune des éprouvettes un mélange d'hydrogène et d'oxygène.

On peut aussi obtenir des étincelles par une pointe qui sort du mercure, ou faire rougir un fil très fin de platine. Dans le premier cas, on remplace l'électro-aimant à fil fin par un électro-aimant à fil plus gros, et l'extrémité de l'axe porte une double pointe métallique qui entre et sort du mercure contenu dans une petite coupelle également métallique; alors un seul ressort suffit contre l'axe mobile.

511. Machine de l'Alliance. — La machine de Clarke ne donne que de faibles courants, mais en utilisant le même principe, on a pu construire des machines donnant des courants assez forts pour alimenter un phare; c'est ce qu'avait fait la première compagnie l'Alliance.

Des aimants forts sont disposés en plusieurs séries suivant des rayons d'un cylindre.

L'arbre central, mû par un moteur à vapeur, porte des roues munies d'électro-aimants; ceux-ci, en tournant, passent devant les pôles des aimants, d'un pôle nord à un pôle sud successivement; dans cette rotation il y a des courants induits produits; on les recueille tous dans un axe commun.

On fait tourner l'arbre avec une vitesse de 300 à 400 tours par minute, ce qui produit par seconde environ 80 à 100 courants successifs, et quand le nombre des aimants est de 56 comme dans les grands modèles, on obtient assez d'électricité pour alimenter un régulateur, donnant une lumière de 500 ou 600 becs Carcel. Deux de ces machines sont appliquées depuis 1863 à l'éclairage des phares du cap de la Hève au Havre. On n'en construit plus aujourd'hui de ce genre. Les machines modernes sont moins volumineuses et d'un prix moins élevé.

512. Bobine de Siemens. — La *bobine de Siemens* (fig. 341) est un noyau de fer doux, en cylindre allongé, présentant dans toute sa longueur deux portions évidées opposées. Le fil est enroulé dans ces parties évidées, longitudinalement, de sorte que toutes les spires sont parallèles à l'axe. Cette bobine tourne autour de son axe dans deux cavités hémisphériques pratiquées dans deux masses de fer doux sur chacune desquelles sont fixés des aimants formant un faisceau aussi long que la bobine elle-même. Les deux armatures fixes

Fig. 341.

placées très près de la bobine l'enveloppent presque complètement, de sorte que les deux parties libres de fer doux de la bobine sont soumises, pendant la rotation, à l'action de l'aimant sur une grande longueur, tandis que dans la machine de Clarke, c'est seulement l'extrémité du noyau de fer doux de la bobine qui s'approche ou s'éloigne de l'aimant.

La figure 342 représente l'ensemble d'une machine Siemens avec son faisceau d'aimants dont les extrémités sont munies d'armatures de fer doux, entre lesquelles tourne la bobine horizontale.

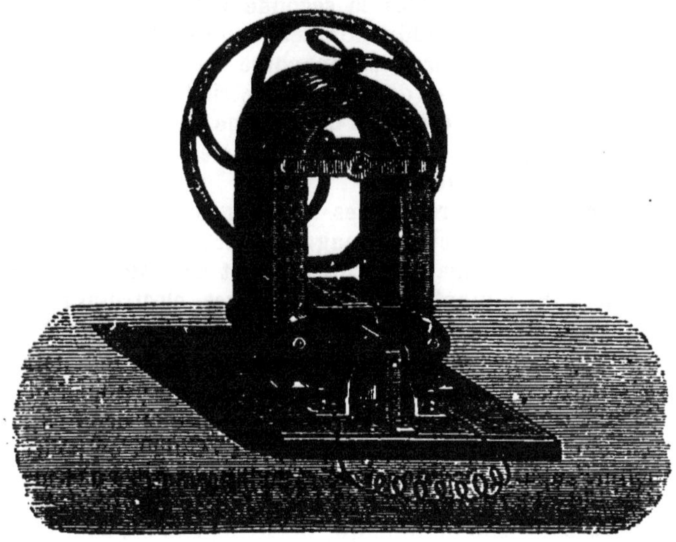

Fig. 342.

Pour comprendre la production des courants induits dans le fil de la bobine, il faut remarquer que chacune des deux parties du noyau de fer doux qui restent libres s'approche, puis s'éloigne du pôle nord de l'aimant et ensuite du pôle sud; pendant la première demi-révolution, au-dessus de la ligne des pôles, il y a, comme dans la machine de Clarke, deux courants induits de même direction, deux courants induits de sens contraire dans la demi-révolution en dessous de la ligne des pôles. Les deux extrémités du fil se rendent dans des viroles au bout de la bobine, et deux ressorts communiquent les courants induits à un circuit extérieur.

II. — MACHINES DYNAMO-ÉLECTRIQUES

813. Les aimants qu'il faut employer dans les machines précédemment étudiées, sont coûteux et très encombrants; on a cherché à leur substituer des électro-aimants, et l'on a ainsi fabriqué des machines d'induction sans aimants proprement dits, où des bobines tournent devant d'autres bobines; on les appelle plus particulièrement machines *dynamo-électriques*. Nous allons étudier sommairement les principes de ces nouveaux appareils qui sont aujourd'hui d'un emploi courant dans l'industrie.

Tout d'abord nous reviendrons à une machine magnéto-électrique, celle de Siemens.

Si, au lieu d'utiliser directement les courants produits par cette première machine, on les envoie redressés dans une seconde, autour de barreaux de fer doux qui remplacent les aimants et entre les armatures desquels pourra tourner une seconde bobine, ces barreaux de fer doux deviennent de puissants électro-aimants, et si l'on fait tourner en présence de leurs pôles la seconde bobine, celle-ci développe de nouveaux courants d'induction beaucoup plus forts que ceux qui étaient produits par la première machine excitatrice.

Cette seconde machine donne de l'électricité sans aimants permanents, rien que par la rotation d'une bobine Siemens devant les pôles d'électro-aimants convenablement excités, c'est une machine dynamo-électrique proprement dite.

On comprend dès lors que les aimants permanents puissent être supprimés dans les machines magnéto-électriques et remplacés par une série d'électro-aimants qu'un courant excitateur actionnera et transformera en aimants temporaires; ces électro-aimants, ainsi excités, agiront, pour y produire de forts courants induits, sur des bobines tournant entre leurs armatures. Comme il est facile d'obtenir de petits électro-aimants plus forts réellement que de gros aimants permanents, il en résulte que, sous un petit volume, on pourra avoir une machine capable de donner de grandes quantités d'électricité.

814. Machine de Gramme. — La machine de Gramme est toute récente; elle ne date que de 1870; elle est entièrement différente des précédentes et par sa forme, et par son principe, et par ses résultats; elle donne, en effet, non pas des courants alternatifs successifs, mais bien un courant continu.

Pour comprendre la production des courants, supposons qu'on fasse tourner dans le plan de la figure 343, entre les pôles d'un aimant N, S, un anneau autour duquel sont enroulées des bobines dont le fil de l'une est réuni au fil de la suivante, de manière que l'ensemble formé un circuit continu; nous admettrons que l'âme de chaque bobine est formée d'un petit cylindre de fer doux.

Une bobine E' placée dans la ligne perpendiculaire à la ligne des pôles a une aimantation nulle. Si on la fait tourner vers le pôle sud S, son aimantation va en croissant, elle est donc traversée d'un courant d'induction d'intensité croissante à mesure qu'elle s'approche du pôle S.

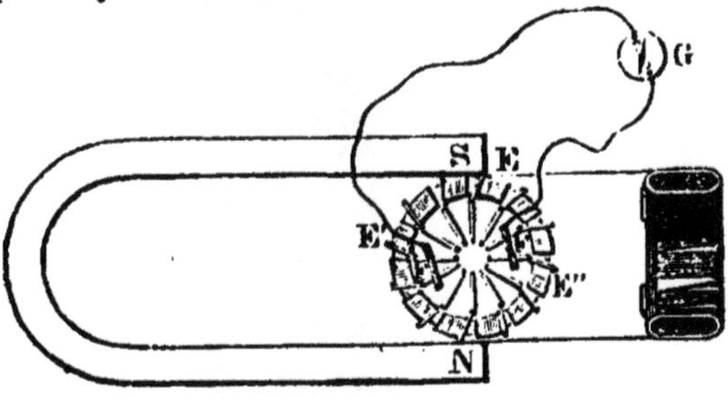

Fig. 343.

Quand elle quitte le pôle S pour tourner d'un quart de tour, son aimantation décroît; le courant qui la traverse devrait changer de sens, mais la bobine présente alors son autre extrémité à l'aimant qui agit sur elle, et le courant conserve le sens qu'il avait dans le quart de tour précédent, mais en diminuant d'intensité. — Quand la bobine considérée s'approche du pôle N, le courant s'accroît, mais il a changé de signe. De sorte que toutes les bobines qui, dans le mouvement, sont d'un côté de la ligne perpendiculaire à la ligne des pôles sont traversées par un courant de même sens, tandis que les autres sont traversées par un courant de sens contraire.

Si on installe en E' et E″ deux ressorts qui frottent contre des pièces métalliques réunissant les fils des bobines, toute la portion du circuit E'EE″ étant traversée par un courant allant de E' vers E″ la portion inférieure étant traversée d'un courant inverse allant également de E' vers E″, les deux ressorts frottant F et F' sont dans la même condition que s'ils étaient fixés aux deux extrémités de deux éléments de piles réunis par les pôles de même nom. Le circuit extérieur fixé à FF' sera donc traversé par un courant toujours de même direction et continu tant que les bobines tourneront avec la même vitesse.

L'anneau (fig. 344) est formé d'un faisceau de fil de fer doux, et l'action inductrice sur les bobines en est grandement augmentée. Avec ses bobines enroulées autour de lui, il forme un tore mis en mouvement par l'axe qui le supporte. Les lames métalliques *m n* qui réunissent le fil d'une bobine à la suivante sont isolées les unes des autres, elles viennent former les rayons du tore, et c'est sur cette partie de l'axe appelée le *collecteur* que deux balais frotteurs prennent

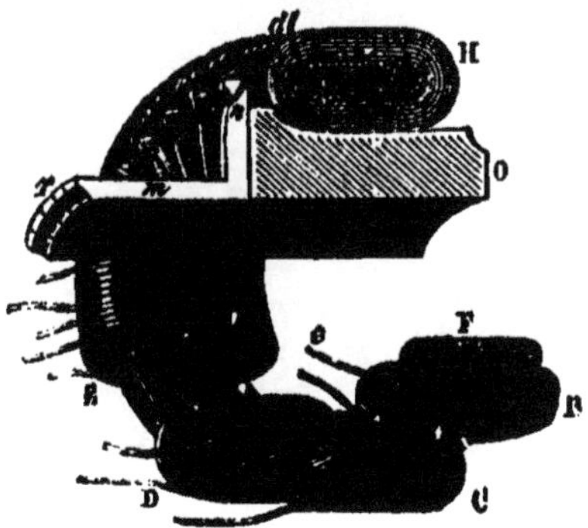

Fig. 344.

l'électricité produite pour la conduire dans le circuit extérieur.

La figure 345 représente une petite machine à aimant dont l'ai-

Fig. 345.

mant est un aimant Jamin et dont le tore peut être mis en mouve-

Fig 346.

ment par une manivelle. Le petit modèle des laboratoires peut remplacer 15 à 20 piles, quand on l'anime d'une rotation de 4 ou 5 tours à la seconde.

La figure 346 représente le modèle industriel qui diffère du précédent non pas seulement par ses dimensions mais aussi par l'absence d'aimant. Deux électro-aimants de chacun deux fortes bobines sont opposés par leurs pôles de même nom sur l'axe vertical de l'appareil. Les deux pôles du haut, comme aussi ceux du bas, sont réunis en un seul par une armature de fer dont la forme vient se mouler sur presque la moitié du tore.

Les deux balais collecteurs du courant produit communiquent avec les bobines des électro-aimants. Au premier mouvement de rotation du tore central, le magnétisme rémanent des électro-aimants produit un courant induit, ce courant passe d'abord dans les bobines des électro-aimants dont il augmente la force, avant de se rendre au circuit extérieur. De cette manière, l'induction croît très rapidement et elle arrive à une intensité très grande. Quand la vitesse a acquis une certaine valeur et s'y maintient, les courants induits passent dans le circuit extérieur où ils sont utilisés.

Telle est la machine de Gramme, l'une des plus employées pour produire des courants intenses, surtout dans le cas où il faut un courant de direction continue comme pour les dépôts galvanoplastiques.

Il y a aujourd'hui un très grand nombre d'autres types de machines dynamo-électriques, qui se distinguent les unes des autres par l'enroulement du fil des bobines et la disposition de l'inducteur par rapport à l'induit. Nous ne pouvons les décrire toutes : il nous suffit d'en avoir indiqué le principe.

Fig. 347.

818. Machine auto-excitatrice à courants dis-

continus. — On n'emploie pas seulement des machines dynamo-électriques à courants continus; on en fabrique aussi qui donnent des courants alternatifs comme la machine de Clarke et qui se prêtent mieux que les précédentes à la division de la lumière électrique.

Le système induit y est toujours une bobine ou une série de bobines montées sur le même axe, tournant d'un mouvement très rapide à l'intérieur de l'inducteur et développant ses courants dans un collecteur cylindrique à lames isolées sur lequel appuient deux balais métalliques.

Le système inducteur est composé d'électro-aimants disposés en cercles, de manière à déterminer autour de l'induit un champ magnétique constant.

Il faut actionner par un courant continu ces électro-aimants; on envoie dans leur circuit le courant continu formé par une petite machine Gramme qui est appelée l'*excitatrice*.

Cette machine dont le courant continu est destiné à actionner le champ magnétique des électro-aimants inducteurs peut être montée sur le même axe que la machine productrice des courants alternatifs. L'ensemble, représenté par la figure 347, porte le nom de machine auto-excitatrice.

516. Réversibilité des machines dynamo-électriques.

— Dans les machines magnéto et dynamo-électriques, l'origine première de l'électricité réside dans le travail mécanique qu'il faut dépenser pour mettre la machine en mouvement; c'est donc une dépense de travail qui se transforme et se retrouve en électricité.

Lorsqu'on produit l'électricité par les piles on dépense du zinc dans chaque élément; quand on la produit avec les machines précédentes, on emprunte le mouvement à une machine à vapeur, et c'est une quantité donnée de charbon qu'on dépense; aussi l'électricité revient à meilleur marché dans les machines que dans les piles, et l'éclairage électrique n'a été économiquement possible qu'avec ces nouvelles sources d'électricité.

La plupart des machines dynamo-électriques sont *réversibles*, c'est-à-dire qu'elles donnent un courant quand on leur communique du mouvement; mais qu'elles peuvent donner du mouvement si on leur communique un courant. On met ce fait en évidence avec deux machines Gramme réunies par deux fils conducteurs. On communique du mouvement à la première; elle donne un courant qui va dans la seconde et qui devient la source du mouvement de celle-ci. Ces machines peuvent donc servir à transporter la force à distance; le mouvement de la seconde machine n'est qu'une fraction du mouvement communiqué à la première; mais ce résultat est extrêmement intéressant, car il permet de prévoir qu'on pourra un jour, vraisemblablement, transmettre à distance une force donnée, à l'aide de conducteurs métalliques, comme on transmet l'électricité.

CHAPITRE LXIV

EFFETS CALORIFIQUES ET LUMINEUX DE L'ÉLECTRICITÉ

517. Effets calorifiques du courant électrique.
— Quand on fait passer le courant d'une pile dans un fil fin, on voit ce fil rougir et même fondre si le courant est suffisamment fort. On montre ce phénomène avec un seul couple de Wollaston dont les deux pôles zinc et cuivre sont très rapprochés et réunis par un fil très fin de platine; aussitôt qu'on plonge l'élément dans de l'eau acidulée, le fil de platine rougit. On peut également faire l'expérience avec une forte source électrique sur des fils plus longs et un peu plus gros ; elle est particulièrement brillante avec une pile de 50 éléments qui permet de porter au rouge une aiguille à tricoter.

518. Loi de Joule. — Joule a étudié les phénomènes calorifiques produits par une pile dans les différentes parties de son circuit dont il faisait varier la résistance; il mesurait la chaleur dégagée dans un calorimètre, et il a conclu de ses expériences que la quantité de chaleur q, développée dans l'unité de temps, dans un conducteur de résistance r, par un courant d'intensité i, est *proportionnelle à la résistance et au carré de l'intensité*.

On peut donc écrire :

$$q = Ki^2r$$

$$q' = Ki^2r'$$

$$q'' = Ki^2r''$$

Et en faisant la somme :

$$q + q' + q'' \ldots = Ki^2(r + r' + r'' \ldots)$$

Ou, en appelant Q la chaleur totale de toutes les parties du circuit, R la résistance :

$$Q = Ki^2R.$$

Mais comme d'après la loi d'Ohm

$$i = \frac{E}{R},$$

la formule devient :

$$Q = KiE.$$

La quantité totale de chaleur développée dans tout le circuit pendant l'unité de temps est proportionnelle à la force électro-motrice de la pile et à l'intensité du courant.

519. Expériences de Favre. — Favre a employé son calorimètre à mercure (pag. 215, fig. 186) pour chercher la source de la chaleur du courant électrique et montrer la distribution de cette chaleur suivant les modifications que subit le circuit. Il a placé dans l'un des moufles une pile simple dont les deux pôles étaient réunis par un fil gros et court de très faible résistance, et il a mesuré la quantité de chaleur dégagée; il l'a trouvée égale à celle de l'action chimique accomplie dans la pile. Dans une deuxième expérience, il a muni la pile d'un long circuit qu'il a placé dans un second moufle; la quantité totale de chaleur est restée la même et égale à celle de l'action chimique; mais elle s'est répartie entre la pile et son circuit.

Ainsi la quantité de chaleur produite par une pile est toujours la même; si le circuit est peu résistant, presque toute la chaleur reste dans la pile; si au contraire le circuit présente une grande résistance, c'est dans le circuit que se produit surtout le dégagement de chaleur. La pile présente donc un moyen de transporter en un point quelconque du circuit une partie de la chaleur dégagée par l'action chimique.

Une conséquence intéressante à tirer de ces expériences est celle-ci : c'est qu'on ne pourra faire produire à un courant électrique dans une des parties de son circuit une action qui exige plus de chaleur que l'action chimique de la pile n'en peut donner. Ainsi une pile simple dégage en tout 18 calories; il en faut 34 pour décomposer l'eau; on ne pourra pas décomposer l'eau avec un seul couple d'une pile simple, quelle que puisse être la grandeur de ses deux pôles; il faudra au moins deux éléments.

Une autre conséquence, c'est que si sur une des parties du circuit le courant effectue un travail, comme de soulever un poids, d'actionner un moteur, la quantité de chaleur devra diminuer d'une portion en rapport avec le travail produit : c'est ce que l'expérience a vérifié, et Favre a pu chercher l'équivalent mécanique de la chaleur en faisant produire un travail connu à un courant électrique.

520. Effets lumineux du courant. — Quand on approche l'une de l'autre les extrémités des fils attachés aux pôles d'une pile ordinaire, on ne constate aucune étincelle. C'est que la différence de niveau électrique ou de potentiel entre les pôles est très faible; on sait en effet que la force électro-motrice d'une pile, qui est égale à la différence de potentiel des deux pôles, n'est pas grande. Mais comme cette force électro-motrice est proportionnelle au nombre des éléments, si on accouple en série un assez grand nombre d'éléments, on aura aux pôles une étincelle analogue à celle que donnent les machines électriques, avec cette différence que l'étincelle paraîtra continue.

On a un moyen plus simple d'obtenir des effets lumineux par le courant. On attache aux deux pôles des baguettes de charbon taillées en pointe et l'on met les deux pointes en contact. Le courant traverse très difficilement ces deux conducteurs qui ne se touchent que par quelques points, il éprouve une grande résistance, et d'après la loi de Joule il en résulte un grand dégagement de chaleur; les deux pointes sont portées à l'incandescence et elles deviennent, si la source électrique est suffisante, une *source de lumière* que l'on peut utiliser pour l'éclairage.

La première expérience d'éclairage électrique a été faite en 1844 sur la place de la Concorde à Paris, un soir de fort brouillard. Une pile de 50 éléments fournissait le courant. Les deux électrodes étaient des bâtons taillés de charbon de bois mis bout à bout, d'abord au contact, puis éloignés un peu l'un de l'autre. On les rapprochait à la main à mesure de leur usure.

Peu après on substitua aux deux tiges de charbon de bois deux baguettes de charbon de cornue, taillées en pointe.

521. Arc voltaïque. — Pour que le courant passe, il faut que les charbons soient d'abord au contact. Ils s'échauffent, deviennent incandescents et produisent un point lumineux. On peut alors les écarter un peu, on observe que les deux extrémités émettent une lumière éclatante, qu'elles sont réunies par une lueur d'une forme courbe, que l'ensemble constitue un arc lumineux, **l'arc voltaïque** (fig. 348). Cet arc électrique est la source de chaleur la plus

puissante que l'on connaisse, tous les corps y fondent ou s'y volatilisent. Les deux charbons se consument peu à peu par leur combustion à l'air, le pôle positif plus que le pôle négatif; leur distance augmente, le circuit est rompu, et la lumière s'éteint. Pour la faire reprendre il faut remettre les charbons au contact puis les écarter un peu.

Si les deux charbons étaient placés dans le vide, on verrait le pôle positif se creuser rapidement, tandis que le pôle négatif semblerait s'accroître et se taillerait en pointe; des particules de charbon portées à l'incandescence sont en effet transportées par le courant et assurent son passage d'un charbon sur l'autre. Quant on opère à l'air, les charbons s'usent tous deux; on peut suivre leur combustion en les plaçant dans une lanterne à projection et en produisant sur un écran, dans une chambre obscure, leur image agrandie.

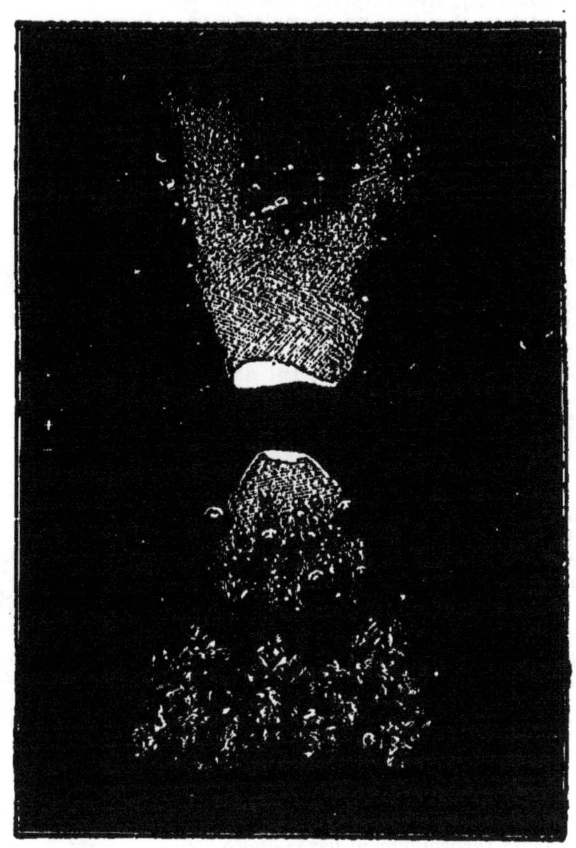

Fig. 348.

Si l'on veut éviter les extinctions, il faut employer une disposition qui maintienne la distance des deux charbons dans des limites inférieures à celles où la rupture de l'arc voltaïque peut avoir lieu.

522. Régulateurs pour la lumière électrique. — Les régulateurs ont tous pour but de prévenir l'extinction qui se produirait dans l'arc électrique par suite de l'usure des charbons; ils doivent donc être disposés pour rapprocher les deux charbons à mesure qu'ils s'usent et pour maintenir autant que possible invariable la position et la grandeur de l'arc lumineux.

Il y en a bien des modèles, nous nous bornerons à donner le principe des deux dispositions les plus employées. C'est toujours un électro-aimant qui est l'une des pièces principales du mécanisme, et on le place soit sur le courant général, soit sur une dérivation ; de là deux types bien distincts.

La figure 349 représente le régulateur de Duboscq, très employé dans les laboratoires, et qui est un exemple du premier type. Les deux charbons sont portés sur deux crémaillères qui engrènent sur une double roue dentée, dont un des pignons est à plus grand diamètre que l'autre : le mouvement de la roue dans un sens rapproche les deux charbons ; le mouvement inverse les éloigne. La roue est commandée par l'un ou l'autre des deux mouvements d'horlogerie qui la font mouvoir en sens inverse. L'appareil régulateur est un électro-aimant dans lequel le courant passe avant de se rendre aux charbons. Cet électro-aimant a un contact muni d'un ressort tendu et formé d'une tige dont le haut est fait de façon à arrêter l'un ou l'autre des deux volants qui commandent les mouvements d'horlogerie.

Au moment où l'arc électrique n'a pas tout son développement, le courant est fort, l'électro-aimant attire son armature dont la tige laisse libre son mouvement d'horlogerie de droite qui éloigne les charbons. Quand au contraire l'arc électrique devient trop grand, la résistance du circuit est plus grande; l'armature de l'électro-aimant est ramenée par son ressort, et sa tige laisse libre le mouvement d'horlogerie de gauche qui fait marcher les deux charbons l'un vers l'autre.

L'appareil doit être réglé pour un courant donné, si l'on veut qu'il fonctionne bien.

Le second type de régulateur est représenté théoriquement par la figure 350. Le charbon inférieur est fixe; le charbon supérieur est mobile; il est porté à l'une des extrémités d'un levier dont l'autre est formée d'une pièce de fer doux s mobile dans l'axe d'une bobine à fil fin T.

Quand l'arc électrique est convenable, le courant passe en grande partie dans une bobine à gros fil R. Mais aussitôt que l'arc devient trop grand et que sa résistance est plus grande que celle de la bobine T, le courant passe dans cette dernière; la pièce s remonte et le charbon supérieur se rapproche du charbon inférieur.

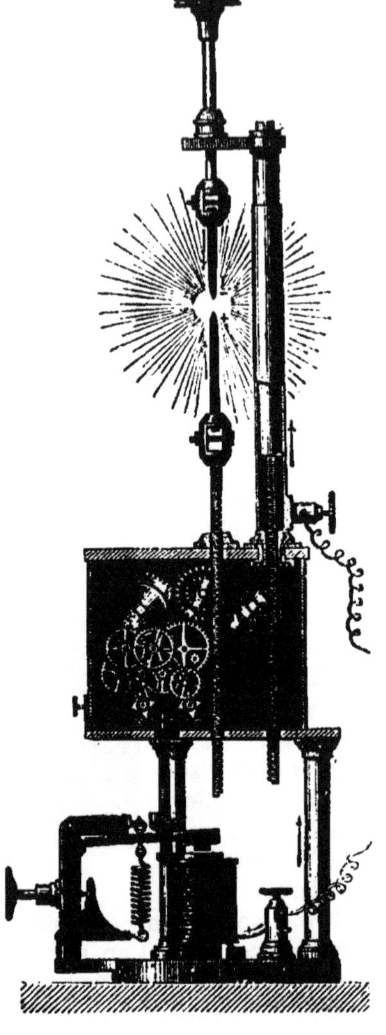

Fig. 349.

823. Bougies Jablockoff. — On emploie depuis quelques années un système dû à M. Jablockoff et qui ne nécessite aucun régulateur. Les deux charbons sont disposés parallèlement, à une petite distance l'un de l'autre, séparés par une couche de plâtre ; à la base ils sont mis en communication avec les deux pôles d'une source électrique; à l'autre extrémité ils sont réunis par de la plombagine qui sert à les allumer (fig. 351). Quand le courant passe, la plombagine rougit, allume les deux bouts des charbons, l'arc électrique s'établit; le plâtre interposé se volatilise à mesure de l'usure des charbons, tout le système diminue progressivement de hauteur comme une *bougie*, d'où le nom qui lui a été donné.

Il faut que l'usure des deux charbons soit égale; on ne peut donc prendre comme source électrique qu'une machine magnéto-électrique à courants alternatifs et

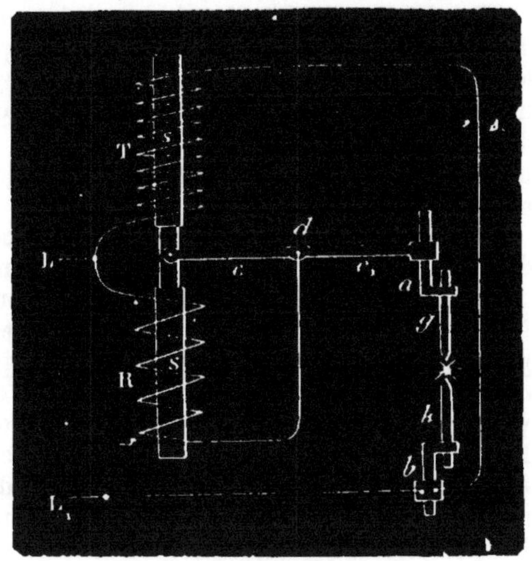

Fig. 350.

non pas une pile ni une dynamo-électrique à courant continu.

524. Lampes à incandescence. — Au lieu de prendre comme source de lumière deux charbons séparés l'un de l'autre, on a employé deux charbons très inégaux, l'un gros qui ne rougit pas, l'autre très mince qui devient incandescent sur une petite longueur traversée par le courant; c'est le principe des *lampes à incandescence à l'air* : le charbon fin s'use très vite. Les appareils de ce genre n'ont pas passé dans la pratique courante.

Si l'on met un fil fin de platine pour réunir les deux pôles, il devient incandescent, un charbon aussi, pourvu qu'il soit assez court et assez mince. Et pour que l'appareil dure quelque temps, on place le corps qui doit devenir incandescent, dans le vide. Ainsi sont construites les petites lampes électriques les plus nouvelles : le modèle le plus simple est un petit globe de verre où l'on a fait le vide et que l'on a ensuite fermé; il tient à l'intérieur,

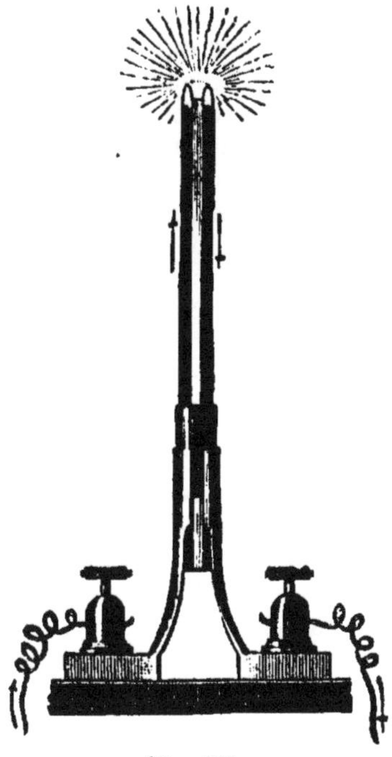

Fig. 351.

en communication avec deux fils extérieurs, soit un fil de platine, soit un filet de charbon. Le passage du courant fait produire une lumière jaune d'une teinte agréable.

Tel est le principe des *lampes à incandescence dans le vide* qui tendent aujourd'hui à se répandre : le courant, continu ou alternatif, est envoyé dans un conducteur assez mince et assez résistant pour devenir incandescent, assez rigide pour ne pas ployer par la dilatation, assez réfractaire pour n'être ni fondu, ni volatilisé.

C'est Édison qui est l'inventeur de ce mode d'éclairage. La figure 352 représente sa lampe.

Le charbon est un mince filament tourné en fer à cheval, soudé par les deux bouts à des fils de platine assez gros pour ne pas rougir et qui viennent dans le pied de la lampe à une borne et à une virole où l'on envoie les deux pôles du courant. Le tout est disposé dans un globe de verre où l'on fait le vide le plus complet possible. Quand le courant passe, le fil de charbon rougit et il donne une belle lumière de la coloration de celle du gaz.

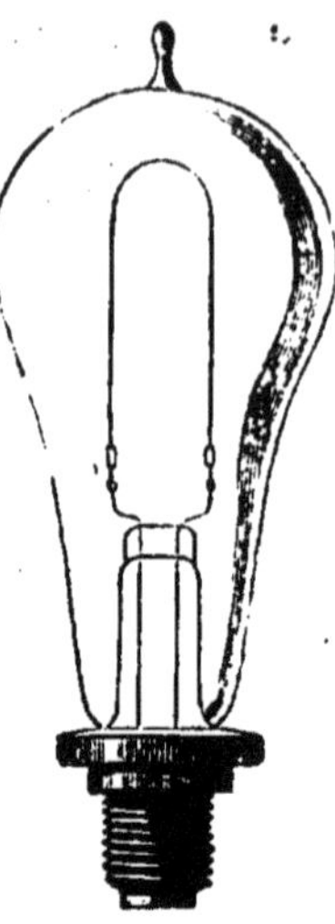

Fig. 352.

525. Avantages de la lumière électrique. — La lumière électrique des grands foyers est très blanche et ne change pas l'aspect des couleurs; on est avec elle à l'abri des explosions ou des incendies que l'on peut craindre quand on emploie le gaz. Mais elle vacille quelque peu quand le régulateur ne fonctionne pas régulièrement, ce qui est une cause de fatigue pour les yeux; elle ne convient d'ailleurs qu'aux grands espaces.

La lumière des lampes à incandescence est moins blanche que celle des grands foyers, mais elle est plus fixe, et si son prix de revient est encore très élevé, elle se prête si bien à l'éclairage des petits espaces et des appartements qu'elle aura vite conquis son droit de cité.

CHAPITRE LXV

TÉLÉPHONE

526. Téléphone Bell. — On donne le nom de *téléphones* à des appareils destinés à transmettre la parole à distance comme on transmet des signaux par l'électricité. Bien que le téléphone ne date que de 1876, il en existe déjà beaucoup de systèmes qui peuvent se ramener à deux types : les *téléphones magnétiques sans pile* où le transmetteur et le récepteur sont identiques, et les *téléphones à pile* où le récepteur diffère notablement du transmetteur.

Le *téléphone de Graham Bell* est le type des téléphones sans pile.

Une lame mince et circulaire de fer, serrée par les bords, forme le fond d'une embouchure devant laquelle on parle. Perpendiculairement à la lame et tout près d'elle est un aimant NS (fig. 353) entouré à un bout d'une bobine de fil de cuivre; les deux extrémités de cette bobine sont reliées à deux bornes portées par un manche de bois, qui sert à prendre l'appareil à la main pour diriger l'embouchure devant la bouche ou contre l'oreille, suivant que l'on veut parler ou écouter. Un premier appareil qui sert de transmetteur est relié

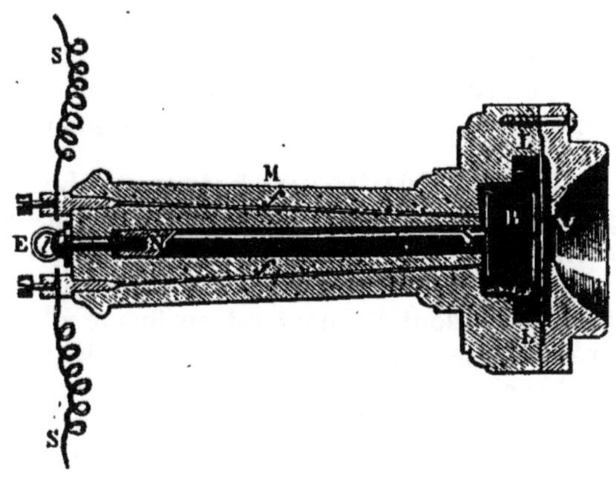

Fig. 353.

par deux fils longs SS à un second tout semblable qui est le récepteur. Une personne parle devant le premier; une autre écoute à l'aide du second.

Lorsqu'on parle à voix distincte devant l'embouchure, les sons formés par la parole font vibrer la lame, chaque vibration détermine un changement dans le magnétisme de l'aimant, et ces modifications de l'aimantation engendrent des courants induits dans la bobine. Ces courants vont au second instrument modifier de la même manière le magnétisme de l'aimant, et de ces modifications résultent pour la seconde lame des vibrations analogues, et des sons semblables à ceux qui ont agité la première. La parole se trouve ainsi transmise.

L'installation de deux postes comprend deux appareils identiques placés l'un à la station de départ, l'autre à la station d'arrivée. Ils sont réunis par deux fils formant un double circuit; à la rigueur on pourrait se contenter d'un seul fil de ligne en remplaçant le second fil par la terre, comme on le fait pour les télégraphes, mais il vaut mieux employer deux fils.

Le téléphone Bell n'est plus employé actuellement que comme appareil récepteur.

527. Téléphone à pile. — Le *téléphone d'Édison* transmet les sons avec plus d'intensité. La lame vibrante est la même; elle appuie par l'intermédiaire d'un petit cylindre de fer A contre un cylindre de charbon C, traversé par le courant d'une pile, dont les fils vont à un téléphone récepteur à aimant (fig. 354). Les vibra-

Fig. 354.

tions de la lame font varier la résistance du cylindre de charbon,
elles amènent des changements d'intensité du courant et par suite des
modifications dans l'aimantation de l'aimant placé devant la seconde
membrane de fer, et celle-ci reproduit des vibrations analogues à
celles de la première. Les mouvements de la lame vibrante devant
laquelle on parle ne sont donc employés qu'à faire varier la résistance du courant qui traverse le charbon; aussi peut-on obtenir dans
cet appareil des effets plus puissants que dans le précédent.

528. Téléphone Ader. — Le téléphone Ader qui est
presque exclusivement employé en France se compose d'un transmetteur et d'un récepteur très différents l'un de l'autre.

Le *récepteur* est un téléphone magnétique analogue à celui de
Bell, mais dont l'aimant est en forme d'anneau circulaire et vient
présenter ses deux pôles près de la plaque vibrante. La bobine est
double et les deux extrémités du fil vont au double fil de ligne ou
bien l'une à la terre et l'autre au fil de ligne.

Le *transmetteur* a pour organe principal un microphone dont il
nous faut indiquer le principe.

On a appelé *microphone* un appareil destiné à amplifier des sons
très faibles dans un circuit téléphonique. Le plus simple est celui de
d'Hughes : c'est une baguette de charbon taillée en pointe à ses deux
bouts et appuyée contre deux petits blocs de charbon A et B supportés eux-mêmes par une petite planchette D, qui est posée verticalement sur une autre (fig. 355). Le courant d'une pile vient dans
les deux petits blocs et de là à un téléphone ordinaire à aimant.

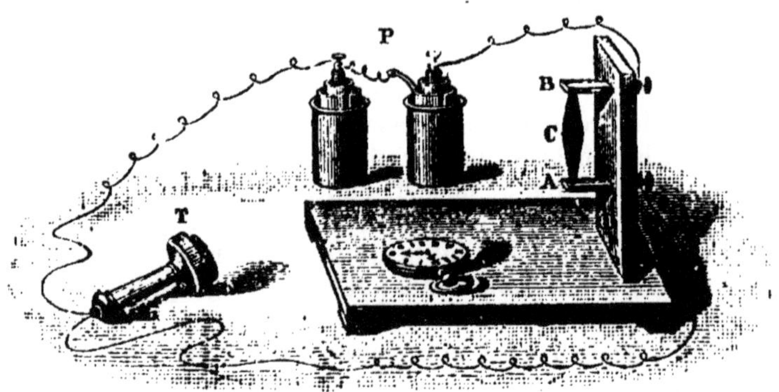

Fig. 355.

Si l'on place une montre sur la tablette de l'appareil et qu'on
tienne le téléphone contre l'oreille, on entend très bien le tic-tac de
la montre. On peut même rendre perceptibles au téléphone les pas
d'une mouche enfermée dans une petite boîte que l'on pose sur la
tablette.

On pense que les sons de la montre, transmis à la baguette de
charbon, la font osciller sur son support où elle n'est que posée; les

mouvements de la baguette changent la résistance du courant, et celui-ci modifie successivement l'aimantation de l'aimant du téléphone, dès lors la membrane du téléphone vibre et reproduit les sons.

Sous cette forme simple ,e microphone est sans emploi pour la transmission de la parole à distance; mais son principe est utilisé dans la plupart des transmetteurs téléphoniques et notamment dans celui d'Ader.

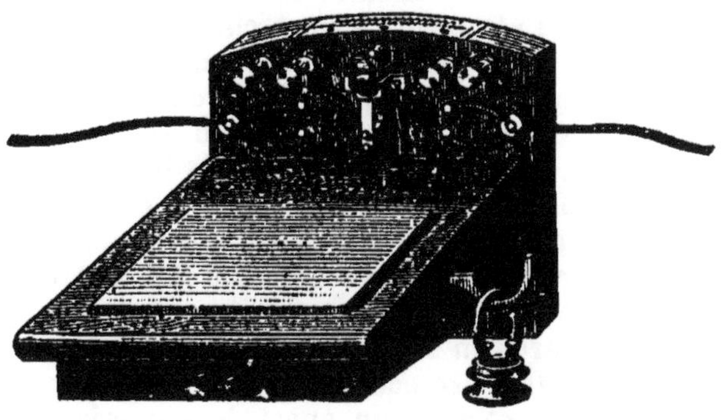

Fig. 356.

Le *transmetteur Ader* a extérieurement la forme d'un pupitre (fig. 356), le dessus est une planchette de sa·pin près de laquelle on parle. A la face inférieure de cette planchette est un microphone multiple (fig. 357) constitué par douze charbons disposés comme une sorte de grille. Le courant communique aux deux bouts de cette grille; et lorsqu'on parle devant la petite planchette qui recouvre les charbons, les vibrations imprimées à ceux-ci modifient la résistance des points de contact, par suite l'intensité du courant, et donnent naissance à des effets téléphoniques dans le récepteur.

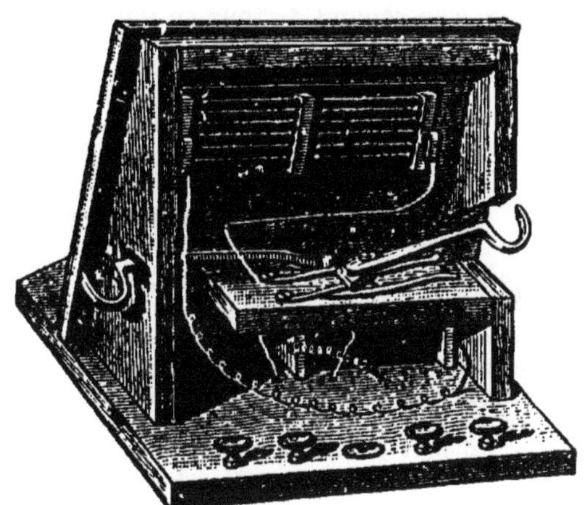

Fig. 357.

820. Installation d'un téléphone. — Chaque poste comprend un *transmetteur* avec sa pile locale, deux récepteurs accrochés aux deux côtés du petit pupitre transmetteur et une sonnerie. Celle-ci est placée en dérivation sur un fil spécial dans le circuit. Quand on presse le bouton de la sonnerie à la station de départ, on lance le courant dérivé dans la sonnerie de la station d'arrivée; mais cette dernière sonnerie cesse de se faire entendre aussitôt qu'on a décroché les récepteurs pour les porter à son oreille et que les crochets qui les suspendaient ont pu se relever et ne plus fermer le courant dérivé. Ainsi, quand on veut communiquer d'une station A à une station B reliées entre elles, on presse le bouton de A et l'on met les deux récepteurs à ses oreilles. La sonnerie de B fonctionne jusqu'à ce que la personne qui est en B décroche ses récepteurs; la communication verbale peut alors s'établir.

Dans les villes où est établi un réseau téléphonique, chaque abonné est en communication avec le bureau central qui se charge alors d'établir directement toutes les communications d'abonné à abonné qui lui sont demandées. Ainsi supposons que l'abonné 10 veuille correspondre avec l'abonné 27, il presse le bouton de sa sonnerie tout en laissant les récepteurs en place; il produit ainsi au bureau central un signal qui découvre son numéro. L'employé du bureau central accroche alors son récepteur au fil de ligne de l'abonné, lui renvoie un appel de sonnerie et attend ses ordres. Aussitôt qu'on lui a indiqué le numéro du correspondant avec lequel on veut communiquer il envoie un appel à ce dernier, puis il établit la communication directe entre les deux abonnés qui peuvent alors correspondre.

Ces communications verbales sont extrêmement commodes; aussi l'usage s'en répand de jour en jour.

CHAPITRE LXVI

UNITÉS ÉLECTRIQUES

830. Nécessité d'un système d'unités. — Il y a cinq grandeurs électriques : la quantité d'électricité Q; l'intensité du courant I; la force électromotrice E de la pile ou la différence de potentiel des deux pôles de la source; la résistance R et la capacité C des conducteurs.

Jusqu'ici nous avons mesuré ces grandeurs en rapportant chacune d'elles à une grandeur de même nature prise comme unité. Ainsi nous avons estimé les résistances en les comparant à la résistance d'une colonne de mercure; nous avons évalué les forces électro-motrices par comparaison avec la force électro-motrice d'un élément donné de Daniell; nous avons comparé les quantités d'électricité en prenant comme terme de comparaison celle qui peut décomposer un poids p d'eau en une minute.

Nous avons donc pris autant d'unités que de quantités diverses à mesurer. Gauss est le premier qui ait proposé de renoncer à ces unités arbitraires sans aucun lien entre elles et de rattacher la mesure des grandeurs électriques et magnétiques à des *unités absolues* ne dépendant elles-mêmes que d'un petit nombre d'idées fondamentales, comme l'unité de temps, l'unité de longueur, l'unité de masse mécanique.

Il n'existe pas de relation directe entre chacune des grandeurs électriques et le temps, l'espace ou la masse; mais il y a des relations indirectes entre les grandeurs mécaniques et les grandeurs électriques; ainsi la loi de Coulomb lie les masses électriques à la force mécanique, la loi d'Ampère y rapporte les actions électro-dynamiques, et la formule de Laplace les actions électro-magnétiques. Comme on peut exprimer la force en fonction de la masse et de l'accélération, on peut en définitive rapporter les grandeurs électriques aux unités de temps, d'espace et de masse.

En effet la quantité d'électricité qui passe dans un circuit dans un temps donné est proportionnelle au temps et à l'intensité du courant

$$Q = It.$$

D'après la loi d'Ohm l'intensité est proportionnelle à la force électro-motrice et en raison inverse de la résistance

$$I = \frac{E}{R}.$$

Et, d'après la loi de Joule, la quantité de chaleur dégagée dans un conducteur est proportionnelle au carré de l'intensité, à la résistance et au temps du passage du courant

$$C \text{ (chaleur)} = I^2 Rt.$$

Ces trois expressions montrent bien que l'on peut exprimer les diverses quantités électriques en fonction du temps. Il est donc possible d'avoir un ensemble de mesures constituant un *système d'unités* rattachées par des relations connues à la longueur, au temps et à la masse, rapportées en un mot aux unités fondamentales.

531. Unités fondamentales et unités mécaniques dérivées. — On admet comme unités fondamentales :

> Pour le temps. . . .   . la *seconde*.
> — l'espace . . . . le *centimètre*.
> — la masse mécanique. . . . . le *gramme*.

Le système de ces unités absolues est désigné sous la rubrique (C , G , S) qui veut dire (centimètre, gramme, seconde). Le congrès des électriciens en 1881 l'a pris comme base des unités électriques.

On a besoin d'unités mécaniques qui servent d'intermédiaires entre les trois unités fondamentales et celles que l'on veut évaluer; on a pris les suivantes :

Unité de vitesse. — Vitesse d'un mobile qui parcourt uniformément 1 centimètre en 1 seconde.

Unité d'accélération. — Accroissement de vitesse de 1 centimètre par seconde. Avec cette définition, la pesanteur à Paris représentera $980^{unités},89$ en nombre rond 981'.

Unité de force. — La force qui imprime à l'unité de masse un mouvement accéléré uniformément dont l'accélération est de 1 centimètre par seconde. Cette force a reçu de l'Association britannique le nom de *dyne*.

Unité de travail. — Travail accompli par l'unité de force déplaçant son point d'application de 1 centimètre sur sa propre direction; on l'appelle *erg* ou encore centimètre-gramme.

Unité de puissance. — La puissance d'un moteur qui développe l'unité de travail en une seconde.

532. Unités électriques et magnétiques. — Le système d'unités adoptées rattache à la fois aux unités mécaniques les grandeurs électriques et les grandeurs magnétiques. Il est basé sur la formule de Laplace exprimant que l'action d'un élément de courant sur un pôle magnétique, varie en raison inverse du carré de la distance et proportionnellement au sinus de l'angle que fait avec le courant la ligne qui joint son centre au pôle magnétique.

Voici les principales unités :

Unité de magnétisme. — La quantité de magnétisme qui exerce sur une quantité égale placée à 1 centimètre une force égale à l'unité.

Unité de courant. — Un courant d'intensité telle qu'une longueur d'un centimètre sur un cercle de rayon égal à un centimètre, exerce au centre de ce cercle sur l'unité de magnétisme une force égale à l'unité de force.

Unité d'électricité. — La quantité d'électricité qui passe en une seconde dans la section d'un conducteur parcouru par l'unité de courant.

Unité de résistance. — La résistance d'un conducteur où l'unité de courant dépense, sous forme de chaleur, une unité de travail en une seconde.

Unité de force électro-motrice. — Celle qui communique l'unité de puissance ou d'énergie à l'unité d'électricité.

Unité de capacité. — Celle d'un condensateur dont les armatures seraient chargées de l'unité d'électricité pour une différence du potentiel égal à 1.

833. Unités secondaires ou pratiques. — Les unités que nous venons de définir et dont le caractère est de se rattacher directement au système d'unités absolues (C. G. S.) seraient d'un usage peu commode dans la pratique, les unes seraient trop grandes et les autres trop petites par rapport aux grandeurs à mesurer. Aussi on leur a substitué pour l'usage, des *unités secondaires ou pratiques* qui en sont les multiples ou des sous-multiples.

1° *L'unité secondaire de résistance* que l'on appelle *ohm* et que l'on prend égale à une colonne de mercure de 1 millimètre carré de section et de $1^m,06$ de longueur, équivaut à 10^9 unités absolues. Sous cette forme elle est susceptible d'être réalisée matériellement.

L'ancienne unité de résistance des télégraphes français, 1 kilomètre de fil de fer de 4 millimètres de diamètre, vaut environ 10 ohms.

Un élément de Daniell de dimension moyenne présente une résistance de $0^{ohm},85$.

•2° *L'unité secondaire de force électro-motrice* que l'on appelle *volt* qui est donnée par un élément ordinaire de zinc, cuivre, sulfate de zinc, équivaut à 10^8 unités absolues.

Un élément de Daniell ordinaire varie entre $1^{volt},09$ et $1,14$. L'élément Latimer-Clark a pour force $1^{volt},157$.

3° *L'unité secondaire de courant* que l'on appelle *ampère* et qui est donnée par le quotient du volt par l'ohm, n'est égale qu'à $\frac{1}{10}$ d'unité absolue.

L'ampère, ou le courant produit par un volt dans un ohm, est capable de précipiter 4 grammes d'argent par heure. Un élément de Daniell au sulfate de zinc au lieu d'eau acidulée, et dont les pôles sont réunis par une résistance extérieure négligeable, donne environ $1^{amp},3$.

4° *L'unité secondaire d'électricité* que l'on appelle *coulomb* est la quantité d'électricité qui passe en une seconde dans un courant dont l'intensité est d'un ampère. Elle est égale à $\frac{1}{10}$ d'unité absolue. D'après des mesures de M. Mascart, l'unité absolue d'électricité est capable de décomposer $0^{mmg},93$ d'eau en une seconde. La quantité qu'on définit sous le nom de coulomb sera donc capable de décomposer $0^{mmg},093$ d'eau en une seconde ou $0^{gr},335$ par heure.

5° *L'unité secondaire de capacité électrique* que l'on appelle *farad* est la capacité d'un condensateur placé dans des conditions telles, que la quantité d'électricité fournie par un volt à travers une résistance d'un ohm, le chargerait à une tension d'un volt. C'est donc une capacité telle, qu'un coulomb y donne un volt Cette unité n'est que $\frac{1}{10^9}$ de l'unité absolue.

Le farad est encore trop grand pour la pratique. On le remplace souvent par le *microfarad* (qui vaut la millionnième partie) et par ses sous-multiples. C'est un condensateur formé de deux feuilles d'étain repliées plusieurs fois sur elles-mêmes et séparées par des lames de mica; on s'en sert dans la télégraphie sous-marine. Une batterie électrique de dix jarres mesurant au total 1 mètre carré de surface avec un verre isolant d'un millimètre d'épaisseur, représente une capacité d'environ $\frac{1}{50}$ de microfarad.

Telles sont les unités pratiques qui ont cours dans les travaux des électriciens.

OPTIQUE

CHAPITRE LXVII

PROPAGATION DE LA LUMIÈRE

834. Sources de lumière. — Corps lumineux. — Dans un appartement fermé qui ne reçoit aucun jour du dehors, une lampe allumée est visible par elle-même et les objets qu'elle éclaire deviennent visibles en renvoyant vers nous la lumière qu'ils reçoivent de la lampe. On est donc conduit à classer les corps en deux catégories : ceux qui sont lumineux par eux-mêmes et ceux qui ne le deviennent que par une lumière étrangère à eux.

Les premiers sont appelés *sources de lumière;* c'est le soleil, les étoiles, les bougies, les lampes, en général les matières incandescentes.

Les seconds qui ne sont pas lumineux par eux-mêmes, cessent d'être visibles quand ils sont placés de façon qu'aucune lumière étrangère ne puisse leur arriver, ils ne deviennent visibles qu'à la condition de recevoir et de renvoyer la lumière d'une source lumineuse.

Mais il n'y a pas de différence entre la lumière émanée directement des sources lumineuses et celle que renvoient les corps éclairés; aussi l'on désigne sous le nom général de *corps lumineux* tous les corps qui sont visibles à l'œil, que ce soit par eux-mêmes ou par une lumière étrangère.

Les corps *transparents* laissent la lumière traverser leur masse, ainsi l'air, le verre. Les corps *opaques* sont ceux que la lumière ne traverse pas; ils ne la laissent pénétrer qu'à une très faible profondeur au-dessous de leur surface; ils l'absorbent ou ils la renvoient.

835. La lumière se propage en ligne droite. — Si dans une chambre obscure dont un volet reçoit le soleil, on pratique à ce volet une petite ouverture, la lumière pénètre dans la chambre, elle matérialise pour ainsi dire sa marche en éclairant les poussières de l'air sur son passage. Dans l'air de la salle qui constitue un milieu homogène, la lumière marque sa trace en ligne droite. Si l'ouverture est un peu large, la lumière forme dans la chambre obscure un cylindre; mais à mesure que l'ouverture diminue, ce cylindre diminue aussi. On donne le nom de *rayon lumineux* à la ligne droite que suit la lumière; la réunion de plusieurs rayons lumineux voisins porte plus particulièrement le nom de *faisceau.*

Que l'on allume une bougie au centre d'une chambre obscure, la flamme de la bougie cesse d'être visible si l'observateur interpose un petit écran sur la ligne qui joint la bougie à son œil; et pour que la bougie soit visible au travers de deux écrans percés chacun d'une ouverture, il faut que la bougie et les deux ouvertures des écrans soient sur une même ligne droite (fig. 358).

La bougie est visible de tous les points de la salle; elle envoie donc dans toutes les directions des rayons lumineux et chacun de ces rayons se propage en ligne droite de son point de départ à son point d'arrivée.

Fig. 358.

536. Ombre et pénombre.

— Un corps opaque arrête les rayons lumineux qui le rencontrent ; il en résulte que derrière le corps opaque existe un espace qui ne reçoit pas du tout de lumière, c'est l'*ombre portée;* en même temps la partie du corps située à l'opposé de celle qui reçoit les rayons lumineux est également privée de lumière, c'est l'*ombre propre* du corps.

La limite de l'ombre peut être déterminée géométriquement en partant du principe de la propagation rectiligne.

Le cas le plus simple est celui où le corps lumineux, supposé réduit à *un point,* envoie de la lumière à une sphère opaque. Si l'on

Fig. 359.

mène du point lumineux une tangente à la sphère et qu'on la fasse tourner autour de la sphère, les points de contact avec la sphère détermineront la ligne de séparation de l'ombre propre et de la lumière; et l'ombre portée sera déterminée par un cône dont le point lumineux sera le sommet. Dans la figure 359 l'ombre portée sur le plancher est une ellipse, c'est la section du cône par un plan oblique sur son axe. Dans ce cas d'un seul point lumineux, la limite de l'ombre et de la partie éclairée est très nettement tranchée.

Il n'en est plus de même quand au lieu d'un point lumineux il y en a plusieurs; alors l'ombre portée n'est plus séparée de la partie éclairée par une ligne très nette; il y a une teinte dégradée plus ou moins étendue entre l'ombre et la lumière; c'est à cette ombre dégradée que l'on donne le nom de *pénombre*. On en constate l'existence avec toutes les sources de lumière qui sont toutes des réunions de points lumineux. Si en effet entre un écran I et une lampe AB (fig. 360) on dispose un corps opaque M, on constate sur l'écran un cercle bien noir qui représente l'ombre, puis une teinte dégradée qui est la pénombre. Et comme on peut s'en convaincre par l'inspection de la figure et le vérifier par l'expérience, cette pénombre augmente en étendue à mesure que l'écran s'éloigne du mur. On met cette remarque à profit quand on fait des *ombres chinoises*.

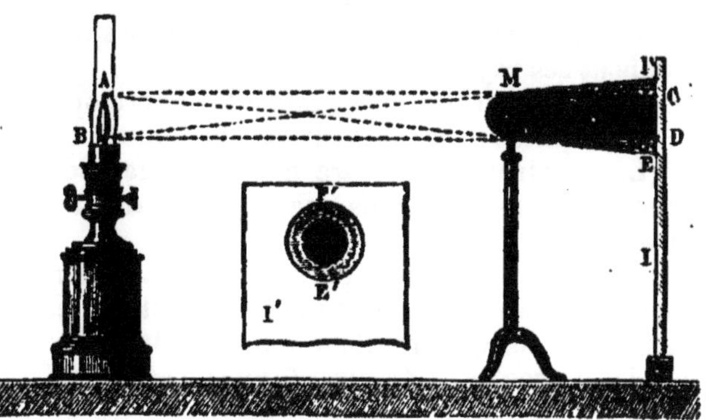

Fig. 360.

Pour rendre compte théoriquement de l'existence de la pénombre, considérons le cas général d'une sphère éclairante S' et d'une sphère opaque S (fig. 361). Si l'on mène les deux tangentes extérieures BA, DC et qu'on les promène au contact des deux sphères, on trace un cône dont le sommet est en O. Un point quelconque *m* dans ce cône, derrière la sphère S, ne peut recevoir aucun rayon lumineux; donc tous les points du cône derrière la sphère S sont dans l'ombre.

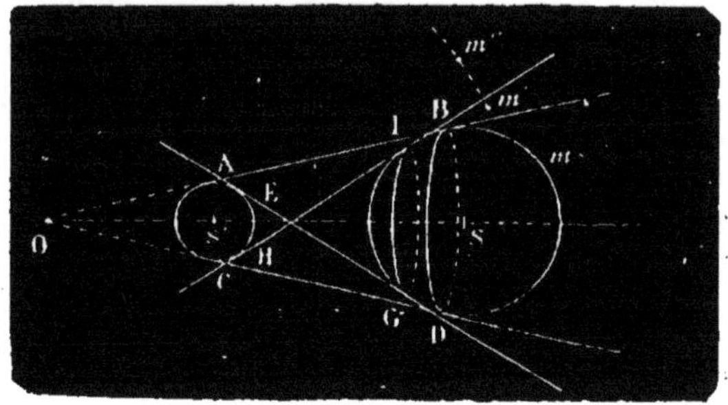

Fig. 361.

Menons les deux tangentes intérieures EG, HI et supposons que l'une ait tourné en appuyant constamment sur les deux sphères, elle aura déterminée un cône à deux nappes. Prenons alors deux points m' et m'' à égale distance de la sphère S', l'une dans le cône intérieur, l'autre hors du cône. Si du point m'' on mène deux tangentes à S' on détermine la portion de la surface de S' qui envoie des rayons lumineux à m''. C'est une surface égale qui en envoie aussi au point m'; mais une partie des rayons sont arrêtés par la sphère opaque. Le point m' reçoit donc moins de lumière que m''; il en reçoit plus que m; il n'est pas dans une ombre complète comme m; il n'est pas non plus éclairé comme m''; il est dans la pénombre.

L'inspection de la figure montre que la pénombre s'élargit à mesure que les points tels que m' sont plus éloignés derrière la sphère opaque S'.

On résout le problème complet du tracé de l'ombre et de la pénombre en examinant les trois cas suivants :

Une sphère éclairante plus petite que la sphère opaque sur laquelle tombent ses rayons.

Une sphère éclairante égale à la sphère opaque.

Une sphère éclairante plus grande que la sphère éclairée.

La construction montre que la largeur de l'ombre diminue du premier cas au troisième, mais que la largeur de la pénombre augmente.

Le troisième cas est particulièrement intéressant : c'est celui du soleil envoyant sa lumière sur la terre et sur les autres planètes plus petites que lui qui gravitent autour de lui. Alors l'ombre déterminée par les tangentes extérieures forme un *cône* derrière la sphère opaque; ainsi toutes les planètes ont derrière elles un *cône d'ombre* déterminé par les tangentes extérieures au globe solaire et à la planète; et quand un astre non lumineux par lui-même passe dans le cône d'ombre d'une planète, il cesse d'être visible : il ne reçoit plus de lumière du soleil.

Ces phénomènes d'ombre jouent un très grand rôle dans les éclipses de lune et de soleil. Il y a éclipse de lune quand la lune passe dans le cône d'ombre de la terre et l'éclipse doit nécessairement correspondre à la période de la pleine lune. Il y a éclipse de soleil pour les points de la terre qui sont rencontrés par le cône d'ombre de la lune; il faut pour que ce phénomène se produise que la lune se trouve entre la terre et le soleil; c'est donc à l'époque de la nouvelle lune que peuvent avoir lieu les éclipses de soleil; elles peuvent être d'ailleurs partielles, annulaires ou totales; elles ne sont visibles que pour une région limitée du globe terrestre.

537. Images formées dans la chambre noire. — Dans une chambre bien close et bien obscure, si l'un des volets porte une petite ouverture, on aperçoit sur un écran tendu à l'intérieur une image renversée plus ou moins nette des objets extérieurs. En augmentant peu à peu la grandeur de l'ouverture, la netteté de l'image diminue; l'image disparaît pour une ouverture un peu grande.

La propagation rectiligne de la lumière suffit encore pour expliquer ce curieux phénomène. De chaque point de l'objet partent des rayons dont un passe par l'ouverture et vient marquer sa trace lumineuse sur l'écran; si l'ouverture est petite, chaque faisceau lumineux est un cône très délié dont la trace sur l'écran est une petite surface éclairée ayant une forme semblable à celle de l'ouverture. Mais si cette ouverture est très petite et l'objet lumineux un peu éloigné, les cônes lumineux menés par chaque point seront très fins et chacune des petites surfaces éclairées pourra être assimilée à un point; leur réunion donnera une sorte d'image renversée semblable à l'objet lumineux. La marche des faisceaux rend compte du renversement de cette image. Si l'ouverture était un peu grande, chaque point de l'objet éclairerait sur l'écran une surface de dimensions notables; toutes ces surfaces empiétant les unes sur les autres ne détermineraient plus, au lieu d'une image de l'objet lumineux, qu'un éclairement presque uniforme.

On montre facilement la production d'une image renversée par le

Fig. 362.

passage de la lumière au travers d'une ouverture très petite placée devant un écran en employant la disposition indiquée par la figure 362. A quelque distance d'un mur ou d'un écran vertical, dans une salle éclairée par une bougie, on tient verticalement une carte percée d'une petite ouverture; on voit sur le mur ou sur l'écran l'ombre portée par la carte et dans cette ombre l'image renversée de la bougie.

Le passage de la lumière par les petites ouvertures se constate dans les arbres éclairés par le soleil; les feuilles de l'arbre laissent entre elles des ouvertures de formes très diverses; les rayons lumineux qui traversent ces ouvertures déterminent sur le sol deux sortes de taches lumineuses. Si l'ouverture est un peu grande, la surface éclairée a sur le sol la forme de l'ouverture; si au contraire l'interstice est très petit, la tache lumineuse est une ellipse; ce serait un cercle si les rayons lumineux tombaient perpendiculairement sur le sol. On a vu pendant les éclipses de soleil où l'astre affecte momentanément la forme d'un croissant lumineux, ces petites taches lumineuses prendre elles aussi la forme de croissants.

838. Comparaison de l'intensité de deux lumières. — Photométrie.

— A mesure qu'on s'éloigne d'une source lumineuse, l'éclairement que présente une même surface diminue rapidement.

Comment varie la quantité de lumière reçue normalement par une surface avec la distance de cette surface à la source qui l'éclaire? Elle diminue *en raison inverse du carré de la distance*. Ainsi la même surface placée d'abord à 1 mètre d'une source, puis à 4 mètres recevra 16 fois moins de lumière dans le second cas que dans le premier.

Ce théorème s'établit par le raisonnement et se vérifie par l'expérience.

On suppose que toute la lumière d'une source est reçue par une sphère décrite du point lumineux comme centre et présentant d'abord un rayon d'un mètre, puis un rayon de 2 mètres. Si Q est la quantité de lumière qui tombe sur chacune des deux sphères, S la surface de la première sphère et S' la surface de la seconde, $\frac{Q}{S}$ et $\frac{Q}{S'}$ expriment la lumière reçue par un point de chacune des deux sphères; or S' est 4 fois plus grande que S; un point de la seconde sphère reçoit 4 fois moins de lumière qu'un point de la première à une distance double.

Les diverses sources lumineuses ont deux caractères distincts : l'éclat et la couleur. Lorsque deux sources différentes, mais de même couleur, produisent sur l'œil la même impression, on dit qu'elles ont même *intensité*.

Il importe de pouvoir comparer entre elles les intensités des diverses sources de lumière, c'est l'objet de la *photométrie*.

On admet que l'intensité d'une source lumineuse est définie par l'éclairement que produit cette source sur une surface donnée placée à l'unité de la distance.

Deux sources ont la même intensité lorsqu'elles éclairent également deux surfaces égales placées à l'unité de distance.

Une source B est deux, trois fois plus intense qu'une autre A quand elle produit sur une surface placée à l'unité de distance le même éclairement que deux ou trois sources égales à A placées dans des conditions identiques.

On appuie sur ces définitions le théorème suivant :

Les intensités de deux sources lumineuses qui produisent le même éclairement sur une surface donnée sont proportionnelles aux carrés des distances qui les séparent de cette surface.

I et D représentant l'intensité et la distance de la première source;

I' et D' représentant l'intensité et la distance de la seconde source;

La quantité de lumière reçue par une surface donnée est :

$\frac{I}{D^2}$ pour la première source; $\frac{I'}{D'^2}$ pour la seconde source. En effet, puisque l'éclairement est I à l'unité de distance, il sera $\frac{I}{D^2}$ à une distance D.

L'éclairement étant égal, dans les deux cas, on écrit $\frac{I}{D^2} = \frac{I'}{D'^2}$; et si I est pris comme terme de comparaison

$$I' = I \times \frac{D'^2}{D^2} .$$

Tel est le principe des méthodes photométriques. Placer les deux sources à comparer de manière qu'elles produisent le même éclairement sur une même surface; mesurer leurs distances à cette surface; le quotient des carrés de ces distances donne le nombre de fois que l'une des sources vaut l'autre.

Fig. 133.

839. Principaux photomètres. — Le photomètre le plus simple à construire est celui de Rumford (fig. 363); il se compose d'une tige noircie que l'on place verticalement devant un écran vertical translucide comme une feuille de verre dépoli, de porcelain fine, même de papier huilé.

Au delà de la tige on place les deux sources de manière que le ombres qu'elles produisent sur l'écran soient assez voisines. Chacun des ombres reçoit de la lumière de l'autre source lumineuse; auss sont-elles tout d'abord différentes l'une de l'autre en intensité.

On éloigne ou l'on rapproche l'une des sources lumineuses san toucher à l'autre de manière à obtenir que les deux ombres apparaissent bien avec le même éclat. On mesure alors les distances D et D' de chacune des sources à l'écran; supposons qu'on ait comparé une lampe et une bougie, qu'on ait trouvé pour D 0,20 et pour D' 0,60, en appelant I l'intensité de la bougie, I' celle de la lampe, on écrira :

$$\frac{I}{I'} = \frac{D^2}{D'^2} = \frac{0,2^2}{0,6^2} = \frac{0,04}{0,36} = \frac{1}{9}$$

et si l'on prend la bougie pour unité,

$$I' = 9\,I$$

on en conclura que l'éclairement produit par la lampe est égal à celui que produiraient neuf bougies sur une même surface.

Il est d'ailleurs facile de vérifier le théorème par l'expérience : on coupe une bougie en cinq morceaux égaux; on en place un à une distance D de l'écran et les quatre autres ensemble à une distance double et on constate l'égalité des ombres de la tige.

Le photomètre de Bouguer, modifié par *Foucault*, est beaucoup plus employé que le précédent. Il se compose d'une boîte à deux cloisons noircies à l'intérieur, ouvertes à l'avant et fermées à l'arrière par un châssis au centre duquel est une surface translucide formée d'un verre lacté (fig. 364). Lorsqu'on place deux lumières, l'une et l'autre en avant de chacune des deux moitiés du photomètre, le verre lacté apparaît séparé en deux parties par l'ombre de la cloison médiane et ses deux moitiés sont inégalement éclairées.

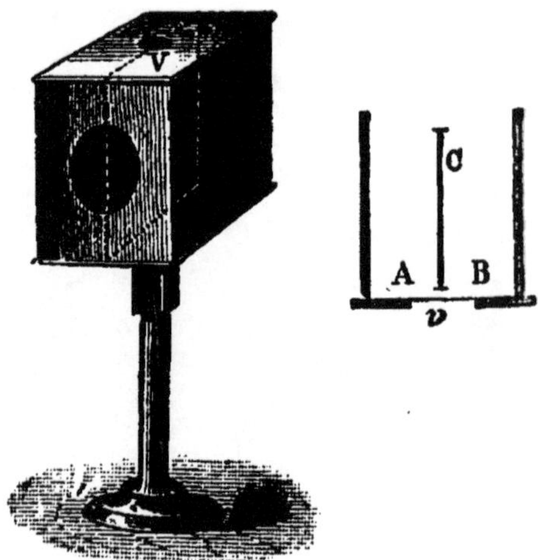

Fig. 364.

Pour mieux les observer, on opère d'abord dans une chambre noire et de plus on couvre le fond du photomètre d'un grand linge noir sous lequel l'opérateur se place et s'enferme pour juger de l'éclairement du verre translucide. On avance ou l'on recule l'une des sour-

ces que l'on compare, l'autre restant fixe. En éloignant convenablement la cloison médiane, à l'aide d'une vis placée sur le haut de la
boîte, on arrive à faire disparaître la ligne d'ombre portée sur l'écran
et à amener au contact les deux régions éclairées. Il devient alors
facile de juger si l'éclairement de chaque moitié est le même. Quand
ce résultat est obtenu, on mesure la distance de chaque source à
l'écran; on fait le carré de ces deux distances et le rapport des carrés
indique le rapport des intensités des deux sources.

Le photomètre de Bunsen est aussi fréquemment employé. Il se
compose d'une feuille de papier blanc tendu sur un cadre et portant
au centre un filigrane ou plus simplement une tache faite avec un
corps gras. Si on éclaire cette feuille d'un côté et qu'on la regarde de
l'autre, la tache paraît plus brillante que le reste du papier, parce
qu'elle est translucide; au contraire, si on la regarde du côté où elle
reçoit la lumière, elle paraît sombre au milieu d'une surface éclairée.
On place alors cet écran entre les deux sources lumineuses que l'on
compare et on le déplace vers l'une ou vers l'autre jusqu'à ce que la
tache ne paraisse ni plus éclairée ni moins que le reste du papier,
qu'elle disparaisse par conséquent pour les deux côtés. Quand cette
condition est remplie, l'écran reçoit sur chacune de ses faces un
éclairement égal. Il ne reste plus qu'à mesurer la distance de chacune des lumières à l'écran. Le rapport des carrés de ces distances
donne le rapport des intensités.

540. Unité photométrique. — L'unité admise jusqu'ici
en France a été la lumière d'une lampe Carcel brûlant par heure
42 grammes d'huile épurée. On l'emploie journellement pour la
constatation du pouvoir éclairant du gaz d'éclairage. On l'a employée
aussi à l'étude de la puissance lumineuse des principaux foyers électriques, et on estime cette puissance en *carcels* : un foyer de 500 *carcels*
produit à l'unité de distance le même éclairement que produiraient
500 lampes comme celle que nous venons de définir.

En Angleterre, l'unité est une bougie de blanc de baleine; elle
porte le nom de *candle;* il en faut 7 pour égaler l'intensité d'un *carcel.*

L'extension de la lumière électrique a fait reconnaître l'insuffisance de ces deux unités. On peut bien en effet opérer avec quelque
exactitude quand les lumières que l'on compare sont de même *coloration* et ont des intensités peu différentes; mais les photomètres que
nous avons décrits ne sont plus des instruments exacts quand il
s'agit de puissantes sources qui n'ont pas la même coloration que
nos lampes ordinaires. On a proposé de prendre comme unité de
lumière la lumière donnée par un centimètre carré de platine
incandescent tenu en fusion; cette unité paraît devoir être adoptée;
mais quelque temps encore *la lampe carcel* servira pour comparer
les intensités des petites sources.

CHAPITRE LXVIII

RÉFLEXION DE LA LUMIÈRE

341. Lois de la réflexion. — Lorsqu'un faisceau lumineux vient frapper la surface polie d'un solide quelconque (verre, cuivre, argent, etc.), il rebrousse chemin dans une autre direction, comme le fait la bille d'ivoire après avoir frappé contre la bande du billard. Le même phénomène se remarque quand un rayon de lumière rencontre la surface libre d'un liquide comme l'eau ou le mercure. On donne le nom de *réflexion* régulière à ce phénomène du changement de marche de la lumière contre les corps polis et qui s'accomplit d'après des lois géométriques.

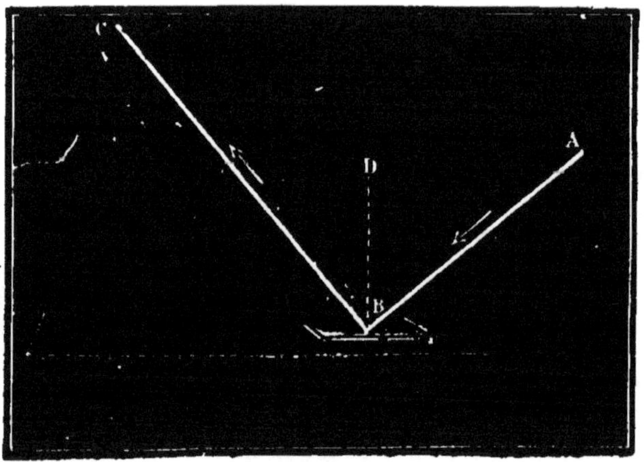

Fig. 365.

Par un trou A pratiqué dans le volet d'une chambre noire, on fait arriver un faisceau lumineux AB; sur son trajet on place un miroir horizontal; on voit aussitôt le rayon *réfléchi* BC qui se propage en ligne droite (fig. 365) tout comme le rayon incident AB, mais dans une autre direction: les deux rayons sont l'un et l'autre visibles parce qu'ils éclairent les poussières de l'air. Change-t-on la position du miroir de manière à augmenter ou à diminuer l'inclinaison du rayon AB par rapport au miroir, le rayon réfléchi BC change de position. Si l'on mène dans chaque cas la perpendiculaire au miroir au point où arrive le rayon incident, on vérifie que ces trois lignes, le rayon *incident*, la *normale*, et le rayon *réfléchi* sont toujours dans un même plan; on vérifie également que les angles formés avec cette normale, d'un côté par le rayon incident, de l'autre par le rayon réfléchi sont égaux : le premier ABD est appelé *angle d'incidence*; le second BDC *angle de réflexion*.

On formule donc ainsi les lois de la réflexion :

1° *Le rayon réfléchi est dans le plan formé par le rayon incident et la normale* (ce plan porte le nom de plan d'incidence).

2° *L'angle de réflexion est égal à l'angle d'incidence.*

542. Vérification expérimentale. — Si l'on dispose du cercle de Silbermann, la vérification des deux lois précédentes est très facile. C'est un cercle vertical gradué; sur son diamètre horizontal il porte un petit miroir au centre du cercle; deux tubes mobiles suivant des rayons complètent l'instrument. On amène un rayon de lumière, par l'un des tubes, sur le miroir et on cherche par tâtonnement quelle est la position sur le cercle qu'il faut donner au second tube pour qu'il reçoive le rayon réfléchi suivant son axe. On reconnaît alors que les angles formés par les axes des deux tubes avec le diamètre vertical du cercle ou avec la normale au point d'incidence, sont égaux, ce qui vérifie la seconde loi; quant à la première elle se trouve vérifiée par la constitution même de l'appareil : le plan d'incidence est un plan parallèle au cercle vertical et l'axe du second tube, c'est-à-dire le rayon réfléchi, y est contenu.

La vérification suivante est plus précise. On dispose d'un cercle vertical gradué sur lequel une lunette est mobile autour d'un axe horizontal, puis d'un vase un peu large contenant du mercure. On dispose le cercle et le vase de manière qu'après avoir visé directement par la lunette mise en *ab* une étoile S, on puisse voir l'étoile par réflexion sur le mercure en mettant la lunette dans la position *cd* (fig. 366). Comme cette opération est possible, il en résulte que le rayon SO parallèle à S*ba* à cause de l'éloignement de l'étoile est

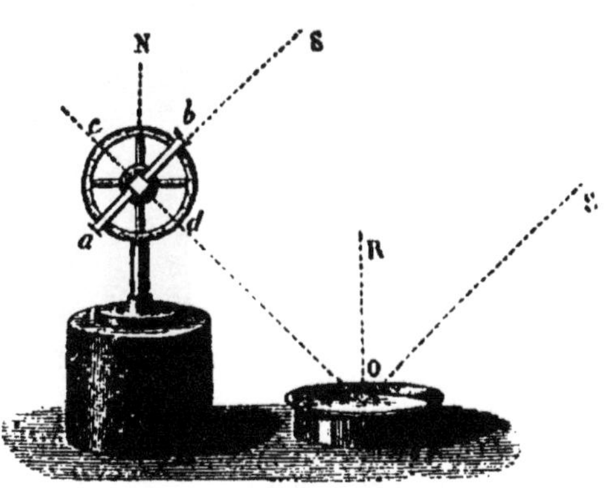

Fig. 366.

dans le même plan vertical que le rayon réfléchi O*d*. On mesure sur le cercle les angles que font à droite et à gauche de la verticale N les deux positions *cd* et *ab* de la lunette et on constate qu'ils sont égaux; cette égalité entraîne celle des angles *d*OR et ROS, ce qui démontre les deux lois.

543. Miroir plan. — **Image d'un point.** — Les miroirs plans sont des surfaces bien planes présentant un poli aussi parfait que possible : les uns sont entièrement métalliques comme les miroirs anciens et les miroirs japonais, les autres n'ont qu'une couche métallique mince à la surface comme les miroirs argentés; le plus grand nombre sont formés d'une feuille de verre étamée sur l'une de ses faces et recevant la lumière par l'autre. Le phénomène de la réflexion n'est pas aussi simple sur ces derniers que sur les autres; mais nous n'y insistons pas pour le moment; nous y reviendrons à propos de la réfraction.

L'expérience apprend que·si l'on regarde dans un miroir plan on croit voir *derrière le miroir* les objets lumineux qui sont placés en avant (fig. 367); les lois de la réflexion permettent de rendre compte de cette illusion et de préciser le phénomène.

Considérons d'abord un seul point lumineux A (fig. 368) placé devant un miroir plan. Nous supposons que le plan de la figure est un plan

Fig. 367.

perpendiculaire au miroir et passant par le point lumineux; MN est la trace du miroir sur ce plan. Soit AB un rayon lumineux; il fait avec la normale un angle d'incidence ABD; le rayon réfléchi BC sera dans le même plan et il fera avec BD un angle DBC égal à l'angle ABD. Abaissons du point A une perpendiculaire sur le miroir et prolongeons-la en dessous jusqu'à la rencontre avec le rayon CB prolongé. On détermine ainsi deux triangles rectangles AHB et

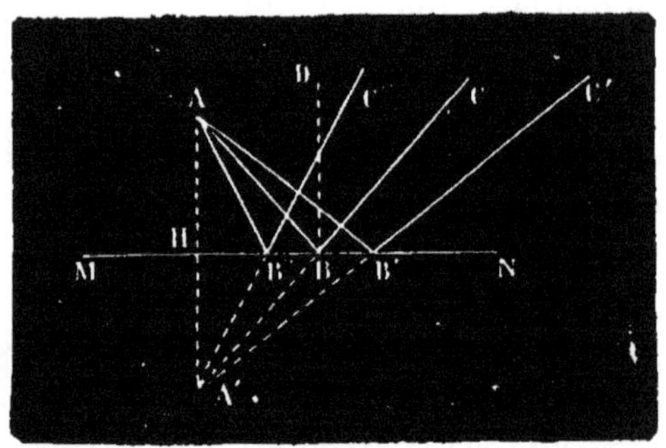

Fig 368.

A'HB qui sont égaux comme ayant un côté commun HB et des angles ABH et HBA' égaux comme étant les compléments, l'un de l'angle d'incidence, l'autre de l'angle de réflexion. Donc, AH = A'H.

Mais ce raisonnement s'applique à un rayon quelconque émané du point A. Si donc on mène un second rayon AB' qui se réfléchit en B'C', le prolongement du rayon réfléchi ira passer par le point A' en dessous du miroir. D'une manière générale, les prolongements de tous les rayons réfléchis par le miroir vont se rencontrer en dessous du miroir en un point A' symétrique de A par rapport à la surface réfléchissante.

L'œil jouit de la propriété de rapporter l'existence des objets à la direction du rayon de lumière qu'il reçoit de ces objets. Dès lors, si l'œil est placé de manière à recevoir les rayons réfléchis par le miroir; tous ces rayons lui paraîtront émanés d'un même point A' qui appartient à la fois à tous leurs prolongements et qui est placé derrière le miroir à la même distance que le point lumineux est en avant du miroir; c'est ce point qui est l'*image* du point lumineux.

844. Image d'un objet. — La connaissance de l'image d'un point nous conduit sans difficulté à celle d'un objet éclairé. Il suffira évidemment, d'après ce qui précède, d'abaisser de chaque point de l'objet des perpendiculaires sur le miroir et de les prolonger derrière lui de quantités égales à elles-mêmes; les extrémités de ces perpendiculaires ainsi prolongées donneront l'image de l'objet. Soit AB une flèche lumineuse placée devant un miroir MN; son image sera A'B' symétrique de AB par rapport à MN (fig. 369).

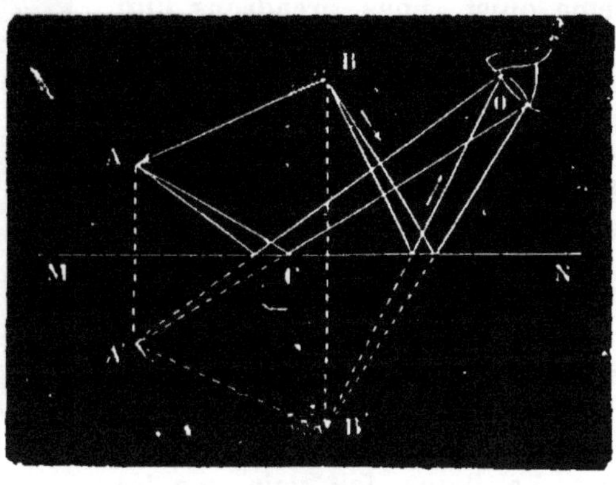

Fig. 369.

Si on donne à l'œil une position particulière O et qu'on veuille se rendre compte de la marche des rayons qui lui arrivent, on mène de A deux rayons AC et on trace les rayons réfléchis; la construction montre bien que leurs prolongements vont se rencontrer en A'.

L'image d'un objet n'est pas identique et superposable à l'objet; elle est seulement symétrique; la gauche de l'objet paraît être à droite et inversement.

L'image n'a d'ailleurs pas de réalité, car les points où l'on croit la voir ne reçoivent pas de lumière réfléchie; ce n'est qu'une apparence : on dit alors que l'image est *virtuelle*.

L'expérience de tous les jours vérifie complètement ces conséquences de la théorie. Dans un miroir horizontal comme une nappe d'eau tranquille, un objet vertical, comme un arbre au bord de l'eau, a son image verticale opposée à l'objet. Dans un miroir incliné à 45°, un objet vertical a une image horizontale, et réciproquement, si l'objet est horizontal l'image est verticale. La construction montre qu'un miroir incliné sur l'horizon à 45° et recevant un rayon horizontal renvoie ce rayon verticalement.

D'une manière générale, on peut donc employer un miroir plan pour diriger dans telle direction que l'on veut un rayon lumineux que l'on fait tomber sur un miroir : c'est le cas du *porte-lumière* qui sert à faire pénétrer dans une chambre obscure, et dans une direction donnée, les rayons solaires. C'est aussi le cas des *miroirs tournants* qui servent dans quelques appareils comme le galvanomètre à réflexion.

On démontre facilement que si un miroir sur lequel tombe un rayon lumineux qui s'y réfléchit vient à tourner d'un angle *a*, le rayon réfléchi s'est déplacé d'un angle *double 2a*.

845. Images produites par deux miroirs. — Quand deux miroirs font un angle, les points lumineux qui sont placés dans cet angle donnent une série d'images disposées en cercle autour de la ligne d'intersection des miroirs.

Pour montrer comment se produisent les images multiples d'un même objet, nous prendrons l'un des cas les plus simples, celui de deux miroirs faisant un angle droit et ayant entre eux un point lumineux. Soient les deux miroirs AC et AB et le point lumineux S (fig. 370). On conçoit bien tout d'abord que le point S donne une image S′ dans le miroir AB; aussi une image S‴ dans le miroir AC. Ce qu'il faut montrer c'est qu'il y a encore une autre image S″ formée par des rayons qui se sont réfléchis à la fois sur les deux miroirs. La figure fait voir que les

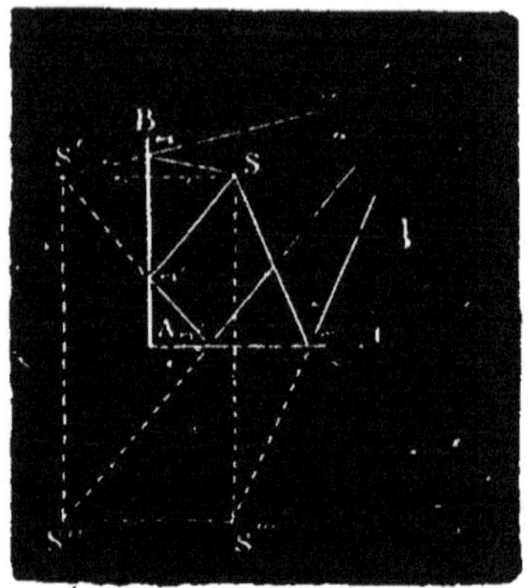

Fig. 370.

deux premières images sont produites par une seule réflexion; mais que la troisième image est vue sur le prolongement d'un rayon qui marche comme s'il venait directement du point S′ au lieu qu'il vient réellement du point S. Tout se passe donc comme si chacune des deux premières images fonctionnait comme un objet lumineux par rapport au miroir dans lequel elle n'a pas été produite.

En réalité quand deux miroirs font entre eux un angle droit, l'œil peut apercevoir quatre fois le même point lumineux, dont une fois directement et trois fois par réflexion.

Si l'angle des miroirs est plus petit que 90° le nombre des images augmente. Lorsque l'angle est contenu un nombre pair de fois dans 360°, les images sont nettes, séparées les unes des autres. On peut dire que le nombre *n* des images, y compris l'objet, est le quotient de 360 par l'angle *a* des deux miroirs

$$n = \frac{360}{a}$$

le nombre *n* des images augmente donc à mesure que *a*

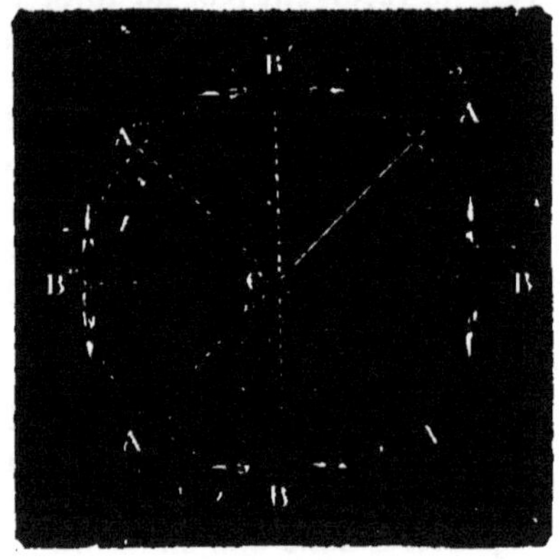

Fig. 371.

l'angle des miroirs diminue. Avec deux miroirs inclinés à 60° on voit 6 fois l'objet; avec deux miroirs inclinés à 45° (fig. 371) on voit 8 fois l'objet.

Le *kaléidoscope* est un petit appareil qui utilise cette propriété des images multiples données par des miroirs inclinés. C'est un tube fermé à un bout par une glace dépolie et portant dans son intérieur, parallèlement à son axe, deux miroirs plans inclinés l'un sur l'autre à 60°. Au fond du tube et contre le verre dépoli, on place de petits fragments de verre de diverses couleurs dans une petite caisse transparente. L'œil appliqué à l'autre extrémité du tube aperçoit une sorte de rosace à six compartiments où les couleurs s'agencent et se combinent parfois d'une façon remarquable. En secouant le tube on modifie la disposition des fragments de verre et par suite le dessin, et on peut obtenir une multitude de figures différentes les unes des autres et toutes symétriques. Les dessinateurs sur étoffes se servent quelquefois de cet appareil pour trouver des combinaisons nouvelles de lignes ou de couleurs.

546. Miroirs parallèles. — Lorsque dans un apparte-ment, une lampe ou un bec de gaz allumé est placé entre deux glaces parallèles ornant les murs opposés de la salle, on aperçoit un très grand nombre d'images de l'appareil éclairant à la file l'une de l'autre, derrière chacun des deux miroirs; seulement ces images suc-cessives diminuent peu à peu d'éclat. Il est facile de démontrer qu'il en doit être ainsi.

D'abord, si l'angle formé par deux miroirs obliques diminue, le nombre des images augmente; quand l'angle est égal à zéro, que les miroirs sont parallèles, le nombre des images est théoriquement infini.

Soient les mi-roirs parallèles M et N, et le point lumineux S (fig. 372). Le rayon SA qui ne subit qu'une réflexion dans le miroir M, donne une pre-mière image 1; mais s'il subit deux réflexions, il donne à l'œil la

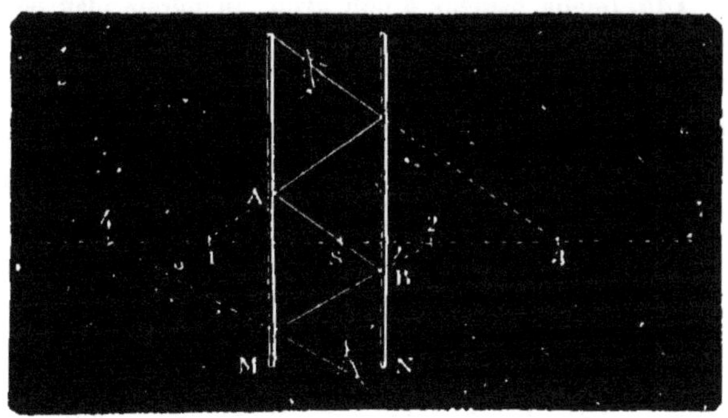

Fig. 372.

sensation d'une image 3 qui est placée comme si l'image 1 produite par le miroir M faisait fonction d'objet dans le miroir N. De même, le rayon SB, après une réflexion sur N, donne l'image 2; mais s'il subit deux réflexions, il donne une image 4 qui est placée comme si l'image 2, produite dans le miroir N, faisait fonction d'objet pour le miroir M.

Ainsi, tout se passe comme si chaque image fonctionnait comme un objet par rapport à l'autre miroir; le nombre des images doit être très grand; il n'a réellement de limites que dans la diminution progressive d'éclat des images avec les réflexions successives.

847. Diffusion. — Dans une chambre obscure, quand on laisse pénétrer un faisceau de rayons solaires et qu'on le fait tomber sur un miroir plan, il faut être placé sur le trajet des rayons réfléchis pour recevoir de la lumière. Au contraire, si le faisceau de rayons solaires tombe sur un grand écran blanc, la surface éclairée devient visible de tous les points de la salle; cette surface renvoie donc des rayons dans toutes les directions; c'est à ce phénomène qu'on donne le nom de *diffusion* ou de réflexion irrégulière. On suppose que la surface d'un corps non poli est formée de petites aspérités qui constituent autant de petites surfaces planes diversement orientées et capables de réfléchir la lumière dans des directions multiples.

C'est par la diffusion que sont éclairés et rendus visibles les objets qui nous entourent et qui ne reçoivent pas la lumière solaire. Les objets éclairés par le soleil renvoient de la lumière aux autres et ceux-ci à l'œil de l'observateur; et quand le soleil est masqué par les nuages ce sont ceux-ci qui diffusent dans toutes les directions la lumière qu'ils ont reçue.

Exercices.

142. Démontrer que si l'on fait tourner d'un angle *a* un miroir plan sur lequel tombe un rayon incident fixe, le rayon réfléchi tournera d'un angle double 2*a*.

143. Démontrer que si deux miroirs font entre eux un angle de 60°, un objet lumineux y sera vu six fois.

144. Quelle hauteur *h* doit avoir un miroir plan pour qu'un objet de longueur *l* puisse y être vu en entier?

CHAPITRE LXIX

MIROIRS SPHÉRIQUES

848. Définitions. — On appelle **miroirs sphériques** des miroirs dont la surface réfléchissante est une portion de surface sphérique; ils ne comprennent généralement qu'une faible portion de la sphère totale à laquelle ils appartiennent.

La base du miroir est le petit cercle de la sphère limitant le miroir. Le *centre* et le *rayon* du miroir sont ceux de la sphère elle-même. *L'axe* est la ligne perpendiculaire abaissée du centre sur le cercle de base et prolongée jusqu'au miroir. Le point où cette ligne rencontre la surface sphérique porte le nom de *sommet*. *L'ouverture* du miroir est l'angle que forment dans un plan passant par l'axe les deux lignes qui joignent le centre aux extrémités du miroir.

On distingue deux sortes de miroirs sphériques : les uns sont **concaves** quand la partie réfléchissante est à l'intérieur du côté du centre; les autres sont **convexes** quand la surface réfléchissante est à l'extérieur à l'opposé du centre.

Les lois de la réflexion de la lumière s'appliquent aussi bien à une surface courbe qu'à une surface plane : il suffit de remarquer que si un rayon de lumière tombe en un point d'une surface courbe, tout se passe comme s' l'élément sur lequel il frappe était remplacé par le plan tangent qui lui correspond.

549. Miroir concave. — Foyer principal. —Quand on place un miroir sphérique concave de manière que son axe principal soit dirigé vers le soleil, on voit que tous les rayons réfléchis par le miroir vont passer après leur réflexion sensiblement par un même point où se trouvent concentrées la chaleur et la lumière (fig. 373).

Fig. 373.

Le point situé sur l'axe principal entre le centre et le miroir où il faut placer un écran pour avoir la plus petite surface éclairée, mais l'éclairement le plus intense, porte le nom de *foyer principal.*

Tous les rayons venus du soleil peuvent être considérés comme parallèles à cause du grand éloignement de l'astre; ceux qui tombent sur le miroir dans la position indiquée ci-dessus sont donc parallèles à l'axe principal. On démontre que les rayons parallèles à l'axe passent après leur réflexion par le foyer principal et que *ce foyer est sensiblement à égale distance entre le centre et le sommet du miroir.*

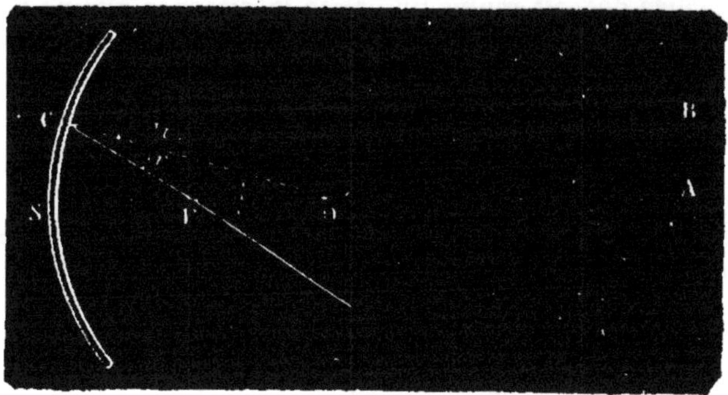

Fig. 374.

Soit le rayon BC qui tombe sur le miroir parallèlement à l'axe; il se réfléchit comme il le ferait sur le plan tangent à la sphère au point C. Si la fig. 374 représente la section du miroir par un plan mené par l'axe et contenant le rayon BC, la normale au point d'incidence est le rayon de la sphère OC, l'angle d'incidence i est BCO. Le rayon réfléchi CF est dans le plan de la figure qui représente le plan d'incidence; il fait avec la normale un angle de réflexion OCF égal à l'angle d'incidence BCO. Il coupe l'axe au point F.

Si nous remarquons que le triangle COF est isocèle parce que l'angle COF, égal àBCO comme alternes internes, est aussi égal à OCF, nous pourrons écrire

$$FO = FC.$$

Pour un rayon qui serait très voisin de l'axe principal, FC se confondrait sensiblement avec FS, de telle sorte que pour un rayon avoisinant l'axe, la position du point F est déterminée ainsi : *le point F partage en deux parties égales le rayon OS de la sphère ou du miroir*.

Mais si l'on prend pour miroir une petite calotte d'une sphère à grand rayon, ce qui est vrai pour un rayon très voisin de l'axe principal arrive aussi très sensiblement pour les rayons parallèles à l'axe qui n'en sont pas trop éloignés. Comme dans la pratique on n'emploie que des miroirs à faible ouverture, on peut dire que tous les rayons parallèles à l'axe passent après leur réflexion par le foyer principal situé sur l'axe à égale distance du sommet et du centre du miroir.

La distance du foyer au sommet du miroir porte le nom de *distance focale*. On peut la déterminer par l'expérience : on expose un miroir concave aux rayons solaires de manière que l'axe principal soit dans la direction du soleil et que les rayons de l'astre soient parallèles à l'axe; on cherche avec un petit écran la position du foyer et on mesure la distance du foyer au miroir. Le rayon de courbure est double de cette distance focale.

Réciproquement, un point lumineux placé au foyer d'un miroir donne des rayons qui après leur réflexion sur le miroir sortent parallèlement à l'axe et constituent un faisceau cylindrique dont l'intensité lumineuse décroît moins vite avec la distance que ne décroîtrait celle d'un faisceau conique. Aussi emploie-t-on cette disposition pour l'éclairage.

880. Foyers conjugués. — *Le point lumineux est sur l'axe principal.* L'expérience montre que si l'on place devant un miroir sphérique concave, dans la direction de l'axe principal et à quelque distance, une source lumineuse de petites dimensions comme la flamme d'une bougie, et qu'on promène un petit écran entre le foyer et le centre du miroir, on trouve, dans une position déterminée, sur l'écran, une image renversée et petite de la flamme de la bougie. On en conclut que les rayons de la bougie, qui sont venus se réfléchir sur le miroir, se sont réunis après leur réflexion pour reformer sur l'écran des points analogues à ceux qui les avaient émis.

Supposons que la flamme de la bougie soit réduite à un point

lumineux situé sur l'axe ; la tache lumineuse produite sur l'écran sera
également un point : les rayons partis du premier point se seront
rassemblés après leur réflexion en un second point, auquel on donne
le nom de *foyer conjugué* du premier.

Soit une section d'un miroir par un plan mené suivant l'axe
principal (fig. 375). Soit A un point lumineux situé sur l'axe. Ce
point A envoie une série de rayons tels que AB sur le miroir ; il
s'agit de montrer que ces rayons après leur réflexion viennent se rencontrer en un point E qui est dit le foyer conjugué du point A.

Fig. 375.

Le point lumineux A est placé au delà du centre ; il est facile de
voir, si l'on mène la normale BC au point d'incidence B, que l'angle
d'incidence ABC est plus petit que dans le cas du rayon parallèle ; l'angle
de réflexion CBE sera aussi plus petit, et le rayon réfléchi coupera
l'axe en un point E situé entre le foyer et le centre du miroir.

Fig. 376.

Construction du rayon réfléchi. — Pour déterminer assez exactement ce
point E, on fait la construction indiquée par la figure 376. Du point C comme

centre avec CF comme rayon, on décrit un arc de cercle qui représente la section par le plan de la figure de la surface sphérique qui contient les foyers et que pour cette raison on peut appeler *surface focale principale*. Soit le rayon lumineux AB; il coupe la surface focale en F'; pour avoir le rayon réfléchi, il suffit de joindre F'C et de mener à cette dernière ligne une parallèle du point B, on obtient la direction cherchée BE. En effet, tout se passe comme si le rayon lumineux partait de F' pour aller tomber sur le miroir; il doit donc après sa réflexion revenir parallèlement à l'axe correspondant au foyer F', c'est-à-dire parallèlement au diamètre CF''.

Relation des foyers conjugués. — Si nous considérons le triangle ABE coupé par une parallèle CF'' à l'un de ses côtés, nous pourrons écrire :

$$\frac{AE}{CA} = \frac{BE}{CF''}$$

Mais si nous appelons

l la distance du point lumineux A au foyer F,
l' —   du foyer conjugué E   —   ,
f —   focale du miroir, soit FM ou FC ou CF',

nous remarquerons que

$$AE = l - l' \qquad\qquad CA = l - f$$

Si nous supposons l'ouverture du miroir très petite, par suite le point B voisin du point M, nous pourrons écrire que EB est sensiblement égal à EM, et par suite à $l' + f$.

Et en faisant les substitutions des valeurs égales, nous aurons

$$\frac{l - l'}{l - f} = \frac{l' + f}{f} .$$

En effectuant et en réduisant, il vient :

$$ll' = f^2.$$

Telle est la relation indiquée pour la première fois par Newton; elle montre que les positions du point lumineux et de son foyer conjugué sont *réciproques* l'une de l'autre, et que si le point lumineux passait en E, le foyer conjugué serait en A. Elle montre également que la position de E ne dépend que de A et non pas de l'inclinaison des rayons qui vont du point A se réfléchir sur le miroir; par conséquent tous les rayons qui de A tomberont sur le miroir et s'y réfléchiront se rassembleront en un seul point E où sera concentrée la lumière venue de A [1].

---

1. Si l'on appelle

    p la distance au miroir du point lumineux A ,
    p' —   —   du foyer conjugué E,
    f —   focale du miroir,

et que dans l'égalité

$$\frac{AE}{CA} = \frac{BE}{CF'} ,$$

on transporte les valeurs précédentes, il vient :

$$\frac{p - p'}{p - 2f} = \frac{p'}{f}$$

ou

$$pf - p'f = pp' - 2p'f$$

$$p'f + pf = pp'.$$

Et en divisant tous les termes par $pp'f$

$$\frac{1}{p} + \frac{1}{p'} = \frac{1}{f} ,$$

formule que l'on emploie aussi très fréquemment.

Mais il est bien entendu que ces résultats ne conviennent qu'aux miroirs de très petite ouverture et aux rayons qui s'écartent peu de l'axe principal.

Rapports de position des deux foyers conjugués. — La formule précédente $ll' = f^2$ montre que l et l' doivent toujours être de même signe, positifs ensemble ou négatifs tous deux, puisque leur produit est un carré; ils doivent donc toujours se trouver tous les deux du même côté du foyer F du miroir.

La discussion de la formule donne les rapports de position des deux foyers conjugués, autrement dit la position du foyer conjugué pour toutes les positions que l'on peut faire occuper au point lumineux. Pour la rendre plus saisissante, nous empruntons la construction géométrique suivante due à M. Lebourg.

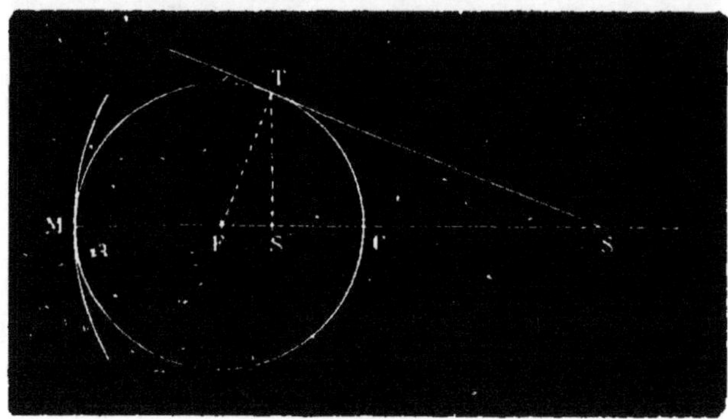

Fig. 377.

Du point F comme centre avec CF comme rayon, on décrit une circonférence. Si le point lumineux est en S (fig. 377), on mène la tangente ST; du point de tangence on abaisse une perpendiculaire sur l'axe et l'on a le foyer conjugué cherché S'. On a, en effet, dans le triangle rectangle STF :

$$FT^2 = FS \times FS'$$

ou

$$f^2 = l \times l'$$

Voici alors la discussion :

1° *Le point lumineux est à l'infini;* le rayon est parallèle à l'axe, le point de tangence T se projette en F; alors le foyer conjugué est au foyer principal. C'est en effet ce que l'expérience a déjà montré.

2° *Le point lumineux, toujours sur l'axe, s'avance de l'infini jusqu'au centre du miroir.* Alors le point de tangence T marche sur la circonférence vers C; sa projection va de F vers C.

Tous les points lumineux situés sur l'axe au delà du centre du miroir ont donc leurs foyers conjugués entre le foyer et le centre.

3° *Le point lumineux arrive au centre C,* alors c'est ce point qui est à la fois le point de tangence et sa projection; le foyer conjugué est donc aussi en C.

4° *Le point lumineux va du centre C vers le foyer F;* alors la construction est renversée; du point tel que S' on élève une perpendiculaire à l'axe jusqu'en T, on mène la tangente à la circonférence et l'on détermine le foyer conjugué S. C'est l'inverse du second cas : pour un point lumineux qui va du centre au foyer, le foyer conjugué va du centre à l'infini.

5° *Le point lumineux est au foyer principal,* le foyer conjugué est à l'infini, tous les rayons réfléchis par le miroir sont parallèles à l'axe.

6° *Foyers virtuels.* — Si on continue à faire marcher le point lumineux dans le même sens, du foyer F au miroir M, le point de tangence est à gauche du diamètre vertical de la figure 377, et la tangente va couper l'axe à gauche du miroir.

La figure 378 montre la réflexion d'un rayon parti d'un point A situé entre le foyer et le miroir; le rayon réfléchi ne peut rencontrer l'axe principal en avant du miroir : c'est son prolongement géométrique qui coupe l'axe à droite du miroir au point *a*. Dans ce cas, tous les rayons partis du point A se réfléchiront sur le miroir en

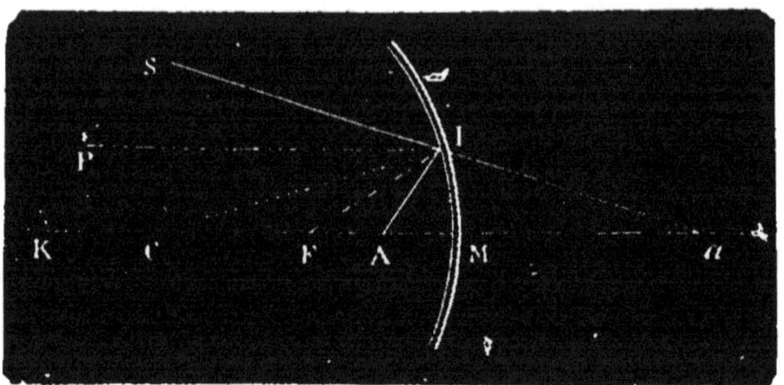

Fig. 378.

s'écartant, mais leurs prolongements se rencontreront en *a*. Il faudra que l'œil d'un observateur reçoive ces rayons réfléchis; alors il croira voir un point lumineux en *a* en arrière du miroir; ce point *a* est un foyer qui n'a pas de réalité; il ne peut être reçu sur écran; on l'appelle pour cette raison *foyer virtuel* par opposition aux *foyers réels* formés par la rencontre des rayons réfléchis eux-mêmes.

881. Foyer conjugué d'un point lumineux quelconque. — Il est facile de trouver la position du foyer conjugué d'un point lumineux quelconque situé hors de l'axe principal. Soit un point A (fig. 379), son image se trouve nécessairement

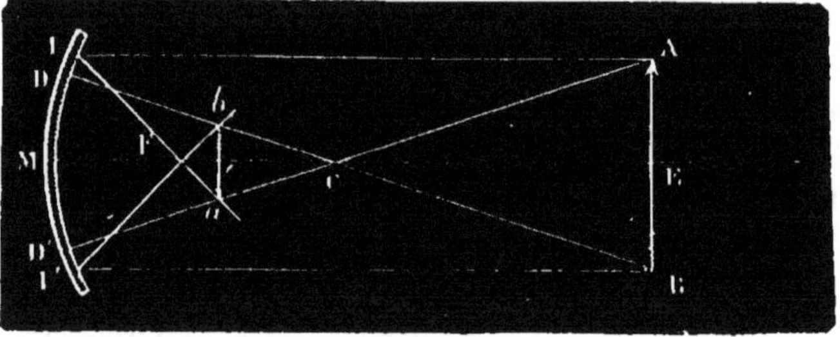

Fig. 379.

sur le diamètre AC qui tombe normalement sur le miroir et qui représente un rayon incident et le rayon réfléchi qui lui correspond; cette ligne est dite **axe secondaire;** elle est en effet comparable à l'axe principal; les rayons lumineux émanés de A sont par rapport à l'axe secondaire ce que les rayons émanés des points considérés précédemment sont par rapport à l'axe principal. Quant à la position du foyer conjugé de A, on la détermine de la manière suivante : on mène de A le rayon parallèle à l'axe principal dont on sait la marche : il se réfléchit en IF et il rencontre l'axe secondaire en a, le point a est le foyer conjugué du point A.

552. Construction de l'image d'un objet. — On sait obtenir l'image d'un point quelconque; on sait par là même déterminer l'image d'un objet éclairé, qui n'est en réalité qu'une série de points lumineux.

Du point A, on mène l'axe secondaire ACD', puis le rayon AI parallèle à l'axe principal qui se réfléchit en IF et qui coupe l'axe secondaire en a. On fait de même du point B et on obtient en b l'image de B et en ab l'image de l'objet AB.

Il y a lieu de chercher les relations de position et les relations de grandeur de l'image et de l'objet.

La *relation de grandeur* se trouve en considérant les deux triangles ABC et abC ou IMI' et Fab. De ces deux derniers où IMI' est sensiblement égale à AB on tire

$$\frac{ab}{AB} = \frac{cF}{FM}$$

et si l'on appelle comme précédemment

l la distance de l'objet   au foyer F,
l' —   l'image   —   F,
f —   focale,

on écrit

$$\frac{\text{image}}{\text{objet}} = \frac{l'}{f} = \frac{f}{l}$$

d'où l'on tire

$$\text{image} = \text{objet} \times \frac{l'}{l}.$$

Il est alors très facile de discuter les rapports de grandeur et de les vérifier ensuite par l'expérience.

L'image sera *égale à l'objet* quand le rapport $\frac{f}{l}$ sera égal à 1, c'est-à-dire quand $l = f$.

Or il n'y a que deux positions de l'objet qui réalisent cette condition : 1° quand l'objet est au centre du miroir; 2° quand l'objet est sur le miroir.

L'image sera *plus grande que l'objet* quand le rapport $\frac{f}{l}$ sera > 1, c'est-à-dire quand l sera une fraction de f.

Il y a deux séries de positions réalisant ce cas : 1° quand l'objet est entre le centre et le foyer; 2° quand l'objet est entre le foyer et le miroir.

L'image sera *plus petite que l'objet* quand le rapport $\frac{f}{l}$ sera < 1, c'est-à-dire quand l sera plus grand que f; autrement dit pour toutes les positions de l'objet au delà du centre.

Les *relations de position* sont les mêmes entre un objet et son image qu'entre un point lumineux et son foyer conjugué; nous les avons déjà indiquées. Nous les reprendrons pour les vérifier expérimentalement :

1° Si *l'objet est très loin* comme une étoile ou le soleil, *son image est au foyer* du miroir.

2° Si l'objet est au delà du centre, son *image est entre le foyer et le centre, réelle, plus petite que l'objet et renversée.* Pour le vérifier on place la flamme d'une bougie dans la direction de l'axe d'un miroir concave, assez loin, et on reçoit l'image sur un petit écran de papier. On rapproche progressivement la bougie et il faut un peu éloigner l'écran du foyer et le rapprocher du centre, en outre l'image grandit un peu.

Quand la bougie arrive près du centre, l'image y est aussi; elle s'est rapprochée du centre à mesure que l'objet s'en rapprochait; la bougie placée au centre même donne une image qui se forme immédiatement au-dessous si on soulève un peu l'objet; cette image est égale à l'objet;

3° Quand la bougie passe entre le centre et le foyer, il faut porter l'écran qui reçoit l'image au delà du centre; l'*image est au delà du centre, réelle, plus grande que l'objet et renversée;* elle est d'autant plus éloignée et d'autant plus grande que l'objet est plus près du foyer.

Il n'y a plus d'image quand la bougie est au foyer.

4° Enfin quand la bougie a dépassé le foyer et qu'elle va vers le miroir, il n'y a plus d'image à recueillir sur un écran; mais un observateur placé en avant du miroir et recevant les rayons réfléchis dont les prolongements vont se rencontrer derrière le miroir, voit au delà du miroir une *image droite, plus grande que l'objet,* mais cette image est *virtuelle.*

On se rend facilement compte de toutes les qualités de cette image en faisant la construction. On pose un objet AB entre le foyer et le miroir; on mène du point A l'axe secondaire AC qui se réfléchit sur lui-même (fig. 380), puis le rayon AI parallèle à l'axe qui se réfléchit en IF. Ces deux

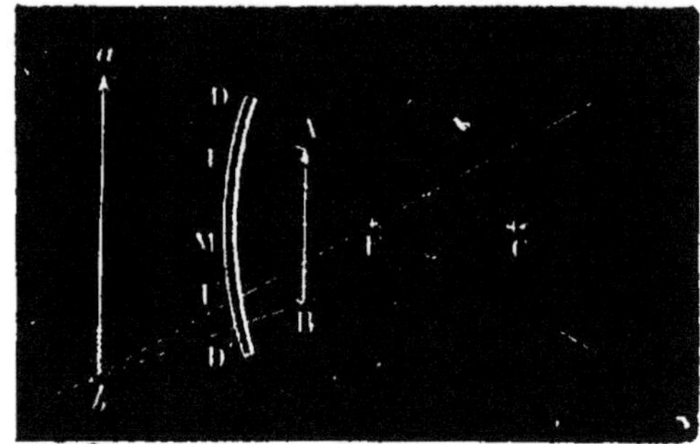

Fig. 380.

rayons ne peuvent se rencontrer en avant du miroir, mais leurs prolongements géométriques se rencontrent en *a*. Ce point *a* est donc l'image *virtuelle* du point A. On cherche de même l'image *b* du point B; on joint *ab* et on a l'image agrandie, droite, mais formée par des prolongements de rayons et non par les rayons eux-mêmes. Cette image n'existe que pour celui qui la regarde, on ne peut la projeter sur un écran.

Cette expérience montre l'usage que l'on peut faire des miroirs concaves comme *miroirs grossissants*. L'observateur en se plaçant à une distance convenable du miroir voit son image agrandie derrière le miroir, comme il la verrait sans agrandissement dans un miroir plan.

553. Miroirs convexes. — Lorsqu'on reçoit un faisceau de rayons solaires sur un miroir sphérique *convexe* dans une direction parallèle à l'axe, on observe que ces rayons forment un faisceau *divergent* dont le point de concours semble être situé derrière le miroir et sur son axe principal. Ce sommet du cône que les rayons réfléchis forment par leur prolongement est le *foyer principal virtuel* du miroir.

Si l'on applique les lois de la réflexion à un rayon SI parallèle à l'axe (fig. 381), qu'on mène la normale CIN au point d'inci-

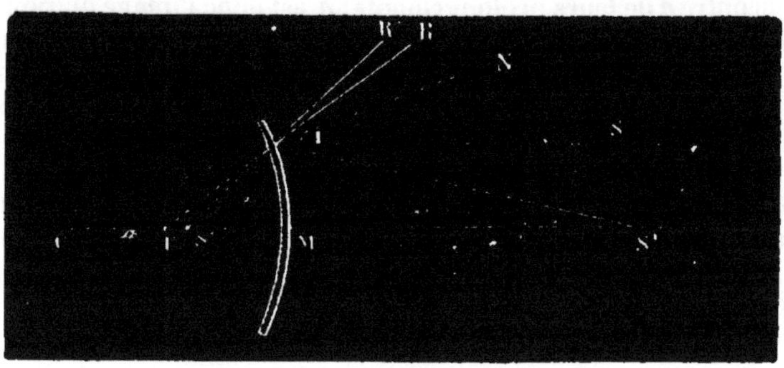

Fig. 381.

dence, et que l'on fasse un angle de réflexion égal à l'angle d'incidence, on voit que le rayon repart en s'écartant de l'axe, mais que son prolongement géométrique rencontre l'axe en un point F qui est sensiblement le lieu entre le centre C et le sommet M du miroir.

Tous les rayons parallèles à l'axe qui tombent sur un miroir convexe de petite ouverture se réfléchissent de manière que leurs prolongements aillent tous passer au foyer virtuel du miroir.

Si l'on prend un point lumineux S_1 situé sur l'axe, que l'on mène le rayon S_1I, que l'on construise l'angle de réflexion égal à l'angle d'incidence, on voit que le rayon réfléchi s'écarte encore plus de la normale que dans le cas précédent; son prolongement va couper l'axe en un point S' qui est le foyer conjugué du point S_1 et qui est situé entre le foyer du miroir et son sommet M.

884. Images produites dans les miroirs convexes. — La marche des rayons qui déterminent l'image d'un objet lumineux placé devant un miroir *convexe* est analogue à celle des miroirs concaves. Soit un objet linéaire AB. Pour trouver l'image du point A, on mène l'axe secondaire AC (fig. 382), ce rayon en arrivant sur le miroir rebrousse chemin et se réfléchit sur sa propre direction puisqu'il est normal au miroir. On mène le rayon AI

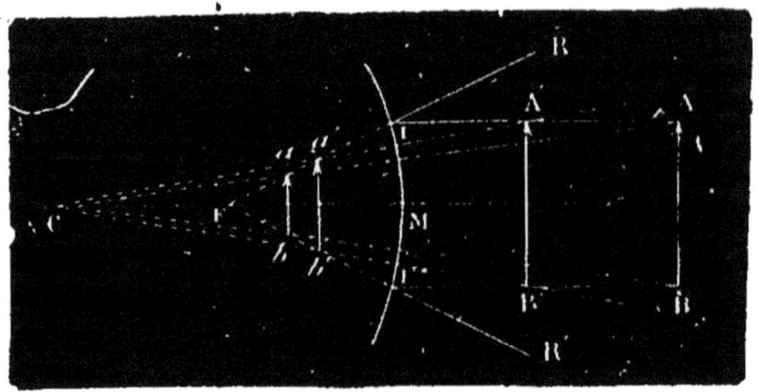

Fig. 382.

parallèle à l'axe, il se réfléchit suivant IR comme s'il venait du point F. Ces deux rayons ne se rencontrent pas en avant du miroir, mais si l'œil les reçoit en même temps, il croit les voir venir du point de rencontre *a* de leurs prolongements; *a* est donc l'image du point A. On fait une construction analogue pour deux rayons menés du point B et on détermine *b*; l'image de AB est donc *ab* : c'est une image *droite*, c'est-à-dire de même sens que l'objet, mais *virtuelle* puisqu'elle n'est formée que par les prolongements géométriques des rayons et non pas par la rencontre des rayons eux-mêmes.

Si l'on compare comme dans le cas des miroirs concaves les triangles ABC et *ab*C puis IIF et *ab*F, qu'on désigne de même par *l* et *l'* les distances de l'objet AB et de l'image *ab* au foyer F et par *f* la distance focale, on établit, absolument comme pour les miroirs concaves, les deux relations

$$ll' = f^2$$

et
$$\text{image} = \text{objet} \times \frac{f}{l} \cdot$$

On tire de la dernière cette conséquence que, pour toutes les positions de l'objet, *l* étant toujours plus grand que *f*, *l'image est plus petite que l'objet*, la construction montre qu'elle est *droite* et *virtuelle*.

Plus l'objet est éloigné, plus l'image est petite; l'image grandit à mesure que l'objet se rapproche du miroir, mais elle reste toujours plus petite que l'objet.

On ne peut pas, comme pour les miroirs concaves, mesurer directement la distance focale d'un miroir convexe; on est obligé de prendre un moyen détourné; la méthode la plus simple consiste à placer le miroir convexe entre un miroir concave et l'image qu'il donne, de manière à obtenir en définitive, par l'effet du miroir convexe, une image réelle de la première image que l'on empêche ainsi de se former; on mesure la grandeur de cette image, la distance à laquelle elle se forme et on a les éléments du calcul de la distance focale cherchée.

Les miroirs convexes n'ont pas beaucoup d'usages; on ne les trouve guère que dans les boules de verre étamées d'appartements ou de jardins, qui donnent des images virtuelles plus petites que les objets.

885. Aberration de sphéricité. — Dans tout ce qui précède, nous avons supposé que tous les rayons tombent sur des miroirs de très petite ouverture et qu'ils sont très peu éloignés de l'axe. Il n'en est pas toujours ainsi dans la pratique, et la théorie que nous venons de faire ne convient qu'aux rayons centraux, c'est-à-dire aux rayons assez voisins de l'axe. Mais les rayons qui tombent sur les bords d'un miroir un peu large n'ont pas le même foyer que les premiers. La série des foyers de tous les rayons se trouve sur une surface courbe qui a reçu le nom de *caustique par réflexion*; et la distance des foyers extrêmes constitue l'*aberration de sphéricité*. Les images dans les grands miroirs manquent de netteté sur les bords à cause de l'aberration; et si l'on veut se mettre à l'abri de cet inconvénient quand on emploie des miroirs de grande ouverture, il faut, comme l'a fait Foucault pour les miroirs de télescopes, donner à la surface réfléchissante une forme un peu différente de celle de la sphère.

Exercices.

145. On place un objet de 1^m,20 de hauteur à 6^m,50 d'un miroir concave qui a un mètre de rayon; trouver la place de son image et la grandeur de cette image.

146. A quelle distance d'un miroir concave ou convexe de 1^m,20 de rayon faut-il placer un objet pour que son image soit : 1° trois fois plus petite; 2° trois fois plus grande que l'objet?

Généraliser la question en appelant R le rayon du miroir.

147. Un objet de 4 mètres de hauteur est placé à 34 mètres en avant d'un miroir concave de 4 mètres de rayon. A 2^m,60 de ce premier miroir en est un second qui tourne sa concavité vers le premier et qui a 1^m,20 de rayon; trouver la grandeur de l'image définitive et la distance à laquelle elle se forme du premier miroir.

148. A 1^m,50 d'un miroir concave M qui a 2 mètres de rayon, on place un objet de 20 centimètres. Au lieu de laisser l'image se former, on place à 2^m,80 un miroir convexe dont la convexité est tournée vers la concavité du premier; on constate une image de 80 centimètres à une distance de 2^m,40 du premier miroir; trouver la distance focale du miroir convexe.

CHAPITRE LXX

REFRACTION

886. Réfraction. — Quand un faisceau lumineux se présente obliquement à la surface de séparation de deux milieux de densité différente mais transparents tous deux, il se divise en deux parties : l'une qui se réfléchit suivant les lois ordinaires de la réflexion, l'autre qui pénètre dans le second milieu mais en changeant sa direction primitive; c'est ce changement de direction des rayons lumineux passant d'un milieu dans un autre que l'on nomme la *réfraction de la lumière*.

Tantôt le rayon dévié de sa première direction se rapproche de la normale menée à la surface de séparation au point d'incidence : le second milieu est dit alors *plus réfringent* que le premier, tantôt au contraire le rayon dévié se coude en s'écartant de la normale; le second milieu est dit *moins réfringent*. Les solides et les liquides sont plus réfringents que les gaz; le verre l'est plus que l'eau, le sulfure de carbone plus que le verre, le diamant plus que le sulfure de carbone.

La figure 383 montre le phénomène de réfraction tel qu'il se manifeste au passage de la lumière solaire de l'air dans l'eau; on voit très bien le brisement qui se produit à la surface du liquide et la marche nouvelle que prend le rayon dans l'eau.

Comme dans le cas de la réflexion, on appelle *angle d'incidence* l'angle formé par le rayon incident et la normale au point d'incidence; *plan d'incidence*, le plan qui contient le rayon incident et la normale. L'*angle de réfraction* est celui que forme avec la même normale le rayon dans la seconde partie de sa marche.

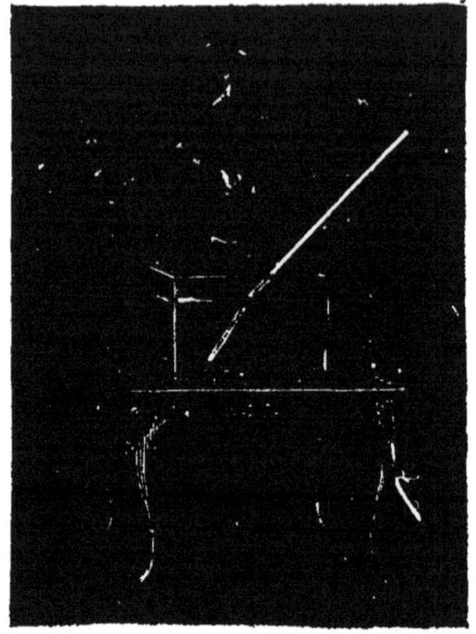

Fig. 383.

887. Lois de la réfraction. — Les phénomènes de réfraction sont soumis aux deux lois suivantes formulées par Descartes :

1° *Le rayon réfracté est dans le plan d'incidence.*

2° *Pour deux mêmes milieux, il existe un rapport constant entre le sinus de l'angle d'incidence et le sinus de l'angle de réfraction*, quelle que soit la valeur de l'angle d'incidence.

Ce rapport constant a reçu le nom *d'indice de réfraction.*

Expliquons d'abord la signification exacte de ces deux lois, en prenant comme exemple le passage de la lumière de l'air dans l'eau.

Du point I comme centre avec un rayon égal à l'unité décrivons une circonférence (fig. 384) et supposons que la surface de sé-

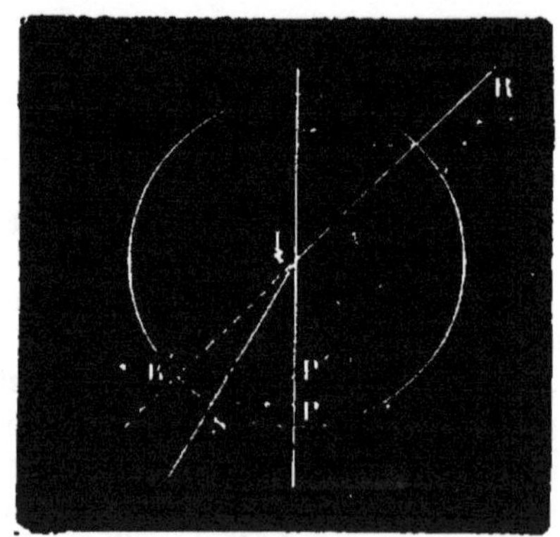

Fig. 384.

paration des deux milieux l'air et l'eau est figurée par le diamètre horizontal. Soit RI le faisceau incident, IP la normale le plan d'incidence le plan de la figure. Le faisceau réfracté IS n'est pas dans le prolongement de RI, il est plus près de la normale. La première loi signifie que le rayon réfracté IS est toujours dans le plan déterminé par les lignes RI et IP. La seconde loi veut dire que quelle que soit la valeur de l'angle que RI fait avec la normale au point d'incidence, il existe toujours le même rapport entre les lignes P'R' et PS qui mesurent les sinus de ces angles. Pour l'air et l'eau ce rapport constant est $\frac{4}{3}$.

858. Vérification expérimentale. — Pour vérifier les lois de la réfraction on emploie le cercle vertical de Silbermann auquel on adapte au milieu une auge cylindrique limitée par deux plans de verre et placée de manière que l'axe du cylindre soit perpendiculaire au plan du cercle et passe par son centre. On verse de l'eau dans cette cuvette jusqu'au centre du cercle. Au moyen d'une alidade munie d'un miroir (fig. 385), on fait arriver un faisceau de lumière qui vient toucher à la surface de l'eau, au centre même du cercle. On voit le faisceau se briser et se rapprocher de la normale en pénétrant dans le liquide; il y suit un

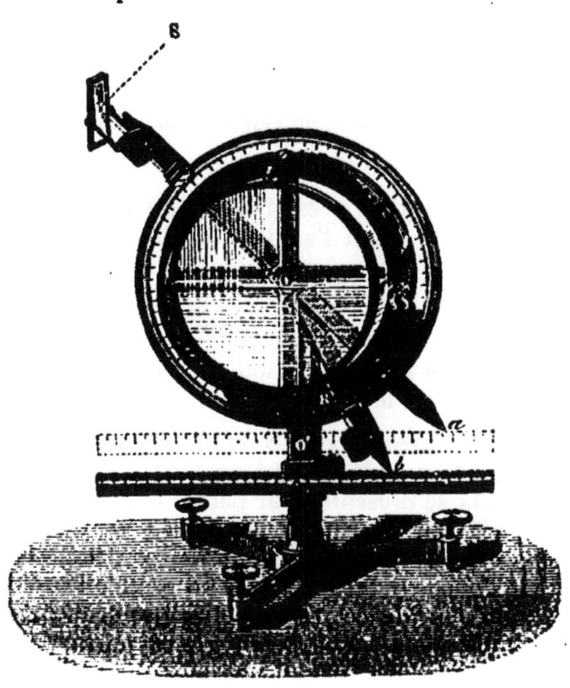

Fig. 385.

des rayons du cercle, arrive normalement à la surface de l'auge et sort sans nouvelle déviation. On le reçoit dans une seconde alidade *b*.

On remarque que le rayon réfracté se trouve dans le plan d'incidence qui est parallèle au cercle gradué et qui passe par l'axe de la première alidade, car sans cela le rayon ne suivrait pas l'axe de la seconde alidade; la première loi est donc vérifiée.

Pour vérifier la seconde, il faut mesurer le sinus de l'angle d'incidence et le sinus de l'angle de réfraction, tracés tous deux dans le même cercle ou dans des cercles de même rayon. On monte la règle horizontale graduée jusqu'à la pointe *a* et on lit le chiffre correspondant qui donne la valeur du sinus dans un cercle de rayon Oa, c'est *le sinus de l'angle d'incidence*. On ramène la règle horizontale de manière à la faire coïncider avec la pointe *b*; on lit *le sinus de l'angle de réfraction* dans un cercle de rayon Ob égal au rayon Oa; on trouve ensuite le rapport des deux sinus. On répète une deuxième expérience en changeant la première alidade, c'est-à-dire en faisant varier l'angle d'incidence; il faut aussi faire varier la seconde alidade qui reçoit le nouveau rayon réfracté. On mesure les deux nouveaux sinus et on constate entre eux le même rapport que précédemment.

559. Indice de réfraction. — *L'indice de réfraction de l'eau par rapport à l'air* est la valeur du rapport constant du sinus de l'angle d'incidence au sinus de l'angle de réfraction pour le passage d'un rayon de l'air dans l'eau. L'expérience apprend que ce rapport est $\frac{4}{3}$.

On appelle de même *indice du verre par rapport à l'air* la valeur du rapport du sinus d'incidence au sinus de réfraction pour le passage d'un rayon de l'air dans le verre; l'expérience lui donne la valeur $\frac{3}{2}$.

En général, si *n* est l'indice du second milieu par rapport au premier, que *i* soit l'angle d'incidence, *r* l'angle de réfraction, on écrit :

$$\frac{\text{Sin } i}{\text{Sin } r} = n.$$

Quand *n* est plus grand que l'unité le second milieu est plus réfringent que le premier.

560. Passage de la lumière d'un milieu dans un autre milieu plus réfringent. — Quand un rayon lumineux se présente pour passer d'un milieu dans un autre milieu plus réfringent, il peut toujours y pénétrer, quel que soit l'angle d'incidence. Il fait toujours un angle de réfraction plus petit que l'angle d'incidence. Mais le plus grand angle d'incidence que puisse faire un rayon c'est 90°; alors le rayon rase la surface de séparation des deux milieux; l'angle de réfraction qui y correspond est le plus grand possible; pour le passage de l'air dans l'eau la valeur de ce dernier angle est de 48°. On en conclut donc que tous les rayons lumineux qui convergent vers un point I (fig. 384) pour pénétrer dans l'eau forment dans ce liquide un cône dont l'angle au sommet est de 48°.

561. Passage de la lumière d'un milieu dans un milieu moins réfringent. — Angle limite. — Réflexion totale. — Considérons le cas inverse du précédent, c'est-à-dire celui où des rayons lumineux se présentent pour passer d'un milieu dans un autre milieu moins réfringent, comme par exemple de l'eau ou du verre dans l'air.

Soit un point lumineux O situé dans l'eau et envoyant des rayons vers la surface du liquide (fig. 386). Le rayon normal à la surface sort sans déviation et son intensité lumineuse reste sensiblement égale à celle du rayon incident. Un second rayon qui fait avec la normale, au point où il arrive, un angle d'incidence assez petit, sort

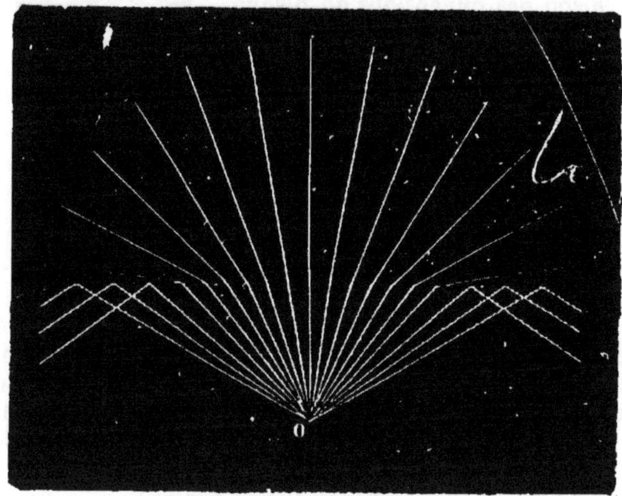

Fig. 386

en s'écartant de cette normale; il en est de même d'un troisième, d'un quatrième rayon qui se présentent de plus en plus obliquement à la surface. Mais l'angle de sortie dans le milieu le moins dense augmente et il arrive un moment où il atteint la valeur 90° qu'il ne peut dépasser. Le rayon venu du point O qui sort en rasant la surface de séparation des deux milieux est le dernier qui puisse sortir; il fait avec la normale le plus grand angle qui puisse permettre le passage dans le milieu le moins réfringent; cet angle a reçu le nom d'*angle limite*.

Que deviennent les rayons qui arrivent à la surface de séparation du milieu plus obliquement que le précédent? Ils ne peuvent sortir; ils se *réfléchissent* suivant les lois ordinaires de la réflexion, comme si le plan de séparation des deux milieux était un miroir. On dit qu'ils subissent la *réflexion totale* et voici pourquoi.

Lorsqu'un rayon quitte l'eau pour passer dans l'air il se divise en deux parties, l'une qui est réfléchie, l'autre qui est réfractée, et sa lumière est partagée entre les deux directions différentes qu'il prend.

Mais au moment où il fait un angle plus grand que l'angle limite, où il ne peut plus sortir, il n'y a plus de portion réfractée; le rayon n'a plus qu'une seule direction et toute la lumière doit se trouver sur cette direction unique.

On réalise le phénomène de la réflexion totale par plusieurs expériences; en voici une. On met de l'eau dans un vase de verre;

on fait flotter sur cette eau un disque circulaire de liège d'environ 4 centimètres de diamètre au-dessous duquel on a planté un épingle de 2 à 3 centimètres de longueur (fig. 387).

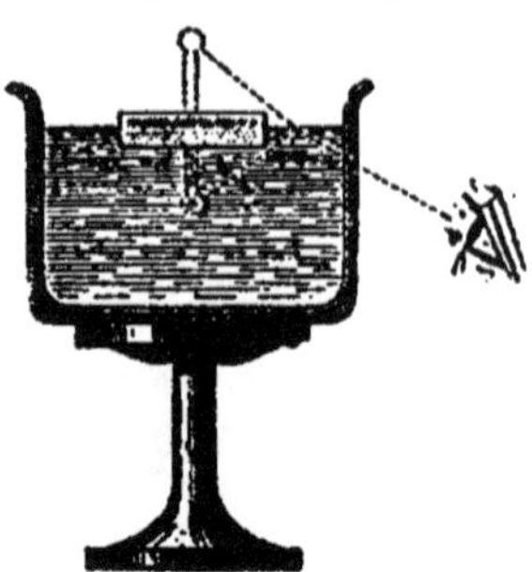

Fig. 387.

On constate que quel que soit le point où l'on place l'œil au-dessus de la surface de l'eau on ne peut apercevoir l'épingle; en effet, en raison des dimensions du disque et de l'épingle, tout rayon lumineux émis par celle-ci et venant rencontrer la surface de l'eau en dehors du disque fait avec la normale au point d'incidence un angle plus grand que l'angle limite qui est pour l'eau de 48°; il éprouve par suite la réflexion totale. Mais si l'on place l'œil contre le bord du vase de manière à recevoir les rayons réfléchis par la surface du liquide; on aperçoit au-dessus du disque une image de l'épingle.

Un autre expérience plus simple est la suivante : on prend un verre d'eau et une bougie allumée et on tient le verre un peu au-dessus de l'œil de manière qu'en regardant dans la direction de la surface du liquide on aperçoive une image de la bougie produite par la réflexion des rayons lumineux à la surface de séparation de l'eau et de l'air. On ne tarde pas à trouver après quelques tâtonnements la position pour laquelle le phénomène se produit.

L'application du langage algébrique aux phénomènes de réfraction simplifie beaucoup leur exposé.

On écrit : $\qquad \sin i = n \sin r.$

On sait que i peut varier de 0 à 90°.

Pour $i = 0$ $\qquad \sin i = 0 \qquad \sin r = 0.$

Le rayon arrive normalement et pénètre dans le milieu sans déviation.

Pour toute valeur de i comprise entre 0 et 90°, il y a une valeur de r plus petite que celle de i.

Pour $i = 90$ $\qquad \sin i = 1.$

D'où $\qquad 1 = n \sin r \quad \text{et} \quad \sin r = \dfrac{1}{n}.$

La plus grande valeur de l'angle de réfraction est donc celle pour laquelle le sinus est l'*inverse de l'indice de réfraction*.

Quand on connaît n pour l'eau et pour le verre, on trouve par le calcul la valeur de l'angle limite r.

Quand la lumière passe de l'air dans l'eau, l'indice est $n = \dfrac{4}{3}$. Si elle passe de l'eau dans l'air, l'indice est l'inverse du précédent ou $\dfrac{1}{n} = \dfrac{3}{4}$. Si donc un rayon passant de l'eau dans l'air fait un angle d'incidence i', il fera un angle de réfraction plus grand que l'angle d'incidence, puisque l'indice $\dfrac{1}{n}$ est plus petit que l'unité.

La plus grande valeur de l'angle de sortie du milieu le plus dense est 90°, auquel cas le rayon sortant rasera la surface. La valeur correspondante de l'angle d'incidence du rayon dans le milieu le plus dense est donc ·

$$\sin i' = \frac{1}{n} \sin r'$$

$$\text{pour } r' = 90 \quad \text{ou} \quad \sin r' = 1.$$

On a
$$\sin i' = \frac{1}{n}.$$

C'est la valeur trouvée pour le plus grand angle de réfraction, c'est l'*angle limite*.

562. Différents phénomènes de réfraction. — La déviation qu'éprouve la lumière en changeant de milieu permet d'expliquer un certain nombre de faits naturels qui au premier abord étonnent par leur singularité. Nous en citerons quelques-uns.

Déplacement apparent des objets vus dans l'eau. — Lorsqu'on regarde au-dessus de la surface d'une eau tranquille et que l'on reçoit des rayons lumineux émis par des points plongés dans l'eau, on voit ces points, non pas à leur place réelle, mais dans une position plus voisine de la surface du liquide.

Que l'on mette sur le fond d'un vase à parois opaques une pièce de monnaie, puis qu'on se retire jusqu'en un point C où l'on cesse d'apercevoir la pièce et qu'on fasse verser de l'eau dans le vase, la pièce redeviendra visible pour l'observateur qui ne l'apercevait plus. Voici ce qui se produit. Un rayon lumineux AB (fig. 388), venu de la pièce quand il y a de l'eau dans le vase, subit à sa sortie du liquide une déviation qui l'éloigne de la

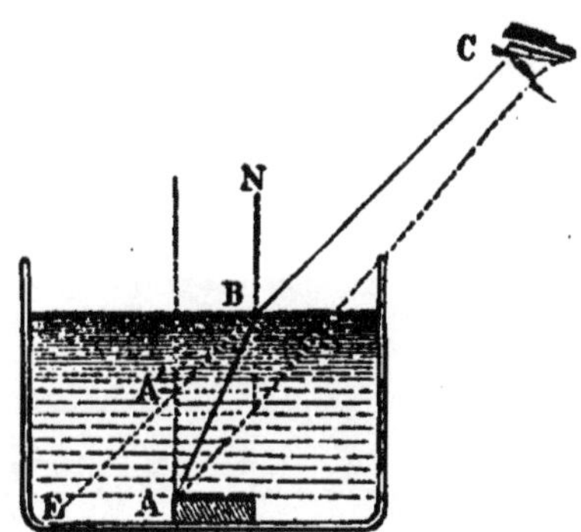

Fig. 388.

normale; l'œil qui le reçoit rapporte au point A', sur la direction CB, l'existence du point A. Le point A' et le fond qui le supporte ont donc été apparemment rapprochés de la surface du liquide. Et le rayon lumineux qui les fait voir va passer en E en avant de la position réelle de l'objet.

Bâton plongé dans l'eau. — On explique d'une manière analogue comment un bâton que l'on plonge obliquement dans l'eau paraît brisé à son entrée dans le liquide et relevé dans la partie immergée. Un rayon AD subit à sa sortie du liquide une déviation (fig. 389); l'œil qui le reçoit rapporte la position du point A en A'; comme le point B n'a pas changé d'aspect, le bâton apparaît sous la forme CBA', tandis qu'il est réellement dans la position CBA.

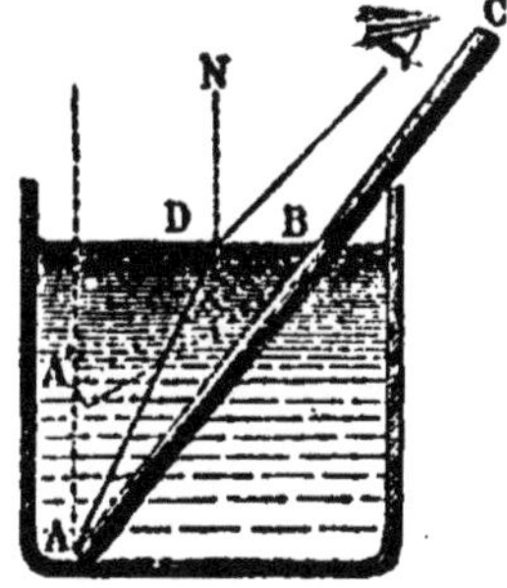

Fig. 389.

Réfraction atmosphérique. — Les rayons émis par les astres traversent l'atmosphère qui environne la terre; ils rencontrent des couches d'air dont la densité va en croissant; ils éprouvent par suite une série de réfractions qui ont toutes pour objet de les rapprocher de la normale. Aussi les rayons qui nous parviennent et qui nous rendent l'astre visible quand il avoisine l'horizon ne nous le montrent pas au point exact de l'espace où il se trouve réellement. C'est ainsi que nous voyons le soleil avant que son disque ne soit en entier au-dessus de l'horizon et qu'il est encore visible un instant après qu'il a dépassé réellement l'horizontale du lieu de l'observation.

La même cause rend compte de l'aplatissement apparent du soleil ou de la lune à leur lever ou à leur coucher; en effet, la réfraction ne modifie pas sensiblement le diamètre horizontal, tandis qu'elle relève plus la moitié inférieure du disque que sa moitié supérieure; l'astre peut ainsi apparaître moins haut que large.

Mirage. — Le mirage est une apparence trompeuse qui fait apparaître les objets lointains renversés comme s'ils étaient réfléchis par une nappe d'eau placée devant eux : c'est une illusion qui disparaît à mesure qu'on s'avance vers le lieu qu'elle semblait occuper. Ce phénomène se produit dans une plaine sablonneuse quand le sol est fortement chauffé par le soleil et que l'air est très calme; il cesse aussitôt que l'air est agité. Monge l'avait observé pendant l'expédition d'Égypte; voici l'explication qu'il en a donnée.

Fig. 390

Quand le sol est fortement échauffé par les rayons solaires, la couche d'air en contact avec lui est à une assez forte température. Si l'air est très calme, cette couche échauffe lentement les couches qui sont au-dessus d'elle, et il s'établit dans les couches gazeuses un ordre de densité inverse de celui qui résulte d'un équilibre normal; la densité des couches d'air va en croissant à mesure qu'on s'élève pendant cet équilibre instable. Il en résulte que les rayons lumineux émanés des objets terrestres, arbres ou autres placés à distance, traversent en descendant des couches de moins en moins denses; ils s'éloignent de la normale à l'incidence (fig. 390); il arrive un moment où l'angle qu'ils forment avec la normale à la couche sur laquelle ils tombent est plus grand que l'angle limite. A partir de ce moment, les faisceaux lumineux se réfléchissent totalement, et s'ils arrivent à l'œil d'un observateur, celui-ci croit voir comme dans un miroir, c'est-à-dire renversés, les objets dont il reçoit de la lumière.

Le phénomène du mirage est fréquent dans les déserts de sable des contrées tropicales; il se produit aussi parfois en mer. On peut même le constater par rapport à un plan vertical en se plaçant dans une direction rasante le long d'un mur fortement échauffé par le soleil; on voit l'image latérale des objets voisins du mur comme s'il existait contre celui-ci un miroir.

863. Construction du rayon réfracté. — Lorsqu'on connaît l'indice de réfraction n de deux milieux, on peut construire le rayon réfracté qui correspond à un rayon incident quelconque. Soit SI (fig. 391) un rayon incident, MQ la surface de séparation des deux milieux, IN la normale au point d'incidence. Du point I comme centre on décrit un demi-cercle dans le plan d'incidence qui est ici celui de la figure, avec un rayon IP égal à l'unité et un autre demi-cercle avec un rayon IA égal à n. On prolonge SI jusqu'en B; on mène en ce point B la tangente BM; puis du point M on mène la tangente MT au cercle intérieur. Il suffit de joindre IT pour avoir le rayon réfracté cherché.

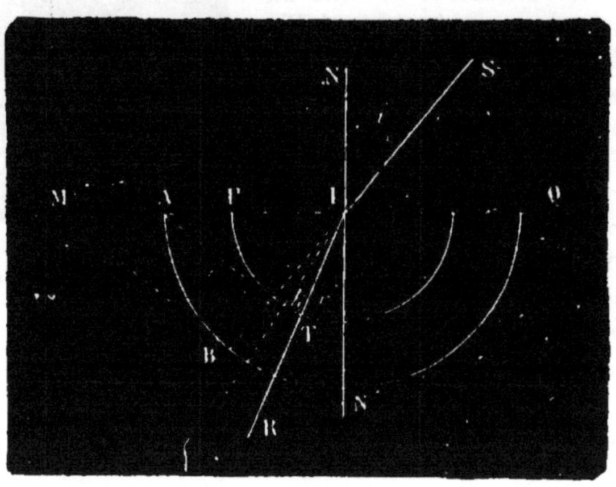

Fig. 391.

En effet, les angles BMI et i sont égaux comme ayant leurs côtés perpendiculaires; il en est de même de TMI et de RIN' (ce dernier est l'angle r de réfraction).

Or dans les triangles rectangles BMI et TMI on peut écrire :

$$\sin BMI \quad ou \quad \sin i = \frac{IB}{IM}$$

$$\sin TMI \quad ou \quad \sin r = \frac{IT}{IM}.$$

D'où
$$\frac{\sin i}{\sin r} = \frac{IB}{IT}$$

Mais
$$\frac{IB}{IT} = n.$$

Donc
$$\frac{\sin i}{\sin r} = n,$$

qui montre que IT est bien le rayon réfracté correspondant à SI.

Cette même construction permet de trouver l'*angle limite* de réfraction. Si en effet $i = 90$, le point M est venu en A, si donc on mène de A la tangente A*t* au cercle intérieur, en joignant I*k* on aura en *k*IN' l'angle limite cherché.

II. — RÉFRACTION DANS LES MILIEUX LIMITÉS. — PRISME

564. Lame transparente à faces parallèles. — Quand un rayon lumineux tombe sur une lame transparente à faces parallèles et que les deux faces de cette lame sont en contact avec le même milieu comme l'air, *le rayon sort parallèlement à sa direction primitive.*

Soit un rayon SI tombant sur une lame de verre à faces planes et parallèles (fig. 392), il y pénètre suivant II' et il sort en I'S'. On peut considérer comme un principe évident, vérifié dans tous les cas par l'expérience, que la lumière partant de S' pour aller en S suivrait la marche inverse de celle qu'elle a suivie et prendrait exactement le même chemin. Si donc nous appelons i' l'angle S'I'N' et r' l'angle P'I'I, nous pourrons écrire

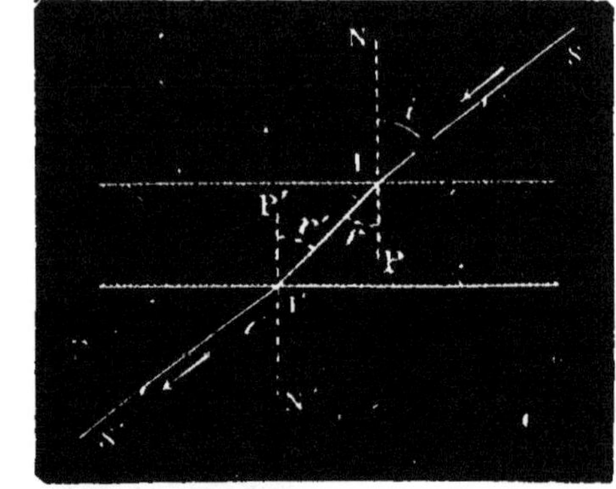

Fig. 392.

$$\frac{\sin i'}{\sin r'} = n$$

comme nous écrivons

$$\frac{\sin i}{\sin r} = n$$

il en résulte que

$$\frac{\sin i'}{\sin r'} = \frac{\sin i}{\sin r}.$$

Mais dans la figure les angles r et r' sont égaux comme alternes-internes, leurs sinus sont aussi égaux ; donc

$$\sin i' = \sin i$$

et finalement

$$i' = i.$$

Or, si les angles i et i' sont égaux, le rayon sortant I'S' est parallèle au rayon entrant SI.

Ainsi, dans le cas d'une lame transparente à faces parallèles, le rayon émergent n'est sur le prolongement du rayon incident que quand celui-ci est normal; toutes les fois que le rayon incident est oblique, le rayon émergent lui est parallèle. Si la lame est très épaisse on peut constater le déplacement latéral du rayon lumineux; mais si la lame est de faible épaisseur, le rayon sortant paraît prolonger le rayon entrant.

565. Miroirs étamés. — Un miroir étamé présente en réalité deux surfaces réfléchissantes, sa surface antérieure d'abord, puis le tain appliqué contre sa surface postérieure. Un rayon lumineux qui arrive obliquement à la surface antérieure se partage en deux parties, l'une qui est réfléchie, l'autre qui se réfracte, pénètre dans la glace, se réfléchit sur le tain, revient vers la surface antérieure pour s'y partager encore en deux portions inégales dont l'une sort et l'autre se réfléchit de nouveau. La figure 393 qui représente la coupe d'une glace étamée par un plan passant par un point lumineux montre ces multiples réflexions et réfractions.

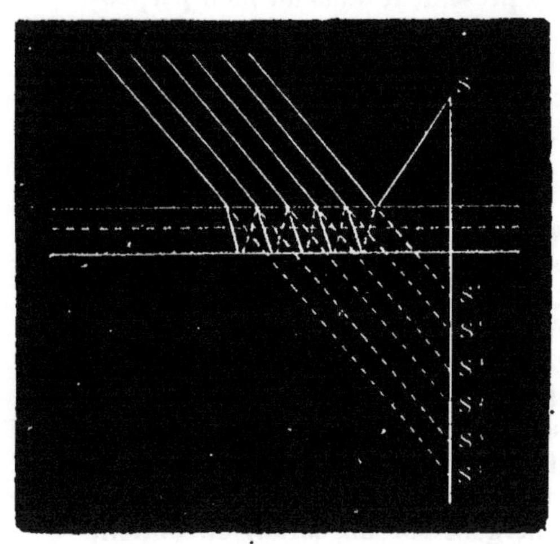

Fig. 393.

Si l'œil reçoit les rayons sortant obliquement il voit plusieurs images dont la première est peu éclairée, la seconde la plus visible et les autres de moins en moins éclairées. Pour faire l'expérience, on pose une bougie devant une glace d'appartement et assez près d'un bord; puis on se place près de l'autre bord de la glace; on aperçoit alors quatre ou cinq images voisines les unes des autres et dont la seconde est la plus éclairée.

Quand on regarde dans la glace dans une direction presque normale, on n'aperçoit qu'une image; elle est donnée par la face postérieure de la glace; et pour un objet posé sur la glace, cette image est à une distance double de l'épaisseur de la feuille de verre qui forme le miroir.

566. Prisme. — Les deux surfaces planes qui limitent un milieu transparent ne sont pas toujours parallèles; elles peuvent aussi être inclinées l'une sur l'autre. On désigne, en optique, sous le nom de **prisme** un milieu transparent limité par deux faces planes qui font entre elles un certain angle. Cet angle dièdre est appelé l'*angle réfringent* du prisme; la *base* est la région opposée à cet angle.

Dans les prismes de verre qui servent aux expériences (fig. 394), la base est un plan parallèle à l'arête: la masse de verre présente la forme du solide désigné en géométrie sous le nom de prisme

triangulaire. On monte le prisme sur un axe parallèle à l'arête e
disposé de manière à ce qu'on puisse faire tourner l'appareil autou
de cet axe et même donner à l'axe
une inclinaison quelconque. On dispose toujours le prisme de manière
que les rayons qu'on y fait tomber
s'y présentent dans un plan perpendiculaire à l'arête, autrement dit,
dans une *section principale;* et c'est
cette section que l'on représente habituellement dans les figures.

**567. Action du prisme
sur un faisceau lumi-
neux.** — Quand on laisse pénétrer dans une chambre noire un
faisceau de lumière, et qu'on fait
tomber ce faisceau sur un prisme
dans une section principale, on observe que les rayons qui émergent
du prisme sont *déviés* vers la base;
en outre si l'on reçoit le faisceau
émergent sur un écran, on obtient
une image *allongée* de la fente lumineuse et cette image est *colorée* des

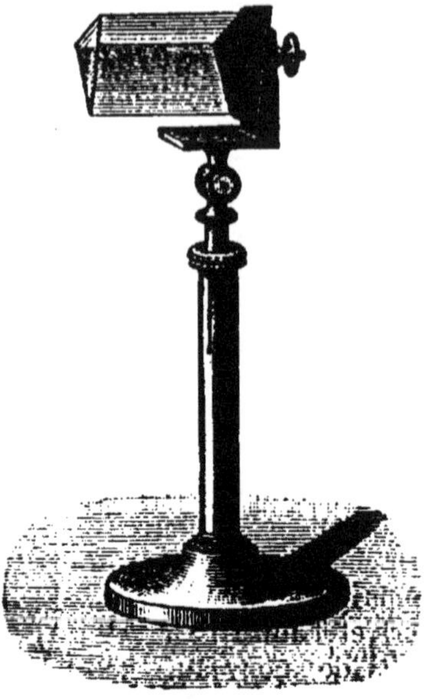

Fig. 394.

sept couleurs que l'on connaît à l'arc-en-ciel. Enfin si au lieu de recevoir un faisceau lumineux sur un prisme on place celui-ci entre un
objet lumineux et l'œil, on voit l'image de l'objet beaucoup relevée
vers l'arête du prisme.

Ainsi le prisme a deux principaux effets sur un faisceau de
lumière : il le *dévie* en le rapprochant de sa base; il le *disperse* en
le colorant; et comme
conséquence de la dé-
viation il fait voir les
objets relevés.

Nous laisserons le
phénomène de la dis-
persion pour un cha-
pitre ultérieur et nous
ne traiterons d'abord
que de la *déviation.*

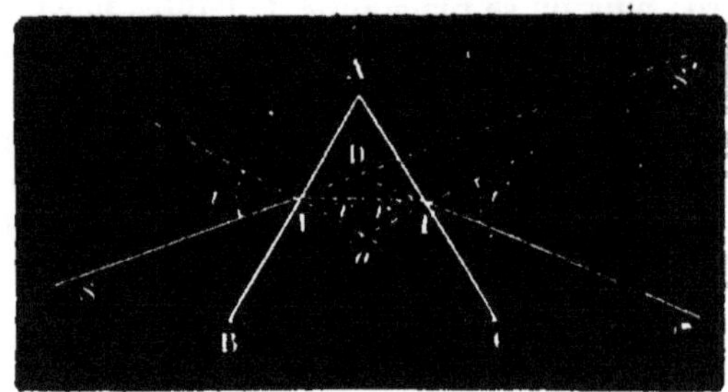

Fig. 395.

**568. Dévia-
tion produite par le prisme.** — Représentons par ABC
une section principale du prisme, c'est-à-dire un plan perpendiculaire
à son arête. Soit SI un rayon incident contenu dans ce plan (fig. 395);
menons la normale NI, l'angle d'incidence est i. Au lieu de continuer sa marche, le rayon va se rapprocher de la normale et faire un

angle *r*. Il arrive en I' en faisant avec la normale N'I' un angle *r'*; il subit encore une déviation en sortant; il fait un angle *i'* et prend la direction définitive I'R.

Si l'on veut savoir quel angle fait le rayon entrant dans le prisme avec le rayon sortant, on prolonge SI et I'R jusqu'à leur rencontre. L'angle *d* de ces deux lignes porte le nom d'*angle de déviation*.

On voit par cette construction que le faisceau lumineux subit deux réfractions dans le prisme, une à l'entrée et une à la sortie, et qu'il est finalement rapproché de la base.

Variation de la déviation. — Pour exprimer la déviation à l'aide des éléments du prisme, considérons le triangle DII'; l'angle de déviation est extérieur à ce triangle; il est égal à la somme des deux autres, donc :

$$\text{angle } d = \text{DII'} + \text{DI'I}.$$

Mais

$$\text{DII'} = i - r \quad \text{et} \quad \text{DI'I} = i' - r'.$$

D'où

$$d = i - r + i' - r' = i + i' - (r + r').$$

Mais si l'on considère le triangle IOI' formé par la ligne II' et les deux normales, et d'autre part le quadrilatère IAI'O, on peut écrire :

$$r + r' + 0 = 2 \text{ droits},$$

$$A + 0 = 2 \text{ droits}.$$

On en tire :

$$r + r' = A.$$

Et la déviation prend la forme

$$d = i + i' - A.$$

Le calcul montre que la déviation est susceptible d'un minimum et que ce minimum a lieu quand $i = i'$, c'est-à-dire quand l'angle incident et l'angle émergent sont égaux.

L'expérience prouve aussi que la déviation a un minimum. Pour le montrer, on reçoit dans une chambre noire un faisceau de lumière horizontal qui va marquer sa trace sur un écran. On pose l'arête du prisme dans une partie du faisceau; on voit alors à côté de la première trace lumineuse la trace du faisceau dévié. On tourne le prisme autour de son axe et l'on voit le faisceau dévié par le prisme s'approcher, puis s'éloigner du faisceau primitif; mais il y a une position en deçà de laquelle il ne va pas, quelle que soit la position du prisme. L'angle de déviation est visible, car les deux faisceaux éclairent les poussières de l'air; et la position où il est minimum se trouve très facilement. Lorsqu'on y a mis le prisme, on peut s'assurer que l'angle d'incidence et l'angle d'émergence sont égaux.

Mesure de l'indice à l'aide de la déviation minimum. — Quand on connaît la déviation minimum pour un prisme donné, on peut trouver l'indice de réfraction de la substance du prisme; il suffit d'avoir cherché l'angle de ce prisme.

En effet, pour le minimum de déviation, puisque

$$i = i',$$

on a aussi

$$r = r'$$

et

$$d = 2i - A \qquad A = 2r.$$

Si l'on écrit

$$n = \frac{\sin i}{\sin r}$$

et qu'on remplace

$$i \text{ par } \frac{d + A}{2} \qquad \text{et} \qquad r \text{ par } \frac{A}{2},$$

il vient :

$$n = \frac{\sin \dfrac{d + A}{2}}{\sin \dfrac{A}{2}}$$

expression qu'il reste à calculer

869. Influence de la nature du prisme et de son angle réfringent. — D'après la marche de la lumière dans le prisme, il est évident que la déviation doit dépendre de la nature de la substance dont est formé le prisme et aussi de la grandeur de l'angle réfringent du prisme.

Pour montrer l'influence de la nature du prisme, on prend plusieurs petits prismes d'égale section formés de verres différents et collés les uns aux autres, de manière que leurs arêtes soient en prolongement. On fait tomber un faisceau de rayons parallèles provenant d'une fente lumineuse qui rencontre à la fois tous les prismes. Les rayons sont séparés à leur sortie; ils sont tous rejetés vers la base de l'appareil, mais de quantités différentes; il y a autant de directions d'émergence que le *polyprisme* renferme de substances différentes.

Pour mettre en évidence l'influence de l'angle du prisme, on se sert du *prisme à angle variable*. C'est une auge formée de deux plaques métalliques fixes entre lesquelles peuvent se mouvoir autour de deux charnières, deux cadres fermés par des glaces de verre (fig. 396). Quand on verse de l'eau dans cette auge, le liquide représente un prisme dont l'arête serait déterminée par l'intersection des deux plans portant les glaces. On fait tomber un faisceau lumineux sur la première face et on incline peu à peu la seconde autour de sa charnière : on observe une déviation d'autant plus grande qu'on a incliné davantage l'une des faces mobiles, c'est-à-dire qu'on a donné au prisme un plus grand angle.

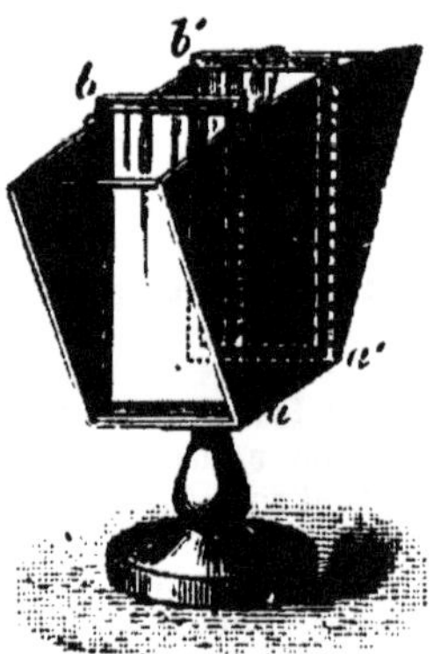

Fig. 396.

Cet appareil sert encore à montrer la différence entre l'action d'un milieu à faces parallèles et l'action d'un milieu à faces inclinées sur un faisceau de lumière. En effet, on peut mettre les deux glaces verticales et parallèles, et si l'on fait tomber sur l'auge pleine d'eau un faisceau de lumière normal à la première face, ce faisceau sort sans déviation et sans coloration; sa trace sur l'écran est égale à l'ouverture par laquelle le faisceau pénètre dans la chambre. Mais aussitôt qu'on incline l'une des deux faces et que l'appareil est devenu un prisme, on constate non seulement que le faisceau émergent est *devié* vers le haut, c'est-à-dire vers la base du prisme, mais encore qu'il est *étalé* ou *dispersé et coloré*.

570. Prisme à réflexion totale. — Quand on fait tomber sur un prisme de verre un rayon de lumière, il y pénètre toujours, quel que soit son angle d'incidence, puisque le verre est plus réfringent que l'air. Mais quand ce rayon se présente ensuite pour sortir dans l'air, c'est-à-dire dans un milieu *moins réfringent*, il ne peut pas toujours sortir. Pour que la sortie soit possible, il faut que l'angle d'incidence en ce point soit inférieur à *l'angle limite*. Cet angle limite est d'environ 41° pour le verre. Si l'angle d'incidence est plus grand que 41°, le rayon subit la réflexion totale.

On construit des prismes à *réflexion totale* dont la section est isocèle rectangle et qui jouent le rôle de véritables miroirs plans.

Soit ABC la section d'un prisme de ce genre. Un rayon qui tombe normalement sur une des faces pénètre sans déviation. Arrivé au point D (fig. 397) il fait avec la normale DN un angle

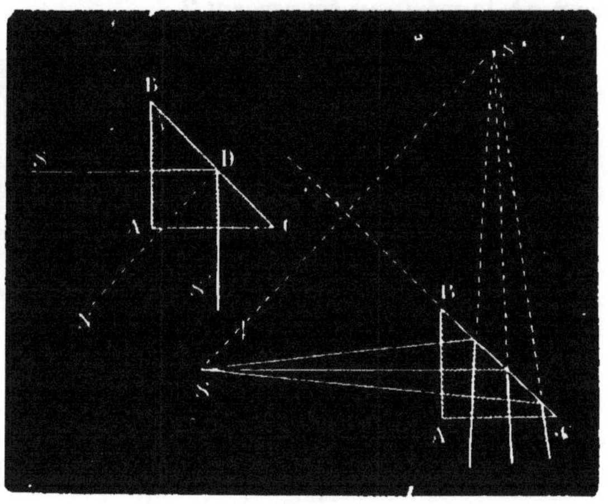

Fig. 397.

de 45°, par conséquent plus grand que l'angle limite ; il se réfléchit totalement en faisant un angle de 90° avec sa première direction, et il se présente normalement à la face AC et sort en DS'.

Ces prismes sont souvent employés lorsqu'un faisceau de rayons à peu près parallèles doit être réfléchi dans une direction perpendiculaire à sa direction primitive. On les préfère à un miroir plan qui produirait le même effet, parce que la surface d'un miroir s'altère à la longue et perd son pouvoir réflecteur.

Exercices.

149. On fait tomber sur la face antérieure d'un prisme dont l'angle réfringent est de 60° un rayon lumineux dont l'angle d'incidence est de 45° ; on demande sous quel angle il sortira du prisme et quelle sera la déviation. L'indice de réfraction est $\frac{3}{2}$.

150. Quel devrait être l'angle d'incidence pour que la déviation soit minimum, et quelle serait alors la valeur de cette déviation ?

151. On fait tomber un rayon de lumière sur un prisme dont l'angle réfringent est de 50°, dans la position de la déviation minimum ; l'angle d'incidence est de 30°, quel est l'indice de réfraction de la substance dont est formé le prisme ?

CHAPITRE LXXI

LENTILLES

571. Diverses sortes de lentilles. — Les lentilles sont des masses transparentes généralement en verre, limitées par deux surfaces sphériques ou par une surface sphérique et une surface plane. On les distingue en deux groupes :

1° Les *lentilles à bords minces*, plus épaisses au milieu qu'au bord et qu'on appelle aussi lentilles **convergentes** parce qu'elles augmentent la convergence des rayons qui les traversent. Il y en a trois variétés : la lentille *biconvexe* (fig. 398, 1), la lentille *plan convexe* 2, et le *ménisque convergent* 3.

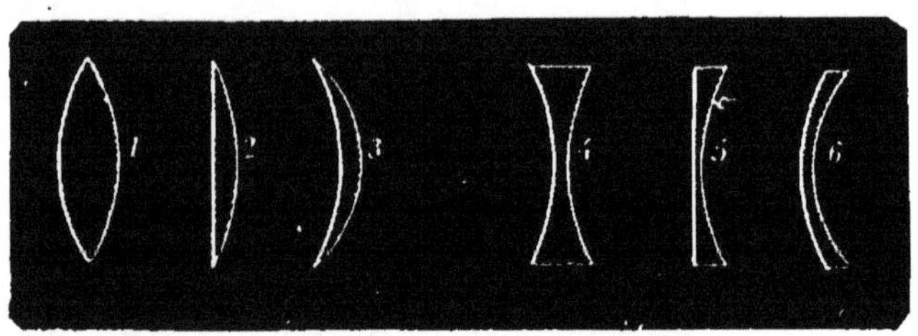

Fig. 398.

2° Les *lentilles à bords épais* dont l'épaisseur diminue des bords vers le milieu et qu'on appelle aussi lentilles **divergentes** parce qu'elles augmentent la divergence des rayons qui les traversent. Il y en a aussi trois variétés : la lentille *biconcave* 4 ; la lentille *plan-concave* 5, et le ménisque divergent 6.

Dans les unes et les autres l'*axe* est la ligne qui joint les centres des surfaces sphériques, ou si l'une des faces est plane, c'est la perpendiculaire abaissée du centre de la face sphérique sur la face plane.

Les trois premières lentilles ont des propriétés communes ; il en est de même des trois autres. Nous n'étudierons d'une part que la lentille biconvexe, comme type du premier groupe, et d'autre part que la lentille biconcave, comme type du second groupe.

Pour montrer que la première est *convergente* et la seconde *divergente*, on les expose toutes deux aux rayons solaires de manière que l'axe principal soit dirigé vers le soleil ; on voit dans la lentille biconvexe le faisceau de rayons parallèles se réunir derrière la lentille et former un cône à double nappe dont le sommet est en *f* sur l'axe (fig. 399). En ce point se trouvent rassemblées toute la lumière et toute la chaleur, si bien qu'un écran qui y est placé s'échauffe fortement et peut même prendre feu ; on donne le nom de *foyer principal* à ce point de concours des rayons qui tombent sur la lentille parallèlement à l'axe.

Avec la lentille biconcave, les rayons qui ont traversé la lentille s'écartent les uns des autres, ils divergent ; ils forment un cône, mais dont le sommet serait sur le prolongement des rayons émergents et en avant de la lentille.

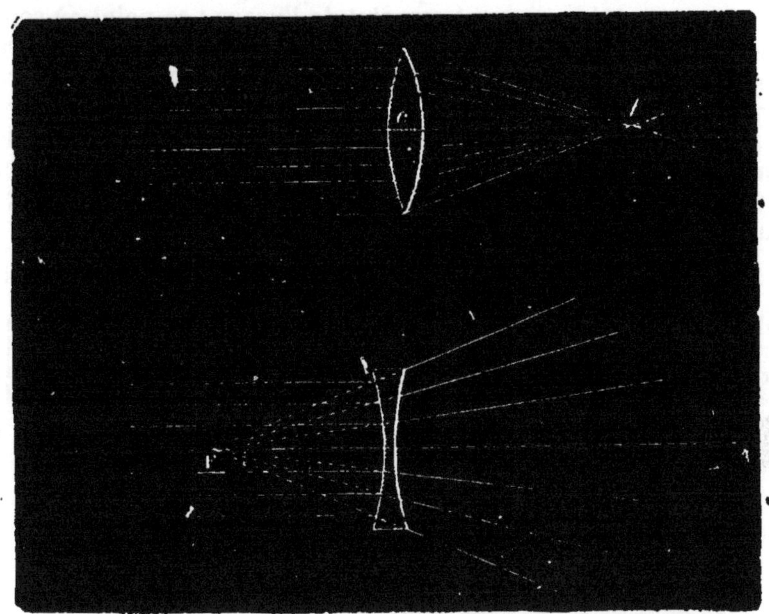

Fig. 399.

572. Lentille convergente. — Foyer principal. — Il est facile de montrer qu'un rayon parallèle à l'axe subit dans la lentille deux réfractions et qu'il va finalement rencontrer l'axe de l'autre côté de la lentille. Quand il pénètre par la première face, il se rapproche de la normale, et cette normale c'est le rayon de la sphère à laquelle cette face appartient ; donc déjà dans le verre le rayon se rapproche de l'axe. Quand il traverse la seconde face pour émerger dans l'air, il s'écarte de la normale qui est le rayon de la seconde sphère et il s'infléchit dans le même sens. Donc les rayons lumineux qui arrivent parallèles sur une lentille convergente perdent leur parallélisme en traversant la lentille et finalement vont tous couper l'axe.

Pour compléter cette explication, il resterait à montrer que tout rayon incident parallèle à l'axe principal vient après réfraction couper l'axe au même point F qui est le **foyer principal**, qu'en ce point se joignent tous les rayons qui sont tombés sur la lentille parallèlement à l'axe ; on peut se contenter dans un cours élémentaire d'avoir constaté ce résultat par l'expérience.

573. Foyers conjugués des divers points d'un objet. — Supposons qu'on place une bougie allumée sur l'axe principal d'une lentille convergente et assez loin de la lentille ; puis qu'on promène un écran de l'autre côté de la lentille, on trouve une position de l'écran pour laquelle il se fait une image renversée de la bougie. De tous les points de la bougie il est parti des rayons lumineux qui ont traversé la lentille ; ces rayons émanés d'un point lumineux se sont donc réunis après leur passage dans la lentille, ils se sont rassemblés en un même point de l'image : ce point où sont rassemblés les rayons émanés d'un point lumineux, c'est le *foyer conjugué* du point lumineux ; l'image de la bougie contient les foyers conjugués de tous les points qui ont fourni de la lumière. L'image de la bougie est renversée. Comme la grandeur et la position de l'image dépendent de la distance à laquelle est placé l'objet lui-même, il nous faut apprendre à les déterminer et indiquer le tracé de l'image d'un objet dans les principaux cas.

574. Foyer conjugué d'un point lumineux placé sur l'axe. — Soit un point lumineux P et un rayon PI arrivant sur la lentille ; on mène la normale IC' avec laquelle le rayon fait un angle d'incidence a ; on lui trace dans la lentille un angle de réfraction r plus petit que a puisqu'il passe de l'air dans le verre. Il arrive en E ; on mène la normale EC. Le rayon fait dans la lentille avec cette normale un angle r' et en sortant dans l'air un angle a' et il prend la direction EP' et coupe l'axe au point P' (fig. 400).

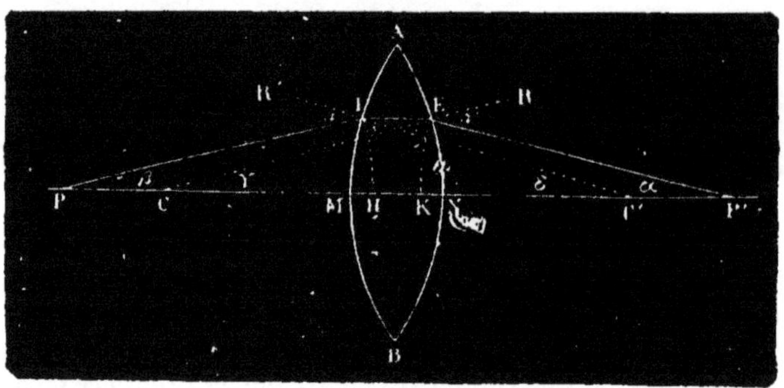

Fig. 400.

Cette marche est conforme aux lois de la réfraction et satisfait aux formules suivantes où n représente l'indice de réfraction de la lentille et d l'angle que fait le rayon entrant avec le rayon sortant

$$\sin a = n \sin r$$

$$\sin a' = n \sin r'$$

$$d = a + a' - (r + r').$$

Admettons que le rayon PI et tous les rayons émanés du point P et tombant sur la lentille ne s'éloignent pas beaucoup de l'axe principal ; alors leurs angles d'incidence et de réfraction sont de *petits angles* que l'on peut, sans erreur sensible, confondre avec leurs sinus et avec leurs tangentes.

Posons que $$a = nr \quad \text{ou} \quad r = \frac{a}{n}$$

et
$$a' = nr' \quad \text{ou} \quad r' = \frac{a'}{n}.$$

Considérons les triangles formés par les lignes PI , IC', CE , EP' avec l'axe PP'. Appelons β , γ , δ , α les angles en P , C , C' , P'.

Si nous remarquons que les angles a, a' et d sont extérieurs à ces triangles, nous pourrons écrire :

$$d = \alpha + \beta \qquad a = \beta + \delta \qquad a' = \gamma + \alpha.$$

Et au lieu de
$$d = a + a' - r - r',$$

nous écrirons .

$$\alpha + \beta = \beta + \delta + \gamma + \alpha - \frac{\beta + \delta}{n} - \frac{\gamma + \alpha}{n}.$$

En réduisant

$$\alpha + \gamma + \beta + \delta = n (\delta + \gamma)$$

$$\beta + \alpha = (n - 1)(\delta + \gamma).$$

Abaissons des points I et E des perpendiculaires sur l'axe. Supposons que la *lentille est très mince*, que par suite on peut négliger son épaisseur.

Appelons h la longueur commune des deux perpendiculaires abaissées de I et de E sur l'axe.
— p la distance de P à la lentille.
— p' — de P' —
— R le rayon CN.
— R' — C'M.

Si nous remplaçons chacun des petits angles de l'expression précédente par la valeur de sa tangente, nous aurons :

$$\frac{h}{p} + \frac{h}{p'} = (n - 1)\left(\frac{h}{R'} + \frac{h}{R}\right).$$

et en divisant par h

$$\frac{1}{p} + \frac{1}{p'} = (n - 1)\left(\frac{1}{R} + \frac{1}{R'}\right).$$

Si le point P était à l'infini, le rayon PI serait parallèle à l'axe ; $\frac{1}{p}$ serait égal à zéro, et la formule précédente deviendrait :

$$\frac{1}{p'} = (n - 1)\left(\frac{1}{R} + \frac{1}{R'}\right)$$

Mais dans ce cas le point P' serait au foyer principal et sa distance a la lentille serait la *distance focale* que l'on désigne habituellement par f. La formule deviendrait donc :

$$\frac{1}{f} = (n - 1)\left(\frac{1}{R} + \frac{1}{R'}\right).$$

Et la formule générale peut dès lors prendre la forme

$$\frac{1}{p} + \frac{1}{p'} = \frac{1}{f},$$

formule que nous avons déjà trouvée pour les miroirs concaves avec cette différence que f, la distance focale, y a une autre valeur.

Cette formule s'applique donc aux lentilles, mais à la condition de supposer : 1° que la lentille est très mince ; 2° que l'on ne considère que des rayons centraux, c'est-à-dire des rayons incidents qui font un petit angle avec l'axe.

Il n'y a rien dans l'expression de p' par rapport à p et à f qui tienne à l'incidence des rayons partis du point P ; donc tous les rayons émanés d'un point P situé sur l'axe et tombant sur une lentille, vont, après leur passage dans la lentille, se réunir sur l'axe en un seul point P′ qui est le *foyer conjugué* du point P, ou autrement dit son image.

Le *foyer principal*, point de rencontre des rayons parallèles à l'axe, ou encore image d'un corps lumineux très éloigné, ne dépend que de la forme de la lentille et de la substance dont elle est faite; il est défini par la relation :

$$\frac{1}{f} = (n-1)\left(\frac{1}{R} + \frac{1}{R'}\right)$$

où f désigne la distance focale principale.

Nous pourrions, comme pour les miroirs, discuter la formule qui lie le point lumineux et son foyer conjugué; nous reportons cette discussion à l'étude des rapports de position de l'image et de l'objet.

375. Centre optique. — Axes secondaires. — Il existe dans toute lentille un point appelé *centre optique* qui jouit de la propriété suivante : que tout rayon lumineux qui passe par ce centre optique, émerge parallèlement à son incidence; et si la lentille est de faible épaisseur, comme le sont presque toutes celles que l'on emploie, on peut dire que tout rayon qui passe par le centre optique sort de la lentille sans déviation.

Pour démontrer la propriété du centre optique, considérons la section d'une lentille biconvexe (fig. 401). Des centres de courbure O et O′, menons deux rayons parallèles OI et O′E; les éléments plans I et E des surfaces courbes sont parallèles, comme perpendiculaires à des lignes parallèles. Joignons IE; le point d'intersection C de cette ligne avec l'axe est un point fixe par lequel passeront toutes les droites qui joindront entre eux des éléments de surfaces parallèles de la lentille. En effet, dans les deux triangles semblables OIC et O′CE, on peut écrire :

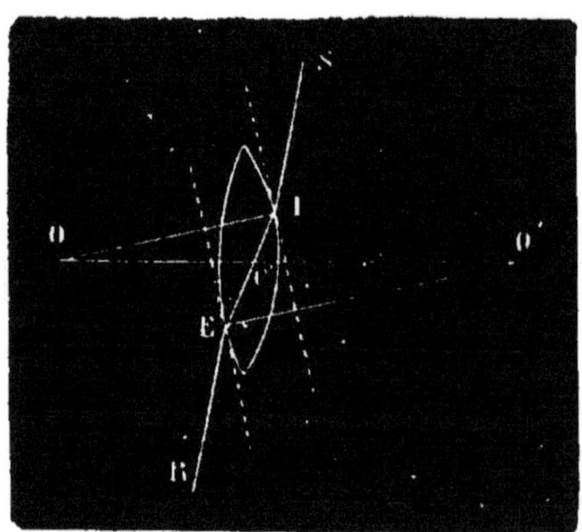

Fig. 401.

$$\frac{OC}{O'C} = \frac{OI}{O'E}$$

ou bien

$$\frac{OC}{OC + O'C} = \frac{OI}{OI + O'E}$$

mais OC + O′C c'est la distance des centres ou d; OI c'est le rayon R; O′E c'est le rayon R′.

On peut donc écrire :

$$\frac{OC}{d} = \frac{R}{R + R'}$$

ou

$$OC = \frac{dR}{R + R'} \cdot$$

OC est donc une quantité constante; et le point C est invariable de position, quel que soit le groupe de rayons de courbure parallèles que l'on puisse choisir. Le point C est le *centre optique* de la lentille.

Il résulte de cette démonstration que tout rayon incident tel que SI qui pénètre dans la lentille suivant IE en passant par le centre optique, sort en ER parallèlement à sa première direction, car il est dans les mêmes conditions que s'il avait traversé un milieu à faces parallèles.

Le centre optique est au milieu de la lentille quand les deux faces de celle-ci ont même rayon.

Le rayon incident qui passe par le centre optique d'une lentille de faible épaisseur est comme le rayon qui traverse obliquement une lame mince à faces parallèles, il émerge pour ainsi dire sur sa propre direction ; on peut donc admettre que tout rayon extérieur qui passe par le centre optique traverse la lentille sans éprouver de déviation. Un tel rayon prend le nom d'**axe secondaire ;** il a en effet des propriétés analogues à celles de l'axe principal : un point lumineux situé sur un axe secondaire donne un foyer conjugué qui est lui-même situé sur cet axe.

376. Construction de l'image d'un objet. — La propriété du centre optique et la connaissance de l'axe secondaire permettent de trouver l'image d'un point lumineux quelconque et par suite l'image d'un objet qui n'est en réalité qu'une série de points.

Soit AB un objet linéaire placé devant une lentille L (fig. 402). Menons l'axe secondaire AO en joignant A au centre optique ; le foyer conjugué de A est sur cette ligne ; pour trouver sa véritable position, du point A

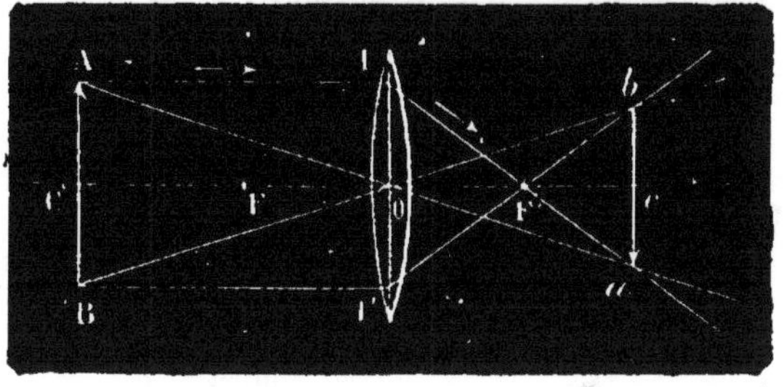

Fig. 402.

menons le rayon AI parallèle à l'axe principal, il va passer après sa réfraction en F' et détermine le point a image du point A. Faisons de même pour le point B : menons l'axe secondaire BO, puis le rayon parallèle à l'axe BIF' et nous trouvons b image de B, en joignant ab nous avons l'image de AB.

Cette construction s'applique dans tous les cas, n'importe où soit l'objet par rapport à la lentille.

377. Rapports entre l'objet et son image. — L'expérience montre qu'un objet très éloigné fait son image de l'autre côté de la lentille tout près du foyer, que cette image est très petite et renversée ; qu'à mesure que l'objet se rapproche de la lentille, l'image s'en éloigne et s'agrandit ; que si l'objet est en avant de la lentille au double de la distance focale, l'image est de l'autre côté aussi au double de la distance focale et qu'elle est égale à l'objet ; que si l'objet se rapproche du foyer l'image s'éloigne et devient plus grande que l'objet.

Le calcul permet de trouver pour tous les cas les rapports de position et de grandeur de l'image et de l'objet.

Convenons d'appeler F' le foyer de la lentille où passe le rayon parallèle à l'axe mené de l'extrémité de l'objet, et désignons :

Par l la distance de l'objet au foyer F.
 — l' —   de l'image au foyer F'.
 — f —   focale de la lentille.

Appelons C le milieu de l'objet AB et c le milieu de l'image ab
Les deux triangles semblables ACO et acO permettent d'écrire :

$$\frac{AC}{ac} = \frac{CO}{cO}.$$

Et les deux autres triangles semblables IOF' et F'ac,

$$\frac{IO}{ac} = \frac{OF'}{Fc};$$

mais $IO = AC$, donc

$$\frac{CO}{cO} = \frac{OF'}{F'c}$$

$$CO = l + f \qquad\qquad cO = l' + l$$
$$OF' = f \qquad\qquad F'c = l'.$$

En remplaçant, il vient :

$$\frac{l+f}{l'+f} = \frac{f}{l'}.$$

Et en effectuant et réduisant,

$$ll' = f^2,$$

formule analogue à celle des miroirs.

Des rapports $$\frac{IO \quad ou \quad AC}{ac} = \frac{OF'}{F'c},$$

on tire :

$$\frac{objet}{image} = \frac{f}{l'}.$$

Et en remplaçant l' par la valeur correspondante de l

$$\frac{objet}{image} = \frac{l}{f}.$$

D'où l'on tire :

$$image = objet \times \frac{f}{l}.$$

Rapports de grandeur. — Cette dernière formule permet d'énoncer le rapport de grandeur de l'image à l'objet pour toutes les positions de celui-ci.

1° *L'image est égale à l'objet* quand le rapport $\frac{f}{l} = 1$, c'est-à-dire quand $l = f$.

Dans ce cas l'objet doit être à une distance du foyer F égale à la distance focale, c'est-à-dire à une distance de la lentille égale au double de la distance focale. L'image doit être à une distance du foyer F' égale à f et à une distance de la lentille égale aussi au double de la distance focale. Il y a donc quatre fois la longueur focale entre l'image et l'objet.

2° *L'image est plus petite que l'objet* quand le rapport $\frac{f}{l}$ est < 1, c'est-à-dire quand l est plus grand que f.

Alors l'objet est à une distance de la lentille plus grande que le double de la distance focale.

3° *L'image est plus grande que l'objet* quand le rapport $\frac{l'}{l}$ est > 1, autrement dit quand *l* est plus petit que *f*.

Alors l'objet peut occuper deux groupes distincts de positions :

Ou bien il est entre le double de la distance focale et le foyer, au delà du foyer par conséquent, et *l* est plus petit que *f*; ou bien il est entre le foyer et la lentille.

La discussion des rapports de position, ou même la construction, nous montrera que dans le premier cas l'image est *réelle et renversée* et que dans le second elle est *droite, mais virtuelle*.

Rapports de position. — Ils sont réglés par la formule

$$ll' = f^2.$$

D'où l'on tire :

$$l' = \frac{f^2}{l}.$$

1° *L'objet est à l'infini* ou très loin de la lentille,

$$l = \infty \qquad l' = \frac{f^2}{\infty} = 0.$$

L'image est au foyer F' : c'est le cas de l'image du soleil.

2° *L'objet se rapproche de l'infini jusqu'au double de la distance focale,*

l diminue de grandeur jusqu'à devenir égal à *f*,
l' augmente depuis 0 jusqu'à *f*.

Par conséquent, pour toutes les positions de l'objet venant de l'infini et s'approchant de la lentille jusqu'au double de la distance focale, l'image va du foyer F' au double de la distance focale.

3° *L'objet est au double de la distance focale* en avant du foyer F,

$$l = f \qquad l' \text{ est aussi égal à } f.$$

L'image est au double de la distance focale au delà de la lentille.

4° *L'objet va en se rapprochant du foyer* F,

l diminue depuis *f* jusqu'à zéro,
l' augmente depuis *f* jusqu'à l'infini.

L'image va donc du double de la distance focale jusqu'à l'infini.

5° *L'objet est au foyer* F,

$$l = o \qquad l' = \infty.$$

L'image est à l'infini, autrement dit il n'y a plus d'image, les rayons envoyés par la lentille forment un faisceau de rayons parallèles.

6° *L'objet va du foyer* F *vers la lentille,*

l a changé de signe[1], il est plus petit que *f* et va de *o* à *f*,
l' qui a aussi changé de signe va de l'infini jusqu'à la valeur *f*.

Ainsi quand l'objet est à gauche de la lentille, entre la lentille et son foyer, l'image qui doit être à gauche du foyer F' et à une distance plus grande que *f* est donc du même côté de la lentille que l'objet. Elle ne peut plus être recueillie sur un écran; elle est *virtuelle*.

---

1. *l* distance de l'objet au foyer F peut être comptée en deux sens : positive à gauche de F et négative à droite.

l' qui représente la distance de l'image au foyer F' peut également être comptée en deux sens : positive à droite de F' et négative à gauche.

l et *l'* sont toujours ensemble du même signe puisque leur produit *f²* est un carré

Cas de l'image virtuelle. — Soit l'objet AB placé entre le foyer F et la lentille. Appliquons la construction déjà employée,

menons l'axe secondaire AO, puis le rayon AI parallèle à l'axe et qui passe en F'; ces deux rayons ne peuvent se rencontrer à droite de la lentille (fig. 403). Il en est de même des rayons analogues menés du point B. Mais si l'œil les reçoit, il suit leur prolongement géométrique et il rapporte la position du point A en *a* et celle du point B en *b;* il voit donc, au lieu

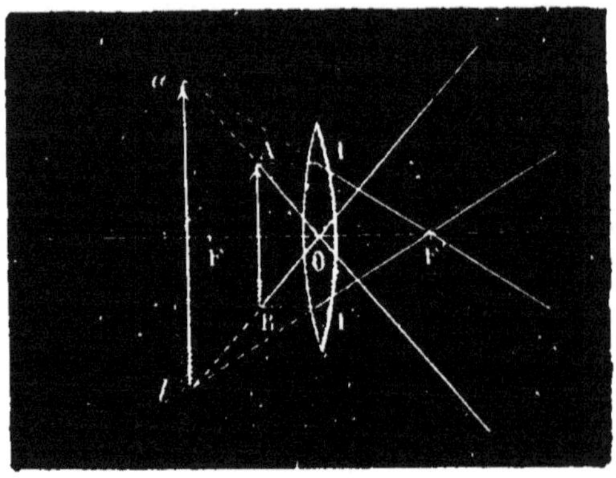

Fig. 403.

de l'objet, une *image ab, de même sens que l'objet* et *plus grande* que lui. Cette image qui n'existe que pour l'œil qui la regarde, qui n'est pas formée par la rencontre de rayons lumineux, mais seulement par leurs prolongements, c'est l'*image virtuelle.*

La lentille grossit alors l'objet, elle fonctionne comme une *loupe.*

578. Cas d'un objet virtuel. — Il peut paraître étrange au premier abord d'avoir à examiner le cas d'un objet virtuel, voici comment il se présente : une première lentille donne d'un objet une première image qui serait réelle si on la laissait se former; mais sur le trajet des rayons qui la forment, et avant sa formation, on interpose une seconde lentille qui donne de la première image une image définitive. Cette image empêchée dans sa formation est l'*objet virtuel* de la seconde lentille.

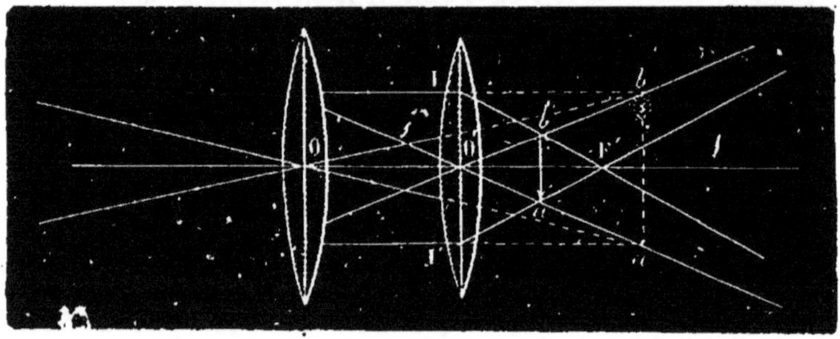

Fig. 404.

Un des exemples les plus simples est celui de l'objectif double des photographes. Une première lentille L donnerait si elle était seule une image *ab* (fig. 404). Avant la formation de cette image on interpose la lentille *l* qui donne finalement une image *a'b'*.

Voici la construction de cette image : parmi les rayons qui avant l'interposition de la lentille *l* venaient former le point *a* de l'image qui sert d'objet à la seconde lentille, nous prenons le rayon parallèle à l'axe et le rayon passant par O'. Ce dernier continue sa marche sans déviation puisqu'il passe par le centre optique O' de la seconde lentille; le premier en arrivant sur la lentille en I' va passer en I'F'; il coupe l'autre en *a'*, *a'* est le foyer conjugué du point virtuel *a*. On trouve de même le point *b'* et on a l'image *a'b'*, celle qui se fait définitivement. On peut remarquer qu'elle est plus petite que l'image *ab* que donnerait la première lentille fonctionnant seule et on tire de cette remarque deux conséquences : d'abord que les deux lentilles accouplées fonctionnent comme une seule lentille d'une plus courte distance focale; ensuite que l'image, plus petite, est plus éclairée.

879. Lentilles divergentes. — Les lentilles divergentes ou à bords épais dont la lentille biconcave est le type ont un *foyer*

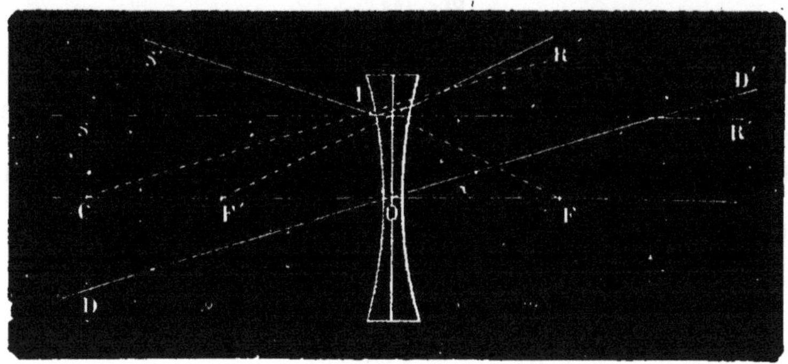

Fig. 405.

principal virtuel : tous les rayons parallèles à l'axe tombés sur la lentille y subissent une double réfraction (fig. 405) et sortent comme s'ils venaient d'un point lumineux F'; tel est le rayon SI; on voit nettement qu'il subit deux réfractions dont chacune d'elles a pour but de l'écarter de sa première direction.

Un rayon venant d'un point lumineux pris sur l'axe, s'écarte aussi en sortant de la lentille, il a un foyer conjugué, mais un *foyer conjugué virtuel* formé par les prolongements des rayons qui ont traversé la lentille et non par les rayons eux-mêmes.

La propriété du centre optique, celle de l'axe secondaire, sont les mêmes que dans la lentille biconvexe; la construction de l'image d'un objet se fait aussi d'une manière analogue.

La figure 406 représente le tracé de l'image. AB est l'objet; on mène l'axe secondaire AO du point A; de ce même point on mène le rayon AI parallèle à l'axe qui sort de la lentille comme s'il venait du foyer F'; ces deux rayons ne se rencontrent pas de l'autre côté de

la lentille; mais si l'œil les reçoit tous deux il voit le point lumineux
au point *a* où se rencontrent leurs prolongements. On agit de même
pour le point B et on trouve son image *b*.

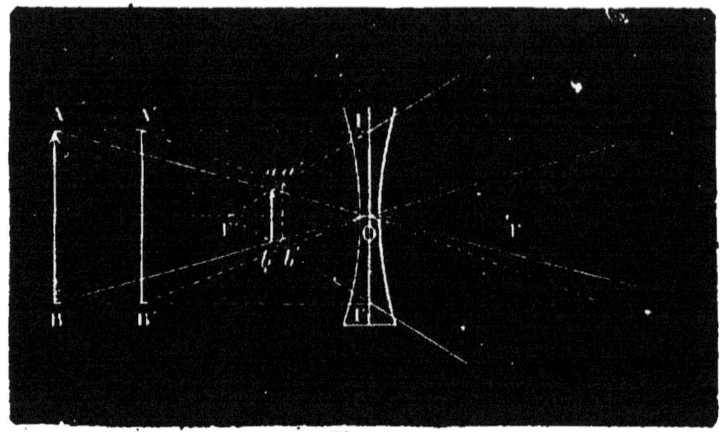

Fig. 406.

Un objet A'B' placé plus près de la lentille donne une image *a'b'*.

Si l'on prend soin de marquer de la lettre F' le foyer par lequel
passe le prolongement du rayon qui, venu de l'objet, est tombé sur
la lentille parallèlement à l'axe, on trouve les mêmes triangles que
dans le cas de la lentille biconvexe pour établir les rapports de
position et de grandeur de l'objet et de l'image. Ces rapports sont
donnés par les deux formules

$$ll' = f^2$$

et
$$\text{image} = \text{objet} \times \frac{f}{l} \cdot$$

Comme *l* est la distance de l'objet au foyer F et que dans ce cas,
d'après la remarque qui précède, le foyer F est de l'autre côté de la
lentille, il s'ensuit que pour toutes les positions de l'objet, en avant
d'une 'entille biconcave, *l* est plus grand que *f*; donc l'image est
toujours *plus petite* que l'objet; elle est toujours *droite* et *virtuelle*.

**580. Objet virtuel. — Moyen de mesurer la dis-
tance focale.** — Si l'on interpose une lentille divergente L'
entre une lentille convergente L et l'image *ab* que cette dernière lentille donne lorsqu'elle est seule, l'image *ab* ne se forme plus; elle
devient pour la lentille L' un objet virtuel; l'image définitive qui
se forme peut être, dans ce cas, virtuelle ou réelle, suivant la position que l'on fait occuper à la seconde lentille par rapport à la première.

Pour tracer l'image *a'b'* que l'image *ab* donne, sans s'être formée

elle-même, on choisit deux des rayons qui venaient former le point *a*
avant l'interposition de L′, le rayon qui passe par O′ et le rayon
parallèle à l'axe (fig. 407); le premier n'est pas modifié par l'inter-

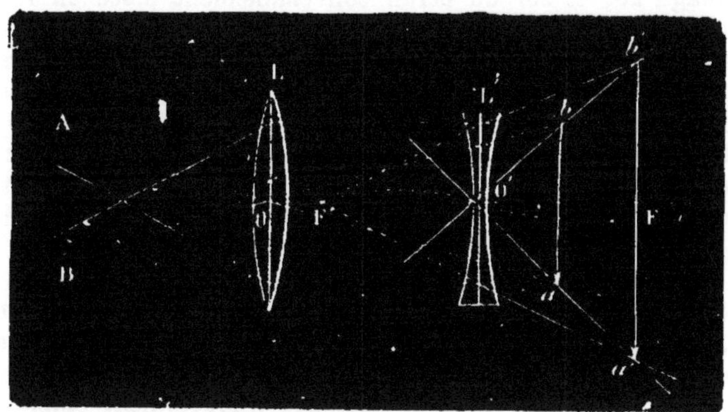

Fig. 407.

position de la lentille L′; mais le second, en arrivant sur la lentille,
s'écarte comme s'il venait du point F″ foyer de L′ : les deux rayons
se rencontrent en *a*′ en arrière de la lentille; le point *a*′ est l'image
réelle du point lumineux *a*. On cherche de même le point *b*′ image
de *b*, et on a l'image définitive *a*′*b*′. Ainsi l'objet *virtuel* *ab* donne
dans la lentille L′ une image *réelle* *a*′*b*′.

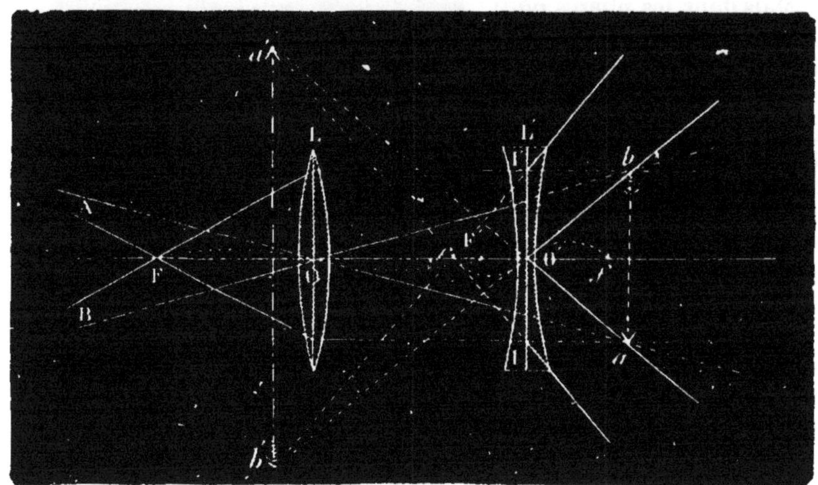

Fig. 408.

Cette disposition indiquée par la figure précédente donne un
moyen d'obtenir la distance focale d'une lentille biconcave, même
lorsqu'elle a une petite surface. On commence par prendre un objet AB

et une lentille biconvexe L, que l'on met de manière à ce que l'image *ab* soit exactement égale à l'objet : on sait que dans ce cas la distance de l'objet à l'image est quatre fois la distance focale de la lentille biconvexe employée. Cela fait, on pose la lentille L' entre la lentille L et l'image *ab*; et sur un écran convenablement placé on reçoit l'image définitive *a'b'*; on s'arrange de manière, en avançant ou en reculant la lentille L', que cette image soit le double de *ab*. Alors la distance FO' de *a'b'* à la lentille L' est la distance focale de cette lentille.

Si l'on plaçait la lentille divergente plus près de la lentille convergente de manière que le foyer F de la première fût en avant de l'image *ab* fonctionnant comme objet virtuel (fig. 408), l'image définitive *a'b'* serait virtuelle.

581. Usages des lentilles. — Lentilles à échelons.

— Les usages des lentilles sont très variés, ainsi que nous le verrons au chapitre des instruments d'optique. En dehors de ces instruments, les lentilles convergentes sont fréquemment employées pour obtenir d'une source lumineuse un faisceau de lumière parallèle, on préfère les lentilles aux miroirs parce que la surface de ceux-ci se ternit et s'altère.

Pour obtenir un faisceau de rayons parallèles, il ne suffit pas de placer une source lumineuse au foyer d'une lentille, il faut encore que la lentille soit petite, qu'on n'en utilise que les rayons centraux, et que par un diaphragme on arrête les rayons marginaux qui n'ont pas le même foyer que les autres. C'est ainsi qu'on opère dans les laboratoires.

Mais dans les phares où il faut avoir le plus de lumière possible, il faut une puissante source de lumière et un grand appareil pour envoyer la lumière le plus loin possible. On emploie aujourd'hui les *lentilles à échelons* de Fresnel (fig. 409). La partie centrale est une lentille ordinaire dont on a enlevé les bords; elle donne d'une lampe placée en son foyer un faisceau de rayons parallèles. Tout autour de cette lentille sont des anneaux de verre taillés de manière à former des portions de lentilles plans-convexes qui renvoient les rayons parallèlement à ceux de la lentille principale. Avec un certain nombre de ces zones, on arrive à

Fig. 409.

avoir un faisceau lumineux de rayons parallèles sept à huit fois plus grand que celui qu'on pourrait obtenir avec une seule lentille. On obtient alors avec une forte source un faisceau presque cylindrique projetant la lumière à une grande distance.

Exercices.

152. A quelle distance d'une lentille biconvexe dont la distance focale est f, faut-il placer un objet pour que son image soit trois plus grande et ensuite trois fois plus petite que l'objet ?
Faire $f = 0,40$; objet $0^m,20$.

153. Montrer qu'une lentille plan-convexe dont la surface plane est étamée, fonctionne comme un miroir concave.
Tracer la marche d'un rayon parallèle à l'axe, d'un rayon venant de l'axe; tracer l'image d'un objet.

154. On place à 2 centimètres, à droite et à gauche, du foyer d'une lentille L dont la distance focale est de 30 centimètres, successivement le même objet de 4 centimètres, trouver les positions et la grandeur des deux images.

155. Un objectif est formé de deux lentilles, l'une L de 25 centimètres de distance focale, l'autre L' de 12 centimètres de distance focale, placée à 15 centimètres de la première. On place un objet de 2 mètres à $1^m,25$ de la première lentille; trouver les dimensions de l'image.

CHAPITRE LXXII

DISPERSION DE LA LUMIÈRE

582. Décomposition de la lumière blanche. — Lorsqu'on fait tomber sur un prisme un faisceau de rayons solaires, ce faisceau est dévié vers la base du prisme et il paraît subir une sorte d'épanouissement. Mais en outre si on le reçoit sur un écran on remarque qu'au lieu de donner une image blanche ou circulaire comme celle de l'ouverture il donne dans le plan perpendiculaire à l'arête du prisme, une bande allongée qui présente une série de teintes variant de l'une à l'autre et offrant sept couleurs principales :

Violet, indigo, bleu, vert, jaune, orangé, rouge.

Le violet est le plus rapproché de la base du prisme, le rouge le plus près de l'arête.

Cette bande colorée a reçu le nom de **spectre solaire,** et le phénomène de la transformation de la lumière blanche en lumière colorée celui de *dispersion.*

C'est Newton qui a le premier étudié la dispersion de la lumière. Il a expliqué le phénomène en supposant la lumière blanche formée par la superposition de rayons simples, n'ayant pas le même indice de réfraction par rapport à une même substance et présentant chacun une couleur.

Cette hypothèse suffit en effet pour expliquer la production du spectre solaire et la forme de rectangle allongé que le prisme donne à un faisceau cylindrique. Le faisceau de lumière solaire tombant sur le prisme (fig. 410) est formé de rayons qui se séparent les uns des autres après leur passage dans le prisme ; les deux extrêmes font leur

image circulaire sur l'écran en *r* et *u*, les autres entre ces deux points ; toutes ces images empiètent les unes sur les autres, et l'image définitive présente les sept couleurs énumérées ci-dessus.

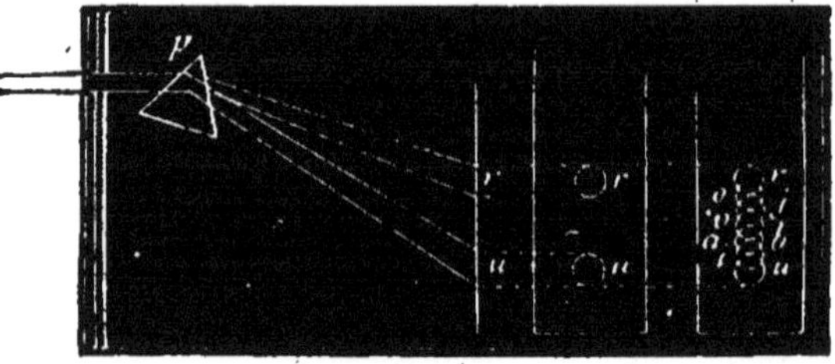

Fig. 410.

Newton, pour justifier son hypothèse, a fait un grand nombre d'expériences ; il a montré surtout : 1° que les différentes couleurs du spectre sont simples et inégalement réfrangibles ; 2° qu'on obtient de la lumière blanche en les réunissant.

583. Les couleurs du spectre sont simples et inégalement réfrangibles. — Pour prouver que chacun des sept faisceaux colorés est indécomposable par un second prisme,

on reçoit sur un premier prisme *p* dans une chambre noire un min ce faisceau lumineux qui donne un spectre étalé (fig. 411); on envoie ce spectre contre un écran qui n'a qu'une petite ouverture et qui par suite ne peut laisser passer que des rayons d'une couleur.

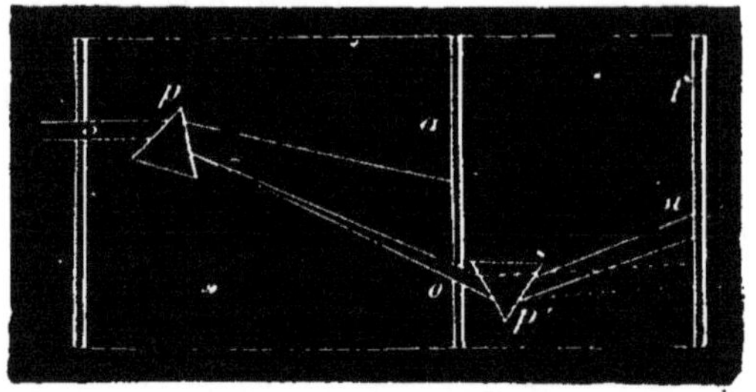

Fig. 411.

En tournant convenablement le premier prisme, on fait tomber le faisceau violet sur l'ouverture et partant sur le second prisme *p'* ; la trace définitive est violette et on peut marquer sa déviation.

On fait tourner le premier prisme pour amener sur le second un autre faisceau de rayons, soit les rayons jaunes ou les rayons rouges ; le second prisme donne une image à couleur unique, mais déviée de quantités différentes suivant la couleur.

Ainsi chacune des couleurs est simple, indécomposable, et la déviation en augmente du rouge au violet.

On peut encore montrer autrement l'inégale réfrangibilité des différents rayons : on regarde au travers d'un prisme ordinaire une bande dont une moitié est colorée en rouge, l'autre moitié en bleu ; au travers du prisme les deux parties de la bande ne sont plus en prolongement l'une de l'autre ; l'une a été plus déviée que l'autre.

584. Recomposition de la lumière blanche. — En superposant les diverses couleurs que le prisme a séparées, on reconstitue la lumière blanche. On dispose de plusieurs moyens d'opérer cette superposition.

1° Par deux prismes croisés. — On fait surtomber un premier prisme un faisceau de lumière parallèle SI, S'I'; ce faisceau donnerait lieu à un spectre, si on posait un écran derrière le prisme. Mais au lieu d'y mettre un écran, on y place un second prrsme de même nature, de même angle que le premier et ayant l'arête en sens inverse (fig. 412). On remarque alors sur l'écran placé après le second prisme

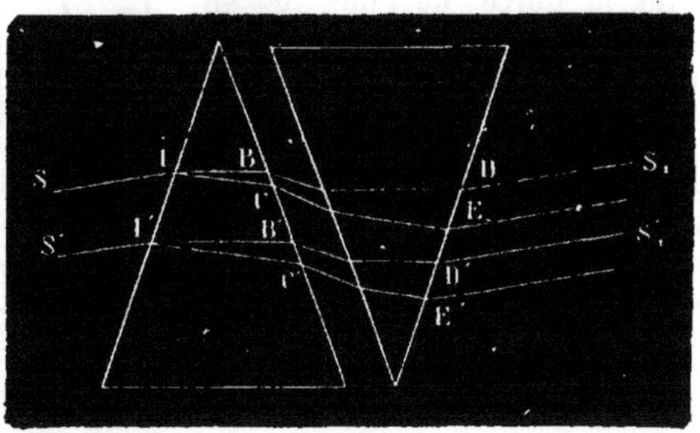

Fig. 412.

un faisceau central blanc, un peu irisé aux bords. En effet, le faisceau rouge BB' produit par le premier prisme et le faisceau violet CC' ont subi dans le second prisme une déviation égale et opposée à celle qu'a donnée le premier; ils sortent parallèles en DD' et EE'. Comme il en arrive de même pour les autres rayons intermédiaires, il en résulte que la plus grande partie du faisceau sortant est formée des rayons superposés et donne la sensation du blanc.

2° Par les miroirs. — On peut aussi faire tomber les faisceaux différents d'un prisme sur une série de 7 miroirs plans montés de

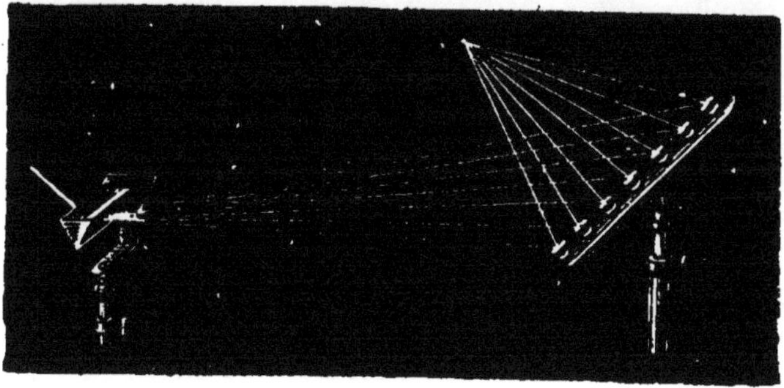

Fig. 413.

manière que chacun d'eux soit mobile suivant deux directions rectangulaires (fig. 413); on dirige chaque miroir de manière qu'il reçoive une couleur du spectre et qu'après réflexion il l'envoie sur un point donné du plafond ou d'un écran ; en ce point on constate que la superposition des sept rayons colorés donne du blanc.

3° Par le disque de New-ton. — On peut aussi produire du blanc au moyen de substances artificiellement colorées, en utilisant la durée de l'impression lumineuse dans l'œil. On répète l'expérience du disque de Newton. Le disque (fig. 414) porte en secteurs successifs et dans leur ordre les sept couleurs du spectre ; il est monté sur un axe de manière à pouvoir être animé d'un mouvement rapide de rotation.

Fig. 414.

On le fait tourner vite et on constate qu'il apparaît uniformément blanc : l'œil aperçoit successivement les sept couleurs ; mais dans un espace de temps si court que l'impression de la première persiste encore quand arrive celle de la dernière : il y a superposition des impressions dans l'œil et sensation du blanc.

585. Aberration de réfrangibilité. — Lentilles achromatiques. — Puisque les différents rayons composant la lumière blanche sont inégalement déviés par un prisme, ils doivent

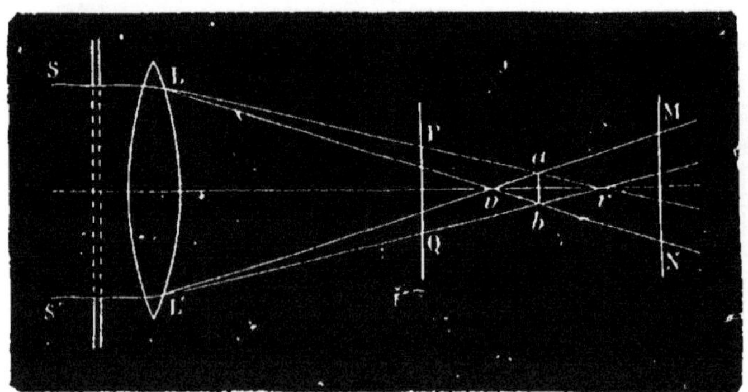

Fig. 415.

aussi subir une inégale déviation dans une lentille. Si on fait tomber sur une lentille un faisceau de lumière blanche, les rayons violets forment derrière celle-ci un cône dont le sommet est plus près de la lentille que le sommet du cône formé par les rayons rouges (fig. 415); entre *v* et *r*, il y a les foyers des autres rayons colorés. Si on coupe le faisceau lumineux en arrière de *r*, on obtient dans toute la partie centrale une portion blanche, formée par le mélange des rayons diversement colorés, et sur les bords une irisation d'un bleu violacé.

Il en résulte dans les images un défaut de netteté due à l'inégale réfrangibilité des divers rayons; on donne le nom d'*aberration de réfrangibilité* à cette cause d'imperfection des images.

On diminue les irisations gênantes produites sur les images par l'emploi de lentilles doubles, l'une convergente en verre ordinaire ou crown-glass, l'autre divergente en cristal ou flint-glass; la dispersion produite par la seconde compense la dispersion produite par la première. L'ensemble des deux lentilles collées l'une à l'autre forme une lentille dite *achromatique*. Le calcul montre qu'en associant deux lentilles seulement on ne peut faire coïncider que les foyers de deux couleurs et qu'on ne détruit pas complètement l'irisation des images, mais qu'on arrive à un très bon résultat en réunissant les foyers de trois couleurs, le rouge, le jaune et le violet.

586. Couleurs complémentaires. — *Couleurs des corps.* — Il n'est pas besoin du mélange des sept couleurs du spectre pour produire du blanc; il est possible d'obtenir de la lumière blanche par le mélange d'un moins grand nombre de couleurs, comme on peut s'en convaincre par l'expérience des miroirs (fig. 413). Ainsi que l'on dirige vers un point un rayon bleu et un rayon jaune, et leur superposition donnera du blanc. On appelle *couleurs complémentaires* celles dont la superposition peut ainsi produire du blanc; et l'on dit notamment que le bleu est complémentaire du jaune.

Ce dernier résultat paraît surprenant quand on le rapproche des faits bien connus sur le mélange des matières colorées; ainsi on sait qu'en mélangeant du bleu et du jaune on obtient du vert. C'est que les matières colorées ne se conduisent pas comme les couleurs simples, et que la coloration des corps est un phénomène complexe : chaque corps est capable par sa nature d'absorber certaines colorations et de diffuser autour de lui le reste de la lumière qui le frappe. Ainsi une étoffe éclairée par la lumière du jour nous apparaît *rouge* quand les rayons rouges sont les seuls qu'elle diffuse dans toutes les directions et qu'elle retient tous les autres dont l'ensemble formerait la couleur complémentaire du rouge.

Les corps *blancs* comme le papier sont des corps qui diffusent en égale proportion les rayons de toutes couleurs; la lumière qu'ils renvoient a la même composition que celle qui les frappe.

Les corps *noirs* absorbent toutes les couleurs sans en diffuser aucune, et on ne les distingue que par le contraste avec les autres corps voisins qui diffusent de la lumière blanche ou de la lumière colorée.

La coloration des corps dépend non seulement de leur nature, mais aussi de la composition de la lumière incidente : on éclaire un tableau avec la flamme de l'alcool salé qui est jaune, tout le tableau paraîtra jaune ou noir ; en effet, la lumière incidente est presque exclusivement jaune, toutes les parties du tableau qui absorbent le jaune paraîtront noires, toutes celles qui le diffusent sembleront plus ou moins jaunes.

On peut appliquer des remarques analogues aux corps transparents : un verre rouge ne se laisse traverser que par les rayons rouges, il absorbe les autres rayons ; il paraîtra donc rouge si on le regarde par transparence. Les corps colorés transparents, ont souvent deux colorations qui sont presque complémentaires : l'or est vert par transparence, jaune par réflexion ; les rayons verts peuvent seuls traverser l'or, les autres sont réfléchis en proportion plus ou moins grande, et constituent la couleur que l'on reconnaît habituellement à 'or.

587. L'arc-en-ciel et les halos sont des phénomènes lumineux, naturels, dont la théorie de la dispersion permet de rendre compte.

L'*arc-en-ciel* se produit quand en tournant le dos au soleil, peu élevé sur l'horizon, on reçoit dans l'œil des rayons solaires qui ont été frapper des gouttelettes d'eau en suspension dans l'air et y ont

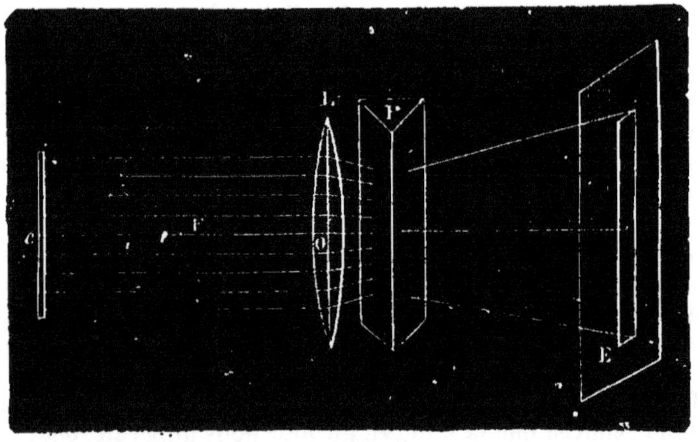

Fig. 416.

subi plusieurs réfractions et au moins une réflexion totale. On l'aperçoit sous forme d'un arc coloré ayant le rouge en dehors et le violet en dedans. On le produit artificiellement, mais avec peu d'intensité, en envoyant au-dessus d'un arbre éclairé par le soleil, le jet d'eau d'une pompe foulante qui forme un petit nuage de gouttelettes en retombant.

Le *halo* est un cercle coloré que l'on aperçoit parfois autour du disque solaire. On l'attribue à la réfraction de la lumière dans de fines aiguilles de glace réunies en nuages blancs très élevés qui portent le nom de cirrus ; ces aiguilles font fonction de prismes triangulaires ou hexagonaux capables de produire le phénomène de la dispersion sur la lumière qui les traverse.

II. — SPECTRES DES DIVERSES SOURCES LUMINEUSES. — ANALYSE SPECTRALE

588. Moyen d'obtenir un beau spectre solaire. — Pour obtenir un beau spectre à l'aide de la lumière solaire, on prend pour source lumineuse une fente étroite. On place une lentille biconvexe achromatique L (fig. 416) à une distance cO de la fente égale au double de la distance focale de la lentille ; derrière la lentille on met un prisme de flint P à grand angle, ayant l'arête parallèle à la fente ; et perpendiculairement aux rayons déviés par le prisme on met un écran blanc E à une distance de la lentille égale à celle qui sépare la lentille de la fente. Si on a tourné le prisme de manière qu'il soit dans la position de la déviation minimum, on reçoit sur l'écran un spectre pur dans lequel les images de la fente empiètent d'autant moins les unes sur les autres que la fente elle-même est plus étroite.

Newton avait décrit cette manière d'opérer. Mais c'est Fraunhofer qu'est due la première observation des raies noires que l'on remarque dans le spectre solaire quand on dispose ainsi l'expérience.

589. Raies du spectre. — On observe en effet que le spectre solaire est sillonné de bandes ou de raies noires dont la position est fixe, elles sont d'autant plus nettes que la fente est plus étroite. Fraunhofer en avait d'abord distingué huit groupes qu'il a désignés par les lettres de A à H (fig. 417), deux bandes A et B situées dans le rouge, une autre C dans l'orangé, une raie noire double et très intense D dans le jaune, puis ensuite deux raies noires E et F entre le vert et le bleu ; à l'entrée du violet, une raie noire G intense, et enfin vers la limite de la région visible une raie H. Mais quand on diminue de plus en plus la largeur de la fente, qu'on fait passer la lumière par plusieurs prismes pour obtenir une plus grande dispersion, et qu'enfin on observe le spectre avec une loupe ou un microscope, on constate l'existence d'un nombre très considérable de raies. Kirchoff en a déterminé plus de 3000.

La fixité des raies offre un moyen de définir une couleur avec une grande précision et de substituer une notion rigoureuse à une sensation variable : les raies noires sont des points de repère pour les couleurs du spectre.

590 Spectroscope. — On donne le nom de *spectroscope* à l'instrument disposé pour examiner commodément les spectres des différentes flammes.

Le spectroscope le plus habituellement employé se compose de quatre parties principales : le collimateur, le prisme, la lunette d'observation et le micromètre La figure 418 en donne une vue d'ensemble et la figure 419 une coupe théorique.

Le *collimateur* C est une lunette portant une lentille L au foyer de laquelle est une fente dont on peut à volonté rapprocher les deux bords. Quand une lumière est placée devant cette fente, il sort de la lunette vers le prisme un faisceau de rayons parallèles.

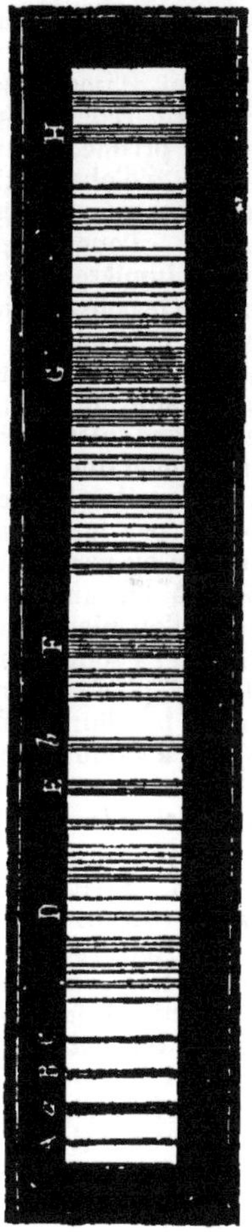

Le *prisme* est en flint, il a son arête verticale parallèle à la fente : il est placé

Fig. 417.

au minimum de la déviation ; il est porté par la plate-forme centrale de l'instrument. Parfois on met plusieurs prismes, les rayons devant aller du premier au deuxième et ainsi de suite pour augmenter la dispersion.

La *lunette d'observation* est mobile autour d'un axe vertical pour rendre possible la vue de toutes les portions du spectre ; c'est une lunette astronomique ou une lunette de Galilée dans laquelle on aperçoit une image agrandie du spectre.

Le *micromètre m* est une petite bande divisée, transparente, portée à l'extrémité d'une lunette D ; quand on l'éclaire avec une source quelconque de lumière et qu'on met la lunette au point, l'image du micromètre, réfléchie par la face du prisme, vient dans la lunette d'observation se superposer à l'image du spectre. Pour empêcher que la lumière extérieure ne gêne les observations, tout le centre de l'appareil est recouvert d'une enveloppe de tôle noircie.

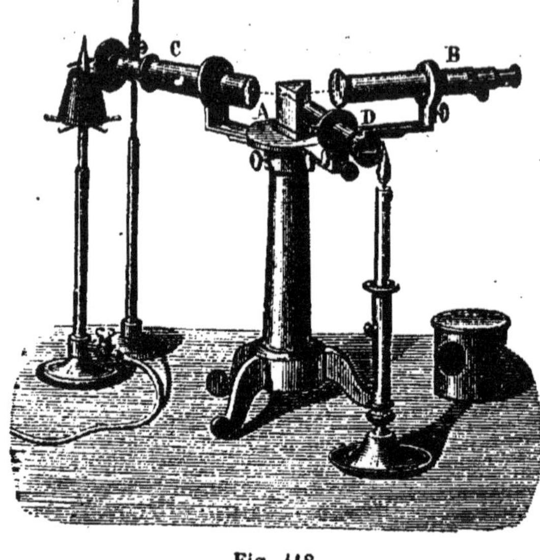

Fig. 418.

Si le spectroscope devait servir à l'étude du spectre solaire, il faudrait amener sur la fente lumineuse F des rayons solaires ; mais il sert généralement pour examiner les spectres donnés par les flammes diverses ou par les corps portés à l'incandescence et que l'on place devant la fente. La source de lumière la plus employée, c'est le bec Bunsen dont on peut à volonté rendre la flamme très chaude et non éclairante.

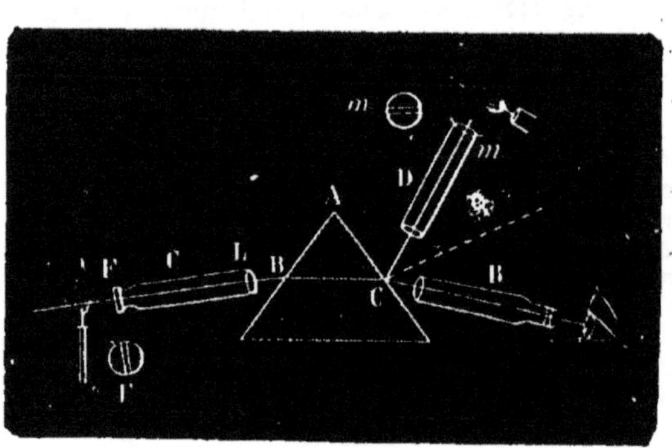

Fig. 419.

591. Spectroscope à vision directe. — Le spectroscope à vision directe comprend le collimateur, le prisme et la lunette renfermés dans un même tube. Il faut un prisme d'une forme spéciale qui garde à la dispersion sa valeur tout en rendant les rayons dispersés sur la même direction que les rayons incidents. Ce prisme (fig. 420) est formé d'ordinaire de cinq prismes, trois en crown-glass, les deux autres en flint-glass. Comme ces derniers ont un indice plus grand que les premiers, ils peuvent empêcher la déviation pour une couleur, le jaune par

Fig. 420.

exemple, tandis que l'ensemble des prismes conserve une assez grande dispersion pour toutes les autres couleurs. Ce système de prisme est placé dans le
tube d'une lunette dont l'oculaire est munie d'un micromètre ; il suffit de regarder par cette oculaire, l'autre extrémité munie d'une fente étant tournée vers
la flamme à examiner, pour apercevoir dans le champ de la lunette le spectre
avec ses raies.

**502. Spectres des substances incandescentes. — Analyse spec-
trale. —** Quand on place devant la fente d'un spectroscope un corps solide ou
liquide porté à l'incandescence, on obtient un *spectre continu*, sans raies d'aucune
sorte. Si au contraire on y produit une vapeur portée à l'incandescence, on
observe un *spectre discontinu formé de raies brillantes* fines et bien distinctes
séparées par des intervalles obscurs.

Ces spectres de raies brillantes ont un grand intérêt. Pour les observer, on
dispose de plusieurs moyens : on trempe un fil de platine dans la substance, si
elle est liquide, et on le porte dans la flamme non éclairante d'un bec Bunsen ;
si le corps est solide, on le met en petits fragments sur une boucle du fil de platine placée dans la partie chaude de la flamme ; pour les vapeurs de métaux, on
fait passer entre deux pointes du métal l'étincelle d'une bobine ; pour les gaz,
on remplit un tube de Geissler à partie effilée, on y fait ensuite le vide de
manière à n'y laisser que des traces de gaz, et on y fait passer la décharge d'une
bobine, le tube ayant sa partie effilée devant la fente du spectroscope.

C'est Masson qui a reconnu le premier que l'étincelle électrique jaillissant
entre deux pointes de métal donne un spectre de raies brillantes qui varient avec
la nature du métal. Mais le premier travail d'ensemble fait sur cette question
est celui de Kirchoff et Bunsen qui remonte à 1860. Ces deux savants ont prouvé
que les vapeurs incandescentes de tous les corps simples donnent un spectre
lumineux formé de raies brillantes dont le nombre, la position et l'intensité
sont caractéristiques de la substance qui les produit.

Tel est le principe de l'*analyse spectrale*. Les sels de soude sont caractérisés
par deux raies brillantes très voisines dans le jaune, le reste étant obscur ; les
sels de baryte par des raies brillantes dans le jaune et le vert ; l'hydrogène dans
les tubes de Geissler par quatre raies, une dans l'orangé et dans le bleu, deux
dans le violet.

L'étude des flammes au spectroscope constitue un mode d'analyse chimique
d'une extrême sensibilité ; les raies brillantes peuvent apparaître, même quand
il n'existe dans la flamme que des quantités très minimes de matière.

Elle a enrichi la chimie de métaux nouveaux : le cœsium et le rubidium par
Kirchoff et Bunsen ; l'indium par Reich et Richter ; le thallium par Crookes et
Lamy ; le gallium par Lecoq de Boisbaudran.

503. Productions de raies obscures. — Spectres renversés. —
Foucault a observé le premier qu'entre les raies brillantes des spectres métalliques et les raies obscures du spectre solaire, il existe un rapport précis de
position ; que la raie jaune du sodium, par exemple, coïncide exactement avec
la raie D de Fraunhofer. Kirchoff et Bunsen, par une série d'expériences, ont
montré que le fait est général, que les raies brillantes des métaux coïncident
avec les raies noires du spectre solaire. La figure 421 montre cette concordance
pour le sodium. Ces deux savants ont montré également que toutes les fois que la
lumière traverse une flamme contenant des vapeurs métalliques, ces vapeurs ne
sont pas transparentes pour toutes les couleurs ; elles absorbent précisément les
rayons qu'elles sont capables d'émettre. L'expérience qui vérifie ce dernier fait
est très curieuse à réaliser. On produit d'abord devant le spectroscope un spectre
continu, soit par la lumière de Drummond, soit par un fil de platine incandescent.
Si alors on place entre cette source et le collimateur du spectroscope une lampe
à alcool salé de manière que les rayons formant le spectre continu soient obligés
de la traverser, on observe aux lieu et place de la raie jaune qu'aurait produite
seule cette dernière flamme, une raie noire. Cette expérience porte le nom
d'*expérience des spectres renversés* ; elle est particulièrement nette avec la vapeur
de sodium capable de donner du jaune et d'absorber cette radiation jaune d'une

autre flamme; mais elle pourrait être reproduite pour toute autre raie brillante.

Le spectre solaire est un spectre continu sillonné de raies noires. Ne peut on pas admettre qu'il est produit par une lumière homogène capable de donner naissance à un spectre continu, mais que cette lumière traverse des vapeurs métalliques où les rayons colorés s'éteignent, comme par exemple de la vapeur de sodium où les rayons jaunes s'éteignent pour donner naissance à la raie

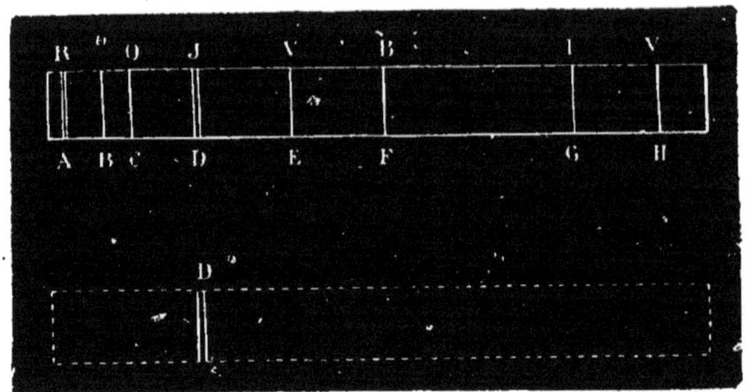

Fig. 421.

noire D? S'il en est ainsi, toutes les raies obscures du spectre solaire indiquent que la lumière émise par cet astre a traversé une région où se trouvent en vapeur les métaux qui, dans leur spectre présentent sur champ obscur les raies brillantes correspondant à ces raies noires. On a donc cherché quels sont les corps simples qui donnent des raies brillantes à la même place que les raies noires du spectre solaire, et l'on est arrivé à connaître ainsi les substances qui existent en vapeur dans l'atmosphère solaire.

Quelques-unes des raies obscures du spectre solaire peuvent être dues à une absorption d'un autre genre, à l'absorption de la vapeur d'eau produite par notre atmosphère; on les distingue des autres parce qu'elles ne conservent pas toujours la même intensité relative, qu'elles sont plus fortes le matin et le soir que dans la journée, dans une vallée qu'au sommet d'une montagne.

Divers corps sont d'ailleurs capables d'absorber les rayons d'une certaine nature et de produire des raies noires dans un spectre continu. L'exemple le plus frappant que l'on puisse citer est celui des vapeurs d'acide hypoazotique qui sillonnent le spectre d'un grand nombre de raies noires produites par absorption. On remplit de bioxyde d'azote, gaz incolore, un petit tonneau de verre dont les deux fonds sont formés de glaces parallèles

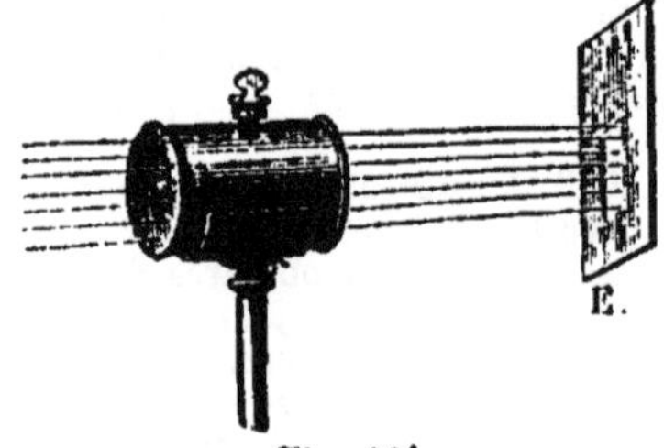

Fig. 422.

(fig. 422); on place cet appareil sur le trajet d'un faisceau dévié par un prisme et donnant un spectre continu; le spectre n'est pas modifié, le bioxyde d'azote est transparent aux rayons colorés. On débouche le petit tonneau, le gaz passe par l'action de l'air en vapeurs d'acide hypoazotique, et aussitôt le spectre est sillonné d'un grand nombre de raies noires.

894. Applications de la spectroscopie. — L'examen des spectres fournit au chimiste un moyen d'analyse d'une extrême sensibilité; c'est ainsi que pour les métaux alcalins en particulier on en peut découvrir des traces qui resteraient inappréciables par tout autre procédé.

En astronomie, on étudie au spectroscope la lumière des étoiles, et de la nature de leur spectre on conclut quel est leur état physique ou quelles sont les principales substances que l'on y peut supposer. Si le spectre est continu avec des raies noires comme celui du soleil, l'astre possède un noyau donnant une lumière continue et une atmosphère absorbante dont on détermine la nature par l'étude des raies noires qui s'y trouvent. Si le spectre est formé de raies brillantes séparées les unes des autres, l'astre est entièrement gazeux et sa composition peut être connue si on peut ramener la position de ces raies à celles que donnent les corps simples. On a déjà obtenu dans cette voie d'études, ouverte seulement depuis quelques années, des résultats merveilleux.

III. — RADIATIONS DIVERSES. — RADIATIONS CHIMIQUES. — PHOTOGRAPHIE

505. Radiations diverses. — La partie visible du spectre, étalée du rouge au violet, contient les radiations lumineuses capables d'impressionner l'œil. Mais il y a dans le spectre d'autres radiations, invisibles pour l'œil et qui peuvent révéler leur présence par d'autres actions physiques ou chimiques ; il y a, d'une part, les *radiations calorifiques* et d'autre part les *radiations chimiques*.

Si l'on promène dans un spectre une petite pile de Melloni, du violet vers le rouge, on lui voit accuser une chaleur croissante du vert au rouge, et même au delà du rouge, puis si on l'écarte encore elle repasse peu à peu par ses premières indications ; il y a donc du vert au rouge des radiations calorifiques accompagnant la radiation lumineuse, et au delà du rouge des radiations calorifiques invisibles ou *ultra-rouge* sensibles seulement aux appareils thermométriques et insensibles pour l'œil.

Si l'on fait tomber un spectre solaire sur une plaque contenant une substance que la lumière puisse altérer, comme du bromure d'argent, les rayons du rouge au bleu ne marquent d'ordinaire aucune trace, l'action ne commence qu'à partir du bleu mais elle se continue bien au delà de la partie violette. Il y a donc du bleu au violet des radiations chimiques accompagnant les radiations lumineuses, et au delà du violet des radiations *ultra-violet* invisibles à l'œil, mais capables de provoquer des transformations chimiques sur certaines substances.

La figure 423 représente les trois radiations avec la force qu'on leur constate aux différents points du spectre. La courbe *abc* montre l'intensité lumineuse ;

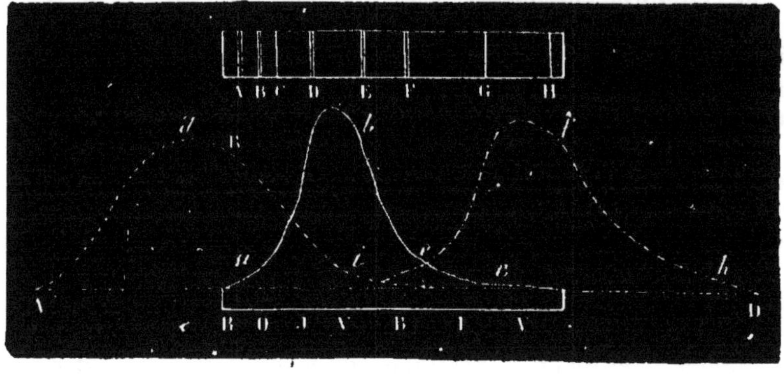

Fig. 423.

la courbe *efh*, l'intensité chimique ; la courbe *AdRi*, l'intensité calorifique. On y voit que le maximum de l'action chimique est dans le violet, le maximum de lumière dans le jaune et le maximum de la chaleur un peu au delà du rouge.

Nous reviendrons au chapitre de la chaleur rayonnante sur le spectre calorifique, sur sa partie visible et sur sa portion invisible.

L'action des radiations chimiques du spectre solaire et des rayons ultra-violets trouve son application dans la photographie.

596. Photographie. — La photographie est l'art de fixer et de rendre durables les images fugitives que la lumière produit dans une chambre noire. Créée par *Niepce* et *Daguerre* vers 1840, elle n'a d'abord donné que des dessins sur métal; mais le procédé des premiers inventeurs a vite cédé la place au procédé actuellement en usage, qui donne des dessins sur papier, tracés par la lumière avec une remarquable finesse et susceptibles d'être encore embellis par la main habile de l'artiste.

Nous allons d'abord décrire la photographie telle qu'on la pratique aujourd'hui; et nous indiquerons après la manière d'obtenir les épreuves sur métal, dites au *daguerréotype*, qui n'ont plus pour ainsi dire qu'un intérêt historique.

La **chambre noire** où se forme les images est une caisse de bois dont l'une des faces verticales porte une lentille ou plutôt un **objectif** formé de deux lentilles (fig. 424), dont l'ensemble donne une image renversée sur le fond mobile de la chambre.

On *met au point,* c'est-à-dire que l'on cherche à obtenir une image nette des objets à reproduire sur le verre dépoli qui forme le fond de la chambre, soit en avançant peu à peu l'objectif à l'aide de la vis dont il est muni, soit en éloignant ou en rapprochant le fond de la chambre de la partie fixe qui porte l'objectif.

Fig. 424

On apporte alors à la place du verre dépoli un chassis contenant la plaque recouverte de la substance sensible. L'objectif est couvert. On découvre la plaque, puis l'objectif un temps convenable, et on ferme le châssis pour l'emporter dans le cabinet obscur où l'on fera subir à la plaque les réactions capables de développer l'image.

597. Photographie sur papier. — La photographie sur papier telle qu'on la pratique aujourd'hui comporte deux opérations successives : dans la première, on obtient sur une plaque recouverte d'une couche sensible, l'image que la lumière a dessinée dans la chambre noire, mais inverse de ce qu'elle est réellement; c'est-à-dire qu'examinée par transparence cette image présente des clairs correspondant aux parties noires de l'objet, et des portions obscures aux lieu et place des parties éclairées de l'objet. On lui donne le nom d'*épreuve négative* ou de *cliché*.

Dans la seconde opération, on fait filtrer la lumière au travers du cliché comme écran, pour qu'elle vienne tracer sur un papier sensible une image en tout semblable au modèle dans la disposition des ombres et des portions brillantes, c'est l'*épreuve positive* ou plus simplement le *positif*.

598. Épreuve négative ou cliché. — On a pris successivement comme support de la couche mince et sensible où s'accompliront les réactions chimiques de la lumière le papier et le verre; ce dernier est préféré comme plus facile à laver, moins altérable et plus commode à obtenir plan. La couche sensible a été ou l'albumine clarifiée de l'œuf, ou une dissolution de coton-poudre dans de l'alcool éthéré, qu'on nomme *collodion*. C'est l'iodure et le bromure d'argent qui ont été longtemps employés comme agents altérables par la lumière.

Aujourd'hui la couche sensible est une mixtion de bromure d'argent et de gélatine déposée sur la plaque, séchée et conservée à l'obscurité complète. Ces plaques au *gélatino-bromure* s'emploient sèches; elles sont beaucoup plus commodes que les anciennes plaques humides; elles sont d'ailleurs beaucoup plus sensibles; c'est avec elles qu'on a pu obtenir des impressions instantanées.

Quand la plaque a pris l'impression lumineuse, on la reporte, bien enfermée, au cabinet noir. Tirée du châssis, elle ne présente pas trace de l'impression qu'elle a reçue; et cependant la couche sensible de bromure d'argent est devenue *réductible* aux endroits où elle a été frappée par la lumière.

Pour faire apparaître l'image, on verse un réducteur sur la plaque : c'est une dissolution composée d'un quart de sulfate de fer à 30 0/0 et de trois quarts d'oxalate neutre de potasse également à 30 0/0; elle a la propriété de déposer de l'argent opaque partout où la lumière a frappé, et d'autant plus que l'action a été plus vive. Examinée par transparence après l'action du réducteur et un lavage à l'eau, l'image paraît inverse du modèle ou, comme on dit, *négative*.

Si on ne la juge pas assez opaque dans les parties qui correspondent aux clairs du modèle, on la *renforce* en promenant à sa surface un mélange d'un sel faible d'argent et du réducteur, qui ajoute de l'argent métallique à celui qui est déjà déposé.

Il ne reste plus qu'à dissoudre dans l'hyposulfite de soude, le bromure d'argent qui n'a pas été frappé par la lumière et que celle-ci rendrait insoluble, à laver à grande eau, et l'épreuve négative est terminée.

599 Épreuve positive. — L'épreuve positive se fait sur papier; elle repose sur la propriété du chlorure d'argent de prendre à la lumière, suivant l'intensité de celle-ci, toutes les teintes, depuis le violet pâle jusqu'au violet noir.

Le papier est ordinairement recouvert d'albumine contenant un peu de chlorure de sodium ou d'ammonium. On le sensibilise en l'étendant sur un bain de nitrate d'argent (à 20 0/0), et par double échange il se fait du chlorure d'argent dans la couche d'albumine dont le papier est recouvert.

Fig 425.

Pour obtenir une épreuve, on étend le papier sec sur le côté du cliché qui porte l'image; on presse le tout dans un châssis à face de verre (fig. 425) et on expose à la lumière. Le cliché ne laisse passer complètement la lumière que dans ses portions transparentes; il limite son action dans les demi-teintes, il l'empêche complètement dans ses parties opaques; et comme ces dernières correspondent aux grands clairs de l'image, il en résulte que le papier reste blanc à ces endroits et reproduit en noir toutes les parties obscures et en blanc toutes les portions éclairées de l'objet.

Ce papier, ainsi teinté, qui donne l'image fidèle de l'objet, contient encore du chlorure d'argent altérable dans les parties que la lumière, filtrant au travers du cliché, n'a pas frappées. On le dissout dans une solution d'hyposulfite de soude (à 30 0/0) qui l'enlève; et après un long lavage, l'épreuve n'est plus altérable à la lumière; on dit que le dissolvant l'a *fixée*.

On lui donne une teinte beaucoup plus agréable si, avant la fixation, après un lavage, on la passe dans une solution de chlorure d'or (1 pour 1,000 d'eau avec addition de 20 grammes d'acétate de soude fondu); c'est l'opération du *virage*, qui remplace la teinte chocolat du chlorure d'argent par une teinte d'un noir bleuté, due aux parcelles extrêmement fines d'or métallique qui se sont déposées à la surface.

Telles sont les réactions qui se produisent dans ce double travail; tel est le mode photographique actuel. On voit qu'un *cliché* peut servir à donner un grand nombre d'épreuves positives, par des manipulations simples qu'on réussit très facilement avec quelque attention et très sûrement après quelques essais.

600. Photographie sur plaque métallique ou daguerréotype. — Dans le procédé primitif de *Daguerre*, on employait une plaque de cuivre *plaquée* d'argent, bien polie, qu'on rendait sensible à l'action lumineuse en l'exposant quelque temps à des vapeurs d'iode; il se formait à la surface de la plaque une très mince couche d'iodure d'argent. La plaque était soumise, dans l'appareil photographique, à l'action lumineuse, puis rentrée au cabinet noir pour le *développement* de l'image. On faisait apparaître l'image en exposant la plaque aux vapeurs de mercure. Ce dernier métal ne formait amalgame blanc avec l'argent que sur les portions de l'iodure frappées par la lumière et correspondant aux clairs de l'objet; il ne s'attachait pas du tout aux parties d'iodure non insolées et correspondant aux ombres du modèle. La plaque était ensuite plongée dans l'hyposulfite de soude; ce dissolvant respectait les parties blanchies par le mercure et enlevait l'iodure sensible des autres pour produire les noirs du dessin.

Il fallait une exposition à la chambre photographique et une pose du modèle pour chaque épreuve. De plus, les images présentaient un miroitement désagréable, dû à l'amalgame d'argent formant les blancs.

Les épreuves sur papier sont d'une manipulation plus facile et d'un aspect plus agréable et plus net.

CHAPITRE LXXIII

ŒIL ET INSTRUMENTS D'OPTIQUE

I. - L'ŒIL ET LA VISION

001. Description de l'œil. — L'œil a la forme d'une sphère un peu bombée à l'avant. Il est enveloppé par une membrane

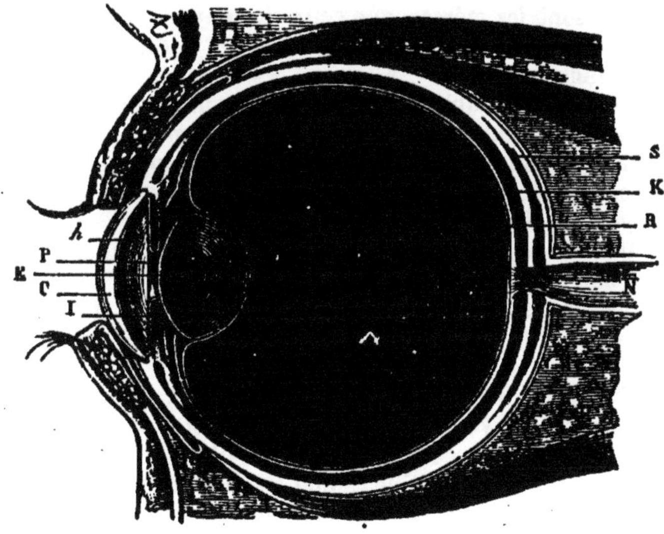

Fig. 426

dure, la **sclérotique** S qui à l'avant est transparente et forme la **cornée** C (fig. 426). En arrière de la cornée est un écran I ordinairement coloré, l'**iris**, percé d'une ouverture P circulaire chez l'homme et constituant la **pupille**. Derrière l'iris et environ au tiers de la profondeur de l'œil est une lentille convergente, le **cristallin** E, qui est destinée à la formation des images dans le fond de l'œil. Le cristallin, retenu tout autour par des muscles, partage l'œil en deux chambres, la *chambre antérieure* limitée par la cornée et contenant un liquide très fluide appelé l'*humeur aqueuse*, la *chambre postérieure* tapissée par une membrane opaque K, la **choroïde** qui en fait une chambre noire et sur le fond de laquelle s'étendent les ramifications du nerf optique sous forme d'une fine membrane R, la **rétine :** cette dernière chambre contient un liquide transparent ayant la consistance du blanc d'œuf et appelé le *corps vitré* ou l'humeur vitrée.

602. Mécanisme de la vision. — Accommodation.

— L'œil fonctionne comme une chambre noire dont la pupille est l'ouverture mobile et le cristallin la lentille ; et quand on le dirige vers un objet éloigné, l'image donnée par le cristallin se fait sur le fond de l'œil, c'est-à-dire sur la rétine qui en transmet l'impression au cerveau par le nerf optique.

Les images se font renversées dans l'œil ; on peut s'en convaincre aisément en disséquant un œil de bœuf dont on amincit la sclérotique de manière à la rendre transparente. Si l'on place devant l'œil, à 50 centimètres, une bougie allumée, on voit sur le fond de l'œil une image réelle et renversée, très petite. Bien que les images se fassent renversées dans notre œil, nous percevons les objets dans leur véritable position, d'abord parce que toutes les images étant renversées, leurs rapports sont les mêmes que ceux des objets et ensuite parce que nous rapportons la sensation lumineuse à la direction suivant laquelle elle nous est venue.

La pupille joue le double rôle d'un diaphragme ; elle se contracte et diminue son ouverture quand la quantité de lumière est grande et pourrait nuire à l'œil ; elle se dilate au contraire quand la quantité de lumière est faible. En tous cas elle ne laisse tomber sur le cristallin que des rayons avoisinant l'axe de la lentille.

Si les différentes parties de l'œil, le cristallin et le fond, conservaient la même position, les images ne se feraient sur le fond de l'œil que pour des objets placés à une distance déterminée et dépendant de la distance focale du cristallin. Mais l'œil jouit de la propriété de s'*accommoder* à la distance et de percevoir avec une égale netteté les images d'objets très inégalement éloignés ; en cela surtout il diffère de la chambre noire. Voici le mécanisme de cette accommodation. Dans un œil normal, les courbures du cristallin sont telles que son foyer principal soit sur la rétine quand les muscles ne sont pas contractés ; les objets éloignés sont donc visibles puisque leur image se fait sur la rétine. Si l'objet se rapproche, son image s'éloigne un peu du foyer, elle tend à se faire plus loin que la rétine ; mais alors les muscles qui agissent sur le cristallin le bombent, font diminuer sa distance focale d'une quantité convenable pour que l'image se fasse encore exactement sur la rétine. Et c'est ainsi qu'on distingue nettement les objets jusqu'à une distance de l'œil qui est d'environ 15 à 20 centimètres et que l'on a appelée la *distance minimum de vision distincte*.

603. Myopie. — Presbytie. — Besicles. — Un œil

myope est celui dont les courbures sont telles pendant le relâchement des muscles qu'il ne voit nettement que les objets situés à une petite distance; l'accommodation n'a lieu qu'entre cette distance et l'œil; les objets plus éloignés font leur image en avant de la rétine (fig. 427, 1), et ne sont pas nettement visibles; le cristallin est trop convergent, sa distance focale est trop petite.

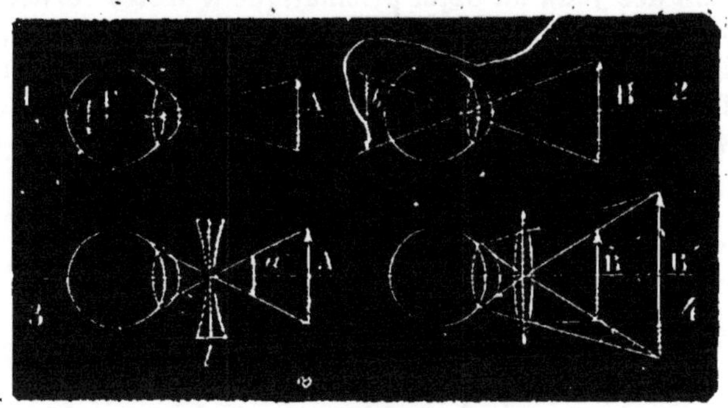

Fig. 427.

L'œil *presbyte* voit bien les objets éloignés; mais son accommodation ne se fait pas jusqu'à 20 et 15 centimètres comme dans l'œil ordinaire mais seulement à partir d'une distance plus grande, 1 mètre et plus. Le cristallin manque de convergence pour amener sur le fond de l'œil l'image des objets placés près de l'œil; cette image se fait au delà de la rétine (fig. 427, 2).

On remédie à ces imperfections au moyen de lentilles placées contre l'œil et appelées *lunettes* ou *besicles*.

Pour l'œil myope, un objet placé à 30 ou 40 centimètres est déjà hors du champ d'action de l'œil; on place devant l'œil une lentille *biconcave* (fig. 427, 3) qui substitue à l'objet A une image *a'*, plus petite que lui mais suffisamment rapprochée pour qu'elle se trouve dans le champ d'action de l'œil et que l'image définitive s'en fasse sur la rétine même. La distance focale de la lentille à employer est liée à la distance minimum de la vision distincte du myope. On corrige donc la vue myope au moyen de lentilles divergentes, plus épaisses aux bords qu'au centre.

Pour un œil presbyte, le champ d'action ne commence qu'à une certaine distance de l'œil; un objet plus près fait son image derrière la rétine. On met devant l'œil une lentille *biconvexe* qui substitue à l'objet B placé trop près, une image B' plus éloignée et reportée dans le champ d'action de l'œil, de manière que l'image définitive se fasse exactement sur la rétine (fig. 427, 4). Les verres pour vues presbytes sont donc convergents.

Il existe une autre imperfection très commune qui est un défaut de symétrie et qu'on nomme l'*astigmatisme*; on le corrige habituellement par des verres cylindriques.

604. Vision binoculaire. — Stéréoscope. — Quand on tourne les deux yeux vers un objet déterminé, on éprouve généralement une impression unique; les deux images se sont confondues en une seule, et il en résulte une vision de l'objet qui en fait apprécier le relief ou la profondeur. Que l'on regarde sans changer la direction des yeux un objet prismatique à arêtes verticales, d'abord avec l'œil droit seul, puis avec l'œil gauche seul aussi, on constate que l'on ne voit pas dans les deux cas les mêmes parties de l'objet; l'une des images n'offre pas la même perspective que l'autre; la vision simultanée par les deux yeux participe de ces deux images.

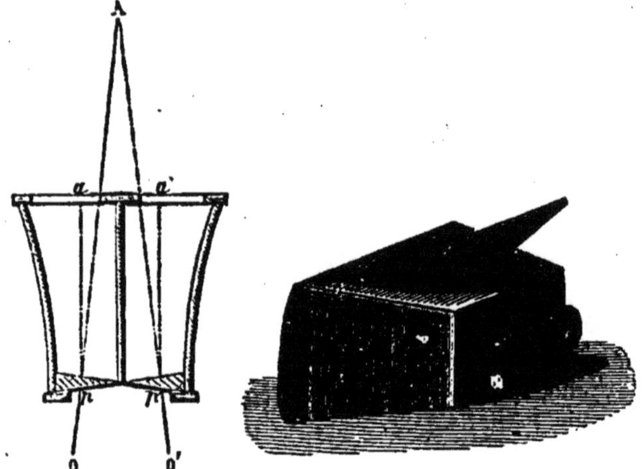

Fig. 428.

On arrive à produire dans l'œil la sensation du relief en superposant deux images planes d'un objet prises dans deux positions faisant entre elles un angle égal à celui de l'objet avec les deux yeux. L'instrument employé est le *stéréoscope* (fig. 428).

C'est une boîte avec une cloison médiane et deux ouvertures munies chacune d'une lentille. Les deux lentilles sont inclinées l'une sur l'autre de manière qu'en appliquant un œil sur chacune les déviations imprimées aux rayons visuels soient telles que les images de deux points correspondants a et a' aillent se former au même point A de l'espace. On place contre le fond de la boîte deux photographies planes d'un même objet faites comme nous l'avons dit plus haut; on les éclaire par un petit volet mobile muni d'un miroir plan, et en regardant avec les deux yeux dans les deux lunettes de l'appareil on a la sensation frappante du relief ou de la profondeur de l'objet.

II. — LES INSTRUMENTS DE PROJECTION

605. Lanterne magique. — Donner sur un écran, dans une chambre obscure, l'image très agrandie et suffisamment éclairée de petits objets, tel est le rôle des *appareils de projection*. Le plus ancien est la **lanterne magique** dont l'invention remonte au xvii° siècle.

Dans tout appareil à projection il y a deux choses très distinctes : 1° un système éclaireur qui projette sur l'objet transparent le plus de lumière possible ; 2° un objectif qui donne de l'objet (placé un peu au delà du foyer) une image réelle, agrandie et renversée.

Dans la lanterne magique, la source de lumière est une lampe placée en O dans une lanterne close (fig. 429) ; le système éclaireur comprend un miroir réflecteur derrière la lampe M et devant la lampe une demi-boule de

Fig. 429.

verre ou un système de lentilles L qui concentre la lumière. L'objectif *ll'* fonctionne comme une lentille convergente convenablement diaphragmée.

L'objet est un dessin peint ou photographié sur lame de verre. On le place dans une rainure *p* où il reçoit la lumière de la lampe concentrée par la lentille L. Pour que l'image se forme sur l'écran placé à distance de l'objectif, il faut *mettre au point* c'est-à-dire approcher ou éloigner l'objectif de l'objet de manière que celui-ci soit un peu au delà du foyer du système projetant. On renverse l'objet afin que l'image soit *droite* pour le spectateur.

On construit aujourd'hui un petit appareil à usage des classes primaires ou élémentaires ; la source de lumière est une lampe à pétrole à plusieurs mèches.

Dans les grands laboratoires, on emploie comme source lumineuse la lampe oxhydrique, parfois même un foyer électrique.

606. Microscope solaire. — Le microscope solaire a le même principe que la lanterne magique ; mais comme son nom l'indique, il utilise la lumière solaire et il peut projeter des objets très petits dont il donne des images considérablement agrandies.

L'appareil éclaireur se compose : 1° d'un miroir MN mobile dans deux directions, placé à l'extérieur de la chambre obscure, par une ouverture pratiquée dans le volet, pour recevoir les rayons solaires et les renvoyer constamment dans l'axe de l'appareil ; 2° de deux lentilles dont une L à grande surface destinée à former un cône de rayons lumineux pour amener sur l'objet une grande quantité de lumière (fig. 430).

L'objet à projeter est serré entre deux lames de verre, ou bien c'est une préparation microscopique. On le place en AB près de l'extrémité du premier tube contenant les lentilles éclairantes.

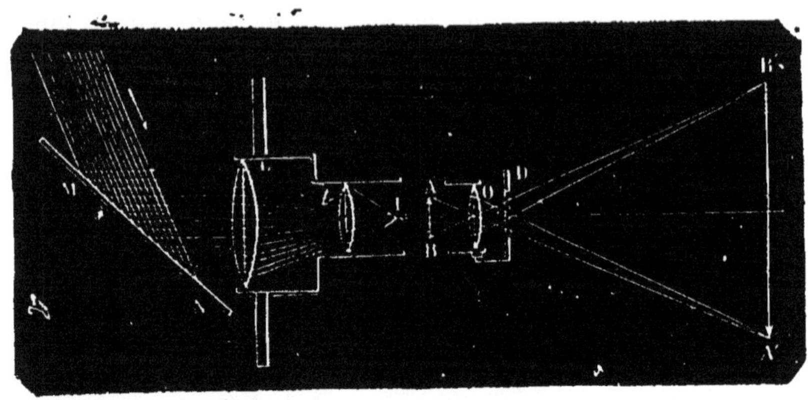

Fig. 430.

La partie essentielle de l'appareil est un système de petites lentilles qui fonctionne comme une lentille unique à très court foyer O; on l'amène à une distance de l'objet un peu supérieure à sa distance focale et on obtient sur l'écran une image A'B' réelle, renversée et très agrandie.

Pour avoir plus de netteté encore à l'image, un diaphragme D percé d'une ouverture circulaire est placé de manière à arrêter les rayons qui s'écartent trop de l'axe.

Lorsqu'on veut projeter des liquides, on met à la place de l'objet une petite auge formée latéralement de deux glaces parallèles; mais alors l'image est renversée, car on ne peut pas, comme dans le cas d'objets solides, renverser l'objet pour avoir une image droite.

Le *grossissement* linéaire est le rapport de deux dimensions homologues de l'image et de l'objet; il dépend de la disposition de l'appareil, notamment de la distance à laquelle se trouve l'écran. On le cherche expérimentalement en mettant à la place de l'objet un *micromètre*, c'est-à-dire une lame de verre sur laquelle sont tracés des traits équidistants d'un dixième de millimètre. Si l'on trouve que la distance des images de deux traits consécutifs est sur l'écran de 20 millimètres, on en conclut que le grossissement linéaire obtenu est de 200.

Le grossissement superficiel est le carré de ce nombre, il serait donc dans le cas considéré de 40,000.

III. — LOUPE ET MICROSCOPE

607. Loupe. — On appelle **loupe** une lentille convergente que l'on place entre l'œil et un objet pour avoir de celui-ci une image droite et agrandie. Nous avons vu qu'il faut pour cela que l'objet soit mis entre la lentille et son foyer.

La figure 431 montre la marche des rayons pour déterminer l'image *ab* d'un objet AB placé entre la lentille et son foyer F. Les rayons envoyés par l'objet sur la lentille semblent, après leur réfraction, provenir d'un objet *ab*. L'œil placé contre la loupe verra donc, non pas l'objet réel AB, mais son image droite, virtuelle et agrandie *ab*.

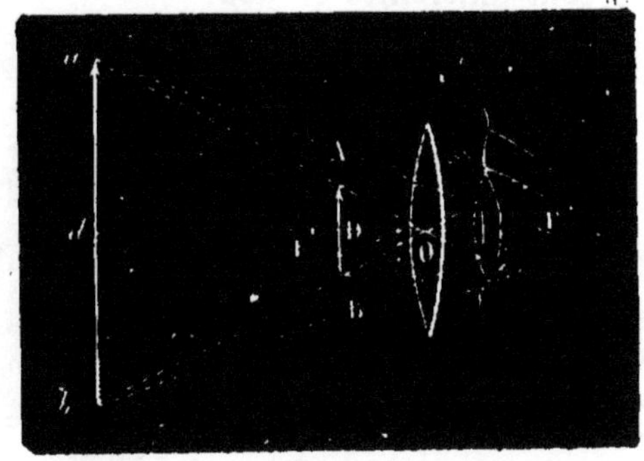

Fig. 431.

Il est facile de montrer l'utilité de la loupe. Un objet qui n'a que de petites dimensions ne donne dans notre œil qu'une trop petite image si nous le plaçons pour le regarder à la distance de la vision distincte. Avec la loupe nous lui substituons une image agrandie, à la distance de vision distincte et donnant sur la rétine une impression mieux définie, une image définitive plus grande. L'effet de la loupe équivaut à un grossissement de l'objet.

On évalue facilement le **grossissement** produit par une loupe : c'est *le rapport des dimensions de l'image et de l'objet vus tous deux à la même distance ou vus tous deux du même point sous le même angle.* Si on les considère du centre optique O de la lentille, on peut écrire :

$$G = \frac{ab}{AB} \cdot$$

mais

$$\frac{ab}{AB} = \frac{dO}{DO}$$

dO est la distance de vision distincte δ.

DO est égal à $f - l$ (f représentant la distance focale de la lentille et l la distance de l'objet au foyer F) ;

mais
$$f - l = f - \frac{f^2}{l'} ;$$

or
$$l' \text{ est égal à } \delta + f.$$

Donc
$$DO = f - \frac{f^2}{\delta + f}, \quad \text{ou} \quad \frac{f\delta}{\delta + f} \cdot$$

L'expression du grossissement devient :

$$G = \frac{\delta(\delta + f)}{\delta f} \quad \text{ou} \quad \frac{\delta + f}{f}$$

ou
$$\frac{\delta}{f} + 1.$$

Il est donc sensiblement proportionnel à δ et en raison inverse de f la distance focale de la lentille.

Une loupe est d'autant plus grossissante que sa distance focale
est plus courte. On fait habituellement sur le même support des
loupes dont les distances fo-
cales sont différentes et dont
les unes grossissent beaucoup
plus que les autres (fig. 432).

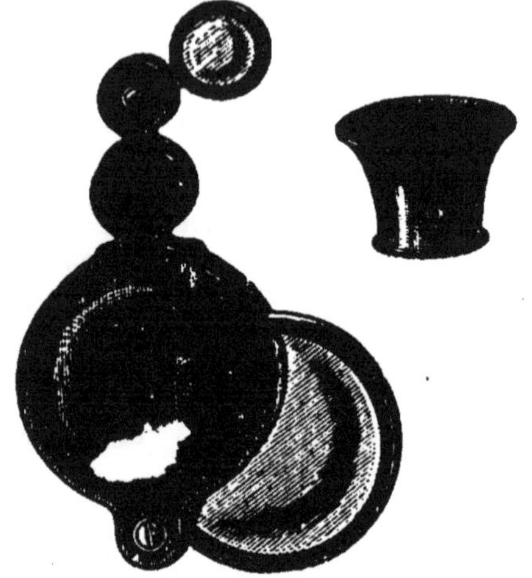

Fig. 432.

Mais on ne peut diminuer
la distance focale sans augmenter la courbure des faces
de la lentille et sans s'exposer, ou à n'avoir que des images déformées ou à n'employer
que la partie centrale de telles
lentilles; aussi pour des grossissements assez considérables
a-t-on recours au microscope
composé.

**608. Microscope
composé.** — Le micros-
cope composé, dans sa forme la plus simple, est constitué par deux
lentilles convergentes. l'une **l'objectif** placée près de l'objet, destinée à donner des très petits objets, une image réelle agrandie;
l'autre **l'oculaire** contre laquelle on met l'œil et qui doit fonctionner par rapport à la première image comme une loupe, c'est-à-
dire donner une image définitive encore plus agrandie que la première image.

La formation de ces images est indiquée dans la figure 433. L'objet
AB doit être placé près de l'objectif l un peu au delà du foyer, entre

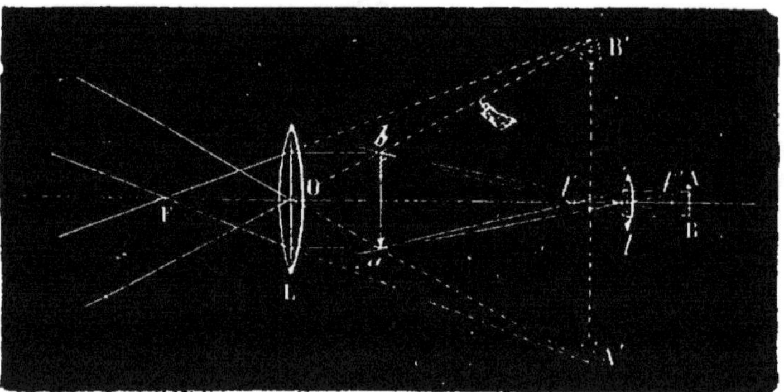

Fig. 433.

ce foyer et le double de la distance focale; alors il se produit en ab
une image réelle, renversée et agrandie de l'objet. L'oculaire L est
placé à une distance de l'image ab inférieure à sa distance focale;
les rayons qui sont venus former l'image par leur croisement sont

par rapport à l'oculaire comme s'ils venaient des points *ab*; l'oculaire fonctionne donc comme une loupe par rapport à la première image *ab*. Les rayons qui sortent de l'oculaire sont comme s'ils émanaient des points de A'B'; et l'œil placé contre l'oculaire voit l'image virtuelle en A'B'.

En réglant convenablement d'abord la distance de l'objectif à l'objet, puis la distance de l'oculaire à l'objectif, on amène l'image virtuelle définitive à se former à la distance minimum de vision distincte de l'observateur.

L'oculaire et l'objectif sont portés aux deux extrémités d'un tube métallique supporté à l'aide d'un collier par une colonne. Les objets, assujettis entre deux lames de verre mince, sont placés sur une plaque appelée le *porte-objet* et percée en son milieu. Ils sont habituellement transparents; on les éclaire en dessous par la lumière des nuées ou celle d'une lampe, renvoyée sur l'ouverture du porte-objet et dans le corps de l'instrument par un miroir concave M (fig. 434). Dans le cas où les objets sont opaques, on les éclaire en dessus, en projetant sur eux de la lumière à l'aide d'une lentille L Tout le tube portant les deux lentilles peut être approché où éloigné de l'objet au moyen de vis V et *v* qui commandent le collier du tube sur la colonne formant le

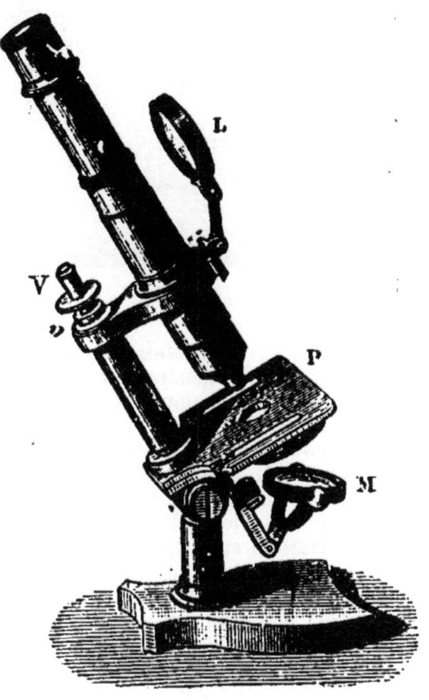

Fig. 434.

support. Ce support est à charnière, ce qui permet d'incliner tout l'instrument et de le mettre dans la position la plus commode pour l'observation.

L'objectif n'est pas formée d'une seule lentille; il faudrait la prendre à trop courte distance focale; elle aurait les faces trop convexes et produirait des phénomènes d'aberration trop gênants, on le forme ordinairement de deux ou trois lentilles accouplées, montées dans la même garniture et produisant un ensemble à plus courte distance focale que chacune d'elles. L'oculaire est également formé d'une loupe composée. Chaque instrument comporte quelques oculaires différents et une série d'objectifs que l'on substitue les uns aux autres pour obtenir des grossissements variables.

609. Oculaire achromatique du microscope. — L'instrument constitué comme nous venons de le décrire donnerait des images irisées sur les bords. Pour éviter cet inconvénient grave, on rend le microscope achromatique en plaçant avant l'oculaire une lentille dite *de champ* dont la fonction est de ramener à la surface d'un même cône qui a l'œil pour sommet les couleurs simples que les premières réfractions ont séparées, afin que toutes ces couleurs se superposent pour l'œil de l'observateur et lui donnent la sensation de la lumière blanche.

La figure 435 montre l'effet de la lentille de champ L'. L'objet AB donnerait des images réelles dont *r* et *v* représentent la trace violette et la trace rouge.

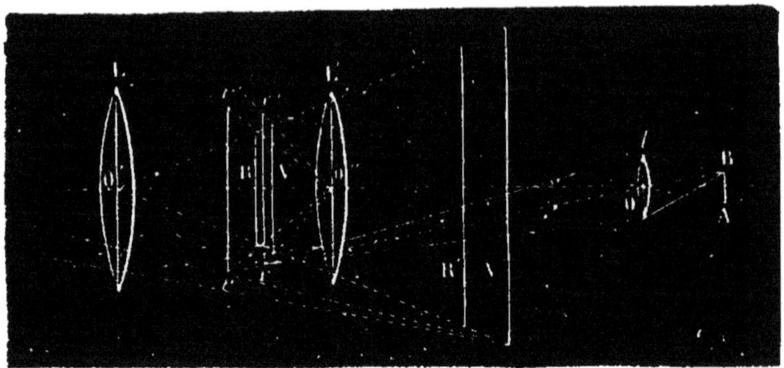

Fig. 435.

En regardant ces deux images par l'oculaire, on les verrait sous des angles différents, et l'image générale serait irisée et confuse sur les bords. Mais si l'on place la lentille de champ L' avant ces images, elles ne se formeront plus dans la même position, elles seront remplacées par de plus petites en V et en R; et pour une position convenable de la lentille L', l'image R pourra être plus petite que l'image V. Si alors l'oculaire a son centre optique O' placé de manière que les bords des images V et R soient sur la surface d'un même cône de sommet O, les images virtuelles définitives V', R' coïncideront; elles paraîtront se confondre; l'irisation aura disparu; l'image paraîtra blanche et bien définie.

La lentille L' ainsi interposée fait converger les rayons qu'elle reçoit; elle peut donc amener sur l'oculaire des rayons qui, venus de l'objectif, n'y seraient pas tombés; elle rend visible une plus grande partie de l'objet; elle augmente le *champ* de l'appareil, de là le nom qui lui a été donné.

Cet oculaire composé, formé de deux lentilles dont l'une est en avant de l'image réelle qu'il s'agit d'agrandir et d'observer, porte le nom d'*oculaire négatif;* la figure montre qu'il ne peut réellement pas servir de loupe pour grossir un objet extérieur. On peut aussi rendre l'oculaire achromatique par deux lentilles toutes deux placées en dehors de l'image réelle *ab*; on l'appelle *oculaire positif;* il a sur le premier un avantage, c'est qu'il permet la mesure de l'image fournie par l'objectif; il n'est pas employé dans le microscope.

610. Grossissement du microscope. — Il y a dans le microscope deux agrandissements successifs; la première image réelle est déjà plus grande que l'objet; l'image virtuelle définitive est plus grande que l'image réelle.

Le *grossissement* est le rapport des dimensions apparentes de l'image définitive et de l'objet. Si l'on prend les notations de la figure 433, on peut écrire :

$$G = \frac{A'B'}{AB}$$

mais le grossissement de la loupe est

$$\frac{A'B'}{ab}$$

et celui de l'objectif

$$\frac{ab}{AB}.$$

On en conclut que le grossissement du microscope est le produit des deux agrandissements successifs de l'objectif et de l'oculaire.

$$G = \frac{A'B'}{AB} = \frac{A'B'}{ab} \times \frac{ab}{AB}.$$

On pourrait donc calculer le grossissement d'un microscope donné si l'on connaissait la distance focale de l'objectif, celle de l'oculaire et la distance de leurs centres optiques.

Mais on préfère mesurer directement le grossissement à l'aide d'un *micromètre* et d'une *chambre claire*.

Le micromètre est une lame de verre à la surface de laquelle on a tracé des traits parallèles distants d'un centième ou d'un millième de millimètre; on le prend comme objet.

La *chambre claire* la plus simple est formée de deux miroirs inclinés à 45° parallèles l'un à l'autre et posés à une petite distance l'un de l'autre; celui qui est au-dessus de l'oculaire est percé d'une petite ouverture qui permet à l'œil de voir dans l'intérieur de l'appareil en même temps que par réflexion dans le second miroir, il voit les divisions d'une règle graduée placée en dessous de ce dernier. Ou bien encore c'est un prisme à réflexion totale permettant la même marche des rayons que les deux miroirs précédents.

Fig. 136.

On place le micromètre sur le porte-objet, on le met au point. A côté de l'appareil on met sur un carton blanc, en dessous de la chambre claire, à la distance de vision distincte, une règle divisée en millimètres. On regarde dans l'appareil surmonté de sa chambre claire; les deux images du micromètre et de la règle sont superposées. Si une division du micromètre ou un centième de millimètre couvre deux divisions de la règle, c'est que le grossissement est de 200.

On a fait des microscopes où le grossissement dépasse 500 en diamètre.

IV. — LUNETTES ET TÉLESCOPES

611. Lunette astronomique. — La lunette astronomique, comme son nom l'indique, est destinée à observer les astres et en général des objets très éloignés. Elle se compose, comme le microscope, de deux verres, un **objectif** qui donne une image renversée de l'objet, et un **oculaire** qui agit comme une loupe pour agrandir cette image. L'objectif est une lentille à grande surface qui peut recevoir beaucoup de lumière ; elle est aussi à longue distance focale.

La figure 437 représente la marche des rayons qui forment l'image. L'objet AB est supposé très éloigné ; il donne une image petite et renversée *ab* près du foyer principal de l'objectif (on n'a mené pour

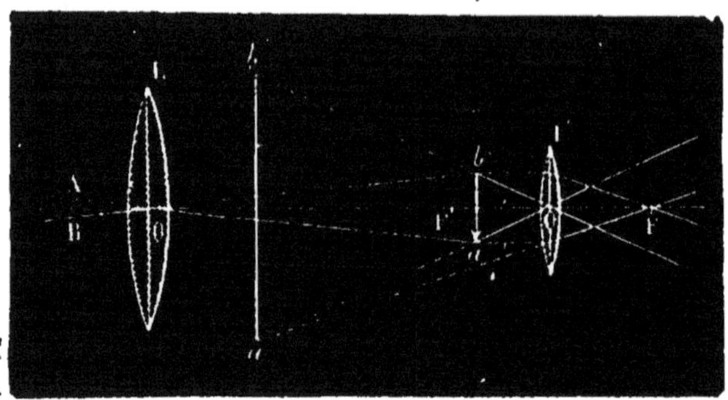

Fig. 437.

cette image que les axes secondaires des extrémités). L'oculaire a son foyer un peu en deçà de cette image ; il en reçoit les rayons et il donne finalement une image virtuelle *a'b'*, plus grande que la première image, mais bien plus petite que l'objet. On place l'oculaire pour que l'œil, recevant les rayons qui en sortent, voie l'image *a'b'* à sa distance de vision distincte ; cette image est plus grande que ne le serait l'image directe de l'objet, elle paraît près de l'œil ; aussi dit-on que la lunette *rapproche* et *agrandit*.

La figure montre que l'image est renversée par rapport à l'objet, ce qui n'a pas d'inconvénient pour l'observation des astres. Elle montre aussi que la longueur totale de la lunette est sensiblement égale à la somme des longueurs focales de l'objectif et de l'oculaire.

L'objectif est porté à l'extrémité d'un long tube métallique ; dans l'autre extrémité s'engagent des tubes à tirage d'un diamètre plus petit et dont le dernier porte l'oculaire (fig. 438) ; une vis V permet de manœuvrer ces tubes pour mettre au point, c'est-à-dire, pour obtenir

Fig. 438.

que l'oculaire donne une image visible à la distance de vision distincte de l'observateur. Cette grande lunette est ordinairement surmontée d'une plus petite *l* appelée *chercheur* qui lui est parallèle et que l'on dirige d'abord vers l'objet pour amener celui-ci plus rapidement dans le champ de la grande lunette.

612. **Grossissement.** — Le grossissement dans une lunette est le rapport des diamètres apparents de l'image et de l'objet ou le rapport de l'angle sous lequel l'objet est vu à travers la lunette à l'angle sous lequel on le voit directement. Examinée du centre O' de l'oculaire, l'image est vue sous l'angle a'O'b'; l'objet, examiné du centre optique O de l'objectif, est vu sous l'angle AOB; si l'on ne tient pas compte de la longueur OO', eu égard à la grande distance à laquelle se trouve l'objet, on peut donner au grossissement l'une des formes suivantes :

$$G = \frac{\text{angle } a'O'b'}{\text{angle AOB}} \quad \text{ou} \quad \frac{\text{angle } aO'b}{\text{angle } aOb} \cdot$$

L'image *ab* se forme très près du foyer F' de l'objectif et de plus elle doit être très près du foyer F de l'oculaire.

Si on désigne par *f* la distance focale de l'oculaire, par *f* celle de l'objectif, l'angle *aO'b* a pour expression :

$$\frac{ab}{f} \cdot$$

L'angle *aOb*

$$\frac{ab}{f} \cdot$$

Et le grossissement

$$G = \frac{\text{angle } aO'b}{\text{angle } aOb} = \frac{\dfrac{ab}{f}}{\dfrac{ab}{f}} = \frac{f}{f}$$

Le grossissement est donc *proportionnel à la distance focale de l'objectif et en raison inverse de la distance focale de l'oculaire.*

Il en résulte que les lunettes les plus grossissantes sont celles dont l'objectif a la plus grande distance focale. Elles ont un long tirage.

On remarque en regardant la figure, que la portion de l'espace dans laquelle doit se trouver l'objet pour être visible, est déterminée par la seconde nappe d'un cône qui a pour base l'oculaire et pour sommet le centre optique de l'objectif. Plus la distance focale de l'objectif est grande, moins est grand l'angle au sommet de ce cône, et plus est petit l'espace où peut se trouver l'objet, c'est-à-dire plus est petit le *champ* de l'appareil. On voit donc que les lunettes qui grossissent beaucoup ont un champ très petit et qu'il devient difficile de trouver avec elles les points que l'on veut examiner. De là l'utilité du *chercheur* *l*, lunette beaucoup plus courte mais dont le champ est beaucoup plus vaste. On trouve facilement un objet avec le chercheur, et quand l'objet est au milieu du champ du chercheur, il est dans le champ de la grande lunette.

On peut mesurer directement le grossissement d'une lunette en la munissant d'une chambre claire et en prenant comme objet une grande règle dont les divisions soient visibles de loin; on cherche combien une division vue dans la lunette couvre de divisions vues directement.

Mais pour les lunettes qui grossissent beaucoup, il faut avoir recours à *l'anneau oculaire*, c'est-à-dire à l'image de l'objectif uniformément éclairé donnée par l'oculaire et reçue sur un écran.

L'objectif des grandes lunettes doit être achromatique. On y rend également l'oculaire en employant deux verres dont l'ensemble fonctionne comme une loupe et qu'on appelle un *oculaire positif.*

613. Réticule et ligne de visée. — La lunette astronomique ne sert pas seulement à l'observation des astres; elle sert encore à mesurer des angles, à déterminer une direction horizontale ou la direction dans laquelle se trouve un point donné. Il faut donc avoir dans la lunette une ligne fixe que l'on appelle la ligne de visée ou encore l'*axe optique* de l'appareil. On y parvient en plaçant à l'intérieur du tube, dans le plan focal de l'objectif où se forme l'image réelle d'un point très éloigné, un *réticule*. C'est un disque percé d'une ouverture circulaire dans laquelle sont tendus deux fils très fins perpendiculaires entre eux. Lorsqu'on dirige la lunette vers un objet dont on obtient une image nette, il y a un point de l'objet dont l'image est couverte par le croisement des fils du réticule. La ligne qui joint ce point de l'espace au point de croisement du réticule passe par le centre optique de l'objectif. On voit donc que le point de croisement des fils détermine avec le centre optique de l'objectif une ligne de visée, liée à la lunette elle-même, c'est cette ligne qu'on appelle l'*axe optique*. L'angle de deux points de l'espace avec un point d'observation est l'angle des deux positions de l'axe optique dans chacune desquelles, chacun des points vient faire son image au croisement du réticule.

Quand la lunette astronomique munie de son réticule doit servir aux appareils de nivellement, elle est montée dans deux anneaux qui reposent sur un plan. La ligne des centres de ces anneaux est l'*axe géométrique* de la lunette, que l'on met horizontal en amenant le plan de support à l'être exactement. Il reste à rendre aussi horizontale la ligne de visée, c'est-à-dire l'axe optique : elle l'est quand en faisant tourner la lunette sur elle-même, on aperçoit au croisement du réticule toujours le même point d'un objet visé. Si ce résultat n'est pas atteint, on cherche à l'obtenir en déplaçant légèrement l'un des fils du réticule et en recommençant l'observation précédente.

614. Lunette terrestre. — La lunette astronomique donne des images renversées des objets; son emploi serait incom-

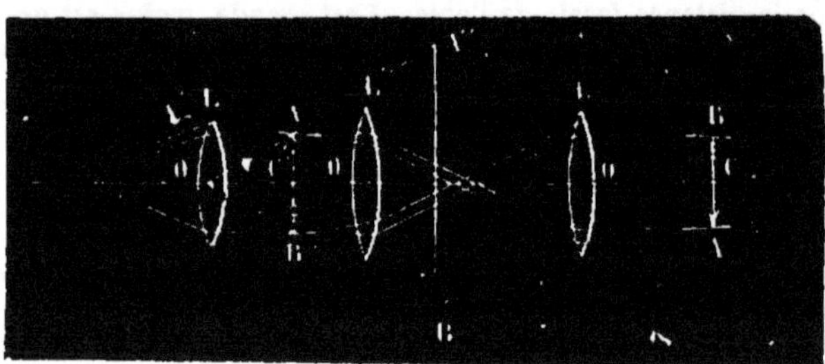

Fig. 439.

mode pour l'observation des objets terrestres. Il a donc fallu chercher des dispositions qui permissent de redresser les images pour constituer des lunettes faisant voir. les objets dans leur sens réel. Ces *lunettes* sont dites *terrestres* ou *longues-vues*.

La disposition à laquelle on a eu recours est indiquée dans la figure 439 où AB représente l'image formée par l'objectif. Entre cette image et l'oculaire L″ on a interposé deux lentilles L et L′ dont la première est posée de manière que l'image se fasse dans son plan focal; la seconde séparée de la première par leur double longueur focale donne l'image A′B′ redressée; c'est cette image qui est ensuite agrandie par l'oculaire en A″B″.

Le système des deux lentilles est porté avec l'oculaire dans le tube du dernier tirage de la longue-vue; on donne à l'ensemble des trois lentilles le nom d'*oculaire terrestre*. Son emploi a toujours l'inconvénient de diminuer sensiblement la clarté de l'image parce que la lumière s'affaiblit par. son passage dans les deux lentilles interposées.

615. Lunette de Galilée. — La lunette de Galilée que l'on emploie habituellement comme lorgnette de spectacle, donne des images droites avec un objectif et un oculaire sans l'interposition de verres supplémentaires, et elle présente en outre l'avantage d'être d'une moindre longueur que les lunettes précédentes.

Elle a un objectif biconvexe et un oculaire biconcave. L'objectif seul donnerait, un peu au delà de son foyer F′, une image A′B′ d'un objet AB placé à une assez grande distance de lui (fig. 440). Mais cette

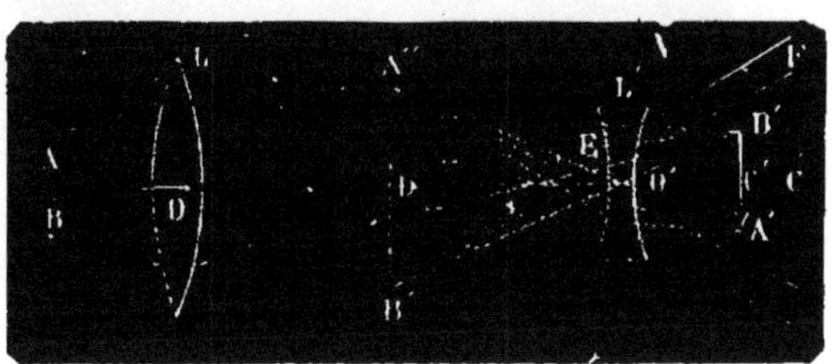

Fig. 440.

image ne se forme pas; les rayons rencontrent la lentille biconcave avant d'aller se réunir pour former A′B′. Tout se passe donc comme si A′B′ était considérée comme un *objet virtuel* par rapport à la lentille oculaire L′.

Voici comment on construit l'image définitive. Des rayons qui venaient former le point A′, l'un, passant par l'axe optique O′ de la lentille L′, continue sa marche sans modification; l'autre, parallèle à l'axe, en arrivant sur L′, se réfracte comme s'il venait du foyer F′. Ces deux rayons ne se rencontrent pas; mais leurs prolongements géométriques se rencontrent en A″; l'œil qui les reçoit à leur sortie de la lentille les rapporte en A″. Ce point A″ est donc l'image du point virtuel A′ et par suite du point A. On fait de même pour trouver l'image du point B en B″. La figure montre que l'image A″B″ est redressée, qu'elle est de même sens que l'objet; mais qu'elle est virtuelle.

La figure montre également que la longueur de l'instrument est sensiblement égale à la différence entre la distance focale de l'objéctif et la distance focale de l'oculaire. La lunette est donc plus courte pour le même grossissement qu'une lunette terrestre et même qu'une lunette astronomique; aussi est-elle employée de préférence à la longue-vue quand on veut un instrument portatif.

La *lorgnette de spectacle* se compose de deux lunettes de Galilée, réunies parallèlement, à une distance convenable pour que l'on puisse regarder en même temps par les deux yeux. Une même vis fait mouvoir les deux tubes qui portent les deux oculaires pour les écarter ou les rapprocher des objectifs afin que l'image se forme à la distance de vision distincte de l'œil de l'observateur.

616. Télescope de Newton. — On désigne sous le nom de *télescopes* des appareils destinés aux mêmes usages que les lentilles mais où l'objectif est représenté par un miroir concave à grande distance focale.

Nous ne décrirons que celui de Newton.

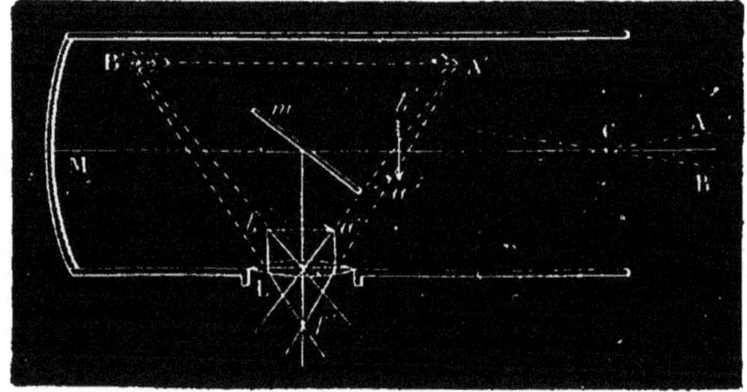

Fig. 441.

Il se compose d'un grand tube au fond duquel est un grand miroir concave M, dont le centre est en C (fig. 441). Si l'on dirige l'axe du tube vers un astre, les faisceaux de rayons lumineux réfléchis par le miroir viendront former, tout près du foyer, une image petite et renversée de l'astre, en $a'b'$ sur la figure. Mais les faisceaux qui viendraient former cette image sont reçus sur un petit miroir plan m incliné à 45° sur l'axe du tube; réfléchis par ce miroir, ils viennent former près de la paroi du tube en $a''b''$ une image égale à $a'b'$. C'est cette image réelle que l'on observe à travers un oculaire, loupe ou microscope, et celui-ci en donne une image agrandie A'B' à la distance de vision distincte de l'œil de l'observateur.

On employait autrefois des miroirs métalliques; mais leur surface se ternissait assez rapidement à l'air humide, et il fallait la polir à nouveau par un travail long et dispendieux. Foucault a proposé l'emploi de miroirs de verre à la surface desquels on dépose par un procédé chimique une légère couche d'argent métallique d'un très grand pouvoir réfléchissant. De plus il a indiqué le moyen de tra vailler la surface pour éviter l'aberration de sphéricité; aussi n'emploie-t-on plus que les miroirs travaillés et argentés par la méthode de Foucault.

Les télescopes des grands observatoires sont de très grands instruments; l'un de ceux de l'Observatoire de Paris a un miroir de $1^m,20$ de diamètre dans un tube qui ne mesure pas moins de 7 mètres de long

Exercices.

156. On suppose que l'œil a 3 centimètres de distance focale, on demande de déterminer à quelle distance du centre du cristallin se fait l'image d'un objet placé à 18 centimètres de l'œil, celle d'un objet placé à 2 mètres, celle d'un objet placé à 20 mètres?

157. — Quelle doit être la distance focale f d'une lentille biconcave à placer devant un œil de myope dont la vision distincte est d pour qu'un objet placé à la distance de vision distincte D soit remplacé par une image à la distance d.

On fera $d = 4$ centimètres, $D = 25$ centimètres.

158. Quelle doit être la distance focale f d'une lentille biconvexe à placer devant un œil presbyte de vision d'stincte D' pour qu'un objet placé à la distance de vision distincte ordinaire D soit remplacé par une image à la distance D.

On fera $D' = 80$ centimètres, $D = 25$ centimètres.

159. A quelle distance d'une loupe de 2 centimètres de longueur focale faut-il mettre un objet pour que l'image se fasse à 30 centimètres du centre de la loupe; et quel sera le grossissement?

160. A quelle distance faut-il placer un objet d'une loupe formée de deux lentilles, distantes de 2 centimètres, l'une l tournée vers l'objet, ayant 6 centimètres de longueur focale, l'autre l' ayant 12 centimètres de distance focale, pour que l'œil placé contre cette dernière voie l'image à 30 centimètres? Quel sera le grossissement de cette loupe composée?

161. Quelle doit être la distance des deux lentilles d'une lunette astronomique dont l'objectif L a $0^m,60$ de longueur focale et l'oculaire l $0^m,06$ pour qu'on voie nettement, à la distance de vision distincte ordinaire, (25 centimètres,) l'image d'un objet placé à $400^m,60$ en avant de l'objectif.

162. Quelle doit être la distance entre les deux lentilles d'une jumelle pour qu'un objet placé à 12 mètres ait son image à 30 centimètres du centre de l'oculaire; l'objectif biconvexe a $0^m,20$ de longueur focale et l'oculaire biconcave 4 centimètres.

CHAPITRE LXXIV

VITESSE DE LA LUMIÈRE

617. Premières déterminations. — La lumière ne se propage pas instantanément d'un point à un autre; mais sa vitesse est si considérable que le temps qu'elle met à aller de l'une à l'autre de deux stations terrestres est insensible.

C'est au XVII° siècle qu'un physicien Danois, Rœmer, a le premier montré que la propagation de la lumière n'est pas instantanée et qu'il en a pu calculer la vitesse en observant les satellites de Jupiter. Rœmer remarqua que les éclipses du premier satellite de Jupiter, c'est-à-dire le passage dans le cône d'ombre de la planète, ne se produisaient pas toujours exactement aux époques que le calcul tiré des mouvements des astres faisait prévoir. Elles étaient en avance sur l'époque moyenne quand Jupiter et la terre étaient le plus près possible l'un de de l'autre; elles étaient au contraire en retard quand les deux planètes étaient à leur plus grande distance. Il attribua cette différence au temps que met la lumière à se propager ; il déduisit de ses observations le temps que la lumière du soleil met à parvenir à la terre ; il trouva que ce temps était de 8 minutes 18 secondes. Il conclut que la vitesse de la lumière était de 308,000 kilomètres par seconde.

618. Expériences de M. Fizeau. — En 1849, M. Fizeau trouva le moyen de mesurer la vitesse de la lumière entre deux stations terrestres peu éloignées l'une de l'autre. Ses expériences furent exécutées entre Suresnes et Montmartre sur une distance de 8,633 mètres. Voici le principe de la méthode. Envoyer un rayon de lumière de Suresnes à Montmartre ; le faire réfléchir normalement par un miroir placé à cette dernière station pour qu'il revienne à la première et mesurer le temps employé par le rayon pour l'aller et le retour d'une station à l'autre.

Il fallait dans chaque station une lunette bien horizontale braquée exactement sur celle de l'autre station. Chacune des lunettes portait une lentille et celle qui devait réfléchir la lumière portait en outre au foyer de sa lentille un miroir plan bien perpendiculaire à l'axe de l'appareil. A la station d'observation, à l'aide d'une lentille latérale et d'un miroir on amenait la lumière d'une source lumineuse à former un point lumineux au foyer de la lentille du tube transmetteur tourné vers la seconde station. Ce point lumineux p envoyait donc un faisceau qui allait se réfléchir sur le miroir de la seconde station et qui revenait par le même chemin qu'il avait suivi d'abord. Une roue dentée que l'on pouvait animer d'un rapide mouvement présentait ses dents et les creux de son bord dans le plan focal du point lumineux p. Pendant la rotation de la roue, les rayons partis de p pouvaient aller se réfléchir à la seconde station quand passait en p l'intervalle de deux dents ; ils étaient arrêtés quand passait une dent. Cela posé, supposons qu'on augmente graduellemement la vitesse de la roue, il arrivera un moment où un rayon parti de p pendant le passage d'un creux de la roue, rencontrera à son retour le plein de la dent suivante. Alors le temps qu'il aura mis à aller de la première à la seconde station et à revenir à son point de départ sera le temps qu'il a fallu à la roue pour tourner de l'intervalle d'un creux à une dent. Il suffisait donc d'animer la roue dentée d'une vitesse assez grande afin que le rayon de retour fût éteint pour un observateur placé un peu en arrière du point p sur la ligne suivie par la lumière.

Les expériences de M. Fizeau ont donné pour la vitesse de la lumière le nombre de 300,000 kilomètres. Elles ont été refaites récemment par M. Cornu qui a trouvé 300,330 kilomètres.

619. Expériences de Foucault. — Foucault en 1850 voulut comparer la vitesse de la lumière dans l'air et dans l'eau et il parvint à mesurer la vitesse de la lumière dans l'air en opérant dans une chambre de dimensions ordinaires. Voici le principe de ses expériences. Un rayon lumineux provenant d'une source fixe traverse une glace à faces parallèles placée près de la source et inclinée à 45° sur la direction du rayon ; il va ensuite frapper contre un miroir plan M disposé pour être animé d'un très rapide mouvement de rotation. Après sa réflexion il est envoyé de l'un à l'autre sur quatre ou cinq miroirs concaves dont le dernier le reçoit normalement et lui fait reprendre la direction par laquelle il est venu. Le rayon revient donc au miroir M qui le réfléchit et le renvoie dans un microscope au foyer duquel est un micromètre divisé. Si le miroir M est fixe, le rayon au retour marque un point sur le micromètre. Si au contraire le miroir M tourne très vite, le rayon, qui l'a quitté pour aller parcourir la distance des miroirs concaves, ne retrouve plus le miroir tournant dans la même position ; il se réfléchit sur une direction voisine de celle qui l'avait amené, et on constate qu'il se trouve dévié sur le micromètre. On mesure cette déviation. Elle permet de trouver l'angle dont a tourné le miroir dans l'intervalle qu'il a fallu au rayon lumineux pour aller du miroir plan M au dernier miroir concave et revenir au miroir plan. La connaissance de la vitesse du miroir permet de calculer le temps on peut mesurer la distance parcourue ; on a les deux éléments du calcul de la vitesse de la lumière.

Cette expérience de Foucault est l'une des plus précises qui aient été faites; elle a fixé le nombre 298,000 kilomètres pour la vitesse de la lumière; elle a fait porter de 8″57 à 8″86 la parallaxe du soleil qui est liée à la distance de la terre au soleil. Et ce dernier nombre a été vérifié par les observations des astronomes sur le passage de Vénus sur le soleil. L'expérience de Foucault passe à juste titre comme une des plus belles applications de la méthode expérimentale.

CHAPITRE LXXV

PROPAGATION DE LA CHALEUR

620. La chaleur se propage de deux manières différentes : elle se transmet d'un point à un autre dans certains corps comme les tiges métalliques en échauffant successivement les différentes parties qu'elle traverse, c'est la propagation par *conductibilité;* ou bien elle franchit des espaces plus ou moins considérables sans échauffer nécessairement les corps intermédiaires ; ce dernier mode de propagation, analogue à celui de la lumière, a reçu le nom de *rayonnement* ou de *chaleur rayonnante.*

621. Conductibilité des solides. — Les corps solides ne conduisent pas tous la chaleur avec une même facilité; ainsi tandis qu'on peut tenir sans crainte de se brûler un bout de bois ou de charbon, une allumette assez près du point de sa combustion, on ressent une impression douloureuse si l'on prend une tige métallique dont un bout est placé dans un foyer. On dit que le métal est *bon conducteur* et que le charbon ou le bois conduisent mal.

On peut mettre en évidence la différence de conductibilité de deux métaux, par exemple le fer et le cuivre, par une expérience simple.

On prend une barre de chaque

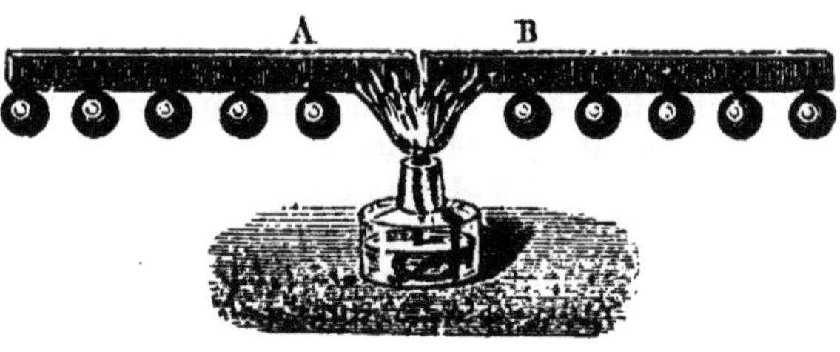

Fig. 442.

métal que l'on oppose bout à bout (fig. 442) ou bien deux fils, l'un de cuivre, l'autre de fer, tordus ensemble par leurs extrémités. On leur suspend à des distances égales à l'aide de cire ou de tout autre corps facilement fusible de petites boules. Et on chauffe le point de réunion des deux barres ou la jonction des deux fils. On voit alors les petites boules se détacher plus vite et plus loin de la source de chaleur sur l'une des tiges que sur l'autre. C'est donc que la chaleur s'est propagée inégalement vite dans les deux tiges.

Pour établir l'ordre de conductibilité des principaux solides on se sert de l'appareil d'Ingenhouz. C'est une boîte de métal (fig. 443)

sur une des parois de laquelle sont plantées perpendiculairement
une série de tiges les unes métalliques, les autres de bois et de
verre. Ces tiges ont même lon-
gueui et même diamètre ; elles
n'ont chacune que leur extrémité
en contact avec l'intérieur de la
boîte. On leur fait une surface uniforme en les plongeant dans de la
cire fondue et en laissant la cire
qu'elles ont retenue s'y fixer par
refroidissement. On verse alors de
l'eau bouillante dans la boîte. Au

Fig. 443.

bout de quelque temps l'on voit la cire fondre sur quelques-unes des
tiges et pas sur d'autres. La chaleur se communique aux tiges par
conductibilité et l'on remarque celles qui conduisent le mieux parce
que la cire y fond sur une plus grande longueur. On reconnaît ainsi
que l'argent est le métal le meilleur conducteur, après lui viennent
le cuivre, le laiton, le zinc, le fer ; le bois et le verre conduisent mal,
la cire y fond à peine de quelques millimètres.

On représente la conductibilité des corps par des nombres appelés
coefficients de conductibilité dont la signification n'est pas très simple.
Voici comment on en peut donner une idée : on suppose des sphères
métalliques égales en diamètre et en épaisseur, tenues extérieurement à la même température et chauffées intérieurement par une
même source de chaleur ; les quantités de chaleur qui traverseront
les métaux dans le même temps seront proportionnelles aux nombres représentant la conductibilité.

Les métaux sont les meilleurs conducteurs. Après eux le marbre,
la porcelaine, la brique, le bois conduisent moins bien. Les matières
pulvérulentes et filamenteuses conduisent mal.

622. Conductibilité des liquides et des gaz. —

Si on chauffe par le fond un vase contenant un liquide, les premières
couches chauffées s'élèvent, transportent avec elles la chaleur qu'elles
ont reçue et la cèdent aux couches voisines : c'est un échauffement
par transport ou par *convection* et non par conduction ou conductibilité. Pour étudier la conductibilité des liquides, il faut les chauffer
par leur surface supérieure, on reconnaît alors que la conductibilité
est très faible.

Tous les liquides, à part le mercure qui est un métal, sont mauvais conducteurs.

Il en est de même des gaz ; et si habituellement on les échauffe
avec assez de facilité, c'est comme les liquides, par les courants qui
s'y produisent. L'air au repos est très mauvais conducteur de la
chaleur.

L'hydrogène paraît être meilleur conducteur que les autres gaz.

623. Applications. — On peut se proposer soit de pré-

server une substance du refroidissement, soit de l'empêcher de recevoir la chaleur ambiante plus grande que la sienne, soit inversement de refroidir un corps le plus promptement possible.

Dans les deux premiers cas, il faut couvrir le corps d'une enveloppe peu conductrice de la chaleur, par exemple d'une étoffe de laine ou de soie, d'un corps pulvérulent, de plumes légères qui emprisonnent des couches d'air isolantes ou qui rendent les courants gazeux impossibles. Dans le dernier cas, il faut mettre le corps à refroidir en contact avec un corps bon conducteur.

Les exemples à citer sont très nombreux. Les murs épais en briques creuses, les doubles fenêtres enferment une couche d'air qui empêche la chaleur intérieure de se répandre au dehors. Les vêtements de laine conservent à l'homme du nord sa propre chaleur; ils préservent l'homme des contrées chaudes de la chaleur extérieure. La glace se conserve dans une étoffe de laine; elle peut être transportée l'été dans la sciure de bois; on la garde dans des cavités protégées par des murs de terre et des toits de paille.

On refroidit un corps métallique en le mettant sur un autre corps métallique de grande masse. On refroidit une flamme avec une toile métallique assez grande pour que les gaz qui la forment cessent de brûler; c'est le principe de la lampe de Davy si utile aux mineurs.

Les différents poêles dont on se sert dans les pays froids diffèrent en ce que les uns conduisent mieux que les autres la chaleur.

La sensation qui fait croire l'hiver que le fer est plus froid que le bois est aussi un effet de conductibilité.

Les feutres, les fourrures doivent leurs emplois à la propriété de ne pas se laisser traverser par la chaleur et de la garder dans les corps qu'ils servent à envelopper ou à couvrir.

624. Chaleur rayonnante. —

Le caractère de la chaleur rayonnante c'est de se transmettre à distance sans le secours de la matière pondérable. Elle peut en effet se transmettre à travers le vide; ainsi la chaleur solaire ne nous parvient qu'après avoir traversé les espaces interplanétaires où il n'existe aucune matière pondérable. L'expérience classique de Rumford montre que la chaleur qui n'est pas accompagnée de lumière se transmet à travers le vide aussi bien que la chaleur solaire.

On prend un ballon auquel on a soudé un thermomètre et dont on prolonge le col par un tube de 80 centimètres de long (fig. 444). On remplit le tout de mercure sec pour en faire un baromètre dans lequel le ballon reste entièrement vide. On fond à la lampe la partie supérieure du col, et en étirant on sépare le ballon du tube. Ce

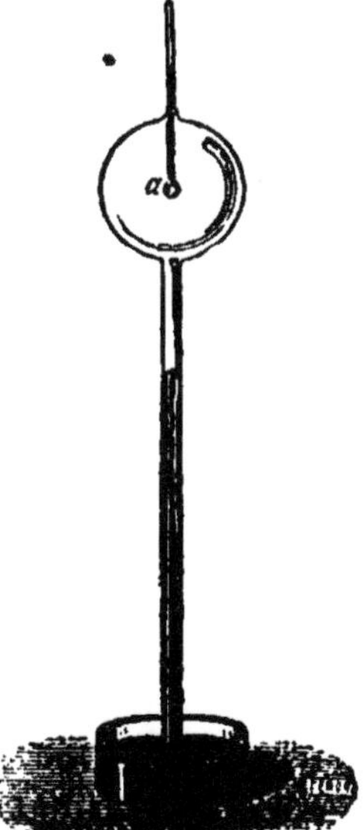

Fig. 444.

ballon vide, on le jette dans de l'eau chaude, et aussitôt qu'il y plonge le thermomètre indique une élévation de température. Or la chaleur n'a pu lui arriver en quantité un peu notable par l'enveloppe de verre qui est mauvaise conductrice; la spontanéité de l'échauffement ne peut être attribuée qu'à la chaleur qui a traversé l'espace vide du ballon.

Diverses expériences ont démontré que *la chaleur traverse certains corps sans les échauffer*. Ainsi on peut enflammer de la poudre au foyer d'une lentille de glace que l'on expose aux rayons solaires. Prévost de Genève a fait voir que la chaleur d'un boulet rouge peut impressionner un thermomètre placé de l'autre côté d'une nappe d'eau tombant d'un réservoir, et dans ces deux cas la chaleur n'a pas d'abord échauffé la nappe d'eau, ni la lentille de glace; elle les a traversées sans élever sensiblement leur température.

Voilà donc bien démontré le caractère de la chaleur rayonnante. En répétant pour la chaleur les premières expériences que l'on fait pour la lumière, on démontrerait que *la chaleur se propage en ligne droite*, qu'on peut l'obtenir en faisceaux ou en rayons, qu'un point calorifique en émet dans toutes les directions, que *la quantité de chaleur reçue par une surface constante est inversement proportionnelle au carré de la distance à la source*, qu'on peut appeler *intensité d'une source calorifique* la quantité envoyée par cette source sur une surface égale à l'unité placée à l'unité de distance.

623. Appareils employés. — Les appareils employés pour l'étude de la chaleur rayonnante sont de deux sortes : les *sources de chaleur* et les *appareils sensibles*.

Leslie qui le premier a étudié les phénomènes du rayonnement employait comme source de chaleur un *cube métallique* à faces de divers métaux rempli d'eau chaude et comme appareil sensible le *thermomètre différentiel*.

Melloni a choisi quatre sources de chaleur dont deux donnent de la chaleur lumineuse et deux de la chaleur obscure. C'est la *lampe de Locatelli* munie de son petit réflecteur, le *fil de platine porté à l'incandescence* d'une part, et d'autre part un *cube métallique* analogue à celui de

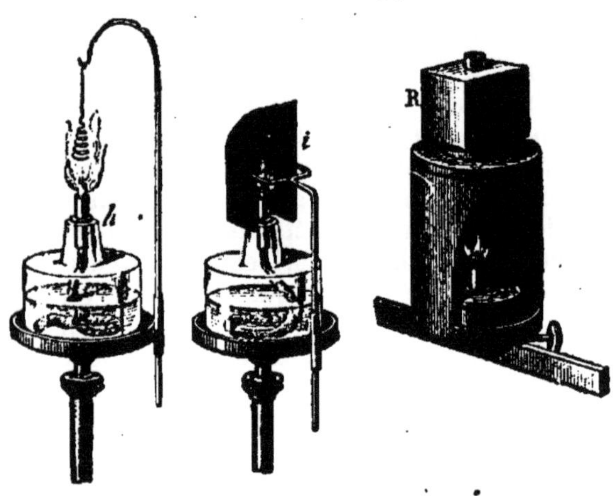

Fig. 445.

Leslie et une *lame de cuivre chauffée à environ* 400° (fig. 445). Il a pris comme appareil de mesure un instrument d'une très grande sensibilité, le **thermo-multiplicateur**, composé d'une pile thermo-électrique réunie à un galvanomètre.

Cette *pile thermo-électrique* est formée de barreaux de bismuth soudés à des barreaux d'antimoine de manière que les soudures paires soient toutes sur une même face et les soudures d'ordre impair sur une face opposée. Les deux faces sont munies d'étuis métalliques terminés par un petit couvercle (fig. 446). On tourne l'une des faces après avoir levé son couvercle, dans la direction d'un faisceau calorifique : le groupe de soudures qui correspond à cette face est plus

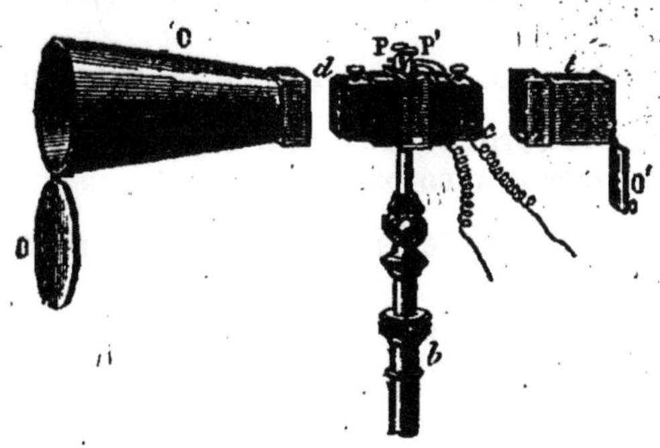

Fig. 446.

échauffé que celui de l'autre face; il en résulte un courant électrique d'autant plus intense que la différence de température entre les deux faces de la pile est plus considérable.

L'expérience a prouvé que dans ce double appareil, avec un galvanomètre à fil court, les déviations de l'aiguille en deçà de 30° sont proportionnelles aux quantités de chaleur, que deux sources égales placées ensemble devant l'une des faces de la pile provoquent une déviation double de la déviation que l'on obtiendrait en employant une seule des deux sources. L'intensité du courant observé au galvanomètre peut donc servir à mesurer les quantités de chaleur que l'on envoie sur la pile.

Tous les appareils, pile, sources de chaleur, écrans de diverses sortes sont portés sur une règle divisée : l'ensemble porte le nom de *banc de Melloni*.

626. Division du sujet. — Dans l'étude de la chaleur rayonnante il y a d'une part *un corps chaud* qui *émet* de la chaleur; d'autre part *un corps qui la reçoit;* et entre eux un corps qui la *transmet*. En général quand de la chaleur arrive sur un corps, une partie est *réfléchie régulièrement;* une autre portion est réfléchie irrégulièrement ou *diffusée*, et enfin une certaine quantité est *absorbée* et sert à l'échauffement du corps.

Il y a donc lieu d'étudier l'*émission* et de définir les *pouvoirs émissifs* des différents corps, la *transmission* ou le passage au travers des solides, des liquides et des gaz, l'*absorption*, la *diffusion* et la *réflexion*. Tel serait l'ordre logique; on le renverse souvent dans l'enseignement élémentaire pour profiter de tous les avantages de la méthode expérimentale, et l'on commence par étudier le partage de la chaleur qui tombe sur un corps.

Si l'on admet que la chaleur Q arrivant sur un corps se partage en trois parties, l'une réfléchie *r*, l'autre diffusée *d*, l'autre absorbée *a*, on peut écrire : $$Q = r + d + a$$

et si l'on divise par Q les deux membres de l'égalité, il vient

$$1 = \frac{r}{Q} + \frac{d}{Q} + \frac{a}{Q} \cdot$$

La quantité $\frac{r}{Q}$ est le rapport entre la chaleur qui a été réfléchie par le corps et la chaleur totale venue sur le corps, c'est le *pouvoir réflecteur* du corps.

La quantité $\frac{d}{Q}$ est le *pouvoir diffusi*.

La quantité $\frac{a}{Q}$ —   —   *absorbant*.

On voit que la somme de ces trois pouvoirs est égale à l'unité, il suffit d'en déterminer deux pour que le troisième soit connu. Et si l'on se place dans des conditions telles que l'un des trois soit nul ou presque nul, les deux restants seront inverses l'un de l'autre et il suffira d'en avoir déterminé un pour les connaître tous deux.

627. Réflexion de la chaleur. — La chaleur qui accompagne la lumière se réfléchit comme elle, et se concentre au foyer d'un miroir concave puisqu'on y peut enflammer des corps combustibles.

Les anciens le savaient ; ils employaient les miroirs ardents. Leslie en plaçant le cube plein d'eau chaude à une certaine distance d'un grand miroir de cuivre poli, sur l'axe du miroir, a montré que cette source calorifique avait un foyer conjugué où se concentrait la chaleur. Il a donc ainsi fait la preuve que la chaleur obscure se réfléchit comme la lumière.

Dans les cours, on rend cette preuve très saisissante par l'expérience

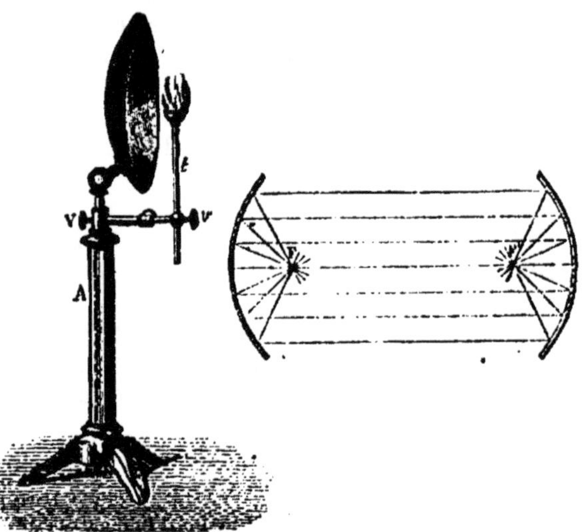

Fig. 447.

des *miroirs conjugués*. On a deux grands miroirs de laiton dont chacun est porté par un pied A (fig. 447), et mobile autour d'un axe horizontal ; un support V, *vt* permet de placer devant le miroir un corps chaud ou un corps combustible. On dispose les deux miroirs vis-à-vis l'un de l'autre, de manière que leurs axes coïncident. On cherche le foyer de chacun d'eux. Au foyer de l'un on place du coton-poudre tenu dans une petite pince métallique; au foyer de l'autre, dans une corbeille en toile métallique, on met des charbons allumés. Si les deux miroirs ont bien leurs axes en parfaite coïncidence, la chaleur provenant des charbons allumés, renvoyée d'un miroir sur l'autre, produit l'inflammation du coton-poudre à plus de sept mètres de distance. Les rayons calorifiques partis du foyer F, réfléchis sur le miroir M ont formé un faisceau parallèle qui s'est réfléchi sur le miroir M' et s'est concentré en son foyer F'.

L'appareil de Melloni permet de faire la preuve directe que la chaleur suit les mêmes lois que la lumière pour la réflexion, et de

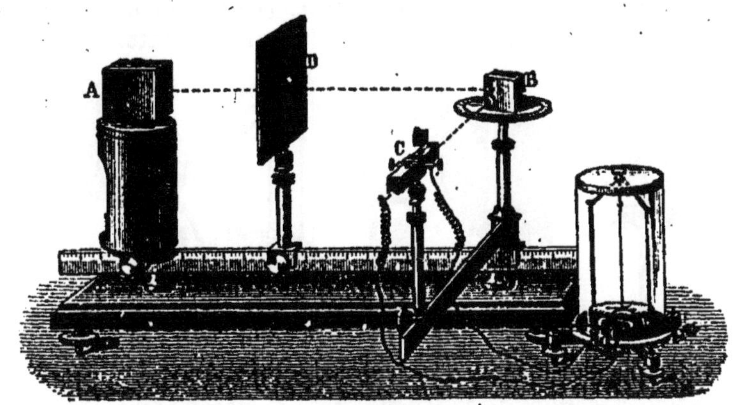

Fig. 448.

plus il sert à mesurer le pouvoir réflecteur des différents corps. On monte l'expérience comme l'indique la figure 448; on place la pile sur un bras mobile. A représente la source de chaleur, D un écran, B la surface réfléchissante inclinée sur la direction AD. On reconnaît d'abord que la pile ne reçoit de la chaleur réfléchie que quand l'angle de réflexion est égal à l'angle d'incidence. On met donc la pile, l'écran étant relevé, dans la position convenable. On abaisse l'écran et on note la déviation de l'aiguille, on a ainsi l'intensité i du courant que la chaleur a déterminé. On enlève la substance B et l'on tourne le bras qui porte la pile de manière que celle-ci reçoive directement la chaleur; on observe alors une intensité i' au galvanomètre. Dans les deux positions, la chaleur reçue par la pile a parcouru la même longueur; les quantités de chaleur sont donc dans le rapport $\frac{i}{i'}$, et ce rapport indique le pouvoir réflecteur de la substance.

Les métaux sont les corps dont le pouvoir réflecteur est le plus grand; ainsi l'argent poli réfléchit 0,96 de la chaleur incidente. Pour le verre et le cristal de roche qui sont en outre transparents, la quantité de chaleur réfléchie augmente avec l'angle d'incidence.

628. Diffusion de la chaleur. — Les substances mates comme le blanc de céruse, le papier, le verre dépoli ne réfléchissent pas la chaleur dans une direction unique, mais dans tous les sens. C'est le phénomène de la *diffusion*. Avec une substance polie placée en B dans l'expérience précédente, il n'y a qu'une position où la pile reçoive de la chaleur ; avec une substance mate au contraire, la pile reçoit de la chaleur dans plusieurs directions. Le pouvoir diffusif d'un corps est moins facile à mesurer que le pouvoir réflecteur ; il faut en effet recueillir la chaleur tout autour de la surface qui diffuse et faire la somme de toutes les quantités trouvées.

629. Transmission de la chaleur. — Certaines substances se laissent traverser par la chaleur ; ainsi le verre laisse passer la chaleur solaire. On donne le nom de corps *diathermanes* aux corps transparents pour la chaleur, et on appelle *athermanes* ceux qui ne sont pas traversés par la chaleur incidente.

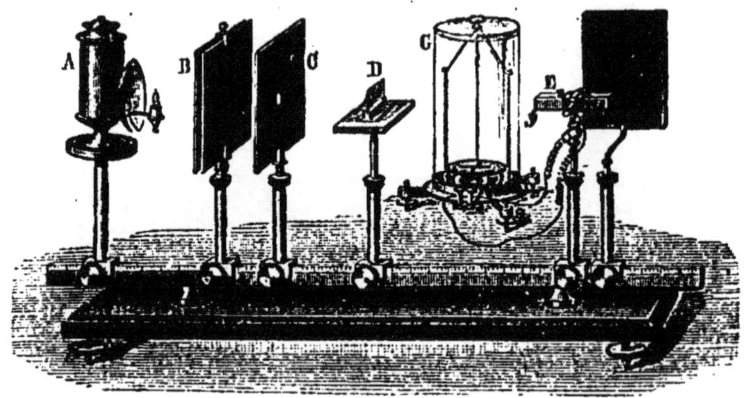

Fig. 449.

Pour étudier le degré de transparence des diverses substances pour la chaleur, on les taille en plaques que l'on place sur le trajet des rayons calorifiques entre une source de chaleur et la pile (fig. 449).

On remarque que la quantité de chaleur transmise varie avec la nature de la lame, avec son épaisseur, et aussi avec la nature de la source de la chaleur.

Pour ce qui regarde l'épaisseur, on a constaté que la chaleur transmise diminue quand l'épaisseur augmente ; mais une lame double n'absorbe pas deux fois plus de chaleur qu'une lame de même nature moitié moins épaisse ; une seconde lame placée à la suite d'une première ne diminue presque pas le faisceau calorifique, ce qui permet de penser que la première retient tout ce qu'elle est par sa nature capable d'arrêter.

Il résulte d'un certain nombre d'expériences que le sel gemme est la seule substance qui laisse passer intégralement toute la chaleur sans rien absorber, quelle que soit la source calorifique. **Les autres** substances ne se comportent pas de même ; elles ne sont pas également transparentes pour les divers rayons calorifiques ; elles arrêtent même complètement certaines radiations. Ainsi le verre ordinaire qui se laisse traverser par la chaleur lumineuse est complètement opaque pour la chaleur obscure comme celle du cube de Leslie.

Il y a là un fait analogue à celui de la transparence inégale des divers milieux colorés pour les différentes radiations. Le verre ordinaire est par rapport à la chaleur obscure, ce qu'un verre rouge par exemple est au point de vue de la lumière par rapport à toutes les radiations des autres couleurs que la sienne.

Inversement certains corps opaques pour la lumière laissent passer la chaleur, telle est la dissolution d'iode dissous dans le sulfure de carbone. Placée dans un ballon sphérique sur le trajet d'un faisceau lumineux, cette dissolution éteint la lumière ; mais au delà du ballon les rayons calorifiques viennent converger en un foyer et peuvent y enflammer un corps combustible.

Ces diverses actions ont des applications intéressantes ; elles permettent d'expliquer le rôle des serres, des châssis ou des cloches pour accroître la chaleur sur un point et y activer la végétation ; elles font comprendre pourquoi le refroidissement nocturne est plus vif, et le dépôt de rosée plus abondant quand le ciel est pur ; elles donnent la clef de l'utilisation de la chaleur solaire par l'appareil de M. Mouchot.

De deux espaces d'égale surface, l'un couvert d'une cloche ou d'un châssis de verre, l'autre découvert, le premier s'échauffe beaucoup plus que le second sous l'action des rayons solaires. Ils ne reçoivent pas plus de chaleur l'un que l'autre ; mais tandis que l'espace découvert peut rayonner et laisser perdre peu à peu la chaleur qu'il a reçue, sous la cloche, la chaleur lumineuse qui a traversé le verre et qui a échauffé le sol et les plantes est devenue chaleur obscure et elle ne peut plus traverser à nouveau le verre et se perdre au dehors ; elle reste sous la cloche où la température s'élève promptement.

La vapeur d'eau est comme le verre, elle est athermane pour la chaleur obscure. Si donc pendant une nuit le ciel est chargé de nuages, ces nuages forment un écran que la chaleur obscure venue du sol ne peut pas traverser ; cette chaleur obscure ne se perd pas comme si le ciel était pur ; elle reste entre les nuages et le sol, et le refroidissement nocturne est moins grand. Aussi le dépôt de rosée est-il bien moins abondant une nuit où le ciel est nuageux que les nuits où le ciel est découvert.

Appareil Mouchot. — Cet appareil se compose d'un grand miroir métallique que l'on expose au soleil et dans l'axe duquel on place un vase particulier destiné à recueillir la chaleur réfléchie par le miroir (fig. 450). Ce vase est en cuivre mince noirci à l'extérieur et il est enveloppé d'un cylindre de verre. Le verre laisse passer les rayons de chaleur lumineuse réfléchis par le miroir ; ces rayons traversent le verre, ils sont absorbés par la surface noircie du cuivre et ils servent à échauffer le liquide contenu dans le vase de cuivre. A mesure que le liquide et le vase s'échauffent, ils deviennent une source de chaleur, mais les rayons qu'ils sont capables d'émettre, ne sont plus accompagnés de lumière et l'enveloppe de verre les arrête et les retient dans le vase de cuivre. C'est ainsi que la chaleur solaire venant sans cesse par le miroir, se transforme en chaleur obscure par absorption et qu'elle échauffe très rapidement le vase et peut en quelques minutes amener à l'ébullition le liquide qui s'y trouve.

On conçoit que cet appareil puisse recevoir d'importantes applications dans les contrées

Fig. 450.

où le soleil reste découvert pendant de longues périodes ; il ne peut être qu'un instrument de démonstration, capable de fonctionner accidentellement, dans les contrées un peu brumeuses.

630. Émission. — Pouvoir émissif. — La quantité de chaleur émise par un même corps augmente à mesure que la température s'élève. Elle est différente avec la nature du corps comme on le montre en présentant successivement à la pile placée à une distance invariable les quatre faces du cube de Leslie recouvertes de substances différentes.

De tous les corps c'est le noir de fumée qui émet le mieux la chaleur. On l'a choisi comme terme de comparaison pour comparer les corps au point de vue de l'émission ; et l'on appelle *pouvoir émissif* d'un corps, le rapport entre la quantité de chaleur qu'il émet et celle qu'émettrait dans les mêmes conditions le noir de fumée.

Le pouvoir émissif d'un corps est le même que son pouvoir absorbant pour des rayons calorifiques de même nature, ce principe que l'expérience vérifie et que la théorie généralise, en disant qu'un corps ne peut émettre que la radiation qu'il a absorbée, donne le moyen de trouver l'un par l'autre ces deux pouvoirs égaux. Ainsi dans le cas particulier d'un corps dont la diffusion est nulle, le pouvoir absorbant est facile à déterminer, puisqu'il est l'inverse du pouvoir réflecteur que l'expérience peut faire connaître avec exactitude ; le pouvoir émissif de ce corps sera également l'inverse du pouvoir réflecteur.

Un corps métallique poli extérieurement possède un grand pouvoir réflecteur ; il est capable par exemple de renvoyer par réflexion les 0,9 de la chaleur qu'il reçoit ; il n'en absorbera donc que 0,1 au plus. Et quand il sera chauffé à une certaine température et qu'il deviendra une source de chaleur, son pouvoir émissif n'étant comme son pouvoir absorbant que de 0,1, le corps perdra lentement sa chaleur. Ainsi sont les théières d'argent poli qui gardent longtemps chaud le liquide que l'on y met.

631. Refroidissement. — Le refroidissement d'un corps dépend de sa surface, de sa température, de son pouvoir émissif ;

plus celui-ci est grand, plus le refroidissement est rapide; mais il dépend aussi de l'état des corps voisins ou de l'enceinte dans laquelle se trouve le corps. Newton a formulé de la manière suivante la loi du refroidissement : *l'abaissement de température pendant l'unité de temps est, pour un même corps, proportionnel à l'excès de la température du corps sur la température du milieu à l'instant considéré.*

On admet que tous les corps rayonnent de la chaleur et que pour chacun d'eux la quantité de chaleur émise est d'autant plus grande que la température est plus élevée. Un corps chaud est-il mis en présence d'un corps froid, le premier se refroidit, parce qu'il émet plus de chaleur qu'il n'en reçoit du second, et celui-ci s'échauffe parce que son absorption est supérieure à son émission ; mais il y a eu rayonnement du second vers le premier comme du premier vers le second.

632. Spectre calorifique. — Si dans un spectre étalé, formé par la lumière solaire, on promène un petit thermomètre très sensible ou une pile de Melloni, on constate des quantités de chaleur qui vont en croissant du violet vers le rouge.

Prend-on pour former le spectre un prisme et une lentille de sel gemme, on constate que l'échauffement de la pile continue au delà du rouge, en dehors de la partie visible du spectre : il y a donc, à côté des rayons calorifiques lumineux, des rayons calorifiques obscurs, d'une moindre réfrangibilité, produits par les corps chauffés à une température peu élevée.

Ces rayons obscurs, comparés aux rayons lumineux, présentent des différences de même ordre que celles qui existent entre les différents rayons de lumières colorées : le sel gemme est transparent pour eux, la plupart des autres substances les arrêtent. La dissolution d'iode dans le sulfure de carbone, qui arrête la radiation lumineuse, laisse passer les rayons obscurs. Mais si l'on peut séparer les rayons de la portion invisible du spectre des rayons visibles, il est impossible de séparer dans ces derniers les radiations calorifiques des radiations lumineuses. Une substance qui reçoit une partie du spectre visible, qui retient les deux tiers de la lumière, retient également les deux tiers de la chaleur qui accompagnait cette lumière.

La chaleur et la lumière n'ont pas une origine distincte ; elles sont produites par un rayonnement unique dont les radiations diverses ont des vitesses différentes. Chauffe-t-on un corps, il produit des radiations obscures ; mais à mesure que la chaleur augmente, que la vitesse du rayonnement grandit, les radiations deviennent plus rapides ; le corps produit bientôt, avec la chaleur, de la lumière, rouge d'abord blanche ensuite, et dans certains cas il peut devenir la cause d'actions chimiques. Les phénomènes chimiques, lumineux et calorifiques semblent dus à la même cause, à un rayonnement unique dont les effets paraissent différents suivant les organes qu'ils impressionnent.

TABLES DIVERSES

I. — TABLE DES DENSITÉS

Solides.

Aluminium	2,56	Or	19,26	Marbre	2,6
Argent	10,47	Platine	21,50	Quartz	2,65
Carbone (diamant)	3,5	Plomb	11,33	Bois d'ébène	1,2
Cuivre laminé	8,9	Zinc	7,2	— de chêne	0,78
Fer laminé	7,8	Calcaire grossier	2,0	Liège	0,24

Liquides.

Mercure	13,59	Lait de vache	1,03	Alcool absolu	0,81
Acide sulfurique	1,84	Eau de mer	1,027	Éther	0,736
Acide $HOAzO^5$	1,45	Vin (Bordeaux)	0,994	Huile d'olive	0,917
— AzO^54HO	1,42	— (Bourgogne)	0,991	— d'œillette	0,925
Sulfure de carbone	1,29	Essence de térébenthine	0,869		

II. — FORCE ÉLASTIQUE DE LA VAPEUR D'EAU
ENTRE 80 ET 100°

80°	354,64	87°	468,22	94°	610,74
81	369,28	88	486,68	95	633,78
82	384,43	89	505,76	96	657,53
83	400,10	90	523,45	97	682,03
84	416,29	91	545,78	98	707,28
85	433,04	92	566,75	99	733,30
86	450,34	93	588,41	100	760,00

III. — CHALEUR DÉGAGÉE PAR L'OXYDATION DE 1 GRAMME
En calories (gramme-degré)

NOMS		
Des substances.	Des composés formés.	Chaleur dégagée.
Hydrogène.	Eau.	34150.
Carbone.	Acide carbonique.	8000.
Soufre.	Acide sulfureux.	2300.
Phosphore.	Acide phosphorique.	5740.
Zinc.	Oxyde de zinc.	1300.
Fer.	Sesquioxyde de fer.	1570.
Étain.	Oxyde d'étain.	1230.
Cuivre.	Oxyde de cuivre.	600.
Oxyde de carbone.	Acide carbonique.	2420.
Gaz des marais.	Eau et acide carbonique.	13100.
Gaz oléfiant.	id.	11900.
Alcool.	id.	6900.

IV. — CHALEUR DÉGAGÉE (+) OU ABSORBÉE (—) PAR LES ACTIONS CHIMIQUES

(Les chiffres se rapportent à l'équivalent en grammes et non à l'unité de poids; ils expriment des calories g. d.).

Oxydation du zinc amalgamé.	+ 42800
Combinaison de ZnO avec l'acide sulfurique	+ 10450
Décomposition de l'eau	— 34450
Décomposition du sulfate de cuivre	— 29600
Décomposition de l'acide azotique :	
1° En acide azoteux et oxygène.	— 13650
2° En bioxyde d'azote et oxygène.	— 6880

V. — FORCES ÉLECTROMOTRICES POUR LES PRINCIPALES PILES

NOM DE LA PILE	ÉLÉMENTS DONT LA PILE EST FORMÉE				FORCE ÉLECTRO-MOTRICE
Volta.	Zinc.	Eau acidulée.		Cuivre.	0,85
Daniell.	Zinc amalgamé.	1 ac. sulfurique, 12 eau.	Sulfate de cuivre saturé.	Cuivre.	0,978
—	—	—	Azotate de cuivre saturé.	—	1,000
—	—	Sulfate de zinc.	Sulfate de cuivre.	—	0,955
—	—	1 de NaCl, 4 d'eau.	—	—	1,06
Grove.	Zinc amalgamé.	1 ac. sulfurique, 12 eau.	Acide nitrique D 1,33.	Platine.	1,810
Bunsen.	—	—	—	Charbon.	1,734
Marié-Davy.	—	—	Pâte de sulf. de mercure	—	1,534
Leclanché.	—	Sel ammoniac saturé.	Bioxyde de manganèse.	—	1,481
Trouvé.	—	Acide sulfurique étendu.	Bichromate de potasse.	—	2,000
Delalande et Chaperon.	Zinc amalgamé.	Solution de KO caustique à 30 ou 40 0/0.	Oxyde de cuivre.	Cuivre.	0,8 à 0,9

VI. — RÉSISTANCE EN OHMS ET PAR MÈTRE COURANT DES CHARBONS CYLINDRIQUES

DIAMÈTRE	RÉSISTANCE	DIAMÈTRE	RÉSISTANCE	DIAMÈTRE	RÉSISTANCE
1^{mm}	50	5^{mm}	2	12^{mm}	0,348
2	12.5	6	1,39	15	0,222
3	5.55	8	0,781	18	0,154
4	3.12	10	0,500	20	0,125

RENSEIGNEMENTS DIVERS SUR LES CONDUCTEURS

1. Cuivre. — Poids spécifique, 8,878.

Résistance par kilomètre d'un fil de cuivre *pur*, $\dfrac{21.84}{d^2}$.

$$d \text{ (diamètre en mm.).}$$

Un fil de cuivre pur pesant 1 kilog. par kilomètre a une résistance de

$$149,8 \text{ ohms à } 0°.$$

La résistance augmente de 0,388 0[0 par degré centigrade. La résistance est en raison inverse de la conductibilité.

2. Fer. — Poids spécifique, 7,79.
Poids moyen du fil de 4ᵐᵐ de diamètre, 100 kilog. par kilomètre.
Résistance à 0°, 9 ohms par kilomètre.

Résistance d'un fil de diamètre d $R = \dfrac{144}{d^2}$ ohms par kilomètre.

Augmentation de la résistance avec la température, 0,0063 par degré centigrade.
Résistance des fils d'acier, 1,28 celle du fer galvanisé.

VII. — EXERCICES D'APPLICATION

1. Quantité d'électricité. — La quantité d'électricité peut être déterminée par le poids de matière électrolysée par le courant dans un temps donné.

L'expérience a démontré que 1 *coulomb* d'électricité traversant un électrolyte met en liberté :

$$0^{\text{mm}},0105 \text{ d'hydrogène.}$$

Si e représente l'équivalent chimique d'un corps par rapport à l'hydrogène, le poids p de ce corps mis en liberté par un coulomb sera en milligrammes :

$$p = 0,0105 \times e$$

et d'après la loi de Faraday ce poids p est constant pour un corps donné.

Le nombre Q de coulombs nécessaires pour déposer un poids P de cet électrolyte sera (P étant exprimé en milligrammes) :

$$P = Qp$$

ou

$$P = 0,01035 \times e \times Q$$

$$Q = \frac{P}{0,01035 \times e}.$$

Dans l'industrie on demande souvent le nombre N d'ampères-heure qui ont traversé le circuit.

Comme un ampère-heure vaut 3,600 coulombs on tire :

$$N = \frac{Q}{3600} ;$$

$$N = \frac{P}{3600 \times 0,01035 \times e} = \frac{P}{37,26 \times e} .$$

2. Énergie électrique. — Le travail du courant électrique est exprimé en volt-ampères par le produit de l'intensité par la force électromotrice ou la différence de potentiel. Il est exprimé en kilogrammètres par ce même produit divisé par l'intensité de la pesanteur 9.81.

En appelant E la force électromotrice ou la différence de potentiel, I l'intensité, le travail T prend l'expression :

$$T = \frac{EI}{9,81}.$$

Et, si le travail effectué par le courant dans un conducteur consiste simplement à vaincre la résistance R de ce dernier et qu'il se dépense sous forme de chaleur, il prend l'expression :

$$T = \frac{RI^2}{9,81}.$$

9. Travail des piles. — *Connaissant la force électromotrice e des éléments de pile, leur résistance r, combien faut-il en prendre et comment faut-il les grouper pour décomposer par seconde un poids P d'une solution saline, si cette solution oppose au courant une résistance R et une force de polarisation E?*

Soit n le nombre total des éléments, y le nombre d'éléments en quantité, x le nombre de groupements en tension, on a d'abord :

$$n = xy. \qquad (1)$$

Si p est l'équivalent électro-chimique du métal, c'est-à-dire le poids en milligrammes mis en liberté par un coulomb, un courant d'intensité I déposera par seconde un poids P tel que :

$$P = pI. \qquad (2)$$

Si E est la force de polarisation à vaincre, le travail électrique est exprimé

par $\dfrac{EI}{9,81}$

Mais si N est le nombre de calories (gramme-degré) absorbées par la mise en liberté de 1 gramme du métal de la dissolution, la chaleur résultant du dépôt du poids P sera PN ou pIN et le travail sera égal à pIN $\times$ 0,424 kilogrammètre. On a donc deux valeurs du travail :

$$\frac{EI}{9,81} = p\text{IN} \times 0,424$$

on en tire $\qquad\qquad E = 4,16\,p\text{N}. \qquad (3)$

L'intensité du circuit qui est le quotient de la force électromotrice par la résistance devient, à cause de la force de polarisation de l'électrolyte :

$$I = \frac{\dfrac{n}{y}e - E}{R + \dfrac{rn}{y^2}} \quad \text{ou} \quad \frac{ney - y^2E}{y^2R + nr} \qquad (4)$$

et le maximum amène :

$$y = \frac{ne}{2E}. \qquad (5)$$

Telles sont les équations qui permettent de calculer toutes les inconnues.

Exemple numérique. — On veut déposer 5 milligrammes de cuivre par seconde dans un bain de sulfate de cuivre dont la résistance spécifique est 46. La surface des électrodes est de 10000 cent. carrés, leur distance de 5 centimètres. La pile comprend des éléments Bunsen pour lesquels on a :

$$e = 1,73 \quad \text{et} \quad r = 0,25.$$

L'équivalent chimique du cuivre est 31,75. Le nombre de calories nécessaires à la mise en liberté de 1 gramme de cuivre est de 930.

D'après ces données, l'équivalent électro-chimique du cuivre est :

$$p = 0^{gr},0105 \times 31.75 = 0^{gr},33.$$

La force de polarisation est donc :

$$E = 4,16 \times 0^{gr},00033 \times 930 = 1^{volt},28.$$

La résistance R est :

$$R = \frac{4 \times 65}{10000} = 0,023.$$

De la formule $P = pI$ on tire :

$$I = \frac{0,005}{0,00033} = 15 \text{ ampères.}$$

En divisant les deux équations :

$$n = xy$$
$$\frac{ne}{2E} = y,$$

on tire

$$x = \frac{2E}{e} = \frac{2 \times 1.28}{1.73} = 1.4;$$

en prenant pour x le nombre entier 2 et en résolvant l'équation (4) par rapport

à y on trouve :

$$I = \frac{ney - y^2E}{y^2R + nr};$$

$$y = \frac{xrI}{xe - RI - E} \quad \text{ou} \quad \frac{2 \times 0,25 \times 15}{2 \times 1.73 - 0,023 \times 15 - 1,28};$$

$$y = 1.8; \text{ en nombre entier, 2.}$$

On devra donc prendre 2 éléments en séries et 2 en quantité, en tout 4 éléments.

EXERCICES A RÉSOUDRE

1. Étant donné un condensateur à air de 1 mètre carré, composé de deux plateaux maintenus à la distance de 1^{mm}, calculer sa capacité.

$$C = \frac{S}{4 \pi e \times 900000} \qquad \textbf{Réponse} : C = 0,00884 \text{ microfarad.}$$

2. Une batterie se compose de 10 bouteilles dont chacune a une surface de $1/2$ mètre carré, l'épaisseur du verre est de 2^{mm}. K (capacité inductive spécifique) $= 1.9$.

Quelle est la capacité de la batterie ?

$$C = \frac{nSK}{4 \pi e \times 900000} \qquad \textbf{Réponse} : C = 0,042 \text{ microfarad.}$$

3. Un condensateur à feuilles d'étain et papier paraffiné est chargé au potentiel de 600 volts. Le papier a une épaisseur $e = 0^c,025$ et le coefficient d'induction spécifique est $k = 2$.

Quelle doit être la surface du condensateur pour que la charge soit un coulomb?

$$\textbf{Réponse} : S = 235\,500\,000 \text{ centimètres carrés.}$$

4. Quelle est la résistance d'un fil de fer dont la longueur est 1,525^m et diamètre de 3^{mm}? La résistance spécifique du fer est de 0^{ohm},1281.

Réponse : R = 21^{ohms},14.

5. La résistance d'un fil de cuivre de 2^{mm},5 de diamètre est 0^{ohm},3. Quelle est sa longueur? La résistance spécifique du cuivre est 0^{ohm},02057.

Réponse : L = 1,810 mètres.

6. La résistance d'un conducteur dont la longueur est de 6,000 mètres est de 5 ohms. Quel est son diamètre : 1° quand il est en fer, 2° quand il est en cuivre?

Réponse : 1° d = 12^{mm};   2° d = 4^{mm},5.

7. Quelle est la longueur d'un fil de cuivre dont le diamètre est 0^{mm},6 et dont la résistance est égale à celle de 1,525 mètres d'un fil de fer dont le diamètre est 3^{mm}?

Réponse : L = 370 mètres.

8. On dispose dans un bain contenant une solution saturée de sulfate de cuivre, deux plaques circulaires parallèles, dont les centres sont sur une perpendiculaire aux plaques, et dont le diamètre est de 10 centimètres. A quelle distance faut-il placer ces disques pour que la résistance du liquide interposé ne soit qu'un ohm? La résistance du liquide est 12 millions de fois celle d'un égal cylindre de cuivre.

Réponse : L = 0^m,04.

9. Cinq éléments Bunsen sont réunis en série : la résistance de chaque élément est 0,2 ohm, et le courant débité dans le circuit est 0,8 ampère. Quelle est la différence des potentiels aux bornes?

Réponse : 7^{volts},85.

10. Huit éléments Leclanché réunis en série ont chacun une résistance de 3 ohms, le circuit qui aboutit aux bornes a une résistance de 30 ohms. Quelle est la différence des potentiels aux bornes?

Réponse : 6^{volts},22.

11. P est une pile dont la force électromotrice est 10 volts, la résistance 5 ohms; a est un fil de cuivre fixé par un bout à l'un des pôles, par l'autre bout au deux fils b et c qui vont tous deux au second pôle de la pile; la longueur de a est 240 mètres et le diamètre 2^{mm}; (b) est un fil de fer : longueur, 450^m; diamètre 3^{mm}; c est un fil de cuivre : longueur 300^m, diamètre 5^{mm}.

Quelle est l'intensité totale et quelles sont les intensités dans chacun des fils?

Réponses : 1^{amp},83, 0^{amp},12, 1^{amp},71.

12. Calculer le poids d'argent qui se dégage, en une minute, d'une solution de nitrate d'argent, le courant étant de 1,5 ampère.

Réponse : 0^{gr},10.

13. Un voltamètre à eau et un autre à sulfate de cuivre sont parcourus par un courant de 0,75 ampère. Quels sont les poids d'hydrogène et de cuivre dégagés au bout de 3 minutes? Quels sont les poids d'eau et de sulfate décomposés?

Réponses : 0^{gr},001397, 0^{gr},04435, 0^{gr},012573, 0^{gr},1114.

14. Un courant constant a décomposé, en une minute, 0^{gr},025 d'eau, quelle est son intensité?

Réponse : 4^{amp},47.

15. Une pile a une force électromotrice de 8 volts. Quelle quantité d'eau

peut-elle décomposer par minute dans un circuit dont la résistance totale est de 5 ohms?

Réponse : 0gr,0894.

16. Combien de chevaux-vapeurs faut-il dépenser pour maintenir un courant de 10 ampères dans un conducteur dont la résistance est de 6 ohms?

Réponse : 0ch,82.

17. Quel courant peut entretenir un travail de 16 chevaux-vapeurs, dans un circuit dont la résistance est de 64 ohms?

Réponse : Un courant de 13,5 ampères.

18. A travers quelle résistance un courant de 2 ampères peut-il passer quand le travail dépensé est 10 chevaux-vapeurs?

Réponse : 1 840 ohms.

19. Quel est le nombre de calories dégagées en une seconde par un courant de 9 ampères et 300 volts?

Réponse : 648 calories gr.-degré.

20. Quelle doit être la force électromotrice d'une machine pour que quatre chevaux-vapeur puissent produire 28 ampères?

Réponse : 105 volts.

VIII. — LE TRANSPORT DE LA FORCE PAR L'ÉLECTRICITÉ

La réversibilité des machines électriques. — Une machine dynamo-électrique à courant continu produit un courant lorsqu'on imprime à son anneau un mouvement de rotation obtenu à l'aide d'un moteur quelconque, roue hydraulique ou machine à vapeur. Inversement cet anneau se met à tourner spontanément si l'on envoie dans la machine un courant électrique provenant d'une autre source quelconque d'électricité. Tel est le principe de la réversibilité.

Que l'on prenne deux dynamos et qu'on les réunisse par un circuit métallique; si on fait tourner l'une d'elles à l'aide d'un moteur, elle donne naissance à un courant qui traverse le conducteur et vient passer dans la seconde machine; l'anneau de cette dernière se met à tourner ; il peut dès lors actionner un outil et fournir un travail utilisable. Les deux machines peuvent être placées près ou loin, le phénomène se manifeste toujours : la puissance mécanique communiquée à la première machine est devenue de l'énergie électrique, et cette énergie électrique, portée par des fils conducteurs à la seconde machine, y a repris la forme d'énergie dynamique disponible.

La première machine s'appelle la *génératrice*, la seconde prend le nom de *réceptrice*. Avec les fils qui les réunissent, elles servent d'intermédiaire entre le moteur primitif, roue hydraulique ou machine à vapeur, pour transporter en un point donné une partie du travail de ce moteur.

IX. — CALCULS THÉORIQUES DE LA TRANSMISSION ÉLECTRIQUE DE LA FORCE

1. Force contre-électromotrice de la machine réceptrice. — Soit une source d'électricité, pile ou machine, de force électromotrice E, reliée par un conducteur métallique à une réceptrice. Le travail électrique T de la génératrice sera employé à vaincre la résistance du circuit, par suite à se transformer en chaleur, puis ensuite à produire un travail utile Tu dans la réceptrice. Si donc on appelle i l'intensité du courant et R la résistance totale du circuit, on pourra écrire :

$$T = Ri^2 + Tu$$
$$T = Ei$$

on en tire

$$E = Ri + \frac{Tu}{i}$$

et si l'on fait

$$\frac{Tu}{i} = e \qquad\qquad (1)$$

on a

$$E - e = Ri. \qquad\qquad (2)$$

Cette quantité e est la force contre-électromotrice développée dans la machine réceptrice.

2. **Travail utile.** — L'équation (1) prouve que le travail utile d'une source électrique appliquée à une réceptrice est égal au produit de l'intensité du courant par la force contre-électromotrice :

$$Tu = ei.$$

En tirant i de l'équation (2) et en la portant dans la précédente, il vient :

$$Tu = e\,\frac{(E - e)}{R} \qquad\qquad (3)$$

Cette expression est susceptible d'un maximum, puisque le numérateur est un produit de deux facteurs dont la somme est constante. Ce maximum a lieu pour

$$e = \frac{E}{2}.$$

Donc le travail utile est maximum lorsque la force contre-électromotrice de la réceptrice est la moitié de la force électromotrice de la génératrice.

L'équation $Tu = \dfrac{e\,(E - e)}{R}$ montre que le travail utile diminue quand la résistance du conducteur augmente, autrement dit quand on augmente la distance entre la génératrice et la réceptrice.

Elle montre également qu'il y a deux moyens d'augmenter le travail transmis à une grande distance : augmenter les forces électromotrices des machines et diminuer la résistance du conducteur en augmentant son diamètre.

Le premier moyen est le système des hautes tensions préconisé par M. Marcel Deprez. On obtient en effet le même travail utile, quelle que soit la longueur du conducteur intermédiaire, si les forces électromotrices varient proportionnellement à la racine carrée de la résistance du circuit.

Si l'on a un travail utile Tu avec les quantités R, E, e, pour avoir un travail utile T'u égal au premier avec les quantités R', E', e', il suffira que l'on puisse avoir :

$$\frac{E'}{E} = \frac{e'}{e} = \sqrt{\frac{R'}{R}} \qquad\qquad (4)$$

en effet, si l'on pose :

$$Tu = \frac{e\,(E - e)}{R}$$

$$Tu' = \frac{e'\,(E' - e')}{R'}$$

et que l'on y substitue à e', E', leurs valeurs tirées de l'équation (4), il vient après réduction :

$$Tu' = \frac{e\,\dfrac{R'}{R}\,(E - e)}{R'} = \frac{e\,(E - e)}{R} = Tu.$$

On peut augmenter les forces électromotrices de plusieurs manières, en forçant la vitesse de rotation des anneaux, en accouplant en tension plusieurs machines, en diminuant le diamètre du fil induit, en adoptant de nouvelles machines de grandes dimensions.

Les machines adaptées par M. Marcel Deprez à la transmission de la force sont construites avec un fil très fin pour le conducteur de cuivre des électro-aimants et de l'armature. Il en résulte un accroissement de force électromotrice et une intensité faible. Ce dernier point est très avantageux, puisque l'énergie transformée en chaleur sur le conducteur de la ligne est proportionnelle au carré de cette intensité.

COMPLÉMENT

APPAREIL DE MORIN POUR LA CHUTE DES CORPS

L'appareil de Morin est disposé pour étudier la chute libre d'un corps qui trace sa marche en tombant. C'est un cylindre en bois dont l'axe est vertical et que l'on peut animer d'un mouvement de rotation qu'un système d'ailettes rend uniforme. Un poids peut tomber devant ce cylindre en appuyant constamment un crayon ou une pointe contre la surface du cylindre pendant la chute. Quand le cylindre est au repos pendant la chute du corps, celui-ci, en tombant, trace une ligne verticale. Mais, quand le cylindre tourne, la trace du corps qui tombe est une courbe.

Pour faire une expérience, on recouvre la surface du cylindre d'une feuille de papier. On le met en mouvement et quand ce mouvement est devenu uniforme,

Fig. 451.

on agit sur le déclic qui retenait le corps et celui-ci tombe le long du cylindre tournant. On développe la feuille de papier qui recouvrait le cylindre et l'on trouve la courbe A, e, f, h (fig. 451).

On trace, à partir du point A, des génératrices équidistantes a, b, c, d. Pendant que le cylindre a tourné de Aa, Ab, Ac, Ad, le corps a parcouru en tombant les longueurs ae, bf, cg, dh. Or, tandis que Ab = 2Aa, la longueur bf = 4 ae. De même Ac = 3 Aa, la hauteur de chute cg = 9 fois la hauteur ae : les espaces parcourus par le corps sont donc *proportionnels aux carrés des temps*.

La courbe tracée par le corps est une parabole. En menant la tangente au point c, la vitesse après la première unité de temps est représentée par l'espace ik qui est le double de ae. La loi de la vitesse peut donc être aussi vérifiée comme la loi des espaces.

TABLE DES MATIÈRES

PRÉLIMINAIRES

			Pages.
Chapitre	I.	Les trois états des corps.	7
—	II.	Notions de mécanique physique : le mouvement, forces, le travail, l'énergie.	11

PESANTEUR

Chapitre	III.	Direction de la pesanteur. Centre de la gravité. — Lois de la chute des corps.	28
—	IV.	Le pendule. L'intensité de la pesanteur	36
—	V.	Le poids. La balance	39
—	VI.	Poids spécifiques	44

HYDROSTATIQUE

Chapitre	VII.	Pressions des liquides.	51
—	VIII.	Corps plongés. Principe d'Archimède. — Corps flottants.	57
—	IX.	Aréomètres à poids constant.	64
—	X.	Liquides dans les vases communiquants	68
—	XI.	Transmission des pressions. Presse hydraulique.	72
—	XII.	Liquides superposés. — Niveau à bulle d'air.	75
—	XIII.	Principes d'hydrostatique.	78
—	XIV.	Phénomènes capillaires.	80

ÉQUILIBRE DES GAZ

Chapitre	XV.	Propriétés générales des gaz. Pression atmosphérique.	83
—	XVI.	Baromètres.	89
—	XVII.	Loi de Mariotte.	96
—	XVIII.	Manomètres.	103
—	XIX.	Mélange des gaz. Solubilité des gaz dans les liquides.	108
—	XX.	Machines pneumatiques.	111
—	XXI.	Machines de compression.	120

ÉQUILIBRE DES GAZ (Suite)

CHAPITRE XXII.   Appareils à produire le mouvement des liquides par la pression atmosphérique : pompes, siphon, pipette. Vase de Mariotte. Fontaine de Héron. 124

—   XXIII.   Principe d'Archimède appliqué aux gaz. Aérostats.   133

CHALEUR

CHAPITRE XXIV.   Dilatation des corps. — Thermomètres. Construction des thermomètres. Thermomètres à maxima et à minima. Pyromètres 139

—   XXV.   Dilatation des corps solides et applications. 150

—   XXVI.   Dilatation des liquides. Maximum de densité de l'eau. Correction barométrique 156

—   XXVII.   Dilatation des gaz. Thermomètre à air. Tirage des cheminées. 164

—   XXVIII.   Densité des gaz. Poids du litre d'air. Calcul du poids des gaz. Influence de l'air dans les pesées.   172

—   XXIX.   Changements d'état des corps. Fusion. Solidification. Dissolution et cristallisation 178

—   XXX.   Propriétés générales des vapeurs. Vapeurs dans le vide. Force élastique maximum. Tension de la vapeur d'eau. Mélange des gaz et des vapeurs. Applications. 188

—   XXXI.   Densité des vapeurs. 198

—   XXXII.   Modes de formation des vapeurs. Évaporation Ébullition. Liquide projeté sur des plaques chaudes. Froid produit par la vaporisation. . 201

—   XXXIII.   Liquéfaction des vapeurs et des gaz. 213

—   XXXIV.   Vapeur d'eau de l'air. Hygrométrie. 219

—   XXXV.   Calorimétrie. Chaleurs spécifiques. Chaleur de fusion et de vaporisation. 227

—   XXXVI.   Sources de chaleur. Sources permanentes. Chaleur dégagée par les actions chimiques. Chaleur dégagée par les actions mécaniques. 240

—   XXXVII.   Notions élémentaires sur la théorie mécanique de la chaleur. 251

—   XXXVIII.   Machines thermiques. Machine à vapeur. Moteur à gaz. 260

—   XXXIX.   Notions de thermo-chimie. 275

ACOUSTIQUE

CHAPITRE XL.   Production et propagation du son. 280

—   XLI.   Hauteur des sons. Mesure du nombre des vibrations. Gamme. Intervalles de la gamme. 290

—   XLII.   Vibration des cordes. 298

—   XLIII.   Vibration de l'air. Tuyaux sonores. 302

—   XLIV.   Timbre des sons. Résonnateurs. La voix humaine. L'audition. Le phonographe. 305

TABLE DES MATIÈRES

ÉLECTRICITÉ STATIQUE

			Pages
CHAPITRE	XLV.	Production de l'électricité par le frottement. Distribution de l'électricité.	310
—	XLVI.	Électrisation des corps par influence. Électroscope à feuilles d'or	315
—	XLVII.	Machines électriques fondées sur l'influence.	319
—	XLVIII.	Notions élémentaires sur la force électrique, le potentiel et la capacité	322
—	XLIX.	Condensateurs. Bouteille de Leyde. — Batteries. — Jarres. Électroscope condensateur. — Machine de Holtz. Machine de Voss	329
—	L.	Effets généraux de l'électricité.	339
—	LI.	Électricité atmosphérique. Paratonnerre	343

MAGNÉTISME

CHAPITRE	LII.	Propriétés des aimants. Action des aimants. Procédés d'aimantation.	347
—	LIII.	Magnétisme terrestre. — Déclinaison. Inclinaison. Boussoles marines et terrestres.	354

ÉLECTRICITÉ DYNAMIQUE

CHAPITRE	LIV.	Piles électriques à un liquide. — Piles à deux liquides, de Daniell, Bunsen, Callaud, Leclanché. Piles thermo-électriques.	359
—	LV.	Effets chimiques des courants électriques. Pile à gaz. Principe des accumulateurs	367
—	LVI.	Galvanoplastie et électro-chimie.	373
—	LVII.	Action du courant électrique sur l'aiguille aimantée. Galvanomètre ordinaire. Galvanomètre de Thomson. Galvanomètre Deprez d'Arsonval	377
—	LVIII.	Lois des courants. Mesure de l'intensité des courants. Mesure des résistances. Lois d'Ohm. Modes d'association des piles. Shunt. Pont de Wheatstone. Mesure des constantes des piles.	381
—	LVIII(*bis*).	Action des courants sur les aimants et sur les courants solénoïdes. Théorie d'Ampère sur les aimants	391
—	LIX.	Aimantation par les courants. Électro-aimants	398
—	LX.	Télégraphes électriques	402
—	LXI.	Phénomènes d'induction.	411
—	LXII.	Bobine de Ruhmkorff. Effets de la bobine.	415
—	LXIII.	Machines magnéto-électriques et dynamo-électriques.	418
—	LXIV.	Effets calorifiques et lumineux de l'électricité. Arc voltaïque. Lumière électrique. Régulateurs. Bougie Jablockoff. Lampes à incandescence.	429
—	LXV.	Téléphone.	434
—	LXVI.	Unités électriques.	438

OPTIQUE

		Pages.
Chapitre LXVII.	Propagation de la lumière. Ombre et pénombre. Mesure de l'intensité de deux lumières. Photomètres.	441
— LXVIII.	Réflexion de la lumière. — Miroirs plans	450
— LXIX.	Miroirs sphériques, concaves et convexes	456
— LXX.	Réfraction. — Phénomènes de réfraction. — Lois. Passage de la lumière dans un milieu à faces parallèles. Prisme. Déviation du prisme. Prisme à réflexion totale	467
— LXXI.	Lentilles	482
— LXXII.	Dispersion de la lumière. Décomposition et recomposition. Couleurs des corps. Arc-en-ciel. Spectres des diverses sources lumineuses. — Analyse spectrale. Radiations diverses. Photographie.	495
— LXXIII.	OEil et instruments d'optique. Appareils de projection, lanterne magique, microscope solaire. Loupe et microscope composé. Lunette astronomique. Lunette terrestre. Lunette de Galilée. Télescope de Newton	509
— LXXIV.	Vitesse de la lumière	525
— LXXV.	Propagation de la chaleur. Conductibilité. — Chaleur rayonnante. — Émission. — Réflexion. Diffusion. — Transmission. — Spectre calorifique	527
Table des densités		538
Force élastique de la vapeur d'eau entre 80° et 100°		538
Chaleur dégagée par l'oxydation de 1 gramme (en calories, gramme-degré)		538
Chaleur dégagée (+) ou absorbée (—) par les actions chimiques		539
Forces électromotrices pour les principales piles		539
Résistances en ohms et par mètre courant des charbons cylindriques		539
Renseignements divers sur les conducteurs		540
Exercices d'application		540
Exercices a résoudre		542
Le transport de la force par l'électricité		544
Calculs théoriques de la transmission électrique de la force		544
Appareil de Morin pour la chute des corps		546

FIN